YEJIN GONGYE FEISHUI
CHULI JISHU JI HUIYONG

冶金工业废水
处理技术及回用

王绍文　王海东　孙玉亮　等编著

化学工业出版社

·北京·

本书总结了当今国内外最为先进的钢铁工业、有色冶金工业各生产工艺的废水处理技术、废水资源化回用技术和节水减排技术，并进行了归纳和对比分析；结合各种废水处理技术典型工程实例，突出其实用性和可操作性。

本书可供环境工程、市政工程等领域的科研人员、设计人员和管理人员使用，也可供高等学校环境工程、市政工程及相关专业师生参考。

图书在版编目（CIP）数据

冶金工业废水处理技术及回用/王绍文等编著．—北京：化学工业出版社，2015.8
ISBN 978-7-122-24476-5

Ⅰ.①冶…　Ⅱ.①王…　Ⅲ.①冶金工业废水-工业废水处理-高等学校-教材②冶金工业废水-废水回收利用-高等学校-教材　Ⅳ.①X703

中国版本图书馆 CIP 数据核字（2015）第 143264 号

责任编辑：刘兴春　　　　　　　　装帧设计：史利平
责任校对：边　涛

出版发行：化学工业出版社（北京市东城区青年湖南街 13 号　邮政编码 100011）
印　　刷：北京云浩印刷有限责任公司
装　　订：三河市骏发装订厂
787mm×1092mm　1/16　印张 23½　字数 609 千字　　2015 年 10 月北京第 1 版第 1 次印刷

购书咨询：010-64518888（传真：010-64519686）　　售后服务：010-64518899
网　　址：http://www.cip.com.cn
凡购买本书，如有缺损质量问题，本社销售中心负责调换。

定　　价：98.00 元

前言
Foreword

　　近年来，我国冶金工业生产实现历史性高速发展与科技进步，特别是钢铁工业废水处理与回用技术已实现"零排放"的历史性突破。在《冶金工业废水处理技术及工程实例》（2009 年 1 月版）的基础上，结合笔者多年相关领域的科学研究成果，以及国内外该领域的最新技术，编著了《冶金工业废水处理技术及回用》，为冶金工业废水处理技术的推广和应用提供技术参考和工程案例借鉴。

　　该书体现如下原则与要求。

　　（1）在内容上侧重：其一，要从生产源头着手，直到每个生产环节，推行用水少量化，废水外排无害化和资源化；其二，以企业用水和废水排放少量化为核心，以规范企业用水、废水处理回用为内容，实现企业废水最大限度循环利用；其三，以保障企业落实"焦化废水不得外排"为宗旨，以综合研究焦化废水无污染、安全回用与消纳途径为内容，最终实现焦化废水处理回用与"零排放"的目标；其四，以保障冶金工业综合废水处理与安全回用为核心，以经济有效处理新工艺，配套的新设备和出厂水膜处理脱盐为手段，最终实现企业废水"零排放"的目标。

　　（2）框架结构形式按技术范围分篇、章、节。在介绍冶金工业废水各项处理技术、工艺和工程应用的同时，注重突出废水处理回用与"零排"新技术，及其应用实例，以充分反映当今冶金工业废水处理技术新观念、新技术与新动向。

　　本书主要由王绍文、王海东、孙玉亮、张新华编著。本书在编著过程中得到中冶集团建筑研究总院环保分院领导王纯、杨景玲等教授、专家的支持、帮助。 王帆、张兴昕、王波等为本书编著工作提供了相关支持，在此深表感谢。书中参考和引用了中国金属学会、中国钢铁工业协会、中国有色金属工业协会和冶金环境保护信息网的相关刊物、论文集相关资料，同时参考了国内外公开发表的论文、专著、专利、标准等资料，在此对这些文献的作者及其所在单位致以衷心的谢意。

　　限于编著者水平和编著时间，书中不妥和疏漏之处在所难免，敬请读者指正。

编著者
2015 年 4 月于北京

目 录
Contents

第一篇
冶金工业废水处理概况与技术发展趋势

冶金工业包括黑色冶金（钢铁）和有色冶金两大类。

冶金工业废水均含有众多污染物质、毒性大，对环境影响大，必须妥善处理；处理的原则是废水减量化、资源化与无害化，实现废水循环利用与"零"排放。

1 钢铁工业废水污染特征与处理现状分析

1.1 钢铁工业污染特征与主要污染物

目前全球钢铁工业有两种工艺路线，即"长流程"的联合法和"短流程"的电弧炉（EAF）法。

联合钢铁厂首先必须炼铁，随后将铁炼成钢。这一工艺所用的原料包括铁矿石、煤、石灰石、回收的废钢、能源和其他数量不等的多种材料，例如油、空气、化学物品、耐火材料、合金、精炼材料、水等。来自高炉的铁在氧气顶吹转炉（BOF）中被炼成钢，经浇铸固化后被轧制成线材、板材、型材、棒材或管材。高炉-BOF法炼钢约占世界钢产量的60%以上，联合钢铁厂占地面积很大，通常年产300万吨的钢厂，可能占地$4\sim8km^2$。现代大型联合钢铁厂的主要生产工艺及节点排污特征，如图1-1所示[1~3]。

EAF炼钢厂是通过如下方式炼钢的：在电弧炉内熔炼回收废钢铁，并通过通常在功率较小的钢包炉（LAF）中添加合金元素，来调节金属的化学成分。通常不需要联合钢铁厂所采用的炼铁工艺较复杂的流程，用于熔炼的能源主要是电力。但目前已在增长的趋势是以直接喷入电弧炉的氧气、煤和其他矿物燃料来代替或补充电能。与联合法相比，EAF厂占地明显减少，根据国际钢铁协会统计，年产200万吨EAF厂最多占地$2km^2$[1,2]。

1.1.1 钢铁工业排污特征

联合钢铁厂的生产涉及一系列工序，每道工序都带有不同的投料，并排出各种各样的残料和废物。其中液态的有废水以及其中所含的SS、油、氨氮、酚、氰等有毒有害物质；气态的CO_2、SO_2、NO_x、H_2S、CO以及VOCs与烟尘等颗粒物；固态的有尘泥、高炉渣、转炉渣、氧化铁皮与耐火材料等。

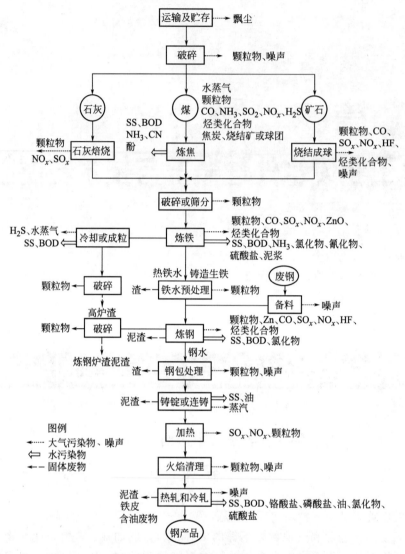

图 1-1 现代大型联合钢铁厂主要生产工艺与节点排污示意

1.1.2 钢铁工业废水特征与主要污染物

（1）钢铁工业废水特征与分类

钢铁工业用水量大，生产过程中排出的废水，主要来源于生产工艺过程用水、设备与产品冷却水、设备与场地清洗水等。70％以上的废水来源于冷却水，生产工艺过程排出的只占较小的一部分。废水含有随水流失的生产用原料、中间产物和产品以及生产过程中产生的污染物。

钢铁工业废水的分类如下。

① 按所含的主要污染物性质分类　可分为含有机污染物为主的有机废水和含无机污染物为主的无机废水，以及产生热污染的冷却水。例如焦化厂的含酚氰废水是有机废水，炼钢厂的转炉烟气除尘废水是无机废水。

② 按所含污染物的主要成分分类　可分为含酚废水、含油废水、含铬废水、酸性废水、碱性废水与含氟废水等。

③ 按生产和加工对象分类　可分为烧结废水、焦化废水、炼铁废水、炼钢废水、轧钢废水、酸洗废水以及矿山废水、选矿废水等。

（2）钢铁工业废水主要污染物与特征

钢铁工业废水的水质，因生产工艺和生产方式不同而有很大差异。有时即使采用同一种工艺，水质也有很大变化。如氧气顶吹转炉除尘废水，在同一炉钢不同吹炼期，废水的 pH 值可在 4～14 之间，悬浮物可在 250～2500mg/L 之间变化。间接冷却水在使用过程中仅受热污染，经冷却常可回用。直接冷却水，因与产品物料等直接接触，含有同原料、燃料、产品等成分有关的多种物质。归纳起来，钢铁工业废水造成的污染主要有如下几种。

① 无机悬浮物　悬浮固体是钢铁生产过程中（特别是联合钢铁企业）所要排放的主要水中污染物。悬浮固体主要由加工过程中铁鳞形成产生的氧化铁所组成，其来源如原料装卸遗失、焦炉生物处理装置的遗留物、酸洗和涂镀作业线水处理装置以及高炉、转炉、连铸等湿式除尘净化系统或水处理系统等，分别产生煤、生物污泥、金属氢氧化物和其固体。悬浮固体还会与轧钢作业产生的油和原料厂外排废水有关。正常情况下，这些悬浮物的成分在水环境中大多是无毒的（焦化废水的悬浮物除外），但会导致水体变色、缺氧和水质恶化。

② 重金属　金属对水环境的排放已成为关注的重要因素，因此，含金属废物（固体和液体），特别是重金属废物的处理已引起人们很大的关注。它关系到水体是否作为饮用水、工农业用水、娱乐用水或确保天然生物群的生存的重要问题。

钢铁工业生产排水含有不同程度重金属，如炼钢过程的水可能含有高浓度的锌和锰，而冷轧机和涂镀区的排放物可能含有锌、镉、铬、铝和铜。与很多易生物降解有机物不同，重金属不能被生物降解为无害物，重金属排入水体后，除部分为水生物、鱼类吸收外，其他大部分易被水中各种有机无机胶体和微粒物质吸附，经聚集而沉水底，最终构成生物链而严重影响人类健康。

另外，来自钢铁生产的金属（特别是重金属）废物可能会与其他有毒成分结合。例如氨、有机物、润滑油、氰化物、碱、溶剂、酸等，它们相互作用，构成并释放对环境影响更大的有毒物。因此，必须采用生化、物化法最大限度地减少废水、废物所产生的危害和污染。

③ 油与油脂　钢铁工业油和油脂污染物主要来源于冷轧、热轧、铸造、涂镀和废钢贮存与加工等。由于多数重油和含脂物质不溶于水。但乳化油则不同，在冷轧中乳化油使用非常普遍，是该工艺流程重要组成部分。油在废水中通常有 4 种形式。a. 浮油铺展于废水表面形成油膜或油层。这种油的粒径较大，一般大于 $100\mu m$，易分离。混入废水中的润滑油多属于这种状态。浮油是废水中含油量主要部分，一般占废水中总含油量的 80% 左右。b. 分散于废水中油粒状的分散油，呈悬浮状，不稳定，长时间静置不易全部上浮，油粒径约 $10\sim100\mu m$。c. 乳化油在废水中呈乳化（浊）状，油珠表面有一层由表面活性剂分子形成的稳定薄膜，阻碍油珠黏合，长期保持稳定，油粒微小，约 $0.1\sim10\mu m$，大部分在 $0.1\sim2\mu m$。轧钢的含油废水，常属此类。d. 溶解油以化学方式溶解的微粒分散油，油粒直径比乳化油还小。一般而言，油和油脂较为无害，但排入水体后引起水体表面变色，会降低氧传导作用，对水体鱼类、水生物破坏性很大，当河、湖水中含油量达 0.01mg/L 时，鱼肉就会产生特殊气味，含油再高时，将会使鱼鳃呼吸困难而窒息死亡。每亩水稻田中含 3～5kg 油时，就明显影响农作物生长。乳化油中含有表面活性剂，具有致癌性物质，它在水中危害更大。

④ 酸性废水　钢材表面上形成的氧化铁皮（FeO、Fe_2O_4、Fe_2O_3）都是不溶于水的碱性物质（氧化物），当把它们浸泡在酸液里或在表面喷洒酸液时，这些碱性氧化物就与酸发

生一系列化学反应。

钢材酸洗通常采用硫酸、盐酸，不锈钢酸洗常采用硝酸-氢氟酸混酸酸洗。酸洗过程中，由于酸洗液中的酸与铁的氧化作用，使酸的浓度不断降低，生成铁盐类不断增高，当酸的浓度下降到一定程度后，必须更换酸洗液，这就形成酸洗废液。

经酸洗的钢材常需用水冲洗以去除钢材表面的游离酸和亚铁盐类，这些清洗或冲洗水又产生低浓度含酸废水。

酸性废水具有较强的腐蚀性，易于腐蚀管渠和构筑物；排入水体，会改变水体的 pH 值，干扰水体自净，并影响水生生物和渔业生产；排入农田土壤，易使土壤酸化危害作物生长。当中和处理的废水 pH 值为 6~9 时才可排入水体。

⑤ 有机需氧污染物 钢铁工业排放的有机污染物种类较多，如炼焦过程排放各种各样的有机物，其中包括苯、甲苯、二甲苯、萘、酚、PAH 等。以焦化废水为例，据不完全分析废水中共有 52 种有机物，其中苯酚类及其衍生物所占比例最大，约占 60% 以上，其次为喹啉类化合物和苯类及其衍生物，所占的比例分别为 13.5% 和 9.8%，以吡啶类、苯类、吲哚类、联苯类为代表的杂环化合物和多环芳烃所占比例在 0.84%~2.4% 之间。

炼钢厂排放出有机物可能包括苯、甲苯、二甲苯、多环芳烃（PHA）、多氯联苯（PCB）、二噁英、酚、VOCs 等。这些物质如采用湿式烟气净化，不可避免的残存于废水中。这些物质的危害性与致癌性是非常严重的，必须妥善处理方可外排。

钢铁工业废水污染特征和废水中主要污染物分布于表 1-1[3,4]。

表 1-1 钢铁工业废水污染特征和废水中主要污染物

排放废水的单元（车间）	污染特征						主要污染物																
	浑浊	臭味	颜色	有机污染物	无机污染物	热污染	酚	苯	硫化物	氟化物	氰化物	油	酸	碱	锌	镉	砷	铅	铬	镍	铜	锰	钒
烧结	●		●																				
焦化	●	●	●	●	●	●	●	●	●		●	●	●				●						
炼铁	●		●	●	●	●	●				●				●			●				●	
炼钢	●		●	●	●					●		●											
轧钢	●		●	●		●						●											
酸洗	●		●	●						●		●	●	●					●	●	●		
铁合金	●		●	●	●	●					●		●								●	●	●

1.2 钢铁工业废水处理回用现状与节水状况分析

1.2.1 钢铁工业废水处理回用现状分析

中国钢铁工业的环境保护，从 20 世纪 70 年代，经历了近 40 年的发展历程，已发生了巨大的变化，污染物排放量不断减少，这是保证中国钢铁工业持续发展的前提和条件。特别是宝钢环保技术的引进与创新，为我国钢铁工业环境保护树立了榜样。就宝钢、首钢京唐、鞍钢、武钢等而言，钢铁工业环境保护已达到了世界先进水平。但是，就钢铁工业全行业而言，由于地区差异、水平高低、技术优劣、经济强弱以及其他种种原因，与国外发达国家先进水平相比，存在着不同程度的差异。所以，目前钢铁领域仍是我国工业污染的大户之一，污染还较严重，因此，钢铁工业废水处理与回用，仍是当今钢铁工业重要的任务。

（1）钢铁工业用水与重复利用情况分析

"十五"期间钢铁行业清洁生产与环境保护水平取得较大进步。经过多年努力通过建立十四个钢铁清洁生产试点企业等方式，清洁生产与环境保护理念已取得共识并取得显著效果。不少钢铁企业已制定或着手制定清洁生产环境保护与循环经济发展规划，除了原来试点外，首钢、京钢、邯钢、太钢、湘钢、通钢、安钢、宣钢、孝钢、宁波建龙、武钢、本钢、唐钢、梅钢、水钢、马钢等在"十一五"期间都制定了清洁生产、环境保护与循环经济发展规划。因此，我国钢铁企业用水逐年下降，废水处理回用循环率不断提高，见表1-2[4~7]。

表1-2　1996～2009年钢铁企业用水与重复利用率

年份/年	钢产量/万吨	吨钢耗水/(m³/t)	吨钢新水/(m³/t)	重复利用率/%	企业用水总量情况
1996	8789	231.92	41.73	82.01	203.83亿立方米(厂区191.93亿立方米,矿区11.9亿立方米)
1997	951.929	220.46	37.63	82.93	209.86亿立方米(厂区198.09亿立方米,矿区11.77亿立方米)
1998	10444.45	213.25	34.17	83.97	222.73亿立方米(厂区212.64亿立方米,矿区10.68亿立方米)
1999	11128.07	192.82	28.79	85.07	215亿立方米(厂区206亿立方米,矿区10亿立方米)
2000	11697.89	191.12	24.75	87.04	223.57亿立方米(厂区214.11亿立方米,矿区9.46亿立方米)
2001	14656.30	161.01	17.78	88.85	235.97亿立方米(厂区227.66亿立方米,矿区8.31亿立方米)
2002	16860	147.79	14.89	90.32	249.18亿立方米(厂区241.19亿立方米,矿区7.99亿立方米)
2003	22000	114.52	13.73	90.63	254.24亿立方米(厂区245.56亿立方米,矿区8.68亿立方米)
2004	27300①	111.06	11.27	92.15	303.19亿立方米(厂区293.19亿立方米,矿区10亿立方米)
2005	34936①	111.56	8.6	94.04	389.75亿立方米(厂区378.86亿立方米,矿区10.90亿立方米)
2006	30356.18	150.09	6.86	95.38	455.62亿立方米(厂区444.10亿立方米,矿区11.52亿立方米)
2007	35796.06	150.16	5.58	96.23	537.52亿立方米(厂区526.41亿立方米,矿区11.12立方米)
2008	36336.72	152.36	5.18	96.64	553.64亿立方米(厂区547.78亿立方米,矿区5.68亿立方米)
2009	38884.28	151.80	4.50	97.07	590.27亿立方米(厂区567.61亿立方米,矿区5.16亿立方米)

注：1. 除①外均摘自《钢铁企业环境保护统计》，1996～2010年有关数据。

2.①摘自《2008年中国钢铁年鉴》. 中国钢铁工业年鉴编委会.

从表1-2可以看出，钢铁企业吨钢耗水量由1996年的231.92m³下降至2009年151.80m³，吨钢耗水量下降80.12m³，下降幅度为34.55%；吨钢新水耗量由41.73m³下降至4.50m³，吨钢新水用量下降了37.23m³，下降幅度为89.22%；废水重复利用率提高了15.06个百分点。

如以1996年钢产耗水量为基数，在同等产钢量条件下，2009年一年内要比1996年节省新水112.04亿立方米。说明近年来我国钢铁工业用水与节水成效显著。但是，由于钢产量增加，用水总量仍呈上升趋势，用水短缺问题有增无减。

（2）钢铁工业废水排放污染物与工序排污分析

2000～2009年是我国钢铁工业以科学发展观统领全行业发展，为建设和谐、节约型社会，提高钢铁企业自主技术创新能力建设，推行资源节约、资源综合利用，推进清洁生产，发展循环经济，实现和谐和环境友好型社会的关键时期。

中国钢铁工业的环境保护，从20世纪70年代中期开始，经历了近40年的发展历程，已发生了巨大的变化，污染物排放量不断减少，这是保证中国钢铁工业持续发展的前提和条件。特别是宝钢环保技术的引进与创新，为我国钢铁工业环境保护树立了榜样。就宝钢、首钢京唐、鞍钢、武钢等而言，钢铁工业环境保护已达到了世界先进水平。但是，就钢铁工业全行业而言，由于地区差异、水平高低、技术优劣、经济强弱以及其他种种原因，与国外发达国家先进水平相比，存在着不同程度的差距。所以，目前钢铁行业仍是我国工业污染的大户。

① 钢铁工业废水排放与处理状况分析 近 10 年来中国钢铁工业外排废水量、废水处理率及外排废水达标率如图 1-2～图 1-4 所示[4,8～10]。

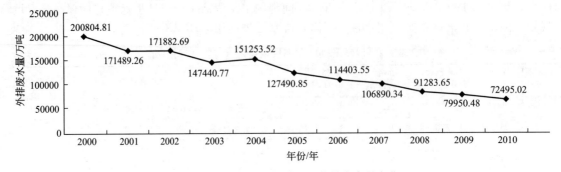

图 1-2 近 10 年中国钢铁工业外排废水量变化

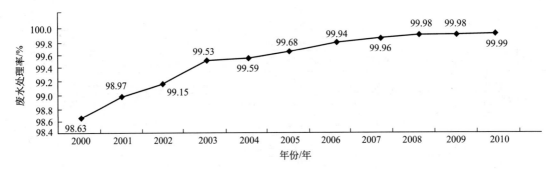

图 1-3 近 10 年中国钢铁工业废水处理率变化

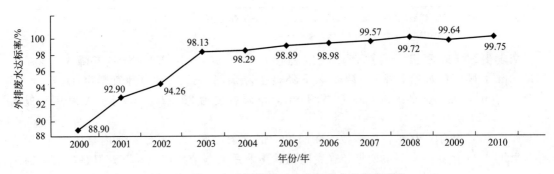

图 1-4 近 10 年中国钢铁工业外排废水达标率变化

由图 1-2～图 1-4 可知，在 2000～2010 年，中国钢铁工业外排废水量在逐渐减少，从 200804.81 万吨下降到 72495.02 万吨，下降率为 63.39%，废水处理率和外排废水达标率均逐年上升。

② 钢铁工业废水排放主要污染物分析 近 10 年来钢铁工业废水主要污染物如 COD、悬浮物（SS）、石油类、氨氮、酚、氰化物（以氰根计）等的排放情况见表 1-3[4,9,10]。从表 1-3 看出，我国钢铁废水中主要污染物排放量都有明显下降，其中以悬浮物最为明显，但氨氮明显增加。是因焦化废水处理设施未能同步配套所致。

表 1-3   2000～2009 年钢铁工业废水中主要污染物排放情况

年份/年	COD/t	悬浮物/t	石油类/t	氨氮/t	酚/t	氰化物/t
2000	115147.59	356730.97	7663.43	—	318.62	279.28
2001	85520.04	155506.54	6244.8	2709.92	181.61	218.88
2002	87261.25	146667.06	5905.75	1910.42	153.84	169.53
2003	83735.41	170397.11	5446.33	6584.25	192.71	127.82
2004	79825.85	137072.55	4677.71	5703.74	128.25	122.04
2005	65386.63	143509.73	4107.05	6272.99	123.08	84.47
2006	64924.45	98609.86	2986.94	7321.96	84.33	71.16
2007	54892.31	82631.59	2427.52	5207.71	63.51	52.97
2008	43293.52	62132.42	1885.52	4416.94	50.51	41.50
2009	35234.27	46651.74	1446.50	3232.24	37.20	46.84
下降率/%	69.40	86.92	81.12	−19.27[①]	88.32	83.23

① "—"表示上升。

③ 钢铁企业各工序排污分析   根据工序排污专题调研统计分析,钢铁工业废水中主要污染物如 COD、悬浮物、石油类、氨氮、酚、氰化物(按氰根计)在各工序中的分布情况,见表 1-4[5,10]。

表 1-4   废水中主要污染物在各工序中的分布情况

工序名称	COD/%	悬浮物/%	石油类/%	氨氮/%	酚/%	氰化物/%
焦化	43.68	21.72	27.61	93.68	87.87	85.65
烧结	2.40	7.75	0.22	0.44	0.10	0.03
炼铁	21.33	23.97	14.57	0.43	7.61	11.46
炼钢	12.72	23.29	17.93	4.39	3.84	1.59
轧钢	19.87	23.27	39.67	1.06	0.40	1.27

由表 1-4 可知,中国钢铁企业各工序排放的 COD 量按大小排列依次为焦化、炼铁、轧钢、炼钢和烧结;对悬浮物而言,只有烧结工序排放较少,其他工序排放量相近;各工序排放石油类污染物量以轧钢最多,其次是焦化、炼钢和炼铁,而烧结产生量最少;氨氮主要来源于焦化工序;焦化工序是废水中氰化物的主要产生源,其次是炼铁,烧结排放的氰化物很少。废水中 COD、氨氮、酚、氰等有毒物,均以焦化工序最为明显,说明焦化工序是钢铁企业的污染最为严重的工序。

表 1-5   废水中主要污染物在各工序吨产品中的分布情况

工序名称	各工序吨产品污染物排放量/g				
	COD	悬浮物	石油类	氨氮	氰化物
烧结	6.96	27.10	0.05	0.02	0.00
焦化	495.59	296.95	22.33	18.38	1.62
炼铁	91.40	123.78	4.45	0.03	0.08
炼钢	46.61	102.89	4.68	0.28	0.01
轧钢	80.95	114.20	11.51	0.07	0.01

按各工序吨产品分析，中国钢铁工业废水主要污染物如 COD、悬浮物、石油类、氨氮、酚、氰化物（按氰根计）排放情况，见表 1-5[5,9,10]。

由表 1-5 可知，各工序吨产品排放的 COD、悬浮物、石油类、氨氮、氰化物量以焦化最大，烧结最小；石油类排放量比较大的还有轧钢工序；悬浮物和 COD 的排放情况，除焦化工序外，炼铁、炼钢和轧钢工序排放量都比较大；氰化物和氨氮的排放除焦化工段外，其他各工序排放量都不大。

1.2.2 钢铁工业节水潜力与减排现状分析

我国钢铁工业近几年来，对节约用水重要意义的认识有较大提高，对节水设施的投入力度亦有所增加，钢铁企业在节水方面取得了显著成绩。以 2000 年与 2009 年相比，钢产量由 1.17 亿吨增加到 3.89 亿吨，增加了 3.32 倍❶，而用水量只增加 2.64 倍；吨钢平均新用水量由 24.75m³/t 下降到 4.50m³/t，下降率达 81.82% 以上；废水重复利用率提高了 10.03 个百分点。

我国钢铁行业的节水仍有较大潜力，但从吨钢取水量和重复利用率这两个指标衡量分析，无论从国内企业之间比较，还是与国外企业之间比较，均存在着较大的差距，也反映了节水潜力所在。2002 年钢铁企业吨钢取水量的多与少、重复利用率的高与低，与企业所在地的水资源条件有着密切关系，与企业的钢产量规模大小虽有关系，但是已不像过去那样突出了。

根据近年来的钢铁企业用水指标分析，年产钢量大于 500 万吨的企业，吨钢取水量最低值为 5.31m³，上下值相差约 6 倍多；年产钢量在 400 万～500 万吨之间的企业，吨钢取水量最低值为 10.07m³，上下值相差 2.5 倍；年产钢量在 200 万～400 万吨之间的企业，吨钢取水量最低值为 4.54m³，上下值相差 6.2 倍；年产钢量在 100 万～200 万吨之间的企业，吨钢取水量最低值为 4.68m³，上下值相差 7.2 倍；年钢产量在小于 100 万吨的企业，吨钢取水量最低值为 4.29m³，上下值相差达 11 倍之多。吨钢取水量接近高限的企业基本上位于丰水地区。各企业中水的重复利用率最低为 65%，在缺水地区的企业基本上均大于 90%，与国外一些钢铁企业比较，国内缺水地区企业比国外低 1～8 个百分点，在丰水地区企业比国外低 8～33 个百分点。这说明我国钢铁工业节水潜力还有较大空间，同时加强节水意识教育与节水统一管理是非常重要的。

为了掌握和分析节水途径，某大型钢铁公司组织了从原料、烧结到冷轧钢管开展了系统的水平衡测试分析，包括输入水量、输出水量、冷却水量、进出水量、循环率、新水补充量及排污量等进行了水量平衡测试。其各工序用水量与工序耗水量分析结果见表 1-6 和图 1-5[11]。

表 1-6 各工序用水量结果   单位：万吨/月

用户	No.1	No.2	No.3
化工公司	56.29	57.70	53.4
炼铁	118.74	114.07	102.7
炼钢	80.24	86.98	82.53
条钢轧	10.01	7.64	6.33
钢管	8.59	6.93	3.69

❶ 为中国钢铁工业环境保护 2009 年统计数据（86 家钢铁企业），实际全国钢产量已达 5.736 亿吨，增加 4.9 倍。

续表

用户	No.1	No.2	No.3
热轧	50.20	45.81	44.67
冷轧	61.53	62.61	61.06
能源部	50.45	58.98	54.98
其他部门	24.07	25.58	25.79
施工用水	9.73	8.31	5.01
损失	43.03	42.93	32.49
合计	512.39	517.55	472.65

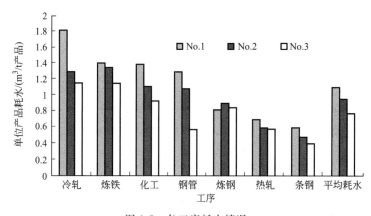

图 1-5　各工序耗水情况

根据表 1-6 数据分析：说明系统水的损失漏水率较高，占总用水量约 8.3%；炼铁工序用水量最大，占公司总用水量的 25%；炼钢工序次之，占总水量的 17%；其他大部分用户的用水量占总水量的比例大致在 5%～15% 之间；条钢和钢管工序用水量较小，占用水量的 2%。

中国钢铁工业协会从 30 家重点企业抽样调研结果，其吨钢耗水量见表 1-7。

表 1-7　30 家重点企业工序吨钢耗水情况　　　单位：m³

工序	工序吨钢耗水量最小值	工序吨钢耗水量最大值	工序吨钢耗水量平均值
焦化	0.32	3	1.694
烧结	0.09	1.776	0.635
炼铁	0.5	7.559	2.598
炼钢	0.5	6.87	2.15
轧钢	0.3	6.78	2.09

表 1-7 表明，耗水程度依次按炼铁—炼钢—轧钢—焦化—烧结递减。采用干熄焦、高炉煤气、转炉煤气干式除尘的企业其相关工序的新水消耗指标有明显优势，如宝钢的焦化和转炉炼钢、莱钢的炼铁与转炉炼钢工序耗新水指标都位居调研企业的领先水平。以特钢和以板带材为主要产品的企业其轧钢工序新水耗量更多一些，节水难度更大一些，如图 1-5 所示。其工序耗水量（从大到小）依次为冷轧—炼铁—焦化—炼钢—烧结。这也是国外按板材和长

材制定不同用水标准的原因。

图 1-6 是近年来我国部分钢铁企业节水潜力调研与分析结果。

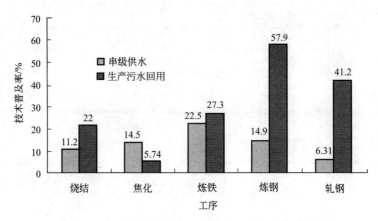

图 1-6 我国部分钢铁企业各工序中的用水与节水潜力分析

图 1-6 表明，串级供水技术在炼铁工序中的利用率最高，在烧结、焦化、炼钢工序中的利用率相差不大，而在轧钢工序中利用率最低；生产废水回用技术在炼钢、轧钢工序中利用率最高，而在焦化工序中利用率最低。同时也表明，我国钢铁工业节水潜力尚有很大空间。

串级供水技术、污水回用技术等节水技术的应用使钢铁企业水的重复利用率大幅提高。但是这些节水技术的有效运用有一个前提，那就是必须对钢铁企业各工序废水进行有效处理，以满足工序用水要求与水质标准。

2 有色金属工业废水污染特征与节水减排状况分析

2.1 有色金属工业废水污染特征与主要污染物

2.1.1 有色金属冶炼废水来源与分类

有色金属的种类很多，冶炼方法多种多样，较多采用是火法冶炼和湿法冶炼等。如当今世界上85％铜是火法冶炼的。在我国处理硫化铜矿和精矿，一般采用反射炉熔炼、电炉熔炼、鼓风炉熔炼和近年来开发的闪速炉冶炼；锌冶炼则以湿法为主；汞的生产采用火法；铅冶炼主要采用焙烧还原法熔炼；轻有色金属中铝的冶炼是采用熔融盐电解法生产。因此，有色金属冶炼过程中，废水来源主要为火法冶炼时烟尘洗涤废水，湿法冶炼时的工艺过程用水外排水和跑冒滴漏的废水，以及冲渣、冲洗设备、地面和冷却设备的废水等。

有色金属工业废水是指在生产有色金属及其制品过程中产生和排出的废水。有色金属工业从采矿、选矿到冶炼，以至成品加工的整个生产过程中，几乎所有工序都要用水，都有废水排放。

（1）有色矿山废水来源

矿山废水包括采矿与选矿两种。矿山开采会产生大量矿山废水，如矿坑水、废水场淋洗时产生的废水等；采矿工艺废水由于矿床的种类、矿区地质构造、水文地质等因素不同，矿山废水中常含有大量 SO_4^{2-}、Cl^-、Na^+、K^+、Ca^{2+}、Mg^{2+} 等，以及钛、砷、镉、铜、锰、铁等重金属元素。采矿废水分为采矿工艺废水和矿山酸性废水，其中矿山酸性废水能使矿石、废石和尾矿中的重金属转移到水中，造成环境水体的重金属污染。矿山的采矿废水通常是：酸性强且含有多种金属离子；水量较大，排水点分散；水流时间长，水质波动大。

选矿废水是包括采矿、破碎和选矿三道工序排出的废水。选矿废水的特点是水量大，约占整个矿山废水的40％～70％，其废水污染物种类多，危害大，含有各种选矿药剂，如黑药、黄药、氰化物、煤油等以及氟、砷和其他重金属等有毒物，废水中SS含量大，通常每升废水中含SS量可达数千至几万毫克，因此，对矿山废水应妥善处理方可外排。

（2）重有色金属冶炼生产废水来源

典型的重有色金属如 Cu、Pb、Zn 等的矿石一般以硫化矿分布最广。铜矿石80％来自硫化矿，冶炼以火法生产为主，炉型有白银炉、反射炉、电炉或鼓风炉以及近年来发展起来的闪速炉；目前世界上生产的粗铅中90％采用熔烧还原熔炼，基本工艺流程是铅精矿烧结焙烧，鼓风炉熔炼得粗铅，再经火法精炼和电解精炼得到铅；锌的冶炼方法有火法和湿法两种，湿法炼锌的产量约占总产量的75％～85％。

重有色金属冶炼废水中的污染物主要是各种重金属离子，其水质组成复杂、污染严重。其废水主要包括以下几种：a. 炉窑设备冷却水是冷却冶炼炉窑等设备产生的，排放量大，约占总量的40％；b. 烟气净化废水是对冶炼、制酸等烟气进行洗涤产生的，排放量大，含有酸、碱及大量重金属离子和非金属化合物；c. 水淬渣水（冲渣水）是对火法冶炼中产生的熔融态炉渣进行水淬冷却时产生的，其中含有炉渣微粒及少量重金属离子等；d. 冲洗废水是对设备、地板、滤料等进行冲洗所产生的废水，还包括湿法冶炼过程中因泄漏而产生的废液，此类废水含重金属和酸。

（3）轻有色金属冶炼生产废水来源

铝、镁是最常见也是最具代表性的两种轻金属。我国主要用铝矾土为原料采用碱法来生产氧化铝。废水来源于各类设备的冷却水、石灰炉排气的洗涤水及地面等的清洗水等。废水中含有碳酸钠、氢氧化钠、铝酸钠、氢氧化铝及含有氧化铝的粉尘、物料等，危害农业、渔业和环境。

金属铝采用电解法生产，其主要原料是氧化铝。电解铝厂的废水主要是由电解槽烟气湿法净化产生的，其废水量、废水成分与湿法净化设备及流程有关，吨铝废水量一般在 $1.5 \sim 15\text{m}^3$ 之间。废水中主要污染物为氟化物。

我国目前主要以菱镁矿为原料，采用氯化电解法生产镁。氯在氯化工序中作为原料参与生成氯化镁，在氯化镁电解生成镁的工序中氯气从阳极析出，并进一步参加氯化反应。在利用菱镁矿生产镁锭的过程中氯是被循环利用的。镁冶炼废水中能对环境造成危害的成分主要是盐酸、次氯酸、氯盐和少量游离氯。

（4）稀有色金属冶炼生产废水来源

稀有金属和贵金属由于种类多（约 50 多种）、原料复杂、金属及化合物的性质各异，再加上现代工业技术对这些金属产品的要求各不相同，故其冶金方法相应较多，废水来源和污染物种类也较为复杂，这里只做一概略叙述。

在稀有金属的提取和分离提纯过程中，常使用各种化学药剂，这些药剂就有可能以"三废"形式污染环境。例如在钽、铌精矿的氢氟酸分解过程中加入氢氟酸、硫酸，排出水中也就会有过量的氢氟酸。稀土金属生产中用强碱或浓硫酸处理精矿，排放的酸或碱废液都将污染环境。含氰废水主要是在用氰化法提取黄金时产生的。该废水排放量较大，含氰化物、铜等有害物质的浓度较高。如某金矿每天排放废水 $100 \sim 2000\text{m}^3$，废水中含氰化物（以氰化钠计）约 $1600 \sim 2000\text{mg/L}$、铜 $300 \sim 700\text{mg/L}$、硫氰根 $600 \sim 1000\text{mg/L}$。此外，某些有色金属矿中伴有放射性元素时，提取该金属所排放的废水中就会含有放射性物质。

稀有金属冶炼废水主要来源为生产工艺排放废水、除尘洗涤水、地面冲洗水、洗衣房排水及淋浴水。废水特点是废水量较少，有害物质含量高；稀有金属废水往往含有毒性，但致毒浓度限制未曾明确，尚需进一步研究；不同品种的稀有金属冶炼废水，均有其特殊性质，如放射性稀有金属、稀土金属冶炼厂废水含放射性物质，铍冶炼厂废水含铍等。

（5）贵金属冶炼生产废水来源

贵金属是金、银为代表的金属。冶炼是生产金、银的重要方法，我国黄金生产涉及冶炼主要物料有重砂、海绵金、钢棉电积金和氰化金泥。重砂、海绵金、钢棉电积金冶炼工艺较为简单，氰化金泥冶炼工艺较为复杂。

黄金冶炼生产废水来源主要来自氰化浸金、电积和除杂等工序。相应的废水中所含污染物主要是氰化物，铜、铅、锌等重金属离子，其中氰化物含量高、毒性大。

（6）有色金属加工废水来源

有色金属加工废水比较复杂，其废水种类和来源主要有以下几种。

① 含油废水。主要来源于油压、水压和其他轧制加工设备的润滑、冷却和清洗等含油废水。

② 含酸废水。来源于酸洗过程中漂洗水和酸洗废液。其废水成分除含酸性废水外，其他污染物是随酸洗加工金属不同而异，废水成分复杂。

③ 含铬废水。主要来源于电镀工序的镀铬漂洗废水。如电镀其他金属，其水质因电镀

材料不同而异。但通常以镀铬最为普遍。

④ 氧化着色工艺含酸碱废水。来源于氧化着色工艺的脱脂、碱洗、光化、阳极氧化、封孔、着色等各工序与清洗工序的各种废水。

⑤ 放射性废水。来源于钨钍和镍钍加工工序，以及同位素试验与放射性原料等处的废水。

根据上述废水来源和金属产品加工对象不同有色金属工业废水，可分为采矿废水、选矿废水、冶炼废水及加工废水。冶炼废水又可分为重有色金属冶炼废水、轻有色金属冶炼废水、稀有色金属冶炼废水、贵金属冶炼废水和有色金属加工废水。按废水中所含污染物主要成分，有色金属冶炼废水也可分为酸性废水、碱性废水、重金属废水、含氰废水、含氟废水、含油类废水和含放射性废水等。

2.1.2 有色金属冶炼废水污染特征与危害性

（1）有色金属冶炼废水污染特征

有色金属冶炼消耗大量的水，随之也产生了大量的冶炼废水。有色金属种类繁多，冶炼过程中产生的废水也种类多样。由于有色金属矿石中有伴生元素存在，所以冶炼废水中一般含有汞、镉、砷、铅、铍、铜、锌等重金属离子和氟的化合物等。此外，在有色冶金过程中还产生相当量的含酸、碱废水。

有色冶金产生的废水中，含有各类不同的重金属离子及其化合物，在土壤、人体、农作物、水生生物中逐渐累积并通过食物链进行传递，对环境的毒性影响很强。未经认真处理的有色冶金废水排入河道、渗入地下，不但会危害农林牧副渔各产业，影响工农业生产，还会污染饮用水源，危及人民的长期健康安全，因此必须充分认识重金属废水的危害，才能加强保护环境的责任心。

有色金属工业废水年排污量约7亿吨，其中铜、铅、锌、铝、镍五种有色金属排放废水约占80%以上。经处理回用后约有2.7亿吨以上废水排入环境造成污染。与钢铁工业废水相比废水排放量较小，但污染程度很大。由于有色金属种类繁多，生产规模差别较大，废水中重金属含量高，毒性物质多，对环境污染后果严重，必须认真处理消除污染。

有色金属工业废水造成污染主要有有机耗氧物质污染、无机固体悬浮物污染、重金属污染、石油类污染、醇污染、酸碱污染和热污染等。表2-1列出有色金属工业废水的主要污染物[3]。表2-2列出铜、铅、锌、铝、镍五种有色金属的主要工业污染物种类情况[12]。

表 2-1　有色金属工业废水的主要污染物

废水来源	主要污染物															
	悬浮物	酸	碱	石油类	化学耗氧物	汞	镉	铬	砷	铅	铜	锌	镍	氟化物	氰化物	硫化物	放射性物质
采矿废水	√	√				√	√		√	√	√	√					√
选矿废水	√	√	√			√	√		√	√	√	√					
重冶废水	√	√	√		√	√	√	√	√	√	√	√	√				
轻冶废水	√	√	√											√			
稀冶废水		√	√											√			√
加工废水		√	√	√					√		√						

表 2-2 我国五种有色金属主要工业污染物情况

行业	产品	污染物种类		
		废 水	废 气	固体废物
铜	铜精矿	Cu、Pb、Zn、Cd、As		废石、尾矿
	粗铜	Cu、Pb、Zn、Cd	SO₂、烟尘	
铅、锌	粗铅	Pb、Cd、Zn	SO₂、烟尘	冶炼渣
	粗锌	Pb、Cd、Zn	SO₂、烟尘	
铝	氧化铝	碱量、SS、油类	尘	赤泥
	电解铝	HF	粉尘、HF、沥青烟	
镍	镍	Ni、Cu、Co、Pb、As、Cd	SO₂、烟尘	废渣

由于有色金属冶炼要消耗大量水资源，表 2-3 列出 10 种有色金属冶炼吨产品的用水量[13]，近年来虽有所下降，但用水量还很大。由于有色金属矿中常有伴生元素共存，所以冶炼废水中一般含有汞、镉、砷、铅、铍、铜、锌等重金属离子、氟化合物和放射性元素等。

表 2-3 我国有色金属冶炼吨产品用水量 单位：m^3/t

品名	铜	铅	锌	锡	铝	锑	镁	镍	钛	汞
用水量	290	309	309	2633	230	837	1348	2484	4810	3135

（2）有色金属冶炼废水的危害性

重金属是有色金属废水最主要成分，通常含量较高、危害较大，重金属不能被生物分解为无害物。重金属废水排入水体后，除部分为水生物、鱼类吸收外，其他大部分易被水中各种有机和无机胶体及微粒物质所吸附，再经聚集沉降沉积于水体底部。它在水中浓度随水温、pH 值等不同而变化，冬季水温低，重金属盐类在水中溶解度小，水体底部沉积量大，水中浓度小；夏季水温升高，重金属盐类溶解度大，水中浓度高。故水体经重金属废水污染后，危害的持续时间很长。废水中常见的重金属主要有汞、镉、铬、铅、砷、铜、锌、金、银、镍等。

重金属离子除对人体有危害外，对农业和水产也有很大的影响。用含铜污水浇灌农田，会导致农作物遭受铜害，水稻吸收铜离子后，铜在水稻内积蓄，当积蓄的铜量占干农作物的万分之一以上时，不论给水稻施加多少肥料都要减产。

当水中含有重金属时，鱼鳃表面接触重金属，鳃因此在其表面分泌出黏液，当黏液盖满鱼鳃表面时，鱼便窒息死亡。

在铜、铅、锌的冶炼过程中，制酸工序还会产生大量的污酸污水。如果不处理直接外排入水体，将改变水中正常的 pH 值，直接危害生物正常的生长。污水中的酸还会腐蚀金属和混凝土结构，破坏桥梁、堤坝、港口设备等。

在金的冶炼过程中会产生大量的碱性含氰污水。氰是极毒物质，人体对氰化钾的致死剂量是 0.25g。污水中的氰化物在酸性条件下亦会成为氰化氢气体逸出而发生毒害作用。氢氰酸和氰化物能通过皮肤、肺、胃，特别是从黏膜吸收进入体内，可使全部组织的呼吸麻痹，最后致死。氰化物对鱼的毒害也较大，当水中含氰量为 0.04~0.1mg/L 时就可以使鱼致死。氰化物对细菌也有毒害作用，能影响污水的生化处理过程。

因此，对铜、铅、锌冶炼污水的处理主要是处理含重金属离子的酸性污水，对金冶炼厂的污水处理主要是处理含氰的碱性污水。

放射物质对人类与环境的危害更为严重，更需妥善处理与处置。

2.2 有色金属工业废水处理现状与节水减排途径

2.2.1 有色金属工业冶炼废水处理现状与分析

（1）有色金属工业冶炼废水处理技术发展状况

进入新世纪以来，我国有色金属工业得到迅速发展，产业规模已跃升到世界第一位。其发展迅速在很大程度上依靠固定资产投资，扩大生产规模的粗放型发展模式。由于有色金属在生产过程中消耗大量矿产资源、能源和水资源，产生大量固体废弃物、废水和废气。2005年有色金属工业除外购矿外，矿山采剥量约 1.6 亿吨，产生尾矿约 1.2 亿吨，赤泥 780 万吨，炉渣 766 万吨，排放 SO_2 40 万吨以上，外排废水 2.7 亿吨以上。

当前我国有色金属工业的"三废"资源化利用程度还很低，固体废弃物利用率仅在 13% 左右；低浓度 SO_2 几乎没有利用；从工业废水中回收有价元素还不普遍；除少数大型企业利用冶炼余热发电外，大部分企业余热利用率很低。但从有色金属废水处理与回用技术发展而言，是有很明显的技术进步，随着第一座冶炼废水处理设施在昆明冶炼厂建成运行，德兴铜矿、银山铅锌矿、株洲冶炼厂和沈阳冶炼厂等一批冶炼企业废水都得到有效治理。近十多年来，有色金属工业废水处理工艺技术有了很大发展。

① 废水治理从单项治理发展到综合治理，循环利用　例如沈阳冶炼厂、株洲冶炼厂等通过改革工艺，革新设备，实现串级用水、废水循环、一水多用等多项综合治理措施。某铅锌矿采用低毒选矿药剂，并利用尾矿库的自净作用，实现尾矿水循环回用，既减少有毒选矿水外排，也减少选矿药剂的使用。

② 工业用水循环利用率不断提高　有色金属企业提高用水循环率主要通过净冷却水循环、串级用水与废水处理再生回用等。

串级用水有系统串级用水和设备串级用水两种。前者是将水质较高的循环水系统的排污水作为水质较差的循环水系统的补充水；后者是将某设备的排水用作另一设备的给水。串级用水不仅可使企业的外排水量和污染物量减少，对环境、社会和经济都产生效益。

废水再生利用通常是将废水经适当处理后循环使用。具有处理费用低等优势，但获得效果较好。目前很多有色金属冶炼厂通过废水净化回用，大大提高了废水循环利用率，如云南某锡矿、郑州铝厂、杨家仗子矿务局、葫芦岛锌厂、德兴铜矿、株洲冶炼厂和沈阳冶炼厂等大都实现废水闭路循环利用，有的已达到零排放。

③ 从废水回收有价金属成效显著　有色金属企业废水中含有大量重金属、贵金属。这些重金属在水环境中难以降解，是有害物质。从废水中分离出来加以利用，变有害物质为有用物质，这是重（贵）金属废水处理技术的最佳选择。近十多年来从废水中回收重（贵）金属已有进展，并产生了较好的效益。

（2）有色金属工业冶炼废水水质水量

有色金属冶炼所用的矿石，大多是金属复合矿，含有多种重有色金属、稀有金属、贵金属以及大量铁和硫并有时含有放射性元素。因此在冶炼过程中，往往仅冶炼其中主要有色金属，而对低品位有色金属常作为杂质以废物形式清除。一般而言，几乎所有有色冶金废水都含有重金属。

同一有色金属冶炼废水水质随工艺方法的差别而异，即使是同一工厂，也会因操作情况、生产管理的优劣而差异较大。例如，烧结法生产氧化铝厂的废水含碱量约为 $78\sim156mg/L$（以 Na_2O 计）；联合法工厂为 $440\sim560mg/L$。但在管理水平较低情况下，可高达 $1000\sim2000mg/L$。几种不同生产工艺的氧化铝厂的废水水质见表 2-4。[14、15]

表 2-4 氧化铝厂废水水质　　　　单位：mg/L，pH 值除外

水质项目	生产工艺			
	烧结法	联合法	拜耳法	用霞石生产时
pH 值	8～9	8～11	9～10	9.5～11.5
总硬度	9～15	4～5		
暂硬度	11.6			
总碱度	78～156	440～560	84	340～420
Ca^{2+}	150～240	14～23	40	
Mg^{2+}	40	13	11.5	
Fe^{2+}	0.1		0.07	10～18
Al^{3+}	40～64	100～450	10	10～18
SO_4^{2-}	500～800	50～80	54	40～85
Cl^-	100～200	35～90	35	80～110
CO_3^{2-}	84	102		
HCO_3^-	213	339		
SiO_2	12.6		2.2	
悬浮物	400～500	400～500	62	400～600
总溶解固体	1000～1100	1100～1400		
油	15～120			

同样，废水产生量也与生产工艺、采用净化设备和流程有关。氧化铝厂在给水循环率为 85% 左右时，单位产品的废水量为 $10\sim15m^3$。电解铝厂采用湿法净化时，废水量为 $1.5\sim15m^3/t$ 铝。因此，有色金属冶炼废水量与水质与冶炼工艺关系较大。

2.2.2　有色金属工业冶炼废水处理回用与节水减排对策

根据国内外产业现状及发展趋势，我国有色金属工业在新的发展时期应遵循四条基本原则。

（1）优化产品结构，提高产业集中度，增强市场竞争力

面对国内外市场的激烈竞争，实现集约化经营，提高产业集中度；依靠科技创新，淘汰缺乏竞争力的落后生产能力，是产业发展的必然选择。当前我国有色金属工业大而不强的一个突出表现就是生产经营高度分散、产业总体规模虽然很大，但是还没有一家企业拥有进入全球有色金属工业企业前 10 名行列的实力，对世界有色金属工业发展的影响力薄弱。

我国有色金属工业企业间的联合、兼并取得重要进展。特别是中国铝业公司发挥市场配置资源的基础性作用，通过收购，在短短几年时间里，就实现了资产翻番，极大地增强了企业的实力。特别是通过战略重组和整合，中国铝业公司的电解铝产能由 2002 年成立时的 100 万吨左右，猛增到目前的 300 万吨以上，这是仅靠增加固定资产投资，扩大生产规模，根本无法实现的。

为了做大做强我国有色金属工业，必须加大结构调整的力度，积极推动产业的战略重组和整合，这应该是当前和今后一个时期产业发展的重点。

（2）以节能减排为中心，适度发展

有色金属工业是高耗能产业。近年来我国有色金属工业的年能源消耗总量已超过 8000

万吨标准煤，约占全国能源消耗的 3.5%。其中铝工业万元 GDP 能耗是全国平均水平的 4 倍以上。如果我国有色金属工业继续把扩大生产规模放在发展的首要地位，随着产量的增长，能源消耗和污染物排放进一步增加将是确定无疑的。

在污染物排放方面，我国是有色金属生产大国，在生产过程中消耗大量矿产资源、能源和水资源，也必然产生大量固体废弃物、废水和废气。当前我国有色金属工业的"三废"资源化程度还比较低，固体废物利用率仅在 13% 左右；低浓度二氧化硫几乎完全没有利用；从工业废水中回收有价元素还是空白；除少数大型企业利用冶炼余热发电外，大部分企业余热利用率很低。我国有色金属工业"三废"资源化程度低，已成为产业发展的突出问题。

为了转变经济增长方式，实现产业的可持续发展，我国有色金属工业必须坚持节能优先，降低单位产品能耗，遏制能源消费总量持续上升势头，努力推进结构节能、技术节能、能源转换和梯级利用。推进有色金属工业清洁生产，争取环境状况显著改善，治污利废，实现"三废"资源化。

（3）大力发展循环经济，创建资源节约型、环境友好型企业

发展循环经济，创建节约型企业，推行清洁生产，是改造传统有色冶炼企业，走新型工业化道路的重要途径。要围绕节约资源能源，减少"三废"排放，实现产品多元化、资源综合利用。大力发展和应用环境友好的冶炼技术，优化生产技术和工艺，不断降低产品生产成本；把传统经济的"资源→产品→废物"的线性产业链转变为"资源→产品→再生资源"的环形产业链，形成产业内、行业间的代谢和共生关系，最终建立起资源消耗少、能源利用效率高、废弃物排放少和废旧产品回收再利用的冶金生产和消费体系，成为高产率、低能耗和低污染的循环型、节约型企业。

（4）以满足国内市场需求为发展目标

在过去几年中，我国经济的持续发展，推动市场对有色金属等原材料的需求出现大幅度增长。预计未来十几年里，随着工业化和城市化进程的加快，国内市场对有色金属等原材料的需求仍有较大增长空间。而另一方面，受资源、环境等条件制约，我国有色金属工业不具备长期大量出口初级原料的能力。因此，产业必须确立以满足国内市场需要为主的发展目标，不能追求大量出口有色金属产品。

根据我国经济发展形势和资源状况，国家已经把限制高能耗、高污染、资源性产品出口，作为一项需要长期坚持的重要政策。国内有色金属工业企业的发展应在这个方针指导下，坚持科学发展观，坚持实事求是，不能在发展目标中把争所谓片面的"世界第一"放在突出位置。要清醒地认识到，在未来相当长时期内，我国保持世界重要有色金属产品进口国地位是正常的，也是无法改变的。

当前我国有色金属工业的发展正面临新的机遇与挑战。贯彻落实科学发展观，转变经济增长方式，走新型工业化道路，实现由大到强的战略性转变，是产业发展的正确选择。

3 冶金工业废水处理回用的技术对策与发展趋势

我国冶金企业在废水处理回用与节水技术上与国外相比存在一定程度的差距，其根本原因在于：a. 国外冶金工业生产工艺、生产设备十分先进；b. 执行严格用水标准和排放标准；c. 用水的高质量与处理严格化；d. 严格执行高的用水循环率，以及十分注意废水水量、温度、悬浮物和水质盐类平衡；e. 充分利用各工序水质差异，实现多级串接与循环利用，最大限度地将废水分配或消纳于各级生产工序中。因此，废水循环利用率比较高，废水资源回用效果显著。近些年来，冶金工业废水处理回用技术发展已发生了重大变化，但冶金环保总体水平还存在一定差距。

3.1 冶金工业废水处理回用的基本方法与途径

冶金工业废水常分为有色金属工业废水和黑色冶金工业（钢铁工业）废水。钢铁工业废水造成的污染主要为：a. 无机悬浮物；b. 油与油脂；c. 酸性废水；d. 有机需氧污染物；e. 重金属等。特别是焦化废水，据不完全统计，废水中共有 52 种有机物。

有色金属工业废水的特点是：废水中除混杂有悬浮物和胶体外，并含有大量的有害金属离子，如 Cd、Pb、As、Cr、Hg、Cu、Zn 等，以及非金属离子组分，如 CN^-、S^{2-}、NO_3^-、F^-、Cl^-、SiF_6^{2-} 等；在稀有金属冶炼时，常伴有放射性物质，如铀、钍、镭等。因此，钢铁工业生产废水与有色金属工业生产废水既有共性，又有个性，它们均含有大量无机悬浮物、油、油脂、重金属和酸碱性物质。因此二者废水处理的基本原理是相同的。

废水处理是将废水中所含有的污染物分离出来，或将其转化为无害和稳定的物质，从而使废水得以净化。根据污染物在废水中存在的形式所采用的分离技术见表 3-1。

表 3-1　水中污染物存在形式及相应的分离技术

污染物存在形式	分 离 技 术
离子态	离子交换法、电解法、电渗析法、离子吸附法、离子浮选法
分子态	萃取法、结晶法、精馏法、浮选法、反渗透法、蒸发法
胶体	混凝法、气浮法、吸附法、过滤法
悬浮物	重力分离法、离心分离法、磁力分离法、筛滤法、气浮法

另一类是通过化学或生化的作用，使其转化为无害的物质或可分离的物质（此部分物质再经过分离予以除去），称为转化法。转化的技术也是多种多样的，见表 3-2。

表 3-2　废水处理的转化技术

技 术 机 理	转 化 技 术
化学转化	中和法、氧化还原法、化学沉淀法、电化学法
生物转化	活性污泥法、生物膜法、厌氧生物处理法、生物塘法和氧化沟法

表 3-1 和表 3-2 中的废水处理技术也可分为物理法、化学法、物理化学法和生物处理法四种类型。

3.1.1 物理法处理回用技术与途径

物理法通过物理和机械分离或回收废水中不溶解的悬浮污染物质（包括膜和油珠）并在处理过程中不改变其化学性质的方法。物理法比较简单，常用来对废水进行一级处理。物理法的功能有：a. 均衡与调节，即对废水进行缓存和混合，以实现水量的调节和水质的均衡；b. 筛选与过滤，即利用各种类型的格栅或过滤介质截留废水中的悬浮物；c. 隔油，即利用水中可浮油与水的密度差将其与水分离并加以清除；d. 沉淀，即借助重力使水中悬浮物下沉而进行分离，通过沉淀池进行。

（1）沉淀与过滤处理

① 沉淀法处理　沉淀是利用废水中悬浮颗粒与水的密度差进行分离的基本方法。当悬浮物的密度大于水时，在重力作用下，悬浮物下沉形成沉淀物与水分离。沉淀法是废水处理的基本方法，通常废水处理第一步都是沉淀工艺。

根据水中悬浮物的密度、浓度及凝聚性，沉淀可分为自由沉淀、絮凝沉淀、成层沉淀和压缩沉淀四种基本类型。

按构造沉淀池可分为普通沉淀池和斜板斜管沉淀池，普通沉淀池应用较广。图 3-1、图 3-2 分别是各种类型的辐流式和竖流式沉淀池示意。除此之外，还有平流式、斜板（管）式沉淀池。沉淀法是废水处理的基本方法，废水处理工艺的第一步都是沉淀法。若废水携带大量泥沙或悬浮物进入化学处理、生物处理等处理设施，将影响处理效果，并堵塞处理设施。沉淀设备有旋流池、沉淀池等。高炉煤气洗涤水即可采用辐射沉淀池除

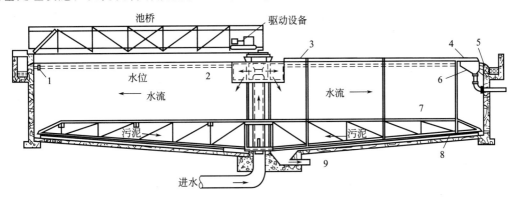

(a) 中心进水周边出水辐流式沉淀池

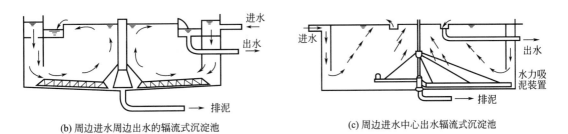

(b) 周边进水周边出水的辐流式沉淀池　　　(c) 周边进水中心出水辐流式沉淀池

图 3-1　辐流式沉淀池的构造

1—浮渣挡板；2—旋转式挡板；3——一个桁架上的撇渣器；4—浮渣刮板；5—出水堰；
6—浮渣箱；7—金属桁架；8—橡皮刮板；9—排泥管

去废水中大量悬浮物后，再做后续处理。斜板沉淀池是新型沉淀池，处理效率高，其示意如图 3-3 所示。

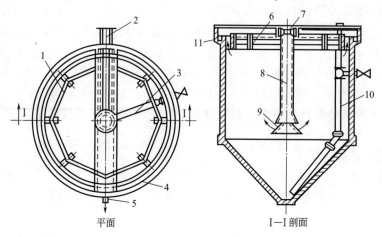

平面　　　　　　　　　I—I 剖面

图 3-2　竖流式沉淀池的构造
1,6—挡板；2,7—进水渠；3—排泥管；4,11—集水槽；
5—出水管；8—中央管；9—反射板；10—排泥管

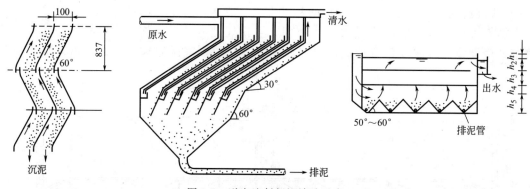

图 3-3　逆向流斜板沉淀池示意

② 过滤法处理　过滤是去除悬浮物，特别是去除浓度比较低的悬浊液中微小颗粒的一种有效方法。过滤时，含悬浮物的水流过具有一定孔隙率的过滤介质，水中的悬浮物被截留在介质表面或内部而除去。根据所采用的过滤介质不同，可将过滤分为格筛过滤、微孔过滤、膜过滤和深层过滤等几类。

常用的深层过滤设备是各种类型滤池。按过滤速度不同，有慢滤池（＜0.4m/h）、快滤池（4～10m/h）和高速滤池（10～60m/h）三种；按作用力不同，有重力滤池（水头为4～5m）和压力滤池（作用水头15～25m）两种；按过滤时水流方向分类，有下向流、上向流、双向流和径向流滤池四种；按滤料层组成分类，有单层滤料、双层滤料和多层滤料滤池三种。

（2）气浮法处理

在含油废水气浮过程中，为提高气浮效果，有时还需向废水中投加破乳剂，使难于气浮的乳化油聚集成气浮可去除的油粒。破乳剂常为硫酸铝、聚合氧化铝、三氧化铁等。

气浮处理根据布气方式的不同分为三类。

① 电解气浮法　电解气浮法装置如图 3-4 所示，在直流电的电解作用下，正负极分别

产生氢气和氧气微气泡。气泡小于溶气法和散气法。该法具有多种作用，除 BOD、氧化、脱色等，去除污染物范围广，污泥量少，占地少，但电耗大。有竖流式装置和平流式装置两类。

② 散气气浮法 有扩散板曝气气浮法和叶轮气浮法两种。

1）扩散板曝气气浮法。压缩空气通过扩散装置以微小气泡形式进入水中。简单易行，但容易堵塞，气浮效果不高，扩散板曝气气浮法见图 3-5。

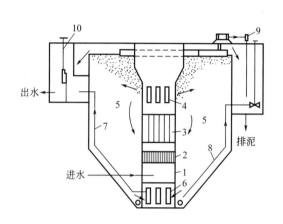

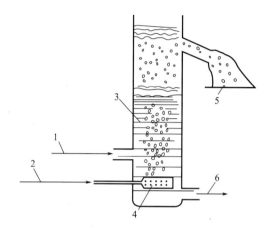

图 3-4 电解气浮法装置示意

1—入流室；2—整流栅；3—电极组；
4—出流孔；5—分离室；6—集水孔；
7—出水管；8—排沉淀管；9—刮渣机；
10—水位调节器

图 3-5 扩散板曝气气浮法

1—入流液；2—空气进入；
3—分离柱；4—微孔陶
瓷扩散板；5—浮渣；
6—出流液

2）叶轮气浮法。适用于处理水量不大，污染物浓度高的废水，叶轮气浮设备构造示意见图 3-6。

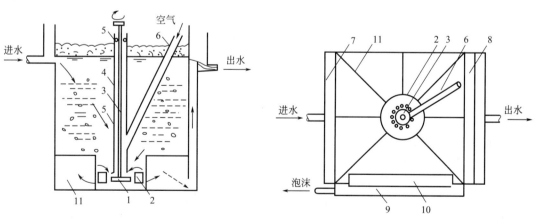

图 3-6 叶轮气浮设备构造示意

1—叶轮；2—盖板；3—转轴；4—轴套；5—轴承；6—进气管；7—进水槽；
8—出水槽；9—泡沫槽；10—刮沫板；11—整流板

③ 溶气气浮法 根据气泡析出时所处的压力不同，分为溶气真空气浮和加压溶气气浮。加压溶气气浮是利用压力向水中溶入大量空气然后减压释放空气，产出气泡的过程。该方法的特点是水中空气的溶解度大，能提供足够的微气泡，气泡粒径小（20～100μm）、均匀，

设备流程简单。加压溶气气浮工艺有 3 种类型。

1）全溶气法。所有的待处理水都通过溶气罐溶气，全溶气方式加压溶气气浮法流程如图 3-7 所示；该法电耗高，但气浮池容积小。

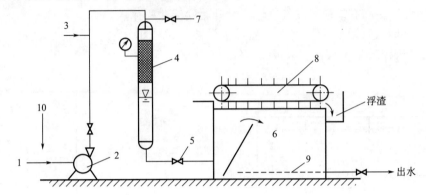

图 3-7 全溶气方式加压溶气气浮法流程

1—废水进入；2—加压泵；3—空气进入；4—压力溶气罐（含填料层）；5—减压阀；
6—气浮池；7—放气阀；8—刮渣机；9—出水系统；10—化学药液

2）部分溶气法。部分待处理水进入溶气罐溶气，其余的待处理水直接进入气浮室，如图 3-8 所示；该法省电，溶气罐小，但若溶解空气多，需加大溶气罐压力。

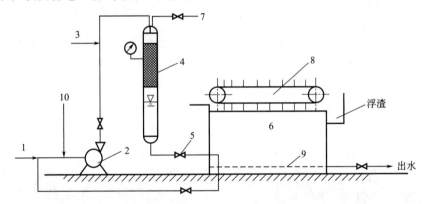

图 3-8 部分溶气方式加压溶气浮上法流程

1—废水进入；2—加压泵；3—空气进入；4—压力溶气罐（含填料层）；5—减压阀；
6—气浮池；7—放气阀；8—刮渣机；9—出水系统；10—化学药剂

3）回流加压溶气法。将气浮室的部分出水回流进入溶气罐加压溶气，如图 3-9 所示；该法适用于 SS 高的原水，但气浮池容积大。

（3）离心分离法处理

物体高速旋转时会产生离心力场。利用离心力分离废水中杂质的处理方法称为离心分离法。废水做高速旋转时，由于悬浮固体和水的质量不同，所受的离心力也不相同，质量大的悬浮固体被抛向外侧，质量小的水被推向内层。这样悬浮固体和水从各自出口排除，从而使废水得到处理。

按产生离心力的方式不同，离心分离设备可分为离心机和水力旋流器两类。离心机是依靠一个可随传动轴旋转的转鼓，在外界传动设备的驱动下高速旋转，转鼓带动需进行分离的废水一起旋转，利用废水中不同密度的悬浮颗粒所受离心力不同进行分离的一种分离设备，水力旋流器有压力式和重力式两种。压力式水力旋流器用钢板或其他耐磨材料制造，其上部

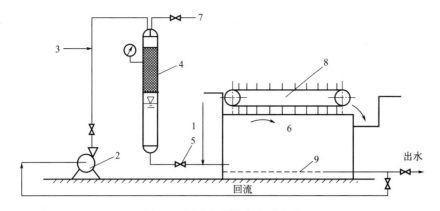

图 3-9　回流加压溶气方式流程

1—废水进入；2—加压泵；3—空气进入；4—压力溶气罐（含填料层）；5—减压阀；

6—气浮池；7—放气阀；8—刮渣机；9—集水管及回流清水管

是直径为 d 的圆筒，下部是锥角为 θ 的截头圆锥体。进水管以逐渐收缩的形式与圆筒以切向连接，废水通过加压后以切线方式进入器内，进口处的流速可达 $6\sim10\mathrm{m/s}$。废水在容器内沿器壁向下做螺旋运动的一次涡流，废水中粒径及密度较大的悬浮颗粒被抛向器壁，并在下旋水推动和重力作用下沿器壁下滑，在锥底形成浓缩液连续排出。锥底部水流在越来越大的锥壁反向压力作用下改变方向，由锥底向上做螺旋运动，形成二次涡流，经溢流管进入溢流筒，从出水管排出。在水力旋流中心，形成围绕轴线分布的自下而上的空气涡流柱。

旋流分离器具有体积小，单位容积处理能力高，易于安装、便于维护等优点，较广泛地用于轧钢废水处理以及高浊度废水的预处理等。旋流分离器的缺点是器壁易受磨损和电能消耗较大等。器壁宜用铸铁或铬锰合金钢等耐磨材料制造或内衬橡胶，并应力求光滑。重力式旋流分离器又称水力旋流沉淀池。废水也以切线方向进入器内，借进出水的水头差在器内呈旋转流动。与压力式旋流器相比较，这种设备的容积大，电能消耗低。

（4）蒸发与结晶法处理

蒸发是依靠加热过程中，使溶液中的溶剂（一般是水）汽化，从而溶液得到浓缩的过程。结晶是利用过饱和溶液的不稳定原理，将废水中过剩的溶解物质以结晶的状态析出，再将母液分离出来就得到了纯净的产品的过程。在废水处理中常用结晶的方法，回收有用物质或去除污染物达到净化的目的。

蒸发器种类较多，生产上常用为膜式。废水处理中有采用非膜式蒸发器，如自然循环蒸发器和强制循环蒸发器。膜式与非膜式蒸发器的区别是废水在蒸发器内不循环，因而传热效率高，蒸发速度快，在废水处理回收上很多地方均可采用。膜式

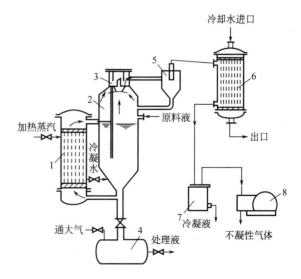

图 3-10　单效真空蒸发流程

1—加热室；2—蒸发室；3—挡板分液器；

4—溶液贮槽；5—旋风分离器；6—冷凝器；

7—冷凝液贮槽；8—真空泵

蒸发器有列管式、旋转式、板式和旋液式四种。

蒸发法处理废水的流程应根据废水的水质水量、处理要求、经济因素及操作运行管理等因素综合考虑后选定。在废水处理中，目前多采用单效真空蒸发和多效蒸发流程。

① 单效真空蒸发　在酸、碱废水浓缩处理时常采用单效真空蒸发法，其流程如图 3-10 所示。

单效真空蒸发流程被广泛用于废水处理，其优点是沸点低，有效温差大。可利用低压蒸汽或废热气作为热源，操作温度低，热损失小。但此法需增加冷凝器和真空泵等设备，而且由于蒸汽压力低，水的汽化热增高需增加一些加热量。

② 多效蒸发流程　为了再利用二次蒸汽的热量而节约能耗，以提高蒸发装置的经济效益，常采用多效蒸发流程。

表 3-3 所列为不同蒸发装置的蒸汽消耗量，其中实际消耗量包括蒸发装置和其操作过程中各项热量损失。

表 3-3　不同效数蒸发装置的蒸汽消耗量　　　　　单位：kg

效数	理论蒸汽消耗量		实际蒸汽消耗量		
	蒸发 1kg 水需蒸汽量	1kg 蒸汽能蒸发的水量	蒸发 1kg 水需蒸汽量	1kg 蒸汽能蒸发的水量	在该效上增加一效可节约蒸汽/%
单效	1.00	1	1.10	0.91	93
二效	0.50	2	0.57	1.75	30
三效	0.33	3	0.40	2.50	25
四效	0.25	4	0.30	3.33	10
五效	0.20	5	0.27	3.70	7

从表 3-3 可以看出，两效比单效节约蒸汽 93%，但四效仅比五效节约蒸汽 10%，而节约的蒸汽费用不足以补偿设备费增加而造成的成本增加。因此并不是效数越多越好。目前生产上多采用三效蒸发流程。多效蒸发流程分为逆流、顺流（并流）、错流与平流等运行方式，各有优缺点。因废水的黏度一般都比较大，故废水处理中常用逆流式。

（5）磁分离处理

利用磁场对磁性介质的作用达到废水净化的目的。我国于 20 世纪 60 年代开始研究应用磁分离法处理钢铁工业废水，主要有电磁分离、高梯度磁过滤、超导磁分离、水磁分离等。钢铁工业轧钢废水含有氧化铁（铁磁性物质）、油分及杂质等，利用高梯度磁分离法可使悬浮物去除率达 80% 以上，其过滤速度比传统工艺的过滤速度提高了 20～30 倍。采用水磁分离技术处理轧钢废水，可使悬浮物大幅度下降，使铁皮沟坡度减小、长度缩短，并省去了旋流井、压滤器等设施。马钢棒材工程中，其轧机冷却浊（循）环水系统即采用磁凝技术，将不易沉降的 3μm 细小颗粒变大为可沉降的 10μm 微粒，沉淀速度增加了 10 倍，大大提高了沉淀效率。

当流体流经磁分离设备时，流体中含的磁性悬浮颗粒，除受流体阻力、颗粒重力等机械力的作用之外，还受到磁场力的作用。当磁场力大于机械合力的反方向分量时，悬浮于流体中的颗粒将逐渐从流体中分离出来，吸附在磁极上而被除去，达到净化废水、废物回用、循环使用的目的。

轧钢废水中的悬浮物 80%～90% 为氧化铁皮。它是铁磁性物质，可以直接通过磁力作用去除。对于非磁性物质和油污，采用絮凝技术、预磁技术，使其与磁性物质结合在一起，也可采用磁力吸附去除。所以利用磁力分离净化技术可以有效地处理这类废水。

稀土磁盘分离净化设备由一组强磁力稀土磁盘打捞分离机械组成。当流体流经磁盘之间的流道时，流体中所含的磁性悬浮絮团，除受流体阻力、絮团重力等机械力的作用之外，还受到强磁场力的作用。当磁场力大于机械合力的反方向分量时，悬浮于流体中的絮团将逐渐从流体中分离出来，吸附在磁盘上。磁盘以 1r/min 左右的速度旋转，让悬浮物脱去大部分水分。运转到刮泥板时，形成隔磁卸渣带，渣被螺旋输送机输入渣池。被刮去渣的磁盘旋转重新进入流体，从而形成周而复始的稀土磁盘分离净化废水全过程，达到净化废水、废物回收、循环使用的目的。

稀土磁盘技术应用于冶金废水已有工程实例，根据冶金废水特性，可选用不加絮凝剂、加絮凝剂和设置冷却塔等处理工艺流程。

3.1.2 化学法处理回用技术与途径

化学法是废水处理基本的方法之一。它是利用化学作用处理废水中的溶解物质或胶体物质，可利用去除废水中金属离子、细微的胶体有机物、无机物、植物营养物（氮、磷等）、乳化油、色度、臭味、酸、碱等，对于废水深度处理也有着重要作用。

（1）中和法处理及 pH 值控制

含酸含碱废水来源很广，化工厂、化纤厂、电镀厂、有色冶炼厂以及金属酸洗车间等都排出酸性废水。有的废水含有无机酸如硫酸、盐酸等；有的则含有蚁酸、醋酸等有机酸；有的则兼而有之。废水含酸浓度差别很大，从小于 1％到 10％以上。轧钢厂、有色冶炼、金属加工厂等排出酸性废水，大多数情况下为无机酸。也有些废水含有碱性。其中某些废水含碱浓度很高，最高可达百分之几。废水中除含酸、碱外，还可能含有酸式盐、碱式盐，以及其他的无机物、有机物等物质。将酸和碱随意排放会对环境造成污染和破坏，而且也是一种资源的浪费。因此，对酸、碱废水首先应考虑回收和综合利用。当酸、碱废水的浓度较高时，例如达 3％～5％以上，往往存在回用和综合利用的可能性。例如用以制造硫酸亚铁、硫酸铁、石膏、化肥，也可以考虑供其他工厂使用等。当浓度不高（例如<2％），回收或综合利用经济意义不大时才考虑中和处理。

① 中和法处理与中和剂消耗　用化学法去除废水中过量的酸或碱，使其 pH 值达到中性左右的过程称为中和。处理含酸废水时通常以碱和碱性氧化物为中和剂，而处理碱性废水则以酸或酸性氧化物作中和剂。

对于中和处理，首先应当考虑以废治废的原则，例如将酸性废水与碱性废水互相中和，或者利用废碱渣（电石渣、碳酸钙碱渣等）中和酸性废水。在没有这些条件时，才采用药剂（中和剂）中和处理法。

酸性废水中和处理经常采用的中和剂有石灰、石灰石、白云石、氢氧化钠、碳酸钠等。碱性废水中和处理则通常采用盐酸和硫酸。选用哪种中和剂要进行经济比较和优缺点的比较。表 3-4 和表 3-5 中列出了常用的中和剂及消耗量参考数据。

表 3-4　碱性中和剂的单位消耗量

酸类名称	中和 1g 酸所需碱性物质的量/g				
	CaO	Ca(OH)$_2$	CaCO$_3$	MgCO$_3$	CaCO$_3$-MgCO$_3$
硫酸（H$_2$SO$_4$）	0.571	0.755	1.02	0.86	0.94
盐酸（HCl）	0.77	1.01	1.37	1.15	1.29
硝酸（HNO$_3$）	0.445	0.59	0.795	0.668	0.732
乙酸（CH$_3$COOH）	0.466	0.616	0.83	0.695	

表 3-5 酸性中和剂的单位消耗量

碱类名称	中和 1g 碱所需酸性物质的量/g					
	H_2SO_4		HCl		HNO_3	
	100%	98%	100%	36%	100%	65%
NaOH	1.22	1.24	0.91	2.53	1.37	2.42
KOH	0.88	0.90	0.65	1.80	1.13	1.74
$Ca(OH)_2$	1.32	1.34	0.99	2.74	1.70	2.62
NH_3	2.88	2.93	2.12	5.90	3.71	5.70

② 中和法处理类型 酸性废水中和法有以下几种。

1) 酸碱性废水中和法。这种中和方法是将酸性废水和碱性废水共同引入中和池中,并在池内进行混合搅拌。中和结果,应该使废水呈中性或弱碱性。根据质量守恒原理计算酸、碱废水的混合比例或流量,并且使实际需要量略大于计算量。

当酸、碱废水的流量和浓度经常变化,而且波动很大时,应该设调节池加以调节,中和反应则在中和池进行,其容积应按 1.5～2.0h 的废水量考虑。

2) 药剂中和法。药剂中和法能处理任何浓度、任何性质的酸性废水,对水质和水量波动适应性强,中和药剂利用率高。主要的药剂包括石灰、苛性钠、碳酸钠、石灰石、电石渣等。其中最常用的是石灰（CaO）。药剂的选用应考虑药剂的供应情况、溶解性、反应速度、成本、二次污染等因素。

投药中和法有两种运行方式:当污水量少或间断排出时,可采用间歇处理,并设置 2～3 个池子进行交替工作;而当污水量大时,可采用连续流式处理,并可采取多级串联的方式,以获得稳定可靠的中和效果。

3) 过滤中和法。过滤中和法是选择碱性滤料填充成一定形式的滤床,酸性废水流过此滤床即被中和。过滤中和法与投药中和法相比,具有操作方便、运行费用低及劳动条件好等优点,它产生的沉渣少,只有污水体积的 0.1%,主要缺点是进水硫酸浓度受到限制。常用的滤料有石灰石、大理石、白云石三种,其中前两种的主要成分是 $CaCO_3$,而第三种的主要成分是 $CaCO_3$、$MgCO_3$。

滤料的选择与废水中含何种酸和含酸浓度密切相关。因滤料的中和反应发生在滤料表面,如生成的中和产物溶解度很小,就会沉淀在滤料表面形成外壳,影响中和反应的进一步进行。以处理含硫酸废水为例,当采用石灰石为滤料时,硫酸浓度不应超过 1～2g/L,否则就会生成硫酸钙外壳,使中和反应终止。当采用白云石为滤料时,由于 $MgSO_4$ 溶解度很大,故产生的沉淀仅为石灰石的 1/2,因此废水含硫酸浓度可以适当提高,不过白云石有个缺点就是反应速度比石灰石慢,这影响了它的应用。当处理含盐酸或硝酸的污水时,因生成的盐溶解度都很大,则采用石灰石、大理石、白云石作滤料均可。

中和滤池主要有普通中和滤池、升流式滤池和滚筒中和滤池三种类型。

4) 碱性废水中和处理法。碱性废水的中和处理法有用酸性废水中和、投酸中和和烟道气中和三种。

在采用投酸中和法时,由于价格上的原因,通常多使用 93%～96% 的工业浓硫酸。在处理水量较小的情况下,或有方便的废酸可利用时,也有使用盐酸中和法的。在投加酸之前,一般先将酸稀释成 10% 左右的浓度,然后按设计要求的投量经计量泵计量后加到中和池。

在原水 pH 值和流量都比较稳定的情况下，可以按一定比例连续加酸。当水量及 pH 值经常有变化时，应当考虑设计自动加药系统，例如采用 HBPH-3 型工业酸度计与 CHEM TECH 型系列计量泵组合成的自动 pH 控制系统，已比较广泛地用于废水处理工程。

由于酸在稀释过程中大量放热，而且在热的条件下酸的腐蚀性大大增强，所以不能采用将酸直接加到管道中的做法，否则管道很快将被腐蚀。一般应该设计混凝土结构的中和池，并保证一定的容积，通常可按 3~5min 的停留时间考虑。如果采用其他材料制作中和池或中和槽时，则应该充分考虑到防腐及耐热性能的要求。

烟道气中含有 CO_2 和 SO_2，溶于水中形成 H_2CO_3 和 H_2SO_3，能够用来使碱性废水得到中和。用烟道气中和的方法有两种：一种是将碱性废水作为湿式除尘器的喷淋水；另一种是使烟道气通过碱性废水。这种中和方法效果良好；其缺点是会使处理后的废水中悬浮物含量增加，硫化物和色度也都有所增加，需要进行进一步处理。

（2）混凝法处理

混凝法是废水处理中一种经常应用的方法，处理的对象是废水中利用自然沉淀法难以沉淀去除的细小悬浮物及胶体微粒，可以用来降低废水的浊度和色度，去除多种高分子有机物、某些重金属和放射性物质；此外，混凝法还能改善污泥的脱水性能，因此，混凝法在废水处理中获得广泛应用。它既可以作为独立的处理方法，也可以和其他处理方法配合使用，作为预处理、中间处理或最终处理。

混凝法与其他处理法比较其优点是设备简单，操作易于掌握，处理效果好，间歇或连续运作均可以。缺点是运行费用高，沉渣量大，且脱水较困难。

近年来，随着高效、低毒、经济实用的有机、无机高分子絮凝剂和生物絮凝剂的不断开发，使化学混凝法可以投加较少的药剂就能达到较好的处理效果，因而混凝技术被广泛应用于污水处理。常用的絮凝剂及其作用见表 3-6。

表 3-6 常用的絮凝剂及其作用

分 类		物 质	作 用
无机物	无机盐	硫酸铝、含铁硫酸铝、硫酸铝铵、聚合氯化铝、聚合氯化硫酸铝、硫酸亚铁、氯化铁、聚合硫酸铁等	铝盐和铁盐在水处理过程中发生水解和聚合反应，水中的胶粒能强烈吸附水解和聚合反应过程中出现的各种产物：各种 Al^{3+}、Fe^{3+} 的化合物和多种多核羟基络离子。絮凝剂最终形成聚合度很大的 $Al(OH)_3$ 或 $Fe(OH)_3$，使絮凝过程加速，絮凝体由小变大
高分子聚合物	低聚合度	藻朊酸钠、水溶性苯胺树脂盐酸盐、水溶性尿素树脂、明胶等	具有吸附活性，架桥连接吸附，使粒子间引力变大，生成稳定絮状物
	高聚合度	聚乙烯吡啶酸盐、乙烯吡啶共聚物、聚丙烯酰胺、聚氧乙烯等	架桥连接吸附作用，使粒子间引力变大，生成稳定絮状物。但吸附桥联作用随聚合度的增加而增大

影响混凝的主要因素有以下几种。

① 物化因素的影响 通常分为以下几种。

1）浊度。浊度过高或过低都不利于混凝，浊度不同，所需的混凝剂用量也不同。

2）pH 值。在混凝过程中，有一个相对最佳 pH 值存在，使混凝反应速度最快，絮体溶解度最小。此 pH 值可通过试验确定。以铁盐和铝盐混凝剂为例，pH 值不同，生成的水解产物不同，混凝效果亦不同。且由于水解过程中不断产生 H^+，因此，常常需要添加碱来使中和反应充分进行。

3）水温。水温会影响无机盐类的水解。水温低，水解反应慢，水的黏度增大，布朗运动减弱，混凝效果下降。这也是冬天混凝剂用量比夏天多的缘故。但温度也不是越高越好，当温度超过 90℃时，易使高分子絮凝剂老化或分解生成不溶性物质，反而降低混凝效果。

4) 共存杂质。有些杂质的存在能促进混凝过程。比如除硫、磷化合物以外的其他各种无机金属盐，均能压缩胶体粒子的扩散层厚度，促进胶体凝聚，且浓度越高，促进能力越强，并可使混凝范围扩大。而有些物质则会不利于混凝的进行，如磷酸离子、亚硫酸离子、高级有机酸离子会阻碍高分子絮凝作用。另外，氯、螯合物、水溶性高分子物质和表面活性物质都不利于混凝。

② 混凝剂种类、投加量和投加顺序对混凝效果产生的影响

1) 混凝剂种类。混凝剂的选择主要取决于胶体和细微悬浮物的性质、浓度。如水中污染物主要呈胶体状态，且 ξ 电位较高，则应先投加无机混凝剂使其脱稳凝聚，如絮体细小，还需投加高分子混凝剂或配合使用活性硅酸等助凝剂。很多情况下，将无机混凝剂与高分子混凝剂并用，可明显提高混凝效果，扩大应用范围。对于高分子混凝剂而言，链状分子上所带电荷量越大，电荷密度越高，链状分子越能充分延伸，吸附架桥的空间范围也就越大，絮凝作用就越好。

2) 混凝剂投加量。投加量除与水中微粒种类、性质、浓度有关外，还与混凝剂品种、投加方式及介质条件有关。对任何污水的混凝处理，都存在最佳混凝剂和最佳投药量的问题，应通过试验确定。一般的投加量范围是：普通铁盐、铝盐为 10～30mg/L；聚合盐为普通盐的 1/3～1/2；有机高分子混凝剂通常只需 1～5mg/L，且投加量过量，很容易造成胶体的再稳。

3) 混凝剂投加顺序。当使用多种混凝剂时，其最佳投加顺序可通过试验来确定。一般而言，当无机混凝剂与有机混凝剂并用时，先投加无机混凝剂，再投加有机混凝剂，但当处理的胶粒在 50μm 以上时，常先投加有机混凝剂吸附架桥，再加无机混凝剂压缩扩散层而使胶体脱稳。

③ 水力条件对混凝效果的影响　水力条件两个主要的控制指标是搅拌强度和搅拌时间。搅拌强度常用速度梯度 G 来表示。在混合阶段，要求混凝剂与污水迅速均匀地混合，为此要求 G 在 500～1000s^{-1}，搅拌时间 t 应在 10～30s。而到了反应阶段，既要创造足够的碰撞机会和良好的吸附条件让絮体有足够的成长机会，又要防止生成的小絮体被打碎，因此搅拌强度要逐渐减小，而反应时间要长，相应 G 和 t 值分别应在 20～70s^{-1} 和 15～30min。

为确定最佳的工艺条件，一般情况下，可以用烧杯搅拌法进行混凝的模拟试验。试验方法分为单因素试验和多因素试验。一般应在单因素试验的基础上采用正交设计等数理统计法进行多因素重复试验。

（3）氧化还原法处理

通过药剂与污染物的氧化还原反应，将废水中有害的污染物转化为无毒或低毒物质的方法称为氧化还原法。废水处理中最常用的氧化剂是空气、臭氧、二氧化氯、氯气、高锰酸钾等。药剂还原法在废水处理中应用较少，只限于某些废水（如含铬废水）的处理，常用的还原剂有硫酸亚铁（$FeSO_4$）、亚硫酸盐、氯化亚铁（$FeCl_2$）、铁屑、锌粉、硼氢化钠等。

氧化还原法的工艺过程及设备比较简单，通常只需一个反应池，投药混合并发生反应即可。

① 药剂氧化法

1) 空气（及纯氧）氧化法。该方法是利用氧气氧化废水中污染物，主要用于含硫废水的处理，可在各种密封塔体中进行。纯氧氧化法相对来说效率比空气氧化法高，但成本较高，一般较少采用。

2）臭氧氧化法。臭氧的氧化性在天然元素中仅次于氟，可分解一般氧化剂难于破坏的有机物，且不产生二次污染物，制备方便，因此广泛应用于消毒、除臭、脱色以及除酚、氰、铁、锰等，而且可降低废水的 COD、BOD 值。

臭氧处理系统中最主要的设备是接触反应器。为使臭氧与污染物充分反应，应尽可能使臭氧化空气在水中形成微细气泡，并采用两相逆流操作，强化传质过程。影响臭氧氧化的因素主要是共存杂质的种类和浓度、溶液的 pH 值和温度、臭氧浓度、用量和投加方式、反应时间等。臭氧氧化的工艺条件应通过实验确定。该法主要缺点是发生器耗电量大。

3）氯氧化法。氯系氧化剂包括氯气、氯的含氧酸及其钠盐、钙盐及二氧化氯，除了用于消毒外，还可用于氧化废水中某些有机物和还原性物质，如氰化物、硫化物、酚、醇、醛、油类以及用于废水的脱色、除臭。

② 药剂还原法　在废水处理中，采用还原法进行处理的污染物主要有 Cr^{6+}、Hg^{2+} 等重金属。电镀工业的含铬废水主要为有毒的六价铬，加入硫酸亚铁等还原剂后，Cr^{6+} 即被还原为 Cr^{3+}，然后投加石灰，使 pH＝7.5～9.0，生成难溶于水的氢氧化铬沉淀。反应式如下：

$$Cr_2O_7^{2-} + 6Fe^{2+} + 14H^+ \longrightarrow 2Cr^{3+} + 6Fe^{3+} + 7H_2O$$
$$Cr^{3+} + 3OH^- \longrightarrow Cr(OH)_3 \downarrow$$

常用的还原法去除 Hg^{2+} 的还原剂为比汞活泼的金属（铁屑、锌粉、铝粉、铜屑等）和硼氢化钠、醛类、联氨等。金属还原 Hg^{2+} 时，将含汞废水通过金属屑滤床，或与金属粉混合反应，置换出金属汞。该法只用于废水中无机汞的去除，对于有机汞，通常先用氧化剂（如氯）将其破坏，转化为无机汞后，再进行处理。硼氢化钠在碱性条件下（pH＝9～11）。可将汞离子还原为金属汞，其反应为：

$$4Hg^{2+} + BH_4^- + 2OH^- \longrightarrow 4Hg \downarrow + 3H_2 + BO_2^-$$

还原剂一般配成 $NaBH_4$ 含量为 12％的碱性溶液，与废水一起加入混合反应器进行反应。

（4）电解法处理

电解是利用直流电进行溶液氧化还原反应的过程。废水中的污染物在阳极被氧化，在阴极被还原，或者与电极反应的产物作用，转化为无害成分被分离除去。目前对电解还没有统一的分类方法，一般按照污染物的净化机理可分为电解氧化法、电解还原法、电解凝聚法和电解浮上法；也可以分为直接电解法和间接电解法。按照阳极材料溶解特性可分为不溶性阳极电解法和可溶性阳极电解法。

利用电解可以处理：a. 各种离子状态的污染物，如 CN^-、AsO_2^-、Cr^{6+}、Cd^{2+}、Pb^{2+}、Hg^{2+} 等；b. 各种无机和有机的耗氧物质，如硫化物、氨、酚、油和有色物质等；c. 致病微生物。

电解法能够一次去除多种污染物，例如，氰化镀铜污水经过电解处理，CN^- 在阳极氧化的同时，Cu^{2+} 在阴极被还原沉积。电解装置紧凑，占地面积小，节省投资，易于实现自动化。药剂用量少，废液量少。通过调节槽电压和电流，可以适应较大幅度的水量与水质变化冲击。但电耗和可溶性阳极材料消耗较大，副反应多，电极易钝化。电解消耗的电量与电解质的反应量间的关系遵从法拉第定律：a. 电极上析出物质的量正比于通过电解质的电量；b. 理论上，$9.649 \times 10^4 C$ 电量可析出 1mol 的任何物质。

实际电解时，常要消耗一部分电量用于非电解离子的放电和副反应等。因此，真正用于电解物析出的电流只是全部电流的一部分，这部分电流占总电流的百分率称为电流效率，常用 η 表示。

① 电解氧化还原法　电解氧化是指废水中的污染物在电解槽的阳极失去电子，发生氧

化分解，或者发生二次反应，即电极反应产物与溶液中某些污染物相互作用，而转变为无害成分。前者是直接氧化，后者则为间接氧化。利用电解氧化可处理阴离子污染物如 CN^-、$[Fe(CN)_6]^{3-}$、$[Cd(CN)_4]^{2-}$ 和有机污染物如酚、微生物等。

电解还原主要用于处理阳离子污染物，如 Cr^{3+}、Hg^{2+} 等。目前在生产应用中，都是以铁板为电极，由于铁板溶解，金属离子在阴极还原沉积而回收除去。

② 电解凝聚和电解浮上法　采用铁、铝阳极电解时，在外电流和溶液的作用下，阳极溶出 Fe^{3+}、Fe^{2+} 或 Al^{3+}。它们分别与溶液中的 OH^- 结合成不溶于水的 $Fe(OH)_3$、$Fe(OH)_2$ 或 $Al(OH)_3$，这些微粒对水中胶体粒子的凝聚和吸附性很强。利用这种凝聚作用处理污水中的有机或无机胶体粒子的过程叫电解凝聚。当电解质的电压超过水的分解电压时，在阳极和阴极分别产生 O_2 和 H_2，这些微气泡表面积很大，在其上升的过程中黏附携带污水中的胶体微粒、浮油等共同浮上。这种过程叫电解浮上。在采用可溶性阳极的电解槽中，凝聚和浮上作用是同时存在的。

利用电解凝聚和浮上，可以处理多种有机物、重金属污水。

3.1.3　物理化学法处理技术与途径

（1）吸附法处理

吸附法是利用多孔固体吸附剂的表面活性，吸附废水中的一种或多种污染物，达到废水净化的目的。根据固体表面吸附力的不同，吸附可分为以下 3 种类型。

① 物理吸附　吸附剂和被吸附物质之间通过分子间力产生的吸附为物理吸附。物理吸附是一种常见的吸附现象。由于吸附是分子间力引起的，所以吸附热较小；物理吸附不发生化学作用，在低温下就可以进行。被吸附的分子由于热运动还会离开吸附表面，这种现象称为解吸，它是吸附的逆过程。降温有利于吸附，升温有利于解吸。由于分子间力是普遍存在的，所以一种吸附剂可吸附多种物质，但由于被吸附物质性质的差异，某一种吸附剂对各种被吸附物质的吸附量是不同的。

② 化学吸附　吸附剂和被吸附物质之间发生由化学键力引起的吸附称为化学吸附。化学吸附一般在较高温度下进行，吸附热较大。一种吸附剂只能对某种或几种物质发生化学吸附，化学吸附具有选择性，化学吸附比较稳定。

③ 离子交换吸附　离子交换吸附就是通常所指的离子交换。

物理吸附、化学吸附和离子交换吸附这 3 种过程并不是孤立的，往往是相伴发生的。水处理中，大部分的吸附现象往往是几种吸附综合作用的结果。由于被吸附物质、吸附剂及其他因素的影响，可能某种吸附是主要的。

吸附法处理废水，就是利用多孔性吸附物质将废水中的污染物质吸附到它的表面，从而使废水得到净化，常用的吸附物质有活性炭、磺化煤、矿渣、高炉渣，硅藻土、高岭土及大孔型吸附树脂等。吸附法可去除污水中难以生物降解或化学氧化的少量有机物质、色素及重金属离子。该方法处理成本较高，吸附剂再生困难，一般用于废水深度处理。

（2）离子交换法处理

一般把具有离子交换能力的物质称为离子交换体。离子交换体分为有机和无机两类。

方钠石（$Na_3Al_6Si_6Cl_2$）即为一种无机交换体，人工合成的泡沸石和菱沸石（$CaAlSi_{16} \cdot 8H_2O$）、片沸石（$CaOAl_2O_3SiO_2 \cdot 5H_2O$）、方沸石（$NaAlSi_2O_6 \cdot H_2O$）以及方岭土、海绿砂等都是具有吸附作用的无机交换体。

有机离子交换体又有炭质和树脂交换体之分。炭质离子交换体如磺化煤为煤粉经硫酸处理而得到的产物，是一种阳离子交换剂。离子交换树脂则是由单体聚合或缩聚而成的人造树脂（母体）经化学处理，引入活性基团而成的产物。因活性基团的交换性能不同，可分阳离子交换树脂和阴离子交换树脂。离子交换树脂的离子交换作用较为理想，广泛用于各种领域，如制备纯水、稀贵元素、超铀元素、维生素提取、氨基酸、抗生素的提取与精制；作为催化剂、抗菌剂等用于冶金、国防、化工、医药等工业部门。

① 离子树脂交换作用　离子交换树脂的交换作用，是指离子交换树脂活性基团上的相反离子与溶液中同性离子发生位置交换的过程。

磺酸型离子交换树脂可表示为：

$$R—SO_3^- H^+$$

R 为合成树脂母体，SO_3H 为活性基团，活性基团上 H^+ 为相反离子。其交换过程可表示为：

$$R—SO_3^- H^+ + Na^+ OH^- \rightleftharpoons R—SO_3^- Na^+ + H_2O$$

上式中与相反离子 H^+ 带同性电荷的离子 Na^+ 与之发生了位置的交换。

强碱型离子交换树脂可表示为：

$$R≡N^+OH^-$$

相反离子 OH^- 也可与溶液中同性离子发生位置的交换：

$$R≡N^+OH^- + H^+Cl^- \rightleftharpoons R≡N^+ Cl^- + H_2O$$

离子交换树脂在溶剂中除产生溶胀外，强极性水分子还会使树脂的极性基团极化，从而使树脂与相反离子之间的化学键削弱以至破坏，致使树脂与相反离子带相反电荷。树脂本身不易移动，而相反离子粒径小是可动的。但就树脂整体而言，应是电中性的，因而相反离子只能在树脂内部运动。当溶液中含有与相反离子带同性电荷的离子并进入树脂时，可移动的相反离子可以与同性离子交换位置，即发生交换作用。这就是离子交换树脂所具有的交换作用的实质。

② 阳离子交换树脂的交换反应　阳离子交换树脂有强酸型（以 R—SO₃H 为代表）和弱酸型（以 R—COOH 为代表）两类，它们均可以与无机及有机酸、碱、盐等发生交换作用。

$$R—SO_3H + NaOH \rightleftharpoons RSO_3Na + H_2O$$

$$RCOOH + \underset{(苯环)}{NH_3OH} \rightleftharpoons RCOOH_3N—(苯环) + H_2O$$

（以上为中和反应）

$$R—SO_3H + NaCl \rightleftharpoons RSO_3Na + HCl$$

$$R—COOH + NaCl \rightleftharpoons RCOONa + HCl$$

（以上为中性盐分解反应）

$$R—SO_3Na + \underset{(苯环)}{NH_3Cl} \rightleftharpoons R—SO_3H_3N—(苯环) + NaCl$$

$$R—COONa + KCl \rightleftharpoons R—COOK + NaCl$$

（以上为复分解反应）

必须指出，离子交换反应均是可逆反应，反应进行到一定程度就会达到动态平衡。

③ 阴离子交换树脂的交换反应

$$R{=}NOH + HCl \Longrightarrow R{=}NCl + H_2O$$

$$R{-}NH_3OH + HCl \Longrightarrow R{-}NH_3Cl + H_2O$$

（以上为中和反应）

$$R{=}NOH + NaCl \Longrightarrow R{=}NCl + NaOH$$

$$R{-}NH_3OH + CH_3COONa \Longrightarrow R{-}NH_3CH_3COO + NaOH$$

（以上为中性盐分解反应）

$$R{=}NOH + NaBr \Longrightarrow R{=}NBr + NaCl$$

$$R{-}NH_3Cl + CH_3COONa \Longrightarrow R^-NH_3CH_3COO + NaCl$$

（以上为复分解反应）

（3）萃取法处理

萃取法是利用与水不相溶解或极少溶解的特定溶剂同废水充分混合接触，使溶于废水中的某些污染物质重新进行分配而转入溶剂，然后将溶剂与除去污染物质后的废水分离，从而达到净化废水和回收有用物质的目的。采用的溶剂称为萃取剂，被萃取的物质称为溶质，萃取后的萃取剂称萃取液（萃取相），残液称为萃余液（萃余相）。萃取法具有处理水量大，设备简单，便于自动控制，操作安全、快速，成本低等优点，因而该法具有广阔的应用前景。目前仅用于为数不多的几种有机废水和个别重金属废水处理。

萃取工艺包括混合、分离和回收三个主要工序。根据萃取剂与废水的接触方式不同，萃取操作有间歇式和连续式两种。连续逆流萃取设备常用的有填料塔、筛板塔、脉冲塔、转盘塔和离心萃取机。

① 往复叶片式脉冲筛板塔　往复叶片式脉冲筛板塔分为三段，废水与萃取剂在塔中逆流接触。在萃取段内有一纵轴，轴上装有若干块有圆孔的圆盘形筛板，纵轴由塔顶的偏心轮装置带动，做上下往复运动，既强化了传质，又防止了返混。上下两分离段面较大，轻、重两液相靠密度差在此段平稳分层，轻液（萃取相）由塔顶流出，重液（萃余相）则由塔底经"∩"形管流出，"∩"形管上部与塔顶空间相连，以维持塔内压力平衡，便于保持下界面稳定。

② 离心萃取机　离心萃取机外形为圆形卧式转鼓，转鼓内有许多层同心圆筒，每层都有许多孔口相通。轻液由外层的同心圆筒进入，重液由内层的同心圆筒进入。转鼓高速旋转（1500～5000r/min）产生离心力，使重液由里向外，轻液由外向里流动，进行连续的逆流接触，最后由外层排出萃余相，由内层排出萃取相。萃取剂的再生（反萃取）也同样可用萃取机完成。

离心萃取机的机构紧凑，分离效率高，停留时间短，特别适用于密度较小，易产生乳化及变质的物质分离，但缺点是构造复杂，制造困难，电耗大。

（4）膜分离法处理

在某种推动力的作用下，利用某种隔膜特定的透过性能，使溶质或溶剂分离的方法称为膜分离。分离溶质时一般称为渗析；分离溶剂时一般称为渗透。膜分离方法有反渗透（RO）、纳滤（NF）、超滤（UF）、微滤（MF）、电渗析（ED）、渗析（D）、渗透蒸发（PV）和液膜（LM）等。在大多数膜分离过程中物质不发生相变化不需投加其他物质，不改变分离物质的性质；分离系数大，一般可室温操作，适应性强，运行稳定。所以膜分离过程具有节能、高效的特点。利用超滤技术处理冷轧含油乳化液废水，不仅占地少，运行费用低，破乳时间短，而且还能回收大量油分和减少污泥量，超滤后的水含油量小于10mg/L。

① 电渗析　电渗析是在渗析法的基础上发展起来的一项废水处理新工艺。它是在直流电场的作用下，利用阴、阳离子交换膜对溶液中阴、阳离子选择透过性（即阳膜只允许阳离

子通过，阴膜只允许阴离子通过），而使溶液中的溶质与水分离的一种物理化学过程。电渗析技术越来越引起人们的重视并得到逐步推广。此方法应用在环境方面进行废水处理已取得良好的效果。但是由于耗电量很高，多数还仅限于在以回收为目的的情况下使用。以盐水处理为例，电极反应如下：

阴极

还原反应　　　　　　　　　　$2H^+ + 2e \longrightarrow H_2 \uparrow$

阴极室溶液呈碱性，结垢。

阳极

氧化反应　　　　　　　　　　$4OH^- \longrightarrow O_2 \uparrow + 2H_2O + 4e$

或　　　　　　　　　　　　　$2Cl^- \longrightarrow Cl_2 \uparrow + 2e$

阳极室溶液呈酸性，有腐蚀作用。

　　起离子交换作用的有离子交换树脂和离子交换膜两种材料。离子交换树脂是靠树脂与离子之间发生交换反应实现离子交换；而离子交换膜对溶液中的离子具有选择透过的特性。离子交换膜按其结构分为异相膜和均相膜。异相膜是将离子交换树脂磨成粉末，加入黏合剂，滚压在纤维网上制成的。均相膜是用离子交换树脂的母体材料制成连续的膜状物，作为底膜，然后在上面嵌接上活性基团。按离子选择性可将离子交换膜分为阳离子交换膜和阴离子交换膜两类。阳离子交换膜一般为聚苯乙烯磺酸（R—SO₃H）型，在水中电离后，呈负电性。聚苯乙烯季铵型阴离子交换膜[R—CH₂N(CH₃)₃OH]电离后呈正电性。离子交换膜选择透过性主要原因为：a. 膜的孔隙结构；b. 活性交换基团的作用。离子交换膜是电渗析的关键部分，良好的电渗析应该具备的条件为：a. 高的离子选择性；b. 渗水性差；c. 导电性好；d. 好的化学稳定性和机械强度。

　　② 反渗透　当用一张半透膜将纯水和盐水分开，纯水会透过半透膜向盐水扩散，使盐水侧溶液水面升高，直到动态平衡，此现象称为反渗透。反渗透是利用半渗透膜进行分子过滤处理废水的一种新的方法，又称膜分离技术。因为在较高的压力作用下，这种膜可以使水分子通过，而不能使水中溶质通过，所以这种膜称为半渗透膜。利用它可以除去水中比水分子大的溶解固体、溶解性有机物和胶状物质。近年来应用范围在不断扩大，多用于海水淡化、高纯水制造及苦咸水淡化等方面。半渗透膜有醋酸纤维素膜（CA）和芳香族聚酰胺膜两类，反渗透机理尚不十分清楚。选择性吸附-毛细管流机理认为，由于膜表面的亲水性，优先吸附水分子而排斥盐分子，因此在膜表皮层形成两个水分子（1nm）的纯水层，施加压力，纯水层的分子不断通过毛细管流过反渗透膜。控制表皮层的孔径非常重要，影响脱盐效果和透水性，一般为纯水层厚度的一倍时，称为膜的临界孔径，可达到理想的脱盐和透水效果。反渗透的性能指标由脱盐率$= (C_0 - C)/C_0 \times 100\%$（$C_0$、$C$ 分别为原始盐浓度和脱盐后的盐浓度）表示，一般高达90%以上。也可以用透水率[L/(m²·d)]即每天每平方米半透膜能透过的水量来表示。

　　③ 超滤法　是利用半透膜对溶质分子的选择透过性而进行的膜分离过程。超滤法所需的压力较低，与反渗透一样是在压力差下工作，但由于膜孔较大，无渗透压，可在较低压力下工作，一般为0.1～0.5MPa。而反渗透的操作压力则为2～10MPa。

　　超滤法为分离机理小孔筛分作用。一般以截留相对分子质量来表示孔径特征，此外也与物质形状和性质有关。超滤法可截留相对分子质量为1000～1000000的物质，如细菌、蛋白质、颜料、油类等。

　　膜组件形式与反渗透类似。但既有有机膜，也有无机膜。因化工废水中含有各种各样的溶质物质，所以只采用单一的超滤方法，不可能去除不同相对分子质量的各类溶质，一般多是与反渗透法联合使用。或者与其他处理方法联合使用，多用于物料浓缩。

3.1.4 生物法处理技术与途径

根据废水生物处理中微生物对氧的要求，可把废水的生物处理方法分为好氧生物处理和厌氧生物处理两类。

（1）好氧生物处理技术与途径

好氧生物处理是在向好氧微生物的容器或构筑物中不断供给氧气的条件下，利用好氧微生物分解废水中的污染物质的过程。一般是通过机械设备往曝气池中连续不断地充入空气，也可以用氧气发生设备来提供纯氧，使氧溶解于废水中，这种过程称为曝气。曝气的过程除了能够供氧外，还起到搅拌混合的作用，保持活性污泥在混合液中呈悬浮的状态，同时增加微生物与基质的碰撞概率，从而能够与水充分混合。

废水的水质不同，微生物的数量和种类也有很大的差异。如在进行生活污水的处理过程中，微生物的种类复杂多样，几乎所有的微生物群类都寻找得到。而在工业污水的处理中，微生物的种群比较的单纯，自然界中的微生物大多无法在其中生存。

因为好氧生物处理运行费用主要为电耗，所以提高曝气过程中氧的利用率，增加单位电耗氧量一直是曝气设备和技术开发的重点。

好氧处理的主要方法有活性污泥法、SBR、生物接触氧化法、生物转盘法、生物滤池、氧化沟、氧化塘等。好氧生物处理主要适用于 COD 在 1500mg/L 以下的废水处理。

（2）厌氧生物处理技术

厌氧处理废水是在无氧的条件下进行的，是由厌氧微生物作用的结果。厌氧微生物在生命活动中不需要氧，有氧还会抑制和杀死这些微生物。这类微生物分为两大类，即发酵细菌和产甲烷菌。废水中的微生物在这些微生物的联合作用下，通过酸性阶段和产甲烷阶段，最终被转化为 CH_4 和 CO_2，同时使废水得到净化。

厌氧生物处理可直接接纳 COD 大于 2000mg/L 以上的废水，而这种高浓度废水若采用好氧生物处理法必须稀释几倍甚至几百倍，致使废水的处理费用很高。对食品工业、屠宰场、酒精工业等废水处理都适合用厌氧处理法。但厌氧处理后的废水的 COD 和 BOD_5 仍然很高，达不到污水排放的标准，所以实际操作中后续接好氧生物处理工艺，就是常说的 A/O 法。

研究和实践表明，处理高浓度的有机废水，应先采用厌氧法处理，使废水中的 COD 和 BOD_5 大幅度降低，然后再用好氧法。

总之，冶金工业废水处理非一般单元处理技术和工艺所能解决，而是采用组合技术和工艺。在现代废水处理中，按处理的程度，划分为一级处理、二级处理和三级处理。

一级处理主要是去除废水中的悬浮固体和漂浮物质，同时起到中和、均衡、调节水质的作用。主要采用筛滤、沉淀等物理处理技术。被处理的水达不到排放标准，必须进行再处理。

二级处理主要是去除废水中呈胶体和溶解状态的有机污染物质。主要应用各种生物处理技术，使被处理水可以达标排放。

三级处理是在一级、二级处理的基础上，对难降解的有机物、磷、氮等营养性物质进一步处理。采用的处理技术有混凝、过滤、离子交换、反渗透、超滤、消毒等，被处理水可直接排放地表水系或回用。

废水中污染物的组成相当复杂，往往需要采用几种技术方法的组合，才能达到处理要求。对于某种废水，具体采用哪几种技术组合，要根据废水的水质、水量、污染物特性、有用物质回收的可能性等，进行技术和经济的可行性论证后才能决定。

工业废水的污染控制，是水污染治理的主要工作。工业废水主要污染控制指标有：COD、BOD_5、SS、pH 值、石油类、有机污染物、氰化物、重金属污染物、色度、温度等。冶金工业废水的处理工艺，一般都是多个处理技术的组合。

由于冶金工业的各不同规模企业的生产工艺不同，废水治理技术的选择和组合也就有很大差别。每一种工业废水都有相应的处理工艺。

工业废水处理典型工艺流程如图 3-11 所示[3]。

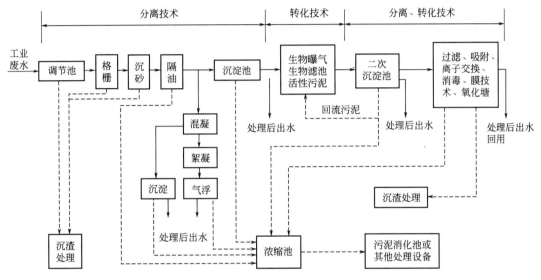

图 3-11　工业废水处理的典型工艺流程

3.2 冶金工业废水处理回用技术差距与对策

3.2.1 冶金工业环保水平与差距

（1）钢铁工业环保水平及其经济技术指标与差距

近 10 年来，我国钢铁企业在先进环保技术和环保工程的实施上进行成效显著的工作，如在资源回收利用、控制污染、废水处理和循环利用、废气净化、可燃气体回收利用和含铁尘泥、钢铁渣综合利用等方面都取得重大进展。包括焦化废水脱氨除氮技术、循环与串级用水技术、全厂综合废水处理与脱盐回用技术、煤气净化回收技术、电炉烟气治理技术、冶炼车间气体等无组织排放烟气治理技术，以及焦炉煤气脱硫技术和矿山复垦生态技术等一大批环保技术的有效实施，使得我国钢铁工业节能与环保的主要指标取得长足进步，见表3-7[4,10]。但国内重点钢铁企业之间差距也很明显，见表3-8。总体而言，我国钢铁企业与国外同类企业之间差距在缩小，有的指标甚至处于同等水平，见表3-9[4,16,17]。

表 3-7　2000～2009 年重点统计钢铁企业节能环保主要指标

指标	2000 年	2001 年	2002 年	2003 年	2004 年	2005 年	2006 年	2007 年	2008 年	2009 年
吨钢综合能耗（标煤）/(kg/t)	930	876	907	770	761	750	645.12	632.12	—	—
工业水重复利用率/%	87.04	89.08	90.55	90.73	92.28	94.15	95.38	96.29	96.64	97.07

续表

指 标	2000 年	2001 年	2002 年	2003 年	2004 年	2005 年	2006 年	2007 年	2008 年	2009 年
吨钢耗新水量/m³	25.24	18.81	15.58	13.73	11.27	8.6	6.86	5.58	5.18	4.50
吨钢外排废水量/m³	25.24	12.86	10.97	7.7	7.23	5.6	3.77	2.99	2.51	2.06
废水处理率/%	98.43	98.96	99.18	99.52	99.58	99.67	99.94	99.94	99.98	99.98
废水处理达标率/%	96.66	96.57	97.37	98.08	98.25	98.86	98.98	99.96	99.72	99.64
吨钢外排废气量(标态)/(m³/t)	12384.59	13211.14	13446.42	12594.56	12004.40	11975.84	17321.61	17525.29	19313.10	19501.48
吨钢 SO_2 排放量/kg	6.09	4.6	4	3.21	2.83	3.3	2.66	2.38	2.23	2.01
废气处理率/%	97.33	97.97	98.01	98.31	98.91	99.25	99.50	99.62	99.66	99.84
废气处理达标率/%	91.58	93.98	94.5	96.01	95.91	96.93	97.99	98.79	99.07	99.44
焦炉煤气利用率/%		98	98.11	97.27	96.64	98.17	98	97.28	97.81	97.62	98.16
高炉煤气利用率/%	91.52	91.89	93.13	91.61	95.85	96	92.07	93.50	94.01	95.01
转炉煤气利用率/%	40.68	74.66	82.55	87.07	84.08	85	77.59	90.98	83.82	85.94
尘泥利用率/%	97.86	98.69	98.63	98.46	98.66	98.5	98.76	99.17	99.42	99.47
废渣利用率/%	46.79	54	57.96	58.07	60.48	62	67.43	71.50	72.97	77.01
高炉渣利用率/%	86.18	89.24	89.67	92	95.68	96	93.41	93.18	95.36	97.43
钢渣处理与利用率[①]/%	85.36	80.45	86.41	87.39	90.05	91	89.31	91.26	93.58	93.11
废酸处理与利用率[②]/%	91.15	96.8	96.37	90.01	95	97	94.79	99.95	99.90	99.89

① 钢渣利用率较低，堆存和填埋较多；

② 轧钢废酸多数采用中和处理，少数企业回收利用。据初步统计其中 2006 年、2007 年、2008 年、2009 年废硫酸的处理率和利用率分别为 89.59%、5.2%；90.28%、9.67%；91.00%、8.90% 和 85.70%、14.2%。硝酸-氢氟酸废液仅宝钢部分回收利用。

表 3-8 2004 年重点统计钢铁企业环境保护技术指标对比情况

企业状况	重点统计企业	先进企业	后进企业	钢铁行业[①]2020 年目标	后进与平均差距	平均值与目标值差距
吨钢综合消耗(标煤)/(kg/t)	761	675	1103	700	44.9	5.25
吨钢新水消耗/m³	11.27	3.75	47.85	5	324.6	43.8
吨钢外排废水量/m³	7.23	0.454	36.37	3.0	403	31.1
工业水重复利用率/%	92.28	97.66	67.68	98	26.7	5.9
厂区尘降量/[t/(月·km²)]	39.87	14.89	158	20	296.3	42.3
吨钢 SO_2 排放量/kg	3.08	1.01	12.59	1.75	308.8	13

①《中国钢铁工业科学与技术发展指南》（2006～2020 年）中国金属学会. 中国钢铁工业协会，2006。

表 3-9　国内外大型钢铁企业吨钢耗新水量情况

厂名	宝钢股份	鞍钢	沙钢	马钢	包钢	蒂森一克虏伯(德国)	浦项(韩国)	鹿岛(日)	方塔那(美)	阿赛洛
钢产量/(Mt/a)	2312.43	1556.41	1461.38	1350.28	983.90	13.00	27.5	46.5	—	—
吨钢耗新水量/m³	5.20	5.47	4.56	7.26	7.79	2.6	3.5	2.1	4.1	2.4

（2）有色工业环保水平与差距

近年来，有色金属企业，特别是有色大型冶炼企业节水减排成效显著，行业新水用量呈下降趋势，重复用水率有所提高，吨有色产品和万元户值新水取用量均有下降。几家大型铝企业，如中铝中州分公司、山东分公司、广西分公司、河南分公司和云南铝业公司都实现了工业废水零排放，工业废水全部回用，大大减少了新水用量。

据统计，14 个大型重金属冶炼企业和 14 个大型铝企业吨产品和万元产值总用水量和新水用量均有明显下降。14 个大型重金属冶炼企业的有色金属总产量为 291.54×10^4 t，工业总产值为 750.10 亿元，吨金属产品总用水量、新水用量分别为 550.87 m^3 和 91.78 m^3；万元产值总用水量、新水用量分别为 214.10 m^3 和 35.68 m^3。

14 个大型铝企业年产电解铝 180.88×10^4 t，氧化铝 679.77×10^4 t，工业总产值 466.30 亿元。吨产品（电解铝＋氧化铝）总用水量、新水用量分别为 125.25 m^3 和 13.99 m^3；万元产值总用水量新水用量分别为 231.18 m^3 和 25.82 m^3，节水减排效果显著。主要表现在：a. 工业用水循环利用率不断提高，主要通过净冷却水循环、串级用水与处理回用；b. 废水治理从单项治理发展到综合治理与回用；c. 从废水中回收有价金属且成效显著。但与国外相比差距较大。例如俄罗斯锌的冶炼生产中水的循环率达 93.6%，排放率为 1.5%，镍为 90%，排放率为零；有色金属加工厂 95%，排放率为零；硬质合金厂 96.8%，排放率为零。美国、加拿大、日本等有色金属选矿厂废水回用率均达 95%～98%，大部分有色金属冶炼厂废水处理回用，基本实现"零"排放[18,19]。

根据中国有色工业协会统计，我国有色工业水的重复利用率为 58.1%，其中选矿用水重复利用率为 56.6%，冶炼企业的水的重复利用率为 66.6%，机修厂水的重复利用率为 56.3%[18]。我国有色金属工业的"三废"资源化利用程度还很低，固体废物利用率仅在 13% 左右，低浓度二氧化硫几乎没有利用；从工业废水中回收有价元素，除几个大型企业外，绝大多数企业尚属空白，年排放未处理或未达标废水约 2.7×10^8 t 以上。我国有色金属工业"三废"资源化利用程度低，已成为制约有色工业的持续发展最突出的问题。

（3）冶金工业环保总体水平的差距

① 在节水上与废水资源回用上有较大差距　长期以来由于技术与资金等原因对节水与废水资源回用问题重视不够，特别是南方沿江与丰水地区，冶金企业用水循环率不高，吨钢耗新水指标普遍偏高，致使全行业水的利用率较低，废水净化、水质稳定与循环回用等节水与废水处理技术的应用方面与国外企业存在一定差距。

② 无组织排放源和车间内二次除尘技术装备的配置与国外冶金企业相比存在差距，致使排尘量与国外先进企业差距较大，特别是地方中小企业差距更大。对 TSP（总悬浮微粒）、PM_{10}（10μm 颗粒物）等指标，大多企业对其缺乏认识，有的企业测定不够系统，更多企业尚未提到工作日程。

③ 在治理深度上、内涵上存在明显差距　我国钢铁工业环保工作尚未完全脱离以治理"三废"为内容，达标排放为目标，综合治理为手段的阶段。就宝钢而言，总体上已处于国

际先进水平，但与世界先进水平相比，还存在一定差距。发达国家对钢铁工业污染治理早已完成，对第二代污染物 SO_2、NO_x 等的治理处于商业化和完善阶段。现已致力于第三代污染物 CO_2、二噁英的控制。在水处理方面，已更多应用微生物技术替代物化法处理技术，以防止二次污染，降低处理成本，提高净化与水资源回用程度。与之相比，我国在污染控制的深度上相差甚远，对于 SO_2、NO_x 的控制在大型钢铁企业已开始应用，但尚未普及；对 TSP、PM_{10} 等指标尚未开始，还在酝酿；对于二噁英、CO_2、粉尘中重金属的控制，以及废水深度处理替代技术还处于开发研究阶段，在标准规范的制订与监控水平上差距更大。

3.2.2 钢铁工业用水安全保障技术与废水处理回用的技术对策[20]

为了适应新时期发展要求，实现清洁生产与可持续发展，建立资源型与环境友好型的绿色钢铁企业，这是 21 世纪冶金工业的发展要求，为此，钢铁工业必须进行水安全保障重点研究与废水资源回用技术研究。

（1）钢铁企业用水安全保障技术重点研究内容与要求

钢铁工业水资源短缺，是影响钢铁工业持续发展的关键问题，为了解决用水安全保障的问题，其研究内容与要求如下：a. 优化结构调整，优先发展低废、无废技术，用水量少，节水效果好的生产工艺；尽早调整和改善企业的生产布局缓解水资源危机，是钢铁工业水安全保障工作的前提和条件；b. 抓好大型钢铁企业用水优化与节水技术的研究，是钢铁工业水安全保障的重要环节；c. 提高用水质量，强化串级用水与一水多用、循环用水、综合利用技术是实现钢铁企业水资源安全保证最有效的技术途径；d. 强化节水技术与工业设备的开发与研究，因地制宜制定合理供需用水标准，是钢铁工业水安全保障最有效的技术措施；e. 开辟钢铁工业新水源，因地制宜实现企业外排的综合废水、城市二级处理污水、中水与海水淡化的水资源利用，是钢铁工业水资源安全保障最可靠的安全新水源。

（2）钢铁企业外排废水资源化技术与综合废水处理回用的研究

除特大型钢铁企业外，其他钢铁企业大都存在外排综合废水处理问题，且量大面广、成分复杂。建立综合废水处理厂可以有效控制外排废水量，实现处理后回收利用，解决钢铁企业水资源短缺问题。但随着回收率的提高，盐类富集产生的水质障碍更加突出，因此需研究和寻求新的治理思路，从全厂水资源综合平衡出发，对其温度、水量、悬浮物、溶解盐类和水质稳定等综合因素要进行全面平衡与处理，才能保证在提高回用率的同时，确保水质安全，使全厂用水系统无障碍运行。其主要研究内容如下：a. 从全厂用水综合平衡出发，对各工序排水采取集中分散相结合治理的原则，实现按质回用、循环利用、串级使用、一水多用；b. 根据不同用户的水质要求，确定合理的技术集成和工艺组合，解决钢铁企业外排废水治理与回用问题；c. 研究新型脱盐技术与设备，提高勾兑比例，实现废水资源化与提高用水循环利用率。

（3）钢铁工业水循环经济模式与"零"排放技术的研究

所谓水循环经济就是把清洁生产与废水综合利用融为一体的经济，建立在水资源不断循环利用基础上的经济发展模式，按自然生态系统模式，组成一个"资源—产品—再生资源"的水资源反复循环流动的过程，实现废水最少量化与最大的循环利用。即对钢铁企业用水进行废水减量化、无害化与资源化的模式研究与效益分析：a. 分质供水—串级用水—一水多用的使用模式；b. 废水—无害化—资源化的回用模式；c. 综合废水—净化—回用的循环利用模式。

其实，钢铁工业水循环经济模式的研究就是把首端预防与末端治理最有效地有机结合，是钢铁企业要实现"零"排放最有效的技术措施，也是钢铁企业资源节约型与环境友好型在水资源利用上的具体体现。

（4）高效经济型焦化废水处理与回用技术的研究

对焦化废水生物脱氮的研究工作国外已经历 40 多年，国内也有十多年的研究历程。据不完全统计，目前国内已有工程实例或正进行实验研究的约有 20 种以上处理技术与工艺（详见王绍文、钱雷、秦华等编著的《焦化废水无害化处理与回用技术》一书）。其中主要集成技术如下。

① 以 A/O 工艺、A/A/O 工艺为主体的处理工艺　目前国内已有或在建的工程实例约20 多家。通常难以稳定达标排放，或时好时坏。

② 以 O/A/O 工艺、A/O/O 工艺为主体处理工艺　20 世纪末期宝钢（三期工程）从美国 CHESTER 公司引进 O/A/O 生物脱氨工艺与设备，实现全面达标排放。但按引进技术要求严格规定，经蒸氨后生化污水中 NH_4^+-N 的质量浓度控制在 100mg/L 以内，COD 的质量浓度通常在 1500～2000mg/L，并经 40％的稀释，再进入生化处理系统。且使用设备和药剂种类较多，运行成本较高，推广应用存在一定难度。

③ 以 SBR 工艺及其改进型的 ICEAS、CASS 等为主体处理工艺　SBR 工艺是具有兼均化、初沉、生化、终沉等功能于一体的新型处理工艺，可根据废水特性进行多种组合形成ICEAS、CASS、DAT-IAT 等多功能工艺。但实验室试验表明，SBR 工艺只适用于 COD2000mg/L、NH_3-N 200mg/L 以内的焦化废水。对超过此限的应采用 SBR 改进型运行方式，有待深入试验。

④ 以生物强化与深度处理组合技术为主体的工艺　目前国内主要适用于提高与改善已有处理厂废水外排水质，处理效果因地而异。通常以此实现达标排放难度很大。

⑤ 以 HSB（高分解菌群）法、光合细菌法为主体的处理工艺　目前已有焦化企业进行试验或试用。也有工程应用采用高效菌＋A/O² 法，效果较好，但也存在处理效果不够稳定，且存在高效菌变异问题。

⑥ 催化湿式氧化法、烟道气处理法、超临界水氧化法、新物理法等处理工艺　目前主要为实验室试验阶段，也有用于工程的，效果不一。其中烟道气处理法是中冶集团建筑研究总院环保研究设计院的发明专利，专利号为 CN1207367。其核心内容是将含有硫化物的高温烟气与焦化废水在喷雾干燥塔中以雾状进行同向接触反应，实现"以废治废"，达到在同一处理装置中解决两大治理难题，这是本工艺最大优势与特色。

我国焦化废水的特点通常为苯酚及其衍生物所占的比例最大，约占总质量的 60％以上，喹啉类化合物和苯类衍生物占 15％以上，杂环化合物和多环芳烃类占 17％左右。难降解的毒性物质占有 1/3 以上比例。因此焦化废水生化处理系统的好坏，既与预处理系统有关，更重要的是与焦化生产工艺关系极大，即焦化废水量与水质成分的优劣至关重要。因为，任何生化处理系统的微生物适应性都是脆弱的，过高的、反复的冲击负荷或过高毒性物质不断冲击，会导致微生物抑制或死亡，处理系统运行就会失败。这就是我国焦化废水生化处理系统长期不能正常运用、时好时坏、短期能达标、长期不能达标的根本原因。因此，高效经济性焦化废水处理技术与回用途径的研究，应是今后较长时间一项重要研究课题。

（5）钢铁工业酸洗废液再生回用技术的研究

酸洗工艺是轧制各种板材、管材、线材和不锈钢材等必不可少的工序。除钢铁工业外，机械制造、石油、化工、农药等行业也存在酸性废液问题。目前，主要处理措施为中和处理，既浪费有用资源，又造成严重污染。宝钢三期的 1550、1420 冷轧酸再生工艺，是从奥地利引进鲁特纳法（喷雾熔烧法）。前者回收废酸量 4.5m³/h，工程总造价为 1.35 亿元，设备引进费 829 万美元；后者废酸量为 2.9m³/h，工程总造价为 7473 万元，设备引进费 713

万美元。此外，鞍钢、本钢、攀钢等也相继引进该工艺以解决废酸回收问题。

中冶集团建筑研究总院环保研究设计院已完成废酸回收技术，其废酸回收率与鲁特纳法基本相当（95％～98％），回收酸洗液与原配酸洗液相当，经试用酸洗效果好。但其设备价格为引进设备费用的1/8～1/5，现已有工程试用效果良好，但因蒸发器材料尚未完善待总结经验后推广应用。

（6）循环冷却水自动加药系统及其在线监控的研究

钢铁企业冷却用水约占该企业总用水的60％。工业冷却水循环系统运行的好坏，不仅与投入药剂种类有关，而且和药剂浓度关系很大，目前的人工或定期加药方式造成系统内药剂浓度变化大，不能保证系统在最佳的药剂浓度下运行。因此要求能即时监测系统中药剂浓度、结垢、腐蚀状况，以便因水质或其他相关参数改变时能及时调整或增减药剂浓度，并反馈控制药剂定量泵的启动与停止。该设备是提高用水循环与节约用水的主要手段。

该系统可使循环水系统的药剂浓度始终控制在最佳浓度范围内，从而保证系统结垢率、腐蚀率等指标控制在最低程度；并且加药系统可以实现在线随机控制，避免因人工或定期加药造成药剂浪费。该技术是将环保、机械、化工、自动化、计算机、监测等专业先进技术融于一体的高新技术，是实现水安全保障必不可少的监测手段。

（7）开辟钢铁工业新水源的技术研究

为解决钢铁工业水资源短缺，确保水资源安全保障，必须开辟工业用水新水源的研究，其研究内容为：a. 钢铁企业外排废水综合处理与回用技术；b. 城市污水二级处理出水的深度处理回用技术；c. 中水处理回用技术；d. 海水冷却与海水淡化回用技术。

据统计分析，城市污水中污染物只占0.1％左右，比海水污染物占3.5％少得很多，因此城市二级处理水回用是最经济的和可靠的。

将城市污水回用于钢铁企业，一是回用到水质要求不高的工序中，如冲渣水、除尘水、洗涤水等；二是回用循环水系统补充水等要求比较严格的生产工序中。对于前者，我国已有了成熟的技术，一些污水回用工程在钢铁企业已经启动。对于后者，由于城市污水二级处理和简易深度处理无法去除氯离子、氨氮、生物污泥与碳、磷等生物繁殖类物质，以及影响健康的病毒菌与细菌等。因此，应根据企业用水工序要求，进行深度处理后方可回用。总之，开辟钢铁工业新水源是解决钢铁工业用水短缺及其水安全保障的一项重要研究课题。

（8）催化湿式氧化法处理技术的研究

催化湿式氧化技术（简称CWAO）是在一定温度压力和专用固定催化剂的作用下，利用空气，不经稀释一次处理使这类废水中的COD、氨氮等有毒有害有机物，经0.1～2h接触反应，转化为CO_2、H_2O等无害成分，并同时达到脱色、除臭、消毒灭菌。当达到一定规模后，还可回收大量热能和CO_2。

CWAO技术可处理焦化、造纸、生物制药、制糖、化工合成、农药医药等数十种工业难降解有毒有害废水。如焦化废水原COD、NH_4^+-N分别为10664mg/L和1262mg/L，处理后分别为64.48mg/L和0；化工烤胶废水原COD、NH_4^+-N分别为39440mg/L、3674.4mg/L，处理后分别为68mg/L和0.60mg/L等。说明CWAO法对这些难降解工业废水处理是非常有效的。根据日本大阪某公司中试规模60t/d试验结果推测，若以日处理1000m^3/d的废水COD为6000mg/L、NH_3-N为5000mg/L的焦化废水为例，经CWAO处理后COD为20mg/L，NH_4^+-N为20m^3/L。且处理吨焦化废水的成本比达到相同处理水质的活性污泥法＋生物脱氮＋前后预处理与深度处理相比约便宜40％。该装置连续运行11000h的结果证明，催化剂无失效现象，在同类或相似废水中可连续使用5年再生一次。

该技术为高新技术，应进行深入系统研究。

（9）纳米、微波与超声波技术在钢铁工业废水处理的应用研究

纳米材料具有独特的功能，在超微化、高密度、灵敏度、高集成度的发展中，将发挥巨大的作用。纳米超微粒子催化剂不仅具有高的活性，优良的选择性和较高的使用寿命，而且在催化剂的生产中不使用酸、碱、盐等有毒、有害物品，也就不会有"三废"的排放，对环境无污染，符合严格的环保要求，是一种环境友好的催化剂。

纳米材料具有常规微细粉末材料所不具备的许多特殊效应，如表面效应、体积效应、量子尺寸效应等。现阶段，应用于水处理中纳米材料主要是金属氧化物，其催化作用最终产生具有高活性的羟基自由基·OH，具有很强的氧化性，可以氧化许多难降解的有机化合物。

利用微波与超声波降解水中化学污染物，尤其是难降解的有机物，是近几年来发展起来一项新型处理技术。就液体而言，微波仅对其中的极性分子起作用，微波电磁场能使极性分子产生高速旋转碰撞而产生热效应，降低反应活化能和化学键强度；在微波场中，剧烈的极性分子震荡，能使化学键断裂，故可用于污染物的降解。

超声波由一系列疏密相间的纵波构成，并通过液化介质向四周传播，当声能足够高时，在疏松的半周期内，形成空化核，它在爆炸的瞬间可以产生大约4000kPa和100MPa的局部高温高压环境，并产生速度约为110m/s、具有强冲击力的微射波，这种现象称为超声空化。这些条件足以使有机物在空气泡内发生化学键断离、水相燃烧、高温分解或自由基反应。近年来的研究表明，包括卤代脂肪烃、单环和多环芳香烃及酚类物质等都能被超声波降解。

（10）焦化废水消纳途径的研究[21~23]

原国家发改委经贸委2004年11月76号公告《焦化行业准入条件》中明确规定，"焦化废水经处理后做到内部循环使用"，"不得外排"。这一重要决策使焦化企业生存受到巨大挑战。面对这种严峻形势，人们必须面对和决策：焦化废水不再是一个处理问题，而是一个出路问题；对焦化废水不再是追求达标排放而是处理后如何回用的问题；不再是单项处理技术是否先进的问题，而是要综合研究回用或消纳过程污染物转移与危害过程问题。总之人们不得不再思考，单从焦化废水处理上解决焦化废水的出路问题是很困难的。

① 焦化废水"零"排放回用应考虑的问题 由于焦化废水成分复杂，有害有毒有机物较多，即使处理达标，对环境的危害也大于其他废水，因此，焦化废水厂内回用消纳实现"零"排放，必须认真重视下列几个问题。

1）生产工艺自身的问题。焦化污水具有严重的腐蚀性，因此要考虑并重视对设备的影响；焦化废水中的复杂成分对产品质量的影响。

2）环境影响问题。焦化污水易产生环境影响，因此要特别重视焦化废水回用工序或消纳途径过程中要避免污染物转移或产生二次污染，不得将污染物转移到大气、循环用水系统、周围土壤和水体中。

3）人体健康问题。要密切关注焦化废水回用工序或消纳途径周围的环境、岗位人员、周边人员的健康问题与保护措施。例如焦化废水用于熄焦，其周围环境非常恶劣，岗位人员的健康保护，应有妥善措施。

② 对焦化废水回用与消纳途径的设想及其需要解决的问题 综合分析钢铁企业供水、用水特点与水质要求，并参考个别企业的应用实例，其回用或消纳的途径有如下几种。

1）用于熄焦。焦化废水熄焦是消纳焦化废水的主要途径。将焦化废水引去熄焦，废水中的部分有机物随蒸汽进入大气环境，部分有机物以灰分形式残留在焦炭中。进入大气的污染物经大气扩散最终散落在厂区地面和周围地区，经地面水径流又进入厂区及周围水体（含地下水）与地面环境；残留在焦炭中的将对焦炭的品质造成影响；此外还有对岗位操作人员

的健康影响与设备腐蚀问题。目前尚无实践经验。

2）用于高炉冲渣。与熄焦相同，部分有机物进入大气，部分有机物进入高炉渣。存在问题也与上述相同。但冲渣周围的环境更恶化，对岗位工人健康的影响更严重，特别是进入高炉渣的毒性物质的多途径转移的严重性，至今无研究。

3）用于烧结配料。将焦化废水用于烧结配料用水，利用烧结工序中高温氧化的条件，将有机物经炭化后转化为 CO_2 和 H_2O，实现无毒化处理。理论分析是可行的，已有实践支持。但烧结配料用水数量有限。

4）用于原料洒水。为了避免原料场物料因风雨吹流损失，大型原料厂均采用洒水加药使表层固化措施。其优点是用水量大。焦化废水中污染物以液态喷洒，大气转移极微；进入原料的焦化污染物将在烧结、炼铁等高温有氧工序中氧化分解成无害物质。但需要注意喷洒水流失的收集与循环回用的问题。

③ 根据上述分析与设想，为实现焦化废水有序回用和消纳的途径，应进行如下深化研究和科技攻关工作。

1）焦化废水回用与消纳的途径。为切实落实国家经贸委 2004 年 76 号公告的规定，应对焦化废水回用与消纳的 4 种途径进行如下研究：a. 回用与消纳途径的科学性、可靠性、适用性；b. 对进入大气的污染物进行跟踪监测，研究污染物转移的危害程度与防治技术措施；c. 对进入物料的污染物，研究污染物的转移过程、危害程度与消解过程；d. 研究岗位人员的健康影响与保护措施。

2）研究以废治废技术。利用烧结高温烟气与焦化废水接触反应，可在一个设备中实现烧结烟气脱硫、焦化废水有机物消减与固化的"以废治废"的新工艺，并无废水外排，只有少量固态废物。但该技术也存在污染物转移的去向问题，需进行研究。

3）新型高效处理技术研究。根据资料介绍，日本 60t/d 的工业性试验证明，催化湿式氧化法可使 NH_4^+-N 为 3080mg/L、COD 为 5870mg/L、TOC 为 17500mg/L 的焦化废水，经 30～60min 的处理后，NH_4^+-N 为 3mg/L、COD 为 10mg/L、TOC 未检出。国内也已进行试验室研究，结果相同。

4）完善回用标准的研究与编制。回用点的回用标准是指导和推动焦化废水回用的关键，是实施国家经贸委 2004 年 11 月 76 号公告最有效的技术规范，是焦化废水回用与消纳途径的技术准则，应尽快研究与编制。

总之，焦化废水处理与回用应从源头抓起，减少焦化废水量和减少污染物的排出量是最重要的；其次是废水经有效的处理后在回用的途径中，消除焦化废水中有毒有害的有机物，避免污染物因转移产生二次或多次污染是今后研究的方向。

3.2.3 有色冶金工业废水处理回用的技术对策

有色冶金工业废水具有自身的特点，与钢铁工业相比，由于冶炼厂比较分散，生产规模较小，但生产厂分布比较广，且有色金属产品种类多，冶炼工艺复杂。因此，有色金属废水水质复杂，毒性与有害性较强，重金属物质含量较高，酸碱性比较显著，但每个冶炼厂外排废水量不大。因此，有色金属冶炼废水，应根据有色工业废水特点，针对废水污染程度，污染物性质和含量差异，采用如下处理原则与技术对策。

① 清浊分流，分片处理 有色工业废水通常水质差异较大，含重金属物质较多，因此，应将不同水质、不同冶炼工艺过程的废水进行分类收集与分别处理。按污染程度，一般可分为以下几种。

1）无污染或轻度污染的废水。如冷却水、冷凝水等，水质清洁，可重复利用不外排，实现一水多用，有效利用废水资源。

2）中度污染的废水。如炉渣水淬水、冲渣水、冲洗设备和地面水，洗渣和滤渣洗涤水。这类废水含有较多的渣泥和一定数量的重金属离子，应予以处理回用。

3）严重污染的废水。如湿法冶金废液，各种湿法除尘设备的洗涤废水，电解精炼过程的废水等。这类废水含有较多的重金属离子和尘泥，具有很强的酸碱性，应进行无害化处理和回用。

有些地方将采矿、选矿、冶炼废水一起进行处理，这样增加了处理难度。采矿废水金属含量不高或成分较为单一，用简单的方法即可除去大部分的重金属离子，但中和法对含有选矿药剂和放射性元素的废水的处理效果并不佳。所以一般不应将选矿废水与其他的废水混合，使废水总量增加，并使处理回收复杂化，更不能直接向外排放。几种不能混合的废水应当在各厂或各车间分别处理。废水成分单一又可以互相处理的，例如高温废水和低温废水、酸性废水和碱性废水、含铬废水和含氰废水等，应进行合并处理，以废治废，减少处理成本，增加效益。这种合并可以在厂内合并，也可以与外厂联合处理。

② 在处理方法选择上，遵循生产经济效益和环境效益统一，处理技术方案要有实验依据与技术支撑。

有色冶金废水成分比较复杂，数量又很大，废水处理要认真贯彻国家制订的环境保护法规和方针政策。在废水处理规划设计中，必须认真做好小型、中型实验，通过系统检测、分析综合，寻求比较先进且经济合理的处理方案，加强技术经济管理，抓好综合利用示范工程，技术成熟，方可投入工程应用。

③ 处理后的出水应循环利用、就地回用 对于轻污染或无污染的间接冷却水，要循环使用不外排；中等污染的直接冷却水（炉渣水淬水、冲渣水）、冲洗设备和地面水，洗渣和滤渣洗涤水经沉淀除渣后循环使用。对严重污染的废水，要最大化地进行综合利用，尽可能回收废水中的有价成分；处理后的液体返回流程、就地消化，提高水的循环利用率，对必须外排的少量废水要进行集中处理，达标排放。

④ 改革生产工艺，尽量采用无毒药剂、溶剂等辅助原材料完成选矿冶炼的工艺过程，这是从根本上减少有色冶金废水对环境危害的有效方法。

⑤ 加强科学管理，改善管理机构及制度，建立经济责任制和技术档案；加强对废水处理设施的运行、操作、维护的管理；对于人为的浪费和资源利用不合理的部分，要通过科学管理，提高资源的利用率，消除浪费，这也是提高经济效益、环境效益极为重要的方面。科学管理应从行政、法律、经济、技术等方面，结合近期和长远的环境目标，加以有机结合运用。

⑥ 强化清洁生产，从源头减少污染 有色金属工业产生的废气、废水、废渣对环境的污染相当严重，应采用清洁生产新技术来减少废水的产生。有色冶金选矿中产生大量的尾矿和废水，尾矿颗粒很细，被风吹散，被雨水冲走，造成对环境的污染。选矿废水的排放量很大，其中含有多种金属和非金属离子如铜、铅、铬、镍、砷、锑、汞、锗、硒、锌等；另外还含有如黄原酸盐、高分子酸、脂肪酸等选矿药剂。

冶炼过程主要排放的有火法冶炼的矿渣、湿法冶炼的浸出渣以及冶炼废水。冶炼废水的污染成分随所加工的矿石成分、加工方法、工艺流程和产品种类的不同而不同，如镍冶炼厂废水含镍、铜、铁和盐类。有色金属矿大多为高含硫量的硫化矿，因此在冶炼过程中还排出高浓度二氧化硫废气。金属冶炼所产生的二氧化硫气体及含有重金属化合物的烟尘，电解铝产生的氟化氢气体和重金属冶炼、轻金属冶炼及稀有金属冶炼所产生的氯气是废气中污染大气的主要物质。

3.3 冶金工业废水处理回用技术的发展趋势

我国冶金工业要借鉴发达国家对废水处理与资源回用技术的成功经验和途径，从总体上要与国际上关于清洁生产的管理方法与思维相接轨，实施对冶金工业废水的减量化、资源化和无害化的全过程管理。即首先要进行废水的最小量化，使其在生产过程中排出尽可能少的废水；而后对产生的废水进行综合利用、循环回用、串级回用、再生回用，尽可能使其资源化；在此基础上，对已产生而又无法资源化的废水，进行无害化最终处理。

但是，按照现代生态化发展观点，废水（物）最少量化、资源化与无害化并非最终目标，其最终目标是以循环经济发展模式实现钢铁企业生态化。

3.3.1 冶金工业废水的最少量化

废水最少量化，又称减量化。废水的最少量化与废水的处理（处置）是两个完全不同的概念。后者也包括废水的减容和减量，但这是在废水产生之后，再通过物理的、化学的和生物的方法的无害化处理或处置，使其体积和重量的减小。它是一种废水（物）治理途径，属于末端控制污染的范畴。而前者的废水最小量化是指在生产前过程的排出废水的量最小，以达到节约资源、减少污染和便于处理（置）为目的。故废水（物）的最少量化是一种限制废水的技术途径，属于首端预防的范畴。这里所说的首端是指废水排放前的生产工序过程的各个阶段。

废物最少量化又称为废物"减量化"。减量化的要求，是在生产—消费各个不同阶段所产生的废物的数量、体积、种类、有害性质进行全面控制与管理，从源头做起，实施清洁生产、"最少量化"产生与排放。就国家而言，应当杜绝粗放经营的发展模式，鼓励和支持清洁生产与工艺，开发和推行先进生产技术与设备，充分、合理地利用原（燃）材料、能源和其他资源。

首端预防与末端控制比较，前者具有明显的积极性、优越性，是环境保护发展的方向。但是，不能因此降低末端的控制作用，在很多情况下，"最少量化"的作用是有效的，但"最少量化"毕竟不等于零，而且是随生产工艺、技术操作和原（燃）材料等有关的变数，最终需要进行末端控制，只有两个结合，才能形成完善的污染控制系统。

废水最少量化包含两种含义，既包括冶金生产工艺改革、革新，使之少产生废物和废水，达到节约资源与能源，属于首端预防范畴；也包括生产过程经一定手段后使废水最大限度减少，属于末端控制范畴。就后者而言，由于环境保护的内涵不断扩展，治理技术水平不断提高，生态学及毒理学的发展，检控技术不断完善与进步，导致对水环境和水质的提高，从而对地面水、地下水、天然水体、河湖海洋等水环境保护与水质排放的提高，外排标准日趋严格。因此，总的发展趋势要不断改革冶金生产工艺，长流程向短流程发展，单级用水向多级用水发展，低质用水向高质用水发展，以实现最大限度的节约用水，减少外排废水量，即向废水最少量化发展。在我国水资源十分短缺的情况下，生产用水量的高低与外排废水量的多少，将是制约企业生存与发展的十分重要因素。

3.3.2 冶金工业废水的资源化

废水循环回收利用是废物最少量化的一条重要途径。循环回收利用包括废水（物）回收和再利用。回收主要指原材料回收和副产品回收；再利用主要包括在该工艺中再利用和作为另一种工艺原料。

总体而言，资源利用有两条基本途径：一是外延型的利用；二是内涵型的利用。所谓外延型的利用是指自然资源利用数量和规模的扩大。以往至今，人们主要采用外延型的资源开发方式。近一个世纪以来，外延型的资源开发方式对社会和经济的发展起了很大的促进作用。但是，由于人们盲目地、无节制地对自然资源实行外延型的开发利用，导致了自然资源的过度开发，造成自然资源急剧减少，并使生态环境遭到严重污染和破坏。伴随人们的开发和消费活动，废物不断地产生，其数量持续增加。其实"废"与"不废"是相对的，废物是物质资源存在的一种形式，所谓"废物"，只不过是物质的某种形态或用途发生了变化，在一些方面人们赋予的或特定的使用价值已经消失，但它本身可以利用的属性并没有完全消失，当这种可利用的属性被人们发现并在一定条件下为人们所利用，它就会重新获得使用价值，就能变"废"为"宝"。从这个角度来说，废物是一种宝贵的物质资源，而且，是目前唯一在不断增长的物质资源。尤其是在当今人类社会面临全球的人口、资源、能源和环境四大危机的严峻形势下，对废物的资源化开发利用已受到世界各国的普遍关注。人们对废物与资源、能源、环境及经济发展之间关系的认识，随着社会的发展、工业和科学技术的进步而逐步深化。目前，世界各国都把注意力集中在对废物进行再资源化的开发利用上，一些国家制定一系列政策法规，鼓励从废物回收资源、能源，使其废物再资源化利用率迅速提高。因而促使人们对资源的利用方式从外延型向内延型转变。内涵型利用途径的主要内容包括：a. 对资源的多种使用价值由单一利用变为综合利用；b. 对资源由一次利用变为多次利用和循环利用；c. 对资源由低效利用变为高效利用；d. 变"废"为"宝"，加强对被消费资源的回收利用。

废水资源化是冶金工业水处理的目的与要求，合理用水是冶金行业有效用水的重要手段。这里所说废物资源化主要是指内涵型的利用，其内容是将单一使用变为多种利用；一次利用变为多次利用；低效利用变为高效利用。就冶金废水而言，冶金企业生产工艺比较复杂，用水部门多，且对水质要求不等，为减少外排废水量，通常在清污分流的基础上，按照工序用水要求与用水的水质状况，设置多种串级循环用水系统，或将处理后的废水循环再用，达到最大程度的合理用水。在技术经济条件下，最终实现"零"排放，最大限度地实现废水资源化，尽可能将某些废水中有用物质如酸、碱、油、瓦斯泥、尘泥等，回收用于工序中。

3.3.3　冶金工业废水的无害化[24,25]

所谓无害化是对已产生又无法或目前尚不能回用和综合利用的废物与废水，经过物理、化学或生物方法，进行无害或低危害的安全处理、处置，达到无污染危害的结果。冶金工业废水种类繁多、成分复杂，特别是焦化废水，据 GC-MS（气相色谱-质谱）联用法分析，共约有 51 种以上有机物全部属于芳香族化合物和杂环化合物，必须进行无害化处置（理），因此，废水无害化是冶金工业废水污染与危害最终要求。

废水无害化有两种含义：一是按生产工序用水各异原则，实施串级用水、循环用水、一水多用、分级使用，以实现废水减量化、资源化与无害化的有效结合；二是采用各种有效处理技术实现无害化处理。

3.3.4　循环经济发展模式与废水生态化[24,25]

所谓循环经济本质上是一种生态经济，是将生态平衡理论与经济学相结合，按照"减量化、再利用、再循环"原则，运用系统工程原理与方法论，实现经济发展过程中物质和能量循环利用的一种新型经济组织形式。简言之，它是物质闭环流动型的简称。它以环境友好的方式，利用自然资源和环境容量来发展经济、保护环境。通过提高资源利用效率，环境效益和发展质量，实现经济活动的生态化，达到社会效益、经济效益与环境效益的共赢。

　　因此，循环经济倡导的是一种全球资源和自然环境相协调、互为依存的社会发展模式，也是建立在物质不断被循环利用基础上的经济发展模式。它要求按照自然生态系统的模式，把经济活动组织成一个"资源—产品—再生资源"的物质反复循环流动的过程，使整个经济系统以及生产和消费过程基本上不产生或很少产生废弃物（或称废物最少量化）。其特征是自然资源的低投入、高利用和废弃物低排放，形成资源节约型、环境友好型的经济与社会的和谐发展，从根本上消除长期存在的环境与发展之间尖锐对立的局面。

　　生态工业学是可持续发展的科学，它要求人们尽可能优化物质—能源的整个循环系统，从原料制成的材料、零部件、产品，直到最后的废弃，各个环节都要尽可能优化。对冶金工业系统而言，其生态化的核心就是物质和能源的循环，整个系统密闭循环，不向外排放废弃物。为了从根本上解决冶金工业废水对水环境的污染与生态破坏，必须把整套循环用水技术引入生产工艺全过程，使废水和污染物都实现循环利用。众所周知，大自然生物圈循环是无废料的生产过程，只要自然生态系统正常运转，所有输入系统的物质与能量都在循环中运动转化，并且所有物质又都在循环运动中被利用，它还有自动调节的机能，可称其为真正的最优化过程。冶金企业把生产过程中排出的废水及其污染物作为资源加以回收，并实现循环利用，其实质是模拟自然生态的无废料生产过程。尽量采用无废工艺和无废技术是为了使这个系统不超过负荷，能正常良好运转，而工艺的自动化在一定的程度上可以起到系统的调控机能。

　　最优化循环经济过程称之为冶金工业水生态园，它是节约水资源，保护水环境最有效的举措。因此，最少量化、资源化、无害化、生态化用水技术必将成为控制冶金工业水污染的最佳选择，并将越来越受到人们的重视，是我国乃至世界冶金工业水污染的综合防治技术今后发展的必然趋势。

　　按照冶金工业生态化和绿色冶金工业的要求，21世纪冶金企业除具有生产优质特种冶金材料产品外，还将具有能源转换功能和社会大宗废弃物处理与消除危害的环境效益功能。

　　因此，冶金工业生态化的目标，应是资源、能源利用的节约化与合理化，废弃物产生的少量化、资源化和无害化，最终形成社会工业生态链的一环。

第二篇
钢铁工业废水处理回用技术与应用实例

在钢铁工业中，其生产过程包括采矿、选矿、烧结、炼铁、炼钢、轧钢等生产工艺。大多钢铁企业还设有焦化生产厂。因此，钢铁工业废水处理，主要包括矿山废水、烧结废水、焦化废水、炼铁废水、炼钢废水和轧钢废水等；其中难以处理的为焦化废水，其次为轧钢废水。焦化废水成分最为复杂，并含有有毒、有害和难处理的有机化合物；轧钢废水成分比较复杂，主要为酸、碱、油和重金属物质，因此，废水处理难度也较大。

钢铁工业是用水大户，但我国又是水资源严重短缺大国，钢铁工业发展的用水供需矛盾非常突出，水资源保障任务十分艰巨。因此，要实现钢铁、工业持续发展，必须强化钢铁生产节水减排与废水处理回用，实现最大限度地生产用水循环与废水"零"排放。

4 钢铁工业废水减排途径与废水"零排放"的可行性分析

4.1 钢铁工业废水特征与处理工艺选择

4.1.1 钢铁工业废水排放特征

钢铁工业用水量很大，每炼 1t 钢约用 $200\sim250m^3$ 水，外排废水量约占全国的 10%，仅次于化工，位居第二。钢铁生产过程中排出的废水，主要来源于生产工艺过程用水、设备与产品冷却水、设备和场地清洗水等。70% 的废水来源于冷却用水，生产工艺过程排出的只占一小部分。废水中含有随水流失的生产用原料、中间产物和产品以及生产过程中产生的污染物。

钢铁工业废水的特点如下：a. 废水量大，污染面广；b. 废水成分复杂、污染物质多；c. 废水水质变化大，造成废水处理难度大。钢铁工业废水的水质因生产工艺和生产方式不同而有很大的差异，有的即使采用同一种工艺，水质也有很大变化。如氧气顶吹转炉除尘污水，在同一炉钢的不同吹炼期，废水的 pH 值可在 $4\sim13$ 之间，悬浮物可在 $250\sim25000mg/L$ 之间变化。间接冷却水在使用过程中仅受热污染，经冷却后即可回用。直接冷却水因与物料等直接接触，含有同原料、燃料、产品等成分有关的各种物质。由于钢铁工业废水水质的差异大、变化大,无疑加大废水处理工艺的难度。

4.1.2 钢铁工业废水排放与处理工艺选择

钢铁工业废水造成的污染主要有无机固体悬浮物污染、有机需氧物质污染、化学毒物污染、重金属污染、酸污染、热污染等。

钢铁工业废水通常按下述方法分为 3 类:a. 按所含的主要污染物性质,可分为含有机污染物为主的有机废水和含无机污染物(主要为悬浮物)为主的无机废水以及仅受热污染的冷却水;b. 按所含污染物的主要成分,可分为含酚氰废水、含油废水、含铬废水、酸性废水、碱性废水和含氟废水等;c. 按生产和加工对象,可分为烧结厂废水、焦化厂废水、烧铁厂废水、炼钢厂废水和轧钢厂废水等。各厂又有几种主要废水以及这些废水处理工艺的选择,如表 4-1 所列。

表 4-1 钢铁企业主要废水及其单元处理工艺选择一览表

排放废水的工厂	按污染物主要成分分类的废水								单元处理工艺选择															
	含酚氰废水	含氟废水	含油废水	重金属废水	含悬浮物废水	热废水	酸废(液)水	碱废水	沉淀	混凝沉淀	过滤	冷却	中和	气浮	化学氧化	生物处理	离子交换	膜分离	活性炭	磁分离	蒸发结晶	化学沉淀	混凝气浮	萃取
烧结厂					●	●			●	●	●	●												
焦化厂	●	●			●	●			●	●				●		●				●		●		●
炼铁厂	●				●	●			●	●												●		
炼钢厂					●	●			●												●	●		
轧钢厂			●	●	●	●	●	●	●	●	●	●	●	●			●	●	●			●		
铁合金	●			●	●	●	●	●	●	●	●	●	●									●		
其他			●	●	●	●	●	●	●	●	●	●	●	●			●					●	●	

4.2 钢铁工业节水减排途径与废水处理回用技术的差距

4.2.1 钢铁工业节水减排途径与对策[26]

我国属世界缺水国家,人均水资源仅为世界人均占有量的 1/4,居世界第 109 位,我国已被联合国有关机构列入世界 12 个缺水国家之一。目前全国的 600 多座城市就有 300 多座缺水,其中严重缺水的就有 108 座,且受不同程度的水污染。美国世界观察研究所发出报告:"由于中国城市和工业对水的需求量迅速增大,中国将长期陷入缺水状况。"因此,严峻的水资源形势,对我国钢铁工业持续发展构成严重的威胁,我们必须清醒地认识到我国节水工作面临复杂环境和艰巨的任务。

(1)因地制宜制定合理用水标准

我国钢铁企业在区域上布局与水资源分布很不协调。根据近年的统计,丰水地区华东、中南地区钢产量总和约占全国钢产总量的 40%,但新水用量约占总用水量 50% 以上;东北、华北、西南和西北 4 个地区的钢产量总和约占总量 50% 以上,而它们的新水用量仅占总用水量 40%。这种南方用水高于北方用水的形成原因,就是因为吨钢用水量大的企业在丰水地区居多,到目前为止仍有不少企业还用直供直排系统,这种情况必须改变，要合理控制。

（2）抓好大型钢铁企业是落实节水减排工作的最重要环节

根据近年《钢铁企业环境保护统计》分析，大的钢铁企业（集团公司）用水，对行业和对地区用水都是主要的。例如宝钢的用水指标属国内最先进企业，且钢产量又占该区的1/3~1/2，它为该地区节约行业用水量和改善该地区用水指标起了重要作用。据2006年中国钢铁工业协会统计，年产1000万吨粗钢以上企业由2004年两家（宝钢、鞍钢）发展到2005年的8家，即宝钢、鞍钢、武钢、首钢、沙钢、莱钢、济钢、唐钢。年产500万~970万吨粗钢企业有10家，300万~500万吨粗钢企业有16家。其中年产粗钢500万吨企业共18家，2005年粗钢产量合计1.62亿吨，占全国粗钢产量3.49亿吨的46.36%，可见抓好大型钢铁企业的节水工作是非常重要的。

（3）完善循环供水设施，消除直流或半直流供水系统，提高用水循环率

循环系统设施不完善、不配套这是钢铁企业供、排水系统通病；直供和半直供系统是丰水区钢铁企业弊病，是造成企业用水量大，补充水量多的直接原因。这种供水系统和循环设施不完善状况，在全国钢铁企业相当严重，不仅中小型企业普遍存在，大型企业如南方和沿江企业也普遍存在。因此，这些供水系统如不改造和完善，很难提高全行业用水循环率，行业节水规划也难实现。

（4）提高用水质量，强化串级用水与一水多用是节水的有效措施

现代化的钢铁工业对水质要求越来越严。例如宝钢根据工序对水质要求不同，实行工业水、过滤水、软水和纯水4个供水系统，这4个系统的主要用途是作为循环系统的补充水。以铁厂为例，高炉炉体间接冷却水循环系统、炉底喷淋冷却水循环系统、高炉煤气洗涤水循环系统的"排污"水，依次串接使用，作为补充水。而高炉煤气洗涤循环系统"排污"水，作为高炉冲渣水循环系统的补充水。水冲渣循环系统，则密闭不"排污"。这种多系统串接排污，最终实现无排水，这是宝钢实现95%以上用水循环率的有力措施，值得借鉴。

（5）寻求新水源，改善工业布局，缓解水危机

制约钢铁工业发展的矿产、水资源、能源、运输、环保等五大因素目前越显突出，仅矿产资源，据专家预测到2010年我国原铁矿量将达3.3亿吨，可支撑生铁产量1.05亿吨，这与届时钢铁产量近4亿吨的需求极不匹配。水资源状况也不例外，仅靠节水以保证钢铁工业发展用水也将困难很大。解决途径必将从调整和改善钢铁工业布局和寻求新的水源找出路，如美国钢铁工业采用海水冷却和用淡化海水。中水回用与城市污水回用等也是可选择的新水源。钢铁工业的发展与用水规划也应予以考虑。

钢铁工业由于受地区和原有体制的影响，有些不适合发展钢铁工业的地区，仍在继续扩大发展，新建和扩建钢铁企业，这种情况必将受到上述五大约束因素影响，将处于举步维艰的困境。由于铁矿石资源变化，必将对布局产生重大影响。进口矿、煤便利地区，又处于销售中心地带，将是钢铁工业布局最佳选择。宝钢建设的成功就是发挥了这个优势，是适应市场需求的结果，曹妃甸钢铁联合企业建设也是发挥这种优势。但要做到这一点，环境保护工作的高标准是最为重要的。

（6）加强节水技术与工艺设备的开发研究

我国加入WTO后，促进了我国钢铁企业组建大型企业集团，提高整体优势，加速开发高附加值的产品和品种，如特殊钢、冷轧不锈钢、镀层板、深冲汽车板、冷轧硅钢片和石油管等产品，以适应国际竞争地位和提高经济效益。这些新产品、新材料的生产，既提高了工业用水量，也排出复杂程度各异的废水，如各种类型乳化液的含油废水、含锌废水、各种有毒有害废水、各种类型含酸（碱）废水、重金属废水等。这些废水处理与回用有些仍有难度，大部分未能达标外排，因此，需加强开发研究解决达标与回用问题。

钢铁工业应根据生产发展与节水规划等规定要求，制定钢铁行业节水目标，按钢铁企业生产规模确定用水指标与用水指导计划。对节水型先进技术、工艺与设备，应加强开发、完善、配套与研究。例如干熄焦技术、干式除尘技术、焦化废水处理与回用技术、含油（泥）废水回用技术、高效空气冷却器、节水型冷却塔、串级供水技术、环保型水稳药剂与自动监控等。这些技术与设备，有些已在工程应用，但需完善与配套；有些要进一步研究、开发；有些需在工程中应用考核，方可推广应用。

4.2.2 钢铁工业废水处理回用的技术差距与分析[27]

我国废水处理与回用技术具有自身特色，与国外一些发达国家相比并不逊色，现已出现各类示范性清洁生产。但就钢铁行业水处理技术整体而言，有些与国外水平基本相当，有些尚存在一些差距，主要如下所述。

① 就钢铁企业的废水回用技术而言，已掌握了串级用水、循环用水、一水多用、分级使用等废水重复利用技术与工艺。循环用水是把废水转化为资源实现再利用；串级用水是将废水送到可以接受的生产过程或系统再使用；分级使用与一水多用是指按照不同用水要求合理配置，使水在同一工序多次使用。这种串级用水、按质用水、一水多用和循环使用技术与措施从根本上减少新水用量及废水外排量，是节省水资源，保护水环境的范例。

② 对料场废水、烧结废水、高炉冲渣水、转炉除尘废水、连铸机冷却水等，已掌握了处理与回用工艺与技术。

③ 用于处理轧钢乳状油废水和破乳技术，超滤与反渗透等膜技术，以及废酸回收技术、低浓度酸碱废水处理技术，已形成较完整的有效技术。但在总体水平、监控仪表与膜材料上有一定差距。

④ 水质稳定技术与药剂，目前我国在药剂品质、品种上及生产工艺技术上还存在一些差距。引进的水处理药剂已国产化，并已形成配套生产供应基地。但在高效、低毒的药剂种类与品质上，药剂自动投加与监控上，还存在一定差距。

⑤ 焦化废水处理技术差距不大，但焦化废水的质与量差别很大。

1) 对众多国内外工程实践和资料比较，我国焦化污水处理的深度、广度与国外相比无大的差距。日本、韩国、美国和加拿大以及欧洲的焦化污水处理，基本采用预处理除油、蒸氨、生物脱氮、再用混凝和活性炭深度处理后回用或排海。宝钢三期工程引进了 CHESTER 公司提供 O/A/O 法生物脱氮达标处理工艺，其中反硝化滤池是该公司利用美国佛罗里达州 tampa 城市生活污水处理厂反硝化滤池技术。在美国并无工程实例。国外之所以能用通常的活性污泥法与深度处理就能实现正常排放，而国内则不能，甚至采用 A/O 法、A/A/O 法、A/O/O 法处理工艺也难以实现达标排放，根据原因归功于源头控制。

2) 国内外在焦化污水处理技术与工艺选择、治理效果方面差别如此大，归根结底是焦化污水的质与量的区别。首先，国外生产 1t 焦炭产生的污水量为 $0.35m^3$，而国内大多数厂家则为 $1.0m^3$ 左右，高出 3~4 倍；其次对原燃料的选用以及采用煤气精制、脱硫脱氨、脱酚除氰等一系列净化与回收措施，致使进入生化系统的水质基本能满足生化装置的水质要求，故其生化系统的功能能够充分发挥作用；第三，对进入生化系统的水质，实行严格自动控制，凡不符合生化要求的水质，自动返回重新进行预处理，直到达到水质要求后方可进入生化处理系统。宝钢三期就是实例。宝钢焦化污水经过一系列的源头控制、治理与蒸氨后，生化污水中 NH_4^+-N 的质量浓度控制在 $100mg/L$，COD 为 $1000\sim2000mg/L$，并经约 40%

的稀释，实际进入生化处理系统的 NH_4^+-N 约为 60mg/L，COD 约为 600～1200mg/L，因此再经生化处理和混凝深度处理后，美国为该公司提供的保证值 NH_4^+-N 小于 5mg/L，COD 小于 100mg/L 是完全可能的。除宝钢等大型焦化厂外，我国其他焦化企业污水中 COD、NH_4^+-N 的浓度都很高，正常的 COD 浓度为 2000～3000mg/L，有的高达 4000～5000mg/L，NH_4^+-N 的质量浓度正常为 400～600mg/L，有的高达 1000～2000mg/L，可见达标排放难度极大。

据调研结果表明，我国不少大型钢铁焦化企业，虽然有完善的生化处理工艺与装置，但外排废水 COD 仍高达 500mg/L 左右，有的高达 1000mg/L。由于焦化行业的废水特征，生产与废水外排的不稳定性，处理难度极大。

⑥ 在节水上有较大差距。由于我国南北地区水资源差异很大，南方水资源比较充足，特别是沿江流域的企业，节水迫切性不强，造成南方企业用水循环率低，总体上加大了我国钢铁行业与国外水平的差距。

总之，我国钢铁行业水处理技术具有自身优势与特色，个体比并不逊色，但与国外先进国家企业整体水平相比，总体水平有明显差距。我国钢铁企业在大规模结构调整和技术改造后，如将这些技术综合、集成和配套，实现钢铁行业清洁生产与持续发展的目标是完全可能的。

4.3 钢铁工业节水减排目标与"零"排放的可能性分析

4.3.1 钢铁工业节水减排目标与实践

（1）钢铁工业节水减排目标与要求

"十一五"期间中国钢铁工业推行与落实以"三干三利用"为代表的循环经济理念促进钢铁工业可持续发展。其中节水减排与提高用水循环利用，就是要建立钢铁生产工序内部、工序之间以及厂际间多级、串级利用，提高水的循环利用率，提高浓缩倍数，实现减少水资源消耗，减少水循环系统废水排放量。具体措施包括：a. 尽可能采用不用水或少用水的生产工艺与先进设备，从源头减少用水量与废水排放量；b. 采用高效、安全可靠的处理工艺和技术，提高废水利用循环率，进一步降低吨钢耗新水量；c. 采用先进工艺与设备对循环水系统的排污水及其他外排水进行有效处理，使工业废水资源化与合理回用，努力实现废水"零"排放。

根据《2006～2020 年中国钢铁工业科学与技术发展指南》中的钢铁行业的环境目标的要求，2006～2020 年钢铁企业节水减排的主要目标见表 4-2[28]。

表 4-2　钢铁企业中长期节水减排主要目标

指标名称	2000 年	2004 年	2006～2010 年	2011～2020 年
工业用水重复利用率/%	87.04	92.41	95	96～98
吨钢新水用量/（m³/t）	24.75	11.27	8	5
吨钢外排废水量/（g/t）	17.17	6.89	5.6	3
吨钢 COD 排放量/（g/t）	985	364	200	100
吨钢石油类排放量/（g/t）	66	24.1	19	14
吨钢 SS 排放量/（g/t）	3051	610.9	300	100
吨钢挥发酚排放量/（g/t）	2.7	0.59	0.4	0.4
吨钢氰化物排放量/（g/t）	2.4	0.57	0.4	0.4

我国钢铁工业高速增长的过程中（主要是钢、铁和钢材产量高速增长），由于采用各项节水减排技术与废水处理回用措施及其强化管理，钢铁企业用水量已从高速增长逐步变为缓慢增长，随着节水减排工艺的技术进步，将为钢铁工业增产不增新水用量，甚至出现负增长趋势是可能的。

（2）重点钢铁企业实现节水减排目标的技术措施与实践

为了贯彻落实《2006～2020 年中国钢铁工业科学与技术发展指南》中的"钢铁行业的环境目标"以及十一五"钢铁工业节水要求"，国家科技部组织钢铁行业进行节水技术攻关、技术集成和节水新技术推广应用，已在生产实践中取得很多节水减排工作实践与经验。

① 宝钢采用系统管理水资源方法，稳定循环水水质，进一步提高水的重复利用率 首先加强用水分析管理，制定节水目标，通过组织全公司范围内从原料、烧烤到冷轧、钢管，开展了系统的水平衡测示工作。通过对用水量的分析，掌握了对用水量的分布及宝钢节水工作的重点，对供水总量影响较大的用户进行重点分析，细化单元用水情况，有针对性提出节水措施，并能取得较好的节水效果。宝钢还进行了工序耗水、系统循环率、浓缩倍数指标分析；制定节水规划，明确节水目标，消除设计上的不合理用水状况，改直流用水点为循环回用；调整管网供水压力和系统的供水方式，有条件的实行峰值供水和小流量连续补水等措施；建立厂区生活污水处理站，实施中水回用和拓展多种回用途径；开发串接水使用用户，如将高炉区原使用净环水、工业用改用串接水，减少新水用量实现节水减排；对钢管废水和冷轧废水进行深度处理回用替代工业水以及对围厂河水经处理后用于串接水和全厂用水，实现废水资源高效利用。

② 济钢实行"分质供水、分级处理、温度对口，梯级利用、小半径循环，分区域闭路"的用水方式促进和提高用水循环利用率 在用水过程中，根据生产工序不同对水质、水量水温进行合理分类，从而减轻末端治理的压力；按照各工艺不同的特点，着力推行小半径循环，大幅度降低用水的循环成本；运用水资源与能源的内在联系，充分利用物料换热回收热能，依靠水技术进步带动废弃物资源化利用；通过工序过程用水的系统优化和合理的量、质匹配减少用水量和逐级减少（或改变）系统补水水源进行源头削减，进而减少废水处理和排放量。对新投产的设备全部采用了循环水水质稳定新技术，大大提高了循环水的复用率，系统补水量逐步降低，用水浓缩倍数大幅升高，例如，高炉煤气洗涤系统的浓缩倍数达 9.4，转炉除尘系统达 5.4。

③ 莱钢围绕节水减排，实现工业废水零排放的目标，积极开展研究与应用，吨钢用水量大幅下降，达国内领先水平 为实现工业废水"零"排放的目标，积极采用节水新技术，改造完善循环用水系统；充分回收利用废水资源；优化供水系统，实现水的串级利用；根据各工序用水特点和厂距状况，实行废水就近处理循环回用；强化废水零排考核办法，完善用水计量与监督，最大限度减少用水量与非生产用水，基本实现工业废水"零"排放。

4.3.2 钢铁工业节水减排与废水"零"排放的新理念

4.3.2.1 时代背景与环境友好型发展思路

我国粗钢产量 2010 年达 6.267 亿吨，已连续 15 年稳居世界第一，实现了大国之梦，但未能实现钢铁强国的转变。据国统计局统计，全国共有钢铁企业 3800 余家，具备炼铁、炼钢能力企业 1200 家，其中粗钢产能超过 500 万吨有 24 家，300 万～500 万吨有 24 家，100 万～300 万吨有 28 家。经估算，全国 48 家 300 万吨以上企业的钢产能之和约占全国粗钢的比重 45％。可见产业集中度还很低，与国家要求 2010 年，国家排名前 10 名的钢铁企业钢产量占全国比重达 50％以上的差距还较大，这是我国钢铁工业发展历史遗留的问题，也为我国钢铁工业持续发展和水资源有效利用带来致命问题。

当今国家已经把 GDP 的增长作为预期性的指标，把节能降耗和污染减排指标作为必须确保完成的约束性指标，要求人们一切工作的出发点，必须是走资源节约型、环境友好型的发展思路和路线，通过清洁生产防治手段，运用循环经济组织形式，实现可持续发展战略目标。

4.3.2.2 节水减排与废水"零"排放的新思维、新理念

（1）清洁生产是实现经济与环境协调发展的环境策略

清洁生产要求实现可持续发展，即经济发展要考虑自然生态环境的长期承受能力，既使环境与资源能满足经济发展需要，又能满足人民生活需求和后代人类的未来需求；同时环境保护也要充分考虑经济发展阶段中的经济支撑能力，采取积极可行的环保对策，配合和推进经济发展历程。这种新环境策略要求改变传统的环境管理模式，实行预防污染政策，从污染后被动处理，转变为主动，积极进行预防规划，走经济与环境可持续发展的道路[24]。

（2）循环经济核心原理是节水减排和废水"零排"的理论基础

所谓循环经济本质上是一种生态经济，是将生态平衡理论与经济学相结合，按照"减量化、再利用、再循环"原则，运用系统工程原理与方法论，实现经济发展过程中物质和能量循环利用的一种新型经济组织形式。它以环境友好的方式，利用自然资源和环境容量来发展经济、保护环境。通过提高资源利用效率、环境效益和发展质量，实现经济活动的生态化，达到经济效益与环境效益的双赢。其特征是自然资源的低投入、高利用和废弃物低排放，形成资源节约型、环境友好型的经济与社会的和谐发展，从根本上消除长期存在的环境与发展之间尖锐对立的局面。

从上述分析表明：清洁生产既是一种防治污染的手段，更是一种全新的生产模式，其目的是为了达到节能、降耗、减污、增效的统一；循环经济是一种新型经济组织形式，是按照自然生态系统的模式把经济活动组织成一个"资源—产品—再生资源"的物质反复循环流动过程的组织形式，是为了达到从根本上消除环境与发展长期存在的对立；可持续发展是经济社会发展的一项新战略，其核心问题是实现经济社会和人口、资源、环境的协调发展，三者是一脉相通的，其最终目标是实现经济活动的生态化、环境友好化、资源节约化，达到经济效益、社会效益与环境效益的统一。据此原则和理念，我国钢铁工业节水减排工作应注入新的理念，其研究工作重点应按废水生态化的要求进行技术延伸与完善[23,24]。

（3）减量化、再利用、再循环的核心原则

减量化、再利用、再循环（即"3R"原则）既是循环经济的核心原则，也是实现钢铁工业节水减排和废水"零"排放的基本原则。

① 减量化原则 属于源头控制，是实现循环经济和钢铁工业节水减排的首要原则，它体现当今环境保护发展趋势，其目的是最大限度地减少进入生产和消费环节中的物质量。对钢铁工业而言，首先应提高和改进生产工艺先进水平，使吨钢耗水最小化。例如，采用干熄焦、高炉与转炉煤气干法净化除尘，高炉富氧喷煤，熔融还原 COREX 炉、热连铸连轧等工艺，可大大减少热能和水的消费量。目前国内大多数企业都采用湿法净化煤气，均消耗大量用水，又产生二次污染，若用干法除尘净化可实现节水与零排。

对水资源利用应统筹规划，实施串级供水、按质用水、一水多用和循环用水的措施，力求降低新水用量，削减吨钢用水与外排废水量。如冷却水可供煤气洗涤除尘用水，再用于冲渣用水和原料场的洒水等。一般钢铁联合企业，废水处理量约占总用水量的 $30\% \sim 40\%$ [17]。净

环水的排污水一般可作为浊环水的补充水,通过串接循环使用,可大大消减企业水资源消耗量。

② 再利用原则 是属于过程控制,其目的是提高资源的利用率,将可利用的资源最大限度地进行有效利用。对钢铁工业而言,应积极有效利用水资源和多渠道开发利用非传统水资源,以缓解钢铁工业的持续发展中水资源短缺的瓶颈问题,这是近年来世界各国普遍采用的可持续发展的水资源利用模式,也是用水节水的新观念、新途径。

1) 雨水再利用。雨水再利用是一项传统技术,在美国、德国、日本、丹麦等国得到十分重视,许多国家已把雨水资源化作为城市生态用水的组成部分。雨水作为一种免费水资源,只需少量投资就可作为一种水资源进行再利用。钢铁企业厂区面积较大,能收集大量雨水,若将厂区的雨水收集与利用将可化害为利、一举两得。目前所建的雨水工程是将雨水视为废水而外排,造成大量水资源浪费。事实上雨水经简单处理后就可达到杂用水的水质标准,可直接用于钢铁企业的原料场与车间地坪洒水、绿化、道路以及对水质无严格要求的用户。这不仅可在一定程度上缓解钢铁企业水资源供需矛盾,还可减少企业的雨水排水工程支出,缓解城市与企业的雨、污水处理工程的负荷。我国新建的首钢京唐工程已实现雨水的再利用,其节水效果显著[29]。

2) 城市污水再利用。城市污水的处理费用一般是工业废水处理费的 1/2,其处理工艺比较成熟。从城市污水量和水质而言;经妥善处理不仅可用于直接冲渣和冲洗地坪用水,并可作为深度脱盐处理制取工业新水、纯水、软化水、脱盐水的水源[30]。如果城市污水再利用能在钢铁行业普遍采用,既能缓解钢铁企业的用水压力,同时也能大大降低城市生活用水的压力,可将城市上游水资源用于城市的发展与开发。另外,将城市污水作为钢铁企业的水源,可将钢铁业从与城市争水转变到城市用水的下游用户,既可以极大地减少对城市上游新水的需求量,并将钢铁行业从一个用水大户、污染大户转变为一个接纳污水大户,清除污染大户。其经济效益、社会效益与环境效益是非常巨大的。

3) 海水再利用

a. 海水直接冷却利用。随着人类对海水认识和利用的发展,海水直接冷却已是成熟工艺。目前,在我国天津、大连、上海等沿海城市电力、石油、化工等行业均取得成功应用。在钢铁行业中日本加古川钢铁厂的海水直接冷却约占其冷却水总量的 45%[30]。根据钢铁产业政策,今后新建的钢铁厂将靠近大海,而钢铁企业在生产中需大量使用冷却水,因此海水作为一种再利用冷却水资源是发展方向,这将大大地缓解钢铁生产需要的冷却水资源紧缺问题。首钢京唐工程实践表明,海水直接冷却利用可缓解水资源紧缺问题[29]。

b. 海水淡化利用。开发利用海水资源,是节水的新观念、新途径,近年来在世界各国已得到普遍采用。加鼓励企业开发利用非传统的水资源,目前中国企业自取的海水和苦咸水的水量不纳入定额计量管理的范围。利用海水淡化水与传统水资源合理使用,将可大大地减轻钢铁厂生产发展需要的水资源短缺问题。海水淡化已是成熟技术,一般成本在 4.5~6 元/m^3(包括取水、生产、回收、日常运行、管理及经营等方面费用)。如淡化水产量在 $(8～10)\times10^4 m^3/d$ 规模时,其成本可降至 3 元/m^3[17,30]。目前,我国年海水用量为 $256\times10^8 m^3$,比日本($1200\times10^8 m^3$)和美国($2000\times10^8 m^3$)相差较大。我国一些沿海地区的大型钢铁企业正在研究海水淡化技术,解决水资源短缺的问题,首钢京唐工程已有海水淡化利用实践,宝钢的湛江工程也在积极探索中[17,29]。

③ 再循环原则 是末端控制,其目的是把废物作为二次资源并加以利用,以期减少末端处理负荷。再循环应包括两个层次:其一是钢铁企业内部小循环;其二是深层次的社会大循环。

1）钢铁企业内部，实施水资源的循环利用。钢铁企业的工业废水和生活污水经过净化处理后，再作为补充水用于各个生产工序的水循环系统，这既可大幅提高水重复利用率、减少取水量和废水排放量，又可减轻各单位水处理设施压力，保证正常供水。例如，国内某钢铁企业，对各生产工序均设置循环水系统，充分发挥废水处理回用功效，使得生产水、生活水、脱盐水、软水均得到充分使用，有效提高水资源利用效率，最大限度地节约用水与节水减排，使吨钢耗新水 $3.9m^3/t$，达到世界吨钢耗新水最先进水平[17]。宝钢根据工序对水质要求不同，实行工业水、过滤水、软水和纯水四个供水系统，这四个系统的主要用途是作为循环系统的补充水。以铁厂为例，高炉炉体间接冷却水循环系统、炉底喷淋冷却水循环系统、高炉煤气洗涤水循环系统等"排污"水，依次串接循环使用、前一系统排水作为后者补充水。而高炉煤气洗涤循环系统"排污"水，作为高炉冲渣水循环系统的补充水；水冲渣循环系统，则密闭不"排污"。这种多系统串接排污循环使用，最终实现无排水，这是宝钢实现98％以上用水循环率的有力措施，是国内钢铁企业内循环用水的典范。

2）深层次的大循环。钢铁企业用水应与周围地区协调发展，应通过吸收城市污水和厂周围地区废水再循环，为钢铁生产提供水资源，并将经处理后较好水质供给周围地区，回报于社会，建立水资源的良性互动与循环。例如，城市污水处理再循环利用就是实例[30,31]。

4.3.3　钢铁工业节水减排与废水"零"排放的可能性分析

随着国家对节水减排工作要求的日益提高，即将公布的新的《钢铁工业水污染物排放标准》对现有企业和新建企业的工业废水排放提出了更为严格的要求，因此，钢铁企业全厂工业废水将作为非传统水资源，已经越来越受到各大钢铁企业的重视。

（1）废水生态化原理是节水减排和废水"零"排放的技术依据与主要途径

生态工业学是可持续发展的科学，它要求人们尽可能优化物质—能源的整个循环系统，从原料制成的材料、零部件、产品，直到最后的废弃，各个环节都要尽可能优化。对钢铁工业系统而言，其生态化的核心就是物质和能源的循环，不向外排放废弃物。为了从根本上解决钢铁工业废水对水环境的污染与生活破坏，必须把整套循环用水技术引入生产工艺全过程，使废水和污染物都实现循环利用。钢铁企业把生产过程中排出的废水及其污染物作为资源加以回收，并实现循环利用，其实质是模拟自然生态的无废料生产过程。尽量采用无废工艺和无废技术是为了使这个系统不超过负荷，能正常良好运转，而工艺的自动化在一定的程度上可以起到系统的调控机能。

所谓水循环经济就是把清洁生产与废水利用和节水减排融为一体的经济，建立在水资源不断循环利用基础上的经济发展模式，按自然生态系统模式，组成一个资源—产品—再生资源的水资源反复循环流动的过程，实现污水最少量化与最大的循环利用。即对钢铁企业用水进行废水减量化、无害化与资源化的模式研究过程[25]。"分质供水—串级用水"一水多用的使用模式；"废水—无害化—资源化"的回用模式；"综合废水—净化—回用"的循环利用模式

这个最优化循环经济过程称为钢铁工业废水生态化，它是节约水资源，保护水环境最有效的举措。因此，最少量化、资源化、无害化、生态化用水技术必将成为控制钢铁工业水污染的最佳选择，并将越来越受到人们的重视，是我国乃至世界钢铁工业水污染的综合防治技术今后发展的必然趋势，也是当今世界最为热门的研究课题[24,25]。

（2）新标准、新规范对钢铁企业节水减排提出严格要求与规定

我国《钢铁工业发展循环经济环境保护导则》（国标 HJ 465—2009）已于 2009 年 7 月

实施，已酝酿 6 年之久的新版《钢铁工业污染物排放标准》已公布实施，上述"导则"与"标准"对钢铁工业的节水减排与废水"零"排放提出明确规定与要求。

① 国标《钢铁工业发展循环经济环境保护导则》的有关规定与要求[32]　a. 强化源头控制，实现源头用水减量化；b. 对新水与循环水应按分级分质供水原则，实现废水回用与提高水的重复利用率；c. 全面配置循环用水技术所必需的计量监控等技术和设备；采用节水冷却技术和设备，如汽化冷却、蒸发冷却、管道强制吹风冷却等，实现冷却水用量最小化。d. 对烧结、球团工序、炼铁工序、转炉炼钢工序的生产废水要实现"零"排放，其中如有少量排污水非排不可时，也应收集排入总废水处理厂经处理后循环回用；e. 对焦化工序高浓度有机废水和含有煤、焦颗粒的除尘废水应分别处理后回用不得外排；f. 冷轧工序废水应先分别设置单独处理设施达到车间排放标准后再排入综合废水处理厂，经处理后循环回用。

② 新版《钢铁工业污染物排放标准》有关规定与要求　新的《钢铁工业水污染物排放标准》[33]将按钢铁生产过程的工序分别制订，整个排放标准体系，由采选矿标准、烧结标准、炼铁标准、铁合金标准、炼钢标准、轧钢标准、联合企业水污染物排放标准 7 个具体的排放标准组成，并把焦化工序的焦化的水染物排放，从《钢铁工业水污染物排放标准》分离出来按《焦化工业污染物排放标准》进行严格控制。该"标准"规定对现有企业的烧结（球团）炼铁工序的废水要实行"零"排放；对新建企业还要增加炼钢工序废水"零"排放。该"标准"的实施，将意味着钢铁工业要执行更加严格的废水排放标准，必将有一批生产装备比较落后、资源能源消耗高、环境污染较重、用水量大的企业被淘汰出局。生产废水作为非传统水资源进行高效利用，已越来越受到大型钢铁企业的重视，并已有很多大型企业建立综合废水处理厂实用废水回用"零"排放[34]。因此钢铁工业节水减排和废水"零"排放是钢铁工业清洁生产和循环经济发展的必然趋势与选择。

（3）综合废水处理回用是实现节水减排废水零排最有效途径与技术保障

要实现钢铁工业节水减排与废水"零"排放，要从如下几个方面配套研究和技术突破[35]：a. 以配套和建立企业用水系统平衡为核心，以水量平衡、温度平衡、悬浮物平衡和水质稳定与溶解盐的平衡为主要研究内容，实现最大限度地将废水分配和消纳于各级生产工序最大化节水的目标；b. 以企业用水和废水排放少量化为核心，以规范企业用水定额、循环用水、废水处理回用的水质指标为研究内容，实现企业废水最大循环利用的目标；c. 以保障落实"焦化废水不得外排"为核心，以焦化废水无污染安全回用和消纳途径为主要研究内容，最终实现焦化废水"零"排放的目标；d. 以保障钢铁企业综合废水安全回用为核心，以经济有效的处理新工艺与配套设备和以出厂水脱盐为主要研究内容，最终实现钢铁企业废水"零"排放的目标。

上述四个方面是实现钢铁工业节水减排和废水"零"排放的关键，相互构成有机的联系，前者为废水"零"排放提供基础，后者是实现"零"排放的保障[35,36]。

钢铁企业外排废水综合处理回用是我国钢铁工业发展的国情特色。由于我国钢铁企业发展历程大都是由小到大、经历改造、扩建、填平补齐历程而逐步发展完善的。因此钢铁企业用水量大，用水系统不完善循环率低；钢铁企业的废水种类多，分布面广，排污点分散，即使有的企业各废水产生工序设有循环水处理设施，但由于供排水系统配置、技术、应用及管理上原因，各工序水处理设施的溢流和事故排放，加上生活污水和工艺排污与跑、冒、滴、漏，因此钢铁企业产生的总外排废水都比较大。如将这些外排废水进行综合处理回用，既提高用水循环率，又实现废水"零"排放。

基于钢铁企业外排废水综合处理回用对钢铁工业持续发展的重要性迫切性，国家科技部将"钢铁企业用水处理与污水回用技术集成与工程示范"和"大型钢铁联合企业节水技术开发"分别列入"十五""十一五"国家科技攻关计划。

经科技攻关与节水实践表明综合废水处理回用对钢铁企业节水减排与废水"零"排放意义与作用重大,效果显著。例如,日照钢铁集团公司综合废水处理厂规模 $30000m^3/d$,经处理后 $20000m^3/d$ 回用于热轧用水系统,$10000m^3/d$ 经脱盐后补充至生产新水系统[32]。目前首钢京唐、莱钢、济钢、邯钢和攀成钢均已实现废水"零"排放[37,38]。

5 矿山废水处理与回用技术

矿山开采是将埋藏于地下的矿物开采出来，用于钢铁冶炼原料。由于矿物埋藏深度不同，矿物开采方法也不同。埋藏较浅且采剥比不大的矿物宜采用露天开采，埋藏较深或采剥比较大的矿物宜采用地下开采。由于矿物的埋藏条件、矿物性质或地域环境条件的不同，也可采用其他开采方式，如砂矿宜采用水力开采方式等。

根据矿物种类和用途的不同，矿山可分为黑色冶金矿山、有色冶金矿山、非金属矿山、化学工业矿山等。

5.1 矿山废水特征与污染控制的技术措施

5.1.1 矿山废水特征与水质水量

矿山开采过程中，会产生大量的矿山废水，主要包括矿坑水、废石场淋滤水、选矿废水以及尾矿坝废水等。

矿坑水多呈酸性并含有多种金属离子，其成分随矿物的种类、围岩性质、共生矿物、伴生矿物、矿井滴水量及开采方法等许多因素的变化而使废水的成分含量波动很大，有些水中的金属离子浓度很高，并含有许多尘泥的悬浮物。酸性水形成的原因，主要是因为矿石或围岩中含有硫化矿物，它们经过氧化、分解并溶于坑下水源之中，尤其在地下开采的坑道内，良好的通风条件与地下水的大量渗入，为硫化矿物的氧化、分解提供了极为有利的条件。矿坑酸性废水的 pH 值一般在 2～5 之间。废石场淋滤水和尾矿坝废水，由于同样的原因亦呈酸性。

选矿废水主要包括尾矿水和精矿浓密溢流水，其中以尾矿水为主，一般约占选矿废水总排水量的 60%～70%。选矿废水的水质情况随矿物组成、选矿工艺和添加选矿药剂的品种与数量等不同而发生成分的变化。其危害主要是由可溶性的选矿药剂所带来的。药剂污染大致有 4 种情况：a. 药剂本身为有害物质如氰化物、硫化物、重铬酸钾（钠）及硫代化合物类捕收剂等都能对人体直接产生危害；b. 药剂本身无毒，但有腐蚀作用，如硫酸、盐酸、氢氧化钠等，使废水呈酸性或碱性；c. 药剂本身无毒，如脂肪酸类在使用和排放过程中可增加水中的有机污染负荷；d. 矿浆中含有大量的有机和无机物的细微粉末，使受纳水体的悬浮物浓度增大。在适宜条件下，这些细微粉末如携带有有毒物质，也会被释放而造成二次污染。

矿山废水由矿山采矿废水和选矿废水组成，其中以选矿废水量为最大，约占矿山废水总量的 1/3。前者常称为矿山废水，后者称为选矿废水。

矿山废水主要来自采矿场矿坑和堆矿场的酸性水，以及选矿中排出的废水。根据矿体特性，废水中主要污染物有悬浮物、选矿药剂、酸、铁以及根据矿石成分的不同而含有的硫化物及各种重金属离子。

选矿厂每年排出大量的废水。通常浮选厂每吨原矿耗水量为 3.5～4.5m³，浮选-磁选厂每吨原矿耗水量 6～9m³，重选-浮选厂每吨原矿耗水量 27～30m³，废水中悬浮物为500～

2500mg/L，有时高达 5000mg/L。由于水量大，废水中污染物浓度高，往往对水质和土壤造成严重污染。矿山废水水质见表 5-1[13]。

表 5-1 矿山废水水质　　　　　　　单位：mg/L，pH 值除外

矿山编号	SO_4^{2-}	Fe	Cu	Pb	Zn	As	pH 值
No. 1	2068	33.5	5.89	4.57	1.54		4~4.5
No. 2		26858	6294	0.97	133	33	1.5
No. 3	8430	3312	223	0.09	3.0		2.0
No. 4		806	170	0.24	46	0.07	2.5
No. 5	2149	720	50		23		2.6

采矿中产生的酸性水，由于矿山的气象条件、水文地质条件、采矿方法与生产能力、堆石场的大小等条件的不同，其水量、水质的差异也很大。特别是在雨季，堆石场的水量往往增大好多倍。酸性水的 pH 值有时在 2~4 之间。有时在矿山废水中还会有硝基苯类化合物。

5.1.2 控制矿山废水污染的基本途径与减排措施

① 改革工艺，减少污染物的发生量　从改革工艺入手，杜绝或减少污染物的发生量，是防治水污染的根本途径。

② 循环用水，综合利用　尽可能采用矿井水、循环水、复用水和尾矿库回水等循环用水及重复用水系统，这样既能减少废水排放量，又能节约新鲜水用量。

③ 应按分质、分压和分温原则，确定采选工序生产用水，减少用水与废水量，降低用水与处理废水费用。

④ 减少进入矿区的水量　采取一切措施尽可能减少通过各种途径进入矿山水体的水源，以减少矿山、特别是井下的水量和尽可能减少矿岩与空气和水的接触时间与面积。

⑤ 提高和发挥装备水平控制与减少污染　我国矿山生产的装备水平较为落后，因设备磨损、跑冒滴漏等情况较为严重。

⑥ 从综合利用上控制污染　最大限度地利用资源、能源，减少矿山污染。解决矿山废物料的污染，根本措施是搞好矿山复垦与绿化，它应与排弃废矿物或尾矿库坝体上升同时进行。覆土深度应根据种植作物及基层土壤的特性而定，一般为 0.5~1.5m，而且最好在覆土层铺 0.05m 厚的腐殖土；在尾矿粉中施入适量绿肥以利绿色植物生长。

⑦ 强化管理严格控制污染　加强环境管理，确保各类设备正常运行，健全生产与环境管理职责，建立明确的环境管理、环境监测手段以及经济与法制管理手段是保证和控制矿山环境污染最重要的措施和手段。

5.2 矿山废水处理与回用技术

矿山废水主要包括矿坑水、废石场淋滤水以及矿石采矿设备冷却所排出的废水等。

矿山废水的形成主要通过两个途径：一是矿床开采过程中，大量的地下水渗流到采矿工作面，这些矿坑水经泵排至地表，是矿山污水的主要来源；二是矿石生产过程中排放大量含有硫化矿物的废石，在露天堆放时不断与空气和水或水蒸气接触，生成金属离子和硫酸根离子，当遇雨水或堆置于河流、湖泊附近，所形成的酸性污水会迅速大面积扩散。

处理矿山酸性废水的方法很多，有中和法、硫化法、金属置换法、离子交换法、反渗透法、萃取法、吸附法和浮选法等，其中中和法是最基本的方法。

5.2.1 中和沉淀法处理矿山废水

中和法具有系统简单、可靠、费用低的特点。根据所选用中和剂不同，通常又可分为石灰、石灰乳投药中和法及石灰石中和法。

① 石灰、石灰乳投药中和法 石灰的投加方式有干投和湿投两种。干投法是将石灰直接投入废水中，设备简单，但反应慢，且不彻底，投药量为理论值的 1.4~1.5 倍。湿投法是将石灰消解并配置成一定浓度的石灰乳（5%~10%）后，经投配器投加到废水中，此法设备较多，但反应迅速，投药量少，为理论值的 1.05~1.10 倍。

一般均将石灰配制成石灰乳投放，其工艺流程如图 5-1 所示。

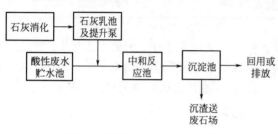

图 5-1 酸性矿山废水处理流程

酸性矿山废水中多含有重金属，计算中和药量时，应增加与重金属化合产生沉淀的药量。

② 石灰石中和法 系以石灰石或白云石作为中和药剂，根据所使用设备及工艺不同，通常有普通滤池中和法、石灰石或白云石干式粉末或浮状直接投加法、石灰石中和滚筒法及升流式石灰石膨胀滤池法。其中石灰石中和滚筒法是目前处理酸性矿山废水较为实用的方法，它可以处理高浓度酸性水，对粒径无严格要求，操作管理较为方便。但去除 Fe^{2+} 的效果较差。

③ 石灰石-石灰联合法 当酸性矿山废水中 Fe^{2+} 含量较高时，采用石灰石-石灰联合处理法比较适宜。此法是在石灰石中和处理之后，加一石灰反应池，其处理流程为：酸性矿山废水→石灰石中和滚筒→石灰反应池→沉淀排放或回用。

5.2.2 硫化物沉淀法处理矿山废水

金属硫化物溶解度通常比金属氢氧化物低几个数量级，因此，在廉价可得硫化物的场合，可向污水中投入硫化剂，使污水中的金属离子形成硫化物沉淀而被去除。通常使用的硫化剂有硫化钠、硫化铵和硫化氢等。此法的 pH 值适应范围大，产生的硫化物比氢氧化物溶解度更小，去除率高，泥渣中金属品位高，便于回收利用。但沉淀剂来源有限，价格比较昂贵，产生的硫化氢有恶臭，对人体有危害，使用不当容易造成空气污染。

采用此法处理含重金属离子的废水，有利于回收品位较高的金属硫化物。例如，某矿山酸性废水，其水量为 150m³/d，含铜 50mg/L、二价铁 340mg/L、三价铁 380mg/L，pH 值为 2，采用石灰石-硫化钠-石灰乳处理系统进行处理，处理流程如图 5-2 所示。处理后水质符合排放标准，并可回收品位为 50% 的硫化铜，回收率高达 85%[39]。

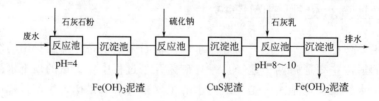

图 5-2 某矿山酸性废水处理流程

5.2.3 金属置换法处理矿山废水

在水溶液中，较负电荷可置换出较正电荷的金属，达到与水分离的目的，故称之为置换法。采用比去除金属更活泼的金属作置换剂，可回收废水中有价金属。例如，由于铁较铜负电荷高，利用铁屑置换废水中铜可以得到品位较高的海绵铜。

$$Fe + Cu^{2+} \longrightarrow Cu + Fe^{2+}$$

但是，选择置换剂时，应综合考虑置换剂的来源、价格、二次污染与后续处理等问题。因为置换法不能将废水酸度降下来，必须与中和法等联合使用，才能达到废水处理排放或回用的目的。目前最常用的置换剂是铁屑（粉）。采用金属置换与石灰中和法联合处理含铜采矿废水，可取得较好的处理效果。表5-2为某铜矿采用此法的处理结果，回收铜的品位为60%，铜的回收率为77%～87%[39]。

表5-2 铁粉置换-石灰中和法处理效果

项 目	pH值	浓度/(mg/L)				
		Cu	Zn	Fe	Cd	As
废水	2～4.5	1～982	19～149	20～6360	0.5～7	0.1～38.75
置换尾液		20.97	17.4	260	1.83	0.03
中和后出水	7～8	0.08	0.002	0.14	0.018	0.01

5.2.4 沉淀浮选法处理矿山废水

表5-3 废水水质指标　　　　　单位：mg/L，pH值除外

项 目	Cu	Fe	Pb	Zn	SO$_4^{2-}$	pH值
浓度	223	3312	0.09	3.0	8341	2.0

沉淀浮选法是将废水中的金属离子转化为氢氧化物或硫化物沉淀，然后用浮选沉淀物的方法，逐一回收有价金属，即通过添加浮选药剂，先抑制某种金属，浮选另一种金属，然后再活化，浮选其他的有价金属。该法的优点是处理效率高，适应性广，占地少，产出泥渣少等，因而成为处理污水的常用方法。某矿山酸性废水来源于采石场，其废水水质见表5-3。

由于废水中Cu、Fe和SO$_4^{2-}$含量高，废水处理时应予以回收，采用沉淀浮选法可实现上述目的，其处理工艺如图5-3所示[39]。

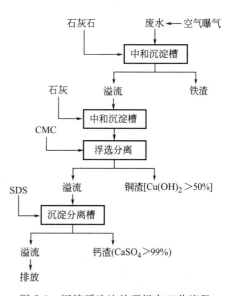

图5-3 沉淀浮选法处理污水工艺流程

首先，利用空气曝气将Fe^{2+}转化为Fe^{3+}。接着，控制低pH值将Fe^{3+}沉淀得到铁渣（氢氧化铁）。但在较高的pH值下沉铜时，其他的离子也会随之沉淀。为了优先得到铜，在混合液中加入SDS和CMC进行浮选，得到含有Cu(OH)$_2$ 50%以上的铜渣，再接着沉淀分离得到含CaSO$_4$ 99%的钙渣。

其工艺条件为：一段中和pH=3.4～4.0；二段中和pH值为8左右。废水经处理后除SO$_4^{2-}$指标外，效果显著，见表5-4。

表 5-4　废水处理后水质指标　　　　　单位：mg/L，pH 值除外

项 目	Cu	Fe	Pb	Zn	SO_4^{2-}	pH 值
浓度	0.03	0.13	0.03	痕量	3154	8.0

5.2.5　生化法处理矿山酸性废水

（1）生化法处理原理

生化法处理矿山酸性废水的原理是利用自养细菌从氧化无机化合物中取得能源，从空气中的 CO_2 中获得碳源。美国新红带（New Red Belt）矿山就是利用这种原理处理矿山废水中的重金属。

目前，研究最多的是铁氧菌和硫酸还原菌，进入实际应用最多的是铁氧菌。

铁氧菌（*Thiobacillus ferroxidans*）是生长在酸性水体中的好气性化学自养型细菌的一种，它可以氧化硫化型矿物，其能源是二价铁和还原态硫。该细菌的最大特点是，它可以利用在酸性水中将二价铁离子氧化为三价而得到的能量将空气中的碳酸气体固定从而生长，与常规化学氧化工艺比较，可以廉价地氧化二价铁离子。

就污水处理工艺而言，直接处理二价铁离子与将二价铁离子氧化为三价离子再处理这两种方法比较，后者可以在较低的 pH 值条件下进行中和处理，可以减少中和剂使用量，并可选用廉价的碳酸钙作为中和剂，且还具有减少沉淀物产生量的优点。

（2）铁氧菌生长条件与影响因素

铁氧菌是一种好酸性的细菌，但卤离子会阻碍其生长，因此，废水的水质必须是硫酸性的，此外，废水的 pH 值、水温、所含的重金属类的浓度以及水量的负荷变动等对铁氧菌的氧化活性也具有较大的影响。

① pH 值　pH 值对铁氧菌的影响很大，最佳 pH 值为 2.5～3.8，但在 1.3～4.5 范围时也可以生长，即使希望处理的酸性污水 pH 值不属于最佳范围，也可以在铁氧菌的培养过程中加以驯化。如松尾矿山废水初期的 pH 值仅为 1.5，研究者通过载体的选择，采用耐酸、凝聚性强和比表面积大的硅藻土来作为铁氧菌的载体，很好地解决了菌种的问题。

② 水温　铁氧菌属于中温微生物，最适合的生长温度一般为 35℃，而实际应用中水温一般为 15℃。研究发现，即使水温低到 1.35℃，当氧化时间为 60min 时，Fe^{2+} 也能达到 97% 的氧化率。这可能是在硅藻土等合适的载体中连续氧化后，铁氧菌大量增殖并浓缩，氧化槽内保持着极高的菌体浓度的原因。因此，可以认为，低温废水对铁氧菌的氧化效果影响不大，一般硫化型矿山废水都能培养出适合自身的铁氧菌菌种。

③ 重金属浓度　微生物对产生污水的矿石性质有一定的要求，过量的毒素会影响细菌体内酶的活性，甚至酶的作用失效。表 5-5 是铁氧菌菌种对金属的生长界限范围。

表 5-5　铁氧菌菌种对金属的生长界限范围　　　　　单位：mg/L

金属	Cd^{2+}	Cr^{3+}	Pb^{2+}	Sn^{2+}	Hg^{2+}	As^{3+}
范围	1124～11240	520～5200	2072～20720	119～1187	0.2～2	75～749

一般说来，铁、铜、锌除非浓度极高，否则不会阻碍铁氧菌的生长。从表 5-5 可以看出，铁氧菌的抗毒性是很强的。值得注意的是，铁氧菌对含氟等卤族元素的矿石很敏感，此种矿体产生的废水不适合铁氧菌菌种的生存。就我国矿山来说，绝大多数矿山废水对铁氧菌不会产生抑制作用。

④ 负荷变动 低价 Fe^{2+} 是铁氧菌的能源，细菌将 Fe^{2+} 氧化为 Fe^{3+} 而获得能量，Fe^{3+} 又是矿物颗粒的强氧化剂：Fe^{3+} 在 Fe^{2+} 的氧化过程中起主导作用。因此，当 Fe^{2+} 的浓度降低时，铁氧菌会将二价铁离子氧化为三价铁离子时产生的能量作为自身生长的能量，相应引起菌体数量及活性的不足、氧化能力的下降。但是，短期性的负荷变动，由于处理装置内的液体量本身可起到缓冲作用，因此不会产生太大的影响。

生化法处理矿山酸性废水的基本工艺流程如图 5-4 所示。[13]

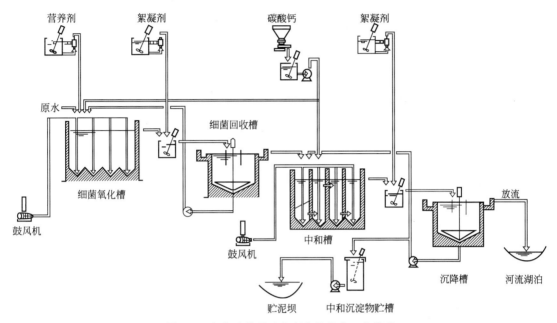

图 5-4 生化法处理矿山废水的基本工艺流程

5.2.6 中和-混凝沉淀法处理选矿废水

选矿废水主要包括尾矿水和精矿浓密溢流水，其中以尾矿水为主。对于选矿废水，最有效的方法是使尾矿水循环利用，减少废水量，其次才是进行处理，回收有价元素或金属，降低废水中的污染物含量。循环水中会含有一定数量的选矿药剂，一般情况下，这些残留的选矿药剂并不会影响选矿的指标，往往还可减少选矿药剂的用量。

处理选矿废水的方法很多，有氧化、沉淀、离子交换、活性炭吸附、气浮、电渗析等，其中氧化法和沉降法应用量为普遍。

（1）中和沉淀与混凝沉淀法处理与回用技术

对于酸性尾矿废水，目前多采用石灰或石灰石中和，沉淀后清液排放。对于难以自然降解的选矿尾水，为改善沉淀效果，可加入适量无机混凝剂或高分子絮凝剂，进行混凝沉淀处理，选用的混凝药剂有聚合氧化铝、三氯化铝、硫酸铝、聚合硫酸铝、三氯化铁、高分子絮凝剂诸如聚丙烯酰胺等。采用混凝沉淀法处理尾矿水，具有水质适用性强、药剂来源广、操作管理方便、成本低等优点，目前已被广泛使用。例如，某多金属硫铁矿选矿废水，采用如图 5-5 所示的处理流程进行处理，出水达到排放标准，可回用或排放，水的回用率达 85%。

（2）自然沉淀法

这类处理方法，即是将废水打入尾矿坝（或尾矿池、尾矿场）中，充分利用尾矿坝大容量大面积的自然条件，使废水中的悬浮物自然沉降，并使易分解的物质自然氧化，是一种简单易行的处理方法，目前国内外均普遍采用。据统计，在尾矿场正常运行时水的回用率可达

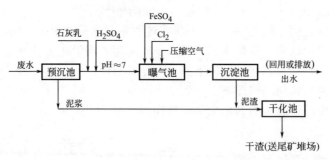

图 5-5 某选矿厂废水回收处理流程

70%，雨季时回水率可达 100%，故应充分利用。[4,40,41]

5.2.7 氧化还原法处理选矿废水

选择氧化剂和还原剂应考虑如下因素：a. 应有良好的氧化或还原作用；b. 反应后生成物应无害、易从废水中分离或生物易降解；c. 在常温反应迅速，不需大幅度调整 pH 值；来源易得、价格便宜、运输方便等。

废水的氧化处理时，常用氧、氯气、漂白粉、一氧化氮、臭氧和高锰酸钾等氧化剂。

5.3 矿山废水处理与回用技术应用实例

5.3.1 南山铁矿酸性废水处理回用应用实例

（1）工程概况与废水水质

南山铁矿现有两个露天采场，年产能力为采剥总量 1.3×10^7t，铁矿石 6.5×10^6t，铁精矿粉 2.2×10^6t。该矿区为火山岩成矿地带，矿物组成复杂，铁矿床和围岩中含有黄铁矿为主的各种硫化矿物，其含硫量平均为 2%～3%。按目前的采矿规模，南山铁矿每年约 $(7.0～8.0) \times 10^6$t 剥落物堆放在采矿场附近的排水场内。这些废含硫土石在露天自然条件下逐渐发生风化、浸溶、氧化、水解等一系列化学反应，与天然降水和地下水结合，逐步变为含有硫酸的酸性废水，汇集到排水场的酸水库中。废水在水库中进行如下反应：

$$2FeS_2 + 2H_2O + 7O_2 \longrightarrow 2FeSO_4 + 2H_2SO_4$$
$$4FeSO_2 + 2H_2SO_4 + O_2 \longrightarrow 2Fe(SO_4)_3 + 2H_2O$$
$$Fe_2(SO_4)_3 + 6H_2O \longrightarrow 2Fe(OH)_3 + 3H_2SO_4$$
$$7Fe_2(SO_4)_3 + FeS_2 + 8H_2O \longrightarrow 15FeSO_4 + 8H_2SO_4$$

该排土场总汇水面积约 $2.15km^2$，按所在地区平均年降水量 960～1100mm 计算，汇水区域所形成的酸水量每年约 2.0×10^6t 以上。多年监测结果是酸水的 pH 值在 5.0 以下，最低达到 2.6，酸性较高，腐蚀性极强，酸水中还含有多种重金属离子，如 Cu、Ni、Pb 等。具体的水质见表 5-6。[42]

表 5-6 废水水质指标　　　　　　　　　　单位：mg/L，pH 值除外

项目	pH 值	SO_4^{2-}	Al^{3+}	Fe^{3+}	Fe^{2+}	Mg^{2+}	Mn^{2+}	Cu^{2+}
浓度	2.5～3	8800～9900	880～3700	27～470	15～250	500～1300	175～214	71～176

由于该废水处理难度大，主要是中和处理后石灰渣量大，又难脱水，因此前后经过 20 多年的不断探索实践才解决该废水处理与回用问题。

（2）废水处理工艺

① 一期废水处理工艺　根据当时水质情况，一期废水处理工艺采用石灰乳中和工艺如图 5-6 所示。

石灰经粉碎、磨细、消化制备成石灰乳，用压缩空气作搅拌动力，进行酸水的中和反应。反应后的中和液采用 PE 微孔过滤，实现泥水分离。但是由于南山矿处理的酸水量较大，微孔过滤满足不了生产要求；同时微孔极易结垢堵塞，微孔管更换频繁，生产成本较高。因此该工艺达不到设计要求，设备作业率极低。

② 二期废水处理工艺　针对一期废水处理工程未达到预期的治理效果，南山矿决定改建酸水处理设施，重点是解决处理以后的中和渣的处置问题。该方案利用排土场近 $20 \times 10^4 \, \mathrm{m}^3$ 的凹地围埂筑坝，作为中和渣的贮存库，取消原有的微孔过滤系统。

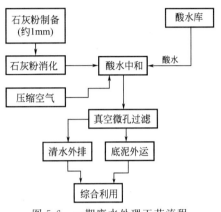

图 5-6　一期废水处理工艺流程

设计服务年限 3～4 年，工程总投资 156 万元，于 1992 年正式投入使用。实际上该中和渣贮存库兼有澄清水质和贮存底泥两种功能，运行时水的澄清过程缓慢，中和渣难以沉降，外排水浑浊，悬浮物超标。仅运行 1 年多时间，已难再用该库。二期废水处理工艺流程如图 5-7 所示。

③ 三期废水处理工艺　在总结一期、二期实践的基础上，提出将酸性废水经中和后与东山选矿厂尾矿混合处理，澄清水用于东山选矿厂生产，底泥输送至尾矿库的处理方案。其工艺流程如图 5-8 所示。[43]

中和液按照一定比例加入到尾矿中，不仅不会减缓尾矿中固体颗粒物的沉降速度，反而能加快尾矿矿浆中悬浮物的沉降速度。这是因为中和液中所含的金属离子和非金属离子具有一定的吸附力，能被尾矿中的固体颗粒物吸附，增大颗粒的体积和质量而加速颗粒物的沉降，同时改善了尾矿库的水质。

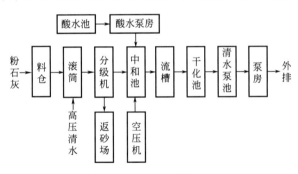

图 5-7　二期废水处理工艺流程

实践证明该工程处理酸性污水的效果十分显著：a. 由于中和液年输送量远大于平均雨水汇入酸水库的净增值（约 $1.2 \times 10^6 \, \mathrm{m}^3$），故加快了酸水库水位的下降，即使遇雨水较大的年份，酸水库水位再没达到过其安全警戒水位；b. 确保了凹山采场东帮边坡及酸水库坝体的安全稳固；c. 消除了酸性污水及中和液底泥外溢对周围河道农田的污染，创造了巨大的社会效益和经济效益；d. 实现了酸性污水在矿内的循环，并将沉降后的底泥输送至尾矿坝，彻底解决了中和液底泥形成的二次污染，年节省污染赔偿费 150 万元左右；e. 提高了东山选矿厂循环水水质，增加了循环水量。按每吨 0.2 元计算，年节省水费达 42 万余元。

5.3.2　硫化法处理某矿山废水应用实例

（1）废水水质与处理工艺

某矿山废水主要来源于采矿场，其废水水质见表 5-7。

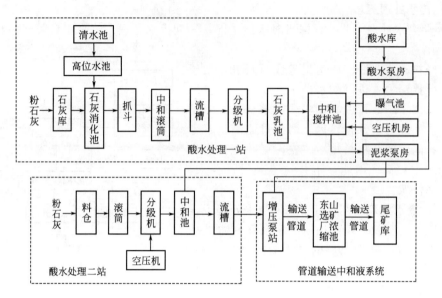

图 5-8 三期废水处理工艺流程

表 5-7 某矿山废水水质 单位：mg/L，pH 值除外

项目名称	Fe	Zn	Cu	SO_4^{2-}	pH 值
浓度	720	23	50	2148.5	2.6

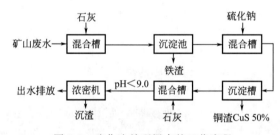

图 5-9 硫化法处理污水的工艺流程

由表 5-7 可知，废水中 Cu、Fe、SO_4^{2-} 浓度较高，适用于硫化法处理，并有回收价值。处理工艺如图 5-9 所示。

首先，加入石灰调整 pH＝4.0，使 Fe^{3+} 沉淀，由于废水中 Fe^{3+} 居优，所以未设 $Fe^{2+} \longrightarrow Fe^{3+}$ 的氧化过程；然后，把 Na_2S 溶液投入污水中，使铜呈 CuS 沉淀，铜渣品位高，可回收；最后加入石灰提高 pH 值，使沉铜后的溢流酸度下降，以达到排放或回用要求。

（2）处理结果

经处理后水质比较稳定，处理后水质指标见表 5-8。

表 5-8 处理后废水的水质指标 单位：mg/L，pH 值除外

项　目	Fe	Zn	Cu	SO_4^{2-}	pH 值
浓度	6.00	痕量	痕量	809.3	6.5

5.3.3 置换中和法处理某矿山废水应用实例

（1）废水来源与水质及其处理工艺

某矿山废水主要来自矿坑和废石堆场，水量约 3000m³/d；其水质见表 5-9。处理后水质见表 5-10。

表 5-9　铜矿废水处理前水质指标　　单位：mg/L，pH 值除外

项　目	Cu	Zn	Cd	Mn	Fe	Pb	Al	pH 值
浓度	100～250	2～16	0.1～0.4	1～10	250～450	10	50～150	2～3

表 5-10　废水处理后的水质指标　　单位：mg/L，pH 值除外

项　目	Cu	Zn	Cd	As	Fe	Pb	pH 值
浓度	<0.08	<0.08	0.00007	<0.03	11.0	<0.02	8.2

根据废水特点，采用铁粉置换-石灰中和工艺，如图 5-10 所示。

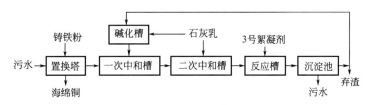

图 5-10　铁粉置换-石灰中和工艺

来自矿井和废石堆的废水用泵加压后送入装有铸铁粉的流态化置换塔，利用水流的动力使铁粉膨胀。铁粉的流动摩擦，使不断有足够的新鲜表面进行置换反应。置换的结果是形成海绵铜，海绵铜定期从塔底放出，消耗的铁粉可从塔顶补加。置换后的出水采用石灰中和处理。出水经一、二段石灰中和后，再到投加有高分子絮凝剂聚丙烯酰胺的反应槽，然后经沉淀池最后澄清。澄清水达到排放标准。沉淀泥渣部分回流至碱化槽，经投加的石灰乳碱化后再入一次中和槽。泥渣回流的目的是减少石灰用量、缩小泥渣体积和改善污泥脱水性能。

（2）处理工艺参数与运行效果

处理工艺参数与运行效果：a. 置换塔反应时间 2～3.5min，铜置换率 90%～96%，海绵铜品位大于 60%；b. 污泥回流比（1:3）～（1:4）；c. 碱化槽 pH 值大于 10，反应时间 10～15min；d. 一次中和槽 pH 值为 5.5～6.5，反应时间 15min；e. 二次中和槽 pH 值为 7～8，反应时间 2min；f. 石灰耗量为理论耗量的 1.07～1.44 倍，铁粉耗量为理论量的 1.1 倍。

矿山废水经置换中和工艺处理后，废水水质达到国家外排标准。运行实践证明，用置换中和工艺处理该矿废水是成功的。

5.3.4　姑山铁矿选矿废水混凝沉淀法处理回用应用实例

（1）工程概况与处理工艺流程

某厂选矿废水是以磁、重选矿工艺为主的选矿厂的外排废水，进水量为 1500m/h，矿浆浓度为 5%左右，其处理工艺流程如图 5-11 所示。处理工艺的技术核心是将普通浓缩池改为旋流絮凝沉淀池，并采用聚合硫酸铁作为絮凝剂，极大地提高了经旋流絮凝沉淀池出水的水质。

从 ϕ45m 大井溢流水量为 1000～1100m³/h，底部排渣水为 400～500m³/h。溢流水中悬浮物高达 2000mg/L，经 ϕ24m 旋流沉淀池处理后的出水中悬浮物降至 100mg/L 以下，固体物去除率可达 99.8%。从 ϕ24m 旋流絮凝沉淀池排水，进入回水泵房循环使用。

（2）处理情况与效果

① 旋流絮凝沉淀池与普通沉淀池处理效果对比试验　旋流絮凝器的作用是：当选矿污

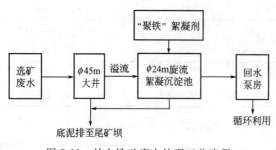

图 5-11 姑山铁矿废水处理工艺流程

水进入旋流絮凝器的同时加入聚合硫酸铁絮凝剂，利用水流的动能使矿浆溶液与絮凝剂快速混合，经旋流导板无级变速后水流速度逐渐减缓，溶液与药剂由混合作用向混凝反应过渡。当水流离开旋流絮凝器后，继续呈旋流状态扩散，生成的絮凝体逐渐长大。旋流絮凝器的下口位于沉淀池的底部泥浆悬浮层中，泥浆悬浮层进一步对生成的絮凝体形成捕集作用，促使絮凝体继续增大，加速沉淀，同时捕集细微颗粒，改善了出水质量。表 5-11 为进水矿浆浓度为 7000mg/L 时，旋流沉淀池与普通沉淀池对比试验结果。

表 5-11 旋流絮凝沉淀池与普通沉淀池的效果对比

处理负荷/[m³/(m²·h)]	溢流水悬浮物/(mg/L)			
	自然沉淀(不加药)		絮凝沉淀(加药)	
	普通沉淀池	旋流沉淀池	普通沉淀池	旋流沉淀池
0.5	308	—	—	—
1.0	415	—	—	—
2.0	688	343	286	156
3.0	850	509	384	223
4.0	—	682	525	427
5.0	—	857	716	574

在工业试验中，当进水悬浮物为 2000mg/L 时，旋流絮凝沉淀池的处理负荷在 2m³/(m²·h) 以上，出水悬浮物可控制在 100mg/L 以下。

旋流絮凝沉淀池有如下特点：a. 选矿污水与絮凝药剂的反应，完全依靠水力旋流作为动力，无需外加机械搅拌，节省机械和能量；b. 改建普通沉淀池为旋流絮凝沉淀池，不破坏原有的池子结构，在中心支柱和耙架之间安装一个圆台形反应筒体，简便易行；c. 设备结构简单，便于维修。

② 聚合硫酸铁处理选矿废水的效果 聚合硫酸铁是一种无机高分子絮凝剂，特征主要是：絮凝作用显著，絮体大，沉降速度较快，出水水质较好。表 5-12 为原废水中 SS 为 2000mg/L 时，加入聚铁量为 20mg/L 时，选矿废水前后水质分析。

表 5-12 选矿废水处理前后水质分析 单位：mg/L，pH 值除外

分析项目	进水	出水	工业废水最高允许排放浓度	分析项目	进水	出水	工业废水最高允许排放浓度
pH 值	7.74	7.39	6~9	Cr^{6+}	0.0048	0.0034	0.5
Hg	0.0049	0.0035	0.05	SO_4^{2-}	16.50	16.10	—
As	0.031	0.010	0.5	DO	8.39	8.29	—
Cu	0.028	0.014	1.0	COD	2.00	0.35	—
Cd	0.002	未检出	0.1	BOD_5	0.46	0.36	—
Pd	未检出	未检出	1.0	SS	502.4	48.5	500
Zn	0.034	0.032	5.0				

（3）处理效果与处理前后供排水变化情况

该处理工艺对选矿废水治理的突出贡献在于一次自然沉淀虽然可去除 96% 的固体物质，但出水水质不稳定，固体物含量仍高到 2000mg/L，若经二次絮凝沉淀便可获得良好稳定的水质。

试验表明，对尾矿浆直接加入聚合硫酸铁等无机絮凝剂絮凝沉淀，没有明显效果；对一次沉淀溢流再加药絮凝沉淀则效果显著，并且耗药量较少。

由于采用了混凝闭路循环处理系统，该矿年用水量及排水量有了很大变化，取得显著效益，年节约新水 $240 \times 10^4 \mathrm{m}^3$，节电 $7 \times 10^4 \mathrm{kW}$，详见表 5-13。

表 5-13　选矿废水处理前后供排水量变化情况

项目名称	用水量/($10^4 \mathrm{m}^3/\mathrm{a}$)			回水利用率/%	废水排放量/($10^4 \mathrm{m}^3/\mathrm{a}$)		
	总量	其中			总量	其中	
		新水	回水			排放尾矿坝	排放青山河
回用前	2320	575	1745	75.2	568	328	240
回用后	2320	335	1985	85.6	328	328	—

6 烧结厂废水处理与回用技术

烧结是将铁矿粉（精矿粉或富矿粉）、燃料（无烟煤或焦粉）和熔剂（石灰石、白云石和生石灰）按一定比例配料、混均，再在烧结机点火燃烧，利用燃料燃烧的热量和低价铁氧化物氧化放热反应的热，使混合料熔化黏结而烧结矿。

烧结工序的生产废水含有大量的粉尘，粉尘中含铁量一般占 40%～45%，并含有 14%～40% 的焦粉、石灰料等有用成分。因此，烧结工序节水减排原则是一水多用，串级使用，循环回用，对废水进行有效处理和回收利用，不仅实现废水"零"排放，而且对其沉渣亦应作为烧结球团配料，实现废渣"零"排放。

6.1 烧结厂废水特征与水质水量

6.1.1 烧结厂用水要求与废水来源

烧结厂是冶炼前原料准备的重要组成部分。烧结主工艺系统流程自配料开始至成品矿输出为止，包括焦炭破碎筛分、配料、混合、点火、烧结、冷却、成品筛分等工序，因此，烧结厂用水有工艺用水、工艺设备冷却水、除尘用水与清扫用水等。

（1）烧结厂用水特征

① 工艺用水　工艺用水主要用于混合工艺。当以细磨精矿为主要原料时，采用二次混合工艺（简称二次混合）；当以富矿粉为主要原料时，可采用一次混合工艺（简称一次混合）。目前大多数采用二次混合工艺。一次混合加水主要是润湿混合料；二次混合加水是为造球。

混合工艺加水要求水量均匀，水应直接喷洒在料面上，加水水压要求稳定且不过高。加水水温无特殊要求，但为提高料温，缩短点火时间，水温以偏高为佳，可直接利用烧结机隔热板冷却出水，其水温以 50～80℃ 为宜。加水水质要求水中杂质颗粒粒径不大于 1mm，以防堵塞喷嘴孔；水中悬浮物含量要求不能对原矿成分产生影响。一次混合可加部分矿浆废水，二次混合可采用设备冷却水，即工艺设备一般冷却水的排水串级使用。

② 工艺设备低温冷却用水　工艺设备低温冷却用水，包括电动机、抽风机、热返矿圆盘等冷却器及热振筛油冷却器和环冷机冷却用水等。要求供水水质较高，悬浮物不大于 25mg/L，水温不大于 25℃。这类水使用后其水质无大变化，但温度升高，可经冷却后循环回用或供其他用户串级使用。

③ 工艺设备一般冷却用水　工艺设备一般冷却用水，包括点火器、隔热板、箱式水幕、固定筛横梁冷却、单辊破碎机、振动冷却机用水等，通常要求供水水质悬浮物不大于 50mg/L，水温不大于 40℃。因此从水质要求看完全可以串级使用上述低温冷却水的排水。

④ 各类湿式除尘设备用水、胶带机冲洗水与冲洗地坪用水　这类用水水质要求不高，且用过之后，悬浮物含量明显增高，需经处理后方可外排；如循环使用则需做适当的净化处理。

（2）烧结系统主要用水

烧结系统主要用水是工艺用水、工艺设备冷却用水、湿式除尘和清扫用水等。烧结厂主要用水点的水质、水量等要求及其设计指标见表 6-1[13,4,40]。

表6-1　烧结主要用水点与用水指标

类别	用水点名称	水质(悬浮物)/(mg/L)	水压/MPa	水温/℃ 进水	水温/℃ 出水	给水系统	18	24	50	75	90	130	180	450	备注
							用水量/(m³/h) 烧结机规格/m²								
工艺用水	一次混合	无要求	0.20	无要求		复用水	2~4	3~5	6~10	10~15	10~17	10~25	13~30	30~55	水温高好
	二次混合	≤30	0.20	无要求		复用水	0.5~1.5	1~2	2~4	2.5~5	3~6	4~8	5~9	10~15	水温高好
工业设备冷却用水	烧结机隔热板冷却	≤30	0.20	≤33	≤43	净循环水	8	8	10	10	10	16	16~20	35~55	
	单辊破碎机轴芯冷却	≤30	0.20	≤33	≤43	净循环水	20	20	22	22	22	25	40	120	
	热矿筛横梁冷却	≤30	0.20	≤33	≤43	净循环水	1	1	2	2	2	2~4			
	主抽风机电机冷却器	≤30	0.20	≤33(≤25)	≤43	净循环水	4.5	4.5	40	52	52	90	110	150	
	主抽风机油冷却器	≤30	0.20	≤33(≤25)	≤43	净循环水(或新水)	8	8	12	12	12	16	16	40	
	电除尘风机冷却	≤30	0.20	≤33(≤25)	≤43	净循环水(或新水)	3	3	5	5	8	10	15	40	
	环冷机设备冷却	≤30	0.20	≤33(≤25)	≤43	净循环水(或新水)	4.5	4.5	20	20	20	47	55	75	
除尘用水	粉尘润湿	≤30	0.20	无要求		净循环水(或新水)	1	1	1~2	1~2	1~2	2	3	5	
	湿式除尘器用水	≤200	0.20	无要求		浊循环水(或复用水)	4~8	4~8	5~10	5~10	6~12	6~12	8~15	8~15	
清扫用水	冲洗地坪	≤200	0.20	无要求		浊循环水	根据冲洗龙头数量确定，每个龙头用水量为3.6m³/h，同时使用率为30%								
	清扫地坪	≤200	0.20	无要求		浊循环水	根据洒水龙头数量确定，每个龙头用水量为1.5m³/h，同时使用率为25%								
	每吨烧结矿用新水量/m³					生产用水含空调用水	0.1~0.4					0.2		0.24	不含生活水
	每吨烧结总用水量/m³					生产用水含空调用水	0.6~3.0					1.6		1.50	不含生活水

（3）烧结厂废水来源与水质水量

烧结厂生产废水主要来自湿式除尘器、冲洗输送皮带、冲洗地坪和冷却设备产生的废水。有的烧结厂上述四种兼有，有的厂只有其中两三种，一般情况下有湿式除尘、冲洗地坪两种废水。先进的大型烧结厂（如宝钢烧结厂）则不设地坪冲洗水，改为清扫洒水系统，为烧结废水循环利用与实现"零"排放提供有利条件。

烧结厂所采用的原料全部为粉状物料，粒径很细，生产废水中含有大量粉尘，粉尘中含铁量约为40%以上，同时还含有焦粉、石灰料等有用成分。因此，烧结系统设置废水处理设施应从废水资源与原料资源回用着手，以产生良好的环境效益、经济效益与社会效益。

根据烧结厂用水要求，其废水来源与水质水量主要有5种。

① 胶带机冲洗废水 烧结系统胶带机用于输送及配料。对大型钢铁联合企业而言，胶带冲洗水量为每吨烧结矿为 $0.0582m^3$。冲洗废水中所含悬浮物（SS）量达 5000mg/L。循环水质要求悬浮物的质量浓度应不大于 600mg/L。

② 净环水冷却系统排废水 净环水主要用于设备的冷却，使用后仅水温有所升高，经冷却后即可循环使用。水经冷却塔冷却时，由于蒸发与充氧，使水质具有腐蚀、结垢倾向，并产生泥垢。为此，需对冷却水进行稳定处理，在冷却水中投加缓蚀剂、阻垢剂、杀菌剂、灭藻剂，并排放部分被浓缩的水，补充部分新水，以保持循环水的水质。排污水中含有悬浮物及水质稳定剂。对大型钢铁联合企业来说，净环水冷却系统排污水量为 $0.04m^3/t$（烧结矿）。

③ 湿式除尘废水 现代烧结厂大都采用干式除尘装置，但也有采用湿式除尘装置的，这样就产生了湿式除尘废水。除尘废水中的悬浮物的质量浓度高达 5000～10000mg/L。其废水量约为 $0.64m^3/t$（烧结矿）。表6-2为某烧结厂除尘废水沉渣中的化学成分。从表6-2看出，烧结厂废水经沉淀浓缩后污泥含铁量很高，有较好的回收价值。

表6-2 某烧结厂除尘废水化学成分

水 样	成 分/%							
	TFe	FeO	Fe$_2$O$_3$	SiO$_2$	CaO	MgO	S	C
1	50.12	13.75	56.40	11.40	6.69	2.54	0.115	5.5
2	51.23	15.20	56.37	13.23	4.69	2.10	0.108	5.42
平均	50.68	14.48	56.39	12.32	5.69	2.32	0.112	5.46

④ 煤气水封阀排水 为便于检修在煤气管道上设置水封阀，煤气中的冷凝水也通过水封阀、凝结水罐排入集水坑，水中含有酚类等污染物，定期用真空槽车抽出并送往焦化厂的污水处理系统进行净化。水量为 $0.2m^3/$次。

⑤ 地坪冲洗水 对于车间地坪、平台，如均用水冲洗时会产生大量的废水，给废水收集输送带来困难。但若全部采用洒水清扫，则对局部灰尘较大的场所达不到理想的效果。因此，目前一般在配料、混合和烧结等车间采用水力冲洗地坪，而在转运站、筛分等车间采用洒水清扫地坪。冲洗地坪水量可按实际使用洒水龙头数计算水量。

6.1.2 烧结厂废水特征与处理技术要求

烧结厂的废水特征与烧结厂用水特征是紧密相关的，只有掌握了各种用水的特征及其水质、水温变化，从系统的角度来考虑水的运行路线，才能做到合理地组织水量平衡，制订正确的供排水方式；只有了解烧结废水特征，才能正确与完整地确定烧结废水处理工艺与废水回用技术方案。

（1）烧结废水特征

① 烧结厂外排废水的水量与水质的不均衡性　烧结厂的物料添加水量与喷洒水量约占厂总用水量的 25%，工艺设备一般冷却用水量则占总用水量的 50% 左右。但烧结厂外排废水中很大部分为冲洗地坪排水，而这部分排水有很大随机性，一般表现为：按季节划分，夏季排水量大，冬季排水量小；按日划分，每天交接班时排水量大，其他时间排水量小，通常最大时水量在 50～140m³/h，而平均水量只有 10～30m³/h。正是由于外排废水不均衡，如不进行适当的调整，将严重影响净化构筑物及输送系统工作的可靠性，处理后水质也将产生很大的波动。因此，应考虑加大调节池容积，其调节的水量应能容纳最大班的冲洗水量，而后，做好较为均衡地向处理设施输送，并进行处理。

② 烧结厂外排废水中矿物含量高，有较好的回收利用价值　烧结厂外排废水中以夹带固体悬浮物为主，含有大量粉尘，粉尘中含铁量占 40%～50%，并含有 14%～40% 的焦粉、石灰粉等有益矿物，有较高的回收价值。因此，烧结矿的外排废水必须治理，这不仅保证排水管道不发生堵塞，减少水体污染，而且是湿式除尘设备正常运转及水力冲洗地坪的正常工作必不可少的环节。

③ 烧结厂废水污泥粒径小，黏度大，渗透性小，脱水困难　烧结厂废水中固体物的综合密度一般为 2.8～3.4t/m³，粒径小于 74μm（-200 目）占 90% 以上，黏度大，难以脱水。因此，在烧结厂的污泥利用时，脱水的好坏是一个技术性很强的关键问题。

（2）烧结厂废水处理要求

烧结厂处理废水的目的：一是要对处理后的废水循环利用；二是要对沉淀的固体矿泥进行回收利用，以此作为判断烧结废水处理工艺的选择是否合理的基础。

间接设备冷却排水的水质并未受到污染，仅水温有所升高，其间仅做冷却处理即可循环使用（即净循环水系统）。为保证水质，系统中应设置过滤器和除垢器或投加除垢剂，并且需补充新水。根据用水点标高和水压要求，一般该系统可分为普压（0.6MPa）和低压（0.4MPa）循环系统。循环系统一般采用两种方式：规模较小的烧结厂推荐用一个循环水给水系统和如图 6-1(a) 所示的循环水流程，该流程充分利用设备冷却的出水余压进冷却塔，节能且流程简单；规模较大的烧结厂推荐用两个压力循环水给水系统和如图 6-1(b) 所示循环水流程。

生产废水处理后要求 SS≤200mg/L，一般通过沉淀池或浓缩池的处理后溢流水水质可以达到使用要求（其中还需要补充部分新水），构成浊（循）环水系统。主要对象为冲洗、清扫地坪、冲洗输送皮带和湿式除尘用水。

生活污水由于量少，一般收集集中输送到钢铁总厂一并处理。小规模烧结厂生活污水经化粪池等处理后排入雨水管中。也有生活污水及雨水一起排入钢铁厂内相应的下水道，不进行单独处理。

混合工艺加水水质要求水中杂质颗粒直径不大于 1mm，以防堵塞喷嘴孔眼，水中的悬浮物含量要求不能对原矿成分产生影响，所以一次混合可加部分矿浆废水，二次混合应采用新水或净循环水。

大型烧结厂的煤气管道水封阀排水系间断排水，但排水中含有酚类有机物，应将该废水积存起来，定期用真空罐车送往焦化系统，与其废水一同处理。

另外，生产废水中的矿泥含铁量高，是宝贵的矿物资源和财富。据报道，某厂通过矿泥回收，3 年内就收回了其废水处理设施的投资费用。所以，矿泥回收也是生产废水处理的主要目的。矿泥回收一般有以下 3 种方式：a. 当设有水封拉链或浓泥斗时，矿泥回收到返矿皮带后混入热返矿中，此时要求矿泥的含水率不能太高（不大于 30%），不能够在皮带上流

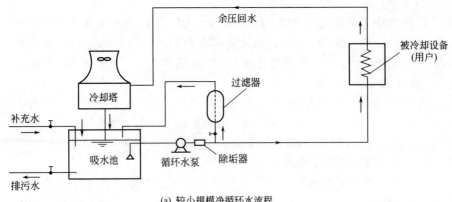

(a) 较小规模净循环水流程

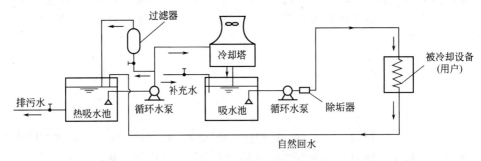

(b) 较大规模净循环水流程

图 6-1 净循环水流程

动或影响混合矿的效果；b. 矿泥（含水率 70％～90％）可作为一次混合机的部分添加水，通过混合机工艺回收；c. 将经过脱水的矿泥（含水率 18％左右）送到原料厂回收。

6.2 提高烧结厂废水资源回用技术途径与措施

烧结厂废水处理的目的是：既要循环使用处理后的水，又要回收废水中的固体矿泥，故应根据废水来源及用水要求选择合理的废水处理工艺。首先应从工艺上和设备上改革，以消除污染源；采用先进的处理技术，减少外排废水量；提高循环用水率与串级使用率，减少废水量。这些措施使用得当，可基本实现"零"排放。

6.2.1 改革工艺设备，消除和减少污染源

（1）取消热振筛设备改善工作环境

过去大部分烧结厂都设有热振筛设备，其目的：一是给混合配料增加热返矿，以提高混合料温度，借以提高烧结机的利用系数；二是减轻环冷风机的热负荷，提高冷却效果。但由于热返矿进入混合机时产生蒸汽，并带出很多粉尘，使混合机周围的环境和工人的操作条件恶化，同时需采用湿式除尘器以除去这种含尘的"白气"，而湿式除尘器的排水又带来废水处理的问题。实际上，仅靠加入热返矿要使混合料温度达到能提高烧结机利用系数的程度是远远不够的。因此，宝钢烧结厂工艺设计中取消了热振筛设备。由于工艺的这一改革，既改善了混合机周围的环境和工人的操作条件，也消除了该处由于采用湿式除尘而带来的废水处理问题，消除了污染源。

（2）改进设备消除污染源

湿式除尘易产生废水问题。有时由于废水处理效果不佳，往往造成对环境的二次污染。例如用平流式沉淀池处理废水采用抓斗排泥时，晒泥台上的污泥或是过干燥，以致尘土飞扬；或是被雨水冲刷，遍地泥泞，使装运与回收发生困难，都对环境带来污染。采用浓泥斗处理废水时，是将浓泥斗底部的泥浆排在返矿胶带机上，但往往由于排泥量和含水率难以控制，有时过稀，易于淌至胶带机周围，有碍环境；有时过干，污泥排不出来，则使处理水的溢流水质变坏，达不到排放标准。特别是有时杂物堵塞了排放口，检修亦发生困难，使整个废水处理系统处于瘫痪状态。当采用链式刮板沉淀池时，亦有污泥黏附胶带，卸料困难的问题，而胶带返回时，污泥又落在胶带机通廊内，增加了清扫的困难。从以上例子可以看出，国内现有废水处理设施都不同程度的存在一些问题，易于产生二次污染。

如采用干式除尘设施，就避免了湿式除尘器的废水处理问题。

（3）无冲洗地坪排水，减少污染源

烧结厂的废水主要来源于湿式除尘和地坪冲洗。国内烧结厂设计中，厂房内的地面和部分胶带机通廊的清扫都是采用水力冲洗的办法。由于冲洗地面一般都在一班工作结束时进行，水量集中，但平均水量却不大。如前所述，废水处理设备本身还存在一些问题，往往造成管道和沟渠的堵塞，污染环境。

宝钢烧结厂的设计中，没有采用水力冲洗这一清扫方式，而是洒水清扫。根据设计要求，主厂房地面的清扫只需 4 天一次，一般地点 1~2 周清扫一次。做到这一点的前提条件如下。

1）工艺过程中产生的粉尘减少，例如采用铺底料提高了烧结矿的质量，使粉尘减少；冷却机的废气余热利用，将含尘多的那部分废气，经除尘后给点火炉用，使排入空气中的粉尘减少。

2）加强了厂房内外的环境除尘措施，车间外采用 200m 高烟囱稀释扩散，车间内加强密闭措施，如密封罩和双重卸灰阀；采用高效除尘设备，因此，车间内地面的粉尘大大减少。以空气中含尘量的标准来看，国内一般烧结室内部的含尘量标准（标态）为 $10mg/m^3$，而宝钢烧结室的标准只有 $5mg/m^3$。

3）自动化程度高，操作人员少，且大部分集中于操作室操作，从劳动保护的角度出发，也无进行水力清扫的必要。

此外，胶带机通廊实际上没有地面，只是在胶带机上加一轻型材料的罩子，胶带机两侧的通道是钢制网格，胶带机如有落料，可直接落到地面，由专用的落矿回收车进行回收。因此，胶带机通廊既无须用水清扫，也不能用水冲洗。

由于不用水冲地坪和通廊，不排出废水，减少了废水源。

6.2.2 采用先进处理技术，减少外排废水量

烧结厂设备冷却用水量较大，在循环使用过程中，由于蒸发损失（一般为循环水量的1.5%），使循环水中的盐分不断浓缩；在空气和水进行热交换时，空气中的氧不断溶于水中，水中的二氧化碳则不断逸散到大气中，而使水中的溶解氧常处于饱和状态及水中成垢盐类的平衡反应向结晶析出方向移动。此外，循环水系统的环境极适于微生物和藻类繁生，这些因素使得循环水系统存在结垢、腐蚀和泥垢三大问题。过去的设计是采用直流系统或通过大量排污和补充新水来平衡水中的盐分，以解决上述问题。这一方面浪费了用水，另一方面由于大量排污，对环境也有一定影响（如热污染），而且不能从根本上解决腐蚀与结垢等问题。

在循环水系统中投加缓蚀剂、阻垢剂和杀菌灭藻剂，使循环水维持在一定的浓缩倍数，在药剂作用下，减缓腐蚀、结垢和泥垢的危害。采用水质稳定处理，提高了水的循环利用率，减少了排污，亦减少了对环境的影响。

为减少废水排放率，冷却用水排水可经过冷却处理后予以循环使用，用于工艺设备低温冷却用水，除尘、冲洗地坪废水在进行了相应的净化处理后，即增加二次浓缩或沉淀处理，投加适量的絮凝剂以及必要的过滤净化，可使其达到烧结厂的工艺设备冷却用水和除尘器用水的水质要求。这样，可提高循环用水率，直至近于"零"排放目标。当然，也可在适当处理的基础上，与烧结厂外的其他用水户进行厂际的水量平衡。

需要指出的是，在烧结厂生产工艺过程中，由于物料添加水与污泥带水等损耗，必然需要一定的新水补充循环水系统，这无疑会有益于循环水的水质稳定。

6.2.3 合理串接与循环用水，基本实现"零"排放

众所周知，造成烧结厂的外排废水污染，主要是湿式除尘及冲洗地坪的外排水，而对于大型烧结厂的除尘设备，则多采用电除尘器，而不是湿式除尘器，主要是由于电除尘器的除尘效果高可达99%以上。

当然，也应看到由于各烧结机所用原燃料及熔剂的不同，烟气、粉尘的理化性质等也有差异，所以除尘设备并非一律采用电除尘器。如日本的 $460m^3$ 烧结机机头、机尾均采用旋风除尘器。美国伯利恒公司烧结机机尾采用袋式除尘器。俄罗斯札波罗日钢铁公司烧结厂，则采用湿式除尘器。

根据当前国外烧结厂工艺发展的状况来看，烧结厂的废水治理技术发展趋势，可以归纳为以下几个方面。

(1) 强化治理技术，实现生产废水零排放目标

烧结厂生产废水，由于它的工艺特点，一般不含有难以处理的有毒有害污染物质。通过机械处理或投加必要的絮凝剂，就可以满足循环供水的水质要求，实现"零"排放要求。

在考虑烧结厂废水处理回用时，应根据各厂对用水的需要，采取不同的处理方式。

例如将烧结厂产生的低温冷却的排水与高炉的冷却排出水一并送冷却塔进行冷却后循环利用，或将烧结厂产生的除尘与冲洗地坪废水与高炉的浊环水统一排入浓缩池处理后循环利用等。此外，由于与钢铁厂统一处理，还可使烧结厂循环供水的水质稳定问题得到改善。

(2) 絮凝剂的广泛应用

国外在烧结厂废水处理中，都投加不同种类的絮凝剂。一般常用的絮凝剂有高分子絮凝剂和无机盐絮凝剂。我国各地生产的高分子絮凝剂有不同分子量的阴离子型和非离子型等不同种类。无机絮凝剂则有各种类型的聚合铝产品以及活性石灰和各类铁盐产品等。

国外生产的絮凝剂种类繁多，但无论使用何种类型的絮凝剂，都应事先经过实验，以确定优选药剂及其最佳投药量。

此外，当采用高梯度磁性过滤器处理烧结厂废水时，需借助于投加铁磁剂并辅加絮凝剂，这样，可产生铁磁性的絮凝剂。在外加磁场作用下，铁磁性絮凝体就可引起较大的磁矩，而一些被磁化的颗粒在水中就将变成水的磁体同其他类似的固体颗粒以及水体之间相互作用，从而产生强烈磁化的铁磁物质连续层，并产生基体间的架桥而加速沉淀，使烧结厂废水很快得到澄清处理。

根据烧结厂的用水特点，可以看出：为了减少外排水量，应尽量提高废水的串级使用率，即增加串级用水量。进入烧结厂的新水首先应满足工艺设备低温冷却用水量，其排水可作为工艺设备的一般冷却用水，而工艺设备一般冷却水的排水可作为物料添加用水（包含喷

洒用水），从而尽可能地减少了外排水量。如图 6-2 所示，当用水处 A 为新水用水户，B 为一次串级用水户，C 为二次串级用水户，当 C 需物料添加水，无需外排水时，从图中可以明显看出串级用水优于循环用水。

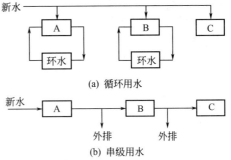

图 6-2　烧结厂循环用水与串级用水的对比图

以宝钢烧结厂为例，除添加水系统（即工艺用水）用水为物料带走损耗外，其余均为循环或串接使用。净环水系统（即设备冷却系统）用水量为 870m³/h，其循环率达 95％以上，只需补充约 5％的新水。系统中排出的少量浓缩水作为添加水系统的补充水串接使用，不向外排放。浊环水系统的冲洗胶带机废水，经混凝沉淀处理后澄清水全部循环使用。过滤水系统（用于计算机室空调冷却水）因水量小，采用单独处理后循环不经济，故以提高补充水措施减缓其循环水的腐蚀、结垢和泥垢的危害。但其系统循环率也达 90％左右，虽有外排废水，但水质是清洁的，不会产生污染。

从以上分析，烧结厂为防止水污染，除应强化水处理措施外，更重要的是应从烧结工艺总体上加以周密的考虑和各专业的密切配合，以消除、减少污染源为主要目的。即不应只着重处理措施，而应从总体设计上采用对环境保护有利的又不影响生产效率和产品质量的工艺过程与设备，尽量减少以至消除各生产过程中排出的废水。因此，烧结废水资源回用必须遵循两项原则：一是烧结废水经处理后循环利用；二是对沉淀的固体废物（矿泥）回收回用，这是烧结废水资源回收工艺选择的基本要求。

6.3 烧结厂废水处理工艺与回用技术

烧结废水处理的目标是去除悬浮物，处理的技术难度是处理好污泥脱水。只要解决这一环节，烧结废水回用和污泥综合利用就能圆满实现，并可获得显著的经济效益。

6.3.1 烧结厂废水处理工艺与回用技术发展进程

随着社会进步与环保政策与水平的提高，烧结厂的废水治理状况有着明显的发展与提高。

20 世纪 70 年代以来，那种废水直排或只设简单的平流沉淀池已很少见。对于新建、改建、扩建的烧结厂，都要求优先采用污水集中再泵送到浓缩池处理，溢流水回用或外排，并实现底流污泥最终送往混合配料回用。这种处理工艺，可实现烧结厂外排废水的悬浮物的质量浓度在 500mg/L 以下，基本达到《工业"三废"排放试行标准》，但其水质仍不能满足湿式除尘器回用水质要求，如泡沫除尘器进水水质要求悬浮物的质量浓度在 200mg/L 以下，更不能满足水力除尘喷嘴以及一般设备冷却用水水质（悬浮物在 50mg/L 以下）要求，故废水排放率仍然很高，一般在 30％左右。

20 世纪 80 年代以后，《钢铁工业污染物排放标准》（GB 4911—85）公布实施后，迫使钢铁企业烧结厂外排废水的悬浮物最高允许质量浓度由 500mg/L 下降到 200mg/L，在处理工艺上采用在废水送往浓缩池之前投加适量的絮凝剂，使废水中悬浮物加速沉降，一般均能达到不大于 200mg/L 的标准。实践经验证明，烧结废水以配合使用聚合铝和聚丙烯酰胺或铁盐类絮凝剂为佳；考虑到烧结厂外排废水 pH 偏于碱性，如投加适量废酸或酸洗废液，将有利于烧结废水的外排水质。

20世纪90年代后，由于我国水资源短缺形势，迫使不少企业加强废水资源回用，进一步完善处理工艺与措施，在原有集中浓缩处理的同时，既投加絮凝剂，又增设过滤处理设施等，从而保证出水悬浮物质量浓度小于50mg/L，其他各项水质指标也能达到净循环水标准，实现废水资源回收利用，接近"零"排放要求。

但是，污泥脱水技术至今仍在研究中，如前所述，烧结厂废水处理的难点是泥浆脱水技术，烧结生产工艺要求加入混合配料的污泥含水率应不大于12%，这是当今污泥脱水工艺难以达到的。从浓缩池的浓泥斗排下污泥，通过返矿皮带送入混合机，由于泥浆浓度难以控制，给混料带来困难。采用压滤机进行污泥脱水，也只能使脱水后的污泥含水率达18%～20%，难以达到12%混合料要求。因此，解决途径：一是进一步强化过滤、压滤工艺效果，进一步提高脱水率；二是选择与研制更适用的絮凝剂、脱水剂，提高脱水机的脱水效果；三是将污泥制成球团，再直接用于冶炼。

由于我国烧结厂工艺设备先进程度差别很大，废水处理也多种并存，现择其有代表性的处理工艺，进行技术总结与介绍。

6.3.2 浓缩池-浓泥斗处理与回用工艺

（1）工艺流程与运行状况

采用集中浓缩池-浓泥斗处理工艺是目前中小型烧结厂较常见的工艺流程。该工艺是将废水集中后由浓缩池处理以保证浊环水水质，用浓泥斗（或双浓泥斗）来提高矿泥的浓度，然后将矿泥排到返矿皮带上回收。其工艺流程如图6-3所示。为排泥方便，常将泥斗架空，以便将矿泥即时排到返矿皮带。该工艺操作程序是：经浓缩池浓缩后的污泥送到浓泥斗内进行沉淀，当浓泥斗中泥面上升到一定高度后，便停止进料，并将泥面上澄清水放空，然后进行排泥。经浓泥斗浓缩的污泥，一般以静置沉淀3～6d为宜。如果时间过长，会使污泥压实，造成排泥困难；时间过短，污泥沉淀效果不佳。排泥时采用螺旋推泥机将污泥排放到返矿皮带。该污泥含水率为30%～40%，澄清水中悬浮物的质量浓度为500mg/L左右。浓缩泥斗应不少于3个，1个斗预沉，1个斗工作，1个斗排泥，浓泥斗沉淀效率可达80%以上。

浓泥斗的构造原理如图6-4所示[13,42]。

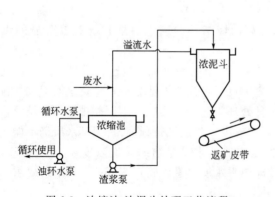

图6-3 浓缩池-浓泥斗处理工艺流程

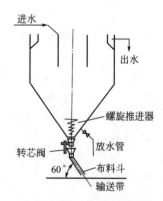

图6-4 浓泥斗构造原理图

（2）浓缩池与浓泥斗设计要点

1）浓缩池中清水区的上升流速 u_1 是根据沉淀污泥中最小颗粒沉降速度 u_0 确定的，即 $u_1 \leqslant u_0$，只有保证最小颗粒的沉降，浓缩池沉降处理效果才是最佳的。

2）最小沉降颗粒粒径的选择，取决于澄清溢流水中所允许的溢流粒径；而允许的溢流粒径与废水中污泥的颗粒组成有关。计算时，应首先假定最小沉降颗粒粒径，按该粒径在颗粒组成中所占比例（％），计算出澄清水中悬浮物含量，校核是否符合废水排放标准的设计要求；表 6-3 列出湿式除尘废水悬浮物粒径与质量分数。

表 6-3　湿式除尘废水悬浮物粒径与质量分数

水样	悬浮物质量浓度/(g/L)	粒径/%				
		0~10μm	10~19μm	19~37μm	37~62μm	>62μm
1	—	1.87	3.37	21.90	60.44	12.42
2	8.6~9.5	2.88	9.86	23.20	53.30	10.76

3）浓泥斗的水力计算，一般可参照立式沉淀池的计算方法。

4）当浓泥斗用作处理浓缩池的底部污泥，确定浓泥斗面积时，应使浓泥斗溢流水的上升流速 u_2 与浓缩池澄清水上升流速 u_1 相接近，即浓泥斗的计算溢流粒径与浓缩池的计算溢流粒径相接近，其目的是提高浓泥斗的沉淀效率，使废水中含泥能够最大限度地在浓泥斗内沉积，以利于矿泥的回收利用。

（3）应注意的几个问题

① 含水率的控制　采用浓泥斗放泥的关键问题是含水率的控制。泥的浓度太小，必然会使混合料、烧结矿等下道工序发生问题，如跑稀泥、混合料过湿、烧结过程中点不着火、燃料消耗高、烧结机推生料等，并最终导致烧结矿的质量降低。而泥的浓度太大，含水率过小，放出的污泥呈硬牙膏状，在混料过程中不易破碎混合，布到烧结机上仍呈固体状态，在机尾处观察，其局部有夹生块。

生产实践证明，泥的含水率在20％~30％时污泥呈浆糊状，污泥在混合机中可与混合料充分接触。此外，浆糊状的污泥在造球中能起到胶合作用，有利于混合料造球，使烧结料层透气性变好，从而提高产量。

值得注意的是，控制好浓泥斗的含水率存在一定困难。由于污泥在浓泥斗中贮存的时间较长，斗壁易造成糊料，一旦糊料，放水管不起防水作用，致使斗中央有时存有积水，而下料时又常常是中间的料柱先下去，从而造成跑泥，污泥含水率很大。为了做到浓泥斗放泥时含水率均匀，可在浓泥斗增设压缩空气，先将污泥利用压缩空气搅拌均匀，满足20％~30％的含水率后，再进行放泥。

② 连续工作与间断放泥的矛盾　前段工序，即从浓缩池浓缩下来的污泥由泵送往浓泥斗再次浓缩脱水，是连续性工作；后段工序，即被浓缩后的污泥通过浓泥斗底部排放到返矿皮带上送往混合室，是间断进行的。这无疑会造成许多操作与管理的不便。如混合圆筒中的添加水量是一定的，放泥时，必将减少添加水量，而不放泥时必将增加添加水量，这样时而多加水，时而少加水，极大地增加了混合室工人操作上的困难。

为了更好地解决连续工作与间断放泥的矛盾，加强浓泥斗操作工人技术管理是非常必要的。工人应做到放泥的时间一定、放泥的含水率一定、放泥的数量一定。要想做到以上各点，对于浓缩池送来的底泥也要求尽量均衡。因此，完善车间管理、加强岗位工人的生产责任制、提高操作工人的质量意识，都是非常重要的。

③ 浓泥斗的容积　浓泥斗实际上是一个圆形或方形的立式沉淀池。考虑到它工作的特点，一般情况下每个浓泥斗的直径以 4~6m 为宜。为便于浓泥斗排泥，底部锥角不得小于45°，以 60° 为宜。这样决定了浓泥斗的容积有限，并限制了它处理污泥量也不宜太大。因此"浓缩池-浓泥斗"处理工艺一般适用于处理中小型烧结厂的外排生产废水，大型烧结厂不宜采用。

④ 溢流水质不易提高　生产废水中的细粒级悬浮物具有明显的胶体性质，在自然沉淀

状态下，短时间内很难沉降。因此废水澄清后的溢流水质（包括浓缩池溢流水及浓泥斗溢流水）悬浮物质量浓度能达到 500mg/L 左右，如进一步提高水质，该工艺难以满足要求。

⑤ 操作条件有待改善 浓泥斗排泥口控制阀门目前是由人工操作，当为热返矿时，条件较为恶劣，要在较高温度下操作，仅加强通风换气难以改善劳动环境。

总之，该工艺存在主要弊病为浓泥斗排泥不畅，排泥浓度不均，有时失控。但对处理中小型烧结厂的外排废水是可行的，既可回收大量矿物资源，也改善了出水水质，目前仍为我国中小型烧结厂废水处理比较常见的处理工艺。

6.3.3 浓缩-过滤法处理与回用工艺

该工艺特点是由浓缩池保证处理出水水质，由过滤机保证沉淀矿泥的脱水，废水经浓缩池沉淀后可循环使用，矿泥经脱水机（通常采用真空过滤机）脱水，最终输送原料场。由于烧结系统的污泥颗粒细且黏，渗透性差，致使真空过滤机的过滤速度小，脱水率低，脱水后的矿泥含水率约为 30%～40%。其工艺流程如图 6-5 所示。

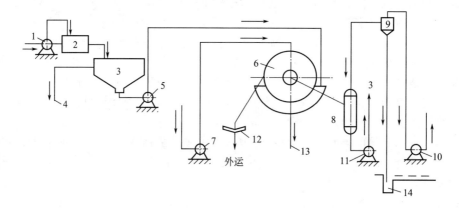

图 6-5 浓缩-过滤工艺流程

1—污水泵；2—矿浆分配箱；3—浓缩池；4—循环水（或外排水）；5—泥浆泵；
6—真空过滤机（外滤式）；7—空压机；8—滤液罐；9—气水分离器；
10—真空泵；11—滤液泵；12—皮带机；13—回浓缩池；14—水封槽

由于单纯使用真空过滤机脱水工艺满足不了污泥脱水后的含水率要求，可在真空过滤机后加转筒干燥机做进一步处理。经过干燥后的污泥含水率可以按所需的配料含水率要求进行控制，产品经皮带机直接送往配料室。但是，增加干燥脱水工序必然导致处理费用的提高和消耗的增加。

近年来，为了解决过滤脱水含水量大，矿泥细、黏难以脱水的难题，采用投加药剂的方法以增加过滤机脱水效率。其工艺流程如图 6-6 所示。

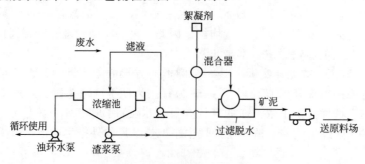

图 6-6 浓缩-过滤脱水工艺流程

6.3.4　串级-循环综合处理与回用工艺

该工艺特点是按质供水，串级用水，分流净化，重复利用，减少排放。

烧结厂设备低温冷却水用过之后，水质变化不大，仅有温升，经冷却后即可循环回用，以新水补充其蒸发等损失。对于温升大并部分被污染的设备冷却水，如点火器、隔热板等可不冷却，直接供给一、二次混合室和配料室以及除尘与冲洗地坪废水，做到串级用水，减少排水。

由于除尘废水不易沉淀，可将除尘废水与冲洗地坪分开处理，如图6-7所示。除尘废水流量较均匀，浓度变化不大，且为粉状颗粒，无粗颗粒，故经搅拌槽后可直接作为一次混合机添加水（浓度不大于10%）。冲洗地坪水经浓缩池后，底流采用螺杆泵送至返矿皮带回收。螺杆泵可输送高浓度（70%左右）、低流量的矿泥，解决了浓缩池排泥不畅和矿泥太稀，影响返矿皮带的问题。浓缩池的溢流水可再循环到除尘器和用于地坪冲洗。由于没有除尘废水进入浓缩池，废水沉淀效果好，浓缩池溢流水质稳定，可达到良性循环的目的。

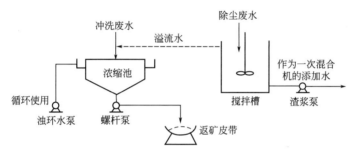

图6-7　串级-循环综合处理工艺流程

6.3.5　浓缩-喷浆法处理与回用工艺

烧结厂废水处理一般采用沉淀浓缩，溢流水重复回用方法进行处理。沉淀下来的污泥（主要是烧结混合料）有的采用压滤，有的排入水封拉链机中，有的采用螺旋提升机提取。但由于污泥输送和回用等主要环节存在严重缺陷，如采用水封拉链机或螺旋提升机提取矿泥，污泥含水量大，造成返矿皮带黏结矿泥，严重影响烧结矿的水分控制。因此，利用烧结工艺的混合环节的用水特点，将浓缩池的底泥直接送至一次混合机作为添加水，即采用喷浆法将其喷入混合料中作为混合料添加水。但因烧结厂废水来源情况不同，可形成如下几种处理工艺组合（其工艺流程见图6-8）[44]。

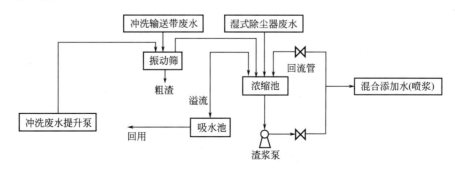

图6-8　浓缩-喷浆法处理工艺

1）当生产废水既有湿式除尘器废水，又有冲洗地坪废水，或三种废水兼有时，废水的特点是废水中含有影响喷浆的粗颗粒（大于1mm）。此时的处理流程为：振动筛→浓缩池→

渣浆泵→喷浆（混合添加水）。

2）当生产废水只有湿式除尘器废水时，其废水特点是污泥（矿浆）粒径较细，无粗颗粒。此时废水处理流程为：浓缩池→渣浆泵→喷浆。

3）当生产废水无湿式除尘器废水时，废水特点是污泥（矿浆）颗粒较大，易沉淀。此时废水处理流程为：振动筛→浓缩池→渣浆泵→喷浆。同时，浓缩池溢流水均可回用。采用喷浆法处理烧结废水，无废水外排、无二次污染，环境效益好，且该工艺流程简单，管理方便，运行安全可靠。

6.3.6 集中浓缩综合处理与回用工艺

集中浓缩综合处理工艺，目前是对烧结厂废水进行全面治理的一种较好工艺。它不仅可以达到烧结厂废水的大部分或全部回收利用，而且废水中的污泥也可得到妥善的综合利用，是实现烧结厂生产废水近于零排放的可行方案。现在我国已有部分烧结厂，如首钢第二烧结厂、鞍钢即将建成投产的新三烧结厂都采用或基本上采用此种处理方式。

图 6-9 为集中浓缩综合处理的工艺流程[42]。该处理工艺的特点是按烧结厂废水水质的不同，分别采取相应的措施，以达到供水的最大重复利用，减少废水外排的目的。

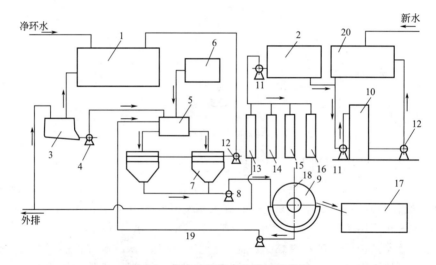

图 6-9 集中浓缩综合处理工艺流程

1—除尘及冲洗水；2—设备冷却水；3—矿浆仓；4—污水泵；5—矿浆分配箱；6—絮凝剂投药设施；
7—浓缩池；8—泥浆泵；9—真空过滤机；10—冷却设施；11—水泵；12—循环水泵；
13—除尘用水；14—一次混合用水；15—二次混合用水；16—配料室用水；
17—污泥综合利用；18—压缩空气管；19—回浓缩池；20—空气淋浴冷却用水

从图 6-9 中看出，首先，烧结厂的设备低温冷却水用过之后，在水质上变化不大，仅有一定温升，经冷却处理后即可循环使用。而对于循环冷却水系统蒸发损失的水量，则考虑补充新水或生活饮用水。其次，对于那些水温升高较大并部分被污染的设备冷却用水，如点火器、隔热板、箱式水幕等，则可不经冷却处理，而直接供给一、二次混合室，配料室以及除尘设备与冲洗地坪用水。

此外，对于烧结厂的除尘及冲洗地坪用水，则先进入浓缩池前的调节池。在调节池中与投加的絮凝剂混合后，进入浓缩池进行沉淀处理。澄清后的溢流水将可作为防尘、冲洗地坪的循环供水，其水质可保证悬浮物含量在 150mg/L 以下，满足了烧结厂的湿式除尘及冲洗地坪水要求后，剩余部分可供钢铁厂其他车间用水或排入下水道。

浓缩池的底泥固液比（质量比）一般可达到1∶3左右，送往真空过滤机（或压滤池）进行脱水作业。经过脱水作业后的污泥，其含水率一般在20%～40%之间。各烧结厂因地制宜，可采用下述方法中的合适方式进行污泥的回收综合利用：a. 送往精矿仓库进行晒干脱水后，与精矿一并送往烧结厂配料室；b. 通过返矿皮带送往混合室，在不影响混合料质量的前提下，加入混合圆筒，因此应该十分注意保持适当的含水率；c. 过滤后再经干燥机处理，送往烧结厂配料室；d. 送往钢铁厂集中造球车间，进行统一造球；e. 关于集中浓缩综合处理中的投加絮凝剂是个比较重要的问题；因为它将直接影响循环水的水质。

絮凝剂的合理选择，应该是在充分考虑工艺要求的基础上，对废水先进行试验，以决定最佳的絮凝剂及其用量。对于烧结厂的废水而言，其水质特点是悬浮物的浓度较高，一般进入浓缩池的浓度都大约在2500mg/L以上。悬浮物的密度较大，构成悬浮物质的主要成分是铁及其氧化物。针对上述特点，一般常用的絮凝剂对于烧结工业废水有澄清作用。例如聚合铝、硫酸铝、聚丙烯酰胺以及各种铁盐类絮凝剂等都有不同效果，尤其是聚丙烯酰胺效果很明显。

总之，集中浓缩综合处理工艺是处理烧结厂生产废水的比较全面而有效的可行工艺。由于它根据烧结厂产生的生产废水的不同特点进行分类处理，在很大程度上增加了循环水利用率，直至接近"零"排放目标。

有的烧结厂，如首钢第二烧结厂，为了满足钢铁厂其他用水的条件，在上述综合处理的基础上，又对浓缩池的澄清水做进一步的处理，增设快滤池，使水中悬浮物含量达到20mg/L以下。

上述情况属特定条件，一般情况下，经过集中浓缩综合处理后都可以满足生产用水的供水要求和外排水的排放标准要求。

6.4 烧结厂废水处理回用技术应用实例

6.4.1 浓缩-过滤法处理回用应用实例

（1）处理工艺的选择与演变过程

某公司烧结厂年产烧结矿600万吨，分别于20世纪60年代、70年代投产，分一烧、二烧两个车间，经过多次技改后废水集中于二烧区统一处理。改造后的废水由各车间提升送至高架式两座φ12m中心传动辐射式沉淀池，沉淀池底流矿浆用泵送至4座φ6m浓缩锥（浓泥斗），经静沉后由锥底螺旋阀直接排至烧结机配料主皮带上，返回作烧结原料。由于该装置未能解决因废水变化幅度大影响沉淀效果以及浓缩锥排泥的时稠时稀、排料操作繁杂和操作环境差等问题，对烧结矿配料质量影响较大。

为解决上述存在问题，在两座φ12m沉淀池入口增设一座调节池，并增加投药装置，改造沉淀池溢流堰，由宽口堰改为多口三角堰溢流，又增设钟罩式过滤池，废水净化效果明显提高并可循环回用。但由于浓缩锥处理泥渣效果差问题未能解决，从浓缩锥溢流泥水再返回φ12m的沉淀池，又影响沉淀池处理效果，迫使部分废水外排。

为了解决浓缩锥处理效果差问题，进行了第三次技术改造，拆除了污泥浓缩锥，就地安装两台YDP-1000A型带式压滤机，并在进入φ12m辐射式沉淀池的废水管上增设粗颗粒旋转筛滤分机1台，增设反向滤池一座。但由于YDP-1000A型带式压滤机滤带跑偏、滤带寿命太短等问题，造成该处理系统不能正常运行，致使该废水处理系统处于半瘫痪状态。

（2）烧结废水渣（矿浆）脱水工艺及设备选型

烧结污泥的脱水的好坏，既与烧结污泥的特性、组成有关，更与脱水设备的选型有关，结合烧结配料与配料主皮带对含水率要求，重点分析了用真空和机械挤压两种类型脱水设备的利弊，综合考虑的结果是选用一种水平带式过滤机。

① 泥渣的化学组成与过滤试验　泥渣的化学成分与粒度组成见表 6-4、表 6-5。

表 6-4　泥渣主要化学成分　　　　　　　　　　　单位：%

成分	TFe	FeO	CaO	MgO	SiO$_2$	S	C
组成	29.32	6.6	19.17	3.72	4.76	0.08	9.55

表 6-5　污泥粒度组成

粒径/mm	>1	1~0.5	0.5~0.25	0.25~0.15	0.15~0.10	0.10~0.07	0.07~0.04	0.04~0.03	<0.03
组成/%	4.4	1.4	1.3	1.6	2.5	2.2	4.7	2.1	79.8

为了确保水平带式真空过滤机适用该厂烧结泥渣脱水性能，进行现场过滤试验，其试验结果见表 6-6[45]。

表 6-6　烧结污泥脱水试验结果

试验浓度/%	滤布型号	过滤时间/s	真空度/MPa	滤饼厚度/mm	滤饼水分/%	滤液含 SS/(mg/L)	生产能力（干饼）/[kg/(m²·h)]
40	750A	91	0.07	8.5	27.7	180	698
40	750A	135	0.07	8.5	29	180	465
39.5	750A	103	0.065	13	38.67	未化验	800
31	750A	73	0.066	6.3	28.4	270	605
40.4	750A	294	0.066	18	24.6	未化验	345
30	750A	235	0.067	13	25.69	未化验	303.54
40	750A	195	0.067	11	27.05	未化验	365.81
50	750A	150	0.067	11	26.20	未化验	475.55

② 泥渣脱水工艺与设备选择　烧结废水的泥渣是烧结原料。由于冲洗地坪而带入少量大颗粒矿渣，如不将它分离出去，不但影响泥渣脱水设备选型，而且会使 φ12m 中心传动辐射沉淀池底流泥浆泵不能正常工作。用旋转筛分粒机把不小于 5mm 的粗颗粒分离出去为泥渣脱水的第一段处理；把 φ12m 沉淀池底流泥浆用泥浆泵送往泥渣脱水间新建的 φ6m 中心传动浓缩池，其进水泥浆质量分数在 10% 左右，控制底流排泥浆质量分数在 30%~35%，为泥渣的第二段处理。第二段处理既能保证送往水平带式真空过滤机泥渣浓度要求，以提高脱水效率，又解决废水泥渣不均衡和脱水设备不间断工作的问题。由 φ6m 中心传动浓缩池排出的矿浆进入水平带式真空过滤机进行第三阶段脱水。水平带式真空过滤机选用昆山化工设备厂生产的 DI6.4/1250-NB 型。由过滤机脱水的泥饼直接落到烧结配料主皮带输送机的皮带上，而后该泥饼随大量的烧结原料进入一混、二混烧结机烧结。滤饼含水率不大于28%。皮带运料、混料均不影响烧结配料，达到预期效果。

（3）处理工艺流程与使用效果

废水处理与泥渣脱水的工艺流程，如图 6-10 所示[45]。

为了使滤饼落到皮带上更易散开，把滤机排泥处的托辊改为有破碎泥饼功能的辊。滤机滤布采用 750A 型，使用寿命 0.5 年左右。滤机脱水主要技术参数，见表 6-7。

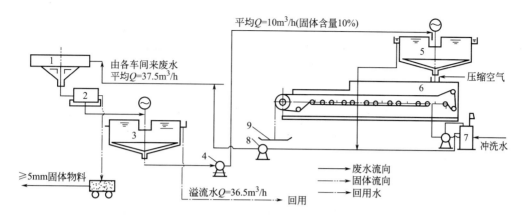

图 6-10 废水处理与泥渣脱水工艺流程

1—旋流调节池；2—粗颗粒分离转动筛；3—加斜板辐射沉淀池；

4—50BL泥渣泵；5—二次浓缩池；6—水平带式真空过滤机；

7—SZ-4真空泵；8—3PNL排污水泵；9—烧结配料皮带机

表 6-7 滤机脱水主要技术参数

真空度/MPa	滤饼含水率/%	滤饼厚度/mm	滤饼量/(t/d)
≥0.068	≤28	10～20	25

经投产使用后，除解决该厂烧结污泥（矿泥）脱水这一难题外，每年可回收 4560 多吨烧结原料，可循环用水 $24×10^4 m^3$，经济效益、环境效益十分显著。

6.4.2 磁化-沉淀法处理回用应用实例

（1）废水来源与特征

废水主要来源于湿式除尘废水、烧结厂地坪冲洗水与返矿除尘废水等。废水中悬浮物的质量浓度为 1720mg/L，粒度组成见表 6-8。

表 6-8 悬浮物粒度组成

粒度/μm	>74	74～61	61～43	43～38	38～20	20～15	15～10	10～5	<5
含量/%	5.85	6.29	18.27	28.07	31.52	2.2	2.2	2.9	2.7

矿浆中总铁（TFe）为 36.6%～47%，pH10～13，并含有碳、钙、镁、硅、硫等成分，矿浆密度为 $1.5～2.6t/m^3$。

（2）废水处理工艺与主要处理设备

① 废水处理工艺 废水经收集从集流箱流入磁凝聚器，经磁化处理后再流入斜板沉淀池进行沉淀净化处理。经沉淀净化后上清液流入清水池后再循环回用。斜板沉淀池底部的污泥（矿泥）经螺旋输泥机推出后，由脉冲气力提升器送至3号矿仓后再配料回用。其处理工艺流程如图6-11所示。

② 主要处理设备

1）磁凝聚器。选用 QCS-5 型渠用可调电磁式凝聚器 2 台。磁感应强度为 0.15T，处理水量为 260～650m³/h，磁程为 100mm，激磁电流为 17A。

2）斜板沉淀器。选用 NXC-80 型升流式异向流斜板沉淀器 4 台。处理水量为 80～160m³/h，沉淀时间为 12.68～6.32min。

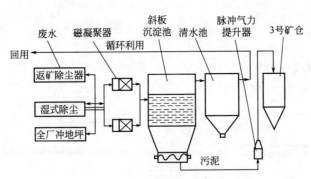

图 6-11 废水处理工艺流程

3）螺旋输泥机。在斜板沉淀器底部配置螺旋输泥机 4 台。螺旋直径为 600mm，螺旋转速为 5.2r/min，输泥机功率为 5.5kW。

4）脉冲气力提升器。配置 4 台脉冲气力提升器。排输矿浆能力为 0.5t/min。

（3）工艺的技术特点

① 磁处理技术特点 鉴于烧结废水中矿浆含 TFe 达 36.6％～47％，属铁磁质。采用磁化处理后，废水中悬浮物经磁场作用会产生磁感应，而离开磁场后还会有弱磁性。在废水沉淀时，微细颗粒相互吸引而凝聚成链条状聚合体，加速与提高沉淀效率，并可降低矿泥（浆）的含水率。同时，经磁场处理过的水，有抑制水垢形成的作用。所以采用磁化处理装置既具有凝聚悬浮物、加快沉降速率的作用，又具有防垢、除垢的功能。另外，经磁化处理过的矿浆加入混合料，可改善混合料成球性能，提高烧结料层透气性。

② 脉冲气力提升器 在传统的废水处理系统中，污泥的处理利用是一大难题，一般采用高效脱水处理，如板框压滤、真空脱水或带式压滤等，这些方法投资费用高，可靠性、稳定性较差，而且烧结工业污泥里有尖角颗粒的烧结矿存在，很易戳破滤布，造成脱水效果降低。所以，上述高效脱水处理方法处理烧结工业废水中污泥仍有弊病。经过研制和试验，该厂采用了脉冲气力提升器，直接把污泥用脉冲气力提升器输送至原料 3 号矿仓。该设备优点是：a. 可输送高浓度矿浆，且管网不易结垢堵塞；b. 压降、耗气量少；c. 物料运行速度低，调节范围大；d. 设备操作简单；e. 投资和运行费低。但需进一步工程运行考核。

（4）运行状况与解决的途径

① 运行状况 经投产运行实践证明，处理效果很好，废水出口悬浮物质量浓度不大于50mg/L，悬浮物去除率不小于 97％。每年可节约工业用水 156 万吨，回收矿粉（干基计）5420t，经济效益、环境效益十分显著。

② 问题与解决途径 该处理工艺对废水澄清净化效果一直很好，采用脉冲气提输送矿浆也较方便可行，但经一段时间运行后发现水质稳定问题比较严重，即清水循环管网与斜板沉淀池出水槽有结垢，其垢厚度达 20mm。经采用投加药剂除垢，水质趋于稳定，管壁结垢受到控制。因此，该工艺具有较好的处理优势，但必须加强水质稳定的监测与管理工作，及时清除污垢。

6.4.3 浓缩-喷浆法处理回用应用实例

（1）处理工艺的革新与改造

上海某烧结厂一号、二号烧结机系统系日方设计，由于采用洒水清扫和干法除尘先进工艺，无冲洗地坪废水和湿式除尘废水。该系统主要废水为清洗胶带的冲洗水。其流程为：冲洗胶带水一部分自流；另一部分用泵加压送入沉淀池。沉淀池一侧设有隔板式混合槽，污水与高分子混凝剂混合后进入沉淀池，沉淀池溢流水流入加压泵站的吸水井由泵加压后返回循环使用。沉渣经螺旋输送机送入沉渣槽（漏斗）定期用汽车运至原料场回收利用。

该系统投产后使用效果较差，沉渣含水量大，汽车运输困难，溢流水水质差，胶带冲洗不干净，达不到胶带冲洗的效果从而对周围环境造成污染，同时沉渣较难，回收利用浪费了资源。后改为用罐车冲水稀释沉渣，再由罐车吸引装车后送至渣场。当罐车运输不及时时，沉淀池装满的污水外溢而造成对周围环境的二次污染。

原设计流程如图 6-12 所示。

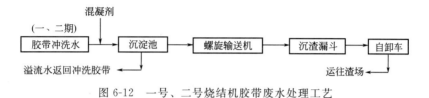

图 6-12 一号、二号烧结机胶带废水处理工艺

处理效果较差的主要原因有两种。一是药剂选择有误。原采用聚甲基丙烯酸酯系属阳离子型药剂，但废水中存在 CaO 和 FeO，也带有正电荷。后经日本栗田水处理公司来厂试验，改用 PA322 混凝剂，为聚丙烯脘胺系，属阴离子型药剂，加入 PA322 混凝剂 2mg/L 混凝后，迅速产生泥团粒径为 0.75～1.0mm，沉速约 5m/h，处理效果明显改善。二是螺旋输送机排泥效果较差。由于污泥颗粒较细，含水量大，沉淀污泥呈泥浆状，大部分从螺旋机的叶片与槽壁的间隙中回流至沉淀池，无法实现螺旋提升污泥的作用。迫使该厂进行工艺技术改造。

（2）废水水质状况与改造要求

为使改造后工艺流程合理可靠，改造前先对一号、二号烧结机系统混合料胶带冲洗水进行现状测定，其结果见表 6-9、表 6-10。并进行废水浓缩、过滤、输送等试验，为工艺改造提供设计依据。

表 6-9 废水化学分析结果

测定次数	TFe/%	SiO_2/%	Al_2O_3/%	CaO/%	MgO/%	C/%	烧失/%	烧后/%	pH 值
1	30.15	5.85	2.23	12.45	1.42	13.25	20.54	49.27	12.60
2	39.50	6.24	2.22	11.54	1.85	13.29			12.00

表 6-10 废水固体颗粒粒度结果

第一次测定	粒径/mm	+1	+0.45	+0.076	+0.03	−0.03	—	—
	累计含量/%	2.39	19.54	33.36	49.26	100.00		
第二次测定	粒径/mm	+3	+2	+1	+0.5	+0.074	+0.038	−0.038
	累计含量/%	0.25	0.55	0.85	3.80	37.55	62.49	100.00

注：上述生产废水的固体悬浮物质量分数一般为 2.5%～5%。

对废水处理工艺改造，既要满足一、二期工程烧结系统废水处理与回用要求，又能适应与满足三期工程烧结系统废水处理与回用。从表 6-9、表 6-10 废水水质化学成分、粒度分析看出，废水不经处理不能排放，因此，必须改造以适应回用要求，经试验分析，采用浓缩-喷浆法可做到废水与矿泥全部回用，基本实现"零"排放。

（3）改造后处理工艺流程

将冲洗一号、二号烧结机系统胶带的废水一部分自流中继槽，由泵送入 $\phi 3m \times 3m$ 搅拌槽；另一部分自流进入 $\phi 3m \times 3m$ 搅拌槽，再用渣浆泵送至隔渣筛（振动筛）。筛下废水自

流至 ϕ12m 浓缩池。其底部污泥经渣浆泵送至小球车间 ϕ30m 浓缩池，进入小球浓缩喷浆系统。筛上粗渣落入粗渣斗，定期由汽车送至小球粉尘库。其工艺流程如图 6-13 所示。

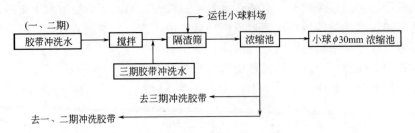

图 6-13　改造后的工艺流程

为使三期与一、二期生产废水共同处理，设计时采用 PVC（塑料）自流溜槽，将三期烧结胶带冲洗废水汇流至厂区生产废水泵站（由于 PVC 溜槽摩擦阻力系数比钢溜槽小，可适当降低溜槽坡度，且溜槽不易结垢。加上分段架设冲洗水管，基本解决溜槽沉淀堵塞和清理问题），再用两台立式液下泵（一备一用，为防止固体颗粒沉淀设一台立式搅拌机自动搅拌）经 600 多米输送管送至烧结小球区废水处理站的隔渣筛，与一、二期的胶带废水相汇合而共同处理。使用隔渣筛的目的是将废水中粒径大于 1mm 的粗矿物隔除，以保证喷浆时工作正常进行。经汇合并经隔渣筛下的废水流入 ϕ12m 废水浓缩池，澄清溢流水流入浊循环水泵站的 50m³ 吸水池，用第一组泵站（三台水泵，二用一备）加压供给一、二期烧结冲洗胶带用水。第二组泵站（二台水泵，一备一用）加压供给三期烧结胶带冲洗用水。ϕ12m 废水浓缩池底泥（矿浆）送入小球区 ϕ30m OG 泥浓缩池与炼钢厂的转炉烟气净化 OG 泥一并进行处理利用。ϕ30m OG 泥浓缩池溢流水自流进入废水处理站的废水调节池，再用两台自吸式水泵（一备一用）加压供三期烧结一、二次混合机添加水及胶带除尘用水。ϕ30m OG 浓缩池底部矿浆送入一、二期喷浆系统，作为一次混合机添加水。其废水处理工艺流程如图 6-14 所示。[46]该工艺实现闭路循环，实现废水与矿泥全部回用，处理过程无药剂投入并实现集中自动控制。

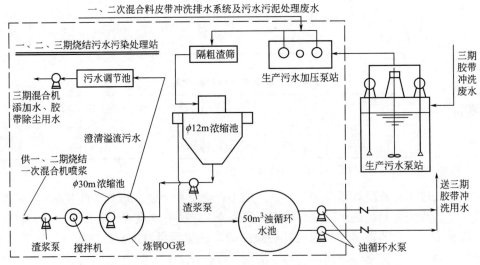

图 6-14　某厂一、二、三期烧结系统胶带冲洗水处理与回用流程

7 焦化废水处理与回用技术

焦化废水是属有毒有害、难降解的高浓度有机废水，其中有机物以酚类化合物居多，约占总有机物的1/2，有机物中还包括多环芳香族化合物和含氮、氧、碳的杂环化合物等。无机污染物主要以氰化物、硫化物、硫氰化物为主，处理难度大，已成为现阶段环境保护领域亟待解决的一个难题。

我国焦化废水处理与国外相比并不逊色。在我国对易降解有机污染物已完全得到有效治理，对难降解高浓度有毒有害有机污染物，如焦化废水已基本得到有效治理与控制，已有废水处理回用与实现"零"排放的工程实例。

7.1 焦化废水来源、特征与水质水量

7.1.1 焦化废水来源

焦化废水来源主要是炼焦煤中水分，是煤在高温干馏过程中，随煤气逸出、冷凝形成的。煤气中有成千上万种有机物，凡能溶于水或微溶于水的物质，均在冷凝液中形成极其复杂的剩余氨水，这是焦化废水中最大一部分废水。其次是煤气净化过程中，如脱硫、除氨和提取精苯、萘和粗吡啶等过程中形成的废水。再次是焦油加工和粗苯精制中产生的废水，这股废水数量不大，但成分复杂。

（1）原料附带的水分和煤中化合水在生产过程中形成的废水

炼焦用煤一般都经过洗煤，通常炼焦时，装炉煤水分控制在10%左右，这部分附着水在炼焦过程中挥发逸出；同时煤料受热裂解，又析出化合水。这些水蒸气随荒煤气一起从焦炉引出，经初冷凝器冷却形成冷凝水，称剩余氨水。含有高浓度的氨、酚和氰、硫化物及油类，这是焦化工业要治理的最主要废水。若入炉炼焦煤经过煤干燥或预热煤工艺，则废水量可显著减少。

（2）生产过程中引入的生产用水和用蒸汽等形成废水

这部分水因用水用汽设备、工艺过程的不同而有许多种，按水质可分为两大类。

一类是用于设备、工艺过程的不与物料接触的用水和用汽形成的废水，如焦炉煤气和化学产品蒸馏间接冷却水，苯和焦油精制过程的间接加热用蒸汽冷凝水等。这一类水在生产过程中未被污染，当确保其不与废水混流时，可重复使用或直接排放。

另一类是在工艺过程中与各类物料接触的工艺用水和用汽形成的废水，这一类废水由于直接与物料接触，均受到不同程度的污染。按其与接触物质不同，可分为3种。

① 接触煤、焦粉尘等物质的废水　主要有炼焦煤贮存、转运、破碎和加工过程中的除尘洗涤水；焦炉装煤或出焦时的除尘洗涤水、湿法熄焦水；焦炭转运、筛分和加工过程的除尘洗涤水。

这种废水主要是含有固体悬浮物浓度高，一般经澄清处理后可重复使用。水量因采用湿式除尘器或干式除尘器的数量多少而有很大变化。

② 含有酚、氰、硫化物和油类的酚氰废水　主要有：煤气终冷的直接冷却水、粗苯加

工的直接蒸汽冷凝分离水、精苯加工过程的直接蒸汽冷凝分离水；焦油精制加工过程的直接蒸汽冷凝分离水、洗涤水，车间地坪或设备清洗水等。

这种废水含有一定浓度的酚、氰和硫化物，与前述由煤中所含水形成剩余氨水一起称酚氰废水，该废水不仅水量大而且成分复杂。

③ 生产古马隆树脂过程中的洗涤废水 主要是古马隆聚酯水洗废液。这种废水水量较小，且只有在少数生产古马隆产品的焦化厂中存在。这种废水一般呈白色乳化状态，除含有酚、油类物质外，还因聚合反应所用催化剂不同而含有其他物质。

上述废水中，酚氰废水是炼焦化学工业有代表性及显著特点的废水。

7.1.2 焦化废水特征与水质水量

（1）废水特征

焦化废水污染物种类繁多，成分复杂，其特点是：a. 水量比较稳定，水质则因煤质不同、产品不同及加工工艺不同而异；b. 废水中有机物质多，多环芳烃多，大分子物质多。有机物质中有酚、苯类、有机氮类（吡啶、苯胺、喹啉、卟唑、吲哚等）、萘、蒽类等，无机物中浓度比较高的物质有 NH_4^+-N、SCN^-、Cl^-、S^{2-}、CN^-、$S_2O_3^{2-}$ 等；c. 废水中 COD 较高，可生化性差，其 BOD_5 与 COD 之比，一般为 28%～32%，属可生化较难废水，一般废水可生化性评价参考值见表 7-1；d. 焦化废水中含 NH_4^+-N、TN（总氮）较高，如不增设脱氮处理，难以达到规定排放要求。

表 7-1 废水处理可生化性评定参考数据

BOD_5/COD	>0.45	>0.30	0.30～0.20	<0.20
可生化性	生化性能好	可生化	较难生化	不宜生化

（2）废水的水质水量

焦化废水的排放量与生产规模有关，不同生产规模其废水排放量则不相同。表 7-2 列出不同规模焦化厂外排废水量。表 7-3 所列为焦化系统废水排放点的水质[21,47]。

表 7-2 不同规模焦化系统外排废水量

排水点	工艺流程	废水量/(m³/h)				备 注
		年产焦炭 4万吨	年产焦炭 10万吨	年产焦炭 20万吨	年产焦炭 60万吨	
蒸氨后废水	硫氨流程	—	—	—	20	
	氨水流程	5	12	24	60	
终冷排污水	硫氨流程	—	—	—	34	按15%排废水量计算
精苯车间分离水	连续流程	—	—	—	0.8	
	间歇流程	0.24	0.5	—	—	
焦油车间分离水 洗涤水	连续流程	—	—	—	0.5	
	间歇流程	0.09	0.21	0.32	—	
古马隆分离水	间歇流程	—	0.17	0.36	1.0	
化验室		3.6	3.6	3.6	3.6	
煤气水封		0.2	0.2	0.2	0.4	

表 7-3　焦化系统废水排放点的水质　　　　单位：mg/L，pH 值除外

排水点	pH值	挥发酚	氰化物	苯	硫化物	硫化氢	油	硫氰化物	挥发氨	吡啶	萘	COD	BOD₅	色和嗅
蒸氨塔后 （未脱酚）	8~9	1700~2300	5~12	—	—	21~136	610	635	108~255	140~296	—	8000~16000	3000~6000	棕色、氨味
蒸氨塔后 （已脱酚）	8	300~450	5~12	1.2	6.4	21~136	3061	—	108~255	140~296	1.5	4000~8000	1200~2500	棕色、氨味
粗苯分离水	7~8	300~500	22~24	166~500	3.25	59~85	269~800	—	42~68	275~365	62.5	1000~2500	1000~1800	淡黄色、苯味
终冷排污水	6~7	100~300	100~200	1.66	20~50	34	25	75	50~100	25~75	35	700~1029		金黄色、有味
精苯车间分离水	5~6	892	75~88	200~400	20.48	100~200	51	—	42~240	170		1116		灰色、二硫化碳味
精苯原料分离水	5~7	400~1180	72	—	41~96	—	120~17000	—	17~60	93~1050		1315~39000		黑色、二硫化碳味
精苯蒸发器分离水	6~8	100~600	210	—	1.8	8~200	36~157	—	25~100	约0		590~620		黄色、苯味
焦油一次蒸发器分离水	8~9	300~600	23	2.00	3.2	471	3000~12000	—	2125	3920	37.5	27236		淡黄色、焦油味
焦油原料分离水	9~10	1800~3400	54.3	—	72	2437	5000~110000	—	5750	600		19000~33485		棕色、萘味
焦油洗塔分离水	8~9	5700~8977	—	—	120	289~1776	370~13000	—	—	1075		33675		
洗涤蒸吹塔分离水	9~10	7000~14000	0.325	—	10400	93~425	5000~22271	—	—	583		39000		黄色、萘味
硫酸钠废水	4~7	6000~12000	2~12	2.5	3.2~20	93~471	905~21932	—	42.5	87.40	37.5	21950~28515		
黄血盐废水	6~7	337	58	—	—	10.2	116	—	85	210				

注：COD 为高锰酸钾法测定值。

7.2　焦化废水处理存在的难题与解决的途径

焦化废水中污染物种类繁多，成分复杂，如苯类、酚类、硫化物、氰化物、萘、蒽等多环和杂环芳烃等。焦化废水危害极大，无论有机还是无机类污染物多数都属有毒有害或致癌性物质，对其他有机物的组成和类别，至今仍在进行研究与探索。

7.2.1　焦化废水有机物组成

由于煤中碳、氢、氧、氮、硫等元素，在干馏过程中转变成各种氧、氮、硫的有机和无机化合物，使煤中的水分及蒸汽的冷凝液中含有多种有毒有害的污染物，如剩余氨水含固定氨约 2~5g/L。由于煤中含氮物多，煤气中含氮化物为 $6~12g/m^3$，经脱苯、洗氨后约为 $0.05~0.08g/m^3$，所以废水中含很高的氮和酚类化合物以及大量有机氮、CN、SCN 和硫化物等。

根据中国科学院生态环境研究中心对加压气化煤气废水的检测结果表明：其中脂肪烃类24种，多环芳烃类24种，芳香烃类14种，酚类42种，其他含氧有机化合物36种，含硫有机化合物15种，含氮有机化合物20种。可见这种有机废水的有机物种类多，毒性大，污染程度高，COD值一般都在6g/L以上，最高的达到25g/L左右，而且在焦油中含有致癌物质。在干馏制煤气废水中检测出3,4-苯并芘含量则更高。

焦化废水量大，污染物复杂，浓度高。剩余氨水未脱酚蒸氨时，COD可达2500～10000mg/L，NH_4^+-N为2500～3500mg/L，酚为1700～2300mg/L。氨水工艺中富氨水NH_4^+-N可达8000～12000mg/L，SCN为700～1200mg/L以上，其水质组成见表7-4。

表 7-4　焦化废水组成与水质　　　　　　　　　　　单位：mg/L

项目		COD	酚	NH_4^+-N	CN^-	S^{2-}	苯	油	吡啶
蒸氨水	硫氨工艺	2000～4000	150～350	200～400	8～20	20～50	—	—	—
	氨水工艺	1500～3000	150～350	150～350	7～15	30～80	1.2	200～500	100～290
硫氨终冷水		800～1600	100～300	100～300	100～300	50～90	1.6	25	25～75
粗苯加工		1600～2000	300～600	80～200	100～350	100～400	160～500		275～365
焦油加工		800～4400	700～8000	800～900	6～50			269～800	300～1400

7.2.2　预处理后焦化废水中有机物组成与类别

为了考察对焦化废水的生化处理效果，清华大学环境工程系曾对某钢铁公司焦化厂的经过溶剂萃取脱酚、蒸氨、隔油、气浮等预处理后的焦化废水，采用气相色谱-质谱（GC-MS）联用法进行焦化废水中有机物组分测定，共有51种有机物全部属于芳香族化合物和杂环化合物，见表7-5，假设GC-MS所测每种有机物的质量分数与该有机物的TOC（总有机碳）占水样TOC的比例近似相等，就得到了各有机物的TOC浓度。如对这些有机物再进行归纳，可分成如表7-6所列的14大类。其中苯酚类及其衍生物所占比例最大，为60.08%。其次为喹啉类化合物和苯类及其衍生物，所占的比例分别为13.47%和9.84%。以吡啶类、吲哚类、联苯类为代表的杂环化合物和多环芳烃（表7-6中序号4～14）所占比例在0.13%～1.62%之间，其质量分数共16.61%[21,48,49]。

7.2.3　焦化废水活性污泥法处理效果与问题

（1）焦化废水的复杂性与需解决的问题

焦化废水是在与组分复杂的焦油煤气等干馏产物的接触过程中形成。其中，剩余氨水就是从有上万种组分的煤焦油的混合液中分离出来的废水。这众多组分可按其不同的溶解度而转入水中。从色谱图中初步显示就有几百种有机组分，其中含有高浓度的酚及众多的诸如B[a]P等的多环芳烃及氧、硫、氮等杂环化合物。此外，废水中尚有高浓度的氰、硫、硫氰根等阴离子以及硅、钙、铁、镁、钠、锗等阳离子。故焦化废水是属于高氨氮、高COD值且较难以生化降解的工业废水。

焦化废水中氨氮主要以游离氨及固定氨两种形式存在，后者有氯化铵、碳酸铵、硫化铵及多硫化铵。此外，在化学及生化反应过程中，废水中的其他无机含氮化合物（氰、硫氰化物、硝酸与亚硝酸盐）以及有机含氮化合物（吡啶、喹啉、吲哚、咔唑、吖啶等）也可能转化为氨氮。

表 7-5 焦化废水有机物组成

物质组成	$w_B/\%$	TOC 的质量浓度/(mg/L)	物质组成	$w_B/\%$	TOC 的质量浓度/(mg/L)
苯酚	29.77	94.07	吲哚	1.14	3.602
甲基苯酚(间＋对＋邻)	13.40	42.34	蒽	0.98	3.097
二甲酚(3,4-二甲酚、3,5-二甲酚)	9.03	28.53	蒽腈	0.11	0.348
间苯二酚	2.8	8.848	菲	0.34	0.442
4-甲基邻苯二酚	3.05	9.638	咪唑	0.89	2.812
2,3,5-三甲基苯酚	2.03	6.415	苯并咪唑	0.71	2.244
苯甲酸	0.51	1.612	吡咯	1.23	3.886
乙苯	5.77	18.23	二苯基吡咯	0.06	0.19
苯乙腈	0.67	2.117	联苯	1.17	3.697
2,4-环戊二烯-1-次甲基苯	0.31	0.98	萘酚	0.13	0.411
甲基苯	2.22	7.015	C_6 烷基苊	0.25	0.79
二甲苯	1.58	4.993	噻吩	0.82	2.71
苯乙烯酮	0.04	0.126	喹啉	5.26	16.62
异喹啉	2.63	8.311	氰基吡啶	0.05	0.158
甲基喹啉	2.92	9.227	甲基吡啶	0.14	0.442
羟基喹啉	0.32	1.011	C_4 烷基吡啶	0.25	0.79
C_2 烷基喹啉	0.59	1.864	呋喃	0.65	2.054
C_2 烷基喹啉	0.70	2.212	苯并呋喃	0.74	2.338
喹啉酮	0.17	0.537	二苯并呋喃	0.28	0.885
三联苯	0.92	2.907	苯并噻吩	0.54	1.706
吩噻嗪	0.84	2.654	咔唑	0.95	3.002
C_4 烷基苊	0.12	0.38	萘	1.05	3.318
邻苯二甲酸酯	0.20	0.632	甲萘基腈	0.11	0.348
吡啶	1.26	3.982	2-甲基-1-异氰化萘	0.16	0.506
苯基吡啶	0.54	1.706	苯并喹啉	0.88	2.83
C_2 烷基吡啶	0.18	0.569	合计	100	316

表 7-6 焦化废水中有机物类别及质量分数

序号	物质类别	$w_B/\%$	TOC 的质量浓度/(mg/L)	序号	物质类别	$w_B/\%$	TOC 的质量浓度/(mg/L)
1	苯酚类及其衍生物	60.08	189.85	8	呋喃类	1.67	5.277
2	喹啉类化合物	13.47	42.57	9	咪唑类	1.60	5.056
3	苯类及其衍生物	9.84	31.09	10	吡咯类	1.29	4.076
4	吡啶类化合物	2.42	7.647	11	联苯、三联苯类	2.09	6.604
5	萘类化合物	1.45	4.582	12	三环以上化合物	1.80	5.688
6	吲哚类	1.14	3.602	13	吩噻嗪类	0.84	2.654
7	咔唑类	0.95	3.002	14	噻吩类	1.36	4.290

  焦化废水处理尚存在诸多难题，其中主要有两个：一是高浓度、难降解有机废水的处理；二是废水中氨氮的处理。如古马隆废水等的处理，以及废水中更具有危险的污染物，诸如 B[a]P 等致癌性多环芳烃等物质的去除。它在蒸氨废水中就含 $70\sim240\mu g/L$，而一般生化处理难以将它降解，仅仅通过污泥吸附除去一部分。后者，目前普通活性污泥法无法对其降解，仅有少量氨氮从曝气过程中被吹脱。

  我国普遍采用的焦化废水处理方法是：a. 首先对高浓度的焦化废水，如剩余氨水等，采用溶剂萃取脱酚和蒸氨；b. 预处理后出水与其他焦化废水混合，进入废水处理设施，其处理工艺进行产品回收和预处理一般为：废水→调节→隔油沉淀（→气浮）→生物处理→排放。以上处理工艺对酚和氰化物等易降解有机物有较好的处理效果。在早期的焦化废水设计与运行中，主要以酚和氰化物为主要处理目标，活性污泥法曝气池的水力停留时间 t_{HRT} 一般采用 6～8h。但是，由于常规活性污泥法对焦化废水中的难降解有机物，如多环芳烃和杂环化合物的效果并不理想，出水 COD 浓度较高，难以满足排放标准对 COD 的要求，各焦化废水处理厂站纷纷通过延长曝气池水力停留时间来提高处理效果，t_{HRT} 分别延至 12h、24h、36h，甚至 48h。由于焦化废水中多环芳烃和杂环化合物的结构复杂，其降解过程需要较长时间，延长水力停留时间对焦化废水处理效果起了一定的改善作用，但出水水质仍难以达到废水排放标准对 COD 的要求。此外，常规生物处理对氨氮无明显去除作用，无法满足废水排放标准新增加的对氨氮的控制要求。据统计，冶金焦化企业的生化处理后废水排放 COD≤200mg/L 的约占 4.5%～17.2%，也就是说，绝大多数企业焦化废水处理存在严重污染。

一般来讲，要改善焦化废水中有机物去除效果，可以从 4 条途径入手：a. 加强污染源控制，即加强生产管理与工艺改进，减少有机物排放，特别是必须进行蒸氨处理，并要求脱固定氨；b. 增加物化预处理，如用化学氧化、反渗透、紫外线照射、混凝沉淀、提高萃取效果等物化措施，去除焦化废水中部分难降解有机物；c. 改进现有生物处理工艺；d. 寻求和研究新的处理工艺。上述 c. 项、d. 项是提高焦化废水处理的关键，是本章需重点研究的问题。

（2）活性污泥法对焦化废水中污染物去除特性

现有活性污泥法处理焦化废水普遍存在出水 COD 与氨氮浓度高，难以满足国家排放标准新要求，因此，迫切需要对目前焦化废水活性污泥处理工艺进行深度研究。

清华大学钱易院士以及何苗、张晓健等采用北京市某钢铁企业焦化厂废水处理车间活性污泥法曝气池进水，该废水已经过溶剂萃取脱酚、蒸氨、隔油、气浮等预处理，其水质情况见表 7-7。采用完全混合式曝气器和 A-A-O 试验装置，对 A-A-O 工艺和常规活性污泥法处理焦化废水进行对比试验研究，以期提出对焦化废水处理的有效改进对策。

表 7-7　某钢铁企业焦化厂焦化废水的试验用水水质

单位：mg/L，pH 值除外

项　　目	COD	BOD$_5$	挥发酚	氰化物	氨氮	油	pH 值
浓度范围	1000～1500	380～450	190～240	30～35	280～400	约 10	7.4～8.1
平均值	1300	410	210	32	350	10	7.8

① 曝气吹脱对焦化废水有机物去除的影响　为了去除曝气吹脱的影响，通过空曝试验得出了焦化废水活性污泥法处理时曝气吹脱的影响。曝气能够吹脱废水中的一部分有机物，使废水中的 COD、TOC 浓度下降。空曝试验取样时间分别为 6h、12h、24h、48h，其试验结果见表 7-8。

表 7-8　空曝试验水样 COD、TOC 测定结果

测定项目	进水	6h	12h	24h	48h
COD/(mg/L)	1300	1170	1071	937	941
TOC/(mg/L)	316	295	288	269	262

根据 GC-MS（色谱-质谱）对各水样中有机物测定结果，焦化废水中乙苯、吡咯、吡啶、萘、联苯等 10 余种有机物比较容易被吹脱，其 12h 空曝的去除率分别在 20%～40% 之间；它们的吹脱速率和各自的亨利常数间具有良好的线性关系。

因此，在以活性污泥法进行有机物生物降解性能研究与测定计算时，应考虑曝气吹脱的影响因素。

② 焦化废水常规活性污泥法处理特性　为了考察常规活性污泥法对焦化废水处理效果，张晓健、何苗等采用完全混合式曝气器，对焦化废水进行了 6 个月的动态试验。试验用水水质经 GC-MS 测定，其有机物组成见表 7-9[49～52]。

表 7-9　试验用焦化废水中有机物组成

序号	有机物名称	质量分数/%	COD质量浓度/(mg/L)	序号	有机物名称	质量分数/%	COD质量浓度/(mg/L)
1	吡啶	1.16	15.1	22	吲哚	1.54	20.0
2	乙苯	5.07	63.3	23	(E)-9-菲醛肟	0.13	1.69
3	苯乙腈	1.11	14.4	24	烷基吡啶	0.25	3.25
4	苯酚	26.72	347.4	25	苯并喹啉	0.59	7.67
5	甲基苯酚	10.15	132.0	26	苯基吡啶	0.55	7.15
6	喹啉	11.46	149.0	27	二甲基苯酚	3.92	50.1
7	异喹啉	5.08	64.7	28	萘酚	0.13	1.69
8	甲基喹啉	5.51	71.6	29	咔唑	0.35	4.55
9	某种苯酚衍生物	11.30	146.9	30	6(5H)-菲啶酮	0.45	5.85
10	甲基酮	1.54	20.0	31	硝基苯二甲酸	0.95	12.4
11	C₂烷基喹啉	2.03	26.4	32	二苯基吡咯	0.06	0.78
12	2,4-环戊二烯-1-次甲基苯	0.39	5.1	33	蒽腈	0.11	1.43
13	1-萘腈	0.76	9.9	34	9H-芴	0.33	4.29
14	二苯并呋喃	0.28	3.64	35	喹啉酮	0.28	3.64
15	2-甲基-1-异氰化萘	0.30	3.9	36	1,1'-(1,3-丁二炔-1,4-)二苯	0.10	1.30
16	C₂烷基吡啶	0.05	0.65	37	苯乙烯酮	0.04	0.52
17	苯并咪唑	0.39	5.1	38	二苯并呋喃	0.30	3.9
18	异喹啉酮	1.69	22.0	39	1,9-二氮芴	0.15	1.95
19	联苯	0.78	10.1	40	苯甲酸	1.31	17.03
20	喹啉酚	0.30	3.9	合计		98.5	1300×0.985
21	邻苯二甲酸酯	0.85	11.1				

试验期间，通过改变水力停留时间和污泥浓度，详细考察了常规活性污泥法试验系统对焦化废水有机物的去除效果见表 7-10。活性污泥的有机物去除负荷与出水 COD 浓度之间的关系，如图 7-1 所示。

表 7-10　试验系统各种运行状态

工　况	进水COD的质量浓度/(mg/L)	水力停留时间 t_{HRT}/h	污泥的质量浓度MCLS/(mg/L)	出水COD的质量浓度/(mg/L)
改变水力停留时间	1300	6	2500	537
		12	4000	386
		24	3600	300
		36	3400	286
		48	3300	260
		72	3200	246
改变污泥浓度	1300	12	2400	470
			3500	410
			4000	386
			5000	340
			6400	310

改变水力停留时间和污泥浓度两组试验结果的关系相同，说明在试验测试时，系统已达到较为稳定的状态，数据的规律性较好。

由图 7-1、表 7-10 可以得出如下结论：a. 采用活性污泥法系统处理焦化废水时，可以通过延长水力停留时间或增大污泥浓度来降低系统污泥负荷，在一定程度上可改善出水水

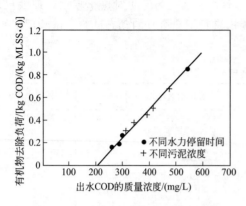

图 7-1 不同污泥负荷系统对有机物
去除负荷与出水 COD 浓度的关系

质；b. 有机物去除负荷与出水 COD 浓度中可生物降解部分符合线性（一级反应）关系；c. 该系统对 NH₃-N 基本无去除作用；d. 通过改变现有工艺的运行参数难以达到焦化废水行业排放标准中对 COD 的要求（COD 不大于 200mg/L）。因为该试验用水 COD 为 1300mg/L，其中含有难降解有机物含量为 205mg/L（以 COD 计），已超过焦化废水排放标准要求。欲从根本上解决问题，必须深入研究其中含有各类难降解有机物的生物降解特性及降解机理，并以此为基础探讨处理工艺的改进。

（3）焦化废水常规活性污泥法处理效果

试验是在上述试验基础上进行的，采用完全混合式活性污泥法在 $t_{HRT}=48h$、MLSS＝3200mg/L 状态下出水中有机物组成的 GC-MS 测定结果见表 7-11。该试验可用来代表常规活性污泥法处理废水在较为理想情况下的处理结果。

从表 7-11 可以看出：a. 经完全混合式活性污泥法水力停留时间达 48h 的处理后出水中检出 28 种有机物，其中芳香烃和杂环化合物为 19 种；b. 焦化废水中主要的难降解的有机物有吡啶、烷基吡啶、吲哚、联苯、咪唑、咔唑、喹啉、异喹啉、甲基喹啉等，几种难降解有机物在该试验条件与状态下的去除率分别为喹啉 77.8%、吲哚 46.0%、吡啶 38.4%、联苯为 49.5%，其中喹啉的去除主要由曝气气体吹脱引起，经 12h 空曝，喹啉的去除率已达 45.9%；c. 如将表 7-11 与表 7-9 比较可发现，经好氧 48h 出水经 GC-MS 测定仅检出 28 种有机物，与原焦化废水中检出 40 种有机物相比，说明好氧法处理焦化废水是有效的。但对难降解有机物的处理是有限的[50~53]。

表 7-11 完全混合式活性污泥法处理出水中的有机物组成

序号	物质名称	质量分数/%	COD 质量浓度/(mg/L)	序号	物质名称	质量分数/%	COD 质量浓度/(mg/L)
1	吡啶	3.57	9.3	16	苯基吡啶	0.69	1.80
2	乙苯	1.65	4.3	17	二甲基苯酚	0.96	2.50
3	苯酚	1.35	3.5	18	咔唑	0.52	1.36
4	甲基苯酚	0.81	2.1	19	6(5H)-菲啶酮	0.27	0.71
5	喹啉	12.78	33.1	20	蒽腈	0.058	0.15
6	异喹啉	7.92	20.6	21	庚酸	2.73	7.1
7	甲基喹啉	7.08	18.4	22	癸酸	6.31	16.4
8	某种苯酚衍生物	1.88	4.9	23	十八醛	2.81	7.3
9	C₂ 烷基喹啉	3.19	8.3	24	十八酸	6.96	18.1
10	C₂ 烷基吡啶	0.038	0.10	25	四十酸	6.73	17.5
11	联苯	1.96	5.1	26	甲基十六烷	8.88	23.1
12	邻苯二甲酸酯	0.54	1.4	27	四十四烷	6.35	16.5
13	吲哚	4.15	10.8	28	二十二烷	5.61	14.6
14	烷基吡啶	0.38	1.0	合计		96.8	260×0.968
15	苯并喹啉	0.65	1.70				

7.2.4 厌氧状态下难降解有机物的降解特性与效果

焦化废水中的难降解有机物在好氧条件下降解性能较差是好氧工艺处理焦化废水出水

COD 浓度较高的主要原因。为考察焦化废水中难降解有机物的几种有代表性物质——喹啉、吲哚、吡啶、联苯的厌氧降解特性，清华大学环境工程系张晓健、何苗等在试验室厌氧条件下分别进行 4 种有机物自身的去除特性的研究。

（1）与葡萄糖共基质条件下难降解有机物的厌氧降解特性

试验是在中温条件下进行，整套装置于 35℃培养箱中。以实验室 UASB 反应器排泥作为接种厌氧污泥，以难降解有机物和葡萄糖共基质配水作为试验用水。选用葡萄糖的原因是：a. 葡萄糖在厌氧条件下降解性能良好；b. 便于用紫外分光光度计法测定水样中难降解有机物浓度，葡萄糖无紫外吸收作用，排除测定干扰。瓶中污泥浓度 MLSS 为 15g/L 左右，有机物初始浓度（COD）控制在 1000～1500mg/L，与通常曝气池进水 COD 值比较接近。各试验瓶中只加入一种难降解有机物，其初始浓度见表 7-12。各种难降解物质的处理情况，均采用紫外分光光度法测定。

表 7-12　厌氧试验中难降解有机物初始浓度　　　　　　单位：mg/L

喹 啉	吲 哚	吡 啶	联 苯	喹 啉	吲 哚	吡 啶	联 苯
134	62	86	38	36	29	41	20
53	47	59	32	18	13	21	12

试验结果如图 7-2～图 7-5 所示，分别是喹啉、吲哚、吡啶、联苯的厌氧处理浓度变化曲线[50～53]。

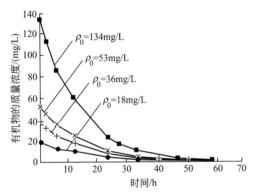

图 7-2　喹啉厌氧降解情况

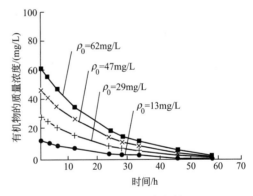

图 7-3　吲哚厌氧降解情况

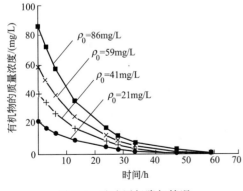

图 7-4　吡啶厌氧降解情况

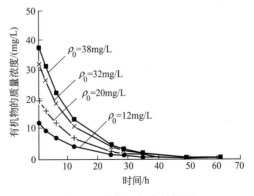

图 7-5　联苯厌氧降解情况

从图 7-2～图 7-5 所呈现的降解特性可以看出：a. 这 4 种有机物的降解与其浓度呈对数

下降曲线，符合一级反应的规律；b. 在厌氧条件下，这 4 种有机物降解速度的快慢顺序为联苯、喹啉、吡啶、吲哚；c. 与好氧条件相比，吡啶在厌氧条件下降解特性得到很大改善，降解速度是好氧条件下的 7 倍，联苯和喹啉接近 3 倍，吲哚仅提高 50％左右。

（2）单基质中易降解有机物的影响

在没有葡萄糖营养成分，其他运行条件与上述共基质试验完全相同时，这 4 种有机物经 28h 的培养去除效果见表 7-13，并与共基质条件的情况进行了比较。

表 7-13　共基质与单基质去除效果及污泥性状比较

有机物名称	喹 啉		吲 哚		吡 啶		联 苯	
	共基质	单基质	共基质	单基质	共基质	单基质	共基质	单基质
28h 去除率/%	87.8	76.6	73.9	62.0	86.9	73.6	92.4	59.6
污泥性状	良	差	良	差	良	差	良	差

从表 7-13 中测定的结果可以看出如下几点。

1）单基质条件下，难降解有机物的厌氧降解速度低于共基质条件下的降解速度。单基质条件下，喹啉、吲哚、吡啶这 3 种有机物的去除率略低于共基质条件下的去除率。而联苯的降解性明显降低，联苯 28h 的去除率在共基质条件下为 92.4％，单基质时仅为 59.6％。其原因可能是：厌氧微生物需要多种有机物作为营养，特别是以易降解葡萄糖作为共营养。单独采用这 4 种难降解有机物中一种作为唯一碳源营养，会使微生物的活性有所下降。

2）单基质条件下厌氧污泥性状较差。试验中产生这种现象，说明厌氧微生物需要碳源不足，产生了过量的内源呼吸，使污泥分解所致。实际上，厌氧处理将作为焦化废水的预处理，废水中存在多种营养物，可以满足厌氧的共基质营养条件。

（3）A-A-O 工艺与 A-O 工艺处理焦化废水比较

焦化废水是一种公认的难生物降解的工业废水之一。自 20 世纪 80 年代，国内开始研究 A-O 系统与 A-A-O 系统处理焦化废水，并取得一些令人满意的效果。A-A-O 系统与 A-O 系统同属于以硝化-反硝化为基本流程的生物脱氮工艺，所不同的是 A-A-O 系统是在 A-O 系统的基础上，增加一级预处理段——厌氧段（A_1）。对于厌氧段的作用，国内不少学者有所研究，但由于各种试验的试验用水水质不同，所用的处理反应器结构各异，操作条件差异等因素，严重影响这两种工艺的可比性。本试验是通过同一焦化废水，采用尽可能相同的操作条件进行 A-A-O 工艺与 A-O 工艺的对比试验，了解两种工艺的差异，为科学评价两种工艺的性能提供依据，为焦化废水处理改进提供可靠措施。

① 试验条件与运行参数

1）试验用水与水质。试验用水采用经气浮除油、鼓风曝气吹脱后的焦化厂生产废水。其水质情况见表 7-14，试验用反应器容积见表 7-15。

表 7-14　焦化厂废水水质（经气浮、空气吹脱后）

项　　目	COD	NH_3-N	酚	氰化物
质量浓度/(mg/L)	1000～1400	200～270	80～100	1～5

表 7-15　试验用反应器容积

工　　艺		A_1-A_2-O	A_2-O
反应器容积/L	A_1	2.5	—
	A_2	4.5	7.0
	O	12.0	12.0

2）pH值为7.0～7.2。采用磷酸调整，形成磷酸盐可作为微生物的营养源。

3）两系统均为有机玻璃加工的固定床生物膜法反应器，其内均填有YDT型弹性填料。

4）反应器试验容积比。表7-15列出两种工艺的反应器容积。其水力停留时间t_{HRT}之比分别为：A：A：O＝1：1.8：4.8（2.5：4.5：12）；A：O＝2.8：4.8（1：1.71）。

5）混合液回流比为3.45～6.67。

6）温度。本试验采用自动控温。厌氧段温度控制在35～37℃，缺氧段、好氧段温度控制在25～28℃。

7）pH值。试验进水pH值控制在7.0～7.2，好氧段通过投加20g/L浓度的$NaHCO_3$溶液，使pH值保持在6.7～7.2。

8）溶解氧。好氧段溶解氧控制在4.0～8.0mg/L，缺氧段溶解氧控制在0.8～1.2mg/L。

② 试验结果与比较　在采用传统方法进行启动驯化，两系统均进入稳定运行，在稳定运行阶段，对负荷进行调整，每一负荷稳定7～16天，以达到两系统运行稳定、正常后，分别取样测定，测定结果见表7-16和表7-17[54,55]。

表7-16　A-A-O工艺与A-O工艺出水BOD、COD的试验结果

t_{HRT}/h	项　目	进　水	A-A-O			A-O	
			A_1	A_2	O	A	O
42.2	COD/(mg/L) BOD/(mg/L) BOD/COD	1270.50 364.2 0.287	1311.49 300.34 0.229	311.48 36.40 0.117	250.00 17.63 0.071	413.94 125.60 0.303	278.69 20.48 0.073
36.5	COD/(mg/L)	1007.75	945.73	262.53	232.56	282.94	251.94
	BOD/(mg/L)	302	325	12.4	6.06	32.60	7.49
	BOD/COD	0.300	0.344	0.047	0.026	0.115	0.030
35.2	COD/(mg/L)	1050	1010	260	225	250	245
	BOD/(mg/L)	330	300	23.1	8.5	44.3	13.6
	BOD/COD	0.314	0.297	0.089	0.038	0.178	0.056
32.8	COD/(mg/L)	992.12	960.63	291.34	277.56	303.15	267.72
	BOD/(mg/L)	391.21	326.20	15.15	<2.0	35.01	6.08
	BOD/COD	0.394	0.340	0.053	<0.01	0.115	0.023
平均值	BOD/COD	0.323	0.303	0.077	0.036	0.178	0.046

表7-17　A-A-O工艺与A-O工艺对COD和NH_4^+-N去除负荷差异

指标	进水 /(mg/L)	A-A-O					A-O			
		A_1	A_2		O		A		O	
		出水 /(mg/L)	出水 /(mg/L)	负荷 /[kg/ (m³·d)]	出水 /(mg/L)	负荷 /[kg/ (m³·d)]	出水 /(mg/L)	负荷 /[kg/ (m³·d)]	出水 /(mg/L)	负荷 /[kg/ (m³·d)]
COD	1065	1183	206	2.85	190	0.08	286	0.90	192	0.49
NH_4^+-N	253.09	270.15	63.47	0.06	9.04	0.28	98.93	0.48	6.25	0.48
TOC	236.51	269.19	33.02	0.63	23.49	0.05	50.23	0.19	23.72	0.14

注：t_{HRT}为32.8h。

试验结果有以下几种。

1）A-A-O系统（工艺）处理焦化废水的效果明显优于A-O系统（工艺）。在相同负荷条件下，出水COD平均低$10\sim30$mg/L；NH_4^+-N平均低25.8mg/L。其主要原因是有厌氧段的结果。

2）在抗冲击负荷能力和稳定性上，A-A-O工艺优于A-O工艺。两种工艺受到冲击负荷后，A-A-O工艺平均恢复天数为3.4天，而A-O工艺恢复天数为5天。

3）与A-O工艺相比，A-A-O工艺的好氧段COD去除负荷只有前者的1/6，NH_4^+-N去除负荷为前者的3/5，TOC去除负荷为前者1/3。说明A-A-O工艺出水水质优于A-O工艺是必然的。

4）当两种工艺进水BOD/COD=0.323时（试验用水平均值），A-A-O工艺出水BOD/COD为0.036，而A-O工艺的BOD/COD为0.046。说明A-A-O工艺由于增加了厌氧段，使得系统处理效果优于A-O工艺。

5）A-A-O工艺缺氧段内存在大量的活性污泥（约占试验柱容积的2/3），生物膜相对较少，污泥沉淀性能好。试验测定该污泥VSS为6.612mg/L，SS为9.023mg/L，VSS/SS为0.7328。显然，污泥主要成分为有机质，无机质成分相对较少，污泥具有颗粒化现象。A-O工艺运行稳定性较差，其缺氧段污泥生物膜少，肉眼观察该段污泥呈黄褐色，呈絮状，沉淀性差。

7.3 焦化废水处理与资源化技术的研究和开发

焦化废水是国内外工业废水处理领域的难题，目前，国内外对焦化废水中酚、氰等有毒物质的处理，生物活性污泥法是一个比较普遍有效方法。但对其中NH_4^+-N、氟化物、COD等去除效果较差，难以满足外排要求，因此，国内外对焦化废水处理工艺和净化技术改进进行很多研究，不同国家有自己的特点，操作、运行、测试和监控等技术也更多地向节能、经济、高效和实用方向发展。焦化废水的最终排放，视本国国情、地质环境、环保法规以及当地生态状况而定。总体而言，我国焦化废水的治理水平与国外基本相当，但仍存在一定差距。

7.3.1 国内外焦化废水处理现状与发展

（1）国外焦化废水处理技术简况

焦化废水的处理方法虽然很多，但目前各国应用最广泛的还是生化处理法。在各种生化处理中，活性污泥法占地少，处理效率较高，受气温影响小，卫生条件好，因而得到普遍应用。活性污泥法是废水的预处理不可少的环节。预处理目的是通过调节水质、水量，去除一部分影响曝气池正常工作的油类、氰化物、氨氮等，以保证生化过程正常稳定地运行。预处理的主要构筑物为调节池、除油池或其他针对性处理设施等。图7-6为国外焦化废水生化处理流程图[21]。

美国美钢联的加里公司炼焦厂将生产的焦化废水收集后，再用等量的湖水稀释，经生化处理后用于湿法熄焦。该系统包括脱焦（油）、游离蒸氨、后蒸氨、调节槽、废水调整贮存槽以及活性污泥处理系统等。生化处理系统采用厌氧反硝化系统并通过一体化的净化器，使废水中氨进行硝化与反硝化。该系统还将冷却蒸氨塔顶的蒸汽冷却水，用于冬季生化处理装置的稀释水，以提高冬季生化处理时废水水温，以降低设备运行费用和提高处理效果。美国CHESTER公司研制的生物脱氮工艺流程，不仅可使焦化废水全面达标排放，而且具有除氟、脱除苯胺、硝基苯和吡啶的功能。此项技术已转让我国宝钢三期焦化工程并投产使用[21]。

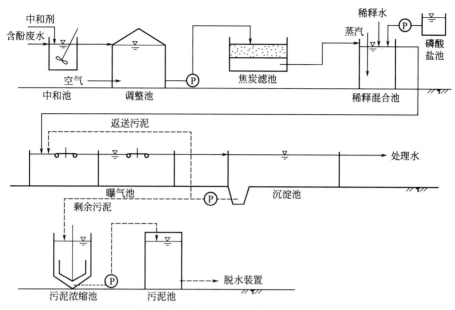

图 7-6 国外焦化废水生化处理流程

加拿大 Dofasco 和 Stelco 公司的焦化厂采用湿法熄焦，其熄焦废水经沉淀后自成闭路循环系统；酚氰废水主要为剩余氨水、粗苯分离等废水，经蒸氨去除游离氨和加碱去除固定氨后进行生化处理与深度处理。

生化处理为二段曝气、二沉池污泥回流的活性污泥法处理工艺。

所谓深度处理是先将生化处理后的焦化废水与炼铁废水混合。其处理能力为4000t/d，采用折点加氯法去除废水中的氨氮、氰等。通常加氯量要根据废水中的 CN^-、NH_4^+ 含量计算需要量后，以 8 倍多氯需量加入废水中进行全氧化反应，使废水中的 CN^-、NH_4^+ 全部转化为 N_2 后排放，以达到水质净化的目的。其工艺流程如图7-7所示[21]。

将焦化废水与高炉煤气洗涤水在一个系统中联合处理在国外已有工程应用。

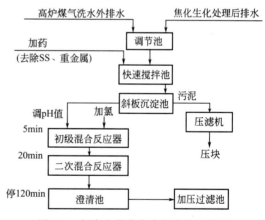

图 7-7 加拿大焦化废水深度处理流程

认为两种废水均含有可被生物降解的酚和氰化物，如果不使用固定氨蒸馏器，焦化废水中氨浓度将会很高，必须加入稀释水降低氨浓度，以使其不毒化生物处理设备中的有机物。由于高炉废水中也含有较低浓度的酚和氰化物需要处理，同时由于它实际上不含有氨，因此在一个通用处理系统中处理这两种废水认为是可行的，而且高炉废水还可作为稀释剂。

但是高炉废水含有能够毒化生物的金属物质。为了满足排水要求，有必要进行预处理。可用石灰使有毒金属物沉淀，也可使不稳定的氟化物沉淀。经过此项预处理后，高炉废水可与焦化废水混合进行脱酚和氰化物的联合处理。在大多数综合性钢厂中，高炉水与焦化水之间相当近似，将两种废水联合处理的任何障碍都是可克服的。

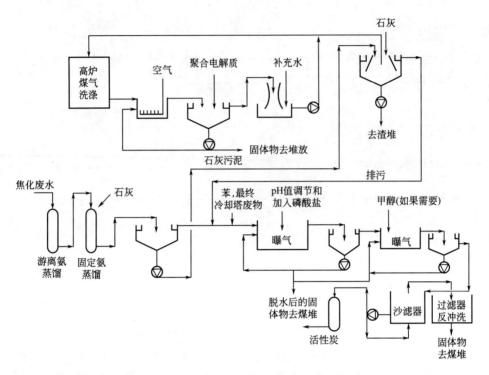

图 7-8 两种废水联合处理（曝气生物氧化）

如果采用一个使用石灰的固定氨蒸馏器，蒸馏器排出的废水通常要净化除去过剩的石灰。这种过剩的石灰可用作钙源，使高炉排污水中的氟化物沉淀。图 7-8 为焦化与高炉废水联合生化处理的工艺流程。图 7-9 表示一种改进的系统，在曝气处理之前用厌氧处理进行氨的硝化。

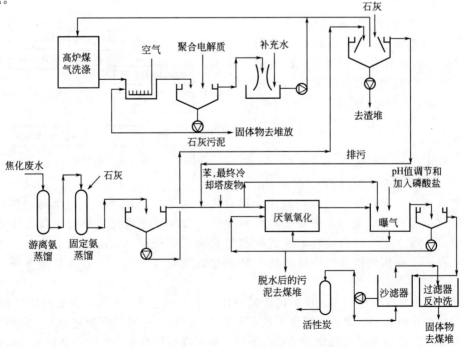

图 7-9 两种废水联合处理（厌氧-曝气生物氧化）

　　日本大部分焦化厂的废水使用活性污泥法。由于日本特有的便于排海的优势，因此在焦化废水处理时，首先考虑降低废水中有毒物质，在调节池中先加 3～4 倍稀释水，以降低 NH_4^+-N、COD。在进入曝气池之前，再进行 pH 值调整，加入磷酸盐，而后进行约 10h 的曝气，再经沉淀后的水排入海洋水体。出水水质 COD 为 50～100mg/L，但 NH_4^+-N 高达 500～800mg/L，再用水稀释排海。有些处理厂在活性污泥法处理后排水再进行混凝沉淀、砂滤和活性炭吸附设施，出水水质清澈透明，但氨氮净化效果并不显著。

　　目前，日本在焦化废水处理的高新技术研究方面处于国际先进水平。例如：日本大阪瓦斯公司采用催化湿式氧化技术处理焦化废水，催化剂以 TiO_2 或 ZnO_2 为载体，试验规模 6t/d，该装置运行 11000h 的结果表明，催化剂无失效现象。现已扩大 60t/d 的试验规模，并证明，该催化剂可连续运行 5 年再生一次；可一次达到完成焦化废水完全处理，可使原废水中 NH_4^+-N 3080mg/L、COD 5870mg/L、酚 1700mg/L、TN 3750mg/L、TOD 17500g/L，分别下降为 NH_4^+-N 3mg/L、COD 10mg/L、酚 0mg/L、TN 160mg/L、TOD 0mg/L。废水处理后可直接排入天然水体或回用[21]。

　　欧洲的焦化废水处理工艺普遍采用以预处理去除油与焦油，气提法除氨，生物法去除酚、氰化物、硫氰化物、硫化物，并进行深度处理后排放。在欧洲各国等已将 A-O 法、A-A-O 法、SBR 法和 CASS 法成功应用于焦化废水处理，并取得显著效果。

（2）我国焦化废水处理技术与发展简况

　　我国焦化废水处理技术的发展有其认识再认识的过程，但认识的发展过程也与监测技术发展水平密切相关。

　　起初人们认为焦化废水的主要有毒成分是酚和氰物质，酚是有毒的，氰是剧毒的，因此人们把焦化废水称为酚氰废水。为了解决酚氰问题，20 世纪 60 年代末，原冶金部冶金研究总院环境保护研究所较早开展了焦化废水生化处理研究，并提出生物铁法的专利技术，而后在马钢、武钢等工程中应用，使焦化废水酚氰达标排放成为现实与可能，至今仍为大多数钢铁企业在焦化废水中所采用。20 世纪 70 年代末与 80 年代初，宝钢以"建成国内钢铁企业样板，具有国际先进水平的清洁工厂"为目标的钢铁联合企业，从日本全部引进焦化废水三级处理工艺与设备。所谓三级处理是由采取脱酚、蒸氨、生物处理和活性炭吸附等组成的以生物处理为中心的多种物理化学方法组成的工艺流程。它与通常的城市污水三级处理工艺是不相同的。该工程与装置是世界一流的日本钢铁公司大分、君津钢铁厂焦化废水处理的翻版，以及川崎制铁水岛化学厂技术的结合体。

　　1985 年 5 月宝钢投产后，经三级处理后外排废水清澈透明，表观很好。但由于活性炭成本高，再生困难，再生时活性炭损失严重（年平均损失率达 15%），事实上宝钢使用一段时间后也是弃之未用。与此同时欧美等国针对食品、制药等高浓度有机废水，开展厌氧生物法研究。20 世纪 70～80 年代，厌氧生物滤池（AF）、上流式厌氧污泥床（UASB）等先进工艺相继问世，开始将厌氧法原理用于焦化废水处理。20 世纪 90 年代初清华大学曾针对首钢焦化废水进行好氧、厌氧法处理对比试验。并运用 GC-MS 联用分析技术，测定出厌氧和好氧处理方法的焦化废水中有机物组成，为焦化废水处理做出新贡献。

　　1984 年上海市率先公布氨氮排放标准，1986 年经监测发现宝钢焦化废水虽经三级处理，但氨氮和氰化物仍不能去除，又因活性炭吸附法存在问题严重，因此宝钢二期焦化废水处理不再延用一期工程引进的日本三级处理工艺。经过近 5 年国内外有关单位协作，进行 A-O 法、A-A-O 法试验与工程应用，1995 年 7 月宝钢完成工程功能考核，进入运行阶段，后又改进为 O-A-O 法运行[21]。

国内大多数焦化厂废水处理系统曾都是采用一级处理和二级处理工艺，近几年来部分大型企业采用三级处理。一级处理是指高浓度废水中污染物的回收利用，其工艺包括氨水脱酚、氨水蒸馏、终冷水脱氰等。氨水脱酚又分为溶剂萃取法、蒸汽脱酚法、吸附法、离子交换法等；氨水蒸馏分为直接蒸汽蒸馏和复式蒸汽蒸馏。直接蒸汽蒸馏可以脱除挥发氨，若需要脱除固定氨，则需外加碱液——石灰乳或氢氧化钠予以分解后再蒸脱。蒸出的氨气可用硫酸铵、浓氨水等形态回收，或经焚烧分解处理不予回收。终冷水脱氰又称黄血盐技术。其工艺是处理废水在脱氰装置中与铁刨花和碱反应生成亚铁氰化钠（黄血盐）。二级处理主要指酚氰废水无害化处理，主要以活性污泥法为主，还包括强化生物法处理技术，如生物铁法、投加生长素法、强化曝气法等。这对提高处理效果有一定的作用。三级深度处理是指在生化处理后的排水仍不能达到排放标准时所采用的深度净化。其主要工艺有活性炭吸附法、炭-生物膜法、混凝沉淀（过滤）法等。近几年来为解决焦化废水处理回用与零排放，又研究开发了一些新技术新工艺，如 HSB（高效菌）法、生物酶技术、A-O-MBR 法。水煤浆法、SH-A（部分亚硝化厌氧氨气化脱氮工艺）等新技术[56~58]，以及以综合研究焦化废水无污染安全回用与消纳途径为主要研究内容，推行焦化废水回用于湿法熄焦、煤场洒水、洗煤循环补充水、烧结配料、高炉冲渣与泡渣、曝气池消泡用水，以及化工行业循环补充水等。《焦化废水治理工程技术规范》（HJ 2022—2012）颁布实施后，焦化废水必须做到处理回用，不得外排，因此，彻底解决长期存在的焦化废水处理回用与"零"排放重大问题，是必须解决的课题。

7.3.2 活性污泥法处理

我国自 1960 年起陆续建起了一批以活性污泥法处理焦化废水的工程，由于焦化废水成分复杂，含有多种难以生物降解的物质，因此，在已建的活性污泥法处理工程中，大多数采用鼓风曝气的生物吸附曝气池，少数采用机械加速曝气池。有的新建或改建成了二段延时曝气处理设施。由于活性污泥法的处理工艺有多种组合形式，且所采用的预处理方法也有较大差异，因而其处理流程和设计、运行参数也不尽相同。一般情况下，活性污泥法处理焦化含酚废水的流程是：废水先经预处理——除油、调均、降温后，进入曝气池，曝气后进入二次沉淀池进行固液分离，处理后废水含酚质量浓度可降至 0.5mg/L 左右，废水送回循环利用或用于熄焦，活性污泥部分返回曝气池，剩余部分进行浓缩脱水处理。图7-10 为国内焦化废水生化处理工艺流程。图 7-11 为国内焦化废水处理活性污泥法的组合形式，其中图 7-11（a）是活性污泥法最基本形式，其他各种组合形式均由此演变发展而成[21,59]。

活性污泥法处理的关键是保证微生物正常生长繁殖，为此需具备以下条件：一是要供给微生物各种必要的营养源，如碳、氮、磷等，若以 BOD_5 代表含碳量，一般应保持BOD_5：N：P=100：5：1（以质量计）。焦化废水中往往含磷量不足，一般仅 0.6~1.6mg/L，故需向水中投加适量的磷；二是要有足够的氧气；三是要控制某些条件，如 pH 值以 6.5~9.5、水温以 10~25℃为宜。另外，应将重金属离子和其他能破坏生物过程的有害物质严格控制在规定的范围之内，以保证微生物生长的有利环境。

7.3.3 生物铁法处理

生物铁法是在曝气池中投加铁盐，以提高曝气池活性污泥浓度为主，充分发挥生物氧化和生物絮凝作用的强化生物处理方法。生物铁法是原冶金部建筑研究院于 20 世纪 70 年代研究开发的技术，已被国内普遍用于焦化废水的处理。

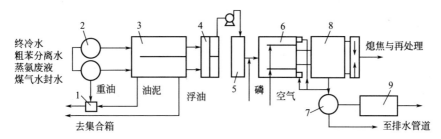

图 7-10　国内焦化废水生化处理工艺流程

1—焦油池；2—除重油池；3—平流式隔油池；4—调节池；5—冷却塔；
6—曝气池；7—污泥浓缩池；8—二次沉淀池；9—污泥干化场

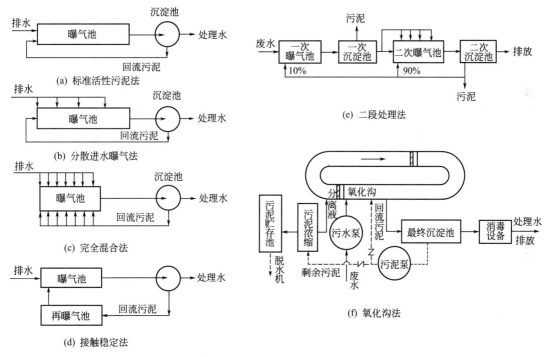

图 7-11　国内焦化废水处理活性污泥法的组合形式

由于铁离子不仅是微生物生长必需的微量元素，而且对生物的黏液分泌也有刺激作用。铁盐在水中生成氢氧化物与活性污泥形成絮凝物共同作用，使吸附和絮凝作用更有效地进行，从而有利于有机物富集在菌胶团的周围，加速生物降解作用。该法大大提高了污泥浓度，由传统活性污泥法 2～4g/L 提高到 9～10g/L，降解酚氰化物的能力也大大加强。当氰化物的质量浓度高达 40mg/L 条件下，仍可取得良好的处理效果。对 COD 的降解效果也较传统方法好。该法处理费用较低，与传统法相比，只是增加一些处理药剂费。

生物铁法工艺包括废水的预处理、废水的生化处理和废水的物化处理 3 个部分。废水预处理包括重力除油、均调、气浮除油。此工序的目的在于通过物理方法去除废水中的焦炭微粒、煤尘、焦油和其他油类。这些被除去的污染物对活性污泥中的微生物有抑制和毒害作用。

废水的生化处理过程包括一段曝气、一段沉淀、二段曝气、二段沉淀，这是生物铁法的核心工序。由鼓风机供给曝气池中的好氧菌足够的空气，并使之混合均匀，这样含有大量好氧菌和原生动物的活性污泥对废水中的溶解状和悬浮状的有机物进行吸附、吸收、氧化分解，从而将废水中的有机物降解成无机物（CO_2、H_2O 等）。经过一段曝气池降解的废水和污泥流入一段二沉池，将废水与活性污泥分离。上部废水再流至二段曝气池，对较难降解的氨氮等有机物进一步降解。一段二沉池下部沉淀的污泥再回到一段曝气池的再生段，经再生后再进入曝气池与废水混合，多余污泥通过污泥浓缩后混入焦粉中供烧结配料用。二段曝气池、二段二沉池的工况与一段相仿，二段生化处理可使活性污泥中的微生物菌种组成相对较为单纯、能处理含不同杂质的废水。

废水的理化处理工艺流程包括旋流反应、混凝沉淀和过滤等工序。经过二段生化处理后的废水还含有较高的悬浮物，为此，又让二段二沉池上部的废水自流入旋流反应槽，再投加适量的 $FeCl_3$ 混凝剂，经混合后流入混凝沉淀池，经沉淀后的上部废水自流入至吸水井，再经泵将水送至单阀滤池，过滤后再外排或回用。

在生物与铁的共同作用下，能够强化活性污泥的吸附、凝聚、氧化及沉淀作用，达到提高处理效果、改善出水水质的目的。生物铁法的生产运行工艺条件包括：营养素的需求、适量的溶解氧、温度和 pH 值控制、毒物限量及污泥沉降比等。

① 营养素的需求 对于微生物的生长和繁殖，营养素是个重要条件。营养不足或过量都会引起曝气池中活性污泥结构的变化，影响生化处理效果。焦化废水中有机物是微生物生长的必要物质之一。另外，还需补充 N、P 等营养元素。曝气池废水中磷控制在 6.5mg/L 左右，其磷酸盐为 Na_2HPO_4。

② 适宜的溶解氧 活性污泥中的好氧菌必须借助适宜的溶解氧才能正常地生长、繁殖，降解有机物。溶解氧过高，微生物因缺乏营养而老化；溶解氧过低，微生物因缺氧而死亡、解体。通常控制指标为：使曝气池中的溶解氧保持在 3mg/L 左右，生化出水溶解氧在 1mg/L左右。

③ pH 值 一般控制在 6～7 范围内，若焦化废水偏碱性，可加铁盐进行调节。

④ 温度控制 活性污泥生长的水温控制在 10～40℃，适宜温度为 25℃ 左右。为了保证这一水温要求，夏季温度高时，加水调节；冬季水温低时，加蒸汽调节。上海梅山冶金公司焦化厂由于地处南京，夏季温度较高，生化处理池进水水温常在 50℃ 左右。为了解决这一问题，该厂进行了高温好氧微生物处理焦化废水的试验，试验效果较好。

⑤ 毒物控制 进曝气池污水中的酚、氰、硫化物等有毒物质的含量不能太高，特别是挥发酚不能过量，否则对微生物的活性有抑制作用，甚至能毒死微生物。各项污染物指标控制如下：挥发酚小于 150mg/L，氰化物小于 10mg/L，硫化物小于 30mg/L，氨氮小于 1000mg/L，油类小于 50mg/L。此外，进入曝气池的水质、水量不能波动太大，以减轻污水对微生物的冲击负荷。

⑥ 污泥沉降比 这是反映活性污泥的凝聚和沉降性能的指标，它的大小既体现出曝气池混合液中污泥数量的多少，又能根据它的大小掌握排污泥的时间和数量。一般来说，曝气池吸附段污泥沉降比在 65% 左右，再生段污泥沉降比在 30%～45% 左右，废水处理效果比较好。

7.3.4 缺氧-好氧（A-O）法处理

用常规活性污泥法处理焦化废水，对去除酚、氰以及易于生物降解的污染物是有效的，但对于 COD 中难降解部分的某些污染物以及氨氮与氰化物就很难去除。

A-O 法内循环生物脱氮工艺，即缺氧-好氧工艺，其主要工艺路线是缺氧在前，好氧在后，泥水单独回流，缺氧池进行反硝化反应，好氧池进行硝化反应，焦化废水先流经缺氧池而后进入好氧池。

硝化反应是在延时曝气后期进行的，对于焦化废水生物氧化分解，氨氮的降解是在酚、氰、硫、氰化物等被降解之后进行，故需要足够的曝气时间，且氨氮的氧化必须补充一定量的碱度。消化细菌属于好氧性自养菌，而反硝化细菌属于兼性异养菌，即在有氧的条件下利用有机物进行好氧增殖；在无氧的条件下，微生物利用有机物——碳源，以 NO_2^- 和 NO_3^- 作为最终电子接受体将 NO_2^- 和 NO_3^- 还原成氮气（N_2）排出，以达到脱氮的目的。

A-O 法生物脱氮工艺流程如图 7-12 所示。该流程又称前置反硝化工艺，同时一般采用硝化混合液回流，故又称内循环生物脱氮工艺。这是目前焦化废水处理采用较多的一种脱氮工艺。

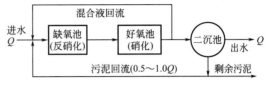

图 7-12　A-O 法生物脱氮工艺流程

（1）A-O 法工艺特征

与传统的生物脱氮工艺相比，A-O 脱氮工艺则具有流程简短、工程造价低的优点。其主要工艺特征是：将脱氮池设置在去碳硝化过程的前部，一方面使脱氮过程能直接利用进水中的有机碳源而可省去外加碳源；另一方面，则通过硝化池混合液的回流而使其中的 NO_3^- 在脱氮池中进行反硝化。此工艺中内回流比的控制是较为重要的，因为如内回流比过低，则将导致脱氮池中 BOD_5/NO_3^- 过高，从而使反硝化菌无足够的 NO_3^- 作电子受体而影响反硝化速率，如内回流比过高，则将导致 BOD_5/NO_3^- 过低，同样将因反硝化菌得不到足够的碳源作电子供体而抑制反硝化菌的作用。

A-O 工艺中因只有一个污泥回流系统，因而使好氧异养菌、反硝化菌和硝化菌都处于缺氧-好氧交替的环境中，这样构成的一种混合菌群系统，可使不同菌属在不同的条件下充分发挥它们的优势。将反硝化过程前置的另一个优点是可以借助于反硝化过程中产生的碱度来实现硝化过程中对碱度消耗的内部补充作用。图 7-13 所示为 A-O 脱氮工艺的特性曲线。

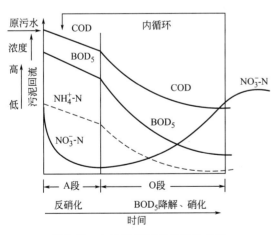

图 7-13　A-O 脱氮工艺的特性曲线

由图可见，在脱氮反应池（A 段）中，进入脱氮池的废水中的 COD、BOD_5 和氨氮的浓度在反硝化菌的作用下均有所下降（COD 和 BOD_5 的下降是由反硝化菌在反硝化反应过程中对碳源的利用所致，而氨氮的下降则是由反硝化菌的微生物细胞合成作用所致），NO_3^- 的浓度则因反硝化作用而有大幅度的下降；在硝化反应池（O 段）中，随硝化作用的进行，NO_3^- 浓度快速上升，COD 和 BOD 则在异养菌的作用下不断下降。氨氮浓度的下降速率并不与 NO_3^- 浓度的上升相适应，这主要是因为异养菌对有机物的氨化而产生的补偿作用造成的。

与传统的生物脱氮工艺相比，A-O 系统不必投加外碳源，可充分利用原污水中的有机物作碳源进行反硝化，同时达到降低 BOD 和脱氮的目的；A-O 系统中缺氧反硝化段设在好氧硝化段之前，因而当原水中碱度不足时，可利用反硝化过程中所产生的碱度来补偿硝化过程中对碱度的消耗。此外，A-O 工艺中只有一个污泥回流系统，混合菌群交替处于缺氧和好氧状态及有机物浓度高和低的条件，有利于改善污泥的沉降性能及控制污泥的膨胀。

由图 7-13[21,60]可以看出，硝化段（Oxic）的 NO_3^--N 含量不断增加，而通过内循环大比例的回流，反硝化段的 NO_3^--N 含量，则通过反硝化菌的作用而明显下降。A-O 工艺对 BOD_5 具有较高的去除率，但对 COD 的去除率则一般。

生物脱氮反应过程各项生物反应特征见表 7-18[14,21]。

表 7-18　生物脱氮反应过程各项生物反应特征

生化反应类型	去除有机物	硝　化		反硝化
		亚硝化	硝化	
微生物	好氧菌及兼性菌	*Nitrosomonas* 自养型菌	*Nitrobacter* 自养型菌	兼性菌 异养型菌
能源	有机物	化能	化能	有机物
氧源（氢气体）	O_2	O_2	O_2	NO_2^-、NO_3^-
溶解氧/(mg/L)	>1~2	>2	>2	>0~0.5
碱度	无变化	氧化 1mg NH_4^+-N 需要 7.14mg 碱度	无变化	还原 1mg NO_3^--N、NO_2^--N 生成 3.57g 碱度
耗氧	分解 1mg 有机物（BOD_5）需氧 2mg	氧化 1mg NH_3-N 需氧 3.43mg	氧化 1mg NO_2^--N 需氧 1.14mg	分解 1mg 有机物（COD）需 NO_2^--N 0.58mg，NO_3^--N 0.35mg 所提供化合态氧
最适 pH 值	6~8	7~8.5	6~7.5	6~8
最适水温/℃	15~25 θ=1.0~1.04	30 θ=1.1	30 θ=1.1	34~37 θ=1.06~1.15
增殖速度/d^{-1}	1.2~3.5	0.21~1.08	0.28~1.44	好氧分解的 0.4~0.5 倍
分解速度	70~870 mg BOD/(g MLSS·h)	7mg NH_4^+-N/ (g MLSS·h)		2~8mg NO_3^--N/(g MLSS·h)
产率	16% CH_3OH_8/ $C_5H_7O_2N$	0.04~0.13mg VSS/ mg NH_3-N 能量转换率 5%~35%	0.02~0.07mg/ mg NO_2^--N 能量转换率 10%~30%	

（2）A-O工艺的设计参数与优缺点

根据废水脱氮水质、处理目标、出水要求，选用脱氮 A-O 脱氮工艺，其参数一般也有所不同，通常情况下可按表 7-19 选用[21]。

表 7-19　A-O 法工艺参数

工 艺 参 数	变 化 范 围
池容比	一般情况下，厌氧：缺氧：好氧三池体积比按 1:2:4 考虑
回流比	
污泥回流比（R）	一般 R 控制在 0.3~1.0
硝化混合液回流化(r)	一般 r 控制在 1.0~5.0，过高时动力消耗大
泥龄(SRT)	一般情况下，SRT>8~10d，有时甚至长达 30d 以上
污泥质量浓度（MLSS）	一般控制在 2000~4000mg/L 为宜
水温	应在 5~30℃ 范围内，低于 15℃ 时硝化和反硝化效果明显降低
pH 值	硝化过程 pH 值应控制在 7.5~9.0，反硝化过程 pH 值应控制在 7.0~8.0，故 A-O 系统 pH 值应控制在 7.5~8.5 为宜
碳氮比(BOD/TN)	BOD/TN 一般应大于 5，当小于 3 时需补加有机碳源，如甲醇、醋酸、丙酮等易于被生物降解的含碳有机物

工 艺 参 数	变 化 范 围
碳磷比（BOD/TP）	一般 BOD/TP 应大于 10
溶解氧（DO）	一般情况下，厌氧阶段 DO<0.3mg/L；缺氧阶段 DO<0.5mg/L；好氧阶段 DO>1.5～2.0mg/L
BOD 负荷	一般在 0.15～0.70kg BOD/(kg MLSS·d)
总氮负荷	一般在 0.02～0.1kg TN/(kg MLSS·d)

综上所述，A-O 法具有如下优点：a. 反硝化反应以原废水有机物为碳源；b. 硝化池内含有大量硝酸盐的硝化液回流到反硝化，进行硝化脱氮反应；c. 在反硝化反应过程中，产生的碱度可补偿硝化反应时所需碱量，如废水氮浓度不高时可不必另外加碱；d. 具有流程简短，工程造价低等优点。

该工艺不足之处是：a. 该系统的脱氮率一般在 85% 左右；b. 处理水中含有一定浓度的硝酸氮，如沉淀池运行不当，不及时排泥，会产生反硝化反应，污泥上浮，出水水质恶化；c. 要提高脱氮率，必须加大内循环比，将导致运行费用增加，且内循环液带入大量溶解氧，使反硝化池内难以保持理想的缺氧状态，影响反硝化过程。

（3）影响因素与控制条件

① 硝化反应主要影响与控制要求如下。

1）好氧条件，并保持一定的碱度。氧是硝化反应电子受体，反应器溶解氧的高低，必将影响硝化反应的进程，溶解氧质量浓度一般维持在 2～3mg/L，不得低于 1mg/L，当溶解氧质量浓度低于 0.5～0.7mg/L 时，氨的硝态反应将受到抑制。

硝化菌对 pH 值的变化十分敏感，为保持适宜 pH 值，应在废水中保持足够的碱度，以调节 pH 值的变化，对硝化菌的适宜 pH 值为 8.0～8.4。

2）混合液中有机物含量不宜过高，否则硝化菌难成为占有优势的菌种。

3）硝化反应的适宜温度是 20～35℃。当温度由 5～35℃ 之间由低向高逐渐升高时，硝化反应的速度将随温度的增高而加快，而当低至 5℃ 时，硝化反应完全停止。对于去碳和硝化在同一个反应器中完成的脱氮工艺而言，温度对硝化速度的影响更为明显。当温度低于 15℃ 时即发现硝化速度迅速下降。低温状态对硝化细菌有很强的抑制作用，如温度为 12～14℃ 时，反应器出水常会出现亚硝酸盐积累现象。因此温度的控制是很重要的。

4）硝化菌在反应器停留时间，即生物固体平均停留时间，必须大于最小的世代时间，否则将使硝化菌从系统中流失殆尽。

5）有害物质的控制。除重金属外，对硝化反应产生抑制作用物质有高浓度 NH_4^+-N、高浓度有机基质以及络合阳离子等，应满足硝化反应要求。

② 反硝化反应影响因素与控制要求如下。

1）碳源（C/N）的控制。生物脱氮的反硝化过程中，需要一定数量的碳源以保证一定的碳氮比而使反硝化反应能顺利地进行。碳源的控制包括碳源种类的选择、碳源需求量及供给方式等。

反硝化菌碳源的供给可用外加碳源的方法（如传统脱氮工艺）或利用原废（污）水中的有机碳（如前置反硝化工艺等）的方法实现。反硝化的碳源可分为三类：第一类为外加碳源，如甲醇、乙醇、葡萄糖、淀粉、蛋白质等，但以甲醇为主；第二类为原废（污）水中的有机碳；第三类为细胞物质，细菌利用细胞成分进行内源反硝化，但反硝化速度最慢。

当原废（污）水中的 BOD_5 与 TKN（总凯氏氮）之比在 5～8 时，BOD_5 与 TN（总氮）

之比大于 3~5 时，可认为碳源充足。如需外加碳源，多采用甲醇（CH_3OH），因甲醇被分解后的产物为 CO_2、H_2O，不留任何难降解的产物。

2）对反硝化反应最适宜的 pH 值为 6.5~7.5。pH 值高于 8 或低于 6 时，反硝化速度将大为下降。

3）反硝化反应最适宜的温度是 20~40℃，低于 15℃反硝化反应速度降低，为了保持一定的反应速度，在冬季时采用降低处理负荷、提高生物固体平均停留时间以及水力停留时间等。

4）反硝化菌属异养兼性厌氧菌，在无分子氧同时存在硝酸和亚硝酸离子的条件下，一方面，它们能够利用这些离子中氧进行呼吸，使硝酸盐还原；另一方面，因为反硝化菌体内的某些酶系统组分，只有在有氧条件下，才能够合成。所以反硝化反应宜于在厌氧、好氧条件交替下进行，故溶解氧应控制在 0.5mg/L 以下。

据调研结果表明，近 10 年来国内很多焦化、煤气厂、煤气发生站等企业的生产废水应用 A-O 法、A-A-O 法处理，大都取得较好的效果。

7.3.5 厌氧-缺氧-好氧（A-A-O）法处理

（1）试验条件与运行参数

试验是在下述条件下运行的：a. 试验采用生物膜法实验设备；b. 总水力停留时间为 36h，各反应器水力停留时间比为 A_1：A_2：$O=1$：1.8：4.8；c. 混合液回流比为 5：1；d. 厌氧反应器（A_1）温度为 35~37℃，缺氧（A_2）、好氧（O）反应器温度为 25~28℃；e. 进水用磷酸控制 pH=6.9~7.2，好氧段通过投加 20g/L 的 $NaHCO_3$ 溶液使其 pH 值维持 6.7~7.2；f. 好氧段 DO 控制在 2~4mg/L，缺氧段 DO 小于 0.5mg/L。

（2）COD 与 NH_3-N 的去除结果

在系统运行正常时，测定 COD 与 NH_4^+-N 的去除情况，其结果见表 7-20。[55]

表 7-20 A-A-O 系统对焦化废水 COD、NH_4^+-N 的去除结果

COD			NH_4^+-N		
进水的质量浓度/(mg/L)	出水的质量浓度/(mg/L)	去除率/%	进水的质量浓度/(mg/L)	出水的质量浓度/(mg/L)	去除率/%
1300	190	85.4	245	19.6	92.0

从表 7-20 可以看出，采用 A-A-O 系统处理焦化废水明显优于常规的活性污泥系统。

（3）各有机物组分去除情况

对 A-A-O 系统处理，在总 $t_{HRT}=36h$ 时的出水中各有机物组分情况，经 GC-MS 测定，考察各有机物组分去除情况，其结果见表 7-21。

表 7-21 A-A-O 系统出水中有机物组成

序号	物质名称	质量分数/%	COD 的质量浓度/(mg/L)	序号	物质名称	质量分数/%	COD 的质量浓度/(mg/L)
1	C_2 烷基吡啶	1.03	1.96	9	二十六烷烃	10.5	19.95
2	甲醇	2.24	4.26	10	油酸酯	14.83	28.18
3	吲哚	2.08	3.96	11	1-五十碳醇	19.27	36.61
4	三羟基苯乙酮	3.75	7.13	12	十八烷烃	2.18	4.14
5	苯甲酸盐	23.84	45.30	13	二十二烷烃	3.73	7.09
6	邻苯二甲酸酯	1.44	2.74	14	二十四烷烃	6.24	11.86
7	萘腈	0.31	0.59	15	三十烷烃	7.56	14.36
8	甲基噁烷	1.00	1.90		合计	100	190.03

试验结果表明如下。

1）A-A-O 系统出水仅含有 15 种有机物，而且链烃占了绝大多数，芳香烃及杂环化合物的质量比仅占 32.5%。与好氧处理出水相比，有机物种类及芳香烃和杂环化合物含量都大大减少。

2）在 A-A-O 出水中，对于喹啉、吲哚、吡啶、联苯这 4 种焦化废水中的典型难降解有机物，吲哚的去除率达 80.2%，其他 3 种在出水中均未检出。

3）从以上试验结果可以看出，与常规好氧处理工艺相比，A-A-O 工艺无论是对焦化废水中有机物（COD）的整体去除，还是对难降解有机物的去除效果均更为理想。因此，采用 A-A-O 工艺处理焦化废水是对现有焦化废水活性污泥法处理的一种有效改进措施。

7.3.6 A-O-O 法处理

A-O-O 法是 A-O 法的延伸与发展，同属于以缺氧-好氧的基本流程的生物脱氮工艺。

（1）A-O-O 工艺基本原理

A-O-O 工艺脱氮基本原理概括起来可用以下 3 种生物化学反应过程表示。

① 亚硝化反应过程　在好氧和碱性条件下，自养型亚硝化细菌将废水中的氨氮氧化为亚硝酸盐氮，同时也在其他多种异养型细菌的作用下，将废水中的部分有机污染物降解去除。用化学反应式表示如下：

$$NH_4^+ + 1.5O_2 \longrightarrow NO_2^- + H_2O + 2H + 有机物 + O_2 \longrightarrow$$
$$新细胞 + CO_2 + H_2O \quad 细胞 + O_2 \longrightarrow CO_2 + H_2O + 能量$$

② 硝化反应过程　在好氧条件下，自养型硝化细菌将系统中的亚硝酸盐氮进一步氧化为硝酸盐氮，同时也在其他多种异养型细菌的作用下，将废水中的其余部分有机污染物降解去除。用化学反应式表示如下：

$$NO_2^- + 0.5O_2 \longrightarrow NO_3^- + 有机物 + O_2 \longrightarrow$$
$$新细胞 + CO_2 + H_2O + O_2 \longrightarrow CO_2 + H_2O + 能量$$

③ 脱氮反应过程　在缺氧条件下，异养型兼性细菌利用原废水中的有机物作为脱氮时的碳源（电子供体），利用废水中 NO_2^--N 里的化合氧作为电子受体，将 NO_2^--N 还原成氮气而将废水中的氨氮去除，同时也将废水中的部分有机污染物降解去除。用化学反应式表示如下：

$$NO_2^- + 3H(氢供给体——有机物) \longrightarrow 0.5N_2 + H_2O + OH^-$$

（2）A-O-O 工艺流程[61]

A-O-O 工艺是生物脱氮系统，也是以基本硝化与反硝化原理而开发的处理工艺，根据焦化废水处理过程分为前置反硝化和后置反硝化。前置反硝化需将硝化液回流至缺氧池，按回流方式不同，分为内循环和外循环。后置反硝化无需回流，但需为反硝化提供碳源。

① 后置反硝化（O_1-A-O_2）工艺　后置反硝化（O_1-A-O_2）工艺为宝钢三期从美国引进的，该工艺如图 7-14 所示。

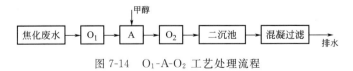

图 7-14　O_1-A-O_2 工艺处理流程

1）O_1 处理系统。该系统由预曝气系统、曝气系统、曝气鼓风系统和沉淀池组成。在预曝气系统和曝气系统中，蒸氨废水将完全被硝化，然后在沉淀池中进行泥水分离，分离水进入脱氮系统，沉淀池底部活性污泥通过污泥回流装置进入预曝气池和曝气池内。

2) A-O₂ 脱氮系统。该系统由脱氮供给系统和脱氮过滤系统组成。脱氮供给系统由脱氮给水槽和给水泵组成；脱氮过滤系统由脱氮滤池、脱氮鼓风机、脱氮循环水槽、反硝化污泥槽及再曝气池组成。经硝化的废水进入脱氮滤池，并在反硝化细菌作用下，被还原成氮气从水中溢出。但该工艺需要向脱氮滤池投加碳源甲醇，无疑增加了运行成本，该工艺流程长、一次性投资额较大、操作管理复杂、运行成本高，因此推广应用受到限制。

② 前置反硝化（A-O-O）工艺　该工艺系宝钢化工公司在总结一、二期 A-O 工艺基础上而形成的，其工艺流程如图 7-15 所示。

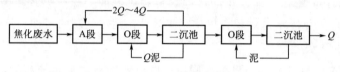

图 7-15　A-O-O 工艺处理流程

A-O-O 工艺是 A-O 工艺的延伸，同属于以缺氧-好氧为基本流程的生物脱氮处理工艺。A-O-O 工艺初步设想是短流程脱氮，因为从氮的微生物转化过程来看，氨被氧化成硝酸盐是由两类独立的细菌催化完成的两个不同反应，应该可以分开。对于反硝化菌，生物脱氮过程也可以经 $NH_4^+ \longrightarrow HNO_2 \longrightarrow HNO_3$ 途径完成。短流程脱氮就是将硝化过程控制在 HNO_2 阶段而终止，随后进行反硝化。HNO_2 属"三致"物质，具有一定耗氧性，影响出水 COD 和受纳水体的 DO；因此在 A-O 工艺后增加 O_2 段，将 O_1 段出水中的 NO_2^- 进一步氧化为 NO_3^- 外排，同时，进一步降低 COD。该工艺有个别焦化厂采用。

（3）运行情况与比较

① 工艺优点　a. 可节省反硝化过程需要的碳源，和 A-O 工艺相比，反硝化时可节省碳源 40%，在 C/N 比一定的情况下可提高总氮的去除率；b. 水力停留时间可缩短，反应器容积也可相应减少；c. 碱耗可降低 20% 左右，处理成本降低；d. 需氧量可减少 25% 左右，动力消耗低；e. 污泥量可减少 50% 左右。

② A-O-O 工艺与 A-O 工艺比较　比较结果见表 7-22。

表 7-22　A-O-O 工艺与 A-O 工艺处理焦化废水的比较

比较项目内容	A-O-O 工艺	A-O 工艺
反硝化碳源	利用原废水中的碳源	利用原废水中的碳源
反硝化类型	利用 NO_2^--N 反硝化	利用 NH_4^+-N 反硝化
反硝化率/%	90 以上	50 左右
系统总氮去除率/%	60~70	40 左右
硝化时耗碱量比	0.8	1.0
系统耗氧量比	0.75	1.0
运行成本比	0.8	1.0

该工艺的生产应用情况：宝钢化工公司将原有的 A-O 生物脱氮工艺改为 A-O-O 工艺运行，从运行效果来看，不但废水处理效果好于 A-O 工艺，而且其运行成本也由原来的每立方米废水 6 元左右降低到目前的每立方米废水 4 元左右，其效果是比较明显的。

7.3.7　应用生物菌技术处理焦化废水的试验研究

（1）HSB 技术与试验应用

HSB（high solution bacteria）是高分解力菌群的英文缩写，是由 100 多种菌种组成的高效微生物菌群，其中 47 种经中国台湾经济部标准局的专利认可，专门应用于废水处理。

根据不同废（污）水水质，对微生物筛选及驯化，针对性地选择多种微生物组成菌群并将其种植在废水处理槽中，通过微生物生长不息、周而复始的新陈代谢过程，分解不同污染物形成相互依赖的生物链和分解链，突破了常规细菌只能将某些污染物分解到某一中间阶段就不能进行下去的限制。其最终产物为 CO_2、H_2O、N_2 等，达到废水无害化的目的。

生物链的构成解决了单一菌种的退化问题，从工程应用的角度来讲就是解决了菌种的补加问题。高分解力的菌种使某些 BOD/COD<0.3 的难生物降解的废水的生物处理成为可能与现实。同时，HSB 菌群本身是无毒、无腐蚀性、无二次污染的。

该技术突破了以往仅从改善微生物生存环境的角度去研究的局限性，着眼于分解污染物的微生物种群、匹配以及协同作用，是一种纯生物降解技术。该技术应用于焦化废水处理与脱氮的重点在于通过细菌种属、种群、数量及生物链作用来强化系统的生化功能，形成高效菌群在优化的工艺条件下的纯生物处理降解技术；应用微生物生化性能及动力学的固有差异，实现硝化菌、亚硝化菌、反硝化菌的动态平衡和选择，由菌种群体与多元组合的脱氮菌种构成的微生物群体，实现氨氮去除过程。该技术在中国台湾已广泛应用于造纸、石油、化工、城市污水处理等行业，在国内南化集团将其用于苯胺污水处理工程，也曾在上海焦化厂、杭钢焦化厂、攀钢煤化公司、邯郸钢厂焦化厂进行小试或中试。

试验用水是采用某焦化厂的生产废水，其废水水质见表 7-23，试验的工艺流程如图 7-16 所示[62,63]。HSB 菌种直接投加酸化池、兼氧池、好氧池，处理后经沉淀池排出测定。

表 7-23　某焦化厂废水水质　　　　　　　　　　　　　　单位：mg/L

废水名称	COD	NH_4^+-N	酚	SCN^-	CN^-
剩余氨水	6306	2715		703	
蒸氨排水	1835	650.14		455	46.12
硫铵排水	377	92	27	9.23	41.0
气浮池进水	1744	664.36	204.38	385.02	45.20
生化段进水	1333	723	164.25		30.45

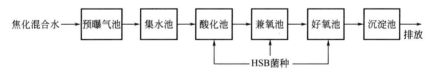

图 7-16　HSB 试验流程

试验结果见表 7-24，试验结果表明如下。

表 7-24　HSB 试验结果　　　　　　　　　　　　　　单位：mg/L

序号	焦化混合废水			预曝后	外排水		备注
	COD	NH_4^+-N	SCN^-	SCN^-	COD	NH_4^+-N	
1	1576	435	174	4.4	31	0.6	
2	1226	464			67	0.5	
3	1761	604	443	5	27	0.8	混合废水：酚=144；
4	1527	532	170	11	16	0	氰=8.24,SS=49,TN=571
5	1796	543	570	11	90	0	外排废水：酚=0.003；
6	1883	582		4.8	25	0.5	氰=0.067,SS=49,TN=28
7	2122	515	503	1.9	16	0	混合废水：酚=241；
8	2081	557	522	75	24	0	氰=3.67,TN=892

续表

序号	焦化混合废水			预曝后	外排水		备注
	COD	NH_4^+-N	SCN^-	SCN^-	COD	NH_4^+-N	
9	1992	622	619	114	8	5.6	外排废水：酚＝0.047；
10	1572	532	220	16	16	0	氰＝0.025；TN＝90
11	2056	479	217	164	24	0	
12	2137	515	416	157	40	0	

1）HSB 技术对 COD、NH_4^+-N 等降解性能好。经投加 HSB 菌种后不仅 COD、NH_4^+-N能达标排放，酚、氰等也有较大的降解。

2）投资费用少。由于 HSB 高效菌种能够有效的处理高浓度 COD 及 NH_4^+-N，可将原活性污泥法的气浮除油出水直接进入 HSB 处理装置，不再添加稀释水。不仅减少处理设施容积，减少占地面积，而且节省大量水资源。

3）运行成本较低。该工艺正常运行时只在好氧池内投加少量磷酸盐作为细菌营养剂，通常控制量为：C∶N∶P＝200∶5∶1，大大减少碳源投加量。

4）剩余污泥少。据初步估计，每处理 1kg COD 只产生 0.05kg 污泥，大大少于 A-O 工艺和 A-A-O 工艺产生污泥量，可省去或大大减少污泥处理设备与运行费用。

（2）生物酶技术

生物酶是一种从自然生物中提取的催化蛋白。投入污水生化处理系统与微生物结合后，可具有三种功效：一是增加生化处理系统微生物抗毒能力和抗冲击能力；二是催化作用促进废水中较难生化的有机物的分化降解；三是改善系统中微生物生存环境，即淘汰无用微生物，培养驯化出针对某种废水中优势菌群。

但是，生物酶催化作用具有一定专一性。因此，必须调查清楚要处理的废水中难生物降解有机污染物，而后根据这些污染物种类、性质，选择合适的生物酶进行组合。例如，焦化废水难生物降解的物质主要为油脂、苯胺、苯并芘、萘、吡啶、喹啉等环状和多环芳香化合物，要提高这些污染物生化去除，就需选用 5 种生物酶及 4 种辅酶来催化降解。

2008 年太钢焦化厂从英国万达斯公司研制的生物酶技术，经工程应用表明，采用生物酶技术可显著提高焦化生化系统处理功效，既不产生二次污染，又减少污泥处理量，与药剂相比可减少 50% 运行费用[64]。

7.3.8 利用烟道气处理焦化剩余氨水或全部焦化废水

（1）工艺特点

利用烟道气含有硫化物和焦化废水中氨进行化学反应，使二者均可得到净化的"以废治废"的新方法。该方法是原冶金工业部建筑研究总院冶金环境保护研究所进行研究并在工程应用中得到证实（专利号为 CN1207367）。烟道气处理焦化剩余氨水和全部焦化废水的方法的核心内容，是将含有硫氧物的烟气引入喷雾干燥器内；将废水（剩余氨水或全部焦化废水）在喷雾干燥塔中用雾化器使其雾化，雾状废水与烟道气在塔内同流接触反应，烟气将雾状废水几乎全部汽化后随烟气排出。本方法处理的废水无外排，工艺和设备简单，操作方便，占地面积小。

该方法利用烟道气处理焦化废水与普通生化法截然不同，它是将废水中的污染物，主要是有机污染物以固化状态与废水分离，而废水中的水分基本达到汽化，从而实现了废水经处理后的零排放。该工艺采取"以废治废"的方法，不仅处理效果好、投资省、运行费用低，特别是该工艺是把烟气脱硫与焦化废水处理二者有机结合，使其共溶于一体，在同一处理装置中解决两大治理难题，这是该工艺的最大优势与特色。

（2）处理工艺流程

烟道气经换热器降温后进入装有双流喷雾器的 PT-2 型喷雾干燥塔中，剩余氨水（或全部焦化废水）由贮槽经泵加压 0.25～0.30MPa 和压缩空气混合后，进入塔中的喷雾器，以雾化状态与烟道气在塔中顺流接触，并发生物理化学反应。剩余氨水中的水分

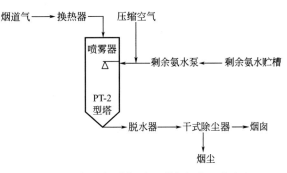

图 7-17　锅炉烟道气处理剩余氨水工艺流程

在烟道气热量的作用下全部汽化，烟道气中 SO_2 和剩余氨水中 NH_3 及塔中的 O_2，发生化学反应生成 $(NH_4)_2SO_4$。处理了剩余氨水的烟道气，经脱水器脱水、除尘器除尘后，再经烟囱外排。其工艺流程如图 7-17 所示[65]。

（3）试验结果

利用烟道气处理焦化废水，废水经处理后实现了零排放，但与焦化废水中的有关污染物，如 NH_3、HCN、酚类、苯、甲苯、二甲苯、苯并 [a] 芘等污染物，是否会转移到大气环境而对环境构成污染影响，是本研究关注的重点。

试验与监测结果表明，利用烟道气处理焦化剩余氨水的方法是成功的，既能处理掉全部焦化剩余氨水，实现废水的零排放，外排的烟道气各项指标又能全部达标外排。

7.4　焦化废水处理与资源化技术应用实例

7.4.1　O-A-O 法焦化废水处理的资源化应用实例

7.4.1.1　焦化废水处理达标排放工艺的探索

宝钢于 1981 年从日本引进焦化酚氰废水三级处理工艺装备，即萃取（蒸氨）脱酚—生化处理—活性炭吸附，这是以生物处理为中心的多种物理化学方法组合而成的工艺流程。投运后，处理后的废水水质中的主要污染因子 COD、酚、氰、色度等基本能满足国家排放标准。但该工艺的缺点是对氨氮、氟无降解能力；活性炭吸附系统运行成本高，且活性炭再生系统不能正常运行，所以不得不停运。

根据一期生产实践，二期工程没有再上第三级活性炭吸附系统。因此，二期投产时，一、二期的酚氰废水只有二级处理，处理后出水水质下降。主要污染因子 COD、氰以及色度均有不同程度的超标，而且 1984 年上海市下达氨氮排放标准（15mg/L）。因此，宝钢迅

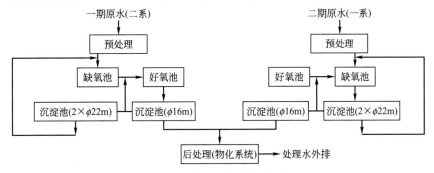

图 7-18　改造后焦化废水处理流程

急与有关科研院校共同研究攻关，研究开发出对脱氮有明显效果的 A-A-O 工艺与 A-O 工艺。根据现有装备处理情况，按 A-O 工艺在原工艺的生化处理段进行了改造，取消了第三级活性炭吸附。改造后的工艺流程如图 7-18 所示[66]。

改造后的出水趋于稳定，排出水质见表 7-25。

表 7-25　A-O 法焦化排水水质

项目	pH 值	SS /(mg/L)	COD$_{Cr}$ /(mg/L)	TCN /(mg/L)	酚 /(mg/L)	NH$_4^+$-N /(mg/L)	F /(mg/L)	色度 /倍
平均质量浓度	7.7	16.2	92.8	0.41	0.052	3.78	13.81	380
质量浓度范围	6.9~8.4	6.4~28.0	82.2~108.0	0.16~0.89	0.018~0.493	1.46~14.8	12.0~16.6	179~700
考核标准	6~9	150(100)	150(100)	0.5	0.5	15	10	50
合格率/%	100	100(100)	100(61.1)	72.2	100	100	0	0

注：括号内为宝钢标准。

A-O 工艺去除 NH$_4^+$-N 是可行的、有效的，对 COD 降解也有显著效果。但对去除 TCN（总氰）效果差，也无除氟能力。又因为取消了活性炭吸附处理，出水色度超标。为了提高处理系统对污染物降解效果，结合生物脱氰 A-O 工艺的生产实践经验，针对操作中实际问题，对该工艺进行进一步改进，形成了 A-O-O 生物处理工艺，即将好氧段分为两个处理过程。A-O-O 工艺可使微生物处理的环境进一步优化，从而提高了系统的生物活性，系统的冲击负荷能力也有增强，较好解决了回流水溶解氧的偏高现象，提高了 A 段的反硝化能力，改善了外排水的水质。为了降低生产成本，并用酚精制工序的碳酸钠废液作碱源。A-O-O 法处理的出水水质见表 7-26。

表 7-26　A-O-O 法的出水水质

项目	pH 值	SS /(mg/L)	COD$_{Cr}$ /(mg/L)	TCN /(mg/L)	酚 /(mg/L)	NH$_4^+$-N /(mg/L)	F /(mg/L)	色度 /倍
进水质量浓度	7.7	—	1500~2000	5~15	50~200	50~300	25~40	500~600
出水平均质量浓度	7.66	19.64	57.48	0.234	0.020	3.14	6.90	359
出水质量浓度范围	7.2~7.9	7.2~84.00	37.2~96.8	0.221~0.247	0.006~0.034	0.17~12.80	4.90~8.50	200~600
考核标准	6~9	100	100	1.0	0.5	15	10	≤50
合格率/%	100	100	100	100	100	100	100	0

A-O-O 法生物脱氮工艺在宝钢运行 3 年多的实践表明，该法处理焦化废水不仅具有降解效果好、运行稳定等优点，并显示了良好的处理效果与经济效益。但对色度的净化效果还较差。

7.4.1.2　深度处理与脱色试验探索

为了实现焦化废水全面达标排放，提高和稳定 TCN、氟的去除水平，特别是色度超标问题，进行了深度处理试验与探索。

经过药剂筛选试验最终选用 M-180 型无机复合高效凝聚剂，其主要原料是铁铝化合物为主要原料，再辅以硅钙等元素，采用特定的加工工艺将铁铝硅钙等元素制成特定形态，能有效地去除焦化废水中的无机氟离子、COD、色度和总氰等，其经验分子式可表示为 $[(Al、Fe)_A(OH)_B(SO_4、SiO_4、Cl)_C(Ca、Mg、Na)_D]_n$，式中 n 为聚合度，A、B、C、D 为系数。M180 中含有大量的铁铝复合高价聚羟阳离子和铁铝硅复合阳离子，带正电荷，具有很强的吸附电中和、压缩双电层及吸附架桥能力，投加到废水中后能迅速分散，并与废水中的污染组分发生反应。在混凝过程中，其降解原理是利用 M180 中的有效组分的配体交换、物理化学吸附、络合沉降和卷扫等作用，使水中的氰和氟离子由液相转化为固相而除去。由于焦化废水中的污染物是以粒径很小的准胶体或溶液的形态存在，不具有明显的胶体或悬浮液性质。M180 则通过 Fe^{3+}、Fe^{2+} 和 Al^{3+} 等阳离子与废水中的—SO_3、—OH、—NH_2、—NR_2、—SH 等基团相互络合，改变废水中污染物的性质，使其聚集程度加大而被混凝下来。对于产生色度的芳环和稠环类污染物也用凝聚方法沉淀除去。经模拟试验和生产应用表明，对废水色度、氟和 COD 等的降解效果均优于聚合硫酸铁等混凝剂。表 7-27 列出处理后水质情况。

表 7-27　M180 处理后的水质

污染物	COD_{Cr}/(mg/L)	TCN/(mg/L)	色度/倍	F/(mg/L)
混凝处理后废水	40～60	0.1～0.5	20～50	4.0～10

7.4.1.3　O-A-O 法处理系统的工艺流程

O-A-O 或 A-O-O 工艺是根据处理过程分为后置反硝化或前置反硝化。后置反硝化无须回流，但需为反硝化提供碳素，O-A-O 工艺是宝钢三期从美国引进的后置反硝化工艺。[67]

（1）废水来源与水质、水量

废水主要来自弗萨姆工艺混合氨水、脱酚后的氨水、煤气终冷、脱硫后的氨水、轻油装置废水、化学厂废水以及水封槽废水等组成。以上废水全部进行蒸氨，废水中含有酚、氰、硫化物、硫氰化物、氨氮等。经蒸氨后废水同部分除尘废水一同进入废水生物处理与脱氮装置。蒸氨前原废水量为 3360m³/d，蒸氨后废水量为 3623m³/d，稀释后水量为 5040m³/d。

（2）工艺流程

该工艺处理装置由预处理系统、生物处理系统、脱氮系统和最终处理系统组成，与水处理装置相对应的还有加药系统及污泥处理系统。这些处理装置与技术配套从美国 CHESTER 公司引进 O-A-O 生物脱氮工艺流程，其中反硝化滤池是该公司利用美国佛罗里达州 tampa 城市生活污水处理厂反硝化滤池技术。工艺流程如图 7-19 所示[67]。

① 水处理装置

1）预处理。从化工工艺来的蒸氨废水经流量测量装置后直接进入调整槽，再由调整槽内的废水泵均匀地送至预曝气槽分配槽和回流到调整槽，使水质波动范围减少，经过预处理的废水进入生化处理系统。

2）生化处理系统。生化处理系统包括预曝气系统、曝气系统、曝气鼓风系统和生化沉淀系统。预曝气系统包括预曝气槽分配槽和预曝气槽，曝气系统包括曝气槽分配槽和曝气槽，生化沉淀系统包括沉淀池分配槽、沉淀池和生化污泥回流系统。在预曝气系统及曝气系统中，进入生化的废水将被完全硝化，然后进入生化沉淀系统，经沉淀池分配槽进入沉淀池，在沉淀池中，泥水将被分离，分离水进入脱氮系统，沉于沉淀池底的污泥将通过污泥回流装置分别回流至预曝气槽分配槽和曝气槽分配槽。

3）脱氮系统。脱氮系统包括脱氮供给系统和脱氟过滤系统。脱氮供给系统包括脱氮给水槽和脱氮给水泵，脱氮过滤系统包括 4 座脱氮滤池、脱氮鼓风机、脱氮循环水槽、反硝化污泥槽和再曝气槽。经过硝化、沉淀后的废水进入脱氮滤池，在脱氮撬池中，废水中所含的 NO_3^--N 在厌氧菌的作用下，被还原成 N_2，从废水中逸出，脱氮后的废水经脱氮循环水槽后进入再曝气槽，在再曝气槽鼓风曝气后进入化学处理系统。脱氮后的废水又被用来反冲洗脱氮独池，其冲洗后的反硝化污泥进入反硝化污泥槽。

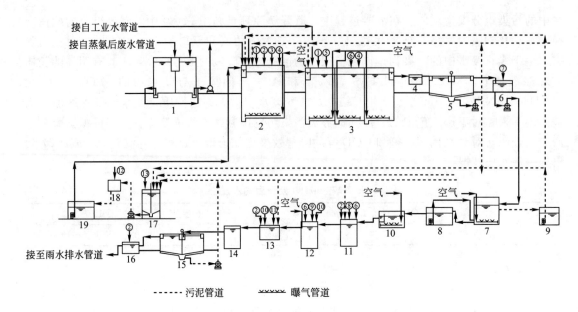

图 7-19　O-A-O 废水生物脱氮装置工艺流程

1—调整槽；2—预曝气槽；3—曝气槽；4—沉淀池分配槽；5—沉淀池；6—脱氮给水槽；
7—脱氮滤池；8—反冲洗循环水槽；9—反硝化污泥槽；10—再曝气槽；11—氰化物处理槽；
12—氟化物处理槽；13—混合槽；14—凝絮槽；15—凝聚沉淀池；16—最终处理水槽；
17—泥浆槽；18—污泥脱水；19—滤液槽

①—蒸汽；②—硫酸；③—磷酸；④—消泡剂；⑤—活性炭；⑥—氮氧化物；⑦—碳源；⑧—铁盐；
⑨—钙盐；⑩—铝盐；⑪—聚合物；⑫—脱水聚合物；⑬—二价铁盐

4）最终处理系统。最终处理系统由化学处理系统和凝聚沉淀系统组成。化学处理系统由氰化物处理槽、氟化物处理槽和混合槽组成，凝聚沉淀系统由凝絮槽、凝聚沉淀池及最终处理水槽组成。经再曝气后的废水首先进入氰化物处理槽，经反硝化后的废水含有一定量的氰，在氰化物处理槽，氰与铁盐反应生成难溶易沉淀的铁氰络合物，用硫酸或氢氧化钠调节氰化物处理槽内 pH 值，使其 pH 值保持在 6.5～7.0 之间。经脱氰后的废水进入氟化物处理槽。由于脱氰后的废水还含有一定量氟，在氟化物处理槽，氟离子与钙盐反应生成难溶易沉淀的微小氟化钙颗粒，用氢氧化钠调节氟化物处理槽内 pH 值，使槽内 pH 值保持在 7.0～7.5 之间，然后经脱氟后的废水进入混合槽，在混合槽、聚合物、硫酸铝与废水快速混合，经混合槽加入凝聚剂后的废水进入凝絮槽，在凝絮槽化学药剂经过轻柔搅拌，并使氟化钙微粒形成絮凝体，最后进入凝聚沉淀池进行澄清分离，澄清水经过溢流堰进入最终处理水槽符合排放要求后排入雨水排水管道，而分离出的污泥供最终处理系统循环使用或者送到泥浆槽进行浓缩处理。

② 污泥处理装置

1）泥浆槽。泥浆槽有效容积为 200m³，内设有搅拌机。由沉淀池排出的剩余污泥、凝聚沉淀池排出的污泥及反硝化污泥都分别送入泥浆槽，在此投加无机调理药剂，并通过搅拌机使药剂与泥浆充分混合，使污泥浓缩，浓缩后污泥的质量分数为 1.5%，用泥浆泵将沉于池底的污泥送入污泥脱水机进行脱水，分离水流入沉淀池分配槽。

2）污泥脱水机。由泥浆泵送来的浓缩后的污泥与凝聚剂高分子聚合物在带式压滤机的反应器内反应，经分配槽流至带式压滤机上，污泥脱水后泥渣含水率约 87%，经胶带运输机送到污泥斗中，将泥渣装入泥渣搬运专用槽，用叉车运至备煤泥渣添加装置，滤液流至滤液槽,用滤液泵送至预曝气的分配槽。

　　3)加药装置。药剂种类与投加位置如图7-19所示。

7.4.1.4　主要设备功能与参数

(1)废水处理

主要设备规格、数量与功能技术参数见表7-28[67]。

表7-28　O-A-O处理系统主要设备规格、数量与功能技术参数

名称	规格/m³	数量/个	功能与技术指标
调整槽	8500	1	调整槽分为两格,总容积为8500m³的钢筋混凝土矩形池,每格设有进水闸板和废水泵。槽内经常保持中低水位,为防止进入生化废水水质波动较大,废水泵出口设有回流管,回流水量为8m³/h,送生化处理装置流量为162m³/h
预曝气槽	1500	2	预曝气槽分为两格,池底设有微孔曝气装置,由池旁生物处理鼓风机向预曝气槽供气,为了使硝化顺利进行,向废水中投加磷酸及硫酸。预曝气槽容积为1500m³(一格),进入预曝气槽废水量162m³/h,工业水量18m³/h,曝气强度为122m³/(m³·H₂O),曝气时间为15h,溶解氧为3mg/L,水温为30℃,回流污泥量约189m³/h,污泥质量浓度为5g/L,MLSS为5g/L
曝气槽	6300	2	共分两格,每格容积为6300m³,池底设有微孔曝气装置。曝气槽污泥质量浓度为6g/L,水温30℃,溶解氧3~4mg/L,曝气时间约54h,工业水量28m³/h,回流污泥量约126m³/h,曝气强度为70m³/(m³·H₂O),MLSS为6g/L
沉淀池	φ20000mm	2	沉于池底污泥由刮泥机下部耙子刮到池中,用沉淀池泥浆泵抽送回预曝气槽分配槽和曝气槽分配槽,回流污泥量约315m³/h,回流污泥浓度1%,排泥量为13.5m³/h(54m³/d)。废水在池内停留时间约7h,表面负荷约0.37m³/(m²·h)
脱氮滤池	2900mm×7600mm×7600mm	4	脱氮滤池内由沙滤层、砾石承托层、水及空气反冲洗装置组成,当废水通过时,吸附在砂子、砾石层上的脱氮菌将对废水进行处理,废水中的NO₃⁻-N将被还原N₂从水中逸出,使得废水中的NO₃⁻-N得以降解。脱氮滤池滤速为2.62m/h,通水时间9h,反冲洗时间25mm,反冲洗速度14.7m/h
反冲洗循环水槽	140	1	反冲洗循环水槽为矩形钢筋混凝土水池,总容积为140m³,内设反冲洗水泵,贮有供脱氮滤池反冲洗用水
再曝气槽	53	1	总容积为53m³,池底设有微孔曝气装置。在微孔曝气装置不断供氧和搅拌混合条件下,废水中残留的甲醇及其他有机物被进一步氧化,使得废水中的有害物质得到处理。再曝气槽溶解氧为3mg/L,停留时间13.8min,曝气强度为0.43m³/(m³·H₂O),鼓风量为100m³/h
氰化物处理槽	105	1	为圆形碳钢内衬玻璃钢槽,总容积为105m³,内设一台搅拌机。在氰化物处理槽内,废水中的氰生成难溶易沉淀的铁氰络合物,从而使废水中的氰得以去除。氰化物处理槽废水停留时间为27min,pH值为6.5~7.0
氟化物处理槽	105	1	为圆形碳钢内衬玻璃钢槽,总容积为105m³,内设一台搅拌机。在氟化物处理槽内,废水中的氟反应生成难溶易沉淀的氟化钙,从而使废水中的氟得以去除。同时通入空气,使水中亚铁离子生成三价铁的沉淀物。氟化物处理槽废水停留时间为27min,pH值为6.5~7.0,鼓风量为868m³/h
混合槽	17.5	1	混合槽为圆形碳钢槽,总容积为17.5m³,内设一台搅拌机。在混合槽向废水中投加混合槽聚合物。废水在混合槽内停留时间为4min
凝絮槽	70	1	凝絮槽为圆形碳钢槽,总容积为70m³,内设一台搅拌机。在凝絮槽内,废水与混合槽聚合物反应生成易于沉淀的絮凝体。废水在凝絮槽内停留时间17min

名称	规格/m³	数量/个	功能与技术指标
凝聚沉淀池	φ20000mm	1	为钢筋混凝土锥底水池。凝絮槽出水进入沉淀池中心管,均匀流入沉淀池分离区,泥水分离,沉淀污泥用刮泥机刮至中部,用排泥泵送至氰化物处理槽、氟化物处理槽,多余部分送至泥浆槽,每天排放质量分数为 0.5% 的污泥 66m³,废水在池内停留时间为 3.5h,表面负荷为 0.7m³/(m²·h),刮泥机超载时可自动停止
最终处理水槽	35	1	为矩形钢筋混凝土槽,有效容积为 35m³,依水流槽内设有 3 块折板。经凝絮沉淀处理后的废水一般呈碱性,在此用 pH 计自动控制加碱量,废水调整 pH 值为 7 后排入雨水排水管道

（2）污泥处理

① 泥浆槽 泥浆槽为 φ6000mm 钢筋混凝土矩形锥底水池。从沉淀池、凝聚沉淀池的污泥及反硝化污泥流入沉淀区浓缩分离。浓缩后污泥质量分数为 1.5%,用泥浆泵送至污泥脱水机进行脱水。进入泥浆槽的沉淀池剩余污泥量为 54m³/d,污泥的质量分数为 1%,凝聚沉淀池送入污泥量为 66m³/d,污泥的质量分数为 0.5%,反硝化污泥量为 108m³/d,污泥的质量分数为 1%,浓缩后污泥浓度为 1.5%,送至污泥脱水机污泥量为 200m³/d,分离水排入沉淀池分配槽。

② 污泥脱水机 脱水机是带式压滤机,滤布是聚酯塑料编织带,滤布宽 1500mm,滤布走行速度为 0.5～1.0m/min。进入污泥脱水机污泥量为 10m³/h,污泥的质量分数为 1.5%,脱水污泥含水率约 87%,泥饼量为 15m³/d,滤布冲洗水量为 5m³/h。

③ 污泥贮远 脱水机剥落的泥饼掉在胶带运输机上运至污泥斗,然后装入污泥搬运专用槽,用车将污泥运至备煤泥渣添加装置,均匀地掺入炼焦煤。

7.4.1.5 各处理阶段的处理水量与水质

① 各处理阶段的水量与水质,见表 7-29[67]。

表 7-29 各处理阶段的水量与水质

处理阶段	水量/(m³/d)	水质/(mg/L)					
		总固	TCN	NH₄⁺-N	SCN⁻	NO₃⁻-N	F
调整槽进水	3623	44	57	83	249		38
调整槽出水	3623	44	57	83	249		38
预曝气槽进水	4513	5146	47	36	101	52	31
预曝气槽出水	9026	5206	47	59	5	52	31
曝气槽进水	6300	6145	44	43	5	61	29
曝气槽出水	12599	6145	44	5	5	99	29
沉淀池进水	6314	6132	44	5	5	99	29
沉淀池出水	5013	108	44	5	5	99	29
脱氮滤池进水	5013	108	44	5	5	99	29
脱氮滤池出水	5013	10	44	5	5	15	29
再曝气槽出水	4689	10	44	5	5	15	29
氰化物处理槽出水	4711	306	58	5	5	15	37
氟化物处理槽出水	4711	396	58	5	5	15	37
凝絮槽出水	4711	397	58	5	5	15	37
凝聚沉淀池出水	4624	100	5	5	5	15	5
最终处理水槽出水	4624	100	5	5	5	15	5

② 美国 CHESTER 公司对水处理装置出水保证值

美国 CHESTER 公司对宝钢三期引进焦化废水生物脱氮处理装置出水保证值见表 7-30。

表 7-30　出水保证值

项目	保证值	项目	保证值	项目	保证值
氟化物	≤10mg/L	氰化物	≤0.5mg/L	pH 值	6～9
NH_4^+-N	≤15mg/L	COD_{Mn}	≤40mg/L	BOD_5	≤25mg/L
总氮去除率	>70%	COD_{Cr}	≤100mg/L	苯胺	≤2mg/L
NO_2^-	≤10mg/L	油	≤5mg/L	硝基苯	≤3mg/L
挥发酚	≤0.5mg/L	悬浮物	≤200mg/L	吡啶	≤2mg/L

7.4.1.6　流程特点与存在问题

（1）流程特点

① 废水处理，首先从废水产生的源头抓起，从改进完善化产工艺，尽量降低污染物质含量，并保证所产生的废水水质及水量较稳定，所有的化产工艺排出的废水都经过蒸氨，然后再进入废水生物脱氮处理装置，这样，废水中的氨氮、油、苯类等抑制生物降解的有害物质含量降低，可保证生物脱氮高效、稳定运行。在进蒸氨塔原料氨水中投加破乳剂和聚合物，可进一步去除乳化油和残留的油类，对提高蒸氨的效率和保证蒸氨后废水水质起重要作用。

② 简化预处理，预处理仅设调整槽，无重力除油和浮选除油。

③ 因为采用了 O-A-O 废水生物脱氮处理工艺流程，总氮（TN）去除率高，达 70% 以上。

④ 废水脱氮采用脱氮滤池，废水停留时间短，约 1h，并且滤池结构简单，便于施工和检修。

⑤ 预曝气槽和曝气槽中混合液污泥浓度高。

⑥ 废水处理装置中设有脱氟设施，处理后废水中氟化物不大于 10mg/L；处理后废水中不但氟化物达标，而且苯胺、硝基苯、吡啶也达标，这样三期处理后废水中达标项目增多，废水污染指标降低，可达到回用与零排放要求。

⑦ 由微机进行监控和监测，废水处理自动化水平高，达到减人增效和保证处理效果的要求。

（2）存在问题

① 引进废水处理装置投资较大，药剂种类较多，运行成本较高。

② 由于硫酸投加采用原液投加，不易自动控制。

7.4.2　利用烟道气处理焦化剩余氨水或焦化废水应用实例

（1）工程概况

江苏淮钢是苏北地区唯一拥有焦化、炼钢、炼铁、烧结、开坯、轧材等产品的地方钢铁联合企业，1995 年国务院 183 号令《淮河流域水污染防治暂行条例》下达后，焦化废水属严格限期处理污染源，该地区属 SO_2 污染控制区。

该工程是利用中冶集团建筑研究总院焦化剩余氨水脱除锅炉（75t/h）烟气中的二氧化硫的技术，是以废治废，实现双达标的治理工程。工程总投资 764.4 万元，包括电除尘器、脱硫除氨设备、烟尘处理设施以及供水（氨水）管道改造和电厂生产系统的锅炉引风机、仪表、管理等系统设施。

　　该工程已于 2000 年 7 月验收。工程实施后年减少 SO_2 排放量 1300 余吨，年减少烟尘排放量 1600 余吨，年处理掉富氨水 $3.5 \times 10^4 m^3$。与原生化法相比，年减少外排 COD 30t，氨氮 18.7t，外排烟气中的烟尘以及富氨水有关污染物均达标排放。最终处理掉富氨水，无废水排放。将烟气脱硫与焦化废水处理一体化，解决了脱硫费用高，焦化废水处理难度大的难题。该技术的最大优势是以废治废，同时处理和解决焦化废水和 SO_2 的两大难题。

　　该工程系统每年可减少 SO_2 排污费 26 万元，减少烟尘排污费 42.53 万元，节约汽提所消耗的蒸汽费、废水排污费 31.92 万元，年经济效益 120 多万元，扣除焦化富氨水输送、烟气脱硫等运行费用 33.2 万元/年，每年尚可创收 67.25 万元，经济效益显著。回收的烟尘回锅炉焚烧，基本不产生二次污染。

　　（2）工艺流程与处理结果

　　① 工艺流程　工艺流程如图 7-20 所示[65]。

　　锅炉烟气进入塔前电除尘器除去烟气中大部分烟尘后，进入特制的装有双流喷雾器的专利设备 PT 反应塔中。富氨水由贮槽经泵加压，与压缩空气混合后进入塔中的双流喷雾器，富氨水以雾化状与烟道气在塔中顺流

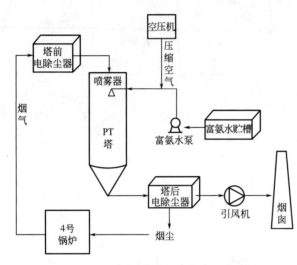

图 7-20　利用烟道气处理富氨水工艺流程

接触，并发生物理化学反应，烟道气热量使富氨水中的水分全部汽化，富氨水中的 NH_3 与烟气中的 SO_2、O_2 反应生成硫酸铵，反应后的烟气再经塔后电除尘器除尘后，由 100m 高烟囱排出，含有硫铵和有机污染物的烟尘回锅炉焚烧。

　　② 主要工艺参数与废水、废气工况

　　1）主要工艺参数。主要工艺参数见表 7-31。

表 7-31　主要工艺参数

工艺参数与数值	烟气温度/℃		压缩空气	富氨水		烟气量/(m³/h)
	进 PT 塔	出 PT 塔	压力/MPa	压力/MPa	流量/(m³/h)	
	200	120	0.25～0.35	0.20～0.35	6.4	180000

　　2）焦化富氨水水质水量。焦化富氨水，就是焦化厂洗氨工段产生的废水，也称洗氨废水。其水质水量见表 7-32。

表 7-32　焦化富氨水水质水量

水量/(m³/h)	水质成分/(mg/L)					
	氨氮	挥发酚	氰化物	苯	甲苯	二甲苯
40	8020	263	89.1	9.10	1.09	0.23

　　3）锅炉烟气工况。锅炉出力为 75t/h 蒸汽，以燃煤为主，掺烧高炉煤气和焦炉煤气，其燃料组成见表 7-33。原采用多管旋风除尘，除尘器进口含尘量为 22.4～26.4g/m³，出口含尘量为 3.36～3.99g/m³。

表 7-33 4 号锅炉燃料组成   单位：%

煤　粉	C	H	O	S	N	A	H₂O
	43.44	3.09	5.59	2.07	0.72	33.89	11.2
高炉煤气	O₂ 0.2	CH₄ 0.2	CO 26.2	H₂ 3.3	N₂ 58.1	CO₂ 12	
焦炉煤气	O₂ 0.6	CH₄ 23.4	CO 7.8	H₂ 62.5	N₂ 0.1	CO₂ 2.8	C_mH_n 2.8

注：A—煤的挥发分。

③ 运行效果　经过 1 年多运行的结果说明如下。

1）以焦化富氨水为脱硫剂的脱硫效果。表 7-34 列出了脱硫剂为焦化富氨水时的烟气脱硫效果。

表 7-34 以富氨水为脱硫剂时烟气脱硫效果

监测单位	SO_2 的质量浓度（标态）/(mg/m³)				平均脱硫率/%
	PT 塔前		PT 塔后		
	范围	平均值	范围	平均值	
莱芜环境保护监测站	1794～2308	2046	674～1070	822	60
原冶金工业部环境监测中心	1885～2720	2174	523～852	662	70
GB 13223—1996 火电厂大气污染物排放标准中的第Ⅲ时段标准	1200				
设计要求的脱硫率	50				

从表 7-34 可见，4 号锅炉烟气脱硫前，SO_2 超标排放。以焦化富氨水为脱硫剂脱硫后，平均脱硫率大于 60%，达到设计要求。外排 SO_2，不论是平均质量浓度，还是最高质量浓度 -（标态）1070mg/m³，均低于 1200mg/m³ 的排放标准，SO_2 达标排放。4 号锅炉每年减少 SO_2 排放量约 1300t。

2）脱硫剂为 6% 浓度的混合氨水时的脱硫效果。在焦化富氨水中兑焦化厂蒸氨工段的氨水，配置 6% 浓度的混合废氨水。

表 7-35 列出了以 6% 浓度的混合废氨水为脱硫剂的烟气脱硫效果。

表 7-35 以 6% 浓度的混合废氨水为脱硫剂时的烟气脱硫效果

喷废氨水量/(m³/h)	废氨水的质量分数/%	SO_2 的质量浓度（标态）/(mg/m³)				脱硫率/%	
		PT 塔前		PT 塔后		范围	平均值
		范围	平均值	范围	平均值		
4.5	6	3480～4796	4138	288～888	588	81.5～91.7	85.8

从表 7-35 可见，用 6% 浓度的混合废氨水为脱硫剂时，即使使用含硫量 4% 左右的高硫煤，其平均脱硫率约 86%，排放烟气中的 SO_2 平均质量浓度在标准状态下为 588mg/m³，最高质量浓度为 882mg/m³，均低于排放标准 1200mg/m³，SO_2 达标排放。

从工程实际脱硫效果看，本工程烟气脱硫技术，能确保 4 号锅炉烟气 SO_2 达标排放。以富氨水为脱硫剂时，平均脱硫率大于 60%，满足设计要求，SO_2 达标排放；以混合废氨水为脱硫剂时，即使使用含硫 4% 左右的高硫煤，平均脱硫率达 86%，SO_2 也达标排放。

3）除尘效率。

a. 本工程实施前，4 号锅炉烟气除尘设施为多管旋风除尘器，除尘效率约 85%，按目前实测的原始烟尘浓度（标态）10500～22500mg/m³ 计算，外排烟尘浓度（标态）为 1575～3375mg/m³，烟尘超标排放，标准为 150mg/m³（标态），平均超标约 19 倍。

b. 工程实施后，4 号锅炉烟气除尘设施为电除尘器，实测原始烟尘浓度（标态）为 10500～22500mg/m³，经除尘后，外排烟气含尘浓度（标态）为 11.3～127.9mg/m³，平均 76.5mg/m³，平均除尘效率 99.6％，外排烟气平均含尘浓度和最高含尘浓度，均低于排放标准（标态）150mg/m³，满足设计要求，与原多管旋风除尘器相比，每年减少烟尘排放量 1600 余吨。

表 7-36 为 4 号锅炉的烟尘监测结果。

表 7-36　4 号锅炉的烟尘监测结果

烟尘的质量浓度（标态）/(mg/m³)				平均除尘效率/%
除尘前		除尘后		
范围	平均值	范围	平均值	
10500～22500	19800	11.3～127.9	76.5	99.6
《大气污染物综合排放标准》(GB 16297—1996)(现有污染源)		150		

4）焦化富氨水处理结果。根据目前 4 号锅炉产生的烟气量约 180000m³/h，烟气温度以及生产实况，烟气热值能处理掉 6.4～7.4m³/h 的焦化富氨水（设计要求处理量为 6.4m³/h）。以 6.4m³/h 处理量计算，年处理掉焦化富氨水 4.5×10⁴m³。与现在的生化法相比，年节约稀释用新水 5.1×10⁴m³。

5）外排烟气监测结果。表 7-37 列出了以富氨水为脱硫剂的外排烟气监测结果。

表 7-37　外排烟气的监测结果

监测项目	质量浓度（标态）/(mg/m³)		大气污染物综合排放标准 GB 16297—1996（现有污染源标态)/(mg/m³)
	PT 塔前	PT 塔后	
NO$_x$	299	272	420
氨	0.15～1.36	2.98～4.29	75kg/h
氰化氢	nd.	0.020～0.091	2.3
酚类	nd.～0.020	0.032～0.065	115
苯	0.069～0.074	0.151	17
甲苯	0.060～0.065	0.100	60
二甲苯	nd.	nd.	90
BaP	nd.	nd.	0.50×10⁻³

注：nd. 表示在检测限以下。

表 7-37 的监测数据说明，采用富氨水处理烟道气中 SO₂，经 PT 塔的物理化学反应后，原富氨水中和烟道气中的各项物质的分布与变化有所不同，但 PT 塔后的 NO$_x$ 以及与富氨水有关的氨、氰化氢、酚类、苯系类等污染物浓度均低于相应的排放标准，均达标排放。

大气污染物综合排放中尚未列入氨的排放标准，参考 GB 14554—1993 恶臭污染物排放标准，标准中最高烟囱高度为 60m，氨的最高允许排放量为 75kg/h，4 号锅炉烟囱高度为

100m，故表 7-37 以 75kg/h 为参考标准。

6）排入大气中的主要污染物占富氨水中污染物总量的比例。根据处理后烟气排放量和污染物浓度，以及富氨水中原污染物的浓度，可得出表 7-38。

表 7-38 排入大气中的主要污染物占富氨水中污染物总量的比例

主要污染物名称	排入大气中的量占富氨水总量的比例/%
氨	0.9
酚类	0.5
氰化氢	0.6

由表 7-38 可知，外排烟气中的氨占富氨水总量的 0.9%、酚类占 0.5%、氰化氢占 0.6%。富氨水中 99% 以上主要污染物没有排放到大气环境中。

7.4.3 A-O 法焦化废水处理回用应用实例

7.4.3.1 废水来源与设计进、出水质

（1）废水来源组成及水量

邯钢新区焦化厂有 4 座 JNX70-2 型复热式焦炉，年产焦炭 209 万吨。生产工序主要由备煤、炼焦、煤气净化精制和干熄焦等主要生产设施及配套设施组成，在炼焦生产过程中除了产生大量的烟粉尘污染物外，在煤气净化精制过程中还产生大量的高浓度的酚氰废水。

焦化废水来源组成及水量见表 7-39。

表 7-39 焦化废水来源组成及水量 单位：m³/h

废 水 来 源	水量
蒸氨废水	70
焦油精制废水	11
焦化厂及公司各煤气水封水	10
预留苯加氢车间排废水	0.5
生活污水	6
新区各工段轴封、冷却排水	19
邯钢新区电厂外排含酚废水	40

注：邯钢新区其他厂送来的煤气水封水平均 15m³/h、最大 20m³/h，其他 3.5m³/h。合计 180m³/h。

（2）设计进、出水水质

设计混合后废水进水水质及出水水质见表 7-40。

表 7-40 进、出水水质

项 目	进水水质	出水水质
COD/(mg/L)	≤3500.00	≤100
NH$_4^+$-N/(mg/L)	≤300.00	15.0
CN⁻/(mg/L)	≤20.00	0.50
酚/(mg/L)	≤700.00	0.50
pH 值	7～8	6～9

7.4.3.2 处理工艺与技术特征

（1）本工艺分三段对废水进行处理

预处理段采用"隔油沉淀＋气浮"工艺去除废水中的悬浮物、油及 S^{2-}；生化处理段采用 A/O 工艺去除废水中的酚、氰等有机污染物以及氨氮；深度处理段采用"混凝沉淀＋BAF（曝气生物滤池）"工艺进一步去除废水中的 COD。污泥处理段采用"污泥浓缩池＋带式污泥脱水"进行设计，脱水后污泥定期外运填埋。本项目废水处理规模为：$Q=320\mathrm{m}^3/\mathrm{h}$（其中原水处理量为 $180\mathrm{m}^3/\mathrm{h}$，回流配水量为 $140\mathrm{m}^3/\mathrm{h}$）。工艺如图 7-21 所示[68]。

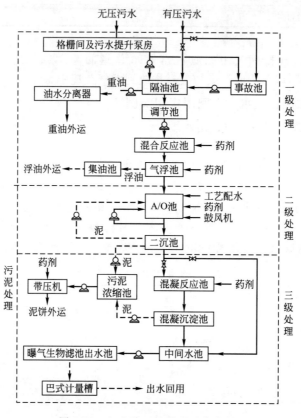

图 7-21　A-O 法三级处理工艺流程

（2）工艺特征

1）工艺流程先进可靠，NH_4^+-N 和 COD 去除率达到 $90\%\sim96\%$ 以上，可有效保证达到国家《污水综合排放标准》和《钢铁工业水污染物排放标准》中的一级标准。

2）预处理采用重力式隔油和气浮工艺，可以有效降低油、硫化物等对生化处理的不利影响。

3）以废水中的有机物作为反硝化碳源和能源，不需补充外加碳源。废水中的部分有机物通过反硝化去除减轻了后续好氧段负荷，减少了动力消耗。反硝化产生的碱度可部分满足硝化过程对碱度的要求，因而降低了化学药剂的消耗。在 A/O 工艺好氧段根据有机物的逐步降解，在好氧阶段采用减缓曝气，以降低动力消耗。

4）深度处理段采用严格筛选的焦化废水处理专用药剂，运行成本低，去除效率高，能够确保出水达标排放与回用要求。

（3）工艺概况

A/O 池是本废水处理工艺的核心单元，该工艺由缺氧反应池和两级好氧反应池两部分组成。废水首先进入缺氧反应池（A 池），在这里反硝化细菌利用原水中的有机物作为电子受体而将回流混合液中的 NO_2^- 和 NO_3^- 还原成气态氮化合物（N_2、N_2O）。反硝化反应：

$$2NO_2^- + 6H \longrightarrow N_2 + 2H_2O + 2OH^-$$

$$2NO_3^- + 10H \longrightarrow N_2 + 4H_2O + 2OH^-$$

反硝化菌是兼性厌氧菌，由于氧的存在会阻碍硝态氮的还原，因此反硝化反应必须在缺氧的条件下进行，在此过程中以有机物为碳源和电子供体，将硝态氮还原为氮气，实现 TN 的脱除和 COD 的降解。

反硝化出水流经两级曝气池，在这里残留的有机物被氧化，氮和含氮化合物被硝化。污泥回流的目的在于维持反应池中的污泥浓度，防止污泥流失。混合液回流旨在反硝化提供电子受体（NO_2^- 和 NO_3^-），同时达到去除硝态氮的目的。硝化反应：

$$2NH_4^+ + 3O_2 \longrightarrow 2NO_2^- + 4H^+ + 2H_2O$$

$$2NO_2^- + O_2 \longrightarrow 2NO_3^-$$

$$2NH_4^+ + 4O_2 \longrightarrow 2NO_3^- + 2H_2O + 4H^+$$

7.4.3.3　主要工艺参数与运行效果

（1）主要工艺参数

A/O 段分两个系统，设计总处理水量为 $320m^3/h$，其中包括原水 $180m^3/h$ 和二次配水 $140m^3/h$ 两部分。"O" 池末端的出水直接回流到配水井，回流比取 $200\% \sim 400\%$。缺氧段共设 8 台潜水搅拌机（每组 4 台）用于缺氧段的混合搅拌。好氧段采用鼓风曝气，曝气头选用德国进口管式曝气器；鼓风机房内设 3 台罗茨鼓风机（2 用 1 备），单台参数：$Q = 100m^3/min$；"O" 池末端的回流井内设有混合液回流泵 4 台。

工艺的控制参数如下。

a. 为了保证废水中的 NH_4^+-N 达标排放，必须控制进水中的 NH_4^+-N 浓度和 COD 浓度，确保硝化菌的生长和活性。适宜的进水条件为 COD≤2000mg/L、NH_4^+-N≤150mg/L，因此需将废水稀释后处理。

b. 污泥负荷：$0.2 \sim 0.25$kg COD/(kg MLSS·d)。

c. 溶解氧（DO）：$3 \sim 4.5$mg/L。

d. MLSS：$3 \sim 4.0$g/L。

e. SV：$20\% \sim 50\%$。

f. 进水温度控制在 30℃，pH $7.2 \sim 8.5$。

（2）运行效果及结论

该工程于 2008 年 10 月正式投入使用，在调试初期受各种因素影响水质波动较大，运行稳定后各种水质指标基本达到设计要求（见表 7-40），并且有很高的去除率。该工艺处理效果良好，除污染效率高，具有较好的耐冲击能力，处理效果稳定，为焦化废水处理回用和老工艺改造提供了一条切实可行的途径。目前，国内已有较多大型钢铁公司的焦化企业采用"预处理＋生化处理＋后处理＋深度净化处理"的联合处理工艺，最终实现废水回用与"零"排放。

8 炼铁厂废水处理与回用技术

根据炼铁厂用水实践，炼铁用水约占钢铁企业总用水量 25%，可见实现节水与废水回用意义重要。对炼铁厂废水处理与减排原则是：对高炉炉壁冷却，应采用软水密闭循环冷却系统；对高炉煤气净化应优先选用干法除尘工艺。如采用湿法工艺，则应采用先进处理工艺与水质稳定技术而循环回用。其少量循环系统排污水应作为高炉冲渣补充水，而高炉冲渣水经处理后循环回用；对铸铁机废水经沉淀处理后循环回用。因此，对炼铁厂应实现节水减排最大化和废水"零"排放化。

8.1 炼铁厂废水特征与水质水量

炼铁厂用水主要用于高炉和热风炉冷却、高炉煤气洗涤、鼓风机站用水、炉渣粒化和水力输送以及干渣喷水等。此外还有一些用水量不大的零星用户，如润湿炉料和煤粉、平台洒水、煤气水封阀用水等。

炼铁厂用水连续性要求严格，一旦中断用水，不但会引起停产造成损失，而且还会使一部分受冷却水保护的设备被烧坏，造成重大事故。

水在使用过程中，一部分仅被加热，另一部分不仅被加热而且受污染。未被污染的热废水，经冷却后可循环使用，亦可直接冷却后供其他用户使用。被污染的废水，经适当处理后，可循环使用，或供其他用户使用。

8.1.1 炼铁厂废水来源与污染状况

炼铁厂废水分为净循环水和浊循环水两大系统，根据其使用过程和条件大致可分为设备间接冷却废水、设备和产品的直接冷却废水、生产工艺过程废水等。

（1）设备间接冷却废水

高炉的炉腹、炉身、出铁口、风口、风口大套、风口周围冷却板及其他不与产品或物料直接接触的冷却废水都属于设备间接冷却废水。这种废水因不与产品或物料接触，使用过后只是水温升高，如果直接排放至水体，有可能造成一定范围的热污染，因此这种间接冷却用水一般多设计成循环供水系统，在系统中设置冷却塔（或其他冷却建筑物），废水得到降温处理后即可以循环使用。从定量的、严格的角度讲，间接冷却水仅仅靠冷却塔实现循环供水是不够的，还必须解决水质（主要指水中各种物质，如悬浮物质、胶体物质、溶解物质等）稳定问题。这是由于水中不仅存在悬浮物，而且存在各种盐类物质，随着循环的进行，悬浮物和溶于水中的盐类物质因水的蒸发而得到了浓缩，周而复始，浓缩的结果就会带来结垢和腐蚀以及黏泥等水质障碍，从而影响循环，所以要设计一定量的排污及补充定量新水。同时，炼铁厂可以利用生产工艺对水质的不同要求，将间接冷却系统的排污水排至其他可以承受的系统加以利用。一般情况下，在高炉工程的给排水设计中，高炉、热风炉冷却系统的排水可以作为高炉煤气洗涤水系统循环水的补充水。若高炉为干式除尘或别的原因不能排至煤气洗涤系统，则可排至高炉炉渣粒化（水渣或干渣）水系统，因此，通常不向环境外排废水。

（2）设备和产品的直接冷却废水

设备和产品的直接冷却废水主要是指高炉炉缸的喷水冷却、高炉在生产后期的炉皮喷水冷却以及铸铁机的喷水冷却。产品的直接冷却主要指铸铁块的喷水冷却。直接冷却废水特点是水与产品或设备直接接触，不仅水温升高，而且水质受污染。但由于设备的直接冷却，尤其是产品的直接冷却对水质要求一般都不高，对水温控制也不十分严格，所以一般经沉淀、冷却后即可循环使用。这一类系统的供水原则应该尽量循环，并补充因循环过程中损失的水量，其"排污"量尽可能控制在最小限度，应排到下一工序对水质要求不严的系统中，不宜排至环境或水体。

（3）生产工艺过程废水

炼铁厂生产工艺过程用水以高炉煤气洗涤和炉渣粒化为代表。高炉在冶炼过程中，由于焦炭在炉缸内燃烧，而且是一层炽热的厚焦炭由空气过剩而逐渐变成空气不足的燃烧，结果产生了一定量的 CO $[w(CO)>20\%]$，故称高炉煤气。从高炉引出的煤气，先经干式除尘器除掉大颗粒灰尘，然后用管道引入煤气洗涤系统进行清洗冷却。清洗冷却后的水就是高炉煤气洗涤废水。这种废水水温高达60℃以上，含有大量的由铁矿粉、焦炭粉等所组成的悬浮物以及酚、氰、硫化物和锌等，水中悬浮杂质为 600～3000mg/L。由于该废水水量大、污染重，必须进行处理，然后尽量循环使用。在高炉炼铁生产过程中还产生大量的炉渣，一般每炼1t生铁产生 300～900kg 高炉渣，其主要成分是硅酸钙或铝酸钙等。炉渣处理方法通常是将炉渣制成水渣或炉前干渣，或者两者兼而有之。目前高炉渣粒化采用多种形式的水冲渣方式以及泡渣、热泼渣等方式。冲制水渣就是用水将炽热的炉渣急冷水淬，粒化成水渣。粒化后的炉渣可用作水泥、渣砖和建筑材料。粒化后的渣与水的混合物需要脱水，脱水后的渣即为成品水渣，而水则可循环使用。

如上所述，炼铁厂的各种废水，如果不加处理任意排放是既不经济也不合理的，而且也是环境保护所不允许的。

8.1.2 炼铁厂废水特征与水质状况

炼铁厂的所有废水，除极少量损失外，其废水量基本上与其用水量相当。影响用水量的因素很多，如原料、燃料情况，冶炼操作条件，所有用水设备的构造与组成，给水系统设置情况，供水的水质、水温，水处理的设备组成与处理工艺，给排水的操作管理等。

高炉煤气洗涤水是炼铁系统的主要废水，其特点是水量大，悬浮物的质量浓度高，含有酚、氰等有害物质，危害大，它是炼铁系统具有的代表性废水。冲渣水的特点是水温较高，含有细小的悬浮物。铸铁机用水不但水温升高，且含有铁渣、石灰、石墨片等杂质。炉缸洒水通常仅有水温的升高，废水悬浮物变化不大。但是，炼铁系统废水的水质是与供水水质、用水条件、排水状况有关。一般的水质情况见表8-1。

表8-1 炼铁系统各废水水质　单位：mg/L，pH值除外

废水类别		pH值	悬浮物	总硬度(以CaCO₃计)	总含盐量	Cl⁻	SO₄²⁻	TFe	氰化物	酚	硫化物
煤气洗涤水	大型高炉	7.5～9.0	500～3000	225～1000	200～3000	40～200	30～250	0.05～1.25	0.1～3.0	0.05～0.40	0.1～0.5
	小型高炉	8.0～11.5	500～5000	600～1600	200～9000	50～250	30～250	0.1～0.8	2.0～10.0	0.07～3.85	0.1～0.5
	炼锰铁高炉	8.0～11.5	800～5000	250～1000	600～3000	50～250	10～250	0.001～0.01	30.0～40.0	0.02～0.20	—

续表

废水类别	pH 值	悬浮物	总硬度(以 CaCO₃ 计)	总含盐量	Cl⁻	SO₄²⁻	TFe	氰化物	酚	硫化物
冲渣水	8.0～9.0	400～1500	—	230～800	100～300	30～250		0.002～0.70	0.01～0.08	0.08～2.40
铸铁机废水	7.0～8.0	300～3500	550～600	300～2000	30～300	30～250	—	—	—	—

炼铁系统的废水特征如下：a. 高炉、热风炉的间接冷却废水在配备安全供水的条件下仅做降温处理即可实现循环利用，尤其是采用纯水作为冷却介质的密闭循环系统经过降温处理后，只要系统运转的动力始终存在，就能够持续运转；b. 设备或产品直接冷却废水（特别是铸铁机的水）被污染的程度很严重，含有大量的悬浮物和各种渣滓，但这些设备和成品对水质的要求不高，所以经过简单的沉淀处理即可循环使用，不需要做复杂的处理；c. 生产工艺过程中用水包括高炉煤气洗涤和冲洗水渣废水，由于水与物料直接接触，其中往往含有多种有害物质，必须认真处理方能实现循环使用。

8.2 炼铁厂废水处理与回用技术

8.2.1 高炉煤气洗涤工艺与废水来源

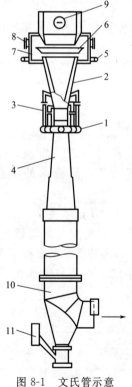

图 8-1 文氏管示意

1—喉口给水管；2—收缩管；
3—喉口；4—扩张管；
5—溢流箱给水管；6—溢流口；
7—溢流箱；8—窥视孔；
9—人孔；10—脱水器；
11—污水排出管

高炉煤气必须经过净化除尘才能使用。从高炉引出的煤气称荒煤气，通常每立方米煤气中含有 10～40g 炉尘，而现在高炉、热风炉等许多加热设备都要求高炉煤气含尘量低于 10mg/L，因此高炉煤气洗涤净化是必须的。但洗涤系统工艺的选择主要取决于煤气用户的要求、炉顶煤气压力和灰尘的物理化学性质等条件。常见的洗涤工艺如下：洗涤塔→调径文氏管→电除尘器；溢流文氏管→冷却塔→电除尘器；溢流文氏管→调径文氏管；洗涤塔→调径文氏管→减压阀组；一级可调文氏管→二级可调文氏管→减压阀组。

需要说明的是洗涤塔与冷却塔的结构完全相同，文氏洗涤器设在塔后的，此塔称为洗涤塔；文氏洗涤器设在塔前的，此塔称为冷却塔。

文氏管洗涤器有一个文氏管和一个脱水除尘器组成，如图 8-1 所示。现在使用两个串联文氏管洗涤器就可以使煤气冷却并达到应有的煤气温度以及含尘量为 10mg/m³ 的质量要求。文氏管喉口有一层均匀水膜的称溢流文氏管，喉口没有水膜的文氏管通称文氏管。喉口有无调节装置分为调径文氏管和定径文氏管，这样共分为溢流调径文氏管、溢流定径文氏管、调径文氏管和定径文氏管四种。通过喷嘴向喉口喷水，煤气以高速流向喉口，水滴与高速气流剧烈撞击而雾化，水、气两相充分接触，从而达到除尘和冷却煤气的目的。最后污水汇集在灰泥捕集器，然后通过水封连续地经排水管排出。文氏洗涤器增加溢流的目的在于保证收缩管径之喉口形成一层水膜，以防集尘。

文氏管供水可串联使用，其用水单耗只有 2.1~2.2kg/m³。塔-文串联系统的水耗约为 4.5~5kg/m³，当炉顶压力在 0.15MPa 以上时，应采用串联调径文氏管系统。

煤气的洗涤和冷却是通过在洗涤塔和文氏管中水、气对流接触而实现的。由于水与煤气直接接触，煤气中的细小固体杂质进入水中，水温随之增高，一些矿物质和煤气中的酚、氰等有害物质也被部分地溶入水中，形成了高炉煤气洗涤水。一般每洗 1000m³（标态）煤气，需用水 4~6m³。有代表性的洗涤工艺有洗涤塔、文氏管并联洗涤和双文氏管串级洗涤工艺，分别如图 8-2、图 8-3 所示。

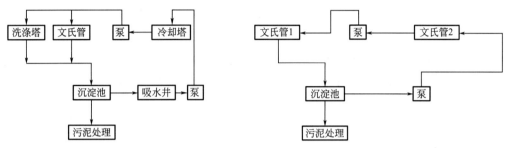

图 8-2　洗涤塔、文氏管并联供水洗涤工艺流程　　　图 8-3　双文氏管串级洗涤工艺流程

8.2.2　高炉煤气洗涤水的物理化学组成与沉降特性

（1）废水的物理化学组成

高炉煤气洗涤水的水质变化很大，不同的高炉或即便同一高炉，在不同的工况下所产生的废水特性都不相同，其物理化学性质与原水有一定关系，但主要取决于高炉炉料成分、炉顶煤气压力、洗涤水温度等。当高炉 100% 使用烧结矿时，可明显减少煤气中含尘量，并相应地减少由灰尘带入洗涤水中的碱性物质。溶解在洗涤废水中的 CO_2 含量与炉顶煤气压力以及洗涤水的温度有关，炉顶压力小，洗涤水温度高，则废水中 CO_2 含量就少，反之则大。另外当炉顶煤气压力高时，煤气中含尘量减少，洗涤废水中的悬浮物自然也相应减少，而且粒度较细。在煤气洗涤过程中，由于气体和 CaO 尘粒易溶于水，废水中暂时硬度会升高。

煤气洗涤废水一般物理化学成分见表 8-2。

表 8-2　高炉煤气洗涤废水的物理化学成分

分析项目	高压操作		常压操作	
	沉淀前	沉淀后	沉淀前	沉淀后
水温/℃	43	38	53	47.8
pH 值	7.5	7.9	7.9	8.0
总碱度(以 $CaCO_3$ 计)/(mg/L)	—	192	—	—
全硬度/DH	19.18	19.04	—	19.32
暂硬度/DH	21.42	20.44	13.87	13.71
钙/(mg/L)	98	98	14.42	13.64
耗氧量/(mg/L)	10.72	7.04	—	25.50
硫酸根/(mg/L)	144	204	232.4	234
氯根/(mg/L)	161	155	108.6	103.8
二氧化碳/(mg/L)	25.3	—	—	38.1
铁/(mg/L)	0.067	0.067	0.201	0.08
酚/(mg/L)	2.4	2.0	0.382	0.12
氰化物/(mg/L)	0.25	0.23	0.847	0.989

续表

分析项目	高压操作		常压操作	
	沉淀前	沉淀后	沉淀前	沉淀后
全固体/(mg/L)	706	682	—	—
溶固体/(mg/L)	—	—	911.4	910.2
悬浮物/(mg/L)	915.8	70.8	3448	83.4
油/(mg/L)	—	—		13.65
氨氮/(mg/L)	7.0	8.0		

（2）高炉煤气洗涤废水的沉降特性

煤气洗涤废水的沉淀处理可分为自然沉淀与混凝沉淀等，其沉淀情况如下。

① 自然沉淀 靠重力去除悬浮物的处理方法称为自然沉淀法。表 8-3～表 8-5、图 8-4～图 8-6 分别列出 826m³、1000m³ 和 1513m³ 高炉煤气洗涤废水自然沉淀效率和沉降曲线的有关情况。

表 8-3 不同沉降速度下的沉降效率试验数据（826m³ 高炉）

沉淀高度/m	沉淀时间/min	沉降速度/(mm/s)	悬浮物/(mg/L)		
			沉淀前	沉淀后	沉淀效率/%
0.25	0		1229.2		0
0.25	5	0.835	1229.2	484	53.6
0.25	10	0.416	1229.2	381.8	68.6
0.25	20	0.208	1229.2	234.4	76.3
0.25	30	0.139	1229.2	192.0	84.9
0.25	40	0.104	1229.2	150.0	87.5
0.25	60	0.070	1229.2	108.0	91.2
0.25	80	0.052	1229.2	102.8	92.0
0.25	100	0.042	1229.2	74.0	84.0

表 8-4 不同沉降速度下的沉淀效率试验数据（1000m³ 高炉）

沉淀高度/m	沉淀时间/min	沉降速度/(mm/s)	悬浮物/(mg/L)		
			沉淀前	沉淀后	沉淀效率/%
0.5	5	1.66	3136	614.8	80.5
0.5	10	0.835	3136	420.4	87
0.5	15	0.556	3136	307.6	90
0.5	20	0.416	3136	265.2	92
0.5	25	0.333	3136	182.8	94.6
0.5	30	0.277	3136	142.0	95.6
0.5	40	0.208	3136	126.0	96.5
0.5	50	0.166	3136	114.8	96.8
0.5	70	0.119	3136	90.8	97.2
0.5	90	0.093	3136	61.6	98.1

表 8-5　不同沉降速度下的沉淀效率试验数据（1513m³ 高炉）

沉淀高度/m	沉淀时间/min	沉降速度/(mm/s)	悬浮物/(mg/L)		
			沉淀前	沉淀后	沉淀效率/%
0.6	1	10.0	2070	1663.2	19.6
0.6	2	5	2070	1403.2	32.3
0.6	3	3.33	2070	1127.2	46.5
0.6	5	2.0	2070	596.6	72.5
0.6	10	1.0	2070	294.4	86.0
0.6	20	0.5	2070	135.2	93.5
0.6	40	0.25	2070	47.6	97.7
0.6	60	0.1665	2070	46.0	98.0
0.6	80	0.125	2070	41.6	98.2
0.6	100	0.1	2070	50.0	97.6

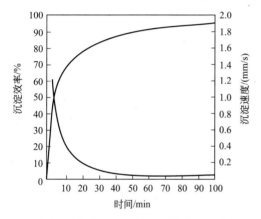

图 8-4　826m³ 高炉煤气洗涤废水沉降曲线

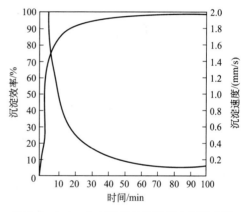

图 8-5　1000m³ 高炉煤气洗涤废水沉降曲线

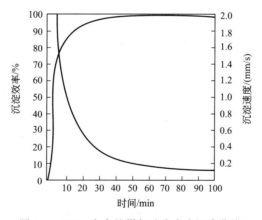

图 8-6　1513m³ 高炉煤气洗涤废水沉降曲线

　② 混凝沉淀　用混凝剂使水中细小颗粒凝聚吸附结成较大颗粒，进而从水中沉淀出来的方法称作混凝沉淀。试验表明，采用聚丙烯酰胺（加入量 0.3mg/L）进行混凝沉淀可以使沉淀效率达 90% 以上。当循环时间较长和循环效率较高时，聚丙烯酰胺再和少量的氯化铁复合使用，可去除富集的细小颗粒，取得满意效果。但对具体工程的高炉煤气洗涤废水的

混凝沉降的设计，通常宜应进行现场混凝试验与药剂的选择。表 8-6 列出多种药剂复合使用的沉淀效果。

表 8-6 多种混凝剂复合使用沉淀效果

组别	药剂/(mg/L)		水温/℃	沉降速度/(mm/s)	悬浮物质量浓度/(mg/L)			备注
	名称	加入量			进水	出水		
						SS	浊度	
1	FeCl₃	1.5	50	0.39	715	10.75	4.1	
	聚丙烯酰胺	0.2						
2	碱式氯化铝	0.2	50	0.39	715	10.1	4.1	水发黏,滤纸过滤明显减速
	聚丙烯酰胺	0.2						
3	FeSO₄	10	25～26	0.39	361.67	16.33		
	CaO	168						
	聚丙烯酰胺	0.2						

图 8-7 为高炉煤气洗涤废水混凝沉淀曲线。

8.2.3 高炉煤气洗涤水资源回用技术路线与工艺

（1）高炉煤气洗涤废水资源处理的技术路线

高炉煤气洗涤水是炼铁厂清洗和冷却高炉煤气产生的一种废水。它含有大量的悬浮物（主要是铁矿粉、焦炭粉和一些氧化物）、酚氰、硫化物、无机盐以及锌金属离子等。高炉煤气洗涤水一般都设置循环供水系统，废水经沉淀、冷却后循环利用。

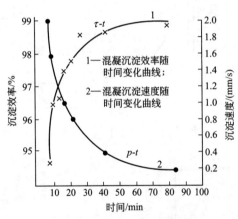

图 8-7 高炉煤气洗涤废水混凝沉淀曲线

高炉煤气洗涤循环水与一般浊循环水，具有如下共同点：由于水温升高，蒸发浓缩，二氧化碳逸散而形成结垢；由于水中游离无机酸和二氧化碳的作用，产生化学腐蚀，金属和水接触产生电化学腐蚀。

与净环水有如下不同点：在洗涤过程中与产品直接接触，被带进过量的钙、镁和锌金属离子等，以致结垢严重；煤气洗涤循环水中不生长藻类，也没有生物细菌的繁殖。

高炉煤气洗涤循环水的水质稳定问题，在国内曾一直是个难题，对此进行研究，取得了重要进展。

高炉煤气洗涤循环冷却水水质稳定的特点，首先建立了防止碳酸盐结垢的技术路线，认为结垢主要由于水中重碳酸盐、碳酸盐和二氧化碳之间的平衡遭到破坏所致，即 $Ca(HCO_3)_2 \rightleftharpoons CaCO_3 \downarrow + CO_2 + H_2O$。由此可见，水质稳定，当水中游离二氧化碳少于平衡需要量时，则产生碳酸钙沉淀，如超过平衡量时，则产生二氧化碳腐蚀。可以认为该循环水水质同时具有结垢和腐蚀两种属性，即需解决高炉煤气水循环使用的水质稳定问题。

由于合成化学工业的迅速发展，为水质稳定提供了对环境无害，且易被生物降解的新型药剂创造了条件，于是新型的阻垢剂、缓蚀剂、螯合剂等问世，有力地促进了水质稳定技术的发展。水质稳定剂的采用也从单纯的选用，走向针对不同的水质，筛选最佳复合配方。与此同时，循环水水质全面处理的技术也日臻完善。从而实现了各种循环水的高度循环。

　　高炉煤气洗涤循环水水质稳定技术，基本上随同其他循环水水质稳定技术发展而发展，不过仍有其独特之处，对于高炉煤气洗涤循环水而言，首先是采取化学沉淀处理，把某些可溶物转化成难溶的化合物，并使其在沉淀过程中析出沉淀，在此基础上再采取净环水水质稳定所必需的措施（但不需杀菌灭藻），也就不难实现高度循环。

　　要解决循环水水质稳定问题，必须对循环水水质进行全面处理。

　　所谓循环水水质全面处理，是指控制悬浮物、控制成垢盐、控制腐蚀、控制微生物、控制水温等。

　　① 悬浮物的去除　炼铁系统的废水污染，以悬浮物污染为主要特征，高炉煤气洗涤水悬浮物的质量浓度达 $1000\sim3000mg/L$，经沉淀后出水悬浮物的质量浓度应小于 $150mg/L$，方能满足循环利用的要求。沉降速度应按不大于 $0.25mm/s$ 设计，相应的沉淀池单位面积负荷为 $1\sim1.25m^3/(m^2\cdot h)$。鉴于混凝药剂近年来得到广泛应用，高炉煤气洗涤水大多采用聚丙烯酰胺絮凝剂或聚丙烯酰胺与铁盐并用，都取得良好效果，沉降速度可达 $3mm/s$ 以上，单位面积水力负荷提高到 $2m^3/(m^2\cdot h)$，相应的沉淀池出水悬浮物的质量浓度可控制小于 $100mg/L$。

　　炼铁厂多采用辐射式沉淀池，有利于排泥。不管采用什么型式的沉淀池都应有加药设施，可达到事半功倍的效果，并保证循环利用的实施。

　　② 温度的控制　经洗涤后水温升高，通称热污染，循环用水如不排放，热污染不构成对环境的破坏。但为了保证循环，针对不同系统的不同要求，应采取冷却措施。炼铁厂的几种废水都产生温升，由于生产工艺不同，有的系统可不设冷却设备，如冲渣水。水温度的高低，对混凝沉淀效果以及结垢与腐蚀的程度均有影响。设备间接冷却水系统应设冷却塔，而直接冷却水或工艺过程冷却系统，则应视具体情况而定。

　　用双文氏管串联供水再加余压发电的煤气净化工艺，高炉煤气的最终冷却不是靠冷却水，而是在经过两级文氏管洗涤之后，进入余压发电装置，在此过程中，煤气骤然膨胀降压，煤气自身的温度可以下降 $20℃$ 左右，达到了使用和输送、贮存的温度要求。所以清洗工艺对洗涤水温无严格要求，可以不设冷却塔。但无高炉煤气余压发电装置的两级文氏管串联系统仍要设置冷却塔。

　　③ 水质稳定　水的稳定性是指在输送水过程中，其本身的化学成分是否起变化，是否引起腐蚀或结垢的现象。既不结垢也不腐蚀的水称为稳定水。所谓不结垢不腐蚀是相对而言，实际上水对管道和设备都有结垢和腐蚀问题，可控制在允许范围之内，即称水质是稳定的。20 世纪 70 年代以前，我国炼铁厂的废水，由于没有解决水质稳定问题，尽管有沉淀和降温设施，但几乎都不能正常运转，循环率很低，甚至直排，大量的水资源被浪费掉。水处理技术的发展，特别是近年来水质稳定药剂的开发，对水质稳定的控制已有了成熟的技术。设备间接冷却循环水是不与污染物直接接触，称为净循环水，其水质稳定控制已有成熟的理论和成套技术；对于直接与污染物接触的水，循环利用，称为浊循环水，如高炉煤气洗涤水，它的水质稳定技术更复杂，多采用复合的水质稳定技术，有针对性地解决。炼铁厂的净循环水和浊循环水都属结垢型为主的循环水类型，它的水质稳定实际上是解决溶解盐（碳酸钙）的平衡问题。如下列化学方程式：

$$CaCO_3+CO_2+H_2O \Longleftrightarrow Ca(HCO_3)_2$$

　　当反应达到平衡时，水中溶解的 $CaCO_3$、CO_2 和 $Ca(HCO_3)_2$ 量保持不变，水处于稳定状态。当水中 HCO_3^- 超过平衡的需要量时，反应向左边进行，水中出现 $CaCO_3$ 沉积，产生结垢。一般常用极限碳酸盐硬度来控制 $CaCO_3$ 的结垢，极限碳酸盐硬度是指循环冷却水所允许的最大碳酸盐硬度值，超过这个数值，就产生结垢。控制碳酸盐结垢的方法主要有酸化法、石灰软化法、CO_2 吹脱法、碳化法、渣滤法、不完全软化法和药剂缓垢法等。

④ 氰化物处理　当洗涤水中含氰质量浓度较高时，应考虑对氰化物进行处理，尤其是当废水去除悬浮物后欲外排时。大型高炉的煤气洗涤水，水量大，含氰质量浓度低，可不考虑进行氰化物处理。小型高炉，尤其是炼锰铁的高炉洗涤水，含氰质量浓度高，应进行处理。处理方法主要有以下几种。

a. 碱式氯化法。在碱性条件下，投加氯、次氯酸钠等氯系氧化剂，使氰化物氧化成无害的氰酸盐、二氧化碳和氮。此法处理效果好，但处理费用较高。

b. 回收法。个别炼锰铁的高炉，含氰质量浓度很高时，可用回收法。先调整废水的 pH 值，使呈酸性，然后进行空气吹脱处理，使氰化氢逸出，收集后用碱液处理，最后回收氰化钠。

c. 亚铁盐络合法。向废水中投加硫酸亚铁，使其与水中的氰化物反应生成亚铁氰化物的络合物。它的缺点是沉淀池污泥外排后，可能还原成氰化物，再次造成污染。

d. 生物氧化法。利用微生物降解水中的氰化物，如塔式生物滤池，以焦炭或塑料为滤料，在水力负荷为 $5\sim10\mathrm{m^3/(m^2\cdot d)}$ 时，氰化物去除率可达 85％以上。

⑤ 沉渣的脱水与利用　炼铁系统的沉渣主要是高炉煤气洗涤水沉渣和高炉渣，都是用之为宝、弃之为害的沉渣。高炉水淬渣用于生产水泥，已是供不应求的形势，技术也十分成熟。高炉煤气洗涤沉渣的主要成分是铁的氧化物和焦炭粉，将这些沉渣加以利用，经济效益十分可观，同时也减轻了对环境的污染。由于沉渣粒度较细，小于 200 目的颗粒占 70％左右，脱水比较困难。常用真空过滤机脱水，泥饼含水率 20％左右，然后将泥饼送烧结，作为烧结矿的掺和料加以利用。在含有 ZnO 较高的厂，高炉煤气洗涤沉渣还应采取脱锌措施，一般要求回收污泥的锌含量小于 1％。

⑥ 重复用水与串级使用　应该指出，悬浮物的去除、温度的控制、水质稳定和沉渣的

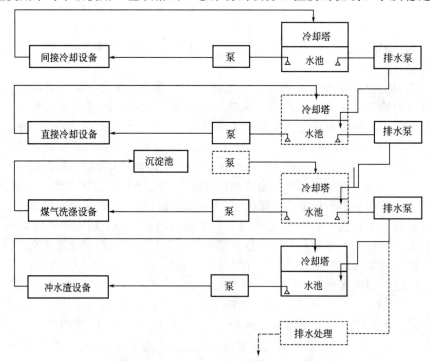

图 8-8　炼铁系统废水资源回用处理一般工艺流程

注：图中虚线表示经技术经济比较后才可增设的设施

脱水与利用是保证循环用水必不可少的关键技术，一环扣一环，哪一环解决不好，循环用水都是空谈。它们之间又不是孤立的，互相联系，互相影响，所以要坚持全面处理，形成良性循环。炼铁厂的用水量大，用水水质要求有明显差别，十分有利于串级用水，保证各类水循环中浓缩倍数不必太高，有定量"排污"到下一道用水系统中，全厂就可以达到无废水排放的水平，如图 8-8 所示。

（2）高炉煤气洗涤废水的处理技术与回用工艺

高炉煤气洗涤水的处理原则应是经济运行、节约用水和保护水资源三方面考虑，对废水进行适当处理，最大限度地循环使用。高炉煤气洗涤水的处理工艺主要包括沉淀（或混凝沉淀）、水质稳定、降温（有炉顶发电设施的可不降温）、污泥处理四部分。高炉煤气洗涤水中的悬浮物粒径在 $50\sim600\mu m$ 左右，因此主要利用沉淀法去除悬浮物，并根据水质情况，采用自然沉淀或投加凝聚剂进行混凝沉淀。澄清水经冷却后可循环使用。煤气洗涤水的沉淀，多数厂采用辐射式沉淀池，少数厂也有采用平流沉淀池和斜板沉淀池的。采用自然沉淀，出水悬浮物的质量浓度约 100mg/L。采用混凝沉淀，一般投加聚丙烯酰胺 0.5mg/L，沉淀池出水悬浮物的质量浓度小于 50mg/L。实践证明，投加聚丙烯酰胺大于 0.3mg/L 进行混凝沉淀，可以使沉降效率达到 90% 以上。对于特难处理煤气洗涤废水，目前已做混凝-电化学处理的尝试，效果良好。此外，也有研究人员用磁场进行处理，研究结果表明，可强化出水的净化效果，有利于废水的回用。

降温构筑物常采用机械通风冷却塔，玻璃钢结构与硬塑料薄型花纹板填料，其淋水密度可以达到 $30m^3/(m^2\cdot h)$ 以上。污泥脱水设备可针对颗粒级配情况进行选择，宜采用压滤或真空过滤，泥饼含水率最好控制在 15% 左右，否则瓦斯泥回用会有一定困难。

防止高炉煤气洗涤系统结垢的废水处理方法主要有软化法、酸化法和化学药剂法及其组合工艺等。有代表性的应用有宝钢、武钢的化学法、首钢的石灰-碳化法、鞍钢酸化法等。[3,12,42]

① 石灰软化-碳化法工艺流程　高炉煤气洗涤后的废水经辐射式沉淀池加药混凝沉淀后出水的 80% 送往降温设备（冷却塔），其余 20% 的出水泵往加速澄清池进行软化，软化水和冷却水混合流入加烟井，进行碳化处理，然后泵送回煤气洗涤设备循环使用。从沉淀池底部排出泥浆，送至浓缩池进行二次浓缩，然后送真空过滤机脱水。浓缩池溢流水回沉淀池，或直接去吸水井供循环使用。瓦斯泥送入贮泥仓，供烧结作原料。其工艺流程如图 8-9 所示。

② 酸化法工艺流程　从煤气洗涤塔排出的废水，经辐射式沉淀池自然沉淀（或混凝沉淀），上层清水送至冷却塔降温，然后由塔下集水池输送到循环系统，在输送管道上设置加酸口，废酸池内的废硫酸通过胶管适量均匀地加入水中。沉泥经脱水后，送烧结利用。其工艺流程如图 8-10 所示。

③ 石灰软化-药剂法工艺流程　该工艺采用石灰软化 20%～30% 的清水和加药阻垢联合处理。由于选用不同水质稳定剂进行组合配方，达到协同效应，增强水质稳定效果，其流程如图 8-11 所示。

④ 药剂法工艺流程　高炉煤气洗涤后的废水经沉淀池进行混凝沉淀，在沉淀池出口的管道上投加阻垢剂，阻止碳酸钙结垢，同时防止氧化铁、二氧化硅、氢氧化锌等结合生成水垢，在使用药剂时应调节 pH 值。为了保证水质在一定的浓缩倍数下循环，定期向系统外排污，不断补充新水，使水质保持稳定。其工艺流程如图 8-12 所示。

⑤ 比肖夫清洗工艺流程　比肖夫洗涤器是德国比肖夫公司的一种拥有专利的洗涤设备，它是一个有并流洗涤塔和几个砣式可调环缝洗涤元件组合在一起的洗涤装置，这种装置在西欧高炉煤气清洗上用得较多，目前在国内已有使用。

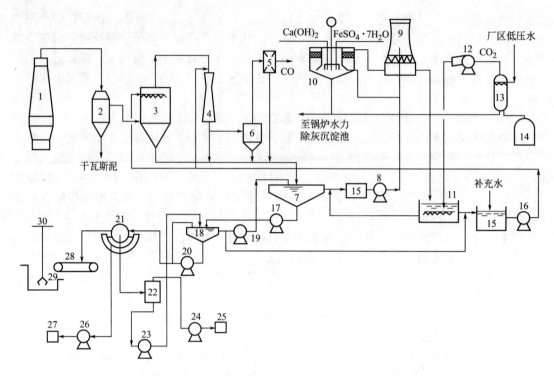

图 8-9　石灰软化-碳化法循环系统工艺流程

1—高炉；2—干式除尘器；3—洗涤塔；4—文氏管；5—蝶阀组；6—脱水器；7—φ30m 辐射沉淀池；
8—上塔泵；9—冷却塔；10—机械加速澄清池；11—加烟井；12—抽烟机；13—泡沫塔；14—烟道；
15—吸水井；16—供水泵；17—泥浆泵；18—φ12m 浓缩池；19—提升泵；20—砂泵；
21—真空过滤机；22—滤液缸；23—砂泵；24—真空泵；25,27—循环水箱；
26—压缩机；28—皮带机；29—贮泥仓；30—天车抓斗

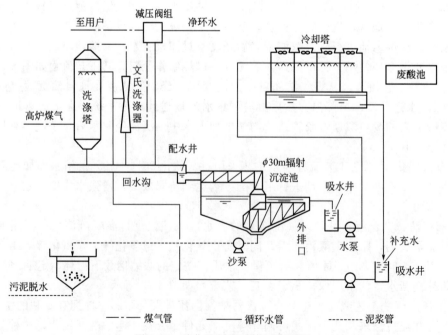

图 8-10　酸化法循环系统工艺流程

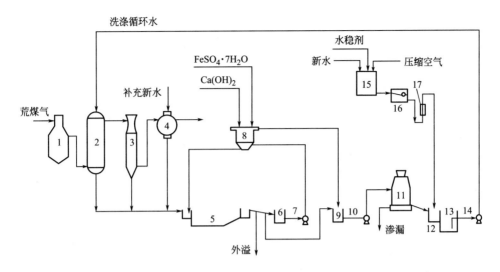

图 8-11　石灰软化-药剂法循环系统工艺流程

1—重力除尘器；2—洗涤塔；3—文氏管；4—电除尘器；5—平流沉淀池；6,9,13—吸水井；

7,10,14—水泵；8—机械加速澄清池；11—冷却塔；12—加药井；

15—配药箱；16—恒位水箱；17—转子流量计

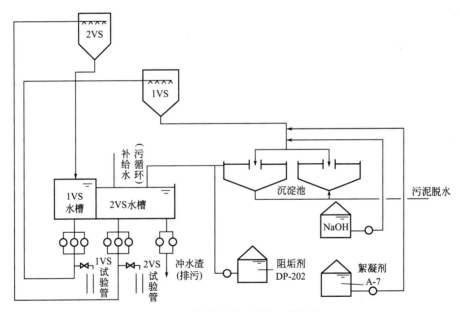

图 8-12　药剂法循环系统工艺流程

目前 3000m³ 以上的高炉，所用比肖夫洗涤器都属二组并联，其占地少，但设备质量不减。

国内某 2000m³ 高炉采用比肖夫煤气清洗系统工艺流程如图 8-13 所示。[13]

⑥ 塔文系统清洗工艺流程　某厂 1200m³ 高炉煤气净化工艺采用湿法除尘传统工艺流程，即重力除尘器→洗涤塔→文氏管→减压阀组→净煤气管→用户。

这种流程可使煤气含尘量处理到小于 10mg/m³，用水量为 1040m³/h，要求水压 0.8MPa。

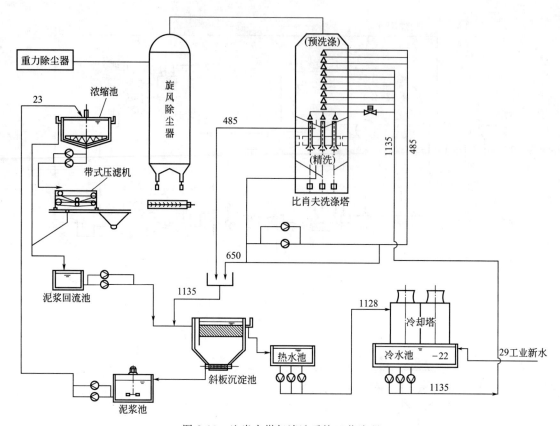

图 8-13 比肖夫煤气清洗系统工艺流程

高炉采用高压炉顶操作，利用高压煤气可进行余压发电，所以预留了余压发电装置，当进行余压发电后，冷却塔可以不用，直接经沉淀后将水送到煤气洗涤系统。因煤气经净化后的温度一般控制在 35～40℃，经洗涤塔和文氏管后的温度一般控制在 55～60℃，再经余压发电装置后煤气温度可降低 20℃左右，所以在这种情况下可以不用冷却塔就能满足用户对煤气的使用要求，不上冷却塔的供水温度一般允许在 55～60℃以内。

煤气洗涤水处理流程如图 8-14 所示，煤气洗涤污水经高架排水槽，流入沉淀池，经沉淀后的水，由泵加压送冷却塔冷却后，再用泵送车间洗涤设备循环使用。沉淀池下部泥浆用泥浆泵送污泥处理间脱水处理。在系统中设有加药间，向水系统中投加混凝剂和水质稳定药剂。

⑦ 双文系统清洗工艺流程 某厂 4063m³ 大型高炉煤气净化工艺采用两级可调文氏管串联系统，从高炉发生的煤气先进入重力式除尘器，然后进入煤气清洗设施一级文氏管与二级文氏管，再经调压阀组、消音器，最后送至净煤气总管（以下简称一文二文，系统简称双文系统），送给厂内各设备使用。

高炉煤气洗涤循环水系统是为在一文二文设备中清洗煤气所设置的有关设施。水处理工艺流程见图 8-15。二文排水由高架水槽流入一文供水泵吸水井，由一文供水泵送水供一文使用，一文回水由高架水槽流入沉淀池，沉淀后上清水流入二文泵吸水井，由二文供水泵供二文循环使用。沉淀池下泥浆由泥浆泵送泥浆脱水间脱水。

采用双文串联供水系统，可减少煤气洗涤用水量，相应水处理构筑物少，二文出来的煤气还要去透平余压发电，所以省掉了冷却塔设备。

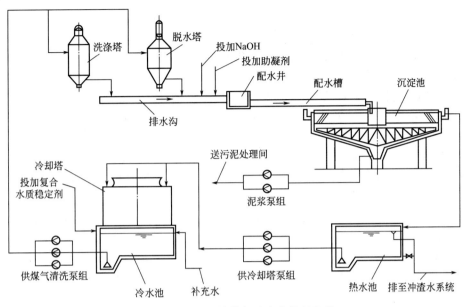

图 8-14　塔文系统煤气洗涤水处理流程

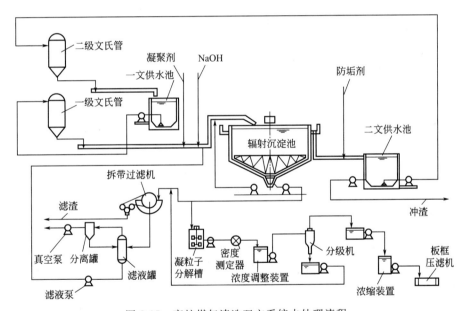

图 8-15　高炉煤气清洗双文系统水处理流程

8.2.4　高炉煤气洗涤水含氰处理与回用技术

（1）普铁高炉

某厂两套高炉煤气洗涤系统氰化物的质量浓度变化范围较大，常在 $30\sim60\text{mg/L}$ 之间，与排标 0.5mg/L 相比，超标高达 $60\sim120$ 倍。由于浊循环系统密闭循环，氰化物将不断富集，因此要实现高炉煤气洗涤水的循环回用，除进行上述废水处理工艺外，必须进行除氰处理。

① 除氰反应原理　在碱性条件下，采用液氯、次氯酸钠等作氧化剂使氰离子氧化分解的方法。反应分两步进行，第一步氧化成氰酸盐（CNO^-）（也称不完全氧化反应），其反

应式如下：

$$CN^- + ClO^- + H_2O \longrightarrow CNCl + 2OH^- \tag{8-1}$$

$$CNCl + 2OH^- \longrightarrow CNO^- + Cl^- + H_2O \tag{8-2}$$

反应式(8-1)瞬间即可完成，生成的氯化氰（CNCl）为剧毒物，在碱性条件下，可转化为毒性较小（仅为氰化物1/1000）的氰酸盐（CNO⁻）；这一反应在pH≥8.5时也很快，30min即可完成，当pH≥12时瞬间即可完成。

第二步氧化成氮气（也称完全氧化法反应），其反应式如下：

$$2CNO^- + 3ClO^- \longrightarrow N_2\uparrow + CO_2\uparrow + 3Cl^- + CO_3^{2-} \tag{8-3}$$

反应式(8-3)中，pH值控制在6.5～8.5时为最快，反应时间需要30min左右。

去除1mg氰化物理论需氯量为：第一步2.73mg，第二步4.10mg，完全氧化共需氯量6.83mg。

② 除氰处理工艺　由于实验室条件的限制，试验时氯系氧化剂采用漂白精。在工业实践中如果仍采用漂白精，既会增加氧化剂的投量、增大处理成本，又会增加沉渣量而不利于运行管理。为此，在工业实践中氯系氧化剂采用液氯。其工艺流程如图8-16所示。

为保证碱性氯化法除氰处理效果，选择了完全氧化反应进行工艺处理。该工艺设计总反应时间约45min。第一阶段反应在第一反应器内进行，时间约10min。为加快反应

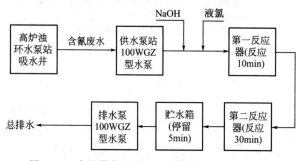

图8-16　高炉煤气洗涤水系统除氰处理工艺流程

速度，用氢氧化钠调pH值至9～10。为防止氯气和可能产生的氯化氰气体蒸发污染环境，第一反应器采用密封罐体。第二反应器废水停留时间30min，为加快反应速度，使完全反应生成的二氧化碳和氮气能顺利排出，第二反应器采用敞开式。贮水槽废水可停留5min。

③ 除氰后运行结果　运行实践表明，碱性氯化法处理高炉煤气洗涤水中氰化物是有效的，经处理后再经总排水稀释后废水中氰化物明显降低，其质量浓度平均为0.073mg/L，达标率由未处理前的80%提高到100%，从而保证了总排水氰化物达标排放。

（2）锰铁高炉

① 锰铁高炉煤气洗涤水特征　锰铁高炉是用水量比较多的部门，主要是高炉、热风炉和鼓风机的冷却水和高炉煤气洗涤水。前者是降低高炉内衬和机壳温度，防止鼓风机、热风炉温度偏高，需用水冷却。这些冷却水都是间接冷却的，经冷却可循环使用。后者是用于洗涤从高炉炉顶冒出的大量可燃性气体和灰尘以及其他杂质和气体后的废水。其废水的主要成分与普铁高炉煤气洗涤水的成分有很多差别，特别是氰化物含量很高。该废水成分复杂，水量大、毒性大、含渣多，是锰铁冶炼生产废水中主要污染源。因此，消除锰铁高炉煤气洗涤水，对节省工业用水、保护环境与周围地区人群健康具有重要意义。

② 含氰化合物的富集回收与废水回用　某厂3座255m³高炉冶炼锰铁，其煤气净化流程为：高炉→重力除尘器→旋风除尘器→文氏管→灰泥捕集器→洗涤塔→管式静电除尘器→净煤气总管→用户。由于高炉冶炼锰铁，焦比高、炉温高，炉料含钾、钠等碱金属多，在冶炼过程中产生大量的氰化物随煤气带出，在文氏管、洗涤塔、电除尘器中，煤气与水接触时，氰化物溶解于水中，产生含氰污水。3座高炉的文氏管、洗涤塔、电除尘每小时用水分别约为570t、180t、200t，高炉正常运行时，平均每洗一次煤气，文氏管水氰的质量浓度为

100mg/L 左右，含悬浮物的质量浓度为 4000mg/L 左右；洗涤塔水氰的质量浓度为 20mg/L 左右，悬浮物的质量浓度为 90mg/L 左右，由除尘水氰的质量浓度为 10mg/L 左右，悬浮物的质量浓度为 30mg/L 左右。3 座高炉每小时产生的总氰量约 80kg，每年产生的氰折成氰化钠近 1000t。

文氏管煤气洗涤水经沉淀池并加聚合硫酸铁混凝沉淀，沉淀后的清水闭路循环，在循环过程中，氰化物不断富集，其质量浓度一般为 800mg/L，高时达 1000mg/L 以上。此为剧毒性废水，严重污染水体与环境。

8.2.5　高炉冲渣水处理与回用技术

高炉渣是炼铁时排出的废渣。一般每炼 1t 生铁产生 300～900kg 高炉渣。其主要成分为硅酸钙或铝酸钙等。高炉渣被粒化后已广泛地用作水泥、渣砖和建筑材料。高炉渣的综合率已达 85%～90%，有的地区已供不应求。

高炉矿渣的处理方法分为：急冷处理（水淬和风淬）、慢冷处理（空气中自然冷却）和慢急冷处理（加入少量水并在机械设备作用下冷却）。

本节所述高炉冲渣废水系指水淬产生的废水。

（1）冲渣用水要求与废水组成

冲渣用水通常要求不高，满足如下用水要求即可：水质 SS≤400mg/L；粒径≤0.1mm；水压 0.2～0.025MPa；水温≤60℃；吨渣用水量 8～12m³。

大量的水急剧熄灭熔渣时，首先使废水的温度急剧上升，甚至可以达到接近 100℃。其次是受到渣的严重污染，使水的组成发生很大变化。一般冲渣废水组成及水渣颗粒组成分别见表 8-7、表 8-8[69]。

表 8-7　冲渣废水成分组成　　　　　　　　　单位：mg/L，pH 值除外

分析项目	全固形物	溶解固形物	不溶固形物	灼烧减量	Ca	Mg	灼烧残渣	总硬度（以 CaCO₃ 计）
测定结果	253	158.7	94.3	61.6	191	33.09	8.71	118.5

分析项目	OH⁻	CO₃²⁻	HCO₃⁻	SO₄²⁻	Cl⁻	CO₂	耗氧量	SiO₂	pH 值
测定结果	0	8.0	162	35.72	10	21.32	2.55	7.95	7.04

表 8-8　水渣颗粒组成

粒径/mm	0.64	0.32	0.21	0.16	0.13	0.11	0.09	0.076
比例/%	31	55	11	1	1	0.5	0.3	0.2

废水组成随炼铁原料、燃料成分以及供水中的化学成分不同而异。特别是冶炼铁合金的厂，如锰铁高炉还含有酚、氰、硫化物等有害物质。

（2）高炉渣水淬废水处理与回用

高炉渣水淬方式分为渣池水淬和炉前水淬，高炉渣废水一般是指炉前水淬所产生的废水。因为循环水质要求不高，所以经渣水分离后即可循环回用，温度高一些影响不大。冲渣时温度很高，大量用水被汽化蒸发，因此，在冲渣系统中，可以设计成只有补充水和循环水，而无排污水。故对具有水冲渣工艺炼铁系统，如能精心设计，科学管理，就可以实现"零"排放。循环给水系统中，水的损耗可按 1.2～1.5m³/t 钢设计。

高炉渣水淬方式：我国以炉前水淬为主，具有投资少、设备轻、运营方便等优点，根据过滤方式不同可分为炉前渣池式、水力输送渣池式、搅拌槽泵送法（又名拉萨法）、INBA

等，图拉法是近期引进的新型炉渣粒化装置。

高炉渣水淬工艺，除渣池水淬法外，还有渣水分离后的水的治理问题。

冲渣废水的治理，主要是对悬浮物和温度的处理。但渣滤法和"INBA"法，实际上是使水在渣水分离过程中得到过滤，所以其废水的悬浮物的质量浓度比较低，一般情况下，"INBA"法从转鼓下来的水中悬浮物的质量浓度约为 100mg/L，已经可以满足冲渣用水的要求。而渣滤法的水，其悬浮物的质量浓度则更少。因此可以认为，这两种方法不需要设置专门的处理悬浮物的设施。"拉萨法"则不然，该法在送脱水槽的渣泵吸水井（称为粗粒分离槽）处，设有浮渣溢流装置，称为中间槽。中间槽的浮渣和水，需送至沉淀池进行处理。而且脱水槽由于仅靠重力脱水，筛网孔径较大，脱出的水也需进入沉淀池。所以"拉萨法"的水是需要进行悬浮物处理的。对于冲渣废水的悬浮物，应视其水冲渣工艺（渣水分离方法）而定，设计手册曾规定冲渣水悬浮物的质量浓度小于 400mg/L，应改为小于 200mg/L 为宜。如果能处理到小于 100mg/L 则更好。水中悬浮物的质量浓度越少，对设备和管道的磨损就越小，冲渣及冷水塔喷嘴堵塞的可能性也越小，可以省去大量的检修维护时间和费用，保证冲水渣的连续生产。

关于冲渣废水的温度是否需要处理，目前还没有一个统一的标准。一种看法是因为供水要与 1400℃ 左右的炽热红渣直接接触，供水温度的高低关系不大。尽管冲渣后的水温能达到 90℃ 以上，但在渣水分离以及净化过程中，水温可以自然平衡在 70℃ 左右。而且，即使不处理，对水渣的质量影响不明显，所以认为冲渣供水对温度没有要求，因此冲渣废水不需要冷却。另一种看法是冲渣供水温度高时，对水渣质量有影响，而且水温高，冲渣时会产生渣棉，影响环境，因而应该对水温进行处理。实际生产中有设冷却塔处理水温的，亦有不设冷却构筑物的。从保护环境的角度看，尽管渣棉不多，亦属危害物质，则应处理水温。

8.2.6 炼铁厂其他废水处理与回用技术

（1）高炉炉缸直接洒水循环冷却系统废水处理与回用

① 工艺流程 本系统冷却水在循环冷却过程中，不但水温升高，悬浮物也不断增多。根据水质、水温和生产设备的要求，其工艺流程为向高炉炉缸炉底外壁直接洒水冷却后的废回水，先汇集于设在炉缸底部外侧的排水沟，然后，流入两个集水井，利用余压回流入沉淀池，沉淀后再用水泵送回使用。

系统中各种参数：循环水温度最高为 40℃；泵出口处水压 392.3kPa，泵供给水量为 26m³/h；实际用水量为 26m³/h，实际回水量为 25.9m³/h，排污水量 1.4m³/h，损耗水量 0.1m³/h，补给水量 1.5m³/h，循环率为 94.3%。

补给水来自净循环水系统的排污水，需要时也可采用工业用水作补充水，系统内不设加药装置，循环水水质除了进行日常人工测定外，还可以通过安装在吸水井处的电导率计，将循环水的电导率传至循环水操作室和能源中心，再根据电导率的目标值，由人工控制排放阀进行水质控制。系统中的排污水由立式排水泵串级给煤气清洗循环水系统。

② 主要设备与构筑物 系统中的主要设备与构筑物有立式泵、柴油机立式泵、柴油机室、水平式沉淀池等。

1）水泵。共设置两台炉缸洒水供水立式泵，每台供水量为 13m³/h、扬程 40m、电机功率 130kW。

共设置两台柴油机立式泵，作为安全供水与正常运转的备用泵，每台供水量为 6.5m³/h，扬程 40m，柴油机功率 47600W。

排污水泵为室外型立式离心泵，共设置两台，其中一台备用，每台供水量为 1.4m/h，扬程 15m，配用电机功率 11kW。

两台柴油机泵的柴油机设置在室内，泵设在室外，室长 8m，宽 5m，高 7m。

2）水平式沉淀池。沉淀池共分两格，半地下式，可互为备用，各项参数为：处理水量 26m³/min，表面积负荷 11.5m³/(h·m²)，沉淀时间 11min，有效水深 2m，积泥深 0.5m。入口水水质悬浮物约 100mg/L，出口水为 30mg/L。淤泥用真空泵槽车抽吸，然后送至料场利用，清扫周期约 4 年。

（2）铸铁机用水循环系统

本系统是为铸铁机铸模、溜槽、链板、铁块等直接洒水设置的。冷却水在循环冷却过程中，不但水温升高，且受到铁渣、石灰、石墨片等污染。

为了去除该循环用水系统中的杂质，降低水温，将各设备冷却后的回水，先汇集于设在地面的集水沟，然后流入循环水池，沉淀、降温后再次利用。根据工艺用水的特点，对循环用水水质没有严格的要求，没有设定水质目标值，系统的补给水由高炉鼓风机循环水系统的排污水补给，水量约为 2.1m³/min，系统内无外排污水。

其主要设备和构筑物为：循环水池，容积为 2730m³，除作沉淀杂物、降低水温外，兼有调节贮存功能。当转炉停产检修，要求两台铸铁机连续运转。循环水泵，每台铸铁机设一台室外型单吸离心给水泵，另设一台备用，共计三台，每台水量 15m³/h，扬程 15m。循环水泵出口水温设计为 70℃，回水温度 77℃左右。水温下降主要靠跌水和补给水以及循环水池调节。

（3）炼铁系统串级用水系统

钢铁企业串级用水是按质用水最典型实例，是节约用水和降低吨钢用水最主要措施之一。但实现串级用水是建立在对各系统特性，特别是对水质要求差异的充分了解基础上，否则就无法实现合理串联，甚至会因串接不当而妨碍系统的正常运行。根据宝钢经验的炼铁系统串级用水情况如下。

① 高炉多级串接用水 高炉炉体间接冷却水循环系统、炉缸喷淋冷却水循环系统、高炉煤气洗涤水循环系统的"排污"水，依次串接使用，作为补充水，后者作为高炉渣水循环系统补充水。水冲渣系统，则密闭不"排污"。这种多级串接用水可以充分合理利用各循环用水系统之间水质差异的有利因素，实现"零"排放。如图 8-17 所示。

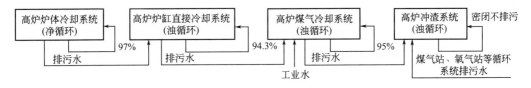

图 8-17 宝钢高炉多级串接用水情况

宝钢一、二期工程把高炉炉体净环水系统的排污水串级给炉缸喷淋冷却水循环系统作补充水；炉缸喷淋循环系统的排污水串级作为高炉煤气洗涤循环系统的补充水；高炉煤气洗涤循环系统的排污水串级作为高炉水冲渣循环系统的补充水。高炉冲渣循环系统每吨热渣要消耗 1m³ 左右的水，小时消耗 175m³ 左右，而高炉煤气洗涤每小时排污水最大 68m³/h，因此可完全消耗。另外由于冲渣对水的含盐量无要求，这样就能把含盐高的水消耗掉。因此使宝钢高炉区用水实现了"零"排放。节水和环保效益显著。这种串级经过实践后增设了工业水补充水管道，这样可以使各个循环水系统按自身的技术经济条件排污，既节省药耗，又可减少相互影响，供水安全可靠。由于宝钢冲渣处理采用新"印巴法"技术，设备和管道已考

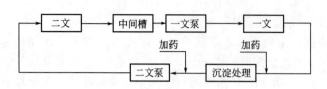

图 8-18 宝钢高炉煤气洗涤系统串级用水与处理流程

虑了耐磨和防腐蚀。

② 高炉煤气洗涤系统串级用水 采用湿法除尘的企业在洗涤高炉转炉煤气时，大都利用"一文"、"二文"水质、水温要求的不同，首先将清洗水供给"二文"，清洗过的回水再汇集于"一文"给水槽，而后用泵串级给"一文"清洗用。"一文"清洗过的回水再经沉淀处理后循环使用，如图8-18所示。目前我国钢铁企业普遍采用。由于就地就近串级使用，使其工艺流程简化和管线长度最短，因此既节省基建费用也节省占地。

宝钢高炉煤气洗涤合理串级可以节省占地和建设费用约 40%，同时也相应节省电耗和药耗。由于宝钢高炉设有压差发电和大的煤气贮柜等设施，故省掉了冷却塔装置，使水质稳定相对容易进行，投产以来没有因为水质障碍影响串级使用，技术先进，经济效益显著。

8.3 炼铁厂废水处理回用技术应用实例

8.3.1 药剂法处理高炉煤气洗涤水与回用应用实例

（1）工艺流程与特性

① 生产规模简况 宝钢 1 号、2 号高炉容积均为 $4063m^3$，为国内最大型高炉，日产铁 $1×10^4 t$。3 号高炉容积为 $4350m^3$，最大煤气发生量为 $7×10^5 m^3/h$，炉顶最大压力为 $0.25MPa$，吨铁产灰量 15kg。

② 处理工艺流程 高炉煤气洗涤工艺条件如图 8-19 所示。从高炉产生的煤气经重力干式除尘器除尘后进入一级文氏管（1 Venturi Serbber，简称 1VS）和二级文氏管（2VS）进行煤气洗涤。经洗净后的煤气通过余压透平发电机进入高炉煤气系统。

③ 系统的特点

a. 系统密闭循环，串接排污，确保很高的循环利用率和外排污为"零"。

b. 不设冷却塔，避免了 CO_2 的大量逸出所造成的重碳酸盐分解成碳酸钙以引起结垢现象，以及由此而降低冷却效率问题。

c. 采用滤布真空过滤机，使瓦斯泥保持小于 30% 含水率，为瓦斯泥回收利用提供技术条件。

（2）废水处理与水质稳定技术

一文（1VS）出水以 3493kg/h 的灰尘携带率流入沉淀池有待去除，若不能及时将其沉降下去，则立即会影响循环水水质和煤气洗涤效果。煤气洗涤水与高炉煤气直接接触，煤气中的 SO_2、SO_3^{2-}、CO_2 及灰尘中的 Ca、Mg、Zn 等盐类成分溶解于水中，增加了煤气洗涤水的硬度成分。而作为补充的污循环水也含有相当数量的 Ca^{2+}、Mg^{2+}，它们不可能在沉淀池中全部沉淀，必有相当一部分被带入系统中去。为了保证循环水水质，在沉淀池入口投加 $0.3～0.7mg/L$ 的弱阴离子型高分子助凝剂 PHP_4，它可对无机系统废水进行除浊和浓缩，使得沉淀池入口悬浮物约 0.2% 到沉淀池出口时小于 0.01%。同时，为保证水道设备不发生结垢现象，在沉淀池出口管道上投加 3mg/L 阻垢剂 SN-103（按循环水量计），SN-103 对以碳酸钙为主的水垢有很好的防治效果，并能防止与 Fe_2O_3、SiO_2、$Zn(OH)_2$ 等结合生成的水垢。此外，循环水还要进行必要的 pH 值调整，最好保持在 7～9 之间，在此范围内有利

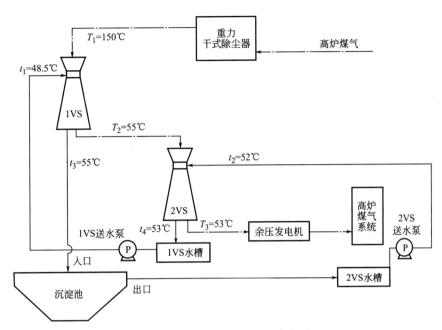

图 8-19　高炉煤气洗涤工艺条件图

于水中的部分溶解金属盐类转变为不溶于水的氢氧化物，并随着大量悬浮物的沉淀而沉降，如 $Zn^{2+} + 2OH^- \longrightarrow Zn(OH)_2 \downarrow$。

　　另外，为了保证水质还要进行循环水浓缩倍数的管理，定期向循环系统不断补充新水并排污，使水质达到相对稳定。如图 8-20 所示为循环系统流程。

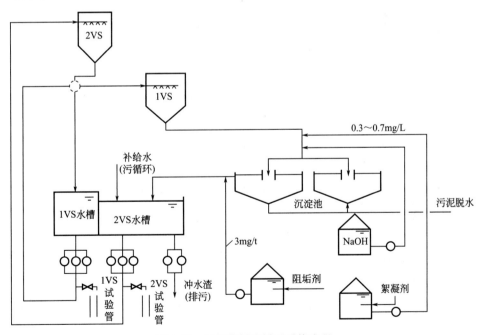

图 8-20　投加药剂法循环系统流程

（3）主要处理设施

主要处理设施见表 8-9。

表 8-9　主要处理设施

名　　称	单位	数量	规　格	结　构　形　式
沉淀池	座	2	$\phi 29m$	中心传动升降式辐射式 沉淀池有效容积为 3052m³
刮泥机	个	2	主耙长 12.99m 副耙长 4.3m	最大负荷 15t 升降行程 500mm
1VS 水槽	个	1	15m×7m×8.5m	钢筋混凝土结构
2VS 水槽	个	1	18m×7m×8.4m	钢筋混凝土结构
SN-103 加药箱	只	1	8m³	定量泵 8.04L/h×2 台
加药箱	只	2	10m³×2	定量泵 1400L/h×2 台
NaOH 加药箱	只	1	6m³	定量泵 300L/h×2 台
高架水沟	座	1	排水沟宽 0.81	钢制

（4）设计指标与日常运行管理要求

① 主要设计指标与水质指标　主要设计指标与水质指标见表 8-10、表 8-11[13]。

表 8-10　高炉煤气洗涤水系统主要设计指标

设　计　参　数	一文	二文	设　计　参　数	一文	二文
入口煤气含尘量/(g/m³)	5	0.1	出口煤气温度/℃	55~60	53
出口煤气含尘量/(mg/m³)	100	10	给水温度/℃	53	52
去除灰尘量/(kg/h)	3430	63	回水温度/℃	55	53
入口煤气温度/℃	150	55	洗涤水量/(m³/h)	840	840

表 8-11　高炉煤气洗涤水系统水质指标

水质指标	设计指标	补给水质	水质指标	设计指标	补给水质
pH 值	7~9	—	SS/(mg/L)	<100	<20
Zn/(mg/L)	<10	—	总硬度/(mg/L)	—	<200

② 日常运行管理要求与处理效果　日常运行管理需按表 8-12 要求运行，这是保证处理系统运行稳定的关键。宝钢 3 座高炉投产至今，水质处理效果一直比较稳定，从 1990~1995年的水质分析结果可以看出，悬浮物和 pH 值的控制情况比较良好，但 Zn 指标控制有一定难度，存在部分超标现象，具体结果见表 8-13。

表 8-12　高炉煤气洗涤水系统日常运行管理基准

项　目	流量/(m³/s)	压力/MPa	水位/m	真空度/MPa	泥饼含水率/%
一文送水	0.24	1.1	—	—	—
二文送水	0.25	1.1	—	—	—
真空脱水机	—	—	—	约 0.08	<30
空气系统	—	—	—	约 0.5	—
一文水槽	—	—	6.5~7.5	—	—
二文水槽	—	—	6.5~7.5	—	—

表 8-13 高炉水质处理数据统计

编号	沉淀池进口质量浓度			沉淀池出口质量浓度		
	pH 值	SS/(mg/L)	TZn/(mg/L)	pH 值	SS/(mg/L)	TZn/(mg/L)
1	7.39	1954.8	56.2	7.91	39.1	9.92
2	7.22	1827.9	38.98	7.84	8.49	7.75
3	7.16	2333.6	60.51	7.76	74.82	15.46
4	7.39	1900.3	56.1	7.86	70.41	12.25
5	7.41	2034.0	76.3	7.79	73.1	9.93
6	7.66	3557.8	79.1	7.98	68.18	11.95

③ 高炉污泥的回用 高炉煤气洗涤水的集尘污泥中含有平均 40% 的铁粉，为了不造成资源上的浪费，沉淀池底部污泥由排泥泵送到污泥脱水装置脱水之后，送往烧结烧制小球回收利用。

8.3.2 石灰碳化法处理高炉煤气洗涤水与回用应用实例

(1) 废水水质与处理工艺

北京某钢铁公司现有高炉 4 座，总容积 41591m³，煤气发生量为 $64 \times 10^4 \text{m}^3/\text{h}$，高炉煤气洗涤用水量为 3500~4000m³/h。

该厂 3 号、4 号高炉煤气与 1 号、2 号高炉煤气净化是分别采用如图 8-21、图 8-22 所示的洗涤生产工艺流程。洗涤后的废水再进入如图 8-23 所示的循环处理系统。该系统主要由辐射式沉淀池、循环泵站、冷却塔、水质稳定设施等所组成。

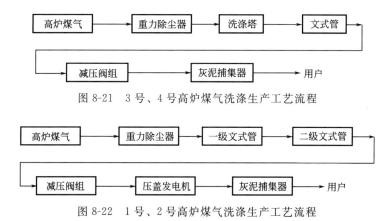

图 8-21 3 号、4 号高炉煤气洗涤生产工艺流程

图 8-22 1 号、2 号高炉煤气洗涤生产工艺流程

洗涤煤气污水经直径 30m 辐射式沉淀池沉淀，其溢流水大部分送 400m³ 双曲线自然通风冷却塔降温，小部分送机械加速澄清池进行软化，软化水和冷却后的水混合流入加烟井进行加烟碳化处理后，再用泵送回煤气洗涤塔循环使用。

洗涤废水经自流和提升后进入直径 30m 辐射式沉淀池，沉淀池运行控制指标为：表面负荷 1.93m³/(m²·h)，停留时间 0.9h，悬浮物的入口质量浓度为 1000mg/L，悬浮物的出口质量浓度小于 100mg/L，平均为 70mg/L，底流大于 20000mg/L。

沉淀处理后的溢流水大部分送 400m³ 双曲线冷却塔冷却，塔下水温控制在 40℃。

由于冷却塔的蒸发浓缩和 CO_2 大量损失，以及水在洗涤过程中再次受到污染（水中各种离子盐类及悬浮物增加），致使高炉煤气洗涤水失去稳定。根据生产实测统计，每洗涤一次煤气水的暂时硬度平均增加 1.12 德国度（1 德国度折算为 CaO 硬度即为 10mg/L），永久硬度平均增加 1.2 德国度（12mg/L），溶解固体平均增加 97mg/L，悬浮物平均增加

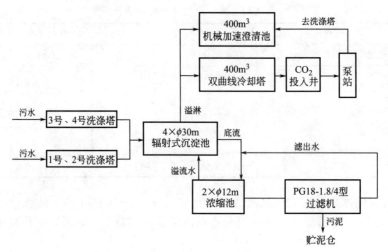

图 8-23 高炉煤气水处理循环流程

726mg/L。要想保持高炉煤气洗涤水的水质稳定，就得去除增加的硬度、盐类、悬浮物等。为去除所增加的暂时硬度、盐类和补充损失的 CO_2，采用石灰软化-碳化法稳定水质。

（2）主要处理设施与处理效果

① 主要处理设施 高炉煤气洗涤水循环处理设备主要由辐射式沉淀池、双曲线冷却塔、机械加速澄清池以及污泥浓缩池、真空过滤机组所组成，见表 8-14。

表 8-14 主要处理设施

名　称	数量	规格及性能	处　理　指　标	附　属　设　备
辐射式沉淀池	1	周边转动，$\phi=30\text{m}$ 水力负荷 1.73m³/(m²·h) 停留时间 1h	进水悬浮物 435～1500mg/L 出水悬浮物小于 100mg/L 底流悬浮物含量 5%	2PNJ 泵 8 台，$Q=40\text{m}^3/\text{h}$ $H=37.5\text{m}$ $N=17\text{kW}$
循环泵站	1	14sh-9 型泵 5 台 16sh-9 型泵 2 台 上塔泵 20sh-9 型 3 台		
冷却塔	2	400m³ 双曲线自然通风	夏季塔上水温 55℃，塔下水温 40～45℃	淋水器，淋水密度 5.5m³/m²

此外，还有水质稳定设施，它包括石灰软化和加烟碳化两部分。石灰软化设施由 3 台直径 10.5m、处理能力为 400m³/h 的机械加速澄清池，采用投加石灰乳和硫酸亚铁软化工艺。硫酸亚铁投加量为 15mg/L。加烟碳化是采用高压风机（$Q=84\text{m}^3/\text{min}$，$p=32.36\text{kPa}$）两台，将锅炉房尾气抽出经管道通入水中，加烟处理后控制水中 pH＝7，确保水质稳定。

② 处理效果 处理效果见表 8-15[13]。

表 8-15 高炉煤气洗涤水处理效果

项目	水温/℃	悬浮物/(mg/L)	pH 值	挥发酚/(mg/L)	氰化物/(mg/L)	总硬度/(mol/L)	暂硬度/(mol/L)
处理前	48～60	200～3457	6.9～8.5	0.017～0.036	0.6～23.48	4.5～7.2	3.25～6.6
处理后	40～46	27～117	7.65～8.5	—	0.5～3.25	2.05～6.15	6.0～5.3

③ 经济技术指标 采用石灰碳化法处理高炉煤气废水的主要技术经济指标如下：废水

循环利用率大于 94%；废水排污率 1.76%；浓缩倍数大于 1.88；浓淀池出口悬浮物的质量浓度小于 100mg/L；塔下温度小于 40℃；加速澄清池出口悬浮物的质量浓度小于 20mg/L；加烟井出水 CO_3^{2-} 为零；游离 CO_2 的质量浓度为 1~3mg/L。

8.3.3　滚筒法处理高炉渣与废水回用应用实例

成都钢铁公司生铁（40~50kt/a）冶炼高炉产生 30~40kt/a 碱性高发泡性炉渣。该系统自投产以来，设备运转正常，高炉渣全部水淬，水渣 100% 利用，冲渣水循环使用。

（1）工艺流程与特点

滚筒法处理高炉渣水淬工艺流程如图 8-24 所示[69]。

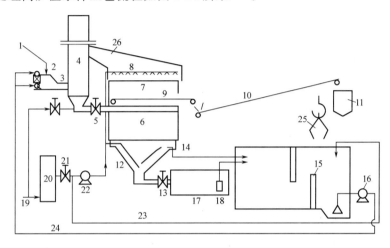

图 8-24　滚筒法生产高炉水渣工艺流程

1—高炉熔渣；2—粒化器；3—水渣沟；4—渣水斗（上部为蒸汽放散筒）；5—调节阀；6—分配器；
7—滚筒；8—反冲洗水；9—筒内皮带机；10—筒外皮带机；11—成品槽；12—集水斗；13—方形闸阀；
14—溢流水管；15—循环水池；16—循环水泵；17—中间沉淀池；18—潜水泵；19—生产给水管；
20—水过滤器；21—闸阀；22—清水泵；23—补充新水管；24—循环水；25—抓斗；26—罩

高炉熔渣经粒化器冲制成水渣后，渣浆经渣水斗流入设在滚筒里（转轴中心线下方）的分配器内，分配器均匀地把砂浆水配到旋转的滚筒内部水，脱水后的水渣旋至滚筒上方，靠重力落到设在滚筒内（转轴中心线上方）的皮带运输机上运走。

该工程有如下特点：a. 粒化器采用单室结构，上部带可调角度的喷嘴，使渣水充分接触，渣粒均匀；b. 渣水斗具有分流、转向、贮存、排气和撞碎 5 个功能，采用中心下料式，并带有锥形漏料碰撞板及钢棍支撑的单层篦条；c. 渣水斗与分配器中间装有调节阀门，可控制渣水斗液位及分配器流量，使渣水不致堵塞；d. 集水斗采用小坑式并设有挡板溢流装置，可阻隔浮渣和沉渣进入循环水池，又可定时打开闸门将渣水排入中间沉淀池；e. 渣水分离采用活动滤床过滤器，由 96 块小框式滤网组成，可局部更换，双大面积整体更换节省材料，缩短更换时间。

（2）操作条件与处理结果

① 操作条件

日产渣量	90~150t	渣水比	(1:4)~(1:6)
日出渣次数	36 次	滚筒过滤器转速	1.71r/min
出上渣时间	3min	滚筒过滤器出渣	1.2t/min
出下渣时间	6min	滤网孔径	0.45mm×0.45mm

冲渣水压	0.25MPa	循环水量	240t/h
水温	<50℃	水渣含水率	27%
最大渣流量	1.2t/min		

② 处理效率及结果　经测试，渣含水率27%；水渣平均粒径分布在1~2mm范围内的占总渣量的78.8%；体积密度为1000kg/m³；水池进口悬浮物质量浓度为170mg/L；水泵进口悬浮物质量浓度为26mg/L；水池溢流口悬浮物质量浓度为27mg/L，水渣质量及循环水的质量均很好，由于冲渣水密闭循环使用，实现"零"排放。

9 炼钢厂废水处理与回用技术

当今,世界炼钢工艺与技术发生巨大变化,百年以来一直居于领先地位的平炉炼钢法已成为历史,不仅为氧气顶吹炼钢法所替代,并已发展成为炼钢—炉外精炼—连铸三位一体的新型工艺的广泛应用。

炼钢技术的发展是与用水技术和废水处理技术的发展密切相关,相互联系的。因为先进的炼钢生产工艺与设备需有严格的用水高标准与排水标准,用水高质量与处理严格化做保证。

炼钢工序实现节水减排与废水"零"排放,除对净循环系统采用高质量用水与严格的水质稳定技术要求外,更主要的技术:一是对湿式转炉除尘用水合理串级使用与处理循环利用;二是对连铸废水要妥善处理,除油、冷却与水质稳定后循环利用;三是充分利用钢渣水淬工艺水质特征,最大限度消纳炼钢工序排污水和另星废水,以实现炼钢工序废水"零"排放。

9.1 炼钢厂废水特征与水质水量

9.1.1 炼钢厂废水来源与污染状况

炼钢厂的废水,由于其系统组成、炼钢工艺、用水条件不同而有所差异。一般是以用水量来推算其废水量。用湿式除尘的转炉,每炼 1t 钢约需水 $70m^3$,其中炉体冷却用水 $20\sim25m^3$,烟气净化用水为 $5\sim6m^3$,连铸用水为 $6\sim7m^3$,其他用水约 $35m^3$。

(1) 氧气顶吹转炉的净、浊循环废水

氧气转炉在吹炼时产生大量含有一氧化碳和氧化铁粉尘的高温烟气,其中一氧化碳高达 90% 以上,粉尘含铁量也在 70% 以上,因此对转炉高温烟气进行冷却与净化是回收煤气、余热和氧化铁粉尘的重要技术工艺与措施。它由两部分组成,首先对高温转炉烟气进行冷却,而后对经冷却的转炉烟气进行净化。二者都要产生废水,前者为高温烟气冷却废水,因不与烟气直接接触,称为设备间接冷却水,亦为净循环冷却水;后者因为与物料直接接触,称为浊循环废水。

① 转炉高温烟气间接冷却废水 转炉高温烟气冷却系统包括活动裙罩、固定烟罩和烟道。其中活动裙罩和固定烟罩和烟道必须采用水循环冷却,并对冷却高温烟气所产生的蒸汽加以回收利用。根据构造的不同,活动裙罩又分为下部裙罩和上部裙罩;固定烟罩分为下部烟罩和上部烟罩;采用汽化冷却烟道,则分为下部锅炉和上部锅炉。日本 OG 法对转炉烟气进行冷却时,对活动裙罩和固定烟罩采用密闭热水循环冷却系统,而烟道采用强制汽化冷却系统。上述两个冷却系统的水(汽)均不与物料(烟气)直接接触,废水经冷却处理后循环使用。为保证密闭热水循环系统的水质稳定而需外排一部分排污水,并作为钢渣处理系统的补充水。汽化冷却系统除设蓄热器外,还需设置除氧器,采用纯水汽化冷却。

② 转炉高温烟气净化除尘废水 转炉高温烟气经活动裙罩、固定烟罩的密闭循环热水冷却以及烟道的汽化冷却后,通常烟气温度由 1450℃ 降至 1000℃ 以下,然后进入烟气净化系统。

OG 法烟气净化系统主要由两级文氏管洗涤器、附属的 90°弯管脱水器及挡水板水雾分散器等组成。

经 OG 净化的废水常称为转炉除尘废水，是炼钢系统最主要废水，废水量大，且悬浮物高，成分较复杂，废水需经沉淀、冷却处理循环回用；污泥经浓缩、脱水后，作为炼铁用的球团原料。煤气净化后进入回收装置系统送用户使用。

尽管 LT 法具有众多优点，技术不仅成功而且成熟，但至今在世界范围内采用 OG 法仍最为广泛，是其他方法无与伦比的，我国更不例外。目前仅宝钢引进 LT 干法除尘，多数企业仍采用 OG 法。

众所周知，煤气是一种易燃易爆的气体，它的燃、爆有两个必不可少的条件：第一是有空气（实质为氧气）按一定比例混入；第二是有火花（明火）存在。而采用高压静电除尘器对煤气进行除尘，发生静电火花是在所难免的；而氧气顶吹或底吹炼钢的本身就是有大量的氧气鼓入系统，况且空气也是比较容易从炉口烟罩处进入系统的。因此，用高压静电除尘器对 CO 气体进行除尘净化，使很多工程技术人员望而却步；也曾使很多炼钢厂的经营者望而生畏，至今也还有不少人担心其安全性。当然，这些顾虑不是没有根据的。

确实，采用 OG 法对转炉煤气进行净化，它给人一种心里踏实的安全感。OG 法的优点也就在于安全。这就是 OG 法广泛采用的原因之一。

（2）转炉连铸机的净、浊循环废水

连续铸钢机具有金属收得率高、能源消耗低、铸坯质量好、力学性能好和自动化程度高等优点，是当今炼钢系统技术发展的趋势与方向，是炼钢技术水平的标志之一。

水是连铸生产过程中不可缺少的重要介质。连铸过程其实就是用强制水冷使钢水凝固的过程。其用水主要分为三类：一是设备间接冷却水；二是设备和产品的直接冷却水；三是除尘废水。

① 设备间接冷却水　设备间接冷却污水主要指结晶器和其他设备的间接冷却废水。因为是间接冷却，所以用过的水经降温后即可循环使用，称为净环水。单位耗水量一般为 $5\sim20m^3/t$ 钢。在循环供水过程中，应注意做到水质稳定。这种水的水质稳定与一般净环水的水质稳定方法是一样的，主要包括防结垢、防腐蚀、防藻类等。应该指出的是如果采用投药的方式来稳定水质，则排污量一定要得到控制，因此设计上应该采用定量的强制排污，而不宜做成任意溢流的排污形式，采用旁通过滤的方式也是一种保持水质的好办法。另外，需要注意的是在连铸间接冷却水系统中，往往由于各部位对水压和流速的不同要求，应设计成具体情况、具体对待的不同供水泵组。使用过后的热废水，若能利用其余压直接上冷却塔，或者作其他用途，则应尽量予以利用，以便节能。

② 设备和产品的直接冷却水　设备和产品的直接冷却废水，主要指二次冷却区产生的废水。由拉辊的牵引，钢坯在进入二次冷却区时，虽然表面已经固化，而内部却还是炽热的钢液，因此其温度是很高的。此时将由大量的喷嘴，从四面八方向钢坯喷水，一方面使钢坯进一步冷却固化；另一方面也要保护该区的设备不致因过热而变形，甚至损坏。经过喷淋，水不但被加热，而且还会被氧化铁皮和油脂所污染。二次冷却区的单位耗水量一般为 $0.5\sim0.8m^3/t$ 钢。为改善连铸坯表面质量和防止金属不均匀冷却，在浇注工艺上，往往还需加入一些其他物质，这样就将使二次冷却区的废水不但含有氧化铁皮和油脂，而且还可能含有硅钙合金、萤石、石墨等其他混合物，水温较高，这些就是连铸二次冷却区废水的特点。研究和讨论连铸机的废水治理，主要就是研究这部分废水的特性和处理工艺及设备。

③ 除尘废水　除了一般的场地洒水除尘产生的废水外，主要是指设在连铸机后步工序中的火焰清理机的除尘废水。为了清理连铸坯的表面缺陷，保证连铸坯和成品钢材的质量，

在经过切割的钢坯表面，用火焰清理机烧灼铸坯表面的缺陷。火焰清理机操作时，产生大量含尘烟气和被污染的废水，其中冷却辊道和钢坯的废水中，含氧化铁皮；清洗煤气的废水中，含有大量的粉尘。这部分废水，也需要进行处理。

关于火焰清理机所产生的废水有 3 种：a. 水力冲洗槽内和给料辊道上的氧化铁皮和渣；b. 冷却火焰清理机的设备和给料辊道；c. 清洗在钢坯火焰清理时所产生的煤气（煤气的含尘量可达 $2g/m^3$）等所产生的各种废水。

生产实践表明，火焰清理机的废水主要含的是固体机械杂质，其中冷却设备及辊道和冲洗的氧化铁皮颗粒比较大，煤气清洗废水中含的是呈金属细粉末状的分散形杂质。此外还有少量的用于润滑辊道轴承的机油进入废水中。

一般火焰清理机废水的悬浮物含量在 $440 \sim 1100mg/L$，煤气清洗废水悬浮物为 $1500mg/L$ 左右。

（3）转炉钢渣冷却废水

钢渣加工处理是钢渣实现资源化的前提与条件，处理工艺好坏，对后者资源化利用关系很大。

美国、欧洲与日本等钢渣处理工艺常用热泼工艺，国内钢渣处理工艺多种多样，但以水淬法为主，宝钢引进日本 ISC 法（浅盘水淬法）以及近年来我国独创的钢渣罐式热焖法处理工艺，均属湿法处理。钢渣罐式热焖法工艺是由中冶集团建筑研究总院环境保护研究设计院研究与开发的，已获得国家发明专利[70,71]。

转炉钢渣焖罐处理设备如图 9-1 所示。当大块钢渣冷却到 $300 \sim 600℃$ 时，把它装入翻斗汽车内，运至焖罐车间，倾入焖罐内，然后盖上罐盖。在罐盖的下面安装有能自动旋转的喷水装置，间断地往热渣上喷水，使罐内产生大量蒸汽。罐内的水和蒸汽与钢渣产生复杂的物理化学反应，水与蒸汽能使钢渣发生淬裂。同时由于钢渣是一种不稳定的废渣，在内部含有游离氧化钙，该化合物遇水后会消解成氢氧化钙，发生体积膨胀，使钢渣崩解粉碎。钢渣在罐内经一段时间焖解后，一般粉化效果都能达到 $60\% \sim 80\%$（20mm 以下），然后用反铲挖掘机挖出，后经磁选和筛分，把废钢回收，钢渣也分成不同的颗粒级配销售。

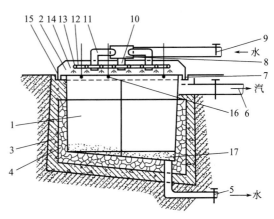

图 9-1　焖罐设备结构

1—槽体；2—槽盖；3—钢筋混凝土外层；4—花岗岩内衬；
5—可控排水管；6—可控排汽管；7—凹槽；8—均压器；
9—可控进水管；10—垂直分管；11—四方分管；
12,13—支管；14—多向喷孔；15—槽盖下沿；
16—测温计；17—预放缓冲层

该工艺的特点是：机械化程度较高，劳动强度低；由于采用湿法处理钢渣，环境污染少，还可以回收部分热能；钢渣处理后，渣、钢分离好，可提高废钢回收率，由于钢渣经过焖解处理，部分游离氧化钙经过消解，钢渣的稳定性得到改善，大大有利于钢渣的综合利用。

钢渣水淬法处理工艺，因渣与水直接接触，水中悬浮物质量浓度高，硬度大，废水应进行处理后循环回用。

（4）其他净、浊循环废水

① 钢水真空脱气装置浊循环废水　由于炼钢技术发展和钢种需求，钢水真空脱气装置

日益发展。宝钢一期引进 RH 真空脱气装置，二期又在一期基础上采用 RH-KTB 精炼工艺。钢水的 RH 处理是在真空状态下，进行钢水的循环脱气，去除钢水中的氢、氮等气体，以改善钢水的品质。

钢水真空脱气废水来自 RH 冷凝器，含悬浮物 120mg/L，水温 44℃，流入温水池。一部分水自温水池经冷却塔流入贮水池；另一部分用泵加压，在压力管上注入助凝剂，经反应后送入高梯度电磁过滤器过滤，出水悬浮物为 40mg/L。然后借余压流至冷却塔，冷却后进入贮水池。上述两部分水汇合后，悬浮物的质量浓度小于 100mg/L，水温低于 33℃，用泵送回 RH 冷却器继续使用。

高梯度磁过滤器用压缩空气及水冲洗，冲洗废水加入凝聚剂及助凝聚剂经搅拌反应后进入浓缩池澄清，澄清水送温水池，污泥送转炉烟气除尘废水系统中的污泥处理设备，脱水后返送烧结回用。

高梯度电磁过滤器的过滤速度为 200m/h，磁感应强度 0.3T，过滤周期约 50min，冲洗时冲洗水流速 700m/h，冲洗时间为 4min 内冲洗 4 次，每次 5s，以水和压缩空气进行反洗和顺洗。

② 电炉炼钢净浊循环废水　电炉炼钢的烟气除尘，通常采用干法，湿法较少。通常电炉气大部分已燃烧成烟气，烟气体积比炉气要大得多，因此，应尽量设法控制混入空气量，降低烟气体积。目前采用余热锅炉冷却烟气和副产蒸汽的节能措施，如措施得当，可得到电炉烟气所回收的热量几乎与输入炉内的电能相当。经余热锅炉后出口烟气低于 250℃，可进入玻璃丝布袋式除尘器除尘，如用其他非耐温滤料，则还需采用间接冷却措施。

如采用湿法净化装置常以两级文氏管冷却方式为主，这类净化装置与氧气顶吹炼钢转炉 OG 装置的净化原理是相同的。

电炉炼钢净循环用水主要为炉门等设备冷却用水，因未与物料直接接触，水质未受污染，经冷却与水质稳定处理后即可回用。

综上所述，炼钢系统的废水来源主要分为设备间接冷却水、设备和产品的直接冷却水和生产工艺过程废水等。

炼钢厂生产的特点之一是间断生产，因此，其废水的成分和性质都随着冶炼周期的变化而变化。如纯氧顶吹转炉除尘废水在一个冶炼周期内，其除尘废水的悬浮物质量浓度的变化在 3000～10000mg/L 之间，最高时可达 15000mg/L。这种含有大量氧化铁的悬浮物，排入水体会使水体颜色变成棕色或灰黑色，污染严重，必须净化处理。

9.1.2　炼钢厂废水特征与水质水量

炼钢系统的水量，由于其车间组成、炼钢工艺、给水条件不同，而有差异。目前我国转炉除尘有干法与湿法，但多数仍以湿法为主，电炉和少数平炉炼钢企业，基本为干法除尘，所以用水构成也不相同。其用水指标大体上分为：每吨转炉钢为 69～71m³，其中炉体冷却水为 20～25m³，烟气净化水为 5～6m³，连铸用水为 6～7m³，其他为 35m³；每吨电炉钢约为 84m³，其中炉体冷却水约为 49m³，其他用水约为 35m³；每吨平炉钢约为 90m³，其中设备冷却水约为 60m³，其他用水为 30m³。

当前炼钢系统以纯氧顶吹转炉烟气净化废水量大面广；连铸比已达 94%，因此连铸废水已成为炼钢系统主要废水之一。

转炉单位炉容的烟气洗涤废水量是与转炉炉容大小和烟气净化方式有关，表 9-1 列出转炉烟气洗涤废水量，可供参考。

表 9-1 转炉炉容洗涤废水量

转炉容量/t	废水量/(m³/h)	烟气洗涤工艺说明
15	37	二级文氏管烟气洗涤系统、全湿法、未燃烧法
30	165	二级文氏管—喷淋塔烟气洗涤系统、全湿法、未燃烧法
50	240	二级文氏管—喷淋塔烟气洗涤系统、全湿法、未燃烧法
120	310	二级文氏管烟气洗涤系统、全湿法、未燃烧法
150	430	二级文氏管—喷淋塔烟气洗涤系统、全湿法、未燃烧法
300	1000	二级文氏管烟气洗涤系统、全湿法、未燃烧法

由于炉气处理工艺的不同，除尘废水的特性也不同。采用未燃法炉气处理工艺，除尘废水的悬浮物以 FeO 为主，废水呈黑灰色，悬浮物颗粒较大，废水 pH 值多在 7 以上，甚至可达 10 以上。采用燃烧法炉气处理工艺，除尘废水中的悬浮物则以 Fe_2O_3 为主，且其颗粒较小，废水多为红色，呈酸性，但当混入大量石灰粉尘时，燃烧法废水则呈碱性。

表 9-2 列出 120t 转炉未燃法烟气净化循环水质分析结果。

表 9-2 120t 转炉未燃法烟气净化循环水质情况

序号	水质指标	范围	序号	水质指标	范围
1	水温/℃	<47	11	铁/(mg/L)	0~0.615
2	颜色	暗褐色	12	盐/(mg/L)	0~0.01
3	pH 值	5~12.3	13	硫化氢/(mg/L)	0~0.425
4	悬浮物/(mg/L)	最高 22735.6	14	二氧化碳/(mg/L)	0~2.2
5	总碱度(以 $CaCO_3$ 计)/(mg/L)	27~623.3	15	酚/(mg/L)	0.03~0.01
6	全硬度(以 $CaCO_3$ 计)/(mg/L)	18~751.5	16	氰化物/(mg/L)	0~0.002
7	暂时硬度/DH	0.2~12	17	SO_4^{2-}/(mg/L)	22.1~39.10
8	钙/(mg/L)	3.7~329	18	溶解固体/(mg/L)	250~380
9	镁/(mg/L)	3.9~15.81	19	OH^-/(mg/L)	2~3.73
10	氯根/(mg/L)	17~365	20	HCO_3^-/(mg/L)	6.02~10.95

注：1DH=10mg/L。

连铸机生产废水中，主要是连铸机二次冷却区废水和火焰清理机的除尘废水。前者主要含有氧化铁皮、油脂及硅钙合金、萤石、石墨等，水温较高。后者多含有呈金属粉末状的分散性杂质，悬浮物的质量浓度约为 1500mg/L。其废水水质状况见表 9-3。

表 9-3 连铸浊循环水系统水质情况

序号	水质指标	分析结果	序号	水质指标	分析结果
1	pH 值	8.8	7	SO_4^{2-}/(mg/L)	97.41
2	SS/(mg/L)	316	8	PO_4^{3-}/(mg/L)	0.512
3	油/(mg/L)	280	9	含盐量/(mg/L)	475
4	总硬度(以 $CaCO_2$ 计)/(mg/L)	10	10	TFe/(mg/L)	4.58
5	总碱度(以 OH^- 计)/(mg/L)	1700	11	Ca^{2+}/(mg/L)	12.45
		3.72	12	Mg^{2+}/(mg/L)	26.07
6	HCO_3^-/(mg/L)	3.72	13	Cl^-/(mg/L)	98.66

由于连铸废水水质因各厂而异，变化较大，特别是与生产工艺与操作水平有关，而且废水中悬浮物颗粒物粒径变化也较大，通常大于 $50\mu m$ 的约占 15%，小于 $5\mu m$ 约占 40% 以上，因此。连铸废水处理的目的是去除悬浮物与油类后回用。

9.2 炼钢厂废水处理与回用技术

转炉除尘废水是指纯氧顶吹的高温烟气洗涤废水。过去的空气侧吹转炉已被淘汰。顶、底复合吹炼的或底吹的氧气转炉，其除尘工艺与纯氧顶吹转炉基本相同，故本节仅讨论 OG 法转炉除尘废水处理与回用问题。

9.2.1　转炉烟气洗涤除尘废水特征

纯氧顶吹转炉在冶炼过程中，由于吹氧的缘故，含有浓重烟尘的大量高温气体，经过炉口冒出来，通过烟罩进入烟道，经余热锅炉，回收了烟气的部分热量，然后进入设有两级文氏管的除尘系统。烟气依次通过一文和二文进行清洗，将烟气里的灰尘除掉，同时降低烟气温度，这就完成了除尘的任务。

纯氧顶吹转炉的除尘，一般均采用两级文丘里洗涤器：第一级文丘里洗涤器称为"一文"；第二级文丘里洗涤器称为"二文"。一文一般做成喉口处带溢流堰并设喷嘴的结构，因而也称作溢流文氏管。溢流的水，沿文氏管壁流下，可以保护洗涤设备不致被高温气流和烟气中的尘粒损伤。二文喉口处设有一个可以调节喉口大小的装置，因而亦称作可调文氏管。调节喉口的大小，即可控制气流通过喉口的速度，以提高除尘和降温效果。先进的文氏管系统，一文采用手动可调喉口，二文由炉口微差压装置自动调节喉口开度，进行精除尘。

转炉烟气的成分随炉气处理工艺不同而异。众所周知，炼钢过程是一个铁水中碳和其他元素氧化的过程。铁水中的碳与吹炼的氧发生反应，生成 CO，随炉气一道从炉口冒出。严密封闭炉口，使 CO 经余热锅炉和除尘降温后，仍以 CO 的形式存在。回收这部分炉气，作为工厂能源的一个组成部分，这种炉气称为转炉煤气。这种炉气处理过程，称为回收法，或者称为未燃法。未燃法湿式烟气净化系统流程如图 9-2 所示，如果炉口没有密封，从而使大量空气通过烟道口随炉气一道进入烟道。在烟道内，空气中的氧气与炽热炉气中的 CO 发生燃烧反应，使 CO 大部分变成 CO_2，同时放出热量，使烟道气的温度更高。这种高温烟气，被余热锅炉回收一部分热量，再经文氏管除尘降温后，因为没有回收价值，只好排放。这种方法称之为燃烧法，现已很少使用。这两种不同的炉气处理方法，给除尘废水带来不同的影响。

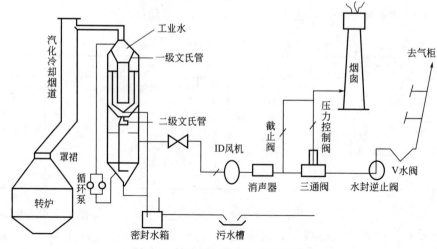

图 9-2　转炉烟气湿式除尘工艺流程

由上述转炉除尘工艺可以看出，供两级文氏管进行除尘和降温的水，使用过后，通过脱水器排出，即为转炉废水。显然，转炉除尘废水的性质与除尘设备、除尘工艺是紧密联系的。

（1）废水排放量

转炉除尘废水每吨钢排放量，一般为 $5\sim6m^3$。但对于不同炼钢厂，由于除尘方式不同，水处理流程不同，水质状况有差异，其废水排放量亦有较大差别。原则上除尘废水量相当于供水量。但如采用串接（联）供水，则比并联供水，其水量接近减少一半。如宝钢炼钢厂 300t 纯氧顶吹转炉，采用二文—一文串联供水，其废水量设计值仅约 $2m^3/t$ 钢。仅就废水而言，废水量小，污染也小，废水处理也就容易，占地、设施、管理和处理费用都获得显著效果。

（2）废水特征

纯氧顶吹炼钢是个间歇生产过程，它是由装铁水—吹氧—加造渣料—吹氧—出钢等几个过程组成。这几个过程完成后，一炉钢冶炼完毕，然后再按上述顺序进行下一炉钢的冶炼。现代的纯氧顶吹转炉一炉钢大约需 40min，其中吹氧约 18min。由于这些冶炼工艺的特点，使得炉气量、温度、成分都在不断变化，因此转炉除尘废水性质的随时变化是其最重要的特征。

9.2.2 转炉除尘废水成分与特性

（1）转炉除尘废水成分的变化特性

除尘实际上是个矛盾转化的过程，烟气中大量的灰尘，经过两级文氏管洗涤，使灰尘进入水中。亦即经过除尘设备，使灰尘由气相转入液相。如上所述，烟气中灰尘的含量是随时变化着的，因此除尘废水中的悬浮物（灰尘）含量也在随时变化，即使同在吹氧期间，由于吹炼期不同，其含量也不同。除尘废水悬浮物含量大约在 $5000\sim15000mg/L$ 范围内变化。

炉气处理工艺不同，除尘废水的特性也不同。采用未燃法炉气处理工艺，除尘废水中的悬浮物以 FeO 为主，废水呈黑灰色，悬浮物的颗粒较大，废水的 pH 值大于7，甚至可达到 10 以上。采用燃烧法炉气处理工艺，由于烟道内 CO 与 O_2 的燃烧反应，使 FeO 进一步氧化成以 Fe_2O_3 为主，且其颗粒较小（这是由于再氧化过程中引起碎裂的结果），废水呈红色，一般 pH 值都在7以下，属酸性，有的燃烧法废水亦呈碱性，那是因为混入大量石灰粉尘的结果。

（2）废水温度与 pH 值的变化

废水水温随冶炼过程中烟气温度的变化而变化。一般吹氧时温度较高，不吹氧时温度较低。对于大型转炉，水温上升梯度可达 20℃/min。

烟气对除尘水 pH 值的影响，与烟气净化方式有关。燃烧法净化系统的废水，由于烟气中 CO_2、SO_2 等酸性气体溶于水，而使污水 pH 值降低；而未燃烧的污水，由于烟气中 CO_2、SO_2 等酸性气体含量很小，对污水 pH 值影响很小。另外，由于冶炼过程加入过量石灰粉末而使污水 pH 值增高，呈碱性。

（3）废水含尘量与沉降特性

转炉吹炼时由于高温下铁的沸腾挥发，气流激烈搅拌，CO 气泡和气流激烈外溢等原因而产生的大量炉尘，其含量约占金属装料量的 $1\%\sim2\%$。转炉烟气含尘量是随冶炼过程的时间而变化的。一般在吹氧时含尘量最高，变化幅度很大。

未燃法烟气净化废水中烟尘粒径相对较大，且为褐色颗粒，主要成分为 FeO，密度相对较大，较易沉淀；燃烧法烟尘颗粒相对较细，呈红褐色，主要成分为 Fe_2O_3，密度较小，较难沉淀。由于冶炼过程中烟气净化的水温、含尘浓度、烟尘粒径与密度均变化较大，给废水处理带来众多变化因素和不利条件。

9.2.3 转炉除尘废水处理与回用技术

（1）转炉除尘废水处理内容与要求

转炉除尘废水的处理目的是循环回用，因此要实现稳定的循环利用，最终达到闭路循环，其沉淀污泥因含铁量高，常经脱水后回用。因此，转炉除尘废水处理关键：一是在于悬浮物的去除；二是要解决水质稳定问题；三是污泥的脱水与回用。

① 悬浮物的去除　转炉除尘废水中的悬浮物，若采用自然沉淀，虽可将悬浮物降低到 150～200mg/L 的水平，但循环使用效果较差，故需使用强化沉降。目前一般在辐射式沉淀池或立式沉淀池前投加混凝剂，或先使用磁力凝聚器磁化后进入沉淀池。较理想的方法应使除尘废水进入水力旋流器，利用重力分离的原理，将大颗粒的悬浮颗粒（大于 $60\mu m$）除去，以减轻沉淀池的负荷。废水中投加聚丙烯酰胺，即可使出水中的悬浮物含量降低到 100mg/L 以下，可以使出水正常循环使用。

氧化铁属铁磁性物质，可以采用磁力分离法进行处理。目前磁力处理的方法主要有三种，即预磁沉降处理、磁滤净化处理和磁盘处理。预磁沉降处理是使转炉废水通过磁场磁化后再使之沉降。磁滤净化处理可采用装填不锈钢毛的高梯度电磁过滤器。废水流过过滤器，悬浮颗粒即吸附在过滤介质上。磁盘分离器是借助于由永磁铁组成的磁盘的磁历来分离水中悬浮颗粒的。水从槽中的磁盘间通过，磁盘逆水转动，水中的悬浮物颗粒吸附在磁盘上，待转出水面后被刮泥板刮去，废水从而得到净化。

② 水质稳定问题　由于炼钢过程中必须投加石灰，在吹氧时部分石灰粉尘还未与钢液接触就被吹出炉外，随烟气一道进入除尘系统，因此，除尘废水中 Ca^{2+} 含量相当多，它与溶入水中的 CO_2 反应，致使除尘废水的暂时硬度较高，水质失去稳定。采用沉淀池后投入分散剂（或称水质稳定剂）的方法，在螯合、分散的作用下，能较成功地防垢、除垢。

投加碳酸钠（Na_2CO_3）也是一种可行的水质稳定方法。Na_2CO_3 和石灰 $[Ca(OH)_2]$ 反应，形成 $CaCO_3$ 沉淀：

$$CaO + H_2O \longrightarrow Ca(OH)_2$$
$$Na_2CO_3 + Ca(OH)_2 \longrightarrow CaCO_3 \downarrow + 2NaOH$$

而生成的 NaOH 与水中 CO_2 作用又生成 Na_2CO_3，从而在循环反应的过程中，使 Na_2CO_3 得到再生，在运行中由于排污和渗漏所致，仅补充一些量的 Na_2CO_3 保持平衡。该法在国内一些厂的应用中有很好效果。

利用高炉煤气洗涤水与转炉除尘废水混合处理，也是保持水质稳定的一种有效方法。由于高炉煤气洗涤水含有大量的 HCO_3^-，而转炉除尘废水含有较多的 OH^-，使两者结合，发生如下反应：

$$Ca(OH)_2 + Ca(HCO_3)_2 \longrightarrow 2CaCO_3 \downarrow + 2H_2O$$

生成的碳酸钙正好在沉淀池中除去，这是以废治废、综合利用的典型实例。在运转过程中如果 OH^- 与 HCO_3^- 量不平衡，适当在沉淀池后加些阻垢剂做保证。

总之，水质稳定的方法是根据生产工艺和水质条件，因地制宜地处理，选取最有效、最经济的方法。

③ 污泥的脱水与回用　经沉淀的污泥必须进行处理与回用，否则转炉废水密闭循环利用的目标就无法实现。转炉除尘废水污泥含铁达 70%，具有很高应用价值。处理这种污泥与处理高炉洗涤水的瓦斯泥一样，国内一般采用真空过滤脱水的方法，但因转炉烟气净化污

泥颗粒较细，含碱量大，透气性差，该法脱水效果较差，目前已渐少用。采用压滤机脱水，通常脱水效果较好，滤饼含水率较低，但设备费用较高。脱水的污泥通常制作球团回用。

（2）转炉除尘废水处理工艺与技术

目前，转炉除尘废水处理与回用有如下几种较为成功的工艺流程。

① 混凝沉淀-水稳药剂处理与回用工艺流程　从一级文氏管排出的除尘废水经明渠流入粗粒分离槽，在粗粒分离槽中将含量约为15%的、粒径大于60μm的粗颗粒杂质通过分离机予以分离，被分离的沉渣送烧结厂回收利用；剩下含细颗粒的废水流入沉淀池，加入絮凝剂进行混凝沉淀处理，沉淀池出水由循环水泵送二级文氏管使用。二级文氏管的排水经水泵加压，再送一级文氏管串联使用，在循环水泵的出水管内注入防垢剂（水质稳定剂），以防止设备、管道结垢。加药量视水质情况由试验确定，如图9-3所示。沉淀池下部沉泥经脱水后送往烧结厂小球团车间造球回收利用。

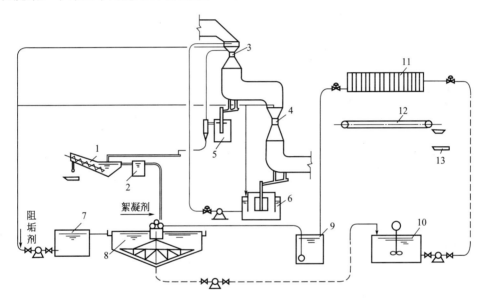

图 9-3　转炉除尘废水混凝沉淀-水稳药剂处理流程

1—粗颗粒分离槽及分离机；2—分配槽；3——级文氏管；4—二级文氏管；5——级文氏管排水水封槽及排水斗；
6—二级文氏管排水水封槽；7—澄清水吸水池；8—浓缩池；9—滤液槽；
10—原液槽；11—压力式过滤脱水机；12—皮带运输机；13—料罐

该工艺的要点是用粗颗粒分离槽去除粗颗粒，以防止管道堵塞。

② 药剂混凝沉淀-永磁除垢处理与回用工艺流程　转炉除尘废水经明渠进入水力旋流器进行粗细颗粒分离，粗铁泥经二次浓缩后，送炼烧结厂利用；旋流器上部溢流水经永磁场处理后进入污水分配池与聚丙烯酰胺溶液混合，随后分流到斜管沉淀池沉降，其出水经冷却塔降温后进入集水池，清水通过磁除垢装置后加压循环使用。沉淀池泥浆用泥浆泵提升至浓缩池，污泥浓缩后进真空过滤机脱水，污泥含水率约为40%～50%，送烧结配料使用，如图9-4所示。

③ 磁凝聚沉淀-水稳药剂处理与回用工艺流程　转炉除尘废水经磁凝聚器磁化后，流入沉淀池，沉淀池出水中投加碳酸钠解决水质稳定问题循环回用。沉淀池沉泥送厢式压滤机压滤脱水，泥饼含水率较低，送烧结回用，如图9-5所示。

我国大多数钢铁企业使用氧气顶吹转炉炼钢，综合目前国内氧气顶吹转炉烟气洗涤废水系统，基本上有4种工艺流程。

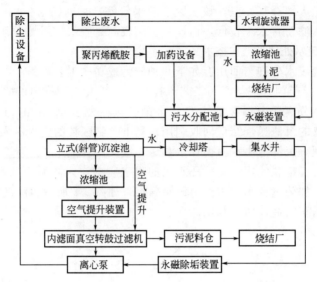

图 9-4 药剂混凝沉淀-永磁除垢处理工艺流程

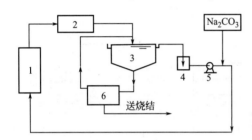

图 9-5 磁凝聚沉降-水稳药剂工艺流程

1—洗涤器；2—磁凝聚器；3—沉淀池；
4—积水槽；5—循环槽；6—过滤机

1) 烟气洗涤采用两级文氏管串联除尘。一文排水经粗颗粒分离机后，进入辐流式沉淀池混凝溶液沉淀，回水经泵加压后送二文一文串联使用，污泥送板框压滤机脱水后回收利用。

2) 烟气采用两级除尘器净化。水处理工艺流程基本同第一种方式，只是沉淀池出水经冷却塔冷却后再供二次除尘器用水。污泥经二次浓缩后用真空过滤机脱水。该工艺构筑物较多，污泥脱水效率低，污泥含水率高达 40% 以上。

3) 污水经水力旋流器、立式沉淀池沉淀后，出水经加压上冷却塔冷却送除尘用水。该系统中投加混凝剂，回水循环使用，沉淀池排泥经二次浓缩后用真空过滤机脱水。该系统污水沉淀效率低、污泥含水率高，给污泥脱水带来很大困难，运行情况普遍不太理想。

4) 烟气经溢流式文氏管、脱水器、多喉口文氏管和湍流塔二级净化，除尘污水经混凝沉淀和冷却循环使用，污泥用内滤式真空过滤机脱水。

以上 4 种工艺流程，其运行效果与所采用的工艺流程及管理水平有关，通常都存在种种问题，目前都在加强技术改造，主要是加强悬浮物沉淀与污泥脱水功能以及水质稳定技术，实现废水高效处理与提高废水回用率的目的。

9.2.4 连铸机用水系统与水质要求

连铸机的开发应用是炼钢工序一次重大的工艺革新，它的优点是可以降低能源消耗，提高金属收得率，提高产品质量，降低生产成本，大大简化模铸钢锭和初轧等生产工艺。因此，连续铸钢机（简称连铸机）是钢铁工业广泛使用的浇铸设备。连铸比的高低是炼钢技术水平的重要标志。

在连铸过程中，供水水质起着重要作用，为了提高钢坯的质量，对连铸用水水质的要求越来越高，水的冷却效果好坏直接影响钢坯的质量和结晶器使用寿命。由于连铸比的快速增加，连铸生产废水处理与回用已成为炼钢工序的重要技术问题。

随着钢铁冶炼技术的发展，连铸工艺替代模铸—初轧的旧生产工艺成为必然的趋势。目前，国内设计并投产运行的连铸浊循环水系统工艺处理流程，根据用水户对给排水条件要求的不同，有多种相应的处理方法，基本上能满足生产要求。但是，对全连铸、热连轧要想保证铸坯、轧件的表面质量和内部质量，其直接冷却水质必须提高，否则水中悬浮物、油类和盐类过高，不仅对系统自身的水质稳定不利，更重要的是浊环水中悬浮物的颗粒粒径较大时，容易堵塞孔径为 $1\sim3mm$ 的喷嘴，使喷水不均匀，因而冷却不均匀，进而使钢坯、轧件表面质量降低。同时，使钢坯、轧件内部固化不均，钢材质量受到严重影响。

表 9-4 为我国部分钢铁企业引进薄板连铸机的供水条件与水质要求，可供参考[72]。

表 9-4　薄板坯连铸机供水条件与水质要求

名称	结晶器冷却			设备冷却			二冷段喷淋			二次冷却水		
	甲厂	乙厂	丙厂	甲厂	乙厂	丙厂	甲厂	乙厂	丙厂	甲厂	乙厂	丙厂
供水水量/(m³/h)	1800	1000～2000	760～1520	660	350～700	310～620	1270	505～1010	485～970	3000	1000～2000	850～1700
供水水压/MPa	1.40	1.45	1.40	0.65	0.70	0.65	1.30	14.5	1.30	0.40	0.30	0.4
进水水温/℃	45	45	42	30	33	40	35	35	35	32	33	35
出水水温/℃	60	57	62	45	47	55	47	47	55	43	45	53
水量损失/%		0.2			0.5						5	
pH 值	7.5～8.5	7.5～8.5	7.5～9	7.5～8.0	7.5～8.0	7.5～9	7.5～9	7.5～9	7.5～9	7.5～8.5	7.5～8	7.5～8
总硬度/DH	4.0	2	10	25	25	10	25	25	40	45	25	25
暂时硬度/DH	1	0.2	2	12	5	2	24	10	15	33	5	8
$\rho(Cl^-)$/(mg/L)	50	50	50	250	100	50	250	250	250	250	100	100
$\rho(SO_4^{2-})$/(mg/L)	50	150	150	150	250	150	400	400	400	250	250	250
$\rho(Fe+Mn)$/(mg/L)	0.2	0.2	0.5	0.5	0.5	0.5	0.5	0.5	0.5	0.5	0.5	0.5
$\rho(SiO_2)$/(mg/L)	50	50	40	100	100	40	150	150	150	100	100	100
$\rho(NH_3+NH_4^+)$/(mg/L)	0.5	0.5	5	0.5	0.5	5	10	10		0.5	0.5	5
SS/(mg/L)	10	5	10	20	20	10	20	20	25	20	20	25
粒径/mm	0.05	0.05	0.03	0.1	0.1	0.03	0.1	0.1	0.2	0.1	0.1	0.1
油/(mg/L)	0	0	0.5	5	5	0.5	5	10	10	5	5	5
总溶解固体/(mg/L)	300	250	400	800	800	400	1100	1100	1100	1100	800	800

连铸机冷却水主要分为软化水、二次冷却水与喷淋冷却水三部分。软化水用于冷却结晶器和其他设备；二次冷却水用于间接冷却软化水；喷淋与机冷却水用来直接喷淋结晶后的钢坯和火焰切割机等。因此连铸浊循环系统废水主要是指二次冷却区产生的废水，亦称浊循环废水。净循环系统的废水是指软化水与二次冷却水，是与设备间接接触的。

连铸废水主要含有氧化铁皮和油，处理方法一般采用沉淀、除油、过滤、冷却和水质稳定等措施。但由于条件和用水系统的差异，外排废水水质成分不同，因此，处理的侧重点也不相同。

9.2.5　连铸废水处理典型工艺流程与回用技术

9.2.5.1　工艺流程

该处理工艺主要针对二次冷却区喷嘴向拉辊牵引的钢坯喷水、钢坯切割与火焰清理等废水。这些废水主要受热污染，含氧化铁皮和油脂，处理方法一般采用固-液分离（沉淀）、液-液分离（除油）、过滤、冷却和水质稳定等措施，以达到循环利用。图 9-6 为连铸废水的常规（典型）处理工艺流程。废水经一次铁皮坑，将大颗粒（$50\mu m$ 以上）的氧化铁皮清除

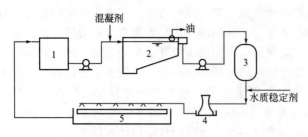

图 9-6 连铸废水处理与回用的典型流程

1—铁皮坑；2—沉淀除油池；3—过滤器；

4—冷却塔；5—喷淋

掉，用泵将废水送入沉淀池，在此一方面进一步除去水中微细颗粒的氧化铁皮；另一方面利用上浮原理将油部分去除。为了保证沉淀池出水悬浮物较低，以保证喷嘴不被堵塞，通常采用投药混凝方式以加速沉淀。试验表明，用石灰、25mg/L 的活性氧化钙和 1mg/L 的聚丙烯酰胺进行混凝处理，可使净化效率提高 20%，同时也减轻滤池负荷。

该处理工艺中设备的冷却塔选用是很重要的。冷却塔是循环水冷却能否达到温度要求的关键设备。

9.2.5.2 冷却塔的选用要求

① 冷却塔的分类与组成 玻璃钢冷却塔按其水流和气流方向可分为逆流式、横流式、横逆流混合式及喷射型 4 类。按照设计工况条件和气象参数，习惯上将湿球温度 τ 为 27～28℃、进水温度 t_1 为 37℃、出水温度 t_2 为 32℃ 即温度 Δt 为 5℃、冷幅 $t_2 - \tau$ 为 4～5℃ 称作标准工况型冷却塔，简称标准型冷却塔，将按其他工况条件及气象参数设计的冷却塔称作非标准型或工业型冷却塔。在标准型塔中按照其运行时的噪声强度，一般把距塔体外一倍塔体直径处的噪声强度≤60～68dB 者称作低噪声塔，大于此值者称作普通型冷却塔。

玻璃钢冷却塔产品均为机械通风型，风机均安设于塔顶部，塔身壳体大都为不饱和聚酯玻璃钢制作，淋水装置（俗称填料）均为斜波纹板、交错排列，斜角逆流塔为 60°，横流塔为 30°，材质大多数为改性硬聚氯乙烯。也有少数厂生产铝质斜波纹板填料的冷却塔，供进水温度高及其他特定的工作条件选用。

② 选用要求 选用玻璃钢冷却塔时应注意以下几点。a. 玻璃钢冷却塔的冷却能力，系指该塔在设计工况和气象参数条件的名义流量。选用时应根据循环供水系统的使用工况和所在地区的气象参数条件，根据冷却塔的热工特性曲线，经验算确定使用工作流量。b. 选用逆流式冷却塔产品，其工作水量变化幅度一般不得大于或小于名义流量的 15%～20%，否则其布水装置等方面应做相应调整。c. 安装冷却塔的循环供水系统的水质，其浊度一般不宜大于 50mg/L，短期允许增大到 100～200mg/L，并应视水质及其他工作条件，考虑灭藻措施及水质稳定处理。d. 玻璃冷却塔的最高进水水温一般不宜大于 60℃。e. 选用冷却塔时除应考虑冷却效率、电耗、噪声、价格等因素外，应根据防火要求及环境条件，优先选用阻燃型材质（尤其是填料）的冷却塔[73]。

9.2.5.3 物理法除油为主的连铸废水处理与回用技术

（1）采用核桃壳过滤器的处理工艺

① 处理工艺与原理 该工艺流程的核心是除油，处理核心设备是除油过滤器，即核桃壳过滤器。利用核桃壳对浮油的吸附能力，将经加工后的核桃壳装入过滤器作为滤料，废水经核桃壳过滤器过滤后，既可除油也可去除部分悬浮物，其工艺流程如图 9-7 所示。

图 9-7 核桃壳过滤器处理工艺流程

该处理工艺已在天津铁厂连铸系统废水处理中使用，经多年运行实践证明，这种处理工艺可满足其生产工艺要求，而且核桃壳过滤器对悬浮物的去除能力也可达到生产工艺要求。

② 核桃壳过滤器的性能与有关技术参数

1) 核桃壳过滤器的特性。核桃壳过滤器是近年来针对油田废水处理与注水的除油要求而开发研究的，已在各行业的含油废水处理中发挥明显作用。

该过滤器采用经加工的核桃壳为过滤介质，具有较强的吸附油能力，并且滤料能反洗再生，抗压能力强（2.34MPa），化学性能稳定（不易在酸、碱溶液中溶解），硬度高。耐磨性好，长期使用不需要更换，吸附截污能力强（吸附率 25%～53%），亲水性好，抗油浸。因该滤料密度略大于水（1.225 g/cm^3），反洗再生方便，其最大特点就是直接采用滤前水反洗，且无需借助气源和化学药剂，运行成本低、管理方便、反冲洗强度低、效果好、滤料不

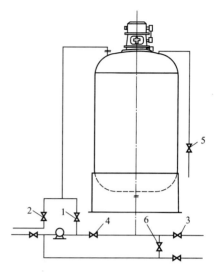

图 9-8 HY 型单级核桃壳过滤器流程示意
1—进水阀；2—反冲出水阀；3—滤后出水阀；
4—反冲进水阀；5—放气阀；6—放空阀

易腐烂、经久耐用并可根据水质要求，采取单级或双级串联使用。图 9-8 为单级核桃壳过滤器示意。

2) 有关技术参数与应用效果。现有产品处理水量为 10～180m^3/h；设计压力 0.6MPa；工作温度 5～75℃；反冲洗历时 8～10min；工作进水水压＞0.3MPa。

滤前水质要求：含油量≤120mg/L；SS 含量≤30mg/L。

滤后水质指标：一级处理油去除率 93%，含油量≤10mg/L，SS 含量＜5mg/L；二级处理油去除率 65%，含油量≤5mg/L，SS 含量＜3mg/L。

核桃壳与石英砂过滤除油效果比较见表 9-5[73]。

（2）采用永磁絮凝器的处理工艺

① 处理工艺与原理　铸件或钢件表层占厚度 2% 左右为 Fe_2O_3，中间层厚约 18% 为 Fe_3O_4。内层占厚度 80% 为 FeO。这些都与原料成分、加热温度和时间、轧钢工艺、冷却因素有关。氧化铁皮具有铁磁性，在外加一定磁场强度的作用下能被磁化。离开外加磁场后还有较强的剩余磁感应强度，利用这种特性可以在连铸废水中采用磁化处理。

氧化铁皮的颗粒大小，随连铸机种类等因素而异，大的厚度约几厘米，长宽到几十厘米，小颗粒粒径仅几微米。大块氧化铁皮用细格栅拦截，60μm 以上粗颗粒可用旋流沉降并用抓斗清除，60μm 以下颗粒，特别是 20～10μm 微细颗粒可在磁处理中被磁化，具有一定磁力的铁磁性物质相互絮凝成大颗粒，可在旋流沉淀池中被除去。其处理工艺如图 9-9 所示。

表 9-5　核桃壳与石英砂过滤除油效果比较

编号	名称	石英砂	核桃壳
1	过滤时油的去除率/%	40～50	82～93
2	悬浮物去除率/%	50～65	85～96
3	过滤速度/(m/h)	8～12	25～30
4	反冲洗强度/[L/(s·m^2)]	16	6～7
5	滤料维护方式	2～3 年更换一次	每年补充 10%

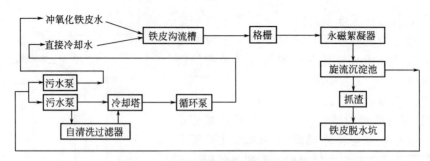

图 9-9　采用永磁絮凝器处理工艺流程

② 永磁絮凝器的特性与应用　钢铁厂含铁废水的泥渣均属于磁性物质，在一定的磁场强度作用后，铁磁性氧化物有较高的矫顽磁力或剩余磁化强度，并能保持相当一段时间。利用这一特性，磁化后的粒子之间以及磁化粒子与非磁化粒子（连铸、轧钢工艺有时还使用硅钙合金、萤石、石墨等）之间会发生吸引、碰撞、黏聚，使得固体悬浮物凝聚成束状或链状，颗粒直径大大增加，沉降速度加快。因此，可以缩小处理构筑物的尺寸。磁化处理再辅以加药絮凝，则可使出水悬浮物降至 50mg/L 以下。实践证明，磁凝聚处理后能使化学药剂投加量减少 50% 左右。

另外，磁处理还可改变水溶液的物理化学性能（如电导率、黏度、表面张力等）、离子的水合缔合度和盐类的结晶结构。如使含钙离子所形成的晶体由方解石变为纹石，并随水流带走，可减少对设备和管道内壁的结垢，对浊环水系统水质稳定有一定作用。

污水回水的铁皮沟或溜槽上距旋流池或一次沉淀坑 ≥5m 的地方，安装永磁絮凝器。其中 YCQ 型渠用永磁系列絮凝器，处理水量为 340~4500m³/h，通过磁场的水流速为 1.5~2.5m/s，中心磁场强度为 0.08~0.15T（800~1500GS），磁程为 100~300mm，磁暴时间约为 0.15~0.2s。而 CFG 管式絮凝器处理水量为 500~2000m³/h，水流速为 1.5~2.0m/s，背景磁场强度为 0.28~0.30T（2800~3000GS），中心磁场强度为 0.16T（1600GS）。由于采用了磁力线与水流同向流动，可防止铁磁性物质吸附在 S 极、N 极上，解除泥渣聚集产生堵塞问题。

9.2.5.4　化学法除油为主的连铸废水处理与回用技术

（1）处理工艺与原理

马鞍山钢铁设计院与宜兴水处理设备制造公司共同开发的 MHCY 型化学除油器，已于

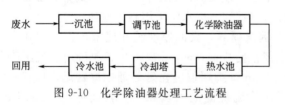

图 9-10　化学除油器处理工艺流程

1997 年应用于电炉连铸浊循水系统。其主要工艺流程如图9-10所示。[73]

化学除油器分为反应区和沉淀区。反应区主要有两级机械搅拌反应或一级水力搅拌；沉淀区即为斜管沉淀部分。反应沉淀时间为 10min。先投加 2%~3% 浓度、投量为 15~30mg/L 的混凝剂，搅拌混合反应 2min 后，再投加 2%~3% 浓度、投加量为 15~30mg/L 的阴离子型高分子絮凝剂，并搅拌混合反应 3min，最后进沉淀区斜管沉淀。当进水 SS≥200mg/L，油在 35~45mg/L 时，处理出水 SS≤25mg/L，油≤10mg/L。沉淀污泥可定期排出，每次 3~5min，可排入旋流池渣坑或粗颗粒铁皮坑一同运走，也可单独浓缩脱水处理。常用的混凝剂为聚合氯化铝、高分子絮凝剂（阴离子型为净水灵除油剂），采用计量泵自动加药。这种除油设施不仅有效去除浮油，还可去除浮化油和溶解油，已在马钢、包钢、济钢、武钢等工程中应用。

（2）MHCY 型化学除油器的特性与应用

MHCY 型化学除油器集混合、反应、沉淀于一体，具有体积小，除油完全，不仅能除浮油，并能去除浮化油和溶解油。如图 9-11 所示。其相关尺寸见表 9-6。

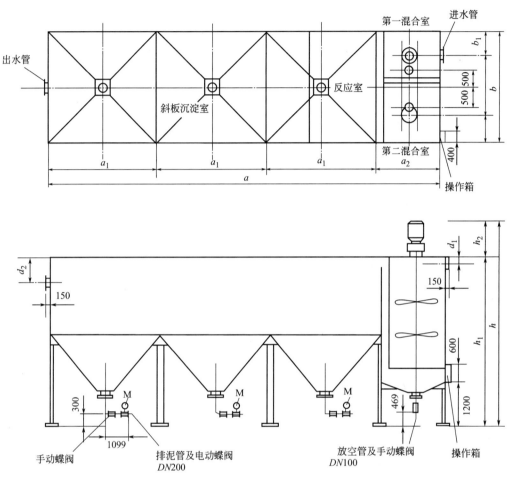

图 9-11 MHCY 型化学除油器外形与相关尺寸（单位：mm）

M—电动蝶阀

表 9-6 **MHCY 型化学除油器规格及外形尺寸**

型号	a	$a_1 \times n$	a_2	b	b_1	d_1	d_2	h	h_1	h_2	进水管径	出水管径
MHCY-Ⅰ	8000			2500					4200			
MHCY-Ⅱ	10004	2780×3	1664	3008	604	175	670	5882	4500	1382	$DN250$	$DN300$
MHCY-Ⅲ	12500	3500×3	2000	3300	600	250	745	6182	4800	1382	$DN300$	$DN350$
MHCY-Ⅳ	14500	3000×4	2500	3500	600	250	745	6182	4800	1382	$DN300$	$DN350$

1）MHCY 型化学除油器专为处理冶金企业连铸、轧钢车间排出的含油废水、氧化铁皮废水（浊环水）设计的，共开发了 MHCY-Ⅰ、MHCY-Ⅱ、MHCY-Ⅲ 和 MHCY-Ⅳ 4 种规格，其设计处理水量分别为 100m³/h、200m³/h、300m³/h 和 400m³/h。

2）化学除油是以投加化学药剂，经混合反应后使水中的油类、氧化铁皮等悬浮物通过凝聚、絮凝作用沉降分离出来，达到净化水质的目的。当进水含油在 35～45mg/L，SS 含量在 200mg/L 左右时，其出水含油在 10mg/L 以下，SS 在 25mg/L 以下。

3) 投加的药剂共两种，分开投加。第一种属于电介质类，如硫酸铝、复合聚铝、碱式氯化铝、聚合硫酸铁、三氯化铁等均可，投入第一混合室。第二种是油絮凝剂，是一种特制的高分子油絮凝剂，投入第二混合室。两种药剂分开投加，且投加次序不能颠倒。投加药量均为 15mg/L，投加浓度宜为 2%～3%，两种药剂均为无毒无害药剂。

4) 经投药并通过第一、第二混合室混合后的污水进入后部反应室和斜管沉淀室，水中油类（浮油和乳化油）和悬浮物经过药剂的凝聚，絮凝作用形成大颗粒絮花沉降在下部排泥斗中，上部清水经溢流堰、出水管排出。下部污泥可定期排出，每 8h 排一次，每次 3～5min，排出的污泥可排至旋流池（或一次铁皮沉淀池）渣坑和粗颗粒铁皮一并运出，也可单独浓缩处理后运出。

5) 为有利于化学除油器的排泥，进入化学除油器的污水宜为经过旋流池（或一次铁皮沉淀池）处理后的水，使用化学除油器的污水处理流程建议如图 9-12 所示。

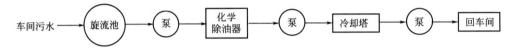

图 9-12 化学除油器污水处理流程

6) 化学除油器宜放在地面，以便管理方便。北方地区宜放置室内，以免产生冰冻。

此外，攀钢连铸和首钢二炼钢连铸所采用的气浮-加药破乳絮凝-沉淀的处理工艺，是将物理与化学方法融于一体的处理工艺，对去除浮油、乳化油、溶解油更有显著效果。

9.3 炼钢厂废水处理回用技术应用实例

9.3.1 宝钢转炉烟气 OG 法除尘废水处理循环回用应用实例

(1) OG 装置用水要求与循环水处理系统

① OG 装置用水要求

1) 水量。每座转炉总用水量为 1740m³/h。其中：一级文氏管为 780m³/h，一级文氏管溢流水封 200m³/h，二级文氏管为 680m³/h，二级文氏管排水封槽，即向一级文氏管给水的补充水 80m³/h。

2) 水温。一级文氏管给水温度 53℃，二级文氏管给水温度 45℃。

3) 水压与水质。一级文氏管给水压力 6865kPa，二级文氏管为 882.6kPa。一级文氏管给水 SS 小于 2000mg/L，排水 SS 为 5000～15000mg/L。二级文氏管给水 SS 小于 200mg/L，排水 SS 为 1600～2000mg/L。

② OG 装置循环水处理系统　根据转炉炼钢生产特点和用水户要求，决定采用循环给水和连续给水（又名串接给水）系统，即一级文氏管除尘排水进入浓缩池，沉淀后供二级文氏管及溢流水封等用户使用，二文排水直接提升供一级文氏管使用。水在一文除尘设备中，由于水和高温烟气直接接触，水质受污染，不仅 pH 值增高、水温升高，且含有铁等机械杂质。为此污水经水封槽排入架空明沟，自流到粗颗粒分离槽。先在粗颗粒分离槽内去除大于 60μm 的粗颗粒，然后进入分配槽分别向 3 座浓缩池进水（正常运转时，两座工作，一座备用）。为了加速悬浮颗粒的沉降和调整污水 pH 值，在分配槽内投加高分子助凝聚剂和硫酸或废碱液等 pH 值调整剂。除尘废水在浓缩池内沉淀，澄清后，清水进入吸水池，用 ZDC

双吸离心水泵三台（两台工作，一台备用）提升向二级文氏管和一级文氏管溢流水封及二级文氏管排水封槽补水。考虑到在循环水系统中必须进行水质稳定，在吸水池澄清水进口投加pH值调整剂和提升泵吸水口投加分散剂。在二级文氏管除尘设备中，大部分机械杂质，特别是粗颗粒已清除。二级文氏管排水pH值一般接近中性，悬浮物的质量浓度一般为1600～2000mg/L，可以不加任何处理，直接提升供给一级文氏管作熄火降温粗除尘使用。浓缩池底部沉降污泥浆，由泥浆泵抽送到泥浆调节槽，再由泥浆泵压送到全自动压力式过滤脱水机进行脱水。脱水后过滤液返回浓缩池沉淀，污泥和粗颗粒分离提升出来大于$60\mu m$粗颗粒通过专用车辆送到烧结厂小球团车间室内堆场和其他含铁污泥一起继续进行自然干燥和回收利用。

转炉烟气除尘废水处理流程如图9-13所示[74]。

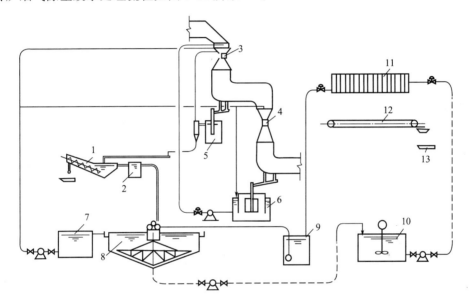

图 9-13 转炉烟气除尘废水处理流程
1—粗颗粒分离槽及分离机；2—分配槽；3—一级文氏管；4—二级文氏管；5—一级文氏管排水水封槽及排水斗；
6—二级文氏管排水水封槽；7—澄清水吸水池；8—浓缩池；9—滤液槽；10—原液槽；
11—压力式过滤脱水机；12—皮带运输机；13—料罐

（2）工艺流程特点

① 节省基建及水处理药剂费用　减少除尘污水在浓缩池处理量约39%，基建投资、水处理药剂及水质稳定药剂费用都可以相应减少，因此也减少了占地面积。

② 一级文氏管供水安全可靠　一级文氏管有2个供水水源，即一级文氏管本体用水由二级文氏管排水水封槽直接提升供给，一级文氏管溢流水封由循环水系统供给。这样当一路暂时停止供水，还不会由于保证不了一级文氏管熄火而可能引起煤气爆炸。

③ 节省电力消耗　二级文氏管排水通过水封槽收集，直接提升供一级文氏管使用，电力消耗可以节省。例如，一级文氏管供水点标高49m，供水压力只需700kPa；二级文氏管供水点标高23m，则供水压力900kPa。可见采用一个供水系统，则供水压力必须满足最不利点要求，电能消耗大量增加。

④ 预处理防止泥浆泵磨损和管道堵塞　粗颗粒进入浓缩池前进行预处理，有利于浓缩池刮泥机的正常运转，防止了泥浆泵的磨损和管道的堵塞。

⑤ 污泥含水率低，利于处理应用 浓缩污泥使用全自动压力式过滤脱水机，脱水后的污泥含水率小于30%，有利于运输和下道工序处理利用。

目前，我国转炉OG装置除尘给水，不论一级文氏管、二级文氏管还是一级文氏管溢流水封等用水，不少企业还用一个给水系统，统一供水，用后废水经沉淀而循环使用，处理水量大，构筑物多。泥浆采用真空脱水，投资多，电能消耗大，且含水率较高。因而OG装置除尘废水处理系统设计存在着弊多利少，所以炼钢厂这一给水系统和水处理工艺值得同行业借鉴。

（3）主要设备选择

转炉OG装置除尘废水循环系统是由架空回水明沟的粗颗粒分离槽与分离机、浓缩池及污泥脱水系统四大部分组成。

9.3.2 武钢转炉烟气OG法除尘废水处理与回用应用实例

我国自行设计的采用宝钢技术、经消化吸收创新用于武钢二炼钢转炉烟气净化废水处理与循环回用技术，采用粗颗粒分离机、VC沉淀池等装置，以及碳酸钠软化法除垢，使转炉烟气废水实现全循环回用。

（1）废水水质与处理工艺流程

武钢二炼钢厂转炉烟气除尘系统原设计废水为直流排放，使用后的转炉烟气污水经处理后达标直排长江。为了消除此股污水对长江水域造成污染，与转炉扩容改造工程同步进行转炉烟气净化污水循环回用工程建设。全部工程分三期进行，共投资1600万元，扩建改造后，供水量由原来800~1000m³/h，提高到1200~1680m³/h。

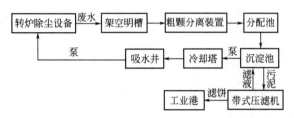

图9-14 转炉除尘废水处理工艺流程

废水处理工艺如图9-14所示。转炉烟气净化污水经架空明槽进入粗颗粒分离装置，分离出60μm以上的粗颗粒，溢流水进入分配池，在此投加絮凝剂聚丙烯酰胺溶液，然后分流进入两座辐流式沉淀池和一座VC沉淀池。出水经冷却塔降温后流入吸水井，并投加ATMP阻垢剂，最后经泵房加压后供除尘设备循环使用，沉淀池污泥由三台带式压滤机脱水后送工业港作烧结混合料。治理前后的水质变化情况见表9-7[75]。

表9-7 处理前后水质比较

进水水质	水量/(m³/h)	SS/(mg/L)	pH值	Ca²⁺/(mg/L)	Mg²⁺/(mg/L)	总硬度/(mmol/L)	出水水质	SS/(mg/L)	水温/℃
	1680	1800~3700	9~8	70~610	5~18	2~16		≤50	≤35

（2）主要构筑物与设备

根据宝钢处理经验，采用粗颗粒分离机，可解除60μm以上粗颗粒问题，不仅能降低沉淀池处理负荷，而且对设备磨损、管道堵塞，特别是带式压滤机使用寿命延长均有大的效果。选用设备的名称与规格见表9-8。

（3）出现问题与解决途径

① 粗颗粒分离机（螺旋提升机）运行不正常 主要是螺旋提升机提升失控，尘泥难以提升，经检查螺旋机安装符合与水平夹角≤25°的要求，主要原因是混凝土导槽表面粗糙，阻力大，后改为钢管，但夹角未变，螺旋叶片与导管槽间隙距控制5mm以内，上述问题即妥善解决。

表 9-8 主要设备名称、规格

序 号	名 称	型式及规格	单位	数 量
1	带式压滤机	CPF-2000S5,滤带有效宽度 2000mm,主传动减速机型号 XWEDS,5-85-1/187,5.5kW,给料装置 XWED0.8-78-1/121,0.8kW	台	3
2	静态混合器	JHA-200,长度 $L=2000mm$	台	3
3	螺旋分级机	XWED4-95GAJF,分级机外径 600mm,中心轴直径 325mm	台	4
4	隔膜式计量泵	J-WM2/10 配电动机 BA06314W,$N=0.12kW$	台	2
5	电动蝶阀	D971X-6,$DN125$	台	3
6	VC 沉淀装置	VC-2-1 型,23m×3.4m×6.53m	台	7
7	泥浆泵	2PNJFA,$Q=27\sim50m^3/h$,$H=40\sim36m$,$n=1900r/min$,$N=18.5kW$	台	18
8	潜水泵	AS30-2CB,$Q=42m^3/h$,$H=11m$,$N=2.9kW$,$n=2850r/min$,380V	台	1
9	离心水泵	250S39A,$Q=324\sim576m^3/h$,$H=35.5\sim25m$,$n=1450r/min$,配电机 Y250M-4,$N=55kW$	台	1
10	PVC 蜂窝填料	$d25$	m^3	437
11	沉淀池	辐射式 $\phi20m$	台	2
12	水质稳定间	楼房 4 层	m^2	591.68
13	加药罐	直径 $\phi2m$,高 3.2m,带搅拌机 RJ850-Ⅸ	台	6

② 结垢问题 由于在炼钢过程中,必须投加石灰,以形成炉渣,生产所用的石灰,其质量、粒度、强度等,往往不能满足设计要求,而且石灰的投加量一般超过计划用量。在吹氧时,部分石灰粉尘还未与钢液接触,就被吹出炉外,随烟气一道进入除尘系统。因此,除尘废水中 Ca^{2+} 含量相当多,同时又有 CO_2 溶于水,致使废水暂时硬度较高,结垢严重。

在未采取分散阻垢方式时,系统结垢极快,一周泵体表面均匀附着层厚为 3～5mm 的垢块。经对垢样分析 CaO 含量 52.2%,MgO 含量 3.19%,Fe_2O_3 含量 1.34%,由此可见,Ca^{2+} 是成垢的主要原因。针对实际中的问题,选用投加 Na_2CO_3 的水质稳定方法进行实验室和现场试验,并试生产。该法原理:石灰在水中形成 $Ca(OH)_2$,Na_2CO_3 与之作用生成 $CaCO_3$ 和 NaOH,生成的 $CaCO_3$ 可以沉淀析出,而 NaOH 又可与水中的 CO_2 作用生成 Na_2CO_3,从而在循环反应的过程中,使 Na_2CO_3 得到再生。这种办法的好处是一次投加 Na_2CO_3 以后,可以长期起作用。采用这种办法的条件是系统必须密闭,不得外排废水。其原因是 Na_2CO_3 的作用和再生是等当量进行的,若有排放,则平衡被破坏,必须补充 Na_2CO_3 投加量。

（4）运行效果与效益分析

经正常运行后效果良好,自投加 Na_2CO_3 作水质稳定剂后,喷嘴、滤网等结垢、堵塞问题得到解决,循环水质状况比较稳定,经测定 pH 值平均为 10.44;SS 均值为 52.7mg/L;$\rho(Ca^{2+})$ 为 3.54mg/L,符合循环水质要求。实现废水密闭循环,年节约新水 1200 万吨;年回收尘泥 1.8 万吨,直接经济效益共 500 万元/年。更重要杜绝废水直排入江河造成水域与环境污染。

9.3.3 宝钢连铸浊循环水处理与回用应用实例

宝钢是国内连铸生产最为完善的企业,现有三套连铸生产废水处理工艺且各具特色,是借鉴国内外经验设计而成的，很值得借鉴。

（1）连铸生产概况与工艺用水要求

宝钢一、二期建设的一炼钢，有 3 座 300t 氧气顶吹转炉，三吹二操作。二期结束时年产钢 670 万吨。配有 1900mm 连铸机两台，年产板坯 400×10^4t，其余钢水模铸浇制。三期二炼钢设 2 座 250t 氧吹转炉，设有 1450mm 板坯连铸 2 台，连铸比为 100%。三期电炉项目配有管坯连铸机 1 台，全部铸成 96 万吨圆坯。

在连铸工艺中直接冷却水对于铸坯形成极为关键，故使连铸浊环水处理成为连铸工艺中重要的一环。连铸浊环水含有大量氧化铁皮和油类，其处理工艺日趋多样化，宝钢现有 3 套类型不一连铸浊环水处理系统，均借鉴国内外经验，采用既有相同，又有所不同，各具特色的处理工艺。

由于宝钢 3 套类型连铸机引进时期不同，使用对象也不相同，故其工艺用水要求也有一些差异。表 9-9 列出宝钢 3 套连铸循环水水质参数[76]。

表 9-9 宝钢 3 套连铸循环水水质参数

项目	1900mm 连铸		1450mm 连铸		电炉管坯连铸	
	供水	回水	供水	回水	供水	回水
水量/（m³/h）	2850		1850		260	
pH 值	7～9	7～9	7～9	7～9	7～9	7～9
水温/℃	35	55	≤33	50～60	35	55
SS/（mg/L）	≤20	≤400	≤20	220	≤20	≤1580
油/（mg/L）	≤5	30	≤5	25～30	≤3	≤8
循环率/%	97.5		95.2		95	
浓缩倍数/倍	2.29		2.5		2.0	

（2）连铸废水处理工艺

① 1900mm 连铸废水处理工艺 喷淋冷却及直接冷却的回水，由铁皮沟进入圆形铁皮坑。较大的氧化铁皮在铁皮坑内沉降，并堆集在底部。用门式抓斗吊车将其抓出，并在脱水池脱水后，运往烧结厂，作为球团矿原料。水中含油在铁皮坑外环部分离上浮至水面，经挡油板和撇油机被撇除。经上述处理后的水含悬浮物约 60mg/L，油 5～10mg/L。净化除油水经泵提升，一部分供直接冷却使用；另一部分则送往高速过滤器，进一步净化除油（达到悬

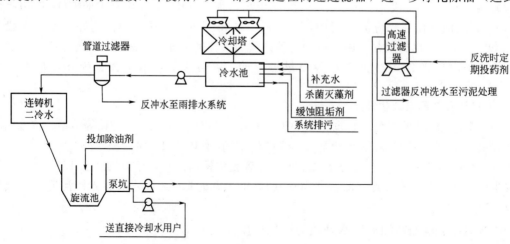

图 9-15 1900mm 连铸废水处理工艺流程

浮物≤15mg/L，油≤5mg/L）。设计处理流程如图 9-15 所示。

在实际运行过程中，投产初期曾出现过滤器滤料板结情况。为解决板结问题，根据水质情况，在旋流沉淀池投加除油剂，并在过滤器反冲洗时定期加药，以确保过滤器反冲洗效果。经上述改造后，滤料板结状况得到改善，系统运行趋于正常。

② 1450mm 连铸废水处理工艺　1450mm 连铸水处理工艺在 1900mm 连铸水处理工艺的基础上，系统中增设了二次平流沉淀池，使连铸二冷水更有效去除悬浮物和浮油，提高了水处理效果，其设计处理流程如图 9-16 所示。

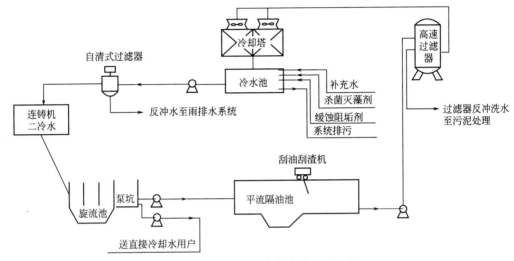

图 9-16　1450mm 连铸废水处理工艺流程

③ 电炉管坯连铸废水处理工艺　电炉浊循环水系统主要包括电炉区域连铸二次冷却（气雾喷淋冷却）和电炉真空脱气冷凝器为对象的两个浊循环冷却系统。

经气雾冷却和冲洗铁皮后的水流入辊道下的铁皮沟，回流水中带有铸坯向辊及轴承润滑油的油珠和液压系统渗漏油，然后汇流入旋流式铁皮沉淀池（位于连铸厂房内）进行沉淀，沉淀后的水通过毗连的小矩形池进行除油处理（矩形池内置放了带式撇油机），然后由水泵送至高速过滤器（WFC），经过滤后的水靠余压输送至逆流式机械抽风冷却塔冷却，冷却后的水经泵供用户循环使用。处理流程如图 9-17 所示。

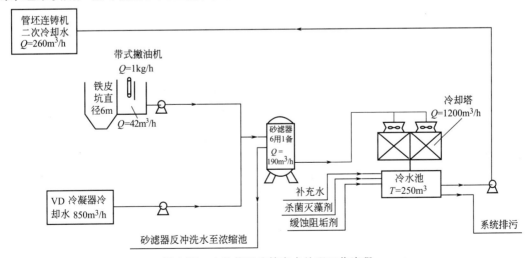

图 9-17　电炉管坯连铸废水处理工艺流程

（3）三种处理方法比较与建议

三种废水处理工艺均采用物理方法，并采用相关的处理设施，其处理状况比较，见表9-10。

表 9-10 三种处理设施技术比较

项 目	1900mm 连铸	1450mm 连铸	电炉管坯连铸
一沉池	旋流式沉淀池成直径 17m	旋流式沉淀池,直径 17m	类似立式沉淀池,沉淀时间 32min
二沉池	无	平流式隔油沉淀池,长 88m	无
撇油机	带式,已废弃	带式,收油效果不好	带式,收油效果不好
过滤器	高速过滤器;滤速 40m/h,反冲洗周期 12h;双层无烟煤、石英砂滤料	高速过滤器;滤速 35m/h,反冲洗周期 12h;双层无烟煤、石英砂滤料	砂滤,滤速 17m/h,反冲洗周期设计为 32h,现已降为 8h;均质石英砂滤料
管道过滤器	自清洗过滤器	自清洗过滤器	

三种处理工艺均以物理方法为主，依靠浮油和氧化铁皮在水中的自然性质进行升降，结合过滤器过滤去除浮油及 SS。运行实践证明，一沉池（旋流沉淀池与立式沉淀池）运行效果均能达到设计要求；但在以除油机去除浮油时均未能达到设计要求，其原因是除油机本身的除油效果差、水位落差大，不利于除油机工作。

1450mm 连铸水处理结合传统工艺，在旋流沉淀池后又设有平流式沉淀池，使除油效果更有保证。但在工艺流程上增加了一级提升和平流式沉淀池，增加了一次性基建投资（提升泵、平流式沉淀池、刮油刮渣机、输泥泵等附属设施）和日常运行成本费（主要指电费、备品备件费）。

1900mm 连铸和 1450mm 连铸水处理所采用的过滤器均为无烟煤和石英砂双层滤料的高速过滤器；而电炉管坯连铸采用均质石英砂滤料的中速过滤器。以无烟煤和石英砂组成的双层滤料对浮油具有一定的截污能力，且反冲洗周期为 12h，所以除油效果优于电炉管坯连铸的砂滤器。1900mm 连铸水处理在运行实践中，采用在旋流沉淀池投加除油剂和在过滤器反冲洗时定期加药的处理方法，但需对过滤器反冲洗水投加消泡剂消泡处理。

应该指出：三种处理工艺均属以物理法除油为主的工艺，采用的过滤器为均质石英砂滤料或为无烟煤和石英砂双层滤料的高速过滤器，尽管技术比较成熟，但因该过滤技术具有局限性，在含油浓度较高时其处理效果易受限制，调节能力较差，且运行时反冲洗周期频繁，反冲洗废水量大。在类似处理工艺设计时，建议改用 MHCY 型化学除油器或核桃过滤器。

10 热轧厂废水处理与回用技术

我国轧钢厂实现历史性高速发展和科技进步，主要体现在轧钢与上下游工序间融合与交叉科学合理，如连铸、热送热装、控轧控冷已成为热轧生产的主游。按轧制温度的不同，轧钢厂可分热轧与冷轧两类。热轧是以钢锭或钢坯为原料，用均热炉或加热炉加热到 $1150\sim1250℃$ 后，在热轧机上轧制成成品或半成品的钢板、型钢、线材、钢管四大类。

轧钢厂的废水量、水质是随轧机种类、生产能力、机组组成、生产工艺方式及操作水平等因素而异。采用同种轧机，产品产量相同情况下，如工艺方式不同，其用水量、废水量和废水水质差别是很大的。因此，科学合理地处理好热轧废水并实现循环，与串级使用，是实现热轧厂废水回用与"零"排放的关键。

10.1 热轧厂废水特征与水质水量

10.1.1 热轧厂废水来源与特征

（1）热轧厂废水来源与组成

热轧生产时，轧机的轧辊、轴承，输送高温轧件的各类辊道，初轧机的剪机、打印机，宽厚板轧机的热剪、热切机，中板轧机的矫直机，带钢连轧机的卷取机，大、中型轧机的热锯、热剪机，钢管轧机的穿孔、均整、定径、矫直机等部位均需直接喷水冷却。

钢锭或钢坯在炉内加热时，表面将形成较厚的氧化铁皮。这层氧化铁皮脱落后，高温轧件在空气作用下将再次生成氧化铁皮。通常在轧前，有时也在轧后，需要用 $10\sim15MPa$ 的高压水除鳞，在中、厚板轧机，宽热连轧机，大型轧机及钢管轧机上常被采用。

含有大量氧化铁皮和润滑油的直接冷却水，通过沿轧制线布置的氧化铁皮沟收集并进入处理构筑物。为了顺利地输送氧化铁皮，在氧化铁皮沟的起点就要加入一定数量的冲铁皮水，以满足氧化铁皮水力输送所需的流速和水深。

某些轧后产品，特别是初轧中厚板、宽热连轧带钢及大型型钢产品，一般均需喷水冷却，其排水水量大，水温较高并含少量细颗粒氧化铁皮和油类。

带钢热连轧机的精轧机组、钢管连轧机等现代轧机在高速轧制时，以及从初轧机的热火焰清理机中，均会产生大量氧化铁粉尘，通常采用电除尘器净化。电除尘器的清洗水中，含大量细颗粒氧化铁。

因此热轧厂的废水主要是轧制过程中的直接冷却水。由于热轧生产是对加热到1000℃以上的钢锭或钢坯进行轧制，所以有关设备及在某些部位的轧件均需直接冷却。废水中的主要污染物是粒度分布很广的氧化铁皮及为数不小的润滑油类，此外，热轧废水的温度较高，大量废水直接排出时，将造成一定的热污染。

不少热轧产品出厂前需要酸洗，有时还要碱洗中和。热轧厂也可能产生酸性或碱性的废液和废水。某些产品，如钢管和线材，除酸洗外，有时还要镀锌和磷化处理，产生表面处理废水。

某些大型热轧厂设有磨辊机组时，也会产生少量乳化液。

（2）热轧系统废水特征

热轧废水是直接冷却轧辊、轧辊轴承等设备及轧件时产生的废水，其特点是含有大量的氧化铁皮和油，同时用水量大，使用后温升较高。

由于热轧废水的以上特点，处理时主要采用沉淀、机械除油、过滤、冷却等物理方法，处理后的废水一般均能循环利用。热轧废水的循环利用率在钢铁厂可以是最高的。与之相比，冷轧废水在处理后虽能达到排放要求，由于技术和经济上的原因，过去一般只考虑直接排放，较少循环利用，目前，由于水资源紧张，现已采用冷却回用。

热轧厂的直接冷却水通常构成浊循环水系统，根据轧机种类和用户的不同，一个热轧厂可能同时存在几个浊环水系统，像大型的热连轧带钢厂，往往可由 3 个以上的浊环水系统组成。

热轧废水中的氧化铁皮可以用自然沉淀、混凝沉淀或过滤的方法予以分离并加以利用。

热轧废水中所含的油大多数在沉淀构筑物内分离并进行回收，少量油分通过过滤器净化。热轧厂的含油废水治理及废油回收技术在钢铁厂具有代表性。

热轧废水治理的难点或重点：一是废水处理循环回用；二是含油废水的治理、回收及细颗粒含油氧化铁皮的浓缩、脱水处理。

10.1.2 热轧厂废水的水质水量

热轧厂的给排水，包括净循环水与浊循环水两个系统。净循环水主要用于空气冷却器、油冷却器的间接冷却，与一般净循环水系统一样，不做重点介绍。热轧厂的净环水与浊环水往往不能截然分开，并同时存在几个浊环水系统时，各系统间也相互有联系。从国外引进的热轧系统看，不仅在净环水与浊环水之间考虑串接用水，各浊环水系统间也实行串接。

热轧废水来自轧机、轧辊及辊道的冷却及冲洗水，冲铁皮、方坯及板坯的冷却水，以及火焰清理机除尘废水。废水量大小取决于轧机及产品的规格。对大型轧钢厂而言，热轧循环每吨钢锭废水量为 36m^3/t 钢锭。其中用于轧机、轧辊、辊道等的直接冷却循环每吨钢锭废水量为 3.8m^3；用于板坯及方坯的直接冷却循环废水量为 26.4m^3/t 钢锭；用于冲铁皮的循环废水为 3.01m^3/t 钢锭；用于火焰清理机、高压冲洗溶液的循环废水量为 2.61m^3/t 钢锭；用于火焰清理机除尘器循环每吨钢锭废水量为 0.188m^3。废水中含氧化铁皮为每升几百至数千毫克，粒径从几厘米到几微米不等，废水含油质量浓度为 20～50mg/L，废水温度为 40～60℃。

我国热轧和生产工艺较为复杂，水平相差较为悬殊，用水及废水量差别也大。国外热轧废水量及废水成分见表 10-1。各种热轧厂净环、浊环、复用与新水耗量见表 10-2。[1]

表 10-1 国外热轧废水量指标与废水成分

产品品种		废水量/(m³/t)	废水成分及性质				备 注
			pH 值	悬浮物/(mg/L)	油/(mg/L)	其他	
热轧钢坯		5～10	7.0～8.0	1500～4000 30～270	5～20		铁皮坑出水
热轧带钢	粗轧	25～45	6.8～8.0	1000～1500	25	40～50℃	
	精轧		7.0	200～500	15	40～50℃	
	冷却		7.0	<50	10	40～50℃	

根据近年来引进热轧厂为例，年产热轧板卷 400×10^4t 的 2050mm 热轧带钢厂的废水量及其污染物见表 10-3[77]。该厂年排废水量约 237.25×10^4t，油类 17.9t。

表 10-2 热轧厂用水量情况

车间名称	轧机类别/mm	用水量/(m³/h)			
		新水	净环水	复用水	浊环水
初轧	1300	450	2880		17256
	1150	928		806	1574
	1000	309		478	739
	750	327			644
钢板	2800/1700 半连轧	2761	2290		1844
	2800 中厚板	2098		2669	
	2300 中板	290			475
钢板	2300/1200 半连轧	1380	2900		2130
	2050 连轧	1050	10111		24010
	1700 连轧	1218	9846		23616
	1200 叠轧	136.4			72
	300 小型热带	9.5			276
钢管	φ400 无缝	160	2538	278	1045
	φ318 无缝	1033		88	540
	φ140 无缝	200	3500		3500
	φ76 无缝	160	100		128
型钢	950/800 轧梁	1878	763	1348	2093
	800/650 大型	2480		1180	
	650 中型	622			781
	500/350 中小型	547			150
	400/300 小型	129			236
	250 小型	113			50

表 10-3 2050mm 热轧废水污染物排放状况

主要污染源	污染物发生量	污染物原始质量浓度/(mg/L)	污染物排放量或质量浓度	污染控制措施
层流冷却	浊循水 11650m³/h	SS:75 油:10	废水:125m³/h SS≤50mg/L 油≤3mg/L	沉淀、冷却循环回用
设备直接冷却	浊循水 12360m³/h	SS:900 油:15	废水:370m³/h SS≤20mg/L 油≤3mg/L	沉淀、冷却循环回用
煤气水封	废水 7m³/h		氰化物<0.5mg/L 挥发酚<0.5mg/L	送焦化废水处理
磨辊间	废乳化液 876m³/h	油:1.5%~2%	COD$_{Cr}$<40mg/L	送冷轧系统处理

年产热轧钢卷 279×10⁴t 的 1580mm 热轧带钢厂的废水量及其排放情况见表 10-4[77]。年排废水量约 113.1×10⁴t，石油类 3.7t。

表 10-4　1580mm 热轧废水污染物排放情况

主要污染源	污染物发生量	污染物原始质量浓度	污染控制措施	污染物排放量或质量浓度
设备直接冷却	浊废水 15787m³/h	SS:550～850mg/L 油:10～50mg/L	沉淀、冷却 循环使用	废水:60m³/h 至串级水系统 SS<20mg/L 油:5mg/L
层流冷却	浊废水 15807m³/h	SS<50mg/L 油:5mg/L	沉淀、冷却 循环使用	废水:55m³/h 至串级水系统 SS:50mg/L 油:5mg/L
精轧除尘	废水 150m³/h		送污泥处理系统处理	SS:100mg/L 石油类:5mg/L
液压润滑站	含油废水 60m³/h		送总厂含油废水处理系统处理	石油类:5mg/L
磨辊间	废乳化液 500m³/a		送二冷轧厂乳化废液处理设施处理	COD$_{Cr}$:40mg/L

10.2 热轧废水处理与回用技术

　　热轧废水治理应主要解决两方面的问题:一是通过多级净化和冷却,提高循环水的水质,以满足生产上对水质的要求,同时减少排污和新水补充量,使水的循环利用率得到提高;二是回收已经从废水中分离的氧化铁皮和油类,以减少其对环境的污染。因此,完整的热轧废水处理系统还应包括废油回收和对二次铁皮沉淀池和过滤器分离的氧化铁皮的浓缩、分离。

　　热轧厂一般包括钢板车间、钢管车间、型钢车间、线材车间以及特种轧钢车间等,各厂情况不一。

　　完整的热轧厂的给排水,一般包括净环水和浊环水两个系统。前者用于设备的间接冷却,如空气冷却器、油冷却器等,与一般的循环水系统差别不太。后者用于直接冷却,又称为浊环水。

　　热轧厂的直接冷却水通常构成浊环水系统,根据轧机种类和用户的不同,一个热轧厂可能同时存在几个浊环水系统,如大型的热连轧带钢厂,往往可由 3 个以上的浊环水系统组成。

　　热轧浊环水系统废水处理一般应循环使用,在处理过程中分离的细颗粒铁皮、污泥油类,必须经过适当的处理才能最终与水分离。

　　热轧废水中所含的油大多数在沉淀构筑物内分离并进行回收,少量油分通过过滤器净化。热轧厂的含油废水治理及废油回收技术在钢铁厂具有代表性。

　　热轧废水治理的难点或重点不在于沉淀和过滤,而是含油废水的治理、回收及细颗粒含油氧化铁皮的浓缩、脱水处理。

10.2.1　热轧厂废水处理技术现状与水平

就热轧废水而言，主要污染物质是油和悬浮物（SS）。目前比较普遍采用的处理技术是：废水→旋流井→平流沉淀池（除油和SS）→快速过滤器或压力过滤器（进一步脱除细小SS和油）→凉水架→回水池→循环使用。

在采用上述工艺中，不少企业对过滤器反冲洗水的处理重视不够，将反冲洗水直接返回旋流井或平流沉淀池。由于反冲洗水中的细SS或油并不能全部在此沉降被除去，因而在系统中出现循环增多，干扰了工艺的处理效果。现有采用磁盘等方法处理后循环回用，改善了系统循环用水状况。

目前国内还开发了一些化学除油的工艺，在小型轧钢厂中采用比较多。这类工艺在废水中加入药剂后，经化学反应，油类和SS均通过凝聚沉淀而被除去。它的优点是可以取消机械除油设备和过滤装置，但是带来的矛盾是污泥比较多，需要适当处理。若处理不当会造成二次污染，这一点必须引起注意。另外是废油不能回收，当前废油售价较高，在经济上有一定的损失。因此，除油与废油回收技术是热轧废水处理的关键问题。

我国热轧废水处理在很长一段时间内的重点是放在分离氧化铁方面，主要采用一次铁皮坑和二次铁皮坑的处理方式。一次铁皮坑主要去除大块铁皮，二次铁皮坑常用于清渣，通常无除油设施，导致水质较差，影响循环率的提高。

20世纪60年代中国，根据德国多特蒙德厂的经验，由中冶集团建筑研究总院等单位组织研究重力式水力旋流式沉淀池。由于这种沉淀池清渣方便，且适于除油设备安装，与一、二次铁皮沉淀池相比，一次投资可省40%左右，处理效果一般可达到二次铁皮坑（沉淀池）的标准。当时上旋式水力沉淀池发展极其迅速。

20世纪70年代中期，从德国引进的连铸项目中，采用了下旋型水力旋流沉淀池，在结构、性能上又有所改进，此后国内也开始大量采用。目前，两种形式的水力旋流沉淀池在国内已普遍采用，并且具有多种多样的结构形式。

当时，从德国和日本引进的连铸、热轧废水治理设施，在处理细颗粒氧化铁皮废水，如电除尘器清洗废水时，都采用了混凝沉淀的方式。国内设计的热连轧工程，通过试验，也采用了混凝沉淀的治理技术。

引进的热连轧废水治理设施，在旋流沉淀池、二次铁皮沉淀池、污泥浓缩池等部位均设置了除油设施，其主要形式是结合清泥设备，用带式或软管式除油机将汇集的浮油吸附分离后，集中进行治理。

为了提高循环水水质，热轧废水经沉淀处理后，往往再用单层或双层滤料的压力过滤器进行最终净化，使用水悬浮物达到10mg/L，含油量达5mg/L左右。净化后的废水通过冷却塔保持循环水供水温度不高于35～40℃。

以上技术在国内设计中均已采用。循环水的过滤、冷却处理我国已较早用于轧钢浊环水系统，当时采用重力式单层滤料快滤池，当进水悬浮物小于100mg/L时，出水悬浮物的浓度可达3～5mg/L。

10.2.2　热轧废水处理要求与方案选择

（1）热轧废水处理要求

热轧废水系从粗轧、精轧及热轧辊道等处排放的污水。各废水先流入铁皮坑以除去大块铁皮。对铁皮坑流出的废水应予以注意的是悬浮物和油类。悬浮物几乎为轧制过程中产生的氧化铁皮。油分系轧机及辊道所用的润滑油。

① 粗轧废水　粗轧废水在铁皮坑中除去大块铁皮及非常易于分离的油分，沉淀下的铁

皮用天车或带抓斗的移动式吊车运出送往烧结厂。浮在液面上的油分用带式撇油器或管状撇油器去除。

铁皮坑流出的废水先送入沉淀池。因粗轧的铁皮颗粒较大，只用沉淀池去除悬浮物和油分，一般不用快速过滤器等。沉淀池分为矩形的和圆形的（澄清池）。其区别取决于沉淀下的铁皮的去除方法。在用耙子将铁皮耙集到圆心然后用泵排出的情况下使用圆形澄清池，在用液固分离旋流器等排除的情况下则采用矩形沉淀池。

在采用澄清池时，浮在液面上的油分先用刮板集中在一起，然后排除；在用矩形沉淀池时，是用设在挡油板附近的带式撇油器除去的。

沉淀池一般不加药品，多用自然沉淀。但为了防止在循环系统内细粒铁皮的积累，也有采用药品的。有时由于加药品的影响，沉淀下的沉渣的处理变得更加困难，同时水中离子浓度增加得也快，对于这些情况应予注意。

② 精轧废水　精轧废水和粗轧废水用同样的系统处理。由于精轧废水中的铁皮粒径较小。只用沉淀池处理是困难的，多用过滤器作沉淀池的后部处理。

用过滤器作后部处理的情况下，用作前部处理的沉淀池通常比粗轧的小。当有大量油混入过滤器时，滤粒被油覆盖，运转周期因之而被缩短，这样就必须进行反冲洗，并设置特定的反冲洗程序和措施。经过滤的水送冷却塔降温循环使用。

③ 热轧辊道废水　热轧辊道用水量大，常用铁皮坑处理，其出水常与精轧废水处理系统出水混合后，再回用于热轧辊道系统。

热轧废水各铁皮坑排出的废水水质见表 10-5。其处理流程如图 10-1 所示。

表 10-5　铁皮坑出水水质

铁皮坑	pH 值	SS/(mg/L)	油分/(mg/L)
粗轧	7～8	40～120	5～30
精轧	7～8	40～130	2～8
热轧辊道	7～8	40～50	8～10

就热轧废水的铁皮和油类特征而言，处理铁皮是用铁皮坑、矩形沉淀池、旋流沉淀池进行沉淀分离；精轧及部分辊道废水用铁皮坑、沉淀池及过滤器处理；或通过旋流沉淀池将其中 50%～70% 悬浮物（其中主要为铁皮）去除，旋流后出水再用过滤等方法进行处理。

在沉淀池等液面上的浮油常用带式撇油器或管状撇油分离。

近年来磁力净化技术，特别是稀土磁盘分离技术已成功应用于热轧废水处理，是热轧废水处理技术又一新的发展。

（2）**热轧废水处理方案的选择**

热轧废水处理与回用的重点是废油处理与回用，细颗粒含油氧化铁皮的浓缩与脱水等。

热轧系统给排水，包括净循环水和浊循环水两个系统。净环水主要用于空气冷却器、油冷却器的间接冷却，与一般净循环水系统一样，这里不再赘述。含氧化铁皮的浊循环水是主体废水。所谓热轧废水，就是指这部分废水。主要技术问题是固液分离、油水分离和氧化铁皮沉淀的处理。

在确定治理方案时，应根据用户对水质要求的不同，分别采取粗处理和精处理不同的浊环水系统，常用的浊环水系统有一次沉淀系统、二次沉淀系统、二次沉淀冷却系统、二次旋流压力过滤冷却系统、旋流压力过滤冷却系统等，轧钢浊环水系统应在满足工艺

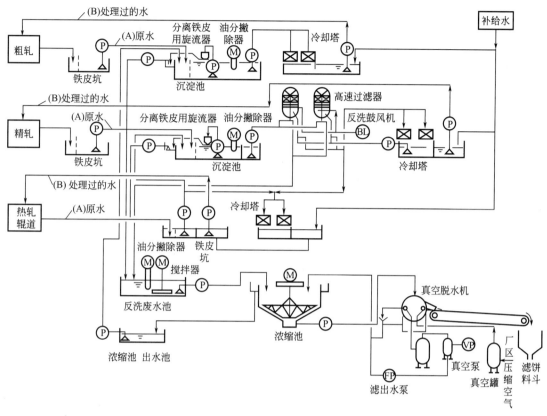

图 10-1 热轧废水与处理工艺

对水质、水温、水压的要求及环境保护的前提下，根据一次投资运行费用及占地面积等因素进行选择。

① 铁皮坑、沉淀池和压力式滤池处理设计参数

1）铁皮坑用以去除粗大颗粒，停留时间 2min，平均水流速度 0.05～1m/s，铁皮坑长宽比为 1.2～1.5。

2）沉淀池采用平流或旋流沉淀池。平流沉淀池停留时间 30min，水平流速 3～6mm/s；表面负荷一般用 0.5～0.7m³/(m²·h)，当采用磁凝聚和投加絮凝剂或后级有过滤处理时，可用 2.7～5.7m³/(m²·h)。旋流沉淀池的设计负荷应由试验确定，一般用 25～30 m³/(m²·h)，停留时间可采用 6～10min，作用水头为 0.5～0.6m，进水管流速为 1～1.2 m/s，管嘴水平夹角以 3°为好，沉渣池容积按 3～5d 铁皮量计算，渣坑底夹角采用 50°～60°。

3）压力式滤池滤速为 40m/h，进水压力 0.25～0.35MPa，过滤周期 12h，压缩空气反冲洗时间 8min，反冲洗空气量 15m³(标)/(m²·h)，反冲洗压力 70kPa；用水反冲洗 14min，反冲洗强度 40m³/(m²·h)，反冲洗压力 50kPa。滤料级配参考表 10-6。

表 10-6 压力式滤池滤料级配

材 料	粒径/mm	厚度/mm	材 料	粒径/mm	厚度/mm
无烟煤	4	1500	砾石	6～12	共400
				12～18	
石英砂	1.8	600		18～25	
				25～38	

② 稀土磁盘处理设计技术参数　水量 500m³/h；悬浮物＜20～30mg/L；油污的质量浓度小于 5mg/L。

10.2.3　热轧废水处理工艺

热轧油环水系统常用净化构筑物，按治理程度的不同有不同组合，但总的都要保证循环使用条件。常用处理工艺流程如下。

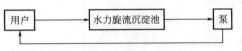

图 10-2　一次沉淀工艺流程

（1）一次沉淀工艺流程

仅用一个旋流沉淀池来完成净化水质，既去除氧化铁皮又有除油效果，是国内应用较多的流程，如图 10-2 所示。旋流沉淀池设计负荷一般采用 25～30m³/(m²·h)，废水在沉淀池停留时间采用 6～10min。与平流沉淀工艺相比，占地面积小，运行管理方便。但此工艺由于处理水质较差，现已由多种工艺组合所代替。

（2）二次沉淀工艺流程

如图 10-3 所示。系统中根据生产对水温的要求，可设冷却塔，保证用水的水温。

（3）沉淀-混凝-冷却工艺流程

如图 10-4 所示。这是完整的工艺流程，用加药浊凝沉淀，进一步净化，使循环水悬浮物含量可小于 50mg/L。

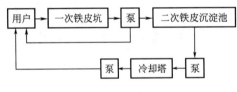

图 10-3　二次沉淀工艺流程

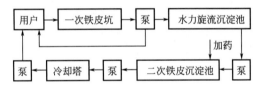

图 10-4　沉淀-混凝-冷却工艺流程

（4）沉淀-过滤-冷却工艺流程

为了提高循环水质，热轧系统废水经沉淀处理后，往往再用单层和双层滤料的压力过滤器进行最终净化，使出水悬浮物达 10mg/L，含油量达 5mg/L 左右。净化后的废水通过冷却塔保持循环水供水温度不高于 35～40℃，压力过滤器（滤罐）滤速 40m/h。进水压力 0.25～0.35MPa，过滤周期 12h，压缩空气反冲洗时间 8min，反冲洗强度 15m³/(m²·h)，反冲洗压力 70kPa；用水反冲洗 14min，反冲洗强度 40m³/(m²·h)，反冲洗压力 40kPa，如图 10-5 所示。

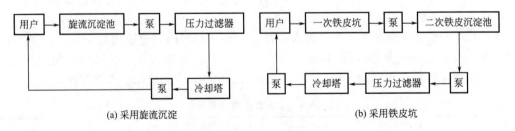

(a) 采用旋流沉淀　　　　　　　　　　　　(b) 采用铁皮坑

图 10-5　沉淀-过滤-冷却工艺流程

（5）沉淀-除油-冷却工艺流程

热轧废水中含油种类日渐复杂，废水中除产生大量铁皮外，浮油、乳化油、润滑油、炭末、悬浮物杂质的去除，已成为重要问题。目前去除悬浮物，可采用旋流沉淀、平流沉淀的方法去除绝大部分氧化铁皮和泥沙。而对油类去除，常采用隔油池、带式除油机、PP₂油毛毡等去除浮油。但有时尚难保证水质，还需化学除油工艺。如图 10-6 所示。

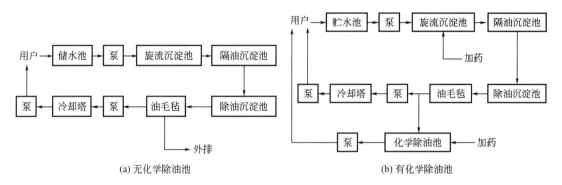

图 10-6 沉淀-除油-冷却工艺流程

含油污水在产生过程中，由于油水之间剧烈的碰撞、剪切，水中的一些杂质和表面活性物质就吸附在油珠表面，使之具有固定的吸附层和移动的扩散层，组成了稳定的双电层和带电性。其双电层的 ζ 电位阻碍着油珠相互凝结，使整个体系的总能量降低，使稳定胶体状态难以去除。

向水中投加破乳助凝剂，使水中乳化油的双电层、胶粒的动电位降低，使水中的乳化油脱稳破乳。然后投加絮凝剂，通过吸附、桥连、压缩双电层等作用，使浊环水中破乳后的乳化油被水中悬浮物吸附后迅速下沉，最终形成密实、粗大的絮团而沉淀，达到除油和净化水质的目的。

（6）稀土磁盘处理热轧废水工艺

当流体流经磁分离设备时，流体中含的磁性悬浮颗粒，除受流体阻力、颗粒重力等机械力的作用之外，还受到磁场力的作用。当磁场力大于机械合力的反方向分量时，悬浮于流体中的颗粒将逐渐从流体中分离出来，吸附在磁极上而被除去，达到净化废水、废物回用、循环使用的目的。

轧钢废水中的悬浮物 80%～90%为氧化铁皮。它是铁磁性物质，可以直接通过磁力作用去除。对于非磁性物质和油污，采用絮凝技术、预磁技术，使其与磁性物质结合在一起，也可采用磁力吸附去除。所以利用磁力分离净化技术可以有效地处理这类废水。

稀土磁盘分离净化设备由一组强磁力稀土磁盘打捞分离机械组成。当流体流经磁盘之间的流道时，流体中所含的磁性悬浮絮团，除受流体阻力、絮团重力等机械力的作用之外，还受到强磁场力的作用。当磁场力大于机械合力的反方向分量时，悬浮于流体中的絮团将逐渐从流体中分离出来，吸附在磁盘上。磁盘以 1r/min 左右的速度旋转，让悬浮物脱去大部分水分。运转到刮泥板时，形成隔磁卸渣带，渣被螺旋输送机输入渣池。被刮去渣的磁盘旋转重新进入流体，从而形成周而复始的稀土磁盘分离净化废水全过程，达到净化废水、废物回收、循环使用的目的。

稀土磁盘技术应用于热轧废水已有工程实例，根据轧钢废水特性，可选用不加絮凝剂、加絮凝剂和设置冷却塔等处理工艺流程。如图 10-7 所示几种工艺流程可供选择。[4,78～80]

10.2.4 热轧废水处理主要构筑物

热轧废水处理主要构筑物有铁皮坑（沟）、旋流式沉淀、高速过滤器（又名高速深层过滤器）、带式撇油器、管状撇油器以及近年来使用磁盘分离装置等。

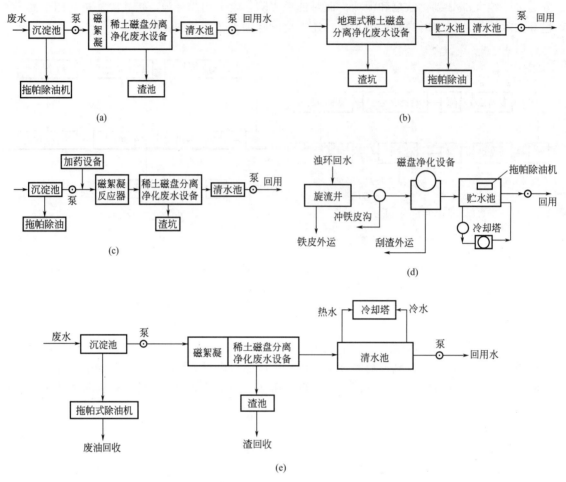

图 10-7 稀土磁盘处理热轧废水工艺流程
（a），（b）不加絮凝剂；（c）加絮凝剂；（d），（e）有冷却塔

（1）水力旋流沉淀池

旋流沉淀池是轧钢厂常用的一种处理含氧化铁皮的构筑物。和普通的平流沉淀池相比，旋流沉淀池的沉淀效率可高达 95%～98%；在单位负荷较大的情况下，与平流沉淀池的出水水质相同，但投资省、经营管理费用少、占地面积小、清渣方便。

旋流沉淀池按进水方向分为上旋式和下旋式两种，按进水位置可分为中心筒进水和外旋式进水。考虑到清渣的方便，目前大型轧钢厂多采用外旋式沉淀池，上旋式沉淀池因进水管道埋设较深，施工困难，且管道比较容易沉淀堵塞，目前已很少使用。

含氧化铁皮的废水，以重力流的方式沿切线方向进入旋流池。废水中的大颗粒铁皮进入旋流池后，在进水口附近开始下沉。随着水流的旋转，较小的颗粒被卷入沉淀池的中央，大部分沉淀，更细的悬浮物随水流排出，如图 10-8 所示。

图 10-8 旋流沉淀池
1—抓斗；2—油箱；3—油泵；
4—水泵；5—撇油管；6—进水管；
7—渣坑；8—护底钢板

水力旋流沉淀池是一个带有锥形污泥斗的筒状构筑物，在一定深度处自侧面切线方向进水，水旋流而上，从筒中部流出。沉淀在池底部的铁皮，由抓斗抓出回用。

旋流沉淀池的单位面积负荷量在 $15m^3/(m^2 \cdot h)$ 时，净化效率可达 96%；当负荷量为 $30m^3/(m^2 \cdot h)$ 时，净化效率为 88% 左右。旋流沉淀池进水管深度 H 与直径的比值应为 0.8。为防止铁皮沉积，进水管向旋流沉淀池方向的坡度以 $0° \sim 5°$ 为宜。

旋流沉淀池的作用水头可用下式计算：

$$H = 4.33 \frac{V^2}{2g}$$

式中，V 为进口流速，m/s；g 为重力加速度，m/s^2，$g = 9.81 m/s^2$；H 为旋流沉淀池进口处的作用水头，m。

（2）高速过滤器

高速过滤器适用于钢铁厂热轧废水中的铁皮及油的去除。其特征是多层滤料，过滤时液流向下流动，冲洗时采用水和空气混合反冲，并装有专供均匀布水和布气用的 M 状块体。由于其滤料的粒径组成及层次安排，这种高速过滤器的滤渣渗入深度较传统的过滤器为大，因而增加了滤料的截污能力，同时由于滤渣不再集结滤粒表面，因而降低了阻力损失，提高了滤速。因此称作高速过滤器或深床过滤器。表 10-7 中引用了美国的试验数据，用以说明滤料粒径、滤速和铁凝聚物（铁皮）渗入深度的关系。

表 10-7 滤料粒径、滤速和铁凝聚物渗入深度的关系

滤速/(m/h)	水头损失/m	滤料粒径/mm	铁凝聚物渗入深度/mm
5	2.4	0.3	25
		1.0	475
25	2.4	0.3	100
		1.0	1500

由表 10-7 可见，泥渣的侵入深度随滤料粒径及滤料速度增大而增大。其相应的截污能力也增大。但另一方面，由于泥渣侵入深层，导致反洗困难，故高速过滤器在反洗方法及构造上应有特殊的考虑。

① 主体构造　如图 10-9 所示，高速过滤器的外壳系直径 6m 的钢质圆筒。内部为滤床及配水系统。滤床由滤料层及砂砾层等所组成。滤料及砂砾层放置在 M 状块体上。而 M 状块体则排列在穿孔底板上。

② 滤床组成　见表 10 8。

表 10-8 滤床的组成

各层名称		粒径/mm	高度/m
滤料上的空间		—	0.7
滤料层		1～3	2.4
砂砾层	安定层	7～15	0.2～0.3
	支托层	3～7	0.2～0.3
		7～15	0.2～0.3
		15～25	0.2～0.3
		25～35	0.2～0.3

③ 布水布气系统

a. 布水系统。过滤时原水从中心管流入，经位于滤料上空的半圆形水平槽分布。半圆

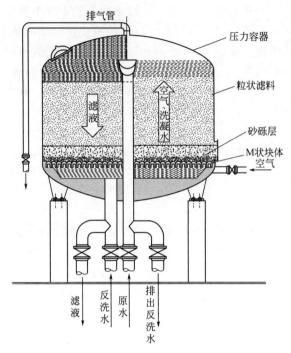

图 10-9　高速过滤器构造

形槽的长度为过滤器直径的 60%～70%。水由上往下流，通过滤料层、砂砾层、M 状块体间的间隙，并从其侧下方的弧形孔穿过，经底板上的小孔群，由混凝土集水槽汇集后，由管道引出。反冲洗时，冲洗水之行径与上述过滤时相反。

b. 布气系统。为了冲洗干净，用水和空气混合冲洗。空气管装在 M 状块体内，每隔一个 M 状块体设置一根空气管。管上打两排孔，孔径 3mm，孔间距 100mm。两排孔向下成 60°角。反冲洗时空气由配气管上的小孔喷出，经 M 状块体侧上方之小孔及 M 状块体间的间隙上冲。因空气管是每隔一个 M 状块体设置的，所以形成旋转空气流，使滤料互相碰撞摩擦，增加了反洗效果。

④ 运转条件　过滤速度 20～40m/h；过滤周期 8～24h；过滤压力 0.2MPa；反洗时间 15～20min，先用空气和水共同洗 15min，再单独用水洗 5min；反洗水量占过滤水量的 2%；反洗强度为空气速度 100m/h，水速 1.5m/h；反洗压力为空气压力 0.06MPa，水压力 0.07～0.2MPa；压力损失开始 14.7kPa，最终 78.4kPa；最高允许含污量 25kg/m²；反洗膨胀高度 500～600mm。

（3）铁皮沟（坑）

供给初轧机及钢坯轧机冲铁皮的循环水中，悬浮物的质量浓度应小于 300mg/L，水温不高于 50℃。废水经铁皮坑净化后即可满足要求。铁皮坑位于轧钢厂地下深处，铁皮从轧机及辊道被水冲入铁皮沟。为不使铁皮在铁皮沟中沉积，采用了较大的坡度，因而铁皮坑池底的标高可深至 −20～−10m。铁皮坑由泵坑及沉淀坑两部分组成，通常用钢筋混凝土建成，池底镶设钢轨，以便用抓斗取铁皮时保护池底。铁皮坑的沉淀部分实际上是一平流式沉淀池。根据原水中铁皮的颗粒大小及含量，以及出水中要求的铁皮含量，其表面负荷率可在 10～20m³/(m²·h) 范围内，根据试验数据选取。铁皮坑出水中的悬浮物的质量浓度低于 300mg/L；如有需要，可低至 100mg/L。

铁皮沟分为主要铁皮沟和次要铁皮沟。主要铁皮沟是指出炉辊道到第一轧机前后的沟段；各架轧机下以及和处理构筑物相连的铁皮沟、上述沟段以外的铁皮沟称为次要铁皮沟。

（4）带式撇油器（机）

带式撇油器是靠一条或多条亲油疏水的环形集油带，通过机械运动以一定速度在油水液面上做连续不断的循环转动，把油从含油废水中黏附上来，经挤压辊把油挤到油箱中。油的回收效率视油的黏度及温度等因素而有所不同。

带式撇油器（机）类型较多，按照安装形式分类有立式、水平式和倾斜式三种。

带式撇油机的设计能力最大为 120L/h（按油量计算），电动机功率为 0.4kW，胶带尺寸为 6000mm（长）×600mm（宽）×5mm（厚），胶带材料类似氯丁橡胶，出口废油含油率 60%～80%。

立式胶带撇油器（机）的构造如图 10-10 所示。

倾斜式钢带撇油器（机）的构造如图 10-11 所示。

此外编缆式撇油机是采用一条（或多条）亲油疏水的"吸油拖"，从含油废水中回收浮油。

编缆式撇油机外形如图 10-12 所示。

目前国内生产的 PYB-120 型编缆式撇油机，最大撇油能力 2000L/h，电机功率 1.1kW，吸油拖宽度不小于 120mm，长度可达 90m，工作线速度 18.3m/min。已可生产收油能力为 1.5t/h、4t/h、6t/h、10t/h 和 15t/h 等系列产品。

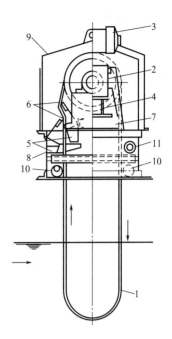

图 10-10　立式胶带撇油机

1—吸油带；2—减速机；3—电机；
4—滑轮；5—槽；6—刮板；
7—支架；8—下部壳；9—罩；
10—导向轮；11—油出口

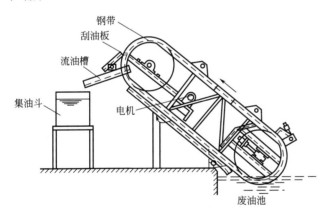

图 10-11　倾斜式钢带撇油机

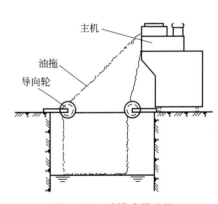

图 10-12　编缆式撇油机

（5）磁盘与稀土磁盘

① 原理　磁盘法是借助磁盘的磁力将废水中的磁性悬浮颗粒吸着在缓慢转动的磁盘上，随着磁盘的转动，将泥渣带出水面，经刮泥板除去，盘面又进入水中，重新吸着水中的颗粒，如此周而复始。

磁盘吸着水中颗粒的条件是：a. 颗粒是磁性物质或以磁性物质为核心的凝聚体，进入磁盘磁场即被磁化，或进入磁盘磁场之前先经预磁化；b. 磁盘磁场有一定磁力梯度。

作用在磁性颗粒上的力除磁力外，还有粒子在水中运动时所受到的运动方向上的阻力。

为了提高处理效果，应提高磁场强度、磁力梯度和颗粒粒径。在磁盘设计时，当磁场强度和磁力梯度确定以后，就只有依靠增加颗粒的直径以提高颗粒物的去除效率。因此，磁盘常与磁凝聚或药剂絮凝联合使用。废水在进入磁盘之前先加絮凝剂或预磁化，或絮凝剂和预磁同时使用。当同时使用时，应先加絮凝剂，然后预磁化。预磁化时间 0.5～1s。预磁化磁场强度 0.05～0.1T（500～1000Gs）。

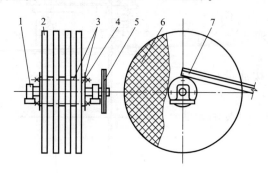

图 10-13 磁盘构造示意

1—轴承座；2—磁盘；3—铝挡圈；4—盘位固定螺钉；
5—皮带轮；6—锶铁涂氧体永久磁铁；7—刮泥板

② 装置 磁盘的构造如图 10-13 所示。磁盘的设计制作要点：a. 磁盘盘面、水槽、转油，需用铝、不锈钢、铜、硬塑料等非导磁材料制作，以免磁力线短路；b. 磁盘内的磁块南北极交错排列，以保证有较高的磁力梯度。磁块之间可以密排，当直径较大（如大于1.5m左右）时，磁块之间可以保持5～20mm 的间距；c. 磁盘表面磁场强度要求 0.05～0.15T，低于 0.05T 效果差，高于 0.15T 磁盘制作较困难，而且盘面吸着的泥难以刮净，当用 65mm×85mm×18mm 的锶铁氧体永久磁块时，可用单层排列；d. 磁盘转速约 0.5～2r/min，如果转速太快，泥的含水率增加，处理效率降低。

稀土磁盘是在磁性材料用稀土元素改性，增加了永磁铁的磁能，使其具有更强的吸附能力。目前这项技术已在多家钢铁企业中应用。最佳时，处理后废水悬浮物的质量浓度可小于20mg/L，含油质量浓度小于 5mg/L。一般情况下，可达到悬浮物为 60mg/L 以下，油10mg/L 以下。

10.3 热轧厂废水处理回用技术应用实例

10.3.1 柳钢中板热轧废水处理回用应用实例

（1）废水存在问题与方案探讨

中板轧钢浊环水中主要污染物是悬浮物和油分，悬浮物的主要成分 98％为氧化铁，主要来自于物料表面氧化铁皮的冲洗。油分在水中以渣油、浮油和乳化油的形式存在，主要来自于设备润滑系统的泄漏。由于轧制钢板的品种多样，多级反复轧制，设备选用的润滑油的种类也较多。中板浊循环废水的水质与其他轧钢厂的浊循环水质差别较大，水质具有颗粒超细、颜色发红的特点。柳钢中板浊环水处理系统原设计采用传统的斜板沉淀和平流池除油处理方法如图 10-14 所示。

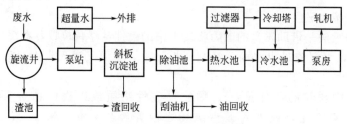

图 10-14 中板厂原设计浊环水处理系统工艺流程

由于产量增加和粗轧机增设，水量大幅增加，浊环水从 1000m³/h 急增到 2000m³/h，水质恶化严重。

一块中厚板成品经过十几次轧制工艺，才能轧成合格的钢板。每次轧制都产生大量的超微细 Fe_2O_3、Fe_3O_4 悬浮物和润滑油。系统中水具有超微细颗粒物多、浊度高、水色红的特殊性。浊环水中主要污染物是悬浮物和油，悬浮物的主要成分 98% 为氧化铁，来自于物料表面氧化铁皮的冲洗，油在水中以渣油、浮油和乳化油的形式存在，来自于设备润滑系统的泄漏，详见表 10-9。

表 10-9　轧制生产废水的油粒粒径

种　类	粒径/μm	质量分数/%	性　　能
重油	>100	<20	易与杂质黏合，沉底成油泥
浮油	50~100	60~80	浮于废水液面，浮油层厚随油量变化
分散油	20~50	10~30	悬浮油，分散于水中，静止能油水分离
乳化油	<20	<10	分散稳定，呈乳浊状态，只有破乳才能使之油水离析
溶解油	<0.1	少量	近似分子状态，很难分离

根据现场情况，为提高回用水质、节约投资和占地、保护环境、降低生产成本，决定采用 M+F 法，即稀土磁盘分离净化技术（主要回收处理悬浮物）+高效叶轮气浮技术（主要回收处理废油）处理废水，结合投加辅助剂方法，同时回收氧化铁皮和废油，达到废水循环净化和资源回收的目的。

（2）改造后处理工艺流程与处理技术

柳钢中板厂扩建改建后的浊循环水处理工艺流程如图 10-15 所示。

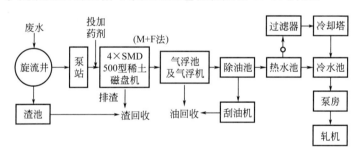

图 10-15　柳钢中板厂浊循环水处理工艺流程

采用稀土磁盘+高效叶轮气浮技术简称为 M+F 法。

稀土磁盘分离净化废水技术（即 M 法）是 20 世纪 90 年代新环保技术。它应用稀土永磁材料高强磁力，通过稀土磁盘的聚磁组合，将废水中的微细磁性悬浮物及絮凝其上的渣油和其他非磁性悬浮物吸附分离除去。具有分离效率高，4~6s 即除去 90% 的磁性悬浮物，连续除渣、投资省、占地少、耗电省（SMD-500 型设备总用电负荷仅 3.7kW）、运行费用低、操作维护方便、可实现无人管理等特点，特别适合于冶金企业轧钢生产的浊环水处理。采用与之配套的磁力压榨脱水机，可省去浓缩池，大大降低投资和设备运行费用。

高效叶轮气浮技术（即 F 法），利用引入的气体，在叶轮快速切割和混合作用下，气浮分离含油污水中的油及吸附在其上的更微细固体及有机物质。

根据污水的种类和乳化的程度，其净化能力进口为 $3000×10^{-6}$ 含油量以下，污水经四级循环净化，出口污水除油率可达 90%，极微细悬浮物和 COD_{Cr} 去除率可达 80%。

当污水进入稀土磁盘分离净化设备时，废水中绝大部分悬浮物和油渣即被稀土磁盘吸附分离去除。增加特殊的悬磁凝聚剂与水中的油和悬浮物共同作用，提高稀土磁盘去除悬浮物的效率。处理后的废水中密度大于水的物质已基本被去除后，再直流入叶轮气浮机，此时悬磁凝聚剂仍然发挥作用，可去除90%的浮油和30%的乳化油，使乳化油从水中游离出来并聚集在水表面。同时水中的特微细悬浮物也随着油的聚积而形成油渣并聚体，再靠气浮机叶片将其撇除，因此能去除85%以上的乳化油，从而达到油水分离及固液分离的目的。

（3）处理效果

为了提高处理效果，经试验研究，采用 NK-303 磁聚凝剂，可提高未脱稳的乳化油与磁悬浮物聚凝，经稀土磁盘去除。磁聚凝剂宜加在泵的入口处，以便加速混合反应聚凝。其处理效果见表 10-10[79]。

表 10-10 磁聚凝剂对稀土磁盘净化器效果的影响　　　　　　　　单位：mg/L

编号	名　称	磁盘处理			磁盘＋磁聚凝剂处理		
		净化前	净化后	处理效率/%	净化前	净化后	处理效率/%
1	悬浮物	213	80	62.4	207	22	89.4
2	油类	18.4	9.6	47.8	16.4	3.2	80.4
3	浊度	203	68	66.5	186	21	88.2

从表 10-10 可以看出，投加磁聚凝剂后，可使悬浮物、油类和浊度处理效率分别提高了27%、326%和21.7%，效果较显著。

叶轮气浮机处理效果见表 10-11。

表 10-11 叶轮气浮机的处理效果　　　　　　　　单位：mg/L

悬浮物			油　类			浊　度		
处理前	处理后	处理效率/%	处理前	处理后	处理效率/%	处理前	处理后	处理效率/%
24	16	33.3	3.6	0.9	75.0	21	17	19.0

经市监测站 3 个多月连续监测结果表明，采用 M＋F 法处理热轧中板浊环废水的结果是较好的，其监测结果见表 10-12。

表 10-12 稀土磁盘气浮法处理热轧中板废水的监测结果　　　　　　　　单位：mg/L

采样编号	悬浮物(SS)			化学需氧量(COD)			石油类		
	进口	出口	去除率/%	进口	出口	去除率/%	进口	出口	去除率/%
1	118	20	83.05	90	35	61.11	28.4	3.79	86.66
2	100	29	71.00	133	32	75.93	52.2	2.29	95.61
3	249	37	85.14	164	31	81.09	45.6	1.32	97.10

10.3.2 武钢 1700mm 热连轧带钢厂废水处理回用应用实例

（1）生产规模与工艺流程

武钢热连轧带钢厂是从日本千代田株式会社引进技术，年产厚 1.2～12.7mm 的普通碳钢、低含金热轧板、卷材和厚 1.8～2.5mm 的硅钢带卷等共计 310×10⁴t，生产工艺流程如图 10-16 所示。

（2）废水来源性质与处理工艺流程

① 废水来源与水质　热轧废水主要有直接冷却水，常称为铁皮废水。其中，粗轧铁皮

废水来自加热炉冲铁皮、辊道、轧辊、水冲氧化铁皮沟等部位产生的废水，水量约 65.6m³/min，氧化铁皮的质量浓度为 1470mg/L；精轧铁皮废水来自精轧机轧辊冷却、破鳞机、卷取机等，水量为 135.5m³/min，氧化铁皮的质量浓度为 260mg/L；热输出辊道废水来自热输出辊道和带钢层流冷却，水量为 181.9m³/min。

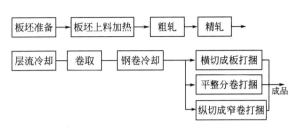

图 10-16 热轧带钢厂生产工艺流程

热轧废水中，除含氧化铁皮外，尚含有大量的油。此外循环水使用后温度升高较大。精轧、粗轧浊环水使用温度为 35℃，进冷却塔的水温为 42℃。热输出辊道循环水的出水温度为 44℃。

② 处理流程 废水处理采用化学沉淀法，其处理工艺流程如图 10-17 所示。

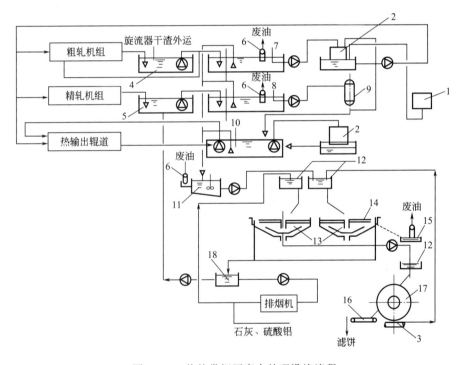

图 10-17 热轧带钢厂废水处理设施流程

1—清水补给系统；2—冷却塔；3—过滤水集槽；4——次铁皮沉淀池；5—精轧铁皮沉淀池；
6—带式除油器；7—粗轧一次沉淀池；8—精轧二次沉淀池；9—快速砂滤器；10—铁皮沉淀池；
11—泥渣收集池；12—配水槽；13—浓缩池；14—集油槽；15—集油井；
16—运渣皮带；17—真空过滤机；18—处理水集水井

1) 粗轧机、冷却轧辊和辊道以及除铁鳞等产生的含氧化铁皮废水经过铁皮沟，自流到一次铁皮沉淀池内进行初步沉淀，粗颗粒铁皮用抓斗吊车清除。经过初步沉淀的铁皮水大部分抽送至二次铁皮沉淀池进行再次沉淀，少部分用泵直接送回粗轧机冲铁皮。

在二次铁皮沉淀池内将较细的铁皮分离出去，澄清后的水用泵送到冷却塔冷却，重复使用。沉淀下来的铁皮，由池子上部的吸铁皮车上的潜水泵吸出。再经旋流器分离，使铁皮从沉砂口排出，经皮带机运至铁皮斗内贮存，然后用汽车运走。旋流器溢流出来的泥浆流到泥浆收集池内。

2）精轧机氧化铁皮废水，冷却轧辊辊道、除铁鳞用水都含有大量的铁皮，经铁皮沟流入粗轧机的一次沉淀池内进行初步处理后流入精轧二次沉淀池，沉淀池结构与粗轧机二次沉淀池相同。在池子上部都安装有带式除油机和铁皮清除装置，经二次沉淀再用泵送快速过滤器过滤，除去细颗粒铁皮，最后利用余压送冷却塔冷却，净水重复使用。

3）热输出辊道氧化铁皮水系统。冷却带钢和辊道的循环水通过铁皮沟流入热输出辊道铁皮沉淀池内，铁皮沉至池底，用吊车抓斗清除，水大部用泵加压送回热输出辊道供冷却带钢用。另一部分水用泵抽送到冷却塔冷却后送回池内与其他水混合送回用户。

4）除尘器产生的泥浆水系统。经过除尘产生的泥浆水流入沉淀池内，投加石灰和硫酸铝进行沉淀，澄清水送到集水井再用泵送到除尘器使用，沉下来的泥浆用泵送到真空过滤机进行脱水，滤饼用火车运走。

5）泥浆系统。由压力旋流器产生的泥浆经过沉淀池沉淀，清水流入除尘器的配水槽井内，沉淀的泥浆用泵送到真空过滤机进行脱水，滤饼用火车运走。

（3）处理效果

热轧循环水系统的循环率达 97%，大大减少了新水用量。其处理效果见表 10-13。

表 10-13　热轧废水处理效果实测值

项目	粗轧		精轧		
	铁皮坑出水	二次铁皮沉淀池出水	铁皮坑出水	二次铁皮沉淀池出水	快速过滤器出水
油类/(mg/L)	34.8	28.9	9.0	11.7	11.1
悬浮物/(mg/L)	73.5	10～50	92	10～50	1～30

10.3.3　宝钢 1580mm 热轧带钢厂废水处理回用应用实例

（1）1580mm 热轧工程概况与生产工艺简介

宝钢三期工程中建设的 1580mm 热轧带钢生产系统于 1996 年 12 月 26 日建成投产，生产规模为年产热轧钢卷 279.36×10⁴t。产品规格为：带钢厚度 1.5～12.7mm，带钢宽度 700～1430mm，钢卷内径 762mm，钢卷外径 1000～2150mm，钢卷最大重量 26.5t。该套轧机是由日本三菱集团引进。

宝钢 1580mm 热轧工程主要生产设备有分段式步进梁式加热炉 3 座，其中 2 座普通加热炉，1 座硅钢式加热炉，定宽大侧压机 1 套，粗轧机组为二辊可逆式和四辊可逆式各一套，精轧机组 7 架均为四辊式，在精轧机组前设有带坯边部电感应加热器一套，精轧机后有层流冷却装置和输出辊道，其后设三台三助辊式液压地下卷取机（其中一台为预留），还有一条钢卷机组和一套钢卷小车运输系统。该工程的生产工艺流程如图 10-18 所示。

（2）废水水质水量与处理措施

1580mm 热轧工程生产废水主要分为净循环废水与浊循环废水，其中净循环废水仅水温升高，经冷却塔降温后再返回循环使用。外排水量最大为 62m³/h，至串级水系统重复使用。浊循环废水分为直接冷却废水和层流冷却废水，废水的水量、水质与排放情况，见表 10-14[77]。

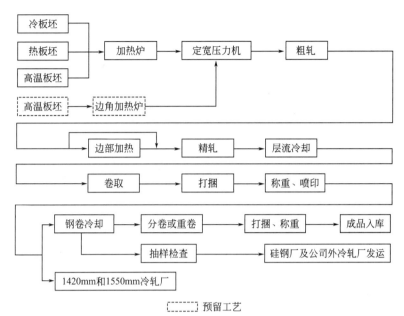

[-------] 预留工艺

图 10-18　1580mm 热轧带钢生产工艺流程

表 10-14　1580mm 热轧工程废水水量、水质与控制措施

主要污染源	污染物发生量	污染物原始质量浓度	污染控制措施	污染物排放量或质量浓度
设备直接冷却	浊废水 15787m³/h	SS：550~850mg/L 油：10~50mg/L	沉淀、冷却循环使用	废水：60m³/h 至串级水系统 SS<20mg/L 油：5mg/L
层流冷却	浊废水 1580m³/h	SS：50mg/L 油：5mg/L	沉淀、冷却循环使用	废水：55m³/h 至串级水系统 SS：50mg/L 油：5mg/L
精轧除尘	废水 150m³/h		送污泥处理系统处理	SS：100mg/L 石油类：5mg/L
液压润滑站	含油废水 60m³/h		送总厂含油废水处理系统处理	石油类：5mg/L
磨轧间	废乳化液 500m³/a		送二冷轧厂乳化废液处理设施处理	COD$_{Cr}$：40mg/L

废轧生产过程中还有少量其他废水，其中煤气管网水封和煤气加压机排出的少量含酚氰冷凝废水；电捕焦油排出的含水焦油约 2.5kg/h 等。

1580mm 热轧工程生产废水的外排总量为 35m³/h，其中 177m³/h 送中央水处理厂全厂串级水系统重复使用，由全厂统一平衡，余下 174m³/h 经废水处理达标排放。

（3）废水处理系统组成与处理工艺

① 废水处理系统组成　1580mm 热轧生产系统的总循环水量为 37930m³/h，补充水量（含过滤水）1170m³/h，水循环率为 96.7%，吨钢新水耗量为 2.72m³/t。

1580mm 热轧工程生产废水处理设施分为以下系统：加热炉循环系统、间接冷却循环系统、层流冷却循环系统、直接冷却循环系统以及为上述系统服务的污泥处理系统。

液压润滑站排出的含油废水进入全厂含油排水系统；焦炉煤气和混合煤气水封排水排入地下贮水坑后定期送焦化厂处理。

磨辊间轧辊磨床产生的废乳化液采用地下管道引至车间厂房外的地坑中，再用真空罐车抽出，送冷轧厂废乳化液处理装置统一处理。

② 主要废水处理工艺 宝钢 1580mm 热轧生产废水处理采用按质分流、串级排污技术，以提高循环用水率，减少废水排放量，各个处理系统的工艺流程如下。

1) 加热炉循环系统（A 系统）。加热炉步进梁、出料炉门、出料端横梁等炉用设备的间接冷却水，水量最大为 2755m³/h，平均为 2300m³/h，主要是水温升高，该部分水经冷却塔降温后送用户循环使用，为了去除冷却过程中空气带入的灰尘，将一部分水（约 15%）送旁通过滤器进行过滤。

2) 间接冷却水系统（A 系统）。主电室马达通风设备、冷冻站、空调、液压润滑系统、空压站、磨辊间等设备的间接冷却水，水量最大为 4030m³/h，平均 4038m³/h，该部分水主要是水温升高，经冷却塔降温后送用户循环使用，系统中带入的灰尘用旁通过滤器去除（旁滤水量约为 15%）。该循环水系统的排污水最大约 62m³/h，排入串级水系统使用。

3) 层流冷却循环系统（B 系统）。带钢经精轧后，温度还很高，要达到卷取温度还需经过热输出辊道冷却，进行温度控制，此冷却段也称为层流冷却段。带钢层流冷却采用顶喷和底喷。水经使用后温度升高并含有少量氧化铁皮和油，最大排水量约 15807m³/h，排水由层流铁皮沟收集进入层流沉淀池，经沉淀后一部分水（约 30%）加压送过滤器、冷却塔，经过滤冷却后的水回到吸水井与其余未经过滤、冷却的水混合后加压送用户循环使用。由于层流冷却水中铁皮含量低，沉淀铁皮量少，沉淀池铁皮清理按人工方式考虑。该系统的排污水最大约 55m³/h，排入串级水系统使用。层流段带钢横向侧喷与输出辊道冷却水来自直接冷却水系统。

4) 直接冷却循环系统（C 系统）。精、粗轧机的工作辊、支撑辊冷却水，粗轧机立辊冷却水，辊道冷却水，切头剪、卷取机冷却水，除鳞用水，冲铁皮、粒化渣用水，带钢横向侧喷水，输出辊道冷却水等废水，水量最大为 15787m³/h，平均水量为 14219m³/h，不仅水温升高，还含有大量的氧化铁皮和油。排水由设在轧机和辊道下的铁皮沟收集送入旋流沉淀池，对氧化铁皮进行初步分离，分离后的水一部分加压送铁皮沟冲氧化铁皮和送加热炉冲粒化渣，其余大部分水用泵送平流沉淀池进行进一步处理，浮油则用刮油刮渣机将油集中在池子一端，由一种新型的布拖式撇油机收集，处理后的水则溢流至吸水井，再经过滤器、冷却塔处理后送用户循环使用。沉淀在旋流池和平流池内的氧化铁皮用抓斗取出，在渣坑内滤去渗水后，由翻斗车送全厂统一处理。系统的排污水最大约 60m³/h，送串级水系统使用。其处理工艺流程如图 10-19 所示[77]。

5) 污泥处理系统（O 系统）。上述各系统水中的杂质经过滤后被截留在过滤器中，过滤器需要定期进行反冲洗使过滤器保持截留杂质的能力，反洗排水带着大量杂质，同时在高速轧制过程中产生的氧化铁皮烟尘经湿式电除尘器收集后产生轧机排烟除尘水，这两部分水中含有大量氧化铁皮与油的混合物——污泥，需采取措施将水与污泥分开，故设立污泥处理系统。

其处理工艺为：上述污水首先进入调节池进行调节，然后用泵将泥浆水送入分配槽投加絮凝剂后进入浓缩池，泥浆在此浓缩后分离出的上清液进入上清液收集池，用泵送平流沉淀池复用，浓缩污泥从池底用污泥泵送入贮泥池，加入石灰乳后送入箱式压滤机脱水，脱水后的泥饼进入泥饼储斗，再用汽车送总厂统一处理。该系统污水处理量为 500m³/h。滤饼含水率为（油＋水）40%。处理工艺流程如图 10-20 所示[77]。

6) 循环水水质稳定措施。水在循环使用过程中常产生结垢、腐蚀和藻类，为防止上述情况发生，保证系统在高循环率条件下正常运行，设置了加药间向各循环水系统投加水质稳定剂，在加热炉冷却和间接冷却系统中投加的药品有缓蚀剂、分散剂和杀藻剂；在层流冷却

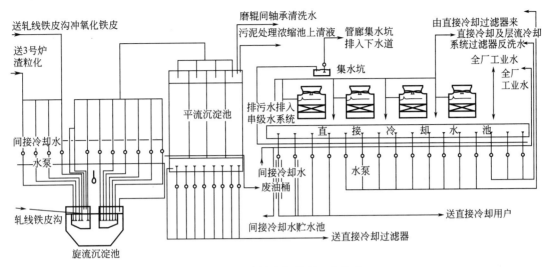

图 10-19 直接冷却处理工艺流程

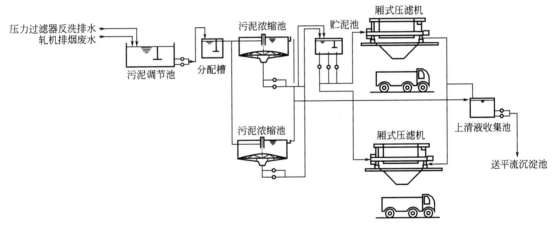

图 10-20 污泥处理工艺流程

系统中投加的药品有分散剂和杀藻剂;在直接冷却系统中投加的药品有分散剂和杀藻剂。加药设备均由设置在加药间内的计算机控制,同时水处理集中操作室的计算机控制系统可结合加药设备发出启动或停止指令,水处理集中操作室计算机系统可监视加药设备的运行情况。

（4）主要处理设施与处理效果

宝钢 1580mm 热轧工程水处理是国内第一座自行设计的全自动控制的热轧水处理设施,水处理设备立足于国内,个别关键设备采用单机引水,水处理系统设备国产化率达到 95%。

① 层流冷却系统与冷却塔 层流冷却水处理系统主要设施为沉淀池、冷却塔与水泵站,其中:沉淀池为两格,每格长 41m,宽 13.5m,水深 5m,处理水量 15807m³/h,停留时间 25.56min;冷却塔两格,选用冷却塔技术参数见表 10-15 中层流冷却系统;水泵站长 40m,宽 9m,主要设备性能见表 10-16 中①和②。

表 10-15 冷却塔参数

项 目	加热炉系统	间接冷却系统	层流冷却系统	直接冷却系统
格数	1	2	2	4
每格尺寸(宽×长)/(m×m)	13.647×16	13.647×16	13.647×16	13.647×16

续表

项　目	加热炉系统	间接冷却系统	层流冷却系统	直接冷却系统
冷却水量/(m³/h)	2755/2300	4043/4038	4745/4770	14282/12745
进水温度/℃	47	38	42	43
出水温度/℃	32	32	40	35
风机台数/台	2	2	2	4
风量/(m³/h)	174×10	145×10	145×10	145×10

表 10-16　水泵站性能

项　目	①送过滤冷却泵组	②带钢层流冷却供水泵	③送平流池泵组	④冲铁皮及粒化渣泵组
总供水量/(m³/h)	4800	10000	13837/12269	1950
水泵台数/台	3(2+1)	5(4+1)	7(5+2)	4(3+1)
水泵形式	立式斜流泵	立式斜流泵	立式斜流泵	立式斜流泵
单台流量/(m³/h)	240	2749	2749	750
扬程/m	33	31.6	31.6	44
马达功率/kW	355	355	355	135

② 直接冷却循环系统　旋流沉淀池及相关设备如下所述。

1) 旋流沉淀池。采用中心筒下旋式，钢筋混凝土结构。直径 $\phi26m$，深度 33.9m。处理水量 15787m³/h，入口铁皮的质量浓度 550～850mg/L，出口铁皮的质量浓度 170mg/L，铁皮去除率为 80%。

2) 抓铁皮设备。抓斗龙门吊，起重量 10t，抓斗容积 1.0m³，年清除铁皮量约 3.2 万吨。

3) 水泵站旋流沉淀池内，泵房标高−12.4m，主要设备见表 10-16 中③和④。

4) 铁皮沟格栅除污机用于拦截并清除铁皮沟内块状杂物，采用 1 台钢丝绳牵引式格栅除污机，$B=1.2m$。

③ 平流沉淀池及相关设备

1) 平流沉淀池本体。4 格，每格长 50m，宽 12m，水深 3m。入口铁皮的质量浓度约 170mg/L，出口铁皮的质量浓度约 80mg/L，年清除铁皮量约 5000t。处理水量 14347m³/h，停留时间 30min。

2) 刮油刮渣机。型号为 12MP-2，PC 控制，跨度 12.4m。刮油速度 3m/min，刮渣速度 15m/min，油耙将水面浮油刮入集油槽送隔油池处理。

3) 隔油池。隔油池由本体、除油机和隔油排水泵组成，其规格性能如下。

本体：共有 3 格，每格长 6m，宽 6m，水深 3m。第一格、第二格撇油，第三格将经油水分离后的水用泵送至沉淀池。

除油机：热轧厂浊环水中含油量大，在 1580mm 热轧水处理设计中选用了一种新型的布拖式撇油器，该设备采用像拖把一样的缆式撇油装置，与油的亲和性好，接触面大，脱油采用轧辊式，拖缆再生好，单台撇油能力为 2000L/h，油水比 9∶1，功率 1.1kW/台，数量 2 台，满足了生产要求。

隔油池排水泵：采用 2 台污水潜水泵，流量 20m³/h，扬程 10m，功率 1.5kW。

4) 水泵站。水泵站长 54m，宽 9m，主要设备有：立式混流泵（送压力过滤器、冷却塔水泵）；流量 2749m³/h，扬程 31.6m，功率 355kW，数量 8 台（5 台工作，3 台备用）；抓铁皮设备，采用 1 台抓斗桥式吊车，起重量 5t，抓斗容积 0.5m³。

④ 过滤站　主要处理 A、B、C 循环水系统送过滤器处理的水。来自各系统的水经过滤

器进入水管进入过滤器过滤，水在通过滤料层时水中大量的悬浮物被过滤器中的滤料截留下来，而过滤后的水经过滤器出水管进入各系统下一级构筑物。过滤器运行一定时间后，滤料中含有大量的悬浮物，过滤器反洗排出的污泥经过滤器反洗水出水管进入污泥处理系统。

过滤站共有 30 台 $\phi5000mm$ 快速过滤器，其处理能力和性能见表 10-17。

表 10-17　过滤器性能

项　　目	加热炉及间接冷却循环系统	层流冷却循环系统	直接冷却循环系统
总过滤水量/(m³/h)	900	4800	14342
数量/台	2	7	21
单台过滤水量/(m³/h)	450	687	699
过滤速度/(m/h)	35～40	35～40	35～40
入口悬浮物浓度/(mg/L)	20	50	80
悬浮物浓度/(mg/L)	5	10	15

过滤站配有 4 台反洗风机，采用 RE-145 型罗茨鼓风机，风量 $19.6m^3/min$。

过滤器内设有无烟煤层、石英砂层、卵石层 3 层滤料，滤料装填高度分别为：无烟煤层 1400mm，石英砂层 700mm，卵石层 400mm。

⑤ 冷却塔与加药间　采用机械抽风式冷却塔，塔体结构为钢筋混凝土塔身、玻璃钢风筒。填料为 PVC 格网填料。

加药间共设置投加水质稳定剂的加药设备 5 套，每套加药设备均包括容积为 $5m^3$ 的药液罐 1 个，药液罐搅拌机 1 台，计量泵 2 台，$Q=0～50L/h$，$H=0.3MPa$（杀藻剂用计量泵 $Q=0～2400L/h$，$H=0.3MPa$）。

⑥ 冷泥处理系统　热轧污泥的特点是含油量大，一般的脱水设备不易达到要求。据了解，2050mm 热轧水处理污泥中含油量高达 20%，根据实践经验，处理热轧污泥国内尚无成熟、耐用的污泥脱水设备，因此宝钢 1580mm 热轧工程污泥处理系统设备采取从日本三菱重工成套引进，引进设备包括调节池搅拌机、污泥泵，浓缩池浓缩机，加药设备，箱式压滤机，系统控制等。

污泥处理设备与构筑物见表 10-18。

表 10-18　污泥处理设备与构筑物

名　　称	型号及规格	数　　量
箱式压滤机	10TON-D·S/(12h·台)；1500mm×1500mm×40 室，过滤面积：154m²	2 台
污泥贮泥池搅拌机	立式叶片型，$\phi7000mm×2$ 段，$N=2.2kW×4$	1 台
聚合物溶解搅拌机	立式叶片型，$\phi400mm×2$ 段，$N=2.2kW×4$	1 台
反洗排水槽	钢筋混凝土结构，长 17m，宽 9m	1 格
污泥浓缩池	钢筋混凝土结构，$\phi15m$，H 约 6m	2 格
脱水间	长 14m，宽 10m，两层楼	

11 冷轧厂废水处理与回用技术

生产各种冷轧产品过程中均有废水和废液产生。冷轧厂的各轧制系统废水的水量、水质是随轧机种类、生产能力、机组组成、生产工艺方式及操作水平等因素而异。采用同种轧机，产品产量相同的情况下，如工艺方式不同，其用水量、废水量和废水水质的差别是很大的。我国冷轧技术发展很快，很多企业已实现生产全流程高效化，连续化、自动化。由于冷轧工艺与技术进步和发展，对用水要求更加严格，外排废水成分更加复杂。因此，科学合理地实现冷轧含油与乳化液净化除油处理与回用；合理选择酸碱废液回用与废水净化系统，以及实现 Cr、Ni 等一类污染物净化回收。而后将上述处理废水通过综合废水处理系统实现节水减排与废水"零"排放目标。

11.1 冷轧厂废水特征与废水水质水量

11.1.1 冷轧厂废水来源与组成

冷轧一般是指不经加热的轧制，如冷轧板、冷轧卷材的生产。为了保持冷轧材的表面质量，防止轧辊损伤，热轧钢材必须清除表面的氧化铁皮后才能进行冷轧。采用酸洗方法清除氧化铁皮时，将产生大量的酸洗废液。

酸洗漂洗水含大量的酸和二价铁盐，在连续酸洗机组，这种废水连续排放，是冷轧酸性废水的主要来源。酸洗机组检修时，将向废水处理机组排出大量高浓度酸洗废液，其成分与废酸相同。酸洗、漂洗后的带钢采用钝化或中和处理时，将产生少量钝化或碱洗液。为了消除带钢冷轧时产生的变形热，需用乳化液或棕榈油进行冷却和润滑。冷轧生产常以乳化液作润滑、冷却剂，而在生产冷轧碳素钢、冷轧不锈钢或极薄规格的冷轧带钢，如镀锡带钢时，才采用棕榈油。

乳化液主要由 2%～10% 的矿物油或植物油、乳化剂和水组成。冷轧乳化液常用阴离子型或非离子型乳化剂。乳化液是循环使用的，循环系统由贮槽、泵、净化设备和冷却器等组成。使用过程中，一部分乳化液被冷轧带钢带出，另一部分在净化设备的，随分离的机械杂质一起排走，同时，乳化液因水分受热蒸发，使含盐量增加、稳定性降低，也会因氧化或细菌作用而变质。所以要连续排出一部分老的乳化液，补充新的乳化液。

冷轧带钢在松卷退化和使用棕榈油时，退火前均要用碱性溶液脱脂，产生碱性含油废水。采用湿式平整时，将排出平整液，其主要成分是矿物油和乳化液。

如上所述，冷轧废水的基本组成是酸性废水、含油及乳化液废水和碱性含油废水。

冷连轧带钢厂除生产普通冷轧板、卷外，有时还生产带有金属镀层或非金属漆层的品种，这时，根据产品和生产工艺的不同，将产生其他类型的废水，通常称为带钢表面处理废水。生产冷轧镀（涂）层带钢时，为了获得良好的覆盖表面，先要对冷轧带钢进行化学清洗，清除残余的乳化液、油、脂、氧化铁等残渣。化学清洗的主要方法是碱洗、电解清洗，有时还采用酸洗。

热镀锌机组的种类很多，从废水处理的角度看，主要可分镀锌前带钢采用化学清洗液还是气体清洗，以及镀锌后的带钢是否进行钝化处理两类。当热镀锌带钢还要进行其他涂覆时，无需钝化处理；反之，为防止表面产生锌锈，保持锌层光泽，需要往带钢表面喷以铬酸，进行钝化处理，这时将产生含铬废水。

电镀锌机组由化学预处理、电镀及后处理 3 个工艺部分组成。从化学预处理段将排出含有固体杂质的碱性含油、含乳化液废水、碱性清洗水、废酸及酸性漂洗水。电镀工艺段根据电镀液的不同，可能产生酸性电镀废液或碱性含氰电镀废液及其相应的清洗废水。从后处理部分将排出含铬或含磷酸盐的废液及其清洗水。

从电镀锡工艺产生的废水，有脱脂机组的强碱及弱碱含油废水、酸洗机组的强酸及弱酸废水、含电镀液废水及含铬废液和含铬清洗水等。

冷轧带钢除以上几种常用的金属镀层外，还有镀铝、镀铜、镀铅、镀镍等产品，如采用碱性镀铜工艺时，有时可能产生含氰废水。

生产冷轧非金属涂层产品时，除了需进行预处理外，在涂漆或涂塑前还要进行磷化或钝化处理，将产生含铬或含磷酸盐的废水。

当前的冷轧生产，在乳化液酸制及带钢清洗时，多采用脱盐水。当冷轧厂设有脱盐水机组时，将产生酸性和碱性的再生废液及其清洗水。

冷轧带钢均采用保护气体退火，并以电解水的方法制取氢气。制取电解水的过程中，也有少量酸、碱废水排出。

因此，冷轧生产过程中将产生废酸、酸性废水、含乳化液废水。冷轧带钢在松卷退火及表面处理时，还将产生酸、碱、油类和含铬等废水，其他重金属废水，如铜、铅、镍类废水等。

11.1.2　冷轧厂废水特征与水质水量

为提高冷轧板、冷轧卷材的机械强度和表面光洁度，轧制前需对热轧板进行机械、化学处理，以去除钢材表面的氧化铁皮。轧制后，为消除冷加工硬化现象，冷轧板、冷轧卷需在罩式炉内进行结晶退火，使用平整机保持平整并提高表面的光洁度。部分冷轧产品还需进行表面处理，如在其表面进行金属镀或非金属涂层。热轧板材等往往经过酸洗才能作为冷轧原料，冷轧过程中需采用乳化油或棕榈油作为润滑剂和冷却剂，因而产生大量的废酸、酸性废水、含油废水。冷轧带钢在松卷退火、表面处理过程中还将产生含酸、碱、油及含铬类重金属废水。

因此，冷轧废水具有如下特征：a. 废水种类多，包括废酸、酸碱废水、含油及乳化液废水，根据机组组成的不同，有时还有含铬废水及含氰酸盐等的废水；b. 冷轧废水不仅种类多，而且每种废水与钢铁厂其他部分产生的同类废水相比，其数量也最大；c. 废水成分复杂，除含有酸、碱、油、乳化液和少量机械杂质外，还含有大量的金属盐类，其中主要是铁盐。此外还有少量的重金属离子和有机成分；d. 废水变化大，由于冷轧厂各机组产量、生产能力和作业率的不同，冷轧废水量及废水成分波动很大；e. 冷轧废水的温度主要来自生产工艺的加热而不是因直接冷却所产生的；f. 由于冷轧废水的复杂性，故其废水的治理与循环回用有其复杂与难度。

冷轧钢材必须清除原料表面氧化铁皮，采用酸洗清除氧化铁皮时，随之产生废酸液和酸洗漂洗水；漂洗后的钢材如采用钝化或中和处理时，将产生钝化液或碱洗液；冷却轧辊时需用乳化液或棕榈油冷却和润滑，随之产生含油乳化液废水。除此之外，冷轧带钢还需金属镀层或非金属涂层，将产生各种重金属废水或磷酸盐类废水。

冷轧废水成分复杂、种类繁多，用水及废水量差别也大，废水中主要含有悬浮物 600～

200mg/L，矿物油约1000mg/L，乳化液20000～100000mg/L，COD 20000～50000mg/L等。

近年来，我国已引进为数众多的冷轧机，其废水排放量与组成比较复杂，水质差别也较大，例如年产规模$210×10^4$t，其中加工冷轧板卷$158×10^4$t/a，热镀锌产品$35×10^4$t/a，电镀锌产品$15×10^4$t/a，捆带产品$2×10^4$t/a的2030mm冷连轧带钢厂的废水排放量及水质成分见表11-1[74]。

表 11-1　2030mm 冷连轧厂废水量与水质

废水来源	废水量	废水成分	排放制度
酸洗机组	15m³/h 50m³/h	HCl 20g/L，Fe 4g/L HCl 70～160g/L，Fe 30～110g/L	连续事故排放
全连轧机轧辊冷却系统	0.5m³/h	悬浮物 1g/L，矿物油 10g/L，乳化液 20g/L，Fe 0～15g/L，pH 值为 7～8，COD 20～50g/L	
撇渣系统	0.6m³/h	悬浮物 1～2g/L，矿物油 10g/L，乳化液 100g/L，Fe 0.15～0.20g/L，pH 值为 7～8，COD 20～80g/L	
更换乳化液(2～3 月)	600m³	悬浮物 0.6～1.0g/L，矿物油 10g/L，乳化液 20g/L，Fe 0.1～0.15g/L，pH 值为 7～8，COD 20～50g/L	
更换清洗剂	150m³	悬浮物 0.6～1.0g/L，矿物油 10g/L，清洗剂 20g/L，Fe 0.1g/L，pH 值为 7～8，COD 20～50g/L	
更换水	150m³	悬浮物 0.6～1.0g/L，矿物油 10g/L，乳化液 10g/L，Fe 0.1g/L，pH 值为 7～8，COD 10～20g/L	
油库泵坑排水	最大 1m³/h 平均 0.15～0.20m³/h	油及乳化液，COD 10～20g/L	
平整机组	2m³/h	悬浮物 1～2g/L，矿物油 10g/L，乳化液 50g/L，Fe 0.3g/L，pH 值为 7～8，COD 10～20g/L	仅湿平整时排放
横切机组	92m³/d	含油及固体杂质	每天冲洗 1h
纵切机组	25m³/d		
重卷机组	51m³/d		
热镀锌机组	68m³/d	含油及少量含铬废水	
涂层机组	127m³/2 周 40m³/d 14m³/d	更换清洗剂时排出液 含油废水 含派克清洗剂	
压力成型机组	5.7m³/d	含油及固体杂质	每天冲洗 1h
电镀锌机组	11m³/d	油、油脂及固体杂质	冲洗水
	1m³/h	悬浮物 1g/L，油脂 9g/L，矿物油及乳化液 3.4g/L，pH 值为 12，COD 10g/L	碱性废水
	60m³/h	悬浮物 0.02g/L，油脂 0.03g/L，矿物油及乳化液 0.38g/L，pH 值为 9～10，COD 30g/L	碱性冲洗水
	2.5m³/h	悬浮物 0.1g/L，硫酸 12g/L，Fe 10mg/L，Zn 5.5g/L，pH 值为 1～2	酸性废水
	140m³/h	悬浮物 0.02g/L，硫酸 0.33g/L，Fe 0.005g/L，Zn 0.015g/L，pH 值为 6～7	酸性漂洗水
	0.2m³/h	悬浮物 0.1g/L，铬酸 2g/L，SiO₂ 1.5g/L，pH 值为 2～3	含铬废水
	15m³/h 1.6m³/(d·3 次)	悬浮物 0.02g/L，铬酸 0.2g/L，pH 值为 5～6，Cd 0.07%，Pb 2.30%，P 0.001%，Zn 6.0%，Al 0.08%，Fe 0.50%，Sn 21%，其他 0.05%	含铬漂洗水

续表

废水来源	废水量	废水成分	排放制度
脱脂部分	$2\times8m^3/6$ 个月 $1\times4m^3/6$ 个月	油脂、矿物油、乳化液 9g/L、碱 3.4g/L，pH 值 $11\sim12$，COD $10\sim20g/L$	槽子排空时的碱性废水
	$1\times6m^3/6$ 个月 $1\times4m^3/6$ 个月	油脂、矿物油、乳化液 0.03g/L、碱 0.38g/L，pH 值 $9\sim10$，COD 30g/L	槽子排空时的碱性漂洗水
连续退火机组	$10m^3/h$	悬浮物 0.213g/L、乳化液、矿物油、油脂 0.067g/L、Fe 0.101g/L、SiO_2 0.065g/L、Na 0.153g/L，pH 值 11，COD 80mg/L	碱性废水
脱脂部分	$90m^3/2$ 个月	悬浮物 0.40g/L、油 0.10g/L、Fe 0.2g/L、SiO_2 0.10g/L、Na 0.20g/L，pH 值为 $12\sim13$，COD 100mg/L	槽子排空时的碱性废水
2 号淬火槽和平整机	$18m^3$	$NaNO_2$ 3%、有机胺 1%、表面活性剂 0.1%、Fe 0.02%、悬浮物 0.02%，pH 值 10	每年 $1\sim2$ 次
捆带机组	$16m^3$	过滤器反洗水	每天 3 次，每次 0.25h
保护气体发生站 干燥设备	$0.01m^3/h$	少量 KOH	
电解水器	$2m^3$	石棉渣和部分 KOH	每年 5 次
脱盐设备再生	$1.2m^3/10h$	$0\sim5\%$HCl	每 10h 排一次
	$2.7m^3/10h$	$0\sim1\%$NaOH	每 10h 排一次
磨辊间	$35m^3/$月	油脂、矿物油、乳化液、悬浮物	
水处理站	$100m^3/h$	澄清水	
	$3m^3/h$	泥渣	
空压机站	$0.6m^3/h$	矿物油	
煤气混合加压站	$1m^3/d$	NaSCH 300g/L	
盐酸再生站	$50m^3/h$	HCl 200g/L	事故排放
	$25m^3/$周	悬浮物 10g/L、HCl 2g/L、Fe 2g/L	过滤器清洗
	$3m^3/d$	HCl 2g/L、Fe 2g/L	喷嘴清洗
	$5m^3/$周	悬浮物 $0\sim10g/L$、HCl $0\sim5g/L$	冲洗地坪

年产 100 万吨，包括 15 万吨镀锌板、卷和 10 万吨镀锡板、卷的 1700mm 冷轧带钢厂的废水排放量及水质成分见表 11-2。该冷连轧机由德国引进。

表 11-2 1700mm 冷连轧厂废水量与水质

废水来源	废水量	废水成分	排放制度
酸洗机组	$22m^3/h$	HCl 14g/L、Fe 4g/L	连续
	$25m^3/2$ 个月	HCl 70g/L、Fe 110g/L	事故排放
	$15m^3/h$		间断
	$15m^3/h$	HCl 14g/L、Fe 6g/L	间断
磨辊间	$45m^3/$月	乳化液、干油、矿物油、棕榈油	间断
双机架平整	$60m^3/3$ 个月	乳化液	
棕榈油再生系统	$2m^3/h$	棕榈油	
轧辊冷却系统过滤器反洗	$2m^3/h$	棕榈油	
轧辊冷却系统过滤器反洗	$10\sim12m^3/h$	乳化液	
轧辊冷却系统	$500m^3/$月	乳化液、棕榈油	
脱脂机组	$40m^3/h$	油脂 $1\%\sim2.5\%$，pH 值为 $7\sim9$	
连续退火机组	$20m^3/$周	碱 $3\%\sim5\%$	
电镀锡机组	$343m^3/h$	$80m^3/h$，pH 值为 9 $260m^3/h$，pH 值为 $5\sim7$	
	$32m^3/h$	$3m^3/h$ 电解液 含铬废水	
热镀锌机组	$5m^3/a$	$Na_2Cr_2O_7$ 15mg/L	

11.2 冷轧厂废水处理工艺与回用技术

11.2.1 冷轧含油、乳化液废水处理与回用技术的方案选择

随着各行业对冷轧板材的要求越来越高，冷轧厂的产品除了在冷轧工艺上改进外，近年来国外各大型企业都在钢材表面处理技术（包括表面清洁净化技术及表面涂层技术）上进行了大量改革。随之而来的使冷轧系统废水的污染成分产生了质与量的变化。尤其是为了保证高附加值带钢轧制时的质量稳定，所采用的乳化液中乳化油的相对分子质量越来越小，所配制乳化剂的成分越来越复杂，故其含油废水种类越来越多。它给废水处理的破乳带来了很大难度。

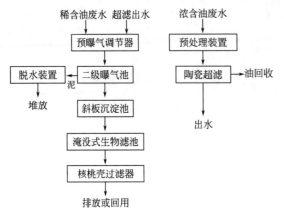

(a) 稀含油废水处理工艺流程　(b) 浓含油废水处理工艺流程

图 11-1　含油废水处理工艺流程

由于废水中溶解性油的增多，乳化剂成分的复杂性，含油废水的处理方法应进行深入探索与选择。现以宝钢 2030mm 冷轧厂为例，研讨其含油、乳化液处理与资源化回用的技术发展过程[81]。

（1）稀、浓含油、乳化液的分别处理

宝钢 2030mm 冷轧厂始建于 20 世纪 80 年代，规模为年产 210×10^4 t 钢材，主要是冷轧板（包括镀锌板、彩色镀层板及各种规格的冷轧薄板）。

由于市场经济对冷轧产品的质量要求越来越高，冷轧厂的表面处理技术也在不断更新，轧制乳化液的配制也在不断改变，因此随之而来的含油废水的成分比建设初期要复杂，其废水排放量随着清洗钢板的设施越来越完善也不断地在增加。

为此，在这次改造工程中对含油废水进行了浓稀分流的方式，并采用了不同的方法进行处理。处理工艺如图 11-1 所示。

整个系统包括了物理方法（超滤及核桃壳过滤器）、生物法（曝气池、生物滤池）、物理化学方法（斜板除油沉淀池）等。

（2）冷轧含油、乳化液的化学处理法

宝钢 2030mm 冷轧厂，由于水中油相对分子质量小，乳化剂成分复杂，一般的油聚凝剂效果都不显著。在可行性研究期间选用了南京经通水处理研究所宜兴净水剂厂生产研制的新型高效混凝剂 JH-1 净水灵。这是一种集无机高分子混凝剂和有机高分子混凝剂的特性于一体的具有独特混凝性能的混凝剂。对含油废水中的油及 COD 的去除起到了良好的效果。根据多次试验，含油去除率为 $45\% \sim 80\%$，相应的 COD 去除效果为 $40\% \sim 60\%$。

分析其所以对微量乳化油有显著的吸附去除能力，是由于无机高分子与有机高分子组成的多羟络合物快速破坏乳化油的双电层的作用，使水包油中的油分子互相快速聚合在一起，再与聚丙烯酰胺配合使用效果会更好。其中的关键是 pH 值的控制。

（3）冷轧含油和乳化液废水电化学处理法

用电流破坏废水中油珠稳定性的方法有两种：电解浮选法和电解凝聚法。前者类似于空

气浮选法，它通过将水电解为氢气和氧气来形成微气泡。二氧化铝电极的开发改善了电解浮选法的经济性。据报道，该技术已应用于处理肉禽类加工废水，以降低其中的油脂含量，油脂出水质量浓度为 $30 \sim 35 mg/L$。

电解凝聚法采用消耗性电极，如铝板、废铁等。外加电压使电极氧化而释放铝离子、亚铁离子等金属混凝剂。被处理废水需有足够的导电性，以使电解正常运行，并可防止电极材料的钝化。某厂采用电解凝聚后续电解浮选的流程处理含油废水，操作电压平均为 $20V$，电流为 $15 \sim 35A$，质量浓度由初始的 $280mg/L$ 降至 $14mg/L$。电解凝聚单元的电能消耗为 $3.18kW \cdot h/m^3$。含油废水在电解过程中，一般存在电解氧化还原、电解絮凝和电解气浮效应。电解气浮主要是电解装置的阴极反应。

电解法一般只适用于小规模的乳化液。电絮凝浮选法处理优点为：电解设备结构简单，电解时产生氢气具有浮选除油作用，电解过程中产生的氢氧化物絮凝体具有絮凝吸附效果。

电火化法是用交流电来去除废水中乳化油和溶解性油，其装置由两个同心排列的圆筒组成，内圆筒同时兼作电极。另一电极是一根金属棒，电极间填充微粒导电材料，废水和压缩空气同时送入反应器下部的混合器，再经多孔栅板进入电极间的内圆筒。筒内的导电颗粒呈沸腾床状态，在电场作用下，颗粒间产生电火花，在电火花和废水中均匀分布的氧的作用下，油分被氧化和燃烧分解。净化后的废水由内圆筒经多孔顶板进入外圆筒，并由此外排。电火花法处理乳化液废水效果，可使含油由 $200 \sim 260mg/L$ 下降到 $8 \sim 25mg/L$。

电磁吸附分离法是使磁性颗粒与含油废水相混掺，在其吸附过程中，利用油珠的磁化效应，再通过磁性过滤装置将油分去除。工程应用实践表明，含油废水用电磁吸附净化处理，可使有机和无机悬浮物的质量浓度达 $2.0g/L$，乳化油的质量浓度达 $0.4 \sim 1.0g/L$ 的含油废水出水含油量为 $1 \sim 5mg/L$。

（4）冷轧含油和乳化液废水的物理处理法

宝钢使用有机超滤装置已有 10 多年的历史，效果明显，尤其是大量废油从水中得到回收。

21 世纪水处理的革命是膜技术的革命。膜分离技术不但可以回收有用物质还可以节省大量的化学药剂，避免造成新的污染物质。随着科学技术水平的不断创新，膜技术的领域中的新产品也在不断出现，无机膜的应用也就是其中引人注目的一个部分。根据实际使用体会，用有机膜超滤装置存在以下问题：a. 膜的化学稳定性较差，抗化学品侵蚀性能差，经受不起强酸、强碱、氧化剂及有机溶剂的侵蚀；b. 膜耐温性能差；c. 膜抗老化性能差，机械强度较差，使用寿命较短。

主要是在使用过程中难以维持较高的通量及清洗再生性能差。20 世纪 70 年代国外已开展无机陶瓷膜的研制及应用研究工作，主要有氧化铝、氧化锆及不锈钢膜。90 年代应用陶瓷膜处理含油废水较为广泛，如美国过滤集团生产的 Membralox 膜用于含油废水处理取得满意结果。采用陶瓷处理乳化液废水，除具备了膜分离方法的优点外，由于无机陶瓷材料自身的性能决定了它具有耐高温、耐强酸、强氧化剂及有机溶剂的侵蚀，机械强度较高，使用寿命长，膜孔径分布窄，截油率高，运行渗透通量较高，清洗再生性能好等优点。

20 世纪 90 年代南京化工大学已研制生产不同类型的无机陶瓷膜并开展了应用研究，先后在益昌薄板厂、武钢冷轧厂进行工程应用。

通过多年的研究，已基本掌握陶瓷膜、氧化锆膜处理冷轧乳化液废水处理技术。但由于各冷轧厂乳化液废水的成分及浓度随各厂的乳化液配方及生产方式和工艺而异，尤其宝钢 2030mm 冷轧厂，其使用的乳化油相对分子质量较小，乳化剂成分复杂。针对 2030mm 冷轧厂的条件和实际应用此项新技术中存在的问题，通过现场试验选用陶瓷膜及选择合理的工艺运行参数及可靠操作规程等。近年来做了大量的工业性试验，取得了预期的效果。脱脂废水出水 COD 均低于同类型的国外有机膜。油含量在进水 $3000 \sim 20000 \mathrm{mg/L}$ 的情况下，出水均不大于 $50 \mathrm{mg/L}$ （环境温度 $\leqslant 60 ^{\circ}\mathrm{C}$，$\mathrm{pH} > 12$）。针对本厂的特点即油相对分子质量小、乳化剂复杂，选用 4nm 孔径的无机膜，使出水含油量稳定在 $50 \mathrm{mg/L}$ 以下。

超滤装置的截留率取决于进水水质及 pH 值、温度等因素。要想保持出水水质及通量的稳定，必须要选择一种有效的清洗方式及具备必要的预处理手段。

选用新型核桃过滤器，它可以进一步去除外排废水的含油量，它可以减少滤料更换，工作稳定，COD 去除率高，实现外排废水达标排放。

（5）冷轧含油和乳化液废水的生物处理法

江苏博大环保股份有限公司与波兰合作配制的专门用于水处理中除油及降解 COD 的"倍加清"生物菌种。该菌种在国外尤其是美国及西欧已广泛地应用于生活污水处理、油田及乳化油废水处理中。宝钢含油废水也曾应用。

生物工程的一大特点是将有机物及有害的无机物通过细菌的代谢作用转化成 $\mathrm{CO_2}$、$\mathrm{H_2O}$、$\mathrm{N_2}$、$\mathrm{CH_4}$ 等无害的无机物，其中部分有机物成为细菌繁殖的营养，定向地发展成专门去除油及 COD 的新生一代的菌群。同时由于菌群自身的繁殖及适当地补充不同系列菌种及酶，使废水处理的整个过程符合优胜劣汰的自然生态平衡规律。废水处理过程中的二次污染被消除了，废水处理过程中的含泥量减少了（约减少 $3 \sim 4$ 倍）。同时几乎不需投加任何化学药剂（除少量的抗表面活性剂及营养剂外）。

"倍加清"定向菌在工况中能够降解一般氧化法所达不到的去除率（试验过程中，COD去除率平均在 60% 以上，最高可达 88%），其主要原因在于该定向菌充分地发挥了细胞外酶与内酶的双重作用。外酶可以把复杂的难以直接进入细胞的分子结构包括一些重金属离子进行分解；细胞内酶则起同化作用，运行时间越长，同化作用越明显。试验过程中明显地感觉到经过驯化的菌种越来越适应冷轧乳化油的环境，即所谓的定向性越强，效果也越来越显著。这证明这个生化处理的机理，在特定环境中是可行的。

从国内众多的冷轧废乳化液的调查结果说明，宝钢 2030mm 冷轧厂的乳化液是最难处理的废水，通过多年试验虽已探索出一套设计、处理、运行与管理的实践经验，但仍需在生产实践中不断改进、调整与完善。

11.2.2 化学法处理含油、乳化液废水与资源回用技术[81~86]

化学处理法是直接削弱乳化油中分散态油珠的稳定性，或破坏乳液中的乳化剂，然后分离出油脂。该分离过程包括混凝剂与废水的快速混合，油滴凝絮成团，上乳或沉降分离等步骤。综合国内外有关文献主要采用的化学破乳法有：a. 投加混凝剂；b. 加酸或同时又加入有机分散剂；c. 投加盐并加热乳液；d. 投加盐并电解等[82~86]。

加入混凝剂并通过沉降或上浮法除去油脂，是工业废水处理中常用的方法，铁盐或铝盐的混凝作用通常能有效地使含油废水破乳。采用加入大量无机盐使乳化油盐析时，出水中溶解物可能会急剧增加导致二次污染问题。为增加破乳作用和凝絮作用，也可投加聚合物。有机破乳剂具有良好的破乳效果，但由于价格较高，实际应用不适宜处理高流量低浓度的含油洗水。酸的破乳效果一般优于混凝盐，但价格较高，且油水分离后必须对产生的酸性废水进行中和。酸化破乳所需 pH 值取决于废水的性质，因此，如条件允许可采用酸洗废水破乳法。其实，钢铁行业中的废盐酸和废硫酸已用于含油废水的破乳处理，一般加入混凝剂有助于油性污泥颗粒的絮凝。

（1）含油乳化液破乳机理

关于破乳机理已有很多的研究，但由于油的种类繁多，成分复杂。目前，由于对油水界面现象缺乏有效研究手段，因此对破乳机理研究还在深入发展中。概括而言主要有如下几个方面。

① 凝聚、絮凝、聚集机理　乳化油废水因阴离子表面活性剂的存在，多为带负电荷的 O/W 型乳状液，凝聚即是利用破乳剂的电荷中和作用，降低表面电位，破坏乳状液的稳定性达到破乳的目的。絮凝即是在热能、机械能等的作用下，相对分子质量较大的破乳剂分散在乳状液中通过高分子架桥作用使细小液滴相互聚集成大液滴，但各液滴仍然存在并不合并。该液滴直径大到一定程度后也可破乳，使油、水完全分离。聚集则是凝聚与絮凝的总称。

② 碰撞机理　在热能和机械能等作用下，破乳剂分子活动加剧，有更多的机会与界面膜发生碰撞，通过破坏油-水界面膜，进而破坏乳化液的稳定性，以达到破乳的目的。

③ 乳化液变形机理　破乳剂分子在热能、机械能的作用下与界面膜接触加剧，加速渗入并吸附在乳化液滴的界面；排出或置换出天然乳化剂，并破坏表面膜，形成新的油水界面膜；乳化液发生变形。液相相互凝结，使油水分离，达到破乳的目的。

④ 褶皱变形机理　近年来，随着显微技术的发展，发现 W/O 型乳化液均有双层或多层水圈，水圈之间为油圈，其结构如褶皱。液滴在热能、机械能或破乳剂分子等作用下，各层水圈相互连通，发生褶皱变形，使液滴聚集以达到破乳的目的。

（2）化学破乳的主要方法

化学法对去除乳化油有特别的功效。乳状液可分为 O/W 型和 W/O 型两种，使乳状液变形或采和加速液珠聚结速度的方法，导致乳状液破坏，即为破乳。化学破乳法是向乳化废水中投加化学试剂，通过化学作用使乳化液脱稳、破乳，实现油水分离的目的。该法化学试剂种类及最佳投药量的选择是一项复杂的工作，一般所选化学试剂应满足以下条件：a. 能存在于油-水界面；b. 能破坏油滴周围的表面膜；c. 可强烈吸引其他油滴发生聚结或凝聚。

处理乳化油时必须先破乳。化学破乳法技术成熟，工艺简单，是进行含油废水处理的传统方法，包括盐析法、酸化法、凝聚法。酸化-沉降法破乳去油应用较多，但效果不理想，但采用盐析-酸化-沉降法则可获得令人满意的结果。该方法的发展主要集中在药剂的开发与应用，常用的是铝盐及铁盐系列，有机絮凝剂如聚丙烯酰胺等也作为助剂被广泛使用。目前，高分子有机絮凝剂，特别是强阳离子型盐类广受重视，因乳化废水多为 O/W 型乳化液，带有负电荷，通过电荷中和可有效地除油。此外，天然有机高分子絮凝剂，如淀粉、木质素、纤维素等的衍生物相对分子质量大，且无毒害，有很好的应用前景。此外，我国黏土资源丰富，因其具有一定的吸附破乳性能，特别是经表面活性物质等改性处理后，其表面疏水亲油性能增强，是含油废水处理的一个发展方向。

① 凝聚法　凝聚法除油近年来应用较多。其原理是：向乳化废水中投加凝聚剂，水解后生成胶体，吸附油珠，并通过絮凝产生矾花等物理化学作用或通过药剂中和表面电荷使其凝聚，或由于加入的高分子物质的架桥作用达到絮凝，然后通过沉降或气浮的方法将油分除。该法适应性强，可去除乳化油和溶解油，以及部分难以生化降解的复杂高分子有机物。

絮凝剂可分为无机和有机两种。不同絮凝剂的 pH 值适用范围不同，因此混凝过程中加入的药剂还包括酸碱度调节剂，有时也加入助凝剂。常用的无机混凝剂有：铝盐系列，如硫酸铝（ATS）、$Al(OH)_3$（ATH）、$AlCl_3$、聚合氯化铝（PAC）；含硫酸根的聚合氯化铁（PFC）、聚合硫酸铁（PFS）、聚合硫酸铝铁（PEFS）、聚氯硫酸铁（PECS）、聚合硫酸氯化铝铁（PAFCS）等。铁盐混凝剂安全无毒，对于水和 pH 值适应范围广，有取代对人体有害铝盐混凝剂的趋势。开发高分子铁盐混凝剂前景广阔，意义重大。目前，科研工作者在研制聚合硅酸铁、聚合硅酸铝铁及聚磷氯化铁（PPFC）等新型复合混凝剂。铁盐及铝盐系列均为阳离子型无机絮凝剂，还有阴离子型无机絮凝剂，如聚合硅酸或活化硅酸（AS）等。有机絮凝剂按其分子的电荷特征可分为非离子型、阴离子型、阳离子型、两性型4种，前三类在含油废水处理中应用较广，其中阳离子型又可分为强阳离子型和弱阳离子型两种。常用的有机絮凝剂有聚丙烯酰胺（PAM）、丙烯酰胺、二丙烯二甲基胺等。近年来，多种文献报道合成或选用了多种高分子絮凝剂，如 HC（国产强阳离子型）、PHM-Y（无机低分子和有机高分子组成的复合絮凝剂）等。

无机絮凝法处理废水速度快，装置比盐析法小，但药剂较贵，污泥生成量多。例如用三价铁离子作絮凝剂，除去 1L 油会产生 30L 含有大量水分（约 95%）的油-氢氧化铁污泥。这样带来既麻烦又昂贵的污泥脱水及处理问题。高分子有机絮凝剂处理含油废水较好，投加量一般较少；结合无机絮凝剂使用效果更好。其特点是可获得最大颗粒的絮体，并把油滴凝聚吸附除去。这类方法一般是在一定 pH 值下加入无机絮凝剂，再加入一定量的有机絮凝剂。有时也可先加入有机絮凝剂，再加入无机絮凝剂。一般两种药剂事先混合以 1 种药剂的形式加入，其处理效果不及分开的好。

絮凝法处理含油废水，在适宜的条件下 COD 的去除率可达 50%～85%，油去除率可达 80%～90%，但存在废渣及污泥多和难处理的问题。因此，为提高该法的适应性，要尽可能减少废渣及污泥量。

② 酸化法 乳化含油废水一般为 O/W 型，油滴表面往往覆盖一层带有负电荷的双电层，将废水用酸调至酸性，一般 pH 值在 3～4 之间，产生的质子会中和双电层，通过减少液滴表面电荷而破坏其稳定性，促进油滴凝聚。同时可使存在于油-水界面上的高碳脂肪酸或高碳脂肪醇之类的表面活性剂游离出来，使油滴失去稳定性，达到破乳目的。破乳后用碱性物质调节 pH 值到 7～9，可进一步去油，并可做混凝沉降和过滤等进一步处理。

酸化通常可用盐酸、硫酸和磷酸二氢钠等，也可用废酸液（如机械加工的酸洗废液）或烟道气或灰。不仅可达到破乳的目的，而且烟道灰中含有的某些物质如 Fe^{2+} 等还能起到混凝作用，而 Mg^{2+} 等则能盐析破乳。

酸化法处理含油废水的优点在于工艺设备比较简单，处理效果比较稳定。但缺点也较多，如酸化后若借静置分出油层所需时间较长，同时硫酸等的使用对设备有一定的腐蚀作用，因而设备要有一定的抗蚀性。目前，酸化法处理含油废水常作为一种预处理方法，与气浮或混凝等方法结合使用。

③ 盐析法 该法原理是：向乳化废水中投加无机盐类电解质，去除乳化油珠外围的水离子，压缩油粒与水界面处双电层厚度，减少电荷，使双电层破坏，从而使油粒脱稳，油珠间吸引力得到恢复而相互聚集，以达到破乳目的。常用的电解质为 Ca、Mg、Al 的盐类，其中镁盐、钙盐使用较多。

该法操作简单，费用较低，但单独使用投药量大（1%～5%），聚析速度慢，沉降分离时间一般在 24h 以上，设备占地面积大，且对表面活性剂稳定的含油污水处理效果不好，常用于初级处理。

④ 混合法 由于乳化液成分复杂，单一的处理方法有时难以奏效，多种情况下，需采用凝聚、盐析、酸化法综合处理，称之为综合法，可取得更佳的效果。此法比盐析法析出的油质量好，比凝聚法投药量少。

一般采用贮槽收集，根据需要进行加热，使用除油机分离乳油后，添加破乳剂加热静置，或破乳后进行混凝、气浮分离，或先用少量盐类破乳剂使乳化液油球初步脱稳，再加少量的混凝剂，使之凝聚分离等。

上述四种破乳方法的比较见表 11-3。

表 11-3 四种破乳方法比较

方法	药剂名称	投药量	处理后水质	沉渣	油质	费用	优缺点
盐析法	氯化钙 氯化镁 硫酸钙 硫酸镁 氯化钠	二价药为 1.5%～2.5%，一价药为 3%～5%	清晰透明，含油量 20～40mg/L，COD 200mg/L	絮状，沉渣很少	棕黄色，清亮	约 3 元/吨	油质好，便于再生；投药量最高，水中含盐量最大
凝聚法	聚合氯化铝明矾	0.4%～1%	清晰透明，含油量 15～50mg/L，COD 2000mg/L	絮状，沉渣很少	黏胶状及絮状	自制 0.76 元/吨，外购 1.88 元/吨	投药量少，一般工厂均适用，油质较差，黏厚，水分多，再生困难
混合法	综合盐析法和凝聚法的任何一种药剂	投盐 0.3%～0.8%，凝聚剂 0.3%～0.5%	同盐析法	絮状，沉渣很少	稀糊状	1.31～3.16 元/吨	投药量中等，破乳能力强，适应性广，对难于破乳的乳化液尤为适宜
酸化法	废硫酸废盐酸和石灰	约为废水 6%	清澈透明，含油量 20mg/L 以下，COD 低于其他方法	约为 10%	棕红色，清亮	0.03 元/吨（废酸不计费用）	水质好，含油量低还可以废治废，但沉渣多

（3）国内常用处理技术与工艺流程

冷轧厂的含油废水含有乳化剂、脱脂剂以及固体粉末等，化学稳定性好，难以通过静置或自然沉淀法分离，乳化液是在油或脂类物质中加入表面活性剂，然后加入水。油和脂在表面活性剂的作用下以极其微小的颗粒在水中分散，由于其特殊的结构和极小的分散度，在水分子热运动的影响下，油滴在水中是非常稳定的，就如同溶解在水中一样。这种乳化液通常称为水包油型乳化液，其乳化液中含有脱脂剂、悬浮物等，因此形成的乳化液稳定性更好。乳化液一般需采用化学药剂进行破乳，使含油污水中的乳化液脱稳，然后投入絮凝剂进行絮凝，使脱稳的油滴通过架桥吸附作用凝聚成较大的颗粒，再通过气浮的方法予以分离。一般根据污水中的含油浓度决定采用一级或两级气浮。通过气浮分离的废水一般含油量仍较大，难以满足排放要求。通常还需进行过滤处理，过滤可采用砂滤加活性炭过滤或者采用核桃壳进行过滤。一般的含油污水中含有较高的 COD，对于排放要求较高的地区，一般还需对这一部分污水进行 COD 降解处理，可采用生化法或 H_2O_2 进行处理。其典型的工艺流程如图 11-2 所示。图 11-2 所示 4 种工艺流程是近年来宝钢、包钢、酒钢等引进冷轧工程含油废水处理经验的总结。它们工艺特点均采用调节池、破乳、气浮和过滤（砂滤加活性炭或核桃壳过滤器），所不同的是根据水质状况增设多级气浮，COD 氧化槽等，以保证出水水质。

（4）国外常用处理技术与工艺流程

① 混凝浮上法处理工艺与技术　含油和乳化液废水先集中于贮槽，用泵泵入一级混凝槽，加入凝聚剂、pH 值调整剂和高分子絮凝剂后，进入一级加压浮上槽。经一级浮上处理，出水含油量为 20～50mg/L，再经二级混凝，二级加压浮上处理后，出水含油量可达 10mg/L，悬浮物约 20mg/L，含铁量小于 5mg/L。

贮槽及一级、二级加压浮上槽内设有刮油装置。从加压浮上槽内排出的浮渣与从废水处理系统浓缩池的排泥混合，加入高分子絮凝剂后，用真空过滤机脱水。

经二级浮上处理的水一部分作加压浮上用水，其余部分排出。

其处理工艺流程如图 11-3 所示。

② 混凝浮上回收处理工艺与技术　含油废水收集于贮槽，经分离的浮油及浮渣加酸后排入集油坑。贮槽内的乳化液加入 pH 值调整剂后，用加压泵送入空气溶解器并溶入空气。

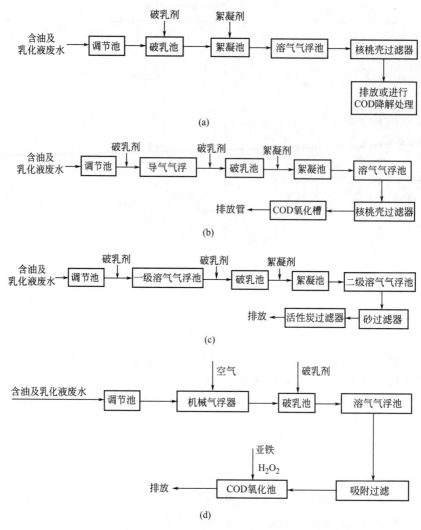

图 11-2 化学法处理含油乳化液废水工艺流程

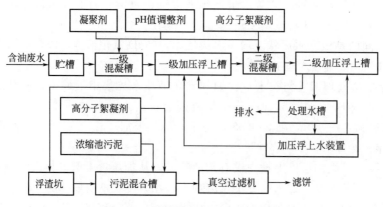

图 11-3 混凝浮上法处理工艺流程

溶有空气的乳化液投加破乳剂、聚合电解质后，在加压浮上槽内进行油、水分离。浮油及浮渣用刮油机分离，加酸后进入集油坑。浮上治理后的废水直接排放。其工艺流程如图 11-4

所示。

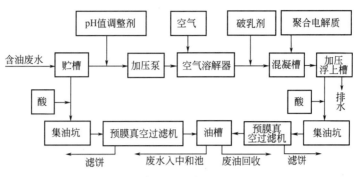

图 11-4　混凝浮上回收处理工艺流程

集油坑内的油、渣混合物用预膜真空过滤机分离出含油泥渣和含水废油。含水废油在油槽内静置分离，上部的废油回收，下部的酸性废水送废水治理系统的中和池中和。预膜真空过滤机在正常工作前先用硅藻土形成厚度约 3～10cm 厚的预膜层，然后对集油坑内的油、渣进行过滤。硅藻土预膜时间约 1h，正常工作时间约 14h。

采用这种方法，排水含油为 10～15mg/L，可控制在 6～7mg/L，含悬浮物小于 30mg/L，一般可达 10mg/L，含铁小于 0.3mg/L。油的回收率可达 75%～80%，滤饼含水率为 30%。

③ 加酸加热回收处理工艺流程　含油及乳化液废水先进入贮槽，用泵分别打入 3 个反应槽，通蒸汽加热并投加硫酸，经搅拌后静置分离。先将反应槽底部的废水排出，废水排尽后，将上部废油排入水洗槽，加入蒸汽、水，经搅拌后静置分离。水洗槽底部的废水与反应槽排水一起送中和池，上部的油分用泵送入离心分离机，分离出水、油和油泥。分离的水流回贮槽。油泥送焚烧炉。分离油进入集油槽，加入硅藻土后送入板框压滤机。滤液回收油，可考虑利用。如图 11-5 所示。

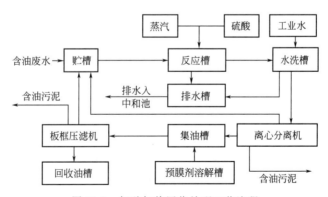

图 11-5　加酸加热回收处理工艺流程

上述处理系统，从反应槽及水洗槽排水的 pH 值为 1～2，含油质量浓度 10～30mg/L，悬浮物的质量浓度约 30～60mg/L。

11.2.3　有机膜分离法处理含油、乳化液与资源回用技术[87~90]

（1）有机膜分离技术的特点与应用范围

根据膜相结构性质，膜分离技术可分为固相膜和液相膜两大类。液膜分离技术是以液-液相间成乳化态，利用被分离组分在两液相间的分配关系，通过分散相液滴的界面实现传质的过程。但因有些关键技术迄今尚待研究，尚难推广应用。

目前水处理中主要应用的几种膜分离技术为电渗析（ED）、反渗透（RO）与超滤（UF）技术。它们具有共同特点，即膜分离过程无相变、节能、经济、装置简单、操作方便、常温运行等特点。膜技术的核心是膜的结构与理化性质。高性能的膜材料是发展膜技术的关键，通过各种化学方法，不断地合成新型膜材料，开发新的成膜工艺，力争膜结构趋向合理化。对膜性能的要求，除应具有较高的通量与去除率外，还应具备耐酸碱、抗氧化、抗污染与耐溶剂侵蚀等性能。复合膜与超薄膜是发展方向。低压膜的研究与应用应予以充分重视。现将上述几种膜的特点归纳于表 11-4 中。

表 11-4　几种主要膜分离特点

分离方法	简图	推动力	传递机理	透过物	截留物	膜类型
微孔过滤	进料 → 滤液	压力差 100kPa	颗粒大小、形状	水、溶剂溶解物	悬浮物颗粒纤维	多孔膜
超滤	进料 → 浓缩液、滤液	压力差 0.1～1.0MPa	分子特性、大小、形状	水、溶剂、离子及小分子（$M<1000$）	胶体大分子（不同相对分子质量）	非对称性膜
反渗透（纳滤）	进料 → 浓缩液、滤液	压力差 2～10MPa（1～2MPa）	溶剂的扩散传递	水溶剂	溶质、盐（悬浮物、大分子、离子）	非对称性膜（或复合膜）
渗析	进料 → 净化液；扩散液 → 接受液	浓度差	溶质的扩散传递	低分子量物质、离子	溶剂及相对分子质量大于1000的溶解物	非对称性膜、离子交换膜
电渗析	产品液；进料	电位差	电解质离子的选择性传递	电解质离子	非电解质大分子物质	离子交换膜
气体分离	进气 → 渗杂气、渗透气	压力差 1～10MPa 浓度差（分压差）	气体和蒸汽的扩散渗透	渗透性气体和蒸汽	难渗透性气体或蒸汽	均质膜、复合膜、非对称性膜
渗透蒸发	进料 → 溶液或溶剂、溶剂或溶质	浓度差（分压差）	选择传递（物性差异）	溶质或溶剂（易渗组分的）蒸汽	溶剂或溶质（难渗组分的）蒸汽	均质膜、复合膜、非对称性膜
液膜	内相；外相；膜相	化学反应和浓度差	反应促进和扩散传递	溶质（电解质离子）	溶剂（非电解质）	液膜

（2）冷轧含油、乳化液的有机膜分离技术

超滤和反渗透都能用于含油、乳化液的处理。超滤与反渗透的主要差别在于：反渗透主

要用于分离溶液中的离子或分子，而超滤只分离溶剂或溶液中的高分子和胶体物质。故反渗透膜孔径较小，而超滤膜的孔径较大。在含油、乳化液处理时大多采用超滤法[87~90]。

超滤是应用于含油废水除油的一项新技术。与传统方法相比，其优点是物质在分离过程中无相变、耗能少、设备简单、操作容易、分离效果好，不会产生大量的油污泥（经过浓缩的母液可以定期除去浮油），在处理水体中的乳化油方面有其独到之处。缺点是膜易污染，难清洗及水通量小。超滤工艺应用于乳化液废水处理，已取得了一定的进展。

超滤法处理乳化液污水的主要工艺有：平板式超滤工艺、中空纤维膜超滤工艺、管式（内压或外压）膜超滤工艺和卷式膜超滤工艺，其中内压管式膜超滤工艺在实际生产中应用较多。

超滤膜的孔径一般在 $0.1\mu m$ 以下，约在 $0.005\sim0.01\mu m$ 之间，而乳化油油滴直径为 $0.1\sim3\mu m$，因此用它处理含油废水时，水可透过膜，油珠则被截留。超滤处理后的每升出水含油量可达几毫克至几十毫克，一般不超过 $100mg/L$，二段超滤处理后，含油量在 $10mg/L$ 以下，可直接排放或经过浓缩后回收利用。

超滤法所用膜有聚丙烯腈中空纤维膜（PAN）、聚砜中空纤维膜（PS）、氯甲基化聚砜膜（CMPS）、圈型聚砜共混中空纤维膜（PDC）以及它们共混膜如 CMPS-PS、PS-PDC 等。

用超滤处理乳化液是浓缩处理。大体上，所有非极性的化合物不能透过超滤膜，在浓溶液侧被浓缩；极性化合物可以透过超滤膜而进入渗透水。

可能存在于乳化液中的极性化合物主要有以下几种：无机物，包括亚硝酸盐、磷酸盐、聚磷酸盐、硫酸盐、氯化物、溶解的金属离子、酸、碱等；有机物，包括乳化剂、酒石酸、三乙醇胺、乙二胺、乙二胺四乙酸等。

可能存在于乳化液中的非极性化合物有：无机物及机械杂质，包括砂、尘土、金属屑、金属氢氧化物、抛光剂、金属氢氧化物等；有机物，包括矿物油、可皂化油、油脂、高脂肪酸、汽油、聚丙烯酸酯等。

超滤用于分离乳化液时，过去多采用软管薄膜的形式。将管状超滤膜附于由纸或聚酯制的软管内壁。软管的作用是支撑管状超滤膜，并使渗透液均匀地分布于整个圆柱表面。软管外套以开孔的不锈钢支承管，最外层为外套管或称收集管。乳化液处理时，渗透水顺次经超滤膜、软管、支承管，集中于收集管而排出，乳化液由此不断得到浓缩。现在以涂有树脂的无纺聚丙烯支承管代替软管加不锈钢管的形式，将超滤膜直接灌注于支承管的内壁，支承管外是塑料收集管。每根超滤组合件的收集管上装有管接头，用透明软管将超滤组合件的渗透水收集后排出。

实际的超滤装置一般由循环槽、供液泵、循环泵、超滤管组合件、清洗槽等设备组成。

经过一段运行后，膜面产生极化现象，透过量下降，当下降到某一程度后，或出水水质变差时就要对超滤系统进行清洗。超滤清洗通常采用与过滤方向相同的正向清洗。清洗需采用化学药剂，只使用清洗剂的称一般清洗。处理乳化液的超滤装置，清洗时除采用清洗剂外，还要进行酸洗和碱洗，直至恢复其渗透能力。

用一定孔径的超滤膜，在一定的流速、压力和温度下处理乳化液时，一个操作周期的处理量取决于乳化液的浓度、杂质含量，并且在很大程度上取决于清洗的效果。清洗效果好的，可连续操作 1 个星期，反之则不超过 1d。所以，清洗剂及酸、碱的种类和浓度，清洗温度、程序和清洗时间应根据超滤膜的性能和乳化液的成分，通过试验确定。

从钢铁厂排出的乳化液及含油废水不仅含有油而且含有大量的铁屑、灰尘等固体颗粒杂质，其排放往往极不均匀，为了使这些大颗粒杂质不至于堵塞、损坏超滤膜，并使废水量均匀，需要在乳化液污水进入超滤系统前对之进行预处理和水量调节。

有时为了使被超滤浓缩的乳化含油废水的含油质量浓度进一步提高以便于回收利用，往往还需对超滤处理后的废乳化液进行浓缩。因此，比较完整的超滤法处理乳化液废水系统一般由预处理、超滤处理和后续处理（如废油浓缩）三个部分组成冷轧含油、乳化液处理与资源回用系统。

① 预处理　预处理具有两个功能，即水量调节与预处理，通常采用平流式沉淀池。在沉淀池中设有蒸汽加热装置，目的是使废水中的一部分油经加热分离而上浮，并使污水保持一定的温度，使其在超滤装置中易于分离，分离上来的浮油则由刮油刮渣机刮至池子一端然后去除，沉淀池沉淀下来的杂质则由刮油刮渣机刮至池子一端的渣坑收集，再用泥浆泵送至污泥脱水装置进行处理。由于平流沉淀池同时具有调节功能，池子的水位经常变化，所以刮油刮渣机的刮油板应该具有随水位的变化而改变刮油位置的功能。

为了使进入超滤装置的废水杂质较少，不至于堵塞膜管和损坏膜管，还需对进入超滤装置的污水进行过滤，过滤装置通常有两种：一种是纸带过滤机；另一种是微孔过滤器。纸带过滤机结构比较简单、价格较高。运行管理比较方便，但是处理过程有废弃物（就是失效的废纸）产生。但废纸的量不大，可以进行焚烧处理。微孔过滤器则可以进行反冲洗，所以处理的过程没有废弃物产生，但是需要一套反冲洗装置和反洗废液处理装置，其系统比较复杂，因而价格较高，运行时的能耗也比较高。在乳化含油污水处理系统中，过滤装置一般采用纸带过滤机。

② 超滤系统操作运行方式　乳化液内的机械杂质有可能损伤超滤膜，超滤前应采用过滤或离心分离的方法清除。乳化液的过滤主要采用孔径为 $40\mu m$ 左右的纸作过滤介质。

乳化液从贮槽用泵经纸过滤器进入循环槽，通过供液泵和循环泵不断地在超滤组合件与循环槽内循环、浓缩，排出渗透水，使浓溶液留在贮槽内。循环泵的作用是加快乳化液在超滤管内的流速，以保持较高的渗透率。正常工作时，渗透率随乳化液质量浓度的提高而降低。乳化液采用超滤浓缩，可以得到最高浓度约 60% 的浓缩液。处理 $100m^3$ 含油质量浓度为 $1g/L$ 的乳化液，可生产 $99.8m^3$ 的渗透液和 $0.2m^3$ 的浓缩液。渗滤液需进一步处理方可排放，浓缩液经加热回收油原料。超滤系统的运行操作方式有间歇过滤式、连续过滤式和多级连续过滤式等。此外，在环境保护特定地区，为了降低渗透水的 TOC、COD、BOD 的浓度，也有采用超滤、反渗透两级操作的方式。

1）间歇式操作如图 11-6 所示。

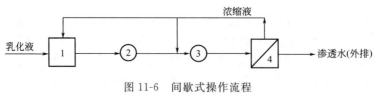

图 11-6　间歇式操作流程

1—循环槽；2—供液泵；3—循环泵；4—超滤装置

2）连接式操作如图 11-7 所示。

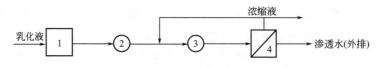

图 11-7　连续式操作流程

1—循环槽；2—供液泵；3—循环泵；4—超滤装置

　　3）多级连续式操作。在冷轧含油、乳化液处理时，为了使乳化液得到最大限度的浓缩，一般采用多级超滤系统操作方式，如图 11-8 所示。通常采用二级超滤系统，第一级在处理过程中含油废水可从调节池不断地得到供给。第二级超滤采用间歇式操作方式，这是因为第二级超滤处理的乳化液是由第一级周期性地排放供给的，如图 11-9 所示。

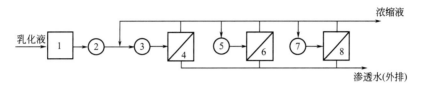

图 11-8　多级连续式操作流程

1—循环槽；2—供液泵；3——次循环泵；4——次超滤装置；
5—二次循环泵；6—二次超滤装置；7—三次循环泵；8—三次超滤装置

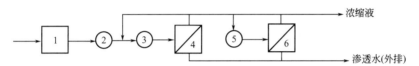

图 11-9　二级连续操作流程

1—循环泵；2—供液泵；3——次循环泵；4——次超滤装置；
5—二次循环泵；6—二次超滤装置

　　③ 后续处理　经超滤二级处理浓缩后，废油含油浓度一般在 50% 左右，需进一步浓缩，常采用的方法有加热法、离心法、电解法等。

　　超滤的渗透液由于含油和 COD 尚较高，通常需排入其他废水处理系统，经处理达标后排放或回用。

　　超滤装置运行一段时间后，膜的表面由于浓差极化现象随着废乳化液的浓度提高而不断增加，在每个运行周期结束时（从开始运行，到渗透液通量小于设定值），均需对超滤设备进行清洗，这是因为运行周期结束时，膜的表面会形成一层凝胶层，这个凝胶层是由油脂、金属和灰尘的微粒组成的。这个凝胶层会使超滤膜的渗透率大大下降，必须在下一周期运行前将其清洗掉。否则，超滤系统将无法正常运行。超滤设备的清洗方法一般有分解清洗法、溶解清洗法和机械清洗法 3 种[91~93]。

　　1）分解清洗法。分解清洗法的目的是除去沉积在膜表面的油脂。一般使用稀碱液或专用的洗涤剂对超滤膜表面的油脂进行分解。常用的稀碱液或专用的洗涤剂一般为超滤生产厂家为其超滤器特殊生产的专用洗涤剂。

　　2）溶解清洗法。溶解清洗法的目的是去除沉积在超滤膜表面的金属氧化物和氢氧化物，以及金属的微粒。溶解清洗法通常使用酸类来溶解这些物质。常用的酸类为柠檬酸或硝酸。硝酸的溶解能力要强于柠檬酸，因此效果较好。但是，最终采用柠檬酸还是硝酸取决于选用的超滤膜的耐腐蚀能力和超滤系统的管道和泵组的耐腐蚀能力。

　　3）机械清洗法。分解清洗法和溶解清洗法是超滤膜清洗的基本方法，但当超滤膜表面形成的凝胶层较厚时，单用分解清洗法和溶解清洗法来清洗，药剂消耗就会很大。为此，国外近年来采用了一种机械清洗的方法，即用机械的方法刮去超滤膜表面较厚的凝胶层，然后采用分解清洗法和溶解清洗法来清洗剩下的较薄的凝胶层。这样药剂耗量就会大大下降，通常采用海绵球进行清洗。

（3）超滤处理系统的影响因素

影响超滤处理系统的因素众多，除膜功能性材料以及清洗效果的影响外，还有一些影响因素。

① 流速　超滤管内的流速应控制在一定范围内，流速太小，易产生沉淀、减少渗透率、缩短操作周期；流速过高会影响超滤膜的使用寿命。对不同的乳化液，都能找到一个经济的流速范围。实践证明，流速还可能引起超滤膜的不可逆堵塞。

处理高浓度含油废水时，渗透率随流速而增加。超滤处理乳化液时，除供液泵外还设有循环泵，以提高流速，使渗透量增加。

② 温度　在超滤膜和支承管允许的温度范围内，提高乳化液的温度，使其黏度降低，从而增加渗透率的方法是超滤处理乳化液时常采用的方法。一般在超滤循环槽和清洗槽内，均设有蒸汽间接加热装置。加热温度应根据乳化液的成分、超滤膜、支承管和收集管的材质而定。从运行费用考虑，提高液温、加大渗透率，可减少超滤装置的一次投资，但运行费用也随之增加。一般供液温度为 35～50℃左右。

③ 操作压力　处理低浓度含油废水时，提高操作压力对渗透率的影响，大于增加流速产生的影响。但操作压力的提高必须满足超滤管的强度要求，每种超滤管均有规定的最大允许压力。

④ 含油浓度　超滤处理乳化液时，渗透率随操作压力和流速的增加而提高。不同的含油浓度、操作压力和流速对提高渗透率的影响程度也不同。一般情况下，渗透率随含油浓度的升高而降低，在一个过滤周期内，开始时渗透率高，随着含油浓度的提高和超滤膜表面黏附物的增加，渗透率就逐步降低。超滤装置的渗透能力要以一个操作周期的平均渗透率为依据，同时要考虑超滤停产清洗的影响。

⑤ 机械杂质　为了防止损伤超滤膜，无论是超滤还是反渗透，原液中均不允许含有可能损伤渗透膜的机械杂质，一般粒度大于 0.5mm 的机械杂质应事先予以清除。

⑥ pH 值及其他化学成分　每种超滤膜都有一定的 pH 值适应范围，否则长期运行就会损坏。此外，到目前为止的超滤膜均不能抗某些烃类和酮类化合物，即使短时间的接触也会引起超滤膜的膨胀，并改变其原有的结构形式。

⑦ 细菌类　乳化液中含有大量的营养物质，可能引起细菌的生长和繁殖，这里既有好气菌也有嫌气菌，其结果会导致超滤膜的不可逆堵塞。

由于乳化液的排放是不均匀的，所以即使有调节贮槽，超滤装置的运行不可能总是连续的；当设有两级超滤装置时，一、二级的能力也很难完全协调，所以难免有部分超滤装置处于关闭状态。为此，经过一定时间的运行或当设备长期关闭时，应对系统进行灭菌处理。为了防止超滤的干燥，新出厂的超滤管内涂有甘油类物质。超滤设备停产时也不允许放空，宜以清水充满。

（4）超滤法与化学法比较

乳化液采用膜分离的优点是操作稳定，出水水质好。当乳化液的性质、成分和浓度变化时，对渗透水的影响很小，一般出水含油的质量浓度均可小于 10mg/L，对降低废水的 COD 含量也有较好的效果。此外，超滤装置可按单元操作，根据废水量的变化调整操作台数。设备占地面积小，扩建也很方便。超滤正常工作时不消耗化学药剂，也不产生新的污泥，而回收油的质量较好。

超滤装置本身投资较高，运行费用也比化学法贵。实际的超滤装置在清洗时要消耗一定量的清洗剂和酸、碱。清洗过程仍会排出少量酸性或碱性的含油废水。超滤前处理的纸过滤器要消耗大量的滤纸并产生被油污染的废纸。大规模的超滤装置要消耗大量的电能，由于水泵的工作台数较多,噪声也随之增加。

为了比较超滤法与化学法处理冷轧含油、乳化液各自的优势,以便为其废水提供有效处理方案,某厂特进行如下比较试验。

① 处理方案

1)超滤法试验工艺流程如图 11-10 所示。

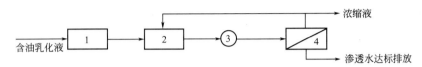

图 11-10　超滤法处理流程

1—调节槽;2—循环槽;3—循环泵;4—超滤装置

2)化学法(化学破乳法)试验工艺流程如图 11-11 所示。

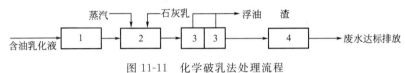

图 11-11　化学破乳法处理流程

1—调节池;2—破乳塔;3—二级气浮塔;4—精密过滤器

② 试验与结果比较　超滤法试验装置处理能力为 350L/h,化学法为 100L/h,在试验水质相同、运行时间正常时连续测定 14d,取样测定分析 12 次。试验方案要求为:a. 两套装置试验结果必须达到设计的平均处理能力;b. 试验装置运行,如停机、故障、流量、试验中产生废物,以及消耗的水、电、蒸汽、药剂等均需计量并按当时价格估算;c. 试验中对环境污染状况、劳动强度要做出评价。

经试验后其比较结果见表 11-5[94]。

表 11-5　超滤法与化学法处理冷轧乳化液的试验比较

比较项目	超滤法	氧化破乳法
处理水含油达标率	2 次未达标(其中 1 次为未取得到水样),达标率为 83.33%	12 次未达标(其中 1 次为未取到水样),达标率为 0
处理水悬浮物达标率	1 次未达标(其中 1 次为未取到水样),达标率为 91.67%	5 次未达标(其中 1 次为未取到水样),达标率为 58.33%
处理水 pH 值达标率	1 次未达标(其中 1 次为未取到水样),达标率为 91.67%	11 次未达标(其中 1 次为未取到水样),达标率为 8.33%
故障停机次数	1 次	6 次
系统的稳定性	系统稳定,未有系统修改	系统不稳定,系统有修改,原试验资料的工艺流程和试验中的流程有变化,在试验中,对系统进行了修改
系统流量计、加药计量装置的可靠性	系统中只有流量计,运行正常,计量可靠	系统中流量计常失灵,加药计量装置运行不正常
系统操作劳动强度、管理的复杂程度及工作环境状况	系统自动运行,运行时不需人工操作,管理简单。操作环境良好	系统自动运行,运行时需人工进行药剂量的调整操作,劳动强度大、管理较复杂、操作环境差
处理后油的价值	油浓度高,可回收利用每吨 1000 元出售	油利用价值较差
系统对乳化液的变化的适应性	乳化液的变化对系统无影响,适应性强	乳化液的变化对系统影响大,适应性差
处理 1m³ 乳化液废水的成本	6.2 元	7.47 元

11.2.4 无机膜分离法处理含油、乳化液与资源回用技术

20 世纪 70 年代国外已开展无机陶瓷膜的研制及应用研究，主要有氧化锆、氧化铝及不锈钢膜，随后国内也进行研究，国外将其用于含油废水处理较为广泛。采用陶瓷膜处理乳化液废水，除具有有机膜分离方法优点外，并具有耐高温、耐强酸、耐氧化及耐有机溶剂的侵蚀特性，机械强度较高，使用寿命长，膜孔径分布窄，截油率高，运行渗透量较大，清洗再生性能好等优点，是当今冷轧乳化液处理与资源回用技术的发展趋势。

（1）无机陶瓷膜处理冷轧乳化液的试验方法与工艺流程

采用南京理工大学膜科学研究所无机陶瓷膜管，利用某厂冷轧乳化液进行试验，采用正交试验方法，试验连续运行，其试验工艺流程如图 11-12 所示。膜出水含油分析采用 GB/T 16488—1996 红外线分析标准进行，乳化液含油质量浓度最大为 2369mg/L，最小为 1052mg/L，平均为 1521mg/L，采用重量法分析。

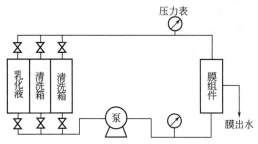

图 11-12 陶瓷膜处理乳化液试验工艺流程

（2）试验内容与结果 [95,96]

① pH 值与处理量及其出水水质的关系 试验结果表明，pH 值变化时，其处理量变化不大，但 pH 值上升，出水中油含量有所增加，其原因可能是乳化液中部分物质与 NaOH 反应所致。试验结果见表 11-6。

表 11-6　pH 值与处理量和出水水质

pH 值	处理量/(mL/min)			原液含油量/(mg/L)			出水含油量/(mg/L)		
	最大	最小	平均	最大	最小	平均	最大	最小	平均
4～5	96	88	92	2196	1297	1634	10.1	3.9	6.7
5～7	94	88	91	1471	807	1185	13.6	6.9	9.3
8～10	98	85	90	3172	1836	2242	18.4	8.3	12.4

② 温度与处理量及其出水水质的关系 在压力、pH 值一定的条件下，进行不同温度对比试验，其结果见表 11-7。试验结果表明温度上升其膜处理量随之明显上升，出水水质有所变化，但不明显。

表 11-7　温度与处理量和出水水质

温度/℃	处理量/(mL/min)			原液含油量/(mg/L)			出水含油量/(mg/L)		
	最大	最小	平均	最大	最小	平均	最大	最小	平均
30	94	80	86	2310	1578	1716	11.1	3.2	6.1
40	96	84	90	2918	1828	2135	11.4	4.9	6.4
50	115	90	96	2971	1721	1997	10.8	4.1	6.9
55～60	132	104	116	3046	1846	2159	13.3	6.8	9.2

③ 压力与处理量及其出水水质的关系 在 pH 值、温度等其他条件相同的情况下，进行压力对处理量和出水水质试验，试验结果见表 11-8。试验结果表明，随着压力升高，膜的处理量、出水油含量均呈上升的趋势。

表11-8 压力与处理量和出水水质

压力/MPa	处理量/(mL/min)			原液含油量/(mg/L)			出水含油量/(mg/L)		
	最大	最小	平均	最大	最小	平均	最大	最小	平均
0.15	72	64	68	2369	1052	1521	8.1	1.2	4.6
0.20	84	75	78	3452	986	1869	8.5	0.9	5.1
0.25	102	86	94	3215	1481	2315	10.5	1.4	6.8
0.30	116	98	110	3143	1328	1982	11.3	2.1	7.2
0.35	124	112	118	3441	2686	2931	14.2	3.4	8.3

（3）无机膜与有机膜的处理效果和运行费用比较

用国产无机超滤膜与进口有机超滤膜分别处理冷轧厂乳化液废水，试验用水为宝钢冷轧厂2030mm冷轧厂废水站的乳化液。试验结果见表11-9。

表11-9 无机膜与有机膜处理冷轧乳化液效果比较

膜种类	通量/[L/(m²·h)]	原液油含量/(mg/L)	渗透水油含量/(mg/L)	油去除率/%	原液COD_{Cr}的质量浓度/(mg/L)	渗透水COD_{Cr}的质量浓度/(mg/L)	COD_{Cr}去除率/%
有机膜	51	54094	107	99.8	151075	3608	97.6
无机膜(50nm)	108	92864	123	99.9	233510	3441	98.5
无机膜(20nm)	167	37952	41	99.9	116007	1087	99.1

表11-9中的数据为多次试验的平均值。试验数据表明，无机超滤膜的渗透量是有机超滤膜渗透量的2～3倍，而油和COD_{Cr}去除率是无机超滤膜比有机超滤膜高，出水水质好。无机超滤膜50nm与20nm相比，油的去除率几乎相等，而COD的去除率为20nm，优于50nm。但表中出现20nm渗透量高于50nm渗透量反常现象，这可能是由于50nm超滤管试验时的原液的质量浓度大于20nm超滤管原液的质量浓度所致。

无机膜与有机膜的运行费用比较见表11-10。

表11-10 无机膜与有机膜的运行费用比较

膜种类	试验通量/[L/(m²·h)]	能耗/(kW·h)	温度/℃	pH值
无机膜	80	7.5	30～80	1～14
有机膜	47	37.5	30～55	2～12

试验结果表明，有机超滤膜运行成本高，能耗高，膜适应温度与pH值范围比无机膜小，因此清洗成本高。而无机超滤膜对清洗药剂要求低于有机超滤，可用强酸、强碱进行清洗，因此清洗药剂的费用大大降低，使用寿命长。除了运行成本之外，一次性投资成本也只是进口有机超滤装置的2/3以下。

11.2.5 生物法和其他方法处理含油、乳化液废水

含油废水和乳化液也可采用厌氧生化和好氧生化以及氧化塘等生物处理法。极性油脂在生物处理时可被微生物降解。非极性油脂或通过初级澄清工艺除去，或者进入生物絮凝物内，最后与剩余污泥一起排出。

生物工程的一大特点是将有机物及有害的无机物通过细菌的代谢作用转化为CO_2、H_2O、N_2等无害的无机物，其中部分有机物成为细菌繁殖的营养，定向地发展成专门去除

油及 COD 的新生一代的菌群。同时由于菌群自身的繁殖及适当地补充不同系列菌种及酶，使废水处理的整个过程符合大自然优胜劣汰的生态平衡规律。废水处理过程中的二次污染被消除了，废水处理过程中的含泥量减少了；同时几乎不需投加任何化学药剂（除少量的抗表面活性剂及营养剂外）。

据报道某厂含油废水采用隔油池、空气浮选池及活性污泥法处理，原废水中油脂的质量浓度为 3000～6000mg/L，经隔油、气浮单元下降为 95～250mg/L，经曝气池活性污泥法处理后油脂最终出水浓度为 11mg/L。

上流式厌氧污泥床具有较高的处理能力，主要是由于消化器内积累有高浓度的活性污泥，同时具有良好的凝聚性能，絮凝现象就较易出现。将乳浊油脂废水固液分离，在静止状态呈现絮体与水的分离絮体沉淀。为了提高污泥的沉淀性能，可以采取进水中投加硫酸铝等方法。

上流式厌氧处理含油脂废水，应逐渐提高进水的 COD 浓度，经常观察出水的 COD 的变化及对 COD 去除率的影响，随时进行调节和控制进水的 COD 浓度。上流式厌氧污泥床进水的 COD 浓度控制在 10000～20000mg/L 左右，处理效果比较理想，当进水的质量浓度超过 20000mg/L 时，去除率逐渐降低，其原因是消化过程中挥发酸积累，对甲烷菌产生抑制作用的结果。

宝钢含油、乳化液的生物处理曾采用二级曝气池和淹没式生物滤池。并选用江苏博大环保公司与波兰合作配制的专用于除油处理及降解 COD 的"倍加清"生物菌种。该菌种在西欧、美国已广泛应用于生活污水、油田及乳化油废水处理。

"倍加清"定向菌能够降解一般氧化法难以去除的 COD，试验表明，COD 去除率平均在 60% 以上，最高可达 88%。[97]

某润滑化工油脂厂是生产润滑油脂的专业厂，其废水中以油类为主，其次为油皂等有机物，含油量为 150mg/L，经隔油和气浮处理后的废水流入氧化塘处理。该氧化塘长 180m，宽 60m，总面积 10800m²，总容积为 14000m³，顺长度方向建成三道堰，构成四级串联氧化塘。塘中养殖水生植物以芦苇为主，在第四级氧化塘中投放一定数量水生植物水葫芦、水浮萍，并放养鱼类。经停留 20d 左右的废水，其出水含油量低于 18mg/L，经常期水质监测除油率达 60%～70%，COD 去除率在 40%～50%。

采用泥炭或活性炭等可有效地去除油脂。泥炭在自然状态下具有很强的亲水性。作为净化含油污水的泥炭，需要在污水中有选择地吸油而不吸水，并且保持泥炭本身具有的体积密度小、弹性结构和吸附性能。活性炭的吸附能力极强，用活性炭处理炼油厂废水可达到 8mg/L 的排放浓度。

含油废水处理还可以采用深井注入法，把含油废水打入到深井内，依靠自然地层结构的过滤与净化作用处理这些废水。当然，采用焚烧方法处理含油废水，也有它的独到之处，利用在密闭式（或敞开式）焚烧炉内，对浓度较高的含油废水进行高温加热，将油类分离焚化，使废水得到净化，但在当今油资源紧缺情况下，应以回收利用为主。

11.2.6 冷轧含铬废水处理与资源回用技术

从冷轧系统排出重金属含铬等废水有两种：一种是高浓度的；另一种是低浓度漂洗水。重金属废水处理方法很多，有化学还原、电解还原、离子交换、中和沉淀、膜法分离等。其中沉淀法有中和沉淀、硫化物沉淀和铁氧体法等。国外普遍采用化学还原法，所用的还原剂有二氧化硫、硫化物、二价铁盐等。冷轧厂存在大量酸洗废液，利用酸洗废液中二价铁盐和游离酸，将 Cr^{6+} 还原为 Cr^{3+} 的方法具有实用价值。目前，宝钢、武钢等引进冷轧带钢厂，其含铬废水处理均采用这种方法。随着重金属废水外排控制的严格，采用生物法处理重金属废水的研究已在我国开始试验，用生物法处理冷轧重金属含铬等废水，比传统的化学法等对环境保护和提高企业技术竞争力有更大的优越性。

由于镀铬、锌、铜、镍等重金属板材日益增多，故形成的冷轧废水中的重金属成分越来越多，成为含众多重金属成分的复杂废水，为其无害化处理和资源回用带来新的难题。下面着重介绍含铬废水的处理技术。

（1）硫酸亚铁法

硫酸亚铁处理含铬废水，废水首先在还原槽中以硫酸调节 pH 值至 2～3，再投加硫酸亚铁溶液，使六价铬还原为三价铬，然后至中和槽投加石灰乳，调节 pH 值至 8.5～9.0，进入沉淀池沉淀分离，上清液达到排放标准后排放。加入硫酸亚铁不但起还原剂的作用，同时还起到凝聚、吸附以及加速沉淀的作用。硫酸亚铁法是我国最早采用的一种方法，药剂来源方便，也较为经济，设备投资少，处理费用低，除铬效果较好。是目前国内冷轧厂含铬废水最为常用的处理方法。

（2）亚硫酸氢钠法

在洗净槽中加入亚硫酸氢钠，并用 20% 硫酸调整 pH 值至 2.5～3。将镀铬回收槽清洗过的镀件放入洗净槽进行清洗，镀件表面附着的六价铬即被亚硫酸氢钠还原为三价铬：

$$Cr_2O_7^{2-}+3HSO_3^-+5H^+\longrightarrow 2Cr^{3+}+3SO_4^{2-}+4H_2O$$

当多次使用，亚硫酸氢钠的反应接近终点时，加碱调整 pH 值至 6.7～7.0，生成氢氧化铬沉淀。上清液加酸重新调整 pH 值至 2.5～3.0，再补加亚硫酸氢钠至 2～3g/L 继续使用。

还原剂除亚硫酸氢钠外，还有亚硫酸钠、硫代硫酸钠等。由于价格较贵，应用较少。

（3）二氧化硫法

将二氧化硫气体和废水混合生成亚硫酸，利用亚硫酸将六价铬还原为三价铬。然后投加石灰乳，生成氢氧化铬沉淀。其处理原理及反应式如下：

$$SO_2+H_2O\longrightarrow H_2SO_3$$
$$H_2Cr_2O_7+3H_2SO_3\longrightarrow Cr_2(SO_4)_3+4H_2O$$
$$2H_2CrO_4+3H_2SO_3\longrightarrow Cr_2(SO_4)_3+5H_2O$$
$$Cr_2(SO_4)_3+3Ca(OH)_2\longrightarrow 2Cr(OH)_3+3CaSO_4$$

废水用泵抽送，经喷射器与二氧化硫气体混合，进入反应罐中进行还原反应。当 pH 值下降至 3～5 时，Cr^{6+} 全部还原为 Cr^{3+}。然后投加石灰乳，调整 pH 值至 6～9，流入沉淀池分离，上清液排放。

按理论计算，Cr^{6+}：SO_2＝1：1.85（质量比）。由于废水中存在其他杂质，因此，实际投加量要比理论值大，以 Cr^{6+}：SO_2＝1：（3～5）（质量比）为宜。溶液（废水）的 pH 值及 SO_2 量对反应影响很大，当 pH>6 时 SO_2 用量大。因此，pH 值以 3～5 为宜，可节省 SO_2 用量。处理工艺中忌用 HNO_3，因 NO_3^- 存在要增加 SO_2 用量。采用管道式反应可提高 SO_2 利用率，并有减少设备，提高处理效率等优点。

该法适合处理 Cr^{6+} 的质量浓度为 50～300mg/L 的废水。中冶集团建筑研究总院环境保护研究所、同济大学等单位，曾用烧结烟气中的二氧化硫废烟气处理重金属废水（铬、锰等）和含氰废水。废水外排达标，烟道废水中 SO_2 净化率达 90% 以上，达到以废治废的目的。

（4）废酸还原法

目前宝钢等引进的冷轧带钢厂均采用此法。

从各机组排放的含铬废水，按其浓度大小，分别进入处理站的含铬废水调节池。废水用泵送至一、二级化学还原反应槽，投加废酸（即酸洗废液）使还原池中的 pH 值控制在 2 左右，用氧化还原电位控制在 250mV 左右，使 Cr^{6+} 充分还原成 Cr^{3+}，然后废水流入二级中和池经投加石灰中和，控制 pH 值至 8～9，并在二级中和池通入压缩空气，使二价铁充分氧化成易于沉淀的氢氧化铁，然后加入高分子絮凝剂，经絮凝后废水流入澄清池沉淀，去除悬浮物，然后进行过滤，使处理后水中 SS<50mg/L，并进行最后 pH 值调整，经处理后的水在各项指标达标后排放。

由于废酸中有 $FeCl_2$ 和 HCl，故使废水中 Cr^{6+} 还原为 Cr^{3+}，其反应式为：

$$6FeCl_2 + K_2Cr_2O_7 + 14HCl \longrightarrow 6FeCl_3 + 2CrCl_3 + 2KCl + 7H_2O$$

为使反应充分完全，故化学反应槽应采用两级，并在每级槽中设置还原电位和 pH 计，以便控制投药量。如图 11-13 所示。

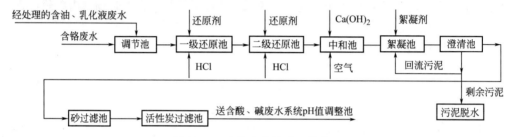

图 11-13 含铬废水处理工艺流程

为保证含铬废水处理合格，在第二级还原槽排出口设置 Cr^{6+} 测定仪，当 Cr^{6+} < 0.5mg/L 时才能流入下一级处理工序，否则废水必须送回系统中重新处理。为保证含铬污泥不污染环境，含铬污泥应单独处理。

此外，亚硫酸氢钠、亚硫酸钠、焦亚硫酸钠等在酸性条件下（pH 值小于 3 时），都能将 Cr^{6+} 还原成 Cr^{3+}。但该种药源较贵，并在废水中残留部分毒物，因此国内较少采用。

综上所述，在含铬污水的处理方法中，最常用的是还原中和法。

11.2.7 冷轧酸碱性废水处理技术

中和治理是工业废水化学法治理中最常采用的一种方法，也是冷轧废水处理时必不可少的一道工序。

中和治理的目的大致为：使废水达到排放标准的要求，对大多数水生物和农作物而言，其正常生长的 pH 值范围为 5.8～8.6，这也是排放标准规定的基本范围；作为生物处理或混凝沉淀处理的预处理；有时，为了去除废水中的某些金属离子或重金属离子，使之生成不溶于水的氢氧化物沉淀，再通过混凝沉淀而分离。对冷轧废水，因为含有大量的二价铁盐，在中和处理生成 $Fe(OH)_3$ 沉淀的同时，也能去除约 50% 的 COD。

（1）中和剂的选择与 pH 值监控

中和治理首先要选择中和剂，当仅仅中和酸性废水时，常用 NaOH、Na_2CO_3、CaO 或 $Ca(OH)_2$；可能同时中和酸、碱废水时，则还要使用 H_2SO_4 或 HCl。在碱性中和剂中，最常采用的是 10% 浓度的石灰乳。其最大的优点是成本低、污泥易于沉淀、脱水，缺点是石灰乳制备、投加系统比较复杂，污泥量大，同时使用硫酸中和时易于成垢。采用氢氧化钠的优点是污泥量小、投加系统比较简单，但处理成本高，污泥沉淀、脱水困难。

常用的酸性中和剂是盐酸或硫酸。工业硫酸浓度高，可减少药剂的运输和贮存量，防腐问题也较易解决，由于冷轧废水中和处理时常以石灰乳作碱性中和剂，为了防上结垢和减少污泥量，大多采用盐酸作酸性中和剂。

按处理方式，中和可分间歇式和连续式两种。前者多用于中和小流量、高浓度的废酸或废碱液；后者则多用来治理连续产生的酸性或碱性漂洗水。中和高浓度废酸时，需注意因产生大量沉淀引起排泥困难的问题。两种中和方式中，连续处理需要有较高的测试手段和自动控制水平，通过 pH 值的测量、调整装置自动控制酸性或碱性中和剂的投加量。

冷轧废水中和治理时，将产生大量的沉淀物，根据废水的成分和中和剂的种类，也可能产生硫酸钙沉淀，此外进行中和治理的废水中还含有少量的油分。为了保持 pH 计的测试精度，使中和治理达到预期的效果，应经常注意 pH 计的清洗、维护及校正工作。pH 计的清洗有人工和自动清洗两种。人工清洗时，可将电极浸泡于浓度为 18% 的盐酸溶液内，用海绵或其他软质刷子去除电极表面的油泥。自动清洗则通过超声波或自动喷出清洗液的方式进行。例如，每工作 12h，自动喷洗 5min 的稀盐酸。喷洗时间的长短可在操作盘上调整。pH 计的校正是清洗工作结束后，根据需要，分别用 pH＝4 和 pH＝7 的缓冲溶液校正其指示偏差。

（2）中和处理应注意的问题

为使中和反应充分进行，有效地利用中和剂，提高污泥的沉降速度和脱水性，中和池内一般均设有机械搅拌器，使大量已经中和的废水与中和剂及未经中和的废水充分混合。搅拌的方法除采用机械搅拌器外，也可使用压缩空气。

由于冷轧废水中存在大量的二价铁离子，为了降低排水的总铁含量，应使二价铁离子变成沉淀物后，通过混凝、沉淀去除。如果仅用中和的方法，以 $Fe(OH)_2$ 的形式产生沉淀，这时排水的 pH 值将超过排放标准，同时 $Fe(OH)_2$ 的溶解度也比三价铁的沉淀物大得多。所以，实际上都用充气氧化的方法，通过以下反应，使二价铁氧化成三价铁，这时反应的 pH 值可控制在较宽的范围内。

$$2Fe^{2+}+1/2O_2+2Ca(OH)_2+H_2O \longrightarrow 2Fe(OH)_3+2Ca^{2+}$$

从引进的几套冷轧带钢厂废水处理装置来看，在废水处理的中和池内，除设有机械搅拌器外都有充气氧化装置，一种是单独的转刷曝气；另一种是充气、搅拌合一的充气搅拌器。

利用中和的方法去除废水中的金属离子或重金属离子时，要注意控制反应的 pH 值。一方面要达到一定的数值，以生成某些金属或重金属的氢氧化物沉淀，同时还应注意 Al、Pb、Zn、Cr、Ni、Cu、Mn、Sn 等金属的氢氧化物，当 pH 值超过某一数值后，会有生成羟基络合物而使溶解度重新增加的问题。

进入中和池的冷轧废水中，除含 Fe^{2+} 外，一般均含有经还原处理后生成的 Cr^{3+}，也必须通过中和生成 $Cr(OH)_3$ 沉淀，从废水中分离。所以，冷轧废水中和处理控制的 pH 值一般以生成 $Fe(OH)_3$、$Cr(OH)_3$ 并使其沉淀物溶解度最小的数值为标准，实际上由于生成 $Fe(OH)_3$ 的 pH 值范围较宽，而 Cr^{3+} 本身也是排放的控制指标，中和反应的最终 pH 值应以三价铬沉淀的生成及三价铬沉淀的溶解度最小为控制值。当冷轧废水中还有某些特定的重金属离子也需通过中和处理来分离时，中和反应的 pH 值应在综合考虑后确定。

冷轧废水量及其成分的变化是很大的，不可能用一级处理来实现连续中和，实际的处理装置都采用两级中和的方式。

从形成氢氧化物沉淀到沉淀物析出，废水的 pH 值将下降 0.5 左右。此外，如果为了去除某种特定的金属离子或重金属离子，使中和处理控制的 pH 值超出排放要求的范围或当 pH 值控制、调整装置的能力出现不适应废水水质、水量变化的情况时，废水在中和、净化治理后，还应对排水进行最终 pH 值控制。

（3）沉淀分离与污泥脱水

含酸、碱污水处理一般采用中和沉淀法进行处理。

由于冷轧厂各机组排出的废水水量和水质均变化较大，因此从各机组排放来的含酸、碱废水首先进入处理站的酸、碱废水调节池，在此进行水量调节和均衡，然后再流入下一组构筑物进行中和处理，一般采用两级中和，第一级一般控制 pH 值为 7～9 左右，第二级一般控制 pH 值为 8.5～9.5，在中和池中发生如下反应：

$$H^+ + OH^- \longrightarrow H_2O$$
$$Fe^{2+} + 2OH^- \longrightarrow Fe(OH)_2$$
$$Zn^{2+} + 2OH^- \longrightarrow Zn(OH)_2$$
$$Sn^{2+} + 2OH^- \longrightarrow Sn(OH)_2$$
$$Pb^{2+} + 2OH^- \longrightarrow Pb(OH)_2$$
$$Ni^{2+} + 2OH^- \longrightarrow Ni(OH)_2$$

通常采用石灰、盐酸作为中和剂，对于一些小型冷轧厂的废水量较小、含酸量较小的处理系统，也可采用 NaOH 作为中和剂，但采用 NaOH 作为中和剂运行费用较高。由于产生的 $Fe(OH)_2$ 溶解度较大且不易沉淀，因此，一般在第二级需进行曝气处理，使 $Fe(OH)_2$ 充分氧化为溶解度较小且易于沉淀的 $Fe(OH)_3$，其反应式如下：

$$4Fe(OH)_2 + O_2 + 2H_2O \longrightarrow 4Fe(OH)_3$$

曝气可采用转刷曝气、机械曝气、穿孔管曝气或其他形式的曝气方式。曝气量可根据废水中的含铁量确定。

为了提高废水的沉淀效果，经曝气处理的废水流入沉淀池进行沉淀处理除氢氧化物和其他悬浮物。沉淀池通常可采用辐射式沉淀池、澄清池、斜板斜管沉淀池等形式。对于排放标准较高的地区，沉淀池出水还需经过滤器处理，沉淀池或过滤器出水一般还需进行最终 pH 值调整达到排放标准后方可排放。沉淀池沉淀的污泥需进行浓缩、脱水处理。对冷轧污泥，由于污泥主要以氢氧化物为主，含水率较高，污泥脱水设备选择不可忽视。污泥脱水要以最低的费用达到污泥能有规则地排除的目的。

从净化设备排出的污泥经浓缩处理后，其含水率可提高到 95% 左右。这种流动性的污泥必须进行脱水处理。国外在固液分离技术的领域里，曾对不同的方法从经济性和适用性方面进行过研究。结果表明，热干燥的办法可以获得最高的含固率，但投资和运行费用都要比机械的方法高。

用于污泥脱水的机械装置，有真空过滤机、板框压滤机、带式压滤机和离心分离机等。钢铁厂的污泥脱水设备，过去国内多用真空过滤机，不管是内滤或外滤式的都可以连续和自动地操作，但真空过滤机的脱水能力受设备本身的限制，其最大过滤压力仅 0.07MPa，滤饼含水率达 75%～80% 左右，因而还不能有规则地堆放。对难以脱水的污泥，如含油污泥，用氢氧化钠中和形成的金属氢氧化物污泥，往往还要投加辅助过滤剂，这样操作费用就增加了。

带式压滤机和离心分离机同样也可以连续、自动地操作，但是要同时使用聚合电解质，因此操作费用也不能降低，脱水后的污泥含水率仍然较高，往往呈糊状。所以只在个别情况下使用，而不适用于冷轧污泥的脱水。

一般不需要辅助过滤剂，操作费用低廉，滤饼含水率低（65% 左右），可以成型堆放的实用的机械脱水装置是板框压滤机。这种设备的缺点是操作过程比较复杂，目前国外多采用全自动的操作方式，国内也已经具备生产同类产品的能力。一般手动操作时间为 30～60min，自动为 10～15min。

几种污泥脱水设备所能达到的滤饼含水率，大致如下：板框压滤机 65%～70%；真空过滤机 75%～80%；带式压滤机 80%～85%；离心脱水机 80%～85%；加热干燥机约 50%。

11.3 冷轧厂废水处理回用技术应用实例

11.3.1 1550mm 冷轧带钢厂废水处理实用实例

（1）1550mm 冷轧带钢厂工程概况与水污染物

① 工程概况　1550mm 冷轧带钢厂是继 2030mm 冷轧带钢厂和 1420mm 冷轧带钢厂之后，宝钢新建的第三个冷轧带钢厂。该厂产品为国家急需的冷轧热镀锌板、电镀锌板和中、低牌号的电工钢，生产规模为 140×10^4 t/a，其中冷轧产品 45×10^4 t/a，热镀锌产品 35×10^4 t/a，电镀锌产品 25×10^4 t/a，中、低牌号电工钢产品 35×10^4 t/a。

冷轧板带产品厚度 0.3～1.6mm，宽度 700～1400mm；产品品种有 CQ、DQ、DDQ、EDDQ、UEDDQ 及 HSS 等。

电镀锌产品厚度 0.3～2.0mm，宽度 800～1850mm；产品品种有 FH、CQ、DQ、DDQ、EDDQ、HSS 和纯 Zn、Zn-Fe 合金等镀层产品。

热镀锌产品厚度 0.3～2.0mm，宽度 800～1850mm；产品品种有 CQ、DQ、DDQ、EDDQ、UEDDQ、HSS 和纯 Zn、Zn-Ni 合金等镀层产品。

电工钢产品厚度 0.35～0.65mm，宽度 40～1250mm；产品品种有 DW470（S18）、DW540（S20）、DW620（S23）和 DW800～DW1550（S30～S60）等。

全厂共有 11 条生产机组，即酸洗-轧机联合机组 1 条、连续退火机组 1 条、连续热镀锌机组 1 条、连续电镀锌机组 1 条、电工钢连续退火涂层机组 2 条、电工钢板重卷及宽卷包装机组 1 条、电工钢板纵剪及窄卷包装机组 1 条、冷轧板和镀层板重卷检查机组 2 条和半自动包装机组 1 条。

② 水污染源与污染物　水体污染源及污染物主要有：来自酸洗机组的盐酸废水；冷轧机的乳化液废水；退火机组的碱液废水和含油废水；热镀锌机组的碱液废水、铬酸废水和含油、含锌废水；电镀锌机组的碱液废水、酸液废水、铬酸废水和含油、含锌废水；电工钢退火涂层机组的碱液废水、铬酸废水和含油废水等。其废水污染物产生与排放情况见表 11-11[77]。

表 11-11　1550mm 废水污染物产生与排放情况

主要污染源	污染物发生量 /(m³/h)	污染物控制措施	污染物排放量或质量浓度 /(mg/L)	国家排放标准 /(mg/L)
含酸碱废水	300	中和、沉淀、过滤	pH=6.5～9 油:5	pH=6.5～9 油:5
含油废水	20	气浮→破乳→ 气浮→过滤→ COD 降解	COD<100 BOD<25 SS<50	COD<100 BOD<25 SS<50
含铬废水	25	一级还原→ 二级还原→ 中和沉淀→ 过滤	Cr⁶⁺<0.5	Cr⁶⁺<0.5

（2）废水水质水量与处理工艺

1550mm 冷轧带钢厂生产废水有：含酸、碱废水；含油、乳化液废水；含铬等废水。3 种废水均为连续和间断排放。

废水处理工艺与特点根据各废水的特点，对废水进行分类处理。

① 含酸碱废水 1550mm 冷轧含酸碱废水，因其浓度低，流量大，故采用中和沉淀法处理。对于酸洗机组高浓度酸洗废液，采用盐酸再生法回收利用技术。

从各机组排放来的含酸、碱废水进入处理站的酸、碱废水均衡池，在此进行水量调节和均衡，并用泵送至一、二级中和曝气池投加盐酸或石灰进行中和，使 pH 值控制在 9～9.5，并鼓入压缩空气进行曝气，使二价铁充分氧化成易于沉淀的氢氧化铁，然后加入高分子絮凝剂，经絮凝后废水流入辐流式澄清池沉淀，去除悬浮物，然后进行过滤，使处理水中的悬浮物小于 50mg/L，并进行最终 pH 值调整，经处理后的水在各项指标达到保证值后排放。否则，送回酸、碱废水均衡池中，重新处理。沉淀污泥进行浓缩、脱水处理。其工艺流程如图 11-14 所示[77]。

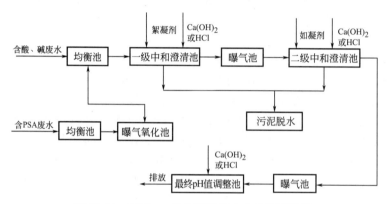

图 11-14 1550mm 冷轧酸碱废水中和处理流程

本系统采用了高密度污泥法。在中和沉淀阶段，将沉淀池中沉淀的污泥，根据废水量的大小，按一定的比率送回至中和池，以增加废水中悬浮物颗粒碰撞的概率和增大絮体，提高沉淀效率。

② 含油、乳化液废水 1550mm 冷轧含油、乳化液废水中的油，主要为润滑油和乳化液，以浮油和乳化油的状态存在。浮油以连续相的形式漂浮于水面，形成油膜或油层，易于从水面撇去。而乳化油由于表面活性剂的存在，使油能成为稳定的乳化液分散于水中，油滴的粒径极微小，不易从废水中分离出来。因此，含油、乳化液废水主要是针对乳化液的处理，采用破乳气浮法。其工艺流程如图 11-15 所示。

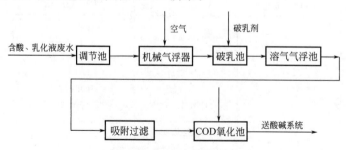

图 11-15 1550mm 冷轧含油、乳化液废水处理工艺流程

从 1550mm 冷轧轧机乳化液系统排放的含油、乳化液废水，进入废水处理站的含油、

乳化液废水调节池，其中大部分浮油可在此撇去，废水用泵送至曝气气浮器中，气浮器中通入空气，并使其在水中形成大量的微小气泡，吸附悬浮于废水中的浮油（粒径较小的），浮于水面撇去。剩余的含乳化液废水进入破乳池进行破乳，破乳的废水经投加絮凝剂后送入溶气气浮器，使废水中的油浮于水面去除。为进一步降低废水中的含油量，将破乳气浮后的废水进行吸附过滤，利用亲油性滤料吸附废水中的剩余油，经此处理，废水中的含油量降至10mg/L以下，但废水中含有其他有机物，其COD仍较高，需进行COD处理。在废水中，有机物在Fe^{2+}催化剂的作用下，通过氧化剂可将其降解成短链的有机物和水，从而降低了废水中的COD，使最终的COD达到100mg/L以下。

在含油、乳化液废水处理系统，在系统的最终处设置含油量测定仪，保证出水中的含油量在5mg/L以下，超过此值，此部分废水送回系统重新处理。

③ 含铬废水　1550mm冷轧含铬废水来自热镀锌机组、电镀锌机组、电工钢机组，废水中的铬主要以Cr^{6+}的形式存在，具有很强的毒性，需经过严格的处理合格后，才能排放。其浓度不高，因而采用化学还原沉淀法。为避免产生二次污染，含铬系统的中和沉淀污泥单独脱水，集中处理。含铬废水的处理工艺流程如图11-16所示。

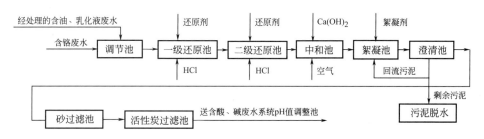

图 11-16　1550mm冷轧含铬废水处理工艺流程

从各机组排放的含铬废水，进入处理站的含铬废水调节池。废水用泵送至一、二级化学还原反应槽，投加盐酸和废酸，使还原池中的pH值控制在2左右，使氧化还原电位控制在250mV左右，使Cr^{6+}充分还原成Cr^{3+}，然后废水流入两级中和池经投加石灰中和，控制pH值至8~9，并在二级中和池中鼓入压缩空气，使二价铁充分氧化成易于沉淀的氢氧化铁，然后加入高分子絮凝剂，经絮凝后废水流入辐流式澄清池沉淀，去除悬浮物，然后进行过滤，使处理水中的悬浮物小于50mg/L，并进行最终pH值调整，经处理后的水在各项指标达到保证值后排放。

为保证含铬废水处理合格，在第二级还原槽排出口设置Cr^{6+}测定仪，当Cr^{6+}的质量浓度小于0.5mg/L时，才能流入下一级处理工序，否则，废水必须送回系统中重新处理。

宝钢1550mm冷轧废水处理工程，是将三种废水处理统一考虑，即将含油、乳化液废水处理后（由COD氧化池排出的废水）送酸碱处理系统调节池；将含铅废水处理后（由过滤池排出的废水）送酸碱处理系统最终pH值调节池。如图11-17所示[77]。

（3）各处理系统主要构筑物与处理结果

① 各处理系统主要构筑物与设备　酸碱废水处理系统主要构筑物与设备如表11-12所列。

含油和乳化液废水处理系统主要构筑物，见表11-13。

含铬废水处理系统主要构筑物与设备，见表11-14。

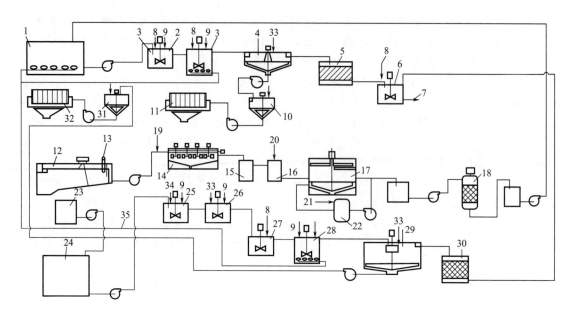

图 11-17 1550mm 冷轧厂废水处理流程

1—酸碱废水调节池；2—中和池；3—中和曝气池；4—澄清池；5,30—过滤池；6—最终中和池；7—排放管；
8—石灰乳；9—盐酸；10—酸碱污泥浓缩池；11—酸碱污泥板框压滤机；12—含油废水调节池；13—除油机；
14—导气气浮池；15—油分离池；16—絮凝池；17—溶气气浮池；18—核桃壳过滤器；19—破乳剂；
20,33—絮凝剂；21—压缩空气；22—溶气罐；23—浓铬酸调节池；24—稀铬酸调节池；25—铬第一还原池；
26—铬第二还原池；27—第一中和池；28—第二中和池；29—铬污水澄清池；
31—铬污泥浓缩池；32—铬污泥压滤机；34—废酸；35—空气管

表 11-12 酸碱废水处理系统构筑物与设备

构筑物及设备	台(套)数	规 格	构筑物及设备	台(套)数	规 格
调节池	2	1200m³	板框过滤机	2	板片 1500mm×1500mm 25 片 排泥含水率<65%
一级中和池	1	50m³			
二级中和池	2	67m³	污泥泵	2	$Q=20m^3/h, H=1.6MPa$
反应澄清池	2	ϕ19.5m×3.5m 沉淀区有效面积170m² 表面负荷 0.88m³/(m²·h)	石灰储存仓	1	130m³
			石灰搅拌罐	1	20m³
			石灰投加泵	2	$Q=30m^3/h, H=2.0MPa$
过滤池	1	4.5m×10.5m×2m 表面负荷 6.3m³/(m²·h)	絮凝剂制备装置	1	5m³，配置量82kg/h
最终调节池	1	100m³	盐酸储存投加装置	1	30m³
污泥浓缩池	1	ϕ19.5m×3.5m 进泥含水率94% 排泥含水率97%~99.7%	废酸储存投加装置	1	100m³
			消泡剂投加装置	1	m³

表 11-13 含油和乳化液废水处理系统构筑物与设备

设备及构筑物	台(套)数	规 格	设备及构筑物	台(套)数	规 格
调节池	2	500m³	絮凝剂投加装置	1	5m³，投加量82kg/h 投加含量 0.5%
机械气浮装置	1	20m³/h			
溶气气浮器	2	10m³/h	破乳剂投加装置	1	5m³
核桃壳过滤器	2	20m³/h	H₂O₂ 投加装置	1	10m³
COD 氧化槽	1	20m³			

表 11-14　含铬废水处理系统构筑物与设备

设备及构筑物	台(套)数	规格	设备及构筑物	台(套)数	规格
浓铬废水调节池	1	50m³	pH 值调节池	1	7m³
一级还原槽	1	20m³	污泥浓缩池	1	$\phi 6m \times 6m$
二级还原槽	1	20m³	板框压滤机	1	板片尺寸 1500mm× 1500mm,25 片,每台 处理能力 15m³/h
一级中和反应池	1	5m³			
二级中和反应池	1	5m³	污泥输送泵	2	$Q=15m³/h,H=1.6MPa$
澄清池	2	$\phi 10m \times 4.5m$	含铬废气处理装置	1	
过滤池	1	$Q=25m³/h$	加药装置	4	

② 处理结果　各处理系统的处理结果,见表 11-15[77]。

表 11-15　废水处理站各系统的处理能力及目标值

	处理内容	处理量	处理目标		处理内容	处理量	处理目标	排放保证值
含油、乳化液废水处理系统	处理能力/(m³/h)	平均 14, 最大 20		含铬废水处理系统	处理能力/(m³/L)	平均 14, 最大 25		
	pH 值	9～14						
	悬浮物/(g/L)	0.01～0.1	<50		Cr⁶⁺/(mg/L)		<0.5	
	油含量/(g/L)	10～20	<10					
	COD/(g/L)	10～20	<100					
	最高温度/℃	80		处理站总排放口	pH 值		8～9	8～9
	乳化液				悬浮物/(mg/L)		<50	<50
	含油	3%～6%	>80%		油/(mg/L)		<5	<5
	COD/(g/L)	5	(浓缩)		Cr⁶⁺/(mg/L)		<0.5	<0.5
	温度/℃	50			TCr/(mg/L)		<1.5	<1.5
含酸、碱废水处理系统	处理能力/(m³/L)	平均 200, 最大 30			CODCr/(mg/L)		<100	<100
	悬浮物/(mg/L)	200～400	<50		BOD₅/(mg/L)		<25	<25
	pH 值	2～12	8～9		Zn/(mg/L)		<2	
	COD/(mg/L)	20～500	<100		TNi/(mg/L)		<1	
	油/(mg/L)	200～1000	<5		LAS/(mg/L)		<10	<10
					色度/倍		<50	<50

11.3.2　鲁特纳法盐酸废液回收技术应用实例

宝钢三期 1420mm 冷轧与二期 2030mm 冷轧和三期 1550mm 冷轧一样,均采用盐酸酸洗工艺。因为,鲁特纳法与其他盐酸再生工艺相比,如鲁奇法相比,具有可靠性高、能耗低、设备使用寿命长,特别是副产品氧化铁粉价值高,故该法在国际上得到更广泛地应用。

(1) 工作原理与工艺流程

鲁特纳法是目前投产设备最多的方法。该系统主要由喷雾焙烧炉、双旋风除尘器、预浓缩器、吸收塔、风机、烟囱等组成。该厂两套废酸再生装置能力,为 2.9m³/h,其工艺流程如图 11-18 所示。

将废酸在预浓缩器内加热、浓缩后,用泵送到喷雾焙烧炉顶部,使其呈雾状喷入炉内。雾化废酸在炉内受热分解,生成氯化氢气体及粉状氧化铁。氧化铁从炉底排出;氯化氢随燃

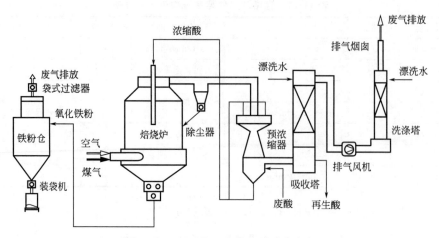

图 11-18 1420mm 冷轧废酸再生流程

烧气体从炉顶经双旋风除尘器到达预浓缩器。经双旋风除尘器、预浓缩器净化冷却后的气体，从预浓缩器进入吸收塔底部。气体中的氯化氢被从塔顶喷出的洗涤水吸收，在塔底形成再生酸。塔顶的尾气由风机抽走经烟囱排出。该流程的特点是：a. 反应温度较低，反应时间较长，炉容较大，操作比较稳定；b. 氧化铁呈空心球形，粒径较小，含氯量较低（一般小于 0.2%），但活性较好，可用于硬磁、软磁材料或颜料的生产；c. 容易产生粉尘，但采取一些措施后，氧化铁粉尘污染较轻。

（2）基本参数及保证条件

1420mm 冷轧厂废酸再生站基本参数见表 11-16。

表 11-16 宝钢 1420mm 冷轧厂废酸再生站基本参数

序号	内　容	基　本　参　数
1	酸洗能力/(t/a)	800600
2	酸洗铁损/%	0.40
3	酸再生设计处理能力/(m³/h)	2×2.9
4	酸再生站年工作时间/h	约 6930
5	废酸主要成分及其质量浓度	Fe^{2+} 110～130g/L，平均 120g/L；总 HCl 190～220g/L $FeCl_3$（最大）10g/L；SiO_2<150mg/L；氟化物<5mg/L
6	再生酸成分	Fe 5～6g/L；总 HCl 190g/L
7	最大电耗/kW	500
8	平均电耗/kW	320
9	废酸耗热量/(kJ/L)	3898
10	压缩空气耗量/(m³/h)	0.345
11	废酸脱盐水耗量/(m³/h)	0.345
12	废酸漂洗水用量/(m³/h)	0.69
13	占地面积/m²	约 888
14	机械部分设备总重/t	826.64
15	国外供货设备总重/t	72.16
16	国内供货设备总重/t	763.48

宝钢 1420mm 冷轧废酸再生站保证值见表 11-17。

表 11-17　宝钢 1420mm 冷轧废酸再生站处理系统保证值

序号	项　目	保　证　值
1	设备能力/(L/h)	酸再生：2×2900
2	废酸耗热量指标/(kJ/L)	<3898
3	酸回收率/%	99
4	排气烟囱排放指标	HCl≤30mg/m³，Fe₂O₃ 50mg/m³ Cl⁻：最大 2.8kg/h(烟囱高度：30m) 最大 5kg/h(烟囱高度：50m)
5	氧化铁粉成分	Fe₂O₃≥99%，氯化物最大 0.15%，粒径<1μm 比表面积(3.5±0.5)m²/g
6	再生酸	ρ(HCl)≥190g/L
7	排气烟囱废气	ρ(HCl)<30mg/m³，ρ(Fe₂O₃)<100mg/m³
8	氧化铁粉仓废气	ρ(Fe₂O₃)<100mg/m³

资料来源：西马克和鲁特纳公司提供。

（3）废酸量及再生设备能力确定

宝钢三期 1420mm 冷轧盐酸再生站按照平均酸洗能力计算小时废酸处理量如下：

$$Q=\frac{800600\times0.4\%}{(120-5)\times6930}\times10^6=4018\text{L/h}$$

式中，800600 为酸洗平均年产量，t/a；0.4 为酸洗铁损，%；120 为废酸平均含铁量，g/L；5 为再生酸含铁量，g/L；6930 为酸再生站年工作小时，h。

考虑 25% 的富裕量，酸再生系统的实际处理能力为：

$$Q=1.25\times4018=5023\text{L/h}$$

实际取 2900L/h×2。

（4）主要设备及改进点

① 储罐及泵组　酸洗机组排出的废酸、漂洗水以及向酸洗线供给的新酸、再生酸等介质由下列储罐进行储存调节。

② 酸再生系统

1）焙烧反应炉。含有 FeCl₂ 的废酸在焙烧反应炉内的基本反应原理如下：

$$2FeCl_2+2H_2O+\frac{1}{2}O_2\longrightarrow Fe_2O_3+4HCl$$

焙烧反应炉采用钢制炉体，内衬耐火砖。

1420mm 冷轧有处理能力 2.9m³/h 喷射式焙烧反应炉 2 座，内径 5m，总高 13m。炉顶有喷枪 2 个，炉子下部沿切线设烧嘴 2 个，炉底设有一个氧化铁粉排出口，焙烧反应炉的最大铁粉产量约 950kg/h。

2）双旋风粉尘分离器。从焙烧炉上部排出的含有 HCl 气体及 Fe₂O₃ 粉尘的烟气经过双旋风粉尘分离器去除烟气中的大颗粒的 Fe₂O₃ 粉尘后，进入预浓缩器。旋风分离器分离出来的大颗粒 Fe₂O₃ 通过底部的旋转阀返回到焙烧炉中。

双旋风粉尘分离器是由钢板焊接而成。1420mm 冷轧的双旋风粉尘分离器总高 5.5m，效率 50%。

3）预浓缩器。预浓缩器的主要作用有以下几种：a. 冷却从反应炉出来的反应气体，通过预浓缩器冷却以后，反应气体的温度可由 400℃ 降至 95℃ 以满足吸收塔的工作温度要求。废酸的温度也可升高至 95℃，降低了再生时的能耗；b. 清洗反应炉出来的反应气体，减少气体中 Fe₂O₃ 粉尘含量；c. 清洗反应炉出来的反应气体，减少气体中 Fe 含量，从而减少再生酸中的 FeCl₃ 含量；d. 利用反应气体的热能，对进入反应炉的废酸进行预浓缩，以提高废酸的含酸量。通过预浓缩器浓缩以后，废酸中的水分可以蒸发 20%～30%。

在预浓缩器内，通过以下反应使浓缩废酸产生 $FeCl_3$：

$$Fe_2O_3 + 6HCl \longrightarrow 2FeCl_3 + 3H_2O$$

三期 1420mm 冷轧盐酸再生站采用的预浓缩器结构形式及材料与二期工程 2030mm 冷轧盐酸再生站有很大不同，2030mm 冷轧盐酸再生站使用的预浓缩器是钢制填料塔型预浓缩器。该种类型的预浓缩器体积大，结构复杂，容易堵塞且阻力大，造价高。

1420mm 冷轧盐酸再生站使用的预浓缩器由箱式改为了文丘里式，彻底地克服了钢制填料塔型预浓缩器的缺点，提高了烟气与废酸的热交换效率，取得了良好的使用效果。有关参数如下：材质为钢衬橡胶，文丘里管喉口喷嘴材质为碳化硅；直径为 2000mm；总高为 7000mm。

4）吸收塔。经预浓缩器洗涤降温后的含 HCl 气体进入吸收塔，在塔内通过喷淋漂洗水吸收 HCl 从而产生再生盐酸。吸收塔主要参数如下：材质为吸收塔由 PP 材质制成，内置 PP 填料环；直径为 1400mm；总高为 11500mm；填料高度 8500m；吸收塔对 HCl 的吸收率约为 99%。

5）排气系统。

a. 排气风机。酸再生系统焙烧反应炉内压力及烟道、烟囱的排气压力均取决于排气风机的压力。为保持系统压力平衡，排气风机采用变频调速风机。

1420mm 冷轧盐酸再生站排气风机壳体为碳钢，内衬橡胶，叶轮采用钛合金制成。

风机技术参数：风量为 11500m³/h；压力为 4000Pa。

b. 排气烟道。排气烟道采用圆形断面，FRP 材质。

c. 洗涤塔及烟囱。吸收塔上部排出的废水进入洗涤塔，洗涤塔内置有 PP 材质的填料环及淋水除尘器。废气在洗涤塔中经填料向上，利用酸洗机组排的漂洗水向下喷淋，以进一步降低并吸收废气中的 HCl 和 Fe_2O_3 粉，废气经过洗涤达到国家环保标准后通过洗涤塔上部的烟囱排向大气。漂洗水就地循环使用，定期排放，送到废水处理站集中处理。1420mm 冷轧盐酸再生站采用的洗涤塔材质比 2030mm 冷轧盐酸再生站有所改进，其壳体由钢衬橡胶改为 FRP，增强了耐腐蚀性能。

1420mm 冷轧盐酸再生站洗涤塔及烟囱主要参数如下：洗涤塔直径为 1200mm；烟囱直径为 700mm；总高为 6500mm；烟囱内风速小于 6m/s。

6）氧化铁粉站。焙烧炉底部排出的氧化铁粉，靠风力管道输送至铁粉贮仓，铁粉贮仓的有效容积为 100m³。风力输送的动力来自贮仓顶部排气风机产生的负压，所有可能出现氧化铁粉粉尘的部位，如贮仓底部、氧化铁粉装袋处等部位的出料口均应为负压，也利用这一负压，防止氧化铁粉的溢出。

排气风机前部设有布袋式除尘器，布袋材质为聚酯纤维。工作一定时间，如 10～15min 后根据布袋堵塞情况，自动接通压缩空气进行脉冲反清灰。

氧化铁粉仓底部有一个出口，将氧化铁粉供给装袋机。为防止料仓底部氧化铁粉结块，在料仓底部设有机械振动装置。袋装（25kg/袋）的氧化铁粉外卖可用于磁性材料的生产。

（5）主要操作、控制方法

① 操作程序 1420mm 冷轧酸再生站的操作程序，包括系统启动，正常操作，事故停车等，均按预先设定的程序自动启动或自动停车与运行。

② 主要检测、控制项目

1）储罐与泵组。各储罐都有液位监测、控制点一个。各泵组一般设有压力、流量监测点。其中反应炉供酸泵为变频高速泵，水泵的转速根据焙烧炉喷枪外部接管处压力变化自动调节，以保证焙烧炉供酸压力的稳定。

吸收塔喷淋漂洗水供水泵为变频调速泵，水泵的转速根据吸收塔下部再生酸浓度变化自动调节，以保证再生酸浓度基本恒定。

2）酸再生系统。

a. 焙烧炉。炉子上部烟道出口处设有反应气体温度、压力检测控制点各 1 个，炉子下部烧嘴处设有温度检测点 1 个。炉子上部喷枪外部接管处设有浓缩酸温度、压力检测控制点各 1 个。

b. 预浓缩器。烟道出口处设有温度检测、控制点 1 个，烟道进出口处设有压力检测点各 1 个。预浓缩器下部酸循环槽处设有液位检测、控制点 1 个。

c. 吸收塔。烟道出口处设有排气温度、压力检测点各 1 个。喷淋水集水仓设有液位检测、控制点 1 个。

d. 排气系统。排气风机出口处设有压力检测点 1 个，风机转速根据焙烧炉上部烟道出口处的压力自动调整，以保证焙烧炉内压力稳定。

e. 洗涤塔。洗涤塔循环槽设有液位监测、控制点 2 个。

3）氧化铁粉站。氧化铁粉仓料位检测点 3 个；氧化铁粉仓排气管温度检测点 1 个，压力检测、控制点 1 个；铁粉装袋机进口料位检测点 1 个。

12 综合废水处理与回用技术

12.1 综合废水来源与处理方案选择

钢铁工业生产废水成分复杂，各生产工序所排的废水主要成分特征及其单元处理工艺选择见表 12-1。

表 12-1　钢铁企业主要废水及其单元处理工艺选择

排放废水的工厂	按污染物主要成分分类的废水								单元处理工艺选择															
	含酚氰废水	含氟废水	含油废水	重金属废水	含悬浮物废水	热废水	酸废(液)水	碱废水	沉淀	混凝沉淀	过滤	冷却	中和	气浮	化学氧化	生物处理	离子交换	膜分离	活性炭	磁分离	蒸发结晶	化学沉淀	混凝气浮	萃取
烧结厂					●	●			●		●	●												
焦化厂	●	●			●	●			●	●				●		●		●	●			●		●
炼铁厂	●				●	●			●	●												●		
炼钢厂					●	●			●	●										●	●	●		
轧钢厂			●	●	●	●			●	●	●	●		●	●							●		
铁合金	●			●	●	●			●	●												●		
其他			●	●	●	●			●	●							●					●	●	

经各单元处理的废水，通常就可回用或部分回用。但在回用过程又会产生外排废水，或因不断循环中水中盐类增高又必须外排。由于钢铁工业生产工序多，生产废水具有复杂性、种类多、成分杂、盐类高，要实现节水减排与"零"排放，难度很大。要解决废水"零"排放必须通过综合废水处理与回用系统。

12.1.1 综合废水来源与要求

所谓综合废水是指全厂总排水，当前综合废水来源有两种情况：一是来源于大型钢铁企业的直接与间接循环冷却水系统的强制排污水、软化水、脱盐水以及纯水制备设施产生的浓盐水和跑、冒、滴、漏等零星排水；二是有些钢铁企业由于和用合流制排水系统，或因改建、扩建等原因造成分流制排水系统或用水循环系统不够完善的企业，其综合废水来源是未经处理的全厂废水或因排水体制不够完善而造成必须外排的废水。废水特征是前者废水量较少，含盐浓度高，悬浮物高，故处理难度较大；后者废水量较大，含悬浮物、盐类较低，较易处理。

但是为了保持综合废水处理系统（厂）处理水质与回用要求，焦化废水必须分开，不得排入；冷轧工序废水应先经单独处理后，再经酸碱废水处理系统中和沉淀后，方可进入综合废水处理系统。

12.1.2　综合废水处理回用方案选择原则与要求

根据国内外现有综合废水处理实践与运行经验及其存在的问题的总结与分析，综合废水处理回用技术方案的选择原则与要求如下。

①　科学合理地确定废水处理厂进水水量和进水水质　它是正确确定废水处理工艺流程及处理设置规模的基础。应科学合理地收集和核实企业各综合废水排出口、各季度的排水水质指标。而以往排出口的水质指标偏重于环保治理和检测污染的毒理指标，缺少工业用水水质指标，必须加以注意。否则水处理工艺不结合生产工艺难以满足水质水量要求，乃至水处理工艺运行困难或不正常，这在实践中常有发生。

②　钢铁企业的排水有其共性　外排废水中主要污染物为悬浮物、油等，硬度较高，表观体现为色度高、浊度较大；一般 BOD_5/COD 比值较低，可生化性较差，可不考虑生化处理工艺。故对该类污水宜采用预处理、混凝沉淀、调整 pH 值和过滤等的物理-化学水处理为主的工艺流程。

③　钢铁企业排水也有其个性　由于分布地区不同、生产工序差异等因素，废水水质既有相同又有所不同。处理与回用工艺不宜完全相同，应根据各厂废水水质情况进行合理调整与增减。

④　要考虑全厂或工序取用水的量与质的综合平衡　如水温、水量、悬浮物和盐类等。

⑤　为实现处理后的废水回用作为生产补充水，在回用水深度处理中，根据污水水质要选用降低暂硬和永硬的处理工艺以及过滤、杀菌等处理技术环节。

⑥　在全厂或区域大循环水系统中，若要保持水的高重复利用率，则必须考虑水质整体平衡的关键因素，防止水中盐类富集，在废水回用中要选择是否设有除盐水系统或设施。

⑦　药剂质与量的选择　根据废水特性及处理后的水质要求，在综合处理工艺中需投加不同功效的水稳药剂。药剂种类与量的选择，需要通过水质稳定试验加以确定。

⑧　水质监控与运行自控　综合废水处理厂必须实行严格管理、规范操作、定期检查、自动检测。因此水质监控与运行自控是综合废水处理厂运行稳定与好坏的关键。

12.2 综合废水处理回用工艺集成与技术特征

我国钢铁企业综合废水处理回用大多依靠传统工艺，例如反应沉淀系统采用混凝反应池、机械加速澄清池和化学除油器；过滤系统采用快滤池、虹吸滤池或者高速过滤器等。以上几种处理工艺属于成熟工艺，在运行安全及成本上具有一定优势。但是钢铁企业内部通常设有原料、冶炼、焦化、电力等分厂，总排水水量、水质变化幅度大、废水成分复杂、处理工艺要求条件高，因此以上处理工艺用在钢铁企业综合废水处理方面，又有以下缺点：a. 处理负荷较低，占地面积大；b. 对来水水量、水质变化吸纳能力不足；c. 控制较为烦琐，自动化程度不高。

2005～2016 年，中冶集团建筑研究总院环境保护研究院圆满完成"十五"国家重点科技攻关项目中《钢铁企业外排污水综合处理与回用技术集成研究》和"十一五"国家科技支撑计划重点项目中《大型钢铁联合企业节水技术开发与示范》。经过对首钢京唐工程本钢、鞍钢、宝钢、太钢以及日（照）钢、梅（山）钢、马钢（合肥）等大型钢铁企业和特大型韩国浦项钢厂的技术调研总结与工程示范，综合集成较为完整的钢铁企业综合废水处理工艺流程，如图 12-1 所示[23,98~100]。

与传统处理工艺相比，该工艺具有如下优势：a. 处理负荷高，其中高效澄清池表面负

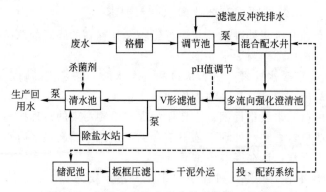

图 12-1 钢铁企业综合废水处理集成工艺流程

荷可达 $12\sim15\mathrm{m}^3/(\mathrm{m}^2\cdot\mathrm{h})$，因而减小占地面积，约是通常的机械加速澄清池占地的 $1/3$；b. 采用高浓度的污泥回流技术，对来水水量、水质变化吸纳能力强，出水水质稳定；c. V 形滤池滤速高、占地小、运动稳定可靠；d. 自动化程度高，运行人工投入少。

全厂生产废水首先经收集管网汇集后送入生产废水处理厂，经粗格栅去除较大的固体颗粒及垃圾，以防止后续工艺设备如泵及管道等的堵塞。废水进入调节池以均质、均量缓冲因水质、水量的变化对加药及沉淀池稳定性的冲击影响。调节池设细格栅，进一步去除大颗粒固体及垃圾，再泵入混合配水井。废水按比例分配后进入多流向强化澄清池，再进入 V 形滤池。根据回用水水质与水量的需求，确定除盐水站的工作要求。污泥经极柜压滤后外运。

该工艺流程特征，是以加强预处理为基础，以混凝、絮凝、多流向澄清池和 V 形滤池为核心，以超滤加及渗透双膜法脱盐深处理并辅以回用水含盐量控制技术、最终实现回用于工业循环冷却水系统作为补充水，实现钢铁企业废水"零"排放，处理技术达到世界先进水平。

12.3 综合废水处理回用工艺组成与核心技术

综合废水处理回用工艺组成与核心技术主要如下。

12.3.1 预处理系统

废水预处理主要利用物理拦截去除大颗粒悬浮物和部分石油类，有利于废水后续处理设施运行及节约药剂消耗。废水预处理由机械格栅、沉砂池、调节池和废水提升泵房四部分组成。

钢铁企业多为合流制排水系统。雨水初期时 SS 最大值、最小值、平均值，据国内某城市观察分别达 $7436\mathrm{mg/L}$、$90\mathrm{mg/L}$、$1374\mathrm{mg/L}$；国外某市 SS 为 $40\sim1450\mathrm{mg/L}$。由于钢铁企业的地坪常有物料洒落集尘、冲洗地坪的废水又进入排水系统，故废水中固体含量较多，为利于后续处理工序，应增设沉砂池。

由于钢铁企业排水的具有不确定性和不均衡性，在沉砂池后部常设置调节池，以均质、均量。另外，在调节池内设置较大功率的搅拌器，可以防止颗粒物在此大量沉积，影响池体容积并增加管理难度；从另一角度讲减少了系统的排泥出口，精简处理环节。为去除废水中漂浮石油类，在池中设置撇油刮渣设施，定期刮撇浮油。

12.3.2 核心技术处理系统

核心技术处理系统主要由混合配水、澄清、过滤三部分组成。

预处理后的废水经泵提升入混合配水井，废水通过配水堰并按比例分配后，进入高效澄清池的絮凝反应区。在混合配水井的不同位置分别投加混凝剂和石灰，使废水与药剂混合均匀。

澄清池类型较多，应根据占地、废水特性和运行管理等综合因素考虑，根据近几年内用于国内废水处理厂和净水厂的实践与成功经验，本流程推荐采用新型澄清池——高效澄清池。它是集加药混合、反应、澄清、污泥浓缩于一体的高效水处理构筑物，采用了浓缩污泥回流循环和加斜管沉淀技术，通过在带有快速搅拌混合区投加混凝剂和絮凝反应区投加助凝剂和石灰乳，以去除废水中部分悬浮物、COD、BOD_5、油等污染杂质、暂时硬度，出水经调整 pH 值后自流至过滤池进行过滤处理。该工艺的占地面积仅为常规工艺的 1/2，减少了土建造价，节约用地。由于设置污泥回流，使得污泥和水之间的接触时间较长：一是使药剂的投加量较传统工艺低 25%，有效节约处理成本；二是能有效抗击来水的冲击负荷，可在短时间内水量、水质突变后仍能保持较稳定的出水质量；三是从池内排出的污泥无需进浓缩池或加药，可降低污泥处理费用。国内首钢、本钢、梅钢、邯钢、宁波钢铁总厂都采用了这种工艺，并取得了满意效果。

过滤是废水处理过程的重要环节，它在常规水处理流程中是去除悬浮物和浊度，保障出水水质的最终步骤。

过滤有多种形式，需在工程中经技术经济比较后确定。其有代表性的滤池有 V 形滤池、高速滤池等，前者已在首钢、本钢等污水处理厂试用，效果良好；后者在宝钢、武钢等有关生产工序水处理中应用。两者相比，前者比后者更适用于钢铁企业综合废水处理，经对现有工程运行的相关滤池的调研和分析，推荐采用 V 形滤池较为适用。V 形滤池的特点是单池面积大，采用大颗粒均质滤料恒速过滤，周期产水质优量多。采用气水反冲洗并辅有横向水扫洗，反冲洗彻底且效果好。通过 PLC 可实现完全自控。

12.3.3　除盐水系统

综合废水处理工艺主要为絮凝、沉淀、过滤，主要去除 SS、COD、油类等，对盐分没有去除作用。当回用水与原工业新水混合后作为净环水系统补充水时，使整个给水系统的含盐量升高，一方面设备的结垢、腐蚀现象严重，这将大大减少设备的使用寿命；另一方面，随着综合废水处理后回用，造成了盐分在整个钢铁企业大系统内的富集，影响废水回用，该现象在我国北方地区尤其严重。因此，钢铁企业回用水脱盐处理是极其必要的。

在充分考虑目前国内外脱盐技术、钢铁企业综合废水的特点及回用目标等因素的基础上，集成出适合于钢铁企业综合废水深度脱盐处理的双膜法工艺路线。用超滤代替传统的多介质过滤器、活性炭过滤器等作为反渗透的预处理，为反渗透系统提供更优良的进水水质。另外，提出了两种回用方案，既可以将综合废水处理厂深度处理前与深度处理后的水按一定比例混合后再回用作为净循环系统的补充水，也可以将深度处理后的产水直接供给钢铁企业高端用户。二者的选用是以该企业用水要求和水质现状为依据。

12.3.4　回用加压系统

回用加压系统包括贮水池和加压泵房两部分。

滤池出水通过出水渠汇入贮水池，贮水池贮存一部分反冲洗水，并保证一定的停留时间，以利杀菌灭藻药剂的投加。根据厂区供水需要和脱盐设施要求，再由回用水泵送往厂区供水管网或勾兑混合水池，或部分送至除盐水系统。

12.3.5　药剂配制与投加系统

根据废水特性及处理后的水质要求，在处理工艺的不同工序部位中按处理废水量及相关水质，按比例自动投入具有不同功效的药剂。其中在高效澄清池混合区投加混凝剂和降低暂硬用的石灰乳，在反应区投加助凝剂——高分子聚合物，在后混凝区投加 H_2SO_4 和混凝剂，在贮水池内投加杀菌剂。

12.3.6 污泥处理系统

污泥处理系统由污泥储池和污泥脱水间两部分组成。根据综合污水污泥的性质，污泥脱水一般采用厢式压滤机。

经试验、工程示范实践表明，经上述预处理与核心技术处理系统处理后，可将废水处理达到基本满足生产用水水质要求（见表 12-2），如再经除盐水系统处理后其水质可达到锅炉用水标准。即利用脱盐后出水与经核心技术系统处理后出水进行勾兑，可以达到不同水质标准，以满足生产工序的水质要求，实现废水回用的经济性、科学性和多样性，既减少新水用量，又可满足和适应各循环水系统的含盐量要求[23,29,98,100]。

表 12-2 经预处理与核心技术系统处理后进、出口水质

序号	指标名称	单位	进水水质	出水水质	备注
1	温度	℃	<35	<35	
2	pH 值		7.0~9.5	6.5~7.5	
3	悬浮物	mg/L	36~1000	<5	
4	COD_{Cr}	mg/L	28.5~160	<30	
5	BOD_5	mg/L	15~45	3~4	
6	油	mg/L	10~20	<2	
7	总硬度	mg/L	140~400	182.2	以 $CaCO_3$ 计
8	暂时硬度	mg/L	90~140	≤100	以 $CaCO_3$ 计
9	总碱度	mg/L	65~140	89.69	以 $CaCO_3$ 计
10	总固体	mg/L	670~1068	—	
11	溶解固体	mg/L	530~840	650	

第三篇

有色金属工业废水处理回用技术与应用实例

有色金属工业的采矿和冶炼均需消耗大量的水,从采矿、选矿到冶炼、成品加工的整个生产过程中,几乎所有工序都要用水,都有废水排出。其中有色金属冶炼废水常分为重有色金属冶炼废水、轻有色金属冶炼废水、稀有色金属冶炼废水和贵有色金属冶炼废水。和有色金属加工废水,这些有色金属工业废水成分复杂,危害大、毒性强、必须从源头控制、实现废水最小量化、资源化和无害化、最终实现"零"排放。

13 有色金属工业废水减排途径与减排新技术

13.1 有色金属工业废水特征与减排基本原则

13.1.1 有色金属工业废水污染状况与特征

有色金属工业废水造成的污染主要有无机固体悬浮物污染、有机耗氧物质污染、重金属污染、石油类污染、醇污染、碱污染、热污染等。有色金属采选或冶炼排水中含重金属离子的成分比较复杂,因大部分有色金属和矿石中有伴生元素存在,所以废水中一般含有汞、镉、砷、铅、铜、氟、氰等。这些污染成分排放到环境中只能改变形态或被转移、稀释、积累,却不能降解,因而危害较大。有色金属排放的废水中的重金属单位体积中含量不是很高,但是废水排放量大,向环境排放的绝对量大。

有色金属工业是用水大户之一,也是对水环境造成污染严重的行业之一,因此对有色金属工业废水治理必须十分重视。

13.1.2 有色金属工业废水减排原则与措施

为使废水处理简便易行且经济合理,应当实行各类废水清污分流,清水回用,废水治理。但是,也应该注意到,有时可利用几种废水的各自矛盾的性质互相制约,实行以废治废,如酸碱中和,也可以达到节省费用,实现废水资源回用的目的。有色金属冶炼废水常有酸碱性废水排出，应该利用这种废水特性，实现废水节排与回用。对于浓度较高有色金属冶炼废水，在经济合理条件下，应该优先采用回收利用处理的技术方法。

目前，有色金属工业要大幅度提高企业废水仍不是件易事，需要解决一系列比较复杂的工艺与技术问题以及管理问题。

世界各国水污染防治的历史经验与教训证明，由于技术经济等种种条件的限制，单从技术上采取人工处理废水的做法，不能从根本上解决水污染问题。历史的经验与教训，把各行各业都引向综合防治、清洁生产之路。因此，有色金属工业应根据自身分布广、规模小、水质杂、毒性强等特点对废水处理与减排原则为：a. 预防为主，防治结合，从源头减少污染；b. 优化产品结构、提高产业集中度、提高废水利用率；c. 采用新工艺、新设备、减少废水和污染物的排放量；d. 以废治废，发展综合利用技术；e. 提高水的循环利用率，实现节约用水和废水资源回用；f. 在处理方法选择上，遵循经济效益与环境效益相统一，坚持通过试验验证原则，处理后出水应遵循循环利用，就地处理与消化的原则；g. 加强科学管理，强化污染行政处罚和经济责任制；加强对废水处理设施的运行、操作、维护的管理；对于资源利用不合理的部分，要通过科学管理以提高资源的利用率。科学管理应与行政、法律、经济、技术等方面有机结合运用才能奏效。

13.2 有色金属工业废水处理途径与工艺选择

有色金属工业废水主要分为有色矿山废水、重有色金属冶炼废水、轻有色金属冶炼废水和稀有色金属冶炼废水，其废水处理工艺与方法选择如下。

13.2.1 矿山废水处理途径与工艺选择

矿山废水分为采矿废水和选矿废水。

（1）采矿酸性废水

目前，我国有色矿山酸性废水的处理方法有中和法、反渗透法、硫化法、金属置换法、萃取法、吸附法、浮选法等，其中中和法因其工艺成熟、效果好、费用低而成为最常用的处理方法。

① 中和法 生石灰、熟石灰、石灰石是中和法中较多采用的中和剂，此外，苏打（Na_2CO_3）及苛性钠（$NaOH$）等钠基盐也可作为中和剂，但后者因为费用高而较少采用。中和的目的是要去除矿山酸性废水的酸度和溶解性组分。中和法一般与将 Me^{2+} 转化成 Me^{3+} 的曝气氧化过程结合使用，以更高效地去除金属离子。如浙江省遂昌金矿利用石灰石-石灰乳二段中和法处理含重金属离子的矿山酸性废水。该工艺石灰石消耗量为 $3kg/m^3$（废水），石灰消耗量为 $3kg/m^3$（废水）。

② 硫化物沉淀法 是向含金属离子的废水中投加硫化钠或硫化氢等硫化剂，使金属离子与硫离子反应，生成难溶的金属硫化物，再予以分离除去的方法。采用硫化物沉淀法处理含重金属离子的废水，有利于回收品位较高的金属硫化物。大多数重金属硫化物的溶度积都很小，因此用硫化法处理重金属废水的去除率高。根据金属硫化物溶度积的大小，其沉淀析出的顺序为 Hg^{2+}、Ag^+、As^{3+}、Bi^{3+}、Cu^{2+}、Pb^{2+}、Cd^{2+}、Zn^{2+}、Co^{2+}、Ni^{2+}、Fe^{2+}、Mn^{2+}，位置越靠前的金属硫化物，其溶解度越小，处理也越容易。由于各种金属硫化物的溶度积相差悬殊（例如硫化汞为 4.0×10^{-53}，而硫化铁为 6.3×10^{-13}），所以通过硫化物沉淀法把溶液中不同金属离子分步沉淀，所得泥渣中金属品位高，便于回收利用。

③ 金属置换法 采用金属置换（还原）法可回收废水中的金属。原则上说，只要比待

去除金属更活泼的金属都可作置换剂；而在实际上，还要考虑置换剂的来源、价格、二次污染，后续处理等一系列问题。铁屑（粉）是最常用的置换剂。

④ 萃取法　萃取法是利用溶质在水中和有机溶剂（萃取剂）中溶解度的不同，使废水中的溶质转入萃取剂中，然后使萃取剂与废水分层分离。选用的萃取剂应具有良好的选择性、一定的化学稳定性、与水的密度差大且不互溶、易于回收和再生、不产生二次污染等特点。针对金属废水种类繁多、性质各异这一特点，已经研究了多种金属离子的高选择性萃取剂。采用萃取法处理金属矿山废水，便于回收废水中的有用金属，因而在处理金属矿山废水中得到了应用。

⑤ 离子交换法　利用固体离子交换剂与溶液中有关离子间相应量的离子互换反应，可使废水中离子污染物分离出来。离子交换是在装填有离子交换剂的交换柱中进行的。

离子交换剂是决定交换处理效果的一个重要因素。离子交换剂分为无机的和有机的两大类。无机的离子交换剂有天然沸石、合成沸石、磺化煤等。沸石在处理重金属废水和放射性废水中得到了应用。有机的离子交换剂通常指人工合成的离子交换树脂。按可交换离子的种类，离子交换树脂可分为阳离子交换树脂和阴离子交换树脂。

离子交换法处理废水的基本过程是交换和再生两步。交换饱和后的离子交换树脂，可用酸、碱、盐等化学药剂（再生剂）进行洗脱再生，这样，离子交换树脂恢复其交换能力后，可重新使用，而污染物则浓集于洗脱液中，便于进一步回收处理。离子交换法处理废水的费用虽然较高，但由于处理后出水水质好，可回用于生产，且易于回收废水中的有用物质，因而在处理重金属废水、稀有金属废水和贵金属废水中均有应用。

（2）选矿废水

选矿废水中的重金属元素大都以固态物存在，只要采取物理净化沉降的方法即可避免重金属污染，而废水中可溶性的选矿药剂是多数选矿废水的主要危害。这危害有四点：本身有毒有害；无毒但有腐蚀性；本身无毒但增加水体 BOD；矿浆中含有大量的有机物和无机物的细小颗粒，沉降性能差。从选矿废水处理方法来讲，最有效的措施是尾矿水返回使用，减少废水总量；其次才是进行净化处理。处理选矿废水的方法有氧化、沉降、离子交换、活性炭吸附、浮选、生化、电渗析等，其中氧化法和沉降法是普遍采用的方法。有时单独使用，有时也采用联合流程。

① 自然沉降法　即将废水打入尾矿坝（或尾矿池、尾砂场）中，充分利用尾矿坝面积大的自然条件，使废水中悬浮物自然沉降，并使易分解的物质自然氧化降解。这种方法简单易行，目前国内外仍在普遍采用。

② 中和沉淀法和混凝沉淀法　向尾矿水中投加石灰，可使水玻璃生成硅酸钙沉淀，此沉淀与悬浮固体共沉淀而使废水得到净化。有时，为改善沉淀效果，可加入适量无机混凝剂（如硫酸亚铁）或高分子絮凝剂；为降低化学耗氧量，可投加氯气进行氧化处理，亦可加酸使硅酸钠转化为具有絮凝作用的硅酸，从而改善沉降效果。采用混凝沉淀法处理尾矿水，具有水质适应性强、药剂来源广、操作管理方便、成本低等优点，目前已被广泛使用。

13.2.2　重有色金属冶炼废水处理途径与工艺选择

重有色金属冶炼废水的处理，常采用石灰中和法、硫化物沉淀法、吸附法、离子交换法、氧化还原法、铁氧体法、膜分离法及生化法等。这些方法可根据水质和水量单独或组合使用。最常用选择方法与处理工艺如下。

① 中和法（亦称氢氧化物沉淀法）　这种方法是向含重有色金属离子的废水中投加中和剂（石灰、石灰石、碳酸钠等），金属离子与氢氧根反应，生成难溶的金属氢氧化物沉淀，

再加以分离除去。利用石灰或石灰石作为中和剂在实际应用中最为普遍。沉淀工艺有分步沉淀和一次沉淀两种方式。分步沉淀就是分段投加石灰乳，利用不同金属氢氧化物在不同 pH 值下沉淀析出的特性，依次沉淀回收各种金属氢氧化物。一次沉淀就是一次投加石灰乳，达到较高的 pH 值，使废水中的各种金属离子同时以氢氧化物沉淀析出。石灰中和法处理重有色金属废水具有去除污染物范围广（不仅可沉淀去除重有色金属，而且可沉淀去除砷、氟、磷等）、处理效果好、操作管理方便、处理费用低廉等优点。但是，此法的泥渣含水率高，量大，脱水困难。

② 硫化物沉淀法（亦称硫化法） 向含金属离子的废水中投加硫化钠或硫化氢等硫化剂，使金属离子与硫离子反应，生成难溶的金属硫化物，再予以分离除去。硫化物沉淀法的优点：通过硫化物沉淀法把溶液中不同金属离子分步沉淀，所得泥渣中金属品位高，便于回收利用；此外，硫化法还具有适应 pH 值范围大的优点，甚至可在酸性条件下把许多重金属离子和砷沉淀去除。但硫化钠价格高，处理过程中产生的硫化氢气体易造成二次污染，处理后的水中硫离子含量超过排放标准，还需做进一步处理；另外，生成的细小金属硫化物粒子不易沉降。这些都限制了硫化法的应用。

③ 铁氧体法 往废水中添加亚铁盐（如硫酸亚铁），再加入氢氧化钠溶液，调整 pH 值至 $9\sim10$，加热至 $60\sim70℃$，并吹入空气，进行氧化，即可形成铁氧体晶体并使其他金属离子进入铁氧体晶格中。由于铁氧体晶体密度较大，又具有磁性，因此无论采用沉降过滤法、气浮分离法还是采用磁力分离器，都能获得较好的分离效果。铁氧体法可以除去铜、锌、镍、钴、砷、银、锡、铅、锰、铬、铁等多种金属离子，出水符合排放标准，可直接外排。铁氧体沉渣经脱水、烘干后，可回收利用（如制作耐蚀瓷器等）或暂时堆存。

④ 还原法 投加还原药剂，可将废水中金属离子还原为金属单质而析出，从而使废水净化，金属得以回收。常用的还原剂有铁屑、铜屑、锌粒和硼氢化钠、醛类、联氨等。采用金属屑作还原剂，常以过滤方式处理废水；采用金属粉或硼氢化钠等作还原剂，则通过混合和反应处理废水。

例如含铜废水的处理可采用铁屑过滤法，铜离子被还原成为金属铜，沉积于铁屑表面而加以回收。又如，含汞废水的处理，可采用钢、铁等金属还原法，将含汞废水通过金属屑滤床或与金属粉混合反应，置换出金属汞而与水分离，此法对汞的去除率可达 90% 以上。为了加快置换反应速度，常将金属破碎成 $2\sim4mm$ 的碎屑，除去表面油污和锈蚀层并适当加温（加温太高，会有汞蒸气逸出）。为了减少金属屑与氢离子反应的无价值消耗，用铁屑还原时，pH 值应控制在 $6\sim9$，而用铜屑还原时 pH 值在 $1\sim10$ 之间均可。

13.2.3 轻有色金属冶炼废水处理途径与工艺选择

铝冶炼废水的治理途径有两条：一是从含氟废气的吸收液中回收冰晶石；二是对没有回收价值的浓度较低的含氟废水进行处理，除去其中的氟。

含氟废水处理方法有混凝沉淀法、吸附法、离子交换法、电渗析法及电凝聚法等，其中混凝沉淀法应用较为普遍。按使用药剂的不同，混凝沉淀法可分为石灰法、石灰-铝盐法、石灰-镁盐法等。吸附法一般用于深度处理，即先把含氟废水用混凝沉淀法处理，再用吸附法做进一步处理。

石灰法是向含氟废水中投加石灰乳，把 pH 值调整至 $10\sim12$，使钙离子与氟离子反应生成氟化钙沉淀。这种方法处理后水中含氟量可达 $10\sim30mg/L$，其操作管理较为简单，但泥渣沉淀缓慢，较难脱水。

石灰-铝盐法是向含氟废水中投加石灰乳把 pH 值调整至 $10\sim12$，然后投加硫酸铝或聚合氯化铝，使 pH 值为 6～8，生成氢氧化铝絮凝体吸附水中氟化钙结晶及氟离子，经沉降而分离除去。这种方法可将出水含氟量降至 5mg/L 以下。此法操作便利，沉降速度快，除氟效果好。如果加石灰的同时，加入磷酸盐，则与水中氟离子生成溶解度极小的磷灰石沉淀 $[Ca_5(PO_4)_3F]$，可使出水含氟量降至 2mg/L 左右。

例如，某铝冶炼厂废水含氟 200～3000mg/L，加入 4000～6000mg/L 消石灰，然后加 1.0～1.5mg/L 的高分子絮凝剂，经沉降分离后上清液用硫酸调整 pH 值至 7～8，即可排放。采用此法处理，出水氟含量可降至 15mg/L 以下。

13.2.4 稀有金属冶炼废水处理途径与工艺选择

稀有金属和贵金属冶金废水的治理原则和方法，与重金属冶炼废水有许多相似之处，这里不再赘述。但是，稀有金属和贵金属种类繁多，原料复杂，不同生产过程产生的废水更加具有"个性"，因而处理和回收工艺更要注意针对废水的特点，因地制宜。特别是稀有金属冶炼废水通常含有有毒的元素和放射性物质，更宜因地制宜，妥善处理，具体处理技术，见本书 17.2 部分稀有金属冶炼废水处理与回用技术。

13.3 有色金属冶炼废水的重金属处理回收与减排技术

有色金属冶炼排出的废水含酸量大，重金属离子种类多、含量高，污染严重，因此，有效地处理冶炼厂酸性重金属废水，回收重金属与废水资源回用，是有色工业废水治理与节能减排的重大技术问题。

（1）镉的去除与回收技术

镉的去除方法包括化学沉淀法和物化沉淀法两类。可采用碱性药剂形成镉的氢氧化物沉淀，或投加硫化氢、硫化钠或硫化亚铁形成镉的硫化物沉淀。硫化法比氢氧化物法的投资高 10%～20%，运行费用高 30%～40%，但硫化法的镉去除率可高达 99%。物化分离法可采用离子交换、反渗透、蒸发、冰冻等技术对镉进行分离并回收，但没有明显的回收经济效益时是不可考虑采用的。

在碱性条件下，镉可形成很稳定的不溶性的氢氧化镉，氢氧化镉大部分可在 pH=9.5～12.5 时沉淀去除，在 pH=8 时剩余镉离子浓度为 1mg/L，在 pH=1.0 时则为 0.1mg/L，当 pH>11 时可降为 0.00075mg/L，通过砂滤还可略有下降为 0.00070mg/L。当存在氢氧化铁，pH=8.5 时，可改善镉的去除效果，若与氢氧化铝共沉也可改善去除效果。

（2）铅的去除与回收技术

铅的去除基本采用药剂沉淀法，通常是形成 $PbCO_3$ 或 $Pb(OH)_2$，可选用碳酸盐或氢氧化物作为沉淀剂，处理效果取决于 pH 值，理论的溶解度计算和工程的实际运行资料说明，铅的氢氧化物沉淀最有效的 pH 值为 9.2～9.5，出水铅含量为 0.01～0.03mg/L。铅的处理方法及效果见表 13-1。

表 13-1 铅处理方法及效果实例

处理方法	pH 值	铅浓度/(mg/L)		去除率/%
		初始	最终	
离子交换	5.0～5.2	0.1	0.01	90
离子交换		126.7	0.02～0.05	99.9
	8.3	11.7	0.27	97.7
	8.2	1.2	0.15	87.5

续表

处理方法	pH 值	铅浓度/(mg/L)		去除率/%
		初始	最终	
石灰+沉淀	—	30	1	96
	—	6.5	0.1	98.5
石灰+硫酸铁+沉淀+过滤	10.0	5.0	0.25	95
石灰+沉淀+过滤	11.5	5.0	0.2	96
碳酸钠+过滤	9.0~9.5	50.0	0.03	99
硫酸铁+沉淀+过滤	6.0	5.0	0.03~0.25	99.4
硫酸亚铁+沉淀	10.4	45	1.7	96.2

（3）锌的去除与回收技术

锌的去除通常采用化学沉淀法，但是硫化法的去除效果不如氢氧化物法好。一般直接采用投加氢氧化物产生沉淀即可达到满意的效果。石灰沉淀法除锌效果见表 13-2。

表 13-2　石灰沉淀法除锌效果实例

项目源	pH 控制值	原始锌浓度/(mg/L)	沉淀出水/(mg/L)	过滤出水/(mg/L)
电镀漂洗水	8.75	90.0	1.00	0.210
	9.0	11.0	2.15	0.167
	8.5	13.0	0.625	0.010
	8.75	253	0.40	0.295
	10.0	290	1.20	0.510
	8.5	930	9.6	1.4
有色冶炼	8.5	114	0.511	0.03

（4）砷的去除与回收技术

砷是一种较难去除的污染物，尤其是当废水中砷含量较高时，经处理后出水往往超标。根据废水砷含量及现场条件可考虑采用石灰沉淀、石灰加铁盐沉淀、铝盐沉淀、铁盐沉淀、硫化物沉淀等方法，而活性炭吸附及离子交换由于去除率较低，投资及运行费用高，通常不宜采用。当废水中含有亚砷酸时，需进行预氯化将其氧化为砷酸形态后再去除，见表 13-3。

表 13-3　各种除砷方法的效果实例

处理方法	砷进水浓度/(mg/L)	砷出水浓度/(mg/L)	去除率/%
炭过滤	0.2	0.06	70
石灰沉淀	0.2	0.03	85
石灰沉淀	0.5	0.09	95
石灰-铁盐沉淀	—	0.05	—
硫酸铝沉淀	0.35	0.003~0.005	85~92
硫酸铝沉淀	430	0.023	99
硫酸铁沉淀	25	5	80
氯化铁沉淀	3.0	0.05	98
氢氧化铁沉淀	362	15~20	94~96
硫化铁沉淀	0.8	0.05	94
硫化物沉淀	132	26.4	80
离子交换	2.3	0.52	77

从表 13-3 可以看出，当废水中砷含量较高时，除砷应采用石灰加铁盐或铝盐，以形成碱性条件下的金属共沉淀，去除效率是最高的，同时以廉价的石灰替代大部分高价金属盐

类，降低去除成本。

（5）铜的去除与回收技术

废水中的铜可以采用沉淀法去除，也可以采用离子交换、蒸发、电解等方式回收，采用什么方法主要看废水中铜的含量。铜浓度<200mg/L 时，采用离子交换是适宜的；当铜的浓度为 1～1000mg/L 时沉淀法是较好的；电解和蒸发回收在铜浓度>10000mg/L 时才为有利。

在 pH=9.0～10.3 时，铜的氢氧化物具有最小的溶解度，在此 pH 值范围内，在实际应用中由于反应速度慢，形成的胶体颗粒难以分离，pH 值的波动及其他离子的存在等因素，很难达到理论值。除铜的效果及 pH 值与出水铜含量见表 13-4、表 13-5。

表 13-4　废水除铜方法

污水来源及处理方法	起始铜浓度/(mg/L)	处理后铜浓度/(mg/L)
金属加工(石灰沉淀)	204～385	1.4～7.8(砂滤前)
		0～0.5(砂滤后)
有色金属加工(石灰)	—	0.2～2.3(砂滤前)
电镀(烧碱、苏打+肼)	6～15.5	0.3～0.45
铜生产厂(石灰)	10～20	1～2
木材防腐(石灰)	0.25～1.1	0.1～0.35
铜生产厂(肼+NaOH)	75～124	0.25～0.85

表 13-5　pH 值与出水铜含量关系

石灰处理				苛性钠处理			
No.1		No.2		No.1		No.2	
pH 值	铜含量/(mg/L)	pH 值	铜含量/(mg/L)	pH 值	铜含量/(mg/L)	pH 值	铜含量/(mg/L)
5.2	93	3.1	211	3.1	211	2.5	10
6.6	35	—	—	—	—	—	—
7.0	5.3	7.0	2.6	7.0	7.6	—	—
8.0	<0.1	8.0	2.5	8.0	9.7	—	—
—	—	9.0	3.5	9.0	9.6	9.0	<0.1
9.5	<0.1	—	—	9.5	9.6	9.5	<0.1
—	—	10.0	4.7	10.0	13.4	10.0	<0.1
—	—					10.5	<0.1
11.0	<0.1						

（6）氟化物去除技术

氟化物的去除可分为沉淀法和吸附法，当出水氟含量要求在 5mg/L 以上时，石灰沉淀法可达到要求。若要进一步降低出水氟含量，则需配合铝盐的投加，或直接采用活性氧化铝吸附。各种处理方法见表 13-6。

表 13-6　各种氟处理方法效果比较

处理方法	起始浓度/(mg/L)	终了浓度/(mg/L)	处理方法	起始浓度/(mg/L)	终了浓度/(mg/L)
石灰	1000～3000	20	铝	3.6	0.6～1.5
石灰	1000～3000	7～8	铝	60	2
石灰	200～700	6	活性氧化铝	8	1
石灰	45	8	活性氧化铝	9	1.3
石灰	4～20	5～8	活性氧化铝	20～40	2～3
石灰+铝		1.5			

从表 13-6 可以看出，当废水中氟含量为 40～200mg/L 时（如冶炼厂废水），采用石灰

法只需调节好 pH 值，出水可以达到 10mg/L 以下。

当处理含有多种污染物的废水时，必须针对其中最主要污染物的去除确定处理工艺，同时也必须考虑是否能同时将其他污染物去除或降低。而当冶炼厂生产废水中最主要污染物是酸时，处理工艺应以中和为主。对以上 6 种污染物质的去除方法讨论可以看出，6 种污染物都可以采用石灰法进行处理。表 13-7 是采用石灰作为处理药剂时处理这 6 种污染物的最佳pH 值。

表 13-7　石灰沉淀法最佳 pH 值

污染物种类	最佳 pH 值	可达到的处理效果/(mg/L)
Cd	pH>11	pH=10,0.1;pH=11,0.0075
As	pH=12	95%去除率
Pb	pH=9.2~9.5	<0.3
F	pH>12	pH=8,10;pH=12,<8
Cu	pH=9.0~10.3	0.01
Zn	pH=9.0	<0.5

从技术经济两方面综合考虑，冶炼厂酸性生产废水采用石灰中和沉淀法是最适宜的处理工艺。

总之我国对重金属废弃物的综合利用已做了大量工作，但缺少取得行业广泛认同的典型技术，处理量大面广的重金属废弃物的综合利用层次低，以解毒和消纳型处理为主，尚未上升到综合回收二次资源有价组分，实现资源良性循环的水准，难以从根本上控制二次污染。金属二次资源综合回收的技术难点是组分复杂，多金属综合提取、分离难度大，无成熟方法。中国科学院化工冶金研究所在湿法冶金的长期积累基础上创新、开发了多金属二次资源综合回收的系列新过程、新技术，特别在废铅蓄电池、重金属污泥、铜烟灰、废催化剂等二次资源再生循环方面取得重要研究成果，这些技术的共同特点是多金属的湿法提取和分离效率高，实现二次资源的深度利用，并消除了环境污染。部分成果已取得工业应用，其中废铅蓄电池处理已被国内外多家工厂采用投产，重金属污泥处理已在两个行业应用，铜烟灰已完成现场工业试验。这些成果受到国内外的广泛关注，显示了广阔的发展前景，代表了我国当前在有色金属二次资源综合利用领域的发展水平。

14 矿山废水处理与回用技术

矿山开采包括采矿、选矿两项工艺。在矿山开采过程中，会产生大量的矿山废水，其中包括矿坑水、废石场淋滤水、选矿废水以及尾矿池废水等。此外，废弃矿井排水亦是矿山废水的一种。据不完全统计，全国矿山废水每年的总排放量 $3.6 \times 10^8 t$，约占全国废水总排量的 1.5% 以上。

采矿工业中最主要和影响最大的液体废物来源于矿山酸性废水。无论什么类型矿山，只要赋存在透水岩层并穿越地下水位或水体，或只要有地表水流入矿坑且在矿体或围岩中有硫化物（特别是黄铁矿）存在，都会产生矿山酸性废水。

选矿工业遇到的主要液体处理问题就是从尾矿池排出的废水。该排出水中含有一些悬浮固体，有时候还会有低浓度的氧化物和其他溶解离子。氧化物是由各种不同矿物进行浮选和沉淀时所用药剂带来的。选矿厂排出的废水量很大，约占矿山废水总量的 1/3。

矿山废水由于排放量大，持续性强，而且其中含有大量的重金属离子、酸、碱、悬浮物和各种选矿药剂，甚至含有放射性物质等，对环境的污染十分严重。控制矿山废水污染的基本途径有：改革工艺，消除或减少污染物的产生；实现循环用水和串级用水；净化废水并回用。

14.1 矿山废水特征与水质水量

14.1.1 采矿工序废水特征与水质水量

（1）采矿工序废水来源与特征

采矿废水按其来源可以分为矿坑水、废石堆场排水和废弃矿井排水。矿坑水的来源可分为地下水、采矿工艺废水和地表进水。矿坑水的性质和成分与矿床的种类、矿区地质构造、水文地质等因素密切相关。矿坑水中常见的离子有 Cl^-、SO_4^{2-}、HCO_3^-、Na^+、K^+、Ca^{2+}、Mg^{2+} 等数种；微量元素有钛、砷、镍、铍、镉、铁、铜、钼、银、锡、碲、锰、铋等。可见，矿坑水是含有多种污染物质的废水，其被污染的程度和污染物种类对不同类型的矿山是不同的。矿坑水污染可分为矿物污染、有机物污染及细菌污染，在某些矿山中还存在放射性物质污染和热污染。矿物污染有泥沙颗粒、矿物杂质、粉尘、溶解盐、酸和碱等。有机污染物有煤炭颗粒、油脂、生物代谢产物、木材及其他物质氧化分解产物。矿坑水不溶性杂质主要为大于 $100\mu m$ 的粗颗粒以及粒径在 $0.1 \sim 100\mu m$ 和 $0.001 \sim 0.1\mu m$ 的固体悬浮物和胶体悬浮物。矿井水的细菌污染主要是霉菌、肠菌等微生物污染。

采矿废水按治理工艺可分为两类：一是采矿工艺废水；二是矿山酸性废水。采矿工艺废水主要是设备冷却水，如矿山空压机冷却水等。这种废水基本无污染，冷却后可以回用于生产。另一种工艺废水是凿岩除尘等废水，其主要污染物是悬浮物，经沉淀后可回用。

采矿工业中最主要和影响最大的液体废物，来源于矿山酸性废水。无论什么类型矿山，只要赋存在透水岩层并穿越地下水位，或只要有地表水流入矿坑，且在矿体或围岩中有硫化物（特别是黄铁矿）存在，都会产生矿山酸性废水。

　　矿山酸性废水能使矿石、废石和尾矿中的重金属溶出而转移到水中，造成水体的重金属污染。矿山酸性废水可能含有各种各样的离子，其中可能包括 Al^{3+}、Mn^{2+}、Zn^{2+}、Cd^{2+}、Pb^{2+} 等。此外，这些废水中还含有悬浮物和矿物油等有机物。

　　采矿废水具有如下特征：a. 酸性强并含有多种金属离子；b. 水量大，水流时间长；c. 排水点分散，水质及水量波动大。

（2）采矿工序废水水质水量

　　采矿工序废水水质水量，见表 14-1、[14,43] 表 14-2[13]。

表 14-1　某矿山酸性废水的水质指标　　　　单位：mg/L，pH 值除外

项目	平均值	最小值	最大值	排放标准	项目	平均值	最小值	最大值	排放标准
pH 值	2.87	2	3	6～9	Cr	0.21	0.11	0.29	0.5
Cu	5.52	2.3	9.07	1.0	SS	32.3	14.5	50	200
Pb	2.18	0.39	6.58	1.0	SO_4^{2-}	43.40	2050	5250	
Zn	84.15	27.95	147	4.0	Fe^{2+}	93	33	240	
Cd	0.74	0.38	1.05	0.1	Fe^{3+}	679.2	328.5	1280	
S	0.73	0.2	2.65	0.5					

表 14-2　我国部分有色金属矿山采矿废水水质水量情况

单位：mg/L，pH 值除外

矿山编号	水量/(m³/d)	Cu	Pb	Zn	Fe	Cd	As	F	Ca	Cr	S⁻	SO_4^{2-}	pH 值
1	720～6400	3.73～9.07	0.39～5.78	73.6～147		0.7～1.05	0.02～1.5	1.27～9.8	18.9			3000	2.5～3
2		15.8～270	0.8～0.47	2.86～22.1				34～58	73.48			1298～4570	2.3～2.6
3	7964	9～78.4	0.1～0.25	0.28～1.77	6～201.9	0.02～0.49	0.005～1			0.004			2～5.2
4		1～982	0.5～1.2	19～149	20～6360	0.5～7	0.1～38.75	0.6～11.98					2～4.5
5	12000	13.0	0.48	6.15	22.2	0.048	0.14		246.93	0.083		379.44	5
6	615	224			746		505		310				2.55
7			0.5～1	2～90		0.1～5		5～100			2～10		
8	2978	3.83	0.204	146.24	105	0.837	0.535				200		3.3
9		0.1～1.68	0.14～0.36	0.2～6		0.14～0.9		5～100			4～5		
10	5550	0.1～112.18	0.2～2.0	0.7～2220.09		0.015～5	0.01～0.4			0.056～0.29			2.5～6.35

14.1.2　选矿工序废水来源与特征及其水质水量

（1）选矿工序废水来源与特征

　　选矿废水包括洗矿废水、破碎系统废水、选矿废水和冲洗废水 4 种。表 14-3 列出了选矿工序各工段废水的特点[14,43]。

表 14-3 选矿工序各工段废水特点

选矿工段		废水特点
洗矿废水		含有大量泥沙矿石颗粒,当 pH<7 时还含有金属离子
破碎系统废水		主要含有矿石颗粒,可回收
选矿废水	重选和磁选	主要含有悬浮物,澄清后基本可全部回用
	浮选	主要来源于尾矿,也有来源于精矿浓密溢流水及精矿滤液,该废水主要含有浮选药剂
冲洗废水		包括药剂制备车间和选矿车间的地面、设备冲洗水,含有浮选药剂和少量矿物颗粒

选矿废水的特点：a. 水量大,占整个矿山废水量的 34%～79%；b. 废水中的 SS 主要是泥沙和尾矿粉,含量高达几千至几万毫克/升,悬浮物粒度极细,呈细分散的胶态,不易自然沉降；c. 污染物种类多,危害大。选矿废水中含有各种选矿药剂（如氰化物、黑药、黄药、煤油等）、一定量的金属离子及氟、砷等污染物,若不经处理排入水体,危害很大。如采用浮选、重选法处理 1t 原铜矿石,其废水排放量为 27～30m³。一般选矿用水量为矿石处理量的 4～5 倍。大量含有泥沙和尾矿粉的选矿废水可使整条河流变色。选矿剂是选矿废水中另一重要的污染物。

选矿工序遇到的主要问题,就是从尾矿池排出的废水。该排水中含有一些悬浮固体、氰化物和其他溶解离子。这些物质是选矿过程中产生的。选矿厂的尾矿水含有害物质,其来源于选矿过程中加入的浮选药剂及矿石中的金属元素。通常有氰化物、黄药、黑药、松醇油、铜、铅、锌、砷,有时还有酚、汞和放射性物质。一般而言,选矿废水中的重金属元素大都以固态物存在,如能充分发挥尾矿坝的沉降作用,其含量可降至达标排放要求。所以多数选矿废水的危害主要是可溶性选矿药剂所致。

（2）选矿工序废水水质水量

选矿生产用水量较大,一般处理 1t 矿需用水量为浮选法 4～6m³、重选法 20～27m³、重-浮联选 20～30m³。其中重选、磁选回水率高,排放废水较少；浮选废水回水率低,一般为 50% 左右。选矿废水的水质是与矿石组成和选矿工艺而异。表 14-4～表 14-6 分别列出某铅锌矿选矿厂、我国部分矿山选矿厂以及某多金属矿的"重-浮-磁-浮"选矿流程废水水质情况。[13,101] 上述所列水质表明,有色金属矿山选矿废水水质变化较大,污染与危害性都很强,必须引起高度重视并采取无害化处理措施,方可确保废水无害化和环境与水体无污染的环境友好型发展方向。

表 14-4 某铅锌矿选厂废水水质   单位：mg/L, pH 值除外

序号	废水名称	pH 值	Cr	Pb	Zn	Cd	As	S²⁻	COD	SS	酚
1	锌精矿溢流水	12.2～12.4	0.02～0.034	13.9～40.0	2.5～38.5	0～0.065	0.05～0.35	10.16～33.19	194～279	100～189	0.54～0.64
2	铅精矿溢流水	11.9～12.9		13.7～57.3	0.36～1.34	≤0.005	0.025～0.04	4.0～15.92	41.8～81.3	45.0～203	0.13～0.27
3	硫精矿溢流水	12.4～12.6	0.04～0.048	64.0～105.5	2.42～5.13	0.0005～0.001	0.075～0.13	9.48～36.56	235～367	136～328	1.05～2.24
4	事故水	8.34～11.6	0.014～0.90	0.38～86.0	0.11～185	0.0005～0.0025	0.30～3.00	0.46～3.39	17.6～64.6	32.4～74.89	0.20～5.08
5	尾矿水	12.0～12.4	0.02～0.028	1.07～14.74	0.26～2.92	0.0005	0.075～0.20	8.8～31.50	204～411	48.5～3420	1.29～3.91
6	尾矿库溢流水	11.5～11.9	<0.02	1.44～5.31	0.085～1.37	0.0005	0.010～0.04	1.93～6.03	61.2～70.9	<50～196	0.068～0.60

表 14-5 部分矿山选矿厂废水中污染物

企业名称	污染物/t										
	汞	镉	六价格	砷	铅	酚	石油类	COD	铜	锌	氟
寿王坟铜矿								4.21	0.02		
红透山铜矿				0.285	0.023			6.23		9.68	
凡口铅锌矿	0.001	0.106		0.229	3.62					9.90	
桃林铅锌矿			0.209	0.043	0.998			57.18	0.42	48.42	54.76
西华山钨矿		0.037		0.037	0.037				0.07	0.26	9.80
浒坑钨矿		0.041	0.014	0.027	0.136		25.8	16.08	0.10	2.38	3.31
栗木锡矿		0.151	1.007	0.106					2.32	0.05	19.16
香花岭锡矿		0.08	0.062	0.243	0.509	0.135	1.5	9.48	0.02	0.54	5.49
柿竹园多金属矿		0.015		0.071	0.428				0.09	0.33	5.58
宜春铌钽矿		0.010		0.010	0.03		2.1	5.58	0.05	0.01	
南山海稀土矿											
贵州汞矿	0.020										
金堆城铂业公司						0.001					14.23
坂潭锡矿									0.06		
会理镍矿									0.01		

表 14-6 某多金属矿"重-浮-磁-浮"选矿流程废水水质

序号	废水名称	pH	悬浮物/(mg/L)	COD/(mg/L)	S^{2-}/(mg/L)	F^-/(mg/L)
1	硫磺矿溢流水	12.12~12.84	318~760	975~1509	133~488	0.96~3.68
2	硫精矿溢流水	10.48~11.30	294~1410	175~275	17.2~23.7	0.48~3.40
3	萤石精矿溢流水	9.56~9.96	256~1444	66.4~95.5	0.51~1.17	0.64~3.72
4	萤石中矿溢流水	10.70~11.18	3188~4772	77.9~167	0.62~4.30	1.64~9.60
5	石药选精矿冲洗水	8.52~9.2	146~466	6.2~13.7	0.43~1.78	0.76~5.12
6	总尾矿水	9.72~10.30	1504~3910	74.7~12.5	0.54~240	1.16~6.4
7	白钨精溢流水	7.5~8.98	236~614	5.7~7.5	0.18~1.09	0.52~2.2
8	铜精矿溢流水	7.82~9.58	166~388	5.26~16.2	0.58~1.24	0.42~3.0
9	铋精矿溢流水	9.32~10.82	106~496	66.4~241	6.6~11.9	0.35~3.0
10	钨中矿浓密溢流水	10.61~10.96	3774~4862	73.7~167	0.78~4.96	1.84~8.4
11	钨加温脱药溢流水	11.48~11.64	1900~8121	22.7~27.1	1.35~11.2	1.28~5.8
12	钨加温精选中矿溢流水	10.26~10.66	260~1812	9.53~11.5	0.54~1.17	1.9~10.84
13	镍泥尾矿水	7.84~7.94	110~260	27.9~42:9	0.96~3.56	0.52~2.0
14	选矿总废水	9.78~10.46	1764~3566	74.7~119	1.19~3.85	1.24~5.4

注：1. 以上略去了测定中的特高值和特低值。

2. 还分析了各废水中的 Hg、Cd、Pb、Fe、Cr^{6+}、Mn、WO_3、Cu、As 含量均小。

14.1.3 矿山废水污染控制与节水减排技术措施

（1）采矿工序废水控制与减排措施

采矿工业应注重工艺革新，提倡清洁生产，以减少污水量的产生，并减少污染物的排放量。具体措施如下。

① 更新设备，加强管理，减少整个采矿系统的排污量。如采用疏干地下水的作业，就可减少井下酸性废水的排放量；做好废石堆场的管理工作，避免地表水浸泡、淋雨等，以减少其排水量；对废弃矿井也要做好管理工作，应截断地下径流及地表水渗滤，避免废弃矿井长时间污染附近水域。

② 开展系统内有价金属的回收工作，这既可以减少污染物的排放量，同时又降低了废水的污染程度。

③ 加强整个系统各个污水排放口的监测工作，做到分质供水，一水多用，提高系统水的复用率和循环率；同时也可以利用废弃矿井等作为矿山废水的处理场所，达到因地制宜、以废治废的目的。

（2）选矿工序废水控制与减排措施

选矿工业在清洁生产方面，应做到：尽量采用无毒或低毒选矿药剂替代剧毒药剂（如含氰的选矿剂等），避免产生含毒性的难治理废水；采用回水选矿技术，使选矿系统形成密闭循环体系，达到零排放；加强内部管理，做到分质供水，一水多用，提高系统水的复用率和循环率。

如永平铜矿，将铜硫混合浮选、混合精矿进行铜硫分选的选矿工艺改进为优先选铜、选铜尾矿选硫的工艺，并根据选矿工艺过程各工段废水水质的差异进行废水回用，保障了在缺水期生产的顺利进行，同时又降低了中和剂石灰的用量（约降低22％）。其具体措施为：利用铜精矿和硫精矿浓密机回水中重金属离子含量少、pH值高的特点，在生产中单独将部分浓密机溢流水用作铜粗选作业，以补充石灰用作浮选作业中矿浆pH值调整剂。当浓密机溢流水添加量为磨矿机补加水总用水量的15％～20％时，既节约了石灰用量及新鲜水的用量，又对铜硫选矿指标毫无影响。

（3）采选工序废水控制与减排措施

有许多有色金属矿山往往是采选并举，这时应充分利用采选废水水质的差异进行清污分流，回水利用，达到消除污染、综合治理、保护环境的目的。

如辽宁省红透山铜矿采选废水的综合治理，其具体措施为：清污分流，硫精矿溢流水返回利用；在硫精矿溢流水分流后，矿区混合废水由矿口外排水、生活废水、自然水组成，将这部分废水截流沉淀后用于选矿生产。该措施省能耗，节约新鲜水，回水利用率达65％。

关于有色矿山废水处理与废水资源处理回用，应考虑到：有色金属矿山废水应包括矿山采矿酸性废水和选矿废水两大组成部分，前者处理重点是酸性废水中重金属物质，后者重点是浮选药剂。因此，二者处理工艺应有较大的不同。

14.2 有色矿山采矿废水处理与回用技术

目前，我国有色金属矿山废水的处理方法有中和沉淀法、硫化物沉淀法、铁氧体法、金属置换法（氧化还原法）、离子交换法和膜分离法等。其中中和法因工艺简单、技术成熟、费用较低故最常选用。但目前由于膜技术发展较快，膜材料已国产化，且易于分离和回收金属分离物，现已广泛应用于重金属废水处理，特别是有色金属矿山废水处理中。

14.2.1 中和沉淀法处理工艺与回用技术

（1）中和沉淀条件的选择

向重金属废水投加碱性中和剂，使金属离子与羟基反应，生成难溶的金属氢氧化物沉淀，从而予以分离。用该方法处理时，应知道各种重金属形成氢氧化物沉淀的最佳pH值及其处理后溶液中剩余的重金属浓度[102]。

设M^{n+}为重金属离子，若想降低废水中M^{n+}浓度，只要提高pH值，增加废水中的OH^-即能达到目的。究竟应将pH值增加多少，才能使废水中的M^{n+}浓度降低到允许的含量，可从下式计算：

$$M(OH)_n \rightleftharpoons M^{n+} + nOH^-$$
$$K_{sp} = [M^{n+}][OH^-]^n$$
$$[M^{n+}] = K_{sp}[OH^-]^n$$

两边取对数

$$\lg[M^{n+}] = \lg K_{sp} - n\lg[OH^-] \tag{14-1}$$

已知水的离子积

$$K_w=[H^+][OH^-]=10^{14}$$
$$[OH^-]=K_w/[H^+] \tag{14-2}$$

将式(14-2)代入式(14-3)中

即

$$\lg[M^{n+}]=\lg K_{sp}-n\lg\frac{K_w}{[H^+]}=\lg K_{sp}-n\lg K_w-n\,pH \tag{14-3}$$

式中，$[M^{n+}]$ 为重金属离子的浓度；$[OH^-]$ 为氢氧根浓度；K_{sp} 为金属氢氧化物溶度积；K_w 为水的离子积常数，在室温条件下，$K_w=10^{-14}$。

若以 pM 表示 $-\lg[M^{n+}]$，则式(14-3)为：

$$pM=n\,pH+pK_{sp}+14n \tag{14-4}$$

从式(14-3)可知，水中残存的重金属离子浓度随 pH 值增加而减少。对某金属氢氧化物而言，K_{sp} 是常数，K_w 也是常数，所以式(14-4)为一直线方程式，如以纵坐标表示 $\lg[M^{n+}]$，横坐标表示 pH 值，则可得一直线，如图 14-1 所示。

在一定温度下，各种重金属氢氧化物的溶度积 K_{sp} 是固定的。

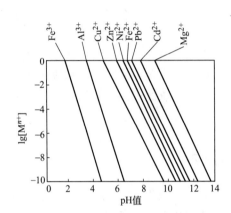

图 14-1 金属氢氧化物对数浓度曲线

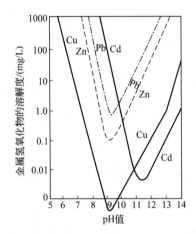

图 14-2 铜、锌、铅、镉的氢氧化物的
溶解度与 pH 值的关系

根据上述化学平衡式各种氢氧化物溶度积 K_{sp}，可以导出不同 pH 值条件下废水中各种重金属离子浓度。

例如，在含镉离子（Cd^{2+}）的酸性废水中，加入碱性剂后使 pH 值逐渐提高，能够产生 $Cd(OH)_2$ 沉淀：

$$Cd^{2-}+2OH^- \rightleftharpoons Cd(OH)_2\downarrow$$

由于常温下（25℃）$Cd(OH)_2$ 的溶度积 K_{sp} 为 2.2×10^{-14}，在 pH=7 时：

$$[H^+]=[OH^-]=10^{-7}$$
$$[Cd^{2+}]=K_{sp}/[OH^-]^2$$
$$[Cd^{2+}]=2.2\times10^{-14}/(10^{-7})^2=2.2mol/L$$

在镉离子浓度低于该浓度的情况下，更不会产生氢氧化镉的沉淀。但是，如果进一步加入碱性物质将 pH 值提高到 9 时，废水中镉离子浓度便等于 pH 值为 7 时的 $1/10^4$；若将 pH 值提高到 11 时，镉离子浓度便等于 pH 值为 7 时的 $1/10^8$；若将废水中 pH 值继续提高到 14 时，废水中镉离子残余浓度下降到接近该金属的氢氧化物的溶度积。

显然，不同种类的重金属完成沉淀的 pH 值彼此是有明显的差别，据此可以分别处理与回收各种重金属。但对锌、铅、铬、锡、铝等两性金属，pH 值过高时会形成络合物而使沉淀物发生返溶现象。如 Zn^{2+} 在 pH 值为 9 时几乎全部沉淀，但 pH 值大于 11 时则生成可溶性 $Zn(OH)_4^{2-}$ 络合离子或锌酸根离子 $(ZnO_2^{2-})^-$，如图 14-2 所示[102]。因此，要严格控制和保持最佳的 pH 值。

（2）中和凝聚法

凝聚沉淀是有效去除废水中重金属的方法。在碱性溶液中铝盐和铁盐等能生成吸附能力很强的胶团，它们不仅能吸附废水中重金属离子，而且还能捕集和裹着悬液的重金属一起沉淀。例如，向废水中投加石灰乳和铁（或铝）盐凝聚剂，在 pH＝8～10 的弱碱性条件下，汞和铁（或铝）的氢氧化物絮凝体共同沉淀析出。若废水中的 Hg^{2+} 为 2mg/L、5mg/L、10mg/L、15mg/L 时，出水 Hg^{2+} 的质量浓度依次为 0.02mg/L＜0.1mg/L＜0.3mg/L＜0.5mg/L。

日本用中和凝聚沉淀法处理某冶炼厂废水时，先将废水经消石灰中和，而后投加凝聚剂，再经沉淀后排出。污泥经浓缩、真空脱水后运走。其处理流程见图 14-3，处理结果见表 14-7[102]。

表 14-7 中和凝聚法处理结果　　　　单位：mg/L，pH 值除外

项　　目	pH 值	SS	Zn^{2+}	Cd^{2+}	SO_4^{2-}
原水水质	3.8	960	324	2.8	580
处理后水质	8	＜5	＜0.5	＜0.005	—

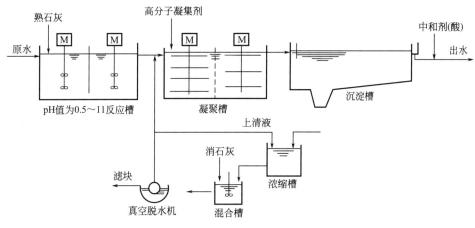

图 14-3 中和凝聚法处理流程

利用砷酸盐与亚砷酸盐能与铁、铝等金属形成稳定的络合物，并与铁、铝等金属的氢氧化物吸附共沉的特性可从废水中除砷。

日本还研究出用碳酸盐（或 CO_2）沉淀法处理重金属废水。首先向重金属废水投加如石灰一样的碱性物质，调节其 pH 值为 8.0～8.6，此时废水中铁、铬、铜、铅、锌、镍等离子几乎完全转化为氢氧化物沉淀，同时镉、锰也由于共沉淀现象而减少。然后把含有 CO_2 的气体，如烟道气、城市煤气的燃烧废气或纯 CO_2 气吹入废水中，使残留于废水的重金属离子成为碳酸盐析出，被吸附于预先生成的氢氧化物的絮状体上，几乎可达到全部除去。

（3）含多种重金属废水的处理

在废水中处理时，常有多种重金属离子共存于一废水中，在采用中和法处理时，须注意共存离子的影响、共沉淀现象或络合离子的生成。某些溶解度大的络合物离子对金属离子在

水中生成氢氧化物沉淀干扰很大。例如，$Ca(NH_3)_4^{2+}$、$Ca(CN)_4^{2-}$、$CdCl^{3-}$、$CdCl^+$ 等对生成 $Ca(OH)_2$ 沉淀就有干扰。CN^- 对于一般重金属干扰很大。氨和氮离子过剩时，也干扰氢氧化物的生成。因此，在选用中和法处理时，应对这些离子进行必要的预处理。另外，在有几种重金属共存时，虽然低于理论 pH 值，有时也会生成氢氧化物沉淀，这是因为在高 pH 值沉淀的重金属与在低 pH 值下生成的重金属沉淀物产生共沉淀现象。例如，含 Cd 1mg/L 的水溶液，将 pH 值调到 11 以上也不沉淀，若与 10mg/L 或 50mg/L 中 Fe^{3+} 共存，则 pH 值只要达到 8 或 7 以上即可沉淀，并使 Cd^{2+} 的去除率接近 100%；当废水 pH 值为 8 以上时，Cu^{2+} 的质量浓度为 1mg/L，$Fe(OH)_2$ 的质量浓度为 5mg/L，其共沉率接近 100%。

共沉淀法能有效地除去废水中的重金属，在碱性溶液中，$Fe(OH)_2$ 能与 Mg^{2+}、Mn^{2+}、Co^{2+}、Ni^{2+}、Cd^{2+} 和 Hg^{2+} 等共沉淀。

中和沉淀法处理重金属废水是调整、控制 pH 值方法。由于废水中含有重金属的种类不同，因而生成的氢氧化物沉淀的最佳 pH 值的条件也不一样。为此，对于含多种重金属的废水处理方法之一是分步进行沉淀处理。例如，从锌冶炼厂排出废水中，往往含有锌和镉，该废水处理时，Zn^{2+} 在 pH＝9 左右时形成 $Zn(OH)_2$ 溶解度最低，而 Cd^{2+} 在 pH＝10.5～11 时沉淀效果最好。然而，由于锌是两性化合物，当 pH＝10.5～11 时，锌以亚锌酸的形式再次溶解，因而对此种废水，应先投加碱性物质，使 pH 值为 9 左右，沉淀除去氢氧化锌后再投加碱性物质，把 pH 值提高到 11 左右，再沉淀除去氢氧化镉。

化学沉淀可认为是一种晶析现象，即在控制良好的反应条件下，可形成结晶良好的沉淀物。结晶的成长速度，决定于结晶核的表面和溶液中沉淀剂浓度与其饱和浓度之差。

中和沉淀反应可采用一次沉淀反应和晶种循环反应。前者是单纯的中和沉淀法，后者是向处理系统中投加良好的沉淀晶种（回流污泥），促使形成良好的结晶沉淀。其处理流程如图 14-4 所示[39,102]。

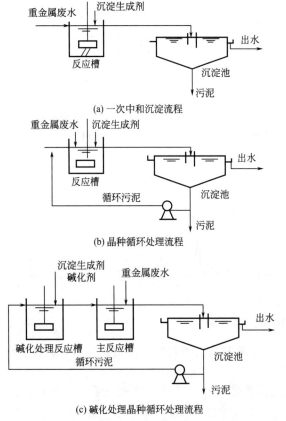

图 14-4　重金属废水中和沉淀处理流程

图 14-4(a) 是将重金属废水引入反应槽中，加入中和沉淀剂，混合搅拌使其反应，再添加必要的凝聚剂使其形成较大的凝絮，随后流入沉淀池，进行固液分离。这种处理方法由于未提供沉淀晶种，故形成的沉淀物常为微晶结核，故污泥沉降速度慢，且含水率高。

图 14-4(b) 是晶种循环处理法。其特点是除投加中和沉淀剂外，还从沉淀池回流适当的沉淀污泥，而后混合搅拌反应，经沉淀池浓缩沉淀形成污泥后，其中一部分再次返回反应

槽。此法处理生成的沉淀污泥晶粒大、沉淀快、含水率较低、出水效果好。

图 14-4(c) 是碱化处理晶种循环反应法。即在主反应槽之前设一个沉淀物碱化处理反应槽，定时往其中投加碱剂进行反应，生成的泥浆是一种碱性剂，它在主反应槽内与重金属废水混合反应，而后导入沉淀池中进行固液分离，将沉淀浓缩的污泥一部分再返回碱化处理反应槽中。

综上所述，中和沉淀法处理重金属废水应注意问题如下。

1) 不同的重金属离子生成氢氧化物沉淀时的 pH 值是不相同的。重金属离子和氢氧根离子不仅可以生成氢氧化物沉淀，而且还能生成一系列各种可溶性的羟基络合物。对于重金属离子这是十分常见的现象。在与金属氢氧化物呈平衡的饱和溶液中，不仅有游离的重金属离子，而且有不同的各种羟基络合物，它们都参与沉淀-溶解平衡。所以，实际上当碱性过强时，氢氧化物沉淀又可能形成各种羟基络合物而再溶解。

2) 为使某种重金属离子生成氢氧化物沉淀而提高 pH 值时，此时应注意其他共存重金属离子在该条件下又可能被溶解。例如，pH 值大于 11 时，Cd^{2+} 能生成 $Cd(OH)_2$ 沉淀，但须考虑到此时废水中共存的其他金属离子 Pb^{2+}、Zn^{2+}、Al^{3+} 等在该条件下又可能溶于废水中。

3) 重金属离子可能与溶液中的其他离子形成络合物，从而增加了它在水中的溶解度。例如，需要除去水溶液中的 Cd^{2+}，通常是将溶液的 pH 值提高到 11 以上时，Cd^{2+} 便会形成 $Cd(OH)_2$ 而沉淀。但此时水中若含有 CN^- 时，Cd^{2+} 将会与 CN^- 相互作用而形成 $Cd(CN)_2$，因此，Cd^{2+} 将不能被完全沉淀。

4) 在碱性介质中生成的氢氧化物沉淀，其中有小部分微细颗粒的氢氧化物，在排放中可能随着 pH 值的降低将重新溶解于水中，从而使重金属离子含量超过环境标准。

14.2.2 硫化物沉淀法处理与回用技术

(1) 硫化物沉淀法的基本原理与特点

向废水中投加硫化钠或硫化氢等硫化物，使重金属离子与硫离子反应，生成难溶的金属硫化物沉淀的方法称作硫化物沉淀法。由于重金属离子与硫离子 $[S^{2-}]$ 有很强的亲和力，能生成溶度积小的硫化物，因此，用硫化物除去废水中溶解性的重金属离子是一种有效的处理方法。

根据金属硫化物溶度积的大小，其沉淀析出的次序为：Hg^{2+}、Ag^+、As^{3+}、Bi^{3+}、Cu^{2+}、Pb^{2+}、Cd^{2+}、Sn^{2+}、Zn^{2+}、Co^{2+}、Ni^{2+}、Fe^{2+}、Mn^{2+}。排序在前的金属先生成硫化物，其硫化物的溶度积越小，处理也越容易。表 14-8 为几种金属硫化物的溶度积。

表 14-8 几种金属硫化物的溶度积

金属硫化物	K_{sp}	金属硫化物	K_{sp}
MnS	2.5×10^{-13}	CdS	7.9×10^{-27}
FeS	3.2×10^{-18}	PbS	8.0×10^{-28}
NiS	3.2×10^{-19}	CuS	6.3×10^{-86}
CoS	4.0×10^{-21}	Hg_2S	1.0×10^{-45}
ZnS	1.6×10^{-24}	AgS	6.3×10^{-50}
SnS	1.0×10^{-25}	HgS	4.0×10^{-53}

注：K_{sp}—金属硫化物溶度积（无单位）。

从表 14-8 中可以看出，金属硫化物的溶度积比金属氢氧化物的溶度积小得多。因此，硫化物处理法较中和沉淀法对废水中重金属离子的去除更为彻底。

例如，用石灰中和法处理含镉废水，其 pH 值应在 11 左右才能使镉的溶解浓度最小，采用碳酸钠处理时，在 pH 值为 9.5～10 可得到良好的去除效果；采用硫化物沉淀法处理，当 pH 值为 6.5 时，可将原水 0.5～1.0mg/L 的镉减少到 0.008mg/L。

硫化镉的溶度积比氢氧化镉更小。为除去废水中镉离子，也可采用投加硫化物如 Na_2S、FeS、H_2S 等使之生成硫化镉沉淀而分离。但硫化镉沉淀性能较差，一般还需进行凝聚和过滤处理。

如果废水中氯化镍、氯化钠等含量较多时，则会产生复盐（四氯化镉）。另外，在废水中存在较多硫离子的情况下，外排也是不妥，应添加铁盐，使过剩的硫离子以硫化铁形式沉淀下来。如经过滤处理，出水含镉量可达 0.1mg/L 以下。

某厂采用硫化物处理混合电镀含镉废水，投药比 Cd^{2+}：Na_2S＝1：10（质量比）。投药后通空气 10～15min，投加 200mg/L 硫酸铝后，通空气搅拌 10～15min，再投加 5mg/L 聚丙烯酰胺，通空气 6min，经反应后流入沉淀池沉淀。上部清液外排，下部沉淀污泥送入压滤机脱水，所得镉渣可供进一步利用。

硫化物沉淀法是除去废水中重金属离子的有效方法。通常为保证重金属污染物的完全去除，就须加入过量的硫化钠，但常会生成硫化氢气体，易造成二次污染，妨碍并限制了该方法的广泛应用。

（2）硫化物沉淀法的改进与发展

为使重金属污染物从废水中分离出来，而又不产生有害的硫化氢气体的二次污染，为此可在需处理的废水中，有选择的加入硫化物和一种重金属离子，这种重金属离子与所加入的硫化物形成新的硫化物，其离子平衡浓度比需去除的重金属污染物质的硫化物平衡浓度要高。由于加进去重金属硫化物比废水原含的重金属物质的硫化物更易溶解，所以废水原含的重金属离子就比添加的重金属离子先沉淀分离出来，同时也防止了有害的硫化氢和硫化物络合离子的产生。另外，在一定条件下，所加入的重金属又促使其他金属硫化物共沉淀，提高了废水外排的质量。

表 14-8 是溶度积推算出来的几种重金属硫化物的平衡离子浓度。根据上述原理，表中较前每一种金属离子能用来清除表 14-8 中后面的金属沉淀过程中的过量硫化物。

对于大多数废水处理来说，希望采用一种相对无毒无害的重金属盐。这样，水处理后就可直接排入水质标准要求较高的水体。表 14-8 中前几种重金属盐可优先考虑，因为它们可分离出的重金属离子比较多。锰盐能形成最易溶的硫化物，但常常优先考虑铁盐，因为铁盐一般比锰价格低廉。

在废水中加入重金属盐，待溶解后再加入一种可溶性的硫化物，使各种金属离子沉淀下来。仔细操作这一处理过程，可以把表 14-8 中后面的几种重金属离子有选择地分离出来，方法是使加入的硫化物刚够使最难溶污染物的硫化物形成沉淀。另外，为达到同样的目的，可以用一种重金属盐，这样的金属盐所生成的硫化物具有中等溶解度，该金属的硫化物比要分离的硫化物易溶，而比留在废水中的其他污染物的硫化物难溶。

然而，通常是选择一种其硫化物比所有污染物质的硫化物更易溶的金属盐，并加入足量的硫离子，使所有溶解度较小的污染物以硫化物形式沉淀下来，以达到使废水中重金属污染物质大体都被分离出去的目的。

硫化物加入量一般推荐为废水中重金属离子浓度的 2～10 倍。假定废水中重金属离子浓度为 10mg/L，那么每升废水就要加入 20～100mg 的 S^{2-}。加入废水中的重金属盐的量，通常调整到使大多数所加入的重金属，能以硫化物随原废水所含重金属的硫化物一起沉淀下来。这样，就提供了稍微过量的金属离子来防止产生游离的硫离子及其所带来的问题。

在废水中金属污染物质与加入的重金属盐类共存的情况下，废水中污染物质的去除率甚至比理论上按其溶度积所预计的去除率还要高，这是由于废水中重金属物质与加入的重金属共沉淀作用。例如，要从废水中除去汞、铜、镍等而加入的重金属是铁，就可形成 FeS·HgS、FeS·CuS 和 FeS·NiS 之类的混合金属硫化物的共沉淀。这些混合硫化物可使废水中汞、铜和镍的浓度比用单纯的硫化物来处理能达到浓度更低，净化效果更好。

此法对含铬废水的处理更有其特点。因为传统的氢氧化物法须先把废水的 pH 值降到 2～3 左右，而后用一种如二氧化硫、亚硫酸盐或金属亚硫酸盐等把六价铬还原成三价铬，然后再把废水的 pH 值提高到 8 左右，形成氢氧化铬沉淀，这样至少需要二级处理流程。而该法可直接将 pH 值为 7～8 的废水中铬分离出来。

例如，取一定量的含 Cr^{6+} 4.8mg/L、Zn^{2+} 3.5mg/L 废水，先用酸调至 pH 值为 2，再加入 Na_2SO_3 并搅拌，把六价铬转为三价铬，而后再加入 NaOH，将还原后含铬废水的 pH 值提高到 8.0，沉淀 1h 后分析上清液中残存铬离子为 0.05mg/L、锌离子 2.0mg/L。如将上述废水直接调至 pH 值为 7.7，而后加入一定量的 $FeSO_4$ 和 Na_2S，并搅拌 1min，沉淀 1h 后取出上清液分析，其结果铬离子极微，锌离子 0.03mg/L，搅拌及沉淀期间未发现硫化氢气味。上述结果见表 14-9。[103]

表 14-9　硫化物沉淀法与中和沉淀法比较

编　号	废水成分/(mg/L)	废水中残余重金属离子浓度/(mg/L)	
		硫化物沉淀法	中和沉淀法
实例 I	Cu^{2+} 100 Ni^{2+} 7.7 NH_4^+ 473	1.8 微	95.8 5.9
实例 II	Cr^{6+} 4.8 Zn^{2+} 3.5	极微 0.03	0.05 2.0

金属硫化物的溶度积比金属氢氧化物溶度积小得多，故前者比后者更为有效。与中和法（如石灰法）相比，具有渣量少，易脱水，沉淀金属品位高，有利用贵金属的回收利用等优点。但生成的重金属硫化物非常细微，较难沉淀，故限制了硫化物沉淀法的广泛应用。但在有良好的过滤与沉淀设备条件下，其净化效果是显著的。

14.2.3　铁氧体法处理与回用技术

（1）铁氧体法基本原理和实践

日本电气公司（NEC）研究出一种从废水中除去重金属离子的新工艺。该公司根据制作通讯用高级磁性材料——"超级铁氧体"的原理和工艺，用于除去废水中重金属离子。它的做法是：在含重金属离子的废水中加入铁盐，利用共沉淀法从废水中制取铁氧体粉末。

对于碱性物质加入含铁离子的废水中所形成的沉淀物的研究是很多的。但是，直到 20 世纪 80 年代初才弄清了沉淀物的类型与其形成条件之间的关系。发现如果在一种水溶液中的二价铁离子（Fe^{2+}）与二价的非铁金属离子（以 M^{2+} 表示）共同存在时，在溶液中加入一定量的碱会产生下述反应：

$$x M^{2+} + (3-x)Fe^{2+} + 6OH^- \longrightarrow M_x Fe_{3-x}(OH)$$

形成深绿色氢氧混合物。当这种混合物在特定条件下，在水中被氧化时，就会发生重新分解，形成络合物。最后会形成一种黑色尖晶石化合物（铁氧体）。其反应式如下：

$$M_x Fe_{3-x}(OH)_6 + \frac{1}{2}O_2 \longrightarrow M_x Fe_{3-x}O_4 + 3H_2O$$

在 Fe^{3+} 与 Fe^{2+} 以 2∶1 形式存在的废水中加入碱也可以形成铁氧体。但是，这种方法不适宜于制成铁氧体要用的粉末，因为难以控制成分和颗粒尺寸。然而在上述的反应过程中，适当地选择铁离子的浓度和控制水的温度，就能够容易获得具有理想成分和颗粒尺寸的铁氧体。

日本京都大学的化学研究所对铁氧体形成的反应情况进行了详细研究，而且已经掌握其控制成分和颗粒尺寸的理想条件。

铁氧体，即磁铁矿石（Fe_3O_4）。在 Fe_3O_4 中的 3 个铁离子，有两个是三价的铁离子（Fe^{3+}），另一个是二价的铁离子（Fe^{2+}），即 $FeO \cdot Fe_2O_3$。铁氧体的形成需要足够的铁离子，而且和 Fe^{2+} 与 Fe^{3+} 的比例有关。亚铁离子的物质的量至少是废水中除铁以外所有重金属离子的物质的量的总数的 2 倍；另外在废水中还要加碱，加碱的数量等于废水中所含酸根的 0.9～1.2 物质的量的总数量。这样就形成一种含有 Fe^{2+} 和其他重金属的氢氧化物的悬浮胶体。将氧通入悬浮胶体里，通过搅拌加速氧化，含有 Fe^{3+} 的结晶体进而包裹或吸附原来废水中的重金属离子一起沉淀，再分离沉淀的结晶体，就可去除废水中的重金属离子而得到净化。

如果废水是碱性的，就不需要再加碱。

上述方法是以下列化学反应为依据。

在含有亚铁离子的废水中，投入碱性物质后即形成氢氧化物：

$$Fe^{2+} + 2OH^- \longrightarrow Fe(OH)_2$$

为阻止氢氧化物沉淀，在投入中和剂的同时，需要鼓入空气进行氧化，使氢氧化物变成铁磁性氧化物：

$$3Fe(OH)_2 + \frac{1}{2}O_2 \longrightarrow FeO \cdot Fe_2O_3 + 3H_2O$$

在这种状态下，废水中的许多重金属离子就取代 Fe_3O_4 晶格里的金属位置，形成多种多样的铁氧体。废水中若有二价的 Pb^{2+} 存在，铅将置换铁磁络合物中 Fe^{2+}，而生成十分稳定的磁铅石铁氧体 $PbO \cdot 6Fe_2O_3$。铅进入铁氧体晶格后，被填充在最紧密的格子间隙中，结合得很牢固，难以溶解，这样就使有害的重金属几乎完全从废水中分离出来。最后，像 Fe_3O_4 一类的铁磁性氧化物，由于具有较大的颗粒尺寸，能很快沉淀下来，而且很容易过滤，易于从废水中分离出来，也不会出现重金属离子从铁氧体沉淀物中再溶解的现象，因为它们已被包含在铁氧体的结晶晶格中。

该方法适用于废水中含有密度为 3.8mg/L 以上的重金属离子，诸如 V、Cr、Mn、Fe、Co、Ni、Cu、Zn、Ca、Sn、Hg、Pb、Bi 等。在处理废水过程中，加入铁盐的最小值与被除去的重金属离子类型有关，对于易转换成铁氧化的重金属，如 Zn、Mn、Cu 等，铁盐加入量为废水中重金属离子物质的量的 2 倍。对于那些不易于形成铁氧体的重金属，如 Pb、Sn 等，则需增大铁盐投入量。因此，对于被处理的废水，首先要测出所含的除 Fe^{2+} 以外的重金属离子的总物质的量然后再在此废水中加入 Fe^{2+}，使废水中 Fe^{2+} 的物质的量为废水重金属离子总物质的量的 2～100 倍。亚铁的盐类如硫酸亚铁、氯化亚铁都可作为 Fe^{2+} 的来源。在废水中还要加碱，可在 Fe^{2+} 加入到废水中之前、之后或同一时间内加入。至于碱、碱金属或碱土金属的氢氧化物或碳酸盐、含有氮的碱性物质，如 NH_4OH 或者它们的水溶液都可以使用。加碱量应该是加入 Fe^{2+} 以后废水中酸根的0.9～1.2物质的量。假如碱加入量在上述范围内，就很容易地提取所有的重金属离子，同时容易形成 Fe_3O_4 等铁氧体。但若加入的碱量小于 0.9mol 时，重金属离子就容易残留在废水中，同时还需要一个很长的氧化周期；若碱量超过 1.2mol 时，那么在形成 Fe_3O_4 等铁氧体的氧化过程就需要更高的温度，并且产生某些剩余碱以致处理后废水呈碱性，这样就需要增加处理工序，废水经处理后才能排放。由于 Fe^{2+} 及碱加入到废水中，就形成了一种悬浮胶体，这种悬浮胶体是氢氧化亚铁或氢氧化亚铁和其他氢氧化物的混合物，或其他重金属和金属的氢氧化物所组成。

为达到处理目的，需将悬浮胶体不断搅拌促使氧化，通常是在一定温度下将氧化气体（空气或氧化）通入废水中，使加入废水中 Fe^{2+} 最终氧化成 Fe^{3+} 混合物沉淀。

影响 Fe^{3+} 沉淀物的化学成分、晶体结构以及沉淀粒子的大小因素，主要是与亚铁离子浓度、氧化温度、氧化时间和碱与原水中酸根浓度的比例等有关。

本方法可以用于提取废水中不以离子状存在，而以络合物、氰化物或胺盐形式存在的金属。但在此情况下，首先需使络合物中的重金属元素离子化，然后形成铁氧体或被铁氧体所吸附而除去。

对于含 Ni、Pb、Cd、Hg、Cu 或其他比铁电离电势小的金属酸性废水来说，应当进行预处理。先将金属铁屑或铁粉加入酸性废水中，然后进行搅拌，除去游离酸：

$$H_2SO_4 + Fe \longrightarrow FeSO_4 + H_2 \uparrow$$

然后废水中重金属离子（如比铁电离电势小的 Cu）与剩余金属铁反应：

$$CuSO_4 + Fe \longrightarrow FeSO_4 + Cu$$

在含有 Cu、Ni、Pb、Cd、Bi 以及 Hg 的酸性废水中，加入 $FeSO_4 \cdot 7H_2O$，再加入 20%NaOH 溶液，中和酸性废水，然后将空气通入废水中，使悬浮胶体氧化。通气速度为 $50 \sim 100L/(h \cdot L)$（废水），氧化时间为 3h，沉淀物由深绿或褐色变为黑色。用磁铁从悬浮胶液中将沉淀物分离出来，同时测定水中剩余的金属离子含量。其处理效果见表 14-10。[104,105] 从表可见：废水中重金属离子都能有效地从废水中除去，因为金属离子代替了 Fe_3O_4 结晶晶格中 Fe 的位置。

表 14-10　铁氧体法处理重金属废水效果　　　　　　单位：mg/L

金属离子	处理前废水的质量浓度	处理后废水的质量浓度	金属离子	处理前废水的质量浓度	处理后废水的质量浓度
Cu	9500	<0.5	Cr^{6+}	2000	<0.1
Ni	20300	<0.5	Cd	1800	<0.1
Sn	4000	<10	Hg	3000	<0.02
Pb	6800	<0.1			

（2）铁氧体法工艺流程技术关键与特征

铁氧体法处理工艺流程如图 14-5 所示。

在含有亚铁和高铁的混合废水中，其反应生成物为 $FeO \cdot Fe_2O_3$ 铁氧体：

$$Fe^{2+} + 2Fe^{3+} + 8OH^- \longrightarrow FeO \cdot Fe_2O_3 \cdot nH_2O + (4-n)H_2O$$

如废水中含有二价金属离子（如 Ni^{2+} 等）及高铁离子（Fe^{3+}），可生成 $NiO \cdot Fe_2O_3$ 铁氧体：

$$Ni^{2-} + 2Fe^{3+} + 8OH^- \longrightarrow NiO \cdot Fe_2O_3 \cdot nH_2O + (4-n)H_2O$$

铁氧体法工艺流程技术关键在于：a. $Fe^{3+} : Fe^{2+} = 2 : 1$，因此，$Fe^{2+}$ 的加入量，应是

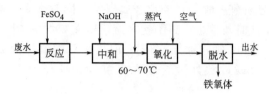

图 14-5 铁氧体法处理流程

废水中除铁以外各种重金属离子物质的量的 2 倍或 2 倍以上；b. NaOH 或其碱的投入量应等于废水中所含酸根的 0.9～1.2 倍摩尔浓度；c. 碱化后应立即通蒸汽加热，加热至60～70℃或更高温度；d. 在一定温度下，通入空气氧化并进行搅拌，待氧化完成后再分离出铁氧体。

例如，某废水 pH 值接近零，处理时向每升废水中投加 45.54g FeSO₄，然后再加入20% NaOH 水溶液，加入量相当于废水中存在的酸根数量的 1.2 倍，并在 60℃下用空气进行搅拌 3h。过滤除去沉淀物（铁氧体）并测定废水中剩余的金属离子，其结果见表 14-11。[106,107]

表 14-11 铁氧体法处理结果

成　分	废水的质量浓度/(mg/L)	处理结果/(mg/L)	处理效果/%
Cr^{6+}	14	0.1	99.28
Fe^{2+}	3300	0.05	99.99
Ni^{2+}	9.4	0.4	95.74
Pb^{2+}	2500	0.2	99.99
Cu^{2+}	6.3	0.15	97.62
Bi^{2+}	600	1.2	99.80

又如，内含有 3.27g/L Zn^{2+} 和 5.62g/L Cr^{2+}、pH 值为 2.2 的 1L 废水中，投加30.37g·FeSO₄，在搅拌中加入 10% NaOH 溶液，加入量等于废水中酸根的物质的量。在50℃下用空气搅拌氧化 3h，使生成的铁氧体沉淀。经测定处理后废水中剩余的 Zn^{2+}、Cd^{2+}和 Fe^{2+} 的质量浓度分别为 0.05mg/L、0.05mg/L 和 0.1mg/L。

某厂根据电镀含铬废水量及含铬酐浓度按 FeSO₄·7H₂O：CrO₃＝(16～20)：1（质量比）投入 FeSO₄·7H₂O，然后用 NaOH 调整 pH 值为 8～9，加热 60～70℃，通空气20min，当沉淀物呈黑褐色时，停止通气，将沉淀物分离、洗涤、烘干，即得回收产品，可作铁氧体材料，水可循环使用。处理后的废水铬含量一般为零。其处理结果见表14-12。[104～106]

表 14-12 电镀含铬废水处理结果

CrO₃ 的质量浓度/(mg/L)	CrO₃：FeSO₄·7H₂O	废水 pH 值	反应时 pH 值	反应温度/℃	排出废水含铬的质量浓度 Cr^{6+}/(mg/L)
102	1：16.5	6	8～9	70	0
100	1：16	4～5	8～9	70	0
60	1：20	4	8～9	70	0
50	1：20	4	8～9	70	0
30	1：20	6	8～9	64	0

综上所述，铁氧体法处理废水具有如下特征：a. 铁氧体法可一次除去废水中多种重金属离子；b. 铁氧体沉淀物具有磁性并且颗粒较大，既可用磁性分离也适用于过滤，这是其他沉淀法不能比拟的；c. 传统沉淀法一般都具有再溶解，而铁氧体沉淀不再溶解；d. 铁氧体法可处理 Cu、Pb、Zn、Cd、Hg、Mn、Co、Ni、As、Bi、Cr^{6+}、Cr^{3+}、V、Ti、Mo、Sn、Fe、Al、Mg 等废水，对固体悬浮物有共沉淀作用；e. 所得铁氧体是一种优良的半导体材料。

铁氧体法处理重金属废水效果好，投资省，设备简单，沉渣量少，且化学性质比较稳定，在自然条件下，一般不易造成二次污染。

该法的主要缺点是铁氧体沉淀颗粒成长及反应过程需要通空气氧化，反应温度要求$60\sim80℃$，这对大量废水处理，升温将是很大的困难，且消耗能源过多。

14.2.4　氧化法和还原法处理与回用技术

（1）氧化法

氧化法或还原法在重金属废水处理中常用作废水的前处理。废水的氧化处理，常用一氧化氮、漂白粉、氯气、臭氧和高锰酸盐等氧化剂。

选用氧化剂时应考虑到以下几点：a. 对废水中特定的污染物（重金属）有良好的氧化作用；b. 反应后生成物应是无害的或易于从废水中分离的；c. 在常温下反应速度较快；d. 反应时不需要大幅度调整 pH 值和药剂来源方便、价格便宜等。

应用氯化法处理时，液氯或气态氯加入废水中，即迅速发生水解反应而生成次氯酸（HOCl），次氯酸在水中电离为次氯酸根离子（OCl^-）。次氯酸、次氯酸根离子都是较强的氧化剂。分子态次氯酸的氧化性能比离子态次氯酸根离子更强。次氯酸的电离度随 pH 值的增加而增加：当 pH 值小于 2 时，废水中的氯以分子态存在；pH 值为 3~6 时，以次氯酸为主；pH 值大于 7.5 时，以次氯酸根离子为主；pH 值大于 9.5 时，全部为次氯酸根离子。因此，在理论上氯化法在 pH 值为中性偏低的废水中最有效。

空气中的 O_2 是最廉价的氧化剂，但只能氧化易于氧化的重金属。其代表性例子是把废水中二价铁氧化成三价铁。因为，二价铁在废水 pH<8 时，难以完成沉淀，且沉淀物沉降速度小，沉淀脱水性能差。而三价铁在 pH 值为 3~4 时就能沉淀，而且沉淀物性能较好，较易脱水。因此，欲使在酸性废水中的二价铁沉淀，就得把废水中二价铁氧化成三价铁。常用方法是空气氧化。

臭氧（O_3）是一种强化剂，氧化反应迅速常可瞬时完成，但必须现制现用。

（2）还原法

含重金属离子的废水同还原剂接触反应，将重金属离子还原成金属或将价数较高的离子变为价数较低的离子，这种方法称为还原法。常用的还原剂有金属铁（Fe）、硫酸亚铁（$FeSO_4$）、亚硫酸钠（Na_2SO_3）、亚硫酸氢钠（$NaHSO_3$）、二氧化硫（SO_2）、硫代硫酸钠（$Na_2S_2O_3$）和过硫酸钠（$Na_2S_2O_5$）等。

① 金属还原法

1）铁粉或铁屑法。投加铁屑或铁粉于酸性含铬废水中，铁粉或铁屑溶解生成二价铁离子，利用其还原作用，使六价铬还原为三价铬。用碱中和，使之生成氢氧化铬 [$Cr(OH)_3$] 和氢氧化铁 [$Fe(OH)_3$] 沉淀。

铁屑或铁粉需在酸性介质中才能发生氧化还原反应，故电镀废水处理前需先酸化。

在含硝酸镉为 34.2mg/L 的废水中，投加 5%铁粉，在 pH 值为 3.5、搅拌 20min 条件下，除镉效率可达 95%。对镀镉废水单独用铁粉或铝粉处理时，除镉率比处理硝酸镉废水低。如同时采用碱性氯化法与铁粉法综合处理，则能获得很高的去除效率。

2）铜屑还原法。应用铜屑还原法处理含硝酸亚汞、硫酸亚汞及硝酸汞和硫酸汞的废水，除汞效率一般达 99%左右。

例如，某厂废水含汞 100～300mg/L，pH＝1～4。废水经澄清后，以 5～10m/h 的滤速依次通过两个紫铜屑过滤柱，一个铅、黄铜屑过滤柱和一个铝屑过滤柱。出水含汞可降至 0.05mg/L 左右，处理效果为 99%。

② 硫酸亚铁法 硫酸亚铁处理含铬废水的反应如下：

$$6FeSO_4 + H_2Cr_2O_7 + 6H_2SO_4 \longrightarrow 3Fe_2(SO_4)_3 + Cr_2(SO_4)_3 + 7H_2O$$
$$Cr_2(SO_4)_3 + 3Ca(OH)_2 \longrightarrow 2Cr(OH)_3 \downarrow + 3CaSO_4 \downarrow$$

废水先在还原槽中用硫酸调 pH 值至 2～3，再投加硫酸亚铁溶液，使六价铬还原为三价铬，然后至中和槽投加石灰乳，调节 pH 值至 8.5～9.0，进入沉淀池沉淀分离，上清液达到排放标准后排放。加入硫酸亚铁不但起还原剂的作用，同时还起到凝聚、吸附以及加速沉淀的作用。硫酸亚铁法是我国最早采用的一种方法，药剂来源方便，也较为经济，设备投资少，处理费用低，除铬效果较好。是目前国内冷轧厂含铬废水最为常用的处理方法。

③ 亚硫酸氢钠法 在洗净槽中加入亚硫酸氢钠，并用 20%硫酸调整 pH 值至 2.5～3。将镀铬回收槽清洗过的镀件放入洗净槽进行清洗，镀件表面附着的六价铬即被亚硫酸氢钠还原为三价铬：

$$Cr_2O_7^{2-} + 3HSO_3^- + 5H^+ \longrightarrow 2Cr^{3+} + 3SO_4^{2-} + 4H_2O$$

当多次使用，亚硫酸氢钠的反应接近终点时，加碱调整 pH 值至 6.7～7.0，生成氢氧化铬沉淀。上清液加酸重新调整 pH 值至 2.5～3.0，再补加亚硫酸氢钠至 2～3g/L 继续使用。

还原剂除亚硫酸氢钠外，还有亚硫酸钠、硫代硫酸钠等。由于价格较贵，应用较少。

④ 二氧化硫法 将二氧化硫气体和废水混合生成亚硫酸，利用亚硫酸将六价铬还原为三价铬，然后投加石灰乳，生成氢氧化铬沉淀。其处理原理及反应式如下：

$$SO_2 + H_2O \longrightarrow H_2SO_3$$
$$H_2Cr_2O_7 + 3H_2SO_3 \longrightarrow Cr_2(SO_4)_3 + 4H_2O$$
$$2H_2CrO_4 + 3H_2SO_3 \longrightarrow Cr_2(SO_4)_3 + 5H_2O$$
$$Cr_2(SO_4)_3 + 3Ca(OH)_2 \longrightarrow 2Cr(OH)_3 \downarrow + 3CaSO_4$$

废水用泵抽送，经喷射器与 SO_2 气体混合，进入反应罐中进行还原反应。当 pH 值下降至 3～5 时，Cr^{6+} 全部还原为 Cr^{3+}。然后投加石灰乳，调整 pH 值至 6～9，流入沉淀池分离，上清液排放。

按理论计算，Cr^{6+}∶SO_2＝1∶1.85（质量比）。由于废水中存在其他杂质，因此，实际投加量要比理论值大，以 Cr^{6+}∶SO_2＝1∶（3～5）（质量比）为宜。溶液（废水）的 pH 值及 SO_2 量对反应影响很大，当 pH＞6 时，SO_2 用量大。因此，pH 值以 3～5 为宜，可节省 SO_2 用量。处理工艺中忌用 HNO_3，因 NO_3^- 存在要增加 SO_2 用量。采用管道式反应可提高 SO_2 利用率，并有减少设备，提高处理效率等优点。

该法适合处理 Cr^{6+} 的质量浓度为 50～300mg/L 的废水。中冶集团建筑研究总院环境保护研究所、同济大学等单位，曾用烧结烟气中的 SO_2 废烟气处理重金属废水（铬、锰等）和含氰废水。废水外排达标，烟道废水中 SO_2 净化率达 90%以上，达到以废治废的目的[3,39]。

14.2.5 膜分离法处理工艺与回用技术

膜分离法包括扩散渗析、电渗析、隔膜电解、反渗透和超滤等方法。这些方法能有效地从重金属废水中回收重金属，或使生产废液再回用。膜分离法在重金属废水处理中起到了越来越重要的作用。

（1）扩散渗析法

扩散渗析是依靠膜两侧溶液的浓度差进行溶质扩散的，故亦称为浓差渗析或自然渗析。扩散渗析效果主要与膜的物理化学性质，原液的成分、浓度、操作条件（温度、流速等）、隔板形式等因素有关。

扩散渗析是利用离子交换膜对阴、阳离子的选择透过性，而把废水中的阴、阳离子分离出来的一种物理化学过程。

离子交换膜又称离子选择性透过膜，它是由离子交换树脂制成的薄膜，在膜的孔隙中含有大量带电基团（即交换基团的固定部分）。离子交换膜分为阳离子交换膜和阴离子交换膜两种，阳膜带有负电荷固定基团，阴膜带有正电荷固定基团。在废水中，阳膜中的活性交换基团发生电离，正电荷离子扩散入废水中，固定在阳膜的固定离子带有负电荷，在阳膜中形成负电场，因而阳膜能吸引阳离子而排斥阴离子，故阳膜只允许阳离子通过，阴膜则相反。这就是离子交换的选择透过性。理想的阳膜对阳离子选择透过性应为 100%，即只允许阳离子透过，阴离子完全不能透过。在实际应用中由于唐南（Donnan）膜效应（膜平衡理论）的作用，当废水中金属盐类或电解质浓度很高时，阴离子也会有少量透过。

目前，扩散渗析法在工业上应用较多的是钢铁酸洗废液的回收处理。钢铁酸洗废液一般含有 10% 左右的 H_2SO_4 和 12%～22% 的硫酸亚铁（$FeSO_4$）。

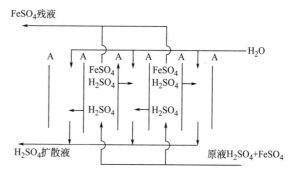

图 14-6　扩散渗析法分离 H_2SO_4 和 $FeSO_4$
A—阴离子交换膜

采用阴离子交换膜扩散渗析器，可分离 H_2SO_4 和 $FeSO_4$。其原理如图 14-6 所示。

废酸液与水逆向通入膜的两侧，由于浓度差和膜的选择透过作用，废酸液中的硫酸进入膜一侧的隔室，而 $FeSO_4$ 仍留在原隔室内，渗析的结果使膜的一侧隔室内主要为含有 H_2SO_4 的扩散液，另一侧隔室内则主要为含有 $FeSO_4$ 的残液，这样就达到了从 H_2SO_4 和 $FeSO_4$ 的混合液中回收 H_2SO_4 和从混合液中分离铁离子的目的。

扩散渗析法具有设备简单、投资少、基本不耗电等优点。但扩散渗析法不能达到完全分离回收。H_2SO_4 的回收率只达 70% 左右，在回收的 H_2SO_4 中还含有 10% 左右的 $FeSO_4$。为弥补这一缺陷，国内外有采用扩散渗析法与隔膜电解法相组合的回收工艺流程，利用离子交换膜扩散渗析分离废酸的游离酸与 $FeSO_4$，残液用隔膜电解法处理，进一步回收 H_2SO_4 和纯铁。其工艺流程如图 14-7 所示[39]。

（2）电渗析法

所谓电渗析是以电能为动力的渗析过程，即废水中的金属离子在直流电场的作用下，有选择地通过渗析膜所进行的定向迁移过程。

电渗析器主要包括由电极和极框组成的电极部分，以及由离子交换膜和隔板组成的膜堆部分。电极部分的动力学过程与电解过程相似，膜堆部分的动力学过程主要是废水中与膜内活性基团所带电荷性质相反的离子迁移。

电渗析器的基本原理见图 14-8。它是由一个阴、阳膜相间组成的许多隔室，重金属废

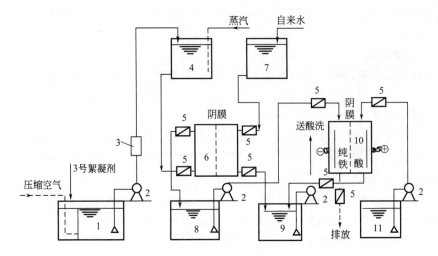

图 14-7 扩散渗析-隔膜电解法工艺流程

1—废酸槽；2—酸泵；3—过滤器；4—高位废酸槽；5—流量计；6—扩散渗析器；7—高位水槽；
8—残液槽；9—再生酸贮槽；10—隔膜电解槽；11—稀硫酸槽

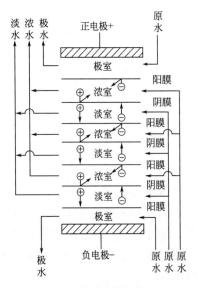

图 14-8 多层电渗析器原理

水流入隔室后，在直流电场作用下，各隔室废水中带不同电的离子向电性相反的电极方向迁移，这样就形成了浓室和淡室，因此流经淡室的废水被净化，相反阴、阳离子同时在浓室中被浓缩。例如，天津某厂在生产氰化铜和氰化锌过程中排出洗涤废水 $30m^3/d$，其中氰化铜废水主要含有 Cu^{2+}、Na^+、Ca^{2+}、Mg^{2+}、Fe^{2+}、CN^-、SO_4^{2-} 等阴、阳离子，pH 值为 4～6。这种废水经三级电渗析串联处理后，浓室出水中氰的质量浓度达到 $120mg/L$ 以上，可回用于生产过程中。

实际上电渗析的运行中除有阴、阳离子迁移的主要过程外，同时还伴随着一些相反的过程。如有少量与膜内固定活性基团所带电荷性质相同的离子迁移，以及电解质的浓差扩散渗析过程和溶剂的渗透和电渗透。此外，当膜两侧压力不平衡时，会产生溶液压差渗漏；当产生浓差极化时，溶剂分子会被电离成离子而也参与迁移。这些相反作用影响了电渗析的效率，使得浓室变淡，淡室增浓。致使淡室常含有少量重金属及其他离子。

电渗析器对进水的浑浊度、硬度、有机物含量、铁和锰的含量等水质指标有一定要求，如不符合要求必须进行预处理。电渗析器长期稳定运行的关键是防止和消除水垢。常有的方法是将操作电流控制在极限电流值以下，加酸调整 pH 值和定时倒换电极等。

电渗析法在一定范围内具有能量消耗少，基本上不使用化学药剂，以及操作方便、占地面积小等优点。由于电渗析器浓缩倍数有限，要使废水中的有用重金属浓缩到回用要求，往往需要进行多级电渗析处理。

（3）反渗透法

渗透的定义是：一种溶剂（如水）通过一种半透膜进入一种溶液，或者是从一种稀溶液向一种比较浓的溶液的自然渗透。如在浓溶液一边加上适当压力，即可使渗透停止。此压称为该溶液的渗透压，此时达到渗透平衡。

反渗透的定义是：在浓液一边加上比自然渗透压更高的压力（一般操作压力为 2～10MPa），扭转自然渗透方向，把浓溶液中的溶剂（水）压到半透膜的另一边稀溶液中，这是和自然界正常渗透过程相反的，因此称为反渗透。

反渗透过程必须具备两个条件：一是操作压力必须高于溶液的渗透压；二是必须有高选择性和高渗透性的半透膜。

反渗透法处理镀镍漂洗水始于 20 世纪 70 年代初，此后又用于镀铬、镀铜、镀锌、镀镉、镀金、镀银以及混合电镀废水的处理。由于该技术处理工艺简单，容易回收利用和实现封闭循环，还有不耗用化学药剂、省人工、占地少等优点，且具有较好的经济效益，因此得到了在重金属废水处理中的应用。

由于电镀废水水质相当复杂，有强酸、强碱、强氧化性物质，也有有机和无机络合剂、光亮剂还有少量胶体，因此进入反渗透器前须采取预处理去除杂质。进入反渗透器后把废水分为有较高浓度电镀化学药品的"浓水"和净化了的"透过水"。浓水进一步蒸发浓缩返回电镀槽，透过水返回漂洗槽重复使用。消除了电镀废水排放，而且回收有价值的电镀化学药品，降低了漂洗水用量。表 14-13 是对 9 种电镀废水进行反渗透法处理结果[108]。

表 14-13　中空纤维反渗透器对各种电镀废水处理结果

废水名称	质量分数/%		操作条件			透水量 /(L/min)	去除率	
	总可溶固体	废液	压力 /MPa	温度/℃	pH 值		可溶固体 去除/%	金属离子 去除/%
NaOH 中和铬酸	0.28～4.5	0.6～10	2.75	20～39	4.5～6.1	11.4～4.16	99～98	Cr^{6+} 95～99
未中和的铬酸	0.4～4.11	1.5～15	2.75	29	1.2～1.9	9.80～4.54	84～95	Cr^{3+} 87～97
焦磷酸铜	0.18～5.22	0.55～16	2.75	28～31	2.88～1.34	10.90～5.07	92～99	Cu^{2+} 99 $P_2O_7^{4-}$ 98～99
氨基磺酸镍	0.5～4.11	1.6～13	2.75	29～30	2.02～0.96	7.65～3.63	95～97	Ni^{2+} 91～98 Br^- 91～100 硼酸 40～62
氟酸镍	0.88～5.8	3.4～23	2.75	19～23	2.06～10.9	77.97～41.26	65～60	Ni^{2+} 70～78
铜氰化物	0.57～3.71	1.6～10	2.75	26	1.82～0.26	6.89～2.35	98～97	Cu^{2+} 99 CN^- 92～99
罗谢尔铜的氰化物	0.13～3.8	1～23	2.75	25～28	2.5～1.6	9.46～6.06	99	Cu^{2+} 98～99 CN^- 94～98
镉的氰化物	0.31～3.12	1～12	2.75	27～28	2.1～0.24	7.95～0.91	89～98	Cd^{2+} 99 CN^- 83～97
锌的氰化物	0.47～4.05	4～36	2.75	27	1.8～0.21	6.81～0.79	97～70	Zn^{2+} 98～99 CN^- 85～99
锌的氯化物	0.16～4.19	0.8～21	2.75	27～29	2.06～0.11	7.80～0.42	96～84	Cl^- 52～90

14.2.6　萃取电积法处理工艺与回用技术

萃取电积法是近年来新开发的废水处理方法。萃取电积法的原理是利用分配定律，用一种与水互不相溶，对废水中某种污染物的溶解度较高的有机溶剂，从废水中分离去除该污染物。该法的优点是设备简单，操作简便，萃取剂中重金属含量高，反萃取后可以电解得到金属。缺点是要求废水中的金属含量较高，否则处理效率低，成本高。

如来自于某废石场的酸性废水，废水水质指标见表 14-14。

表 14-14　处理前的废水水质指标　　　　　单位：mg/L

项目	Fe	Zn	Cu	As	Cd	Pb
浓度	26858	133	6294	33	7	0.97

注：pH<1.5。

废水水质表明，废水中含 Fe、Cu 高，pH 值低，适合采用萃取电积法工艺。具体的工艺流程如图 14-9 所示[43]。

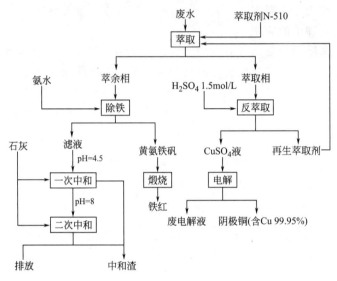

图 14-9　萃取电积法处理废水工艺流程

废水经萃取、反萃取及电积等过程处理后得到含 99.95%Cu 的二级电解铜，萃取和反萃取剂可得到回收。加氨水于萃余相中除铁得到铁渣，铁渣经燃烧后获得用作涂料的铁红，除铁后的滤液因酸度较高，加入石灰连续两次中和，以提高 pH 值，使废水达到排放标准。

废水经过处理后达到国家排放标准，见表 14-15，运行结果表明废水处理工艺是成功的。

表 14-15　处理后的废水水质情况　　　　　单位：mg/L

项目	Fe	Zn	Cu	As	Cd	Pb
浓度	痕量	0.47	0.02	痕量	0.08	痕量

注：pH 值为 8.5。

14.2.7　生化法处理工艺

（1）生化法原理

自然界中的细菌分为两类：一类是异养细菌，它从有机物中摄取自身活动所需的能源为构成细胞所需的碳源；另一类是自养细菌，它从氧化无机化合物中取得能源，从空气中的 CO_2 中获得碳源。自养细菌与重金属之间有多种关系，通过利用这些关系，可对含有重金属的矿山废水进行处理。主要机理有：氧化作用，存在有氧化重金属的细菌，如铁氧菌可将 Fe^{2+} 氧化成 Fe^{3+} 等；吸附、浓缩作用，存在有把重金属吸附到细菌体表面或体内的细菌、藻类。

目前，研究最多的是铁氧菌和硫酸还原菌，进入实际应用最多的是铁氧菌。铁细菌是生长在酸性水体中好气性化学自养型细菌的一种，它可氧化硫化型矿物，其能源是二价铁和还原态硫。该细菌最大特点是，它可以利用在酸性水中将 Fe^{2+} 氧化为 Fe^{3+} 而得到的能量将空气中的碳酸气体固定从而生长，与常规化学氧化工艺比较，可以廉价地氧化 Fe^{2+}。

就污水处理工艺而言，直接处理 Fe^{2+} 与 Fe^{2+} 氧化为 Fe^{3+} 再处理这两种方法比较，后者可以在较低的 pH 值条件下进行中和处理，可以减少中和剂使用量，并可选用廉价的碳酸钙作为中和剂，且还具有减少沉淀物产生量的优点。

黄铁矿型酸性污水的细菌氧化机理一般来说有直接作用和间接作用两种，主要反应是

$$2FeS_2 + 7O_2 + 2H_2O \xrightarrow{\text{细菌}} 2Fe + 4SO_4^{2-} + 4H^+ \tag{14-5}$$

$$4Fe^{2+} + O_2 + 4H^+ \xrightarrow{\text{细菌}} 4Fe^{3+} + 2H_2O \tag{14-6}$$

$$FeS_2 + 2Fe^{3+} \xrightarrow{\text{细菌}} 3Fe^{2+} + 2S \tag{14-7}$$

式(14-7)中的硫被铁氧化菌进一步氧化，反应如下：

$$2S + 3O_2 + 2H_2O \xrightarrow{\text{细菌}} 2SO_4^{2-} + 4H^+ \tag{14-8}$$

对于微生物的直接作用，Panin 等认为是电化学上的相互作用为基础，细菌增强了这种作用。细菌借助于载体被吸附至矿物颗粒表面，物理上借助分子间的相互作用力，化学上借助于细菌的细胞与矿物晶格中的元素之间形成化学键。当细菌与这些矿物颗粒表面接触时会改变电极电位，消除矿物表面的极化，使 S 和 Fe 完全氧化，并且提高了介质标准氧化还原电位（E_h），产生强的氧化条件。

式(14-5)、式(14-8)为细菌直接氧化作用的结果，如果没有细菌参加，在自然条件下这种氧化反应是相当缓慢的，相反，在有细菌的条件下反应被催化快速进行。

式(14-6)、式(14-7)为细菌间接氧化的典型反应式。从物理化学因素上分析，pH 值低时氧化还原电位高，高 E_h 电位值适合于好氧微生物生长，生命旺盛的微生物又促进了氧化还原过程的催化作用。

总之，伴有微生物参加的氧化还原反应是一个包括物理、化学和生物现象相互作用的复杂工艺过程，微生物的直接作用和间接作用同时存在，有时以直接作用为主，有时以间接作用为主。上述分析表明，硫化型矿山酸性污水的化学应以微生物的间接催化作用为主。

铁氧菌是一种好酸性的细菌，但卤离子会阻碍其生长，因此，污水的水质必须是硫酸性的，此外，污水的 pH 值、水温、所含的重金属类的浓度以及水量的负荷变动等对铁氧菌的氧化活性也具有较大的影响。

（2）生物法开发与应用

国内外许多研究机构从自然界中分离出一类古细菌——硫酸盐还原菌（SRB），应用到重金属废水的治理中，取得了良好的效果，极大地推动了用生物沉淀法来处理重金属离子废水技术的进展。一般来说，微生物与重金属离子的相互作用过程包括生物体对金属的自然吸附、生物体代谢产物对金属的沉淀作用、生物体内的蛋白与金属的结合以及重金属在生物体内酶作用下的转化[109～111]。

① 生物吸附技术　生物吸附法主要是生物体借助物理、化学的作用来吸附金属离子，又称生物浓缩、生物积累、生物吸收，作为近年来发展起来的一种新方法，具有价廉、节能、易于回收重金属等特点，对 1～100mg/L 的重金属废水则表现出良好的重金属去除性能[112,113]。

由于细胞组成的复杂性，目前对生物吸附（biosorption）的机理研究并不深入，普遍认

同的说法是生物吸附金属的过程由两个阶段组成。第一个阶段是金属在细胞表面的吸附,在此过程中,金属离子可能通过配位、螯合、离子交换、物理吸附及微沉淀等作用中的一种或几种复合至细胞表面;该阶段中金属和生物物质的作用较快,典型的吸附过程数分钟即可完成,不依赖能量代谢,被称为被动吸附。第二阶段为生物积累过程,该阶段金属被运送至细胞内,速度较慢,不可逆,需要代谢活动提供能量,称为主动吸附。

活性细胞两者兼有,而非活性细胞则只有被动吸附。值得注意的是,重金属对活细胞具有毒害作用,故能抑制细胞对金属离子的生物积累过程。

目前的研究仅局限于游离细菌、藻类及固定化细胞对重金属废水的处理,处理废水的浓度范围一般在 $1 \sim 100 mg/L$,而且工业化扩大还存在许多亟待解决的问题。

② 生物沉淀技术　生物沉淀法(bioprecipitation)指的是利用微生物新陈代谢产物使重金属离子沉淀固定的方法。用硫酸盐还原菌(SRB)处理重金属废水是近年发展很快的方法,利用 SRB 在厌氧条件下产生的 H_2S 和废水中的重金属反应,生成金属硫化物沉淀以去除重金属离子,大多数重金属硫化物溶度积常数很小,因而重金属的去除率高[114]。

该技术对含铅、铜、锌、镍、汞、镉、铬(Ⅳ)等的废水处理实验室研究方面取得了较好的效果,成都微生物所建立了一个利用 SR 系列复合功能菌治理电镀废水中试示范工程,运行良好,国内已有工程应用。

③ 活性污泥 SRB 法处理技术　活性污泥法主要是利用污泥作为微生物生长的载体,快速促进微生物的生长和代谢,其中微生物以硫酸盐还原菌(SRB)为代表。污泥在厌氧条件下能促进 SRB 还原硫酸盐将硫酸根转化为硫离子,从而使重金属离子生成不溶的金属硫化物沉淀而去除[114]。由于是以其代谢产物与水中金属离子发生作用,因此与生物吸附法不同,它能处理高浓度的重金属废水,废水中的金属离子浓度可达 g/L 级水平。另外,它还具有处理重金属种类多、处理彻底、处理潜力大等特点。活性污泥 SRB 法在处理高硫酸盐的有机废水、矿山酸性废水、电镀废水处理等方面研究取得了较大进展。

(3) 生化法影响因素

① pH 值　pH 值对铁氧菌的影响很大,最佳 pH 值是 $2.5 \sim 3.8$,但在 $1.3 \sim 4.5$ 范围时也可以生长,即使希望处理的酸性污水 pH 值不属于最佳范围,也可以在铁氧菌的培养过程中加以驯化。如松尾矿山污水初期的 pH 值仅为 1.5,研究者通过载体的选择,采用耐酸、凝聚性强和比表面积大的硅藻土来作为铁氧菌的载体,很好地解决了菌种的问题。

② 水温　铁氧菌属于中温微生物,最适合的生长温度一般为 35℃,而实际应用中水温一般为 15℃。研究发现,即使水温低到 1.35℃,当氧化时间为 60min 时,Fe^{2+} 也能达到 97% 的氧化率。这可能是在硅藻土等合适的载体中连续氧化后,铁氧菌大量增殖并浓缩,氧化槽内保持极高的菌体浓度的原因。因此,可以认为,低温污水对铁氧菌的氧化效果影响不大,一般硫化型矿山污水都能培养出适合自身的铁氧菌菌种。

③ 重金属浓度　微生物对产生污水的矿石性质有一定的要求,过量的毒素会影响细菌体内酶的活性,甚至使酶的作用失效。表 14-16 是铁氧菌菌种对金属的生长界限范围[115,116]。

表 14-16　铁氧菌菌种对金属的生长界限范围　　　　　　　　单位:mg/L

金属	Cd^{2+}	Cr^{3+}	Pb^{2+}	Sn^{2+}	Hg^{2+}	As^{3+}
范围	$1124 \sim 11240$	$520 \sim 5200$	$2072 \sim 20720$	$119 \sim 1187$	$0.2 \sim 2$	$75 \sim 749$

一般说来,铁、铜、锌除非浓度极高,否则不会阻碍铁氧菌的生长。从表 14-16 可以看出,铁氧菌的抗毒性是很强的。值得注意的是,铁氧菌对含氟等卤族元素的矿山很敏感,此

种矿山产生的污水不适合铁氧菌菌种的生存。就我国矿山来说，绝大多数矿山污水对铁氧菌不会产生抑制作用。

④ 负荷变动　低价 Fe^{2+} 是铁氧菌的能源，细菌将 Fe^{2+} 氧化为 Fe^{3+} 而获得能量，Fe^{3+} 又是矿物颗粒的强氧化剂，Fe^{3+} 在 Fe^{2+} 的氧化过程中起主导作用。因此，当 Fe^{2+} 的浓度降低时，铁氧菌会将 Fe^{2+} 氧化为 Fe^{3+} 时产生的能量作为自身生长的能量，相应引起菌体数量及活性的不足、氧化能力的下降。但是，短期性的负荷变动，由于处理装置内的液体量本身可起到缓冲作用，因此不会产生太大的影响。

14.3　有色矿山选矿废水处理与回用技术

选矿废水排放量较大，例如浮选磁选 1t 原矿山，废水排放量可达 6～9t；采用浮选 -重选工艺处理 1t 原铜矿石，其排废水量可达 27～30t。且选矿废水中含有多种化学物质，这是由于选矿时投加大量和多种表面活性剂和品种繁多的各类化学药剂而造成的。选矿药剂中，有的属于剧毒性物质，如氰化物、酚类化物；有的毒性虽不大，但用量较大，也会造成污染，如大量使用起泡剂、捕集剂等表面活性物质，会使废水中 BOD、COD 浓度迅速增大，废水出现异味变质发臭；废水中含有大量有机物和无机物的细小颗粒，沉降性能差，污染环境和危害水体自净能力。

选矿废水中的重金属元素大都以固态存在，如能采取物化方法和合理的沉降技术措施是可以降低和避免重金属污染。但废水中可溶性的选矿药剂的去除则是多数选矿废水的主要处理目标。

从选矿废水处理而言，最有效的措施是尾矿水返回使用，减少废水总量与选矿药剂浓度；其次才是净化处理。选矿废水的处理方法有中和沉淀法、混凝沉淀法、自然沉淀法、活性炭吸附、离子交换法、浮上分离法、生物氧化法等。其中中和沉淀法、自然沉法和氧化法是普遍采用的方法，单独与联合法都有使用，但采用联合流程处理更为有效。

14.3.1　自然沉淀法处理与回用技术

（1）自然沉淀法净化功能与效果

自然沉淀法是将选矿废水泵入尾矿坝（尾矿池、尾矿场等）中，充分利用尾矿坝面积大的自然条件，使废水中悬浮物自然沉降，并使易分解的物质自然分解、氧化降解。该方法简单、可靠、易行，目前国内外仍在普遍使用。其净化作用与功能如下。

① 稀释作用　天然降雨和库区溪水的稀释净化作用。

② 水解作用　多数选矿药剂，如黄药和氰化物在自然条件下较易分解。

③ 沉淀作用　在尾矿坝中废水多种颗粒物质相互作用、絮凝而加速沉淀效应。

④ 生化作用　尾矿坝既是一个沉淀池，又是一个自然曝气池（塘）。不仅能氧化降解废水中的各种有机物，而且能吸收并浓缩氧化废水中有害物质。

（2）尾矿砂的净化作用与效果

目前矿山选砂废水通常是将废水泵送至尾矿坝（库），经一段时间自然澄清、氧化分解后再外排或循环回用。在将废水送入尾矿库时，尾矿浆中尾矿砂作为固体载体对选矿药剂或废水中的有些物质能具有明显吸附作用，其吸附作用是随着尾矿砂质量分数的增加而增加。

一般来说，水体 pH 值低，气温或水温升高，有日光照等会明显地加速水体中黄药、黑药、二号油的分解、氧化，有利于浮选药剂的净化，尤其是黄药。因此，矿山应选择有益于降解的物质用于尾矿库，创造适宜于降解的环境条件。

14.3.2 中和沉淀与混凝沉淀法处理工艺与回用技术

铜、铁、铅、锌、银等金属矿选矿过程中，产生大量的选矿废水。由于矿山矿石类型不同和选矿处理工艺要求，造成了选矿废水的 pH 值过低或过高，所含 Cu、Pb、Zn、Cd 等重金属离子和其他有害成分大大超过工业排放标准。如要实现废水合格排放或循环利用，则必须进行进一步的物理、化学处理。主要处理方法有中和沉淀法、硫化沉淀法、混凝沉淀法等处理工艺。

调节 pH 值以去除重金属污染物的方法称为中和沉淀法。根据处理污水 pH 值的不同分为酸性中和和碱性中和，一般采用以废治废的原则。对于碱性选矿废水，多用酸性矿山废水进行中和处理。由于重金属氢氧化物是两性氢氧化物，每种重金属离子生成沉淀都有一个最佳 pH 值范围，pH 值过高或过低，都会使氢氧化物沉淀又重新溶解，致使废水中重金属离子超标。因此，控制 pH 值是中和沉淀法处理含重金属离子废水的关键。

重金属硫化物的溶度积都很小，因此添加硫化物可以比较完全地去除重金属离子。硫化物沉淀法处理重金属废水具有去除率高、可分步沉淀泥渣中金属、沉淀物品位高而便于回收利用，且沉渣体积小、含水率低、适应 pH 值范围广等优点，得到广泛应用。但存在产生的硫化氢对人体有害、对大气造成污染等缺点。

混凝法广泛应用于金属浮选选矿废水处理。由于该类型废水 pH 值高，一般在 $9\sim12$，有时甚至超过 14，存在着沉降速度很慢的悬浮固体颗粒、大量胶体、部分微量可溶性重金属离子及有机物等。在实际废水处理中，根据废水及悬浮固体污染物的特性不同，采用不同的混凝剂〔如硫酸铝 $Al_2(SO_4)_3 \cdot 18H_2O$、氯化铁 $FeCl_3 \cdot 6H_2O$〕或通过有机高分子絮凝剂（如各类型聚丙烯酰胺）进行沉降分离，也可将二者联合使用进行混凝沉淀。该方法是将无机凝聚剂的电性中和作用和压缩双电层作用以及高分子絮凝剂的吸附作用、桥联作用和卷带作用结合起来，故其沉淀效果显著。

例如，向尾矿水中投加石灰，可使水玻璃生成硅酸钙沉淀，此沉淀与悬浮固体共沉淀而使废水得到净化。有时，为改善沉淀效果，可加入适量无机混凝剂（如硫酸亚铁）或高分子絮凝剂；为降低化学耗氧量，可投加氯气进行氧化处理，亦可加酸使硅酸钠转化为具有絮凝作用的硅酸，从而改善沉降效果。采用混凝沉淀法处理尾矿水，具有水质适应性强、药剂来源广、操作管理方便，成本低等优点，目前已被广泛使用。

14.3.3 离子交换法处理工艺与回用技术

(1) 离子交换反应与运行方式

① 离子交换反应 任何离子反应都有 3 个特征：a. 和其他化学反应一样服从当量定律，即以等当量进行交换；b. 是一种可逆反应，遵循质量作用定律；c. 交换剂具有选择性。交换剂上的交换离子先和交换势大的离子交换。在常温和低温时，阳离子价数越高，交换势就越大；同价离子时原子序数越大，交换势越大。强酸阳树脂的选择性顺序为：

$$Fe^{3+} > Al^{3+} > Ca^{2+} > Mg^{2+} > K^+ > H^+$$

强碱阴树脂的选择性顺序为：

$$Cr_2O_7^{2-} > SO_4^{2-} > NO_3^- > CrO_4^{2-} > Cl^- > OH^-$$

当高浓度时，上述前后顺序退居次要地位，主要依靠浓度的大小排列顺序。

离子交换的选择性可由描述平衡的选择系数 K_B^M 来表达。对于阳离子树脂交换为：

$$M^{n+} + n(R^-)B^+ \rightleftharpoons nB^+ + (R^-)_n M^{n+}$$

$$K_B^M = \frac{[B^+][R_n M]}{[M^{n+}][RB]}$$

式中，$[R_nM]$、$[RB]$ 分别为反应平衡时，树脂中重金属离子 M^{n+} 和 B^+ 的克离子浓度；$[M^{n+}]$、$[B^+]$ 分别为反应平衡时，废水中 M^{n+} 和 B^+ 的克离子浓度。

选择系数 K_B^M 表示树脂中 M^{n+} 和 B^+ 的比值同废水中 M^{n+} 和 B^+ 的比值相除的商数。它是一个无量纲数，其值决定于废水中离子组成、浓度和温度，同所选择的浓度单位无关。$K_B^M>1$，表示树脂优先选择 M^{n+}；$K_B^M=1$，表示树脂对 M^{n+} 和 B^+ 的选择性是一样的；$K_B^M=0$，说明 M^{n+} 根本不被树脂所吸附。如对阳离子交换树脂而言，阴离子的选择系数等于 0；反之，对阴离子交换树脂，阳离子的选择系数等于 0。K_B^M 小于 1 则表示树脂优先选择 B^+；$K_B^M\gg1$ 或 $K_B^M\ll1$，表示 M^{n+}、B^+ 两者极易分离；当 $K_B^M\gg1$ 时，则交换达到平衡时树脂基本为 $[R_nM]$。

② 离子交换运行方式　离子交换运行操作大都以动态进行。静态运行除非树脂对所需去除的同性离子有很高的选择性，否则由于反应的可逆性只能去除一部分。动态运行设备有固定床、移动床、流动床等型式。

床内只有一种阳离子交换树脂（或阴离子交换树脂）的称为阳床（或阴床）；床内装有阳离子交换树脂、阴离子交换树脂联合使用称为复床；床内装有均匀混合阳离子交换树脂、阴离子交换两种树脂的称为混合床。混合床可同时去除废水中的阳、阴离子，相当于无数个阳床、阴床串联。

离子交换的再生方式主要有顺流和逆流再生。前者，再生和交换过程中的流向相同；后者，再生和交换过程中的流向相反。逆流再生方式，再生效果好，可充分利用再生剂。

近年来出现了电再生和热再生工艺。电再生是在电渗析器淡水隔室内填充阳离子交换树脂、阴离子交换树脂，利用极化产生的 H^+ 及 OH^-，使阳离子交换树脂、阴离子交换树脂同时得到再生的技术。热再生是以极易再生的弱酸或弱碱树脂对温度作用的敏感性为依据：温度低（25℃）时有利于交换，温度高（85℃）时，由于水中 $[H^+]$、$[OH^-]$ 浓度增高而有利再生，因此，可以通过调整水温而达到再生。

（2）离子交换树脂回收与处理重金属废水

由于重金属废水中的重金属大都以离子状态存在，所以用离子交换法处理能有效地除去和回收废水中的重金属。

① 含铬废水处理　电镀含铬废水常用离子交换法处理。废水先经过氢型阳离子交换柱，去除水中 Cr^{3+} 及其他金属离子。同时，氢离子浓度增高、pH 值下降。当 pH=2.3~3 时，Cr^{3+} 则以 $HCrO_4^-$、$Cr_2O_7^{2-}$ 的形态存在。从阳柱出来的酸性废水进入阴柱，吸附交换废水中的 CrO_4^{2-}、$HCrO_4^-$、$Cr_2O_7^{2-}$ 等阴离子。交换反应达到终点后，阳柱用盐酸，阴柱用氢氧化钠溶液再生。

为回收铬酐，阴柱再生洗液需通过氢型阳离子交换柱处理：
$$4RH+2Na_2CrO_4 \rightleftharpoons 4RNa+H_2Cr_2O_7+H_2O$$
氢型阳离子交换树脂失效后用盐酸再生：
$$RNa+HCl \rightleftharpoons RH+NaCl$$

回收处理含铬废水实践证明：废水中 Cr^{6+} 在中性条件下是以铬酸根形式存在，而在酸性条件下 pH=2.3~5.5 时，几乎全部的铬酸根都转变为重铬酸根。铬以重铬酸根形式通过阴离子交换树脂柱时，比以铬酸根形式通过有两个显著的优点：一是由于 CrO_4^{2-} 与 $Cr_2O_7^{2-}$ 的价数一样，都是负二价的，但后者多含一个铬原子，因而当与树脂发生交换反应时，同一数量的树脂所吸附的铬要比呈 CrO_4^{2-} 时多 1 倍；二是阴离子交换树脂对重铬酸根的亲和力非常强。由于废水中常存在硫酸根离子（SO_4^{2-}）和氯离子（Cl^-），所以在中性条件下，树脂不但吸附有 CrO_4^{2-}，而且同时吸附大量的 SO_4^{2-} 和 Cl^-，这样既影响树脂的交换容量，又影响回收铬酸的纯度。当在酸性条件下操作时，由于废水中 Cr^{6+} 均以 $Cr_2O_7^{2-}$ 形式存在，其亲和力远大于树脂对其他阴离子的亲和力，这样，随着废水不断地通过树脂床时，已经吸附在树脂上其他阴离子（SO_4^{2-}、Cl^-）的位置上，不断地被 $Cr_2O_7^{2-}$ 所代替。因此，在酸性条件下操作时，树脂的工作交换容量要比中性条件时大得多。为了充分利用树脂的上述特性，在实际生产时，较普遍使用双阴柱全饱和流程，如图 14-10 所示。[117] 这种流程能使离子交换树脂保持较高的交换容量，大大减少氯与硫酸根离子，增大铬酐浓度。

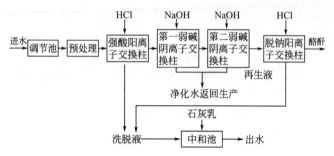

图 14-10　离子交换法处理含铬废水

为防止废水中的悬浮物堵塞，污染离子交换树脂，废水应采用过滤等预处理。阳柱装 732 强酸型阳离子交换树脂。阴柱装 710 弱碱型阴离子交换树脂。当第一阴柱出水的六价铬达 0.5mg/L 时，再串联到第二阴柱继续工作，直到第一阴柱进出水中 Cr^{6+} 浓度相等，停止第一阴柱工作，进行再生。第二个柱继续工作，待第二个柱出水含铬达 0.5mg/L 时，再与再生好的阴柱串联工作，如此反复循环。阴离子交换柱再生液经阳离子交换柱脱钠后回收铬酐。

当含铬废水六价铬含量为 100mg/L，采用 732 强酸性树脂和 710 大孔型弱碱性树脂，交换容量为 80g/L，再生周期 48h，铬酐回收率 90%，水回收率 70% 时，药剂材料大致消耗指标见表 14-17。

表 14-17　离子交换法处理含铬废水药剂材料大致消耗

项　　目	处理废水量/(m³/h)		项　　目	处理废水量/(m³/h)	
	1	5		1	5
732 强酸性阳离子树脂/kg	240	1200	电耗量/(kW·h)	72	96
710 弱碱性阴离子树脂/kg	126	630	蒸汽耗量/t	0.395	1.96
工业碱耗量/kg	22.8	114.0	每 1m³ 废水回收铬酐量/kg	0.173	0.173
工业盐酸耗量/kg	121.4	606.9	每 1m³ 废水回收水量/m³	0.7	0.7

② 含镉废水处理　采用阳离子交换树脂处理含镉废水，可使废水中镉浓度由 20mg/L 降至 0.01mg/L 以下。镉离子比废水中的一般离子（如钠、钙、镁）具有较强的选择性。据报道，用于处理含镉量低于 1mg/L 的废水时，每千克树脂能交换镉 21g。经交换吸附饱和后的树脂，用 5% 盐酸再生。

当含镉废水中存在较多氰离子、卤素离子时，因形成络合阴离子，如镉氰络合物，可采用适当的阴离子交换树脂进行交换。

值得注意的是，为了消除 Ca^{2+}、Mg^{2+} 等对交换树脂的影响，在采用交换法处理电镀废水时，漂洗用水应先软化。在实际生产中应防止其他离子的混入，以及采用分级逆流漂洗等措施，以利提高树脂对镉的实际交换容量。

14.3.4 浮上法处理与回用技术

（1）沉淀浮上法

所谓沉淀浮上法就是使用相应抑制剂，使欲去除的重金属离子暂时沉淀，而后投加活化剂和捕集剂，使其上浮而进行回收的方法。该法近年来在国外对处理矿山含重金属离子废水，得到了比较广泛的应用。

例如，往含镉和锌的废水中投加硫化钠（Na_2S），生成沉淀，再用捕集剂 ODAA（octa decyl amine acetate，十八烷基醋酸胺）进行上浮分离。用这个方法处理镉和锌的结果见表 14-18。[39,118]

表 14-18 镉和锌同时去除的结果　　　　　　　　　　单位：mg/L，pH 值除外

编号	硫化钠浓度	ODAA 浓度	pH 值	镉浓度			锌浓度		
				处理前	处理后	去除率/%	处理前	处理后	去除率/%
1	10	100	8.5	5	0.2	96	10	0.37	96.3
2	20	50	8.5	5	0.034	99.8	10	0.07	99.3
3	30	100	8.5	5	0.001	99.98	10	0.035	99.35
4	40	100	8.5	5	<0.001	>99.98	10	0.1	99

图 14-11 是 $Zn(OH)_2$ 的沉淀上浮率与 pH 值之间关系。

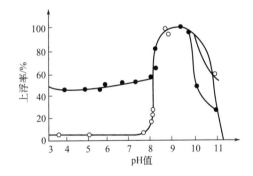

图 14-11　$Zn(OH)_2$ 的沉淀上浮率与 pH 值的关系
- SLS 为 0.1×10^{-3} mol/L；
- SLS 为 0.02×10^{-3} mol/L；
废水中 Zn^{2+} 浓度为 6.5mg/L

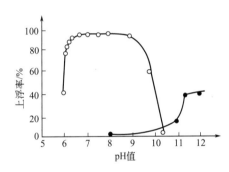

图 14-12　$Cr(OH)_3$ 的沉淀上浮率与 pH 值的关系
- EHDA-Br 为 0.074×10^{-3} mol/L；
- SDS 为 0.086×10^{-3} mol/L；
废水中 Cr^{3+} 为 48.4mg/L

从图 14-11 中可见：当采用十二烷基磺酸钠 SLS 为捕集剂进行浮选时，在 pH 值小于 8 的条件下，加入 0.02×10^{-3} mol/L SLS 捕集剂时，回收率很低，此时并非 SLS 捕集剂不好，而是药剂用量不足。当药剂用量增加到 0.1×10^{-3} mol/L 时，回收率便上升到 40%。当把废水中锌离子转变为氢氧化物沉淀后，再用沉淀上浮法回收沉淀物时，药剂用量就少多了。pH 值小于 8 时，捕集剂 SLS 用量为 0.02×10^{-3} mol/L 的条件下，Zn^{2+} 基本不上浮。但在 pH=8～11 时，由于形成了 $Zn(OH)_2$ 沉淀，用同样的药剂量的条件下上浮率接近 100%，可见沉淀上浮法在处理重金属废水中的优越性。[39,118]

图 14-12 为 $Cr(OH)_3$ 的沉淀上浮率与 pH 值的关系。当废水中含有 Cr^{6+} 需要清除时，首先应将 Cr^{6+} 转变为 Cr^{3+}，然后再用中和沉淀法使之变为 Cr(OH)，再予以清除。由于 $Cr(OH)_3$ 的等电点为 pH=10 左右，pH 值大于 10 时，$Cr(OH)_3$ 荷负电，此时采用阳离子

捕集剂 EHDA-Br 上浮时具有一定效果。pH 值小于 10 时，$Cr(OH)_3$ 荷正电，此时采用阴离子捕集剂 SDS（十二烷基硫酸钠）上浮效果很好。

（2）离子浮上法

它是利用表面活性物质在气-液界面处具有吸附能力的一种方法。如在含有金属离子的废水中，加入具有和它相反电荷的捕集剂，生成水溶性的络合物或不溶性的沉淀物，使其附在气泡上浮到水面，形成泡沫（亦称浮渣）进行回收。

通过发生器在废水中产生气泡，同时投加捕集剂，使废水中需除去的重金属离子被吸附在捕集剂上，与气泡一起上浮，借以回收所除去的重金属。

离子浮选所用的捕集剂，必须能在废水中呈离子状态，并且应对欲除去的金属离子具有选择性的吸附。例如往含镉废水中投加黄原酸酯，可使镉成黄原酸镉酯而浮选分离。此法已在冶炼厂废水的处理实践中应用。例如，日本某铜冶炼厂废水量为 $1000m^3$/日，含镉为 1～3mg/L，含铜为 1～2mg/L，当戊基黄原酸酯投加量为镉离子的 0.2～1.5 当量时，处理后出水中含镉为 0.01～0.05mg/L，铜为 0.4～0.5mg/L。如往含镉废水中投加烷基苯磺酸钠，处理后出水含镉量可由 2mg/L 降至 0.01mg/L。

图 14-13 为日本东北大学资源工学部进行的以黄原酸盐作捕集剂除镉结果。

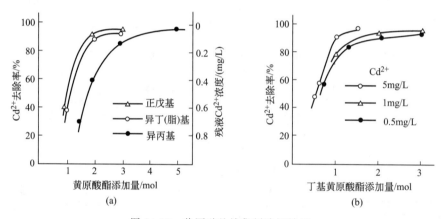

图 14-13　黄原酸盐捕集剂除镉结果

用十二烷基苯磺酸钠作为捕集剂或起泡剂的浮选法，能从电镀漂洗水中快速地和几乎完全地提取 $Ni(OH)_2$。

明胶与废水中的 Cu^{2+} 反应形成水溶性和起沫的络合物，用同法处理可有效地除去 Pb^{2+}。Cu 和 Pb 在 pH6.5～7.3 和 pH7.0 时的去除率分别为 99% 和 100%。

日本最近研究一种用 N-单癸酰二亚乙基三胺的泡沫浮选法处理多种重金属的矿山废水和电镀废水。实践证明，这种方法处理含有 Cu、Pb、Zn、Cd 和 Fe 的矿山废水是高效的，在处理含有相当高浓度的重金属离子的废水时，使用远比理论量小得多的捕集剂，便很容易以泡沫产物的形式去除和回收这些金属。用这种捕集剂处理含有 Cu、Zn 和 Cd 的废水，每一种离子以泡沫形式将近百分之百地从废水中除去和回收。还进行了用这种捕集剂从含有 Cu、Pb 和 Zn 以及存在 Ca 的废水中除去这些重金属的研究。在适宜的 pH 值下这些重金属离子可被选择地除去和回收。用它处理含有 Zn、Cu、Ni、Cr 和 Fe 的电镀废水时，这些金属都能有效地以泡沫产物的形式被除去。

用浮选法处理重金属离子时，其他阳离子尤其是碱土金属离子的影响是一个问题。采用螯合剂作捕集剂时，不存在这个问题，但黄原酸酯的投加量要尽量少些，否则造成臭味。另外 Fe^{3+} 易将黄原酸酯分解，所以最好先将铁去除。

烷基苯磺酸钠是一种价格便宜的捕集剂，但用量过多时效果反而恶化。另外当重金属离子浓度非常低，而 Ca^{2+} 浓度却很高时，去除效果恶化，在稍微提高 pH 值，投加微量的 H_3PO_4 后，效果有所提高。

用离子浮选法时，要注意因剩余的表面活性剂所产生的臭味、COD 的增加以及引起泡沫等问题。

14.4 矿山废水处理回用技术应用实例

14.4.1 武山铜矿矿山废水处理技术应用实例

（1）废水来源与水质

武山铜矿矿山废水来源于矿坑，为硫酸性污水，含铁、铜、锌、铅、镉、锰等金属离子，水质见表 14-19。

表 14-19 武山铜矿污水水质　　　　单位：mg/L，pH 值除外

水温/℃	pH 值	Fe^{2+}	TFe	Cu^{2+}	Zn^{2+}	Pb^{2+}	Cd^{2+}	Mn^{2+}	As^{2+}	Al^{3+}	SS
21.7	2.8	260	410	45	47	1.0	1.0	7.5	0.40	65	35

在日本金属矿业事业团的支持下，1997 年 11 月，在武山铜矿建立起我国第一座利用铁氧化细菌技术处理有色金属矿山酸性污水的实验工厂。

（2）废水处理工艺

由废水的水质可以看出，废水中的 Fe^{2+} 占总铁的 63%，水温、酸度及所含的金属离子等水质条件适合于铁氧菌的生存环境要求。实验工厂的工艺流程见图14-14[13]。基于铜矿的经济状况，流程中增加了铜回收的前处理工序。

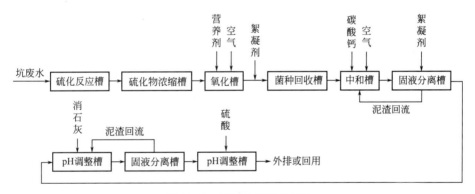

图 14-14 实验工厂工艺流程

实验工厂设定运行条件见表 14-20。

表 14-20 实验工厂设定运行条件

工序条件	前处理	细菌氧化			碳酸钙中和	后处理	
	$Na_2S:Cu$（摩尔比）	氧化时间/h	空气量/[m^3/($m^2 \cdot min$)]	营养剂/(mg/L)	中和设定 pH 值	消石灰中和设定 pH 值	逆中和设定 pH 值
培养期	1.1:1	1.0	0.65	5.0	6.0	10.5	8.0
调整期	—	0.5	0.45	2.5	6.0	10.5	8.0
正常期	—	0.5	0.3	0	6.0	10.5	8.0

试验从 1997 年 9 月 10 日开始运转，到 1999 年 2 月结束，实验过程经受了各个季节水质及外部环境变化的考验，取得了很好的试验成果。Fe^{2+} 的氧化率达到 98% 左右，碳酸钙作为主要中和药剂，出水达到排放标准。试验证明用生化法处理矿山酸性废水有如下特点：a. 设备运行稳定，处理效果好，出水水质达到了国家污水综合排放标准；b. 由于采用铁氧菌，可迅速把废水中的 Fe^{2+} 氧化为 Fe^{3+}，在低 pH 值条件下即形成 $Fe(OH)_3$ 沉淀，沉淀物含水率低，体积小；c. 节省氧化剂费用，仅为传统药剂、空气氧化法费用的 1/3；d. 细菌氧化法处理矿山酸性废水，改变了生物技术多用于有机物污水处理的局限性。

武山铜矿生化法处理矿山酸性污水试验的成功，标志着在我国矿山进行生化法处理废水是完全可行的。在随后的时间里，城门山铜矿、德兴铜矿都进行了矿山酸性废水试验，Fe^{2+} 的氧化率达到 95% 以上。此外，有关数据表明，江西银山铅锌矿、铜陵的铜山铁矿等也都有利用铁氧菌技术处理污水的水质条件。因此，生化法运用于我国的矿山酸性废水处理是有很大前途的。

14.4.2 紫金山金矿含铜废水处理技术应用实践

紫金山金矿位于福建省上杭县北部的才溪乡和旧县乡境内，西临汀江、东临旧县河，距上杭县城直线距离 14.6km。探明黄金储量为 140 多吨，铜 1.2×10^6 t，为我国近 10 年来发现的特大型重要有色金属矿产之一。公司目前采金和采铜同时进行。矿山生产不断深入，而且矿山所处的地理环境特殊，环保工作极为重要。金矿生产中氰化物的污染通过近几年的零排放工程，排放总量在逐年降低。但随着铜矿的开采，重金属污染和酸性废水污染越来越严重，需要进行及时的解决。

（1）废水来源及水质

紫金山矿的矿山废水主要来源于以下几部分。

① 矿坑含铜废水 该区域属于铜矿区域，矿坑被揭露后，铜矿物经过矿坑原生菌的作用及矿坑酸烟气等作用逐渐氧化所产生的铜离子，大部分于 520 硐涌出，Cu^{2+} 含量在 6～20mg/L 之间，pH4～5，流量 2000m³/d。

② 废渣场废水 原 520 硐、518 硐掘进及原铜矿采矿所副产的含铜矿渣，矿渣中含 Cu 0.2% 以下，经长期风化及原生菌作用，Cu^{2+} 含量在 300～450mg/L，pH2～3，流量 100m³/d。主要分布在原选矿五车间范围。

③ 铜矿试验厂废水 主要为铜试验厂浸出池渗漏，贫液有害杂质过多或贫液量过多时外排产生，Cu^{2+} 含量在 100～500mg/L，pH<2，流量 20～100m³/d。

④ 肚子坑金矿堆浸渣场废水 由 517 硐及金矿浸渣场淋滤水汇聚，原 517 硐出水量大时铜较高，可达 36mg/L，目前在 16mg/L 左右，pH8，铜主要以 Cu^{2+} 及 $Cu(CN)^-$ 形式存在。

⑤ 金矿现役尾矿库外排废水 主要为金矿浆及库区潜水，尾矿坝排渗井及母坝渗水组成，含 Cu^{2+} 在 16～30mg/L 之间，为间隙外排，pH6～9，铜主要以 Cu^{2+} 及 $Cu(CN)^-$ 形式存在。

（2）废水处理工艺

根据实验室实验及金矿已有废水的处理经验，针对各路废水的特性，采用不同的废水处理方法，分别进行治理。

① 肚子坑废水治理 肚子坑废水主要为金矿堆浸渣场淋滤水，水中含 Au 较高，铜及氰化物相对较少，采用硫化法进行处理，其工艺流程如图 14-15 所示[13]。

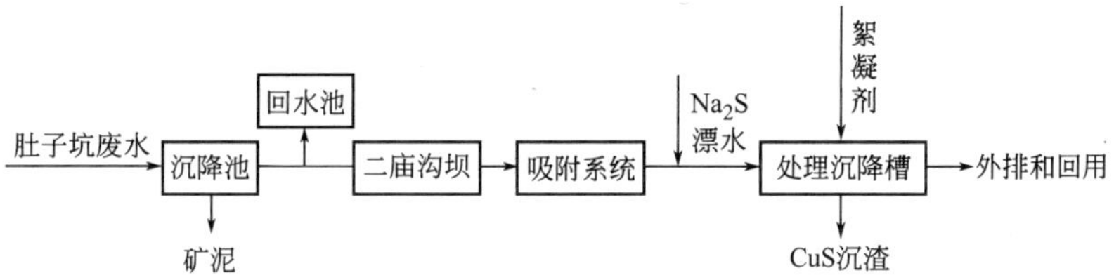

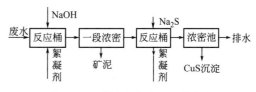

图 14-15　肚子坑废水治理工艺流程

废水经肚子坑透水坝后，经过收集沉淀池沉淀，澄清液尽量抽回作金矿生产循环用水，当水量较大时，进入二庙沟大坝澄清，再经过活性炭吸附系统吸附回收金，处理槽处理达标后，沉淀物回收，达标废水外排。

② 矿坑废水治理　矿坑废水，主要污染

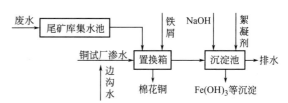

图 14-16　矿坑废水治理工艺流程

物为铜等重金属、悬浮物等杂质，采用先中和沉淀后硫化沉淀的工艺，其工艺流程如图 14-16 所示。

矿坑废水平时作为金矿生产用水尽量回用，多余水进入原五车间吸附系统改造的污水处理系统处理：经反应桶加入碱及絮凝剂处理，到 1# 浓密机进行浓缩沉淀，沉淀物因含有大量污泥，铜品位＜0.5%，无回收价值，排入尾矿库，溢流水 pH 值在 7 以上，进入反应桶，加入 Na_2S、絮凝剂反应后进入 2# 浓密机，沉淀物 CuS 可回收，溢流水达标外排或回用。

③ 尾矿库、原五车间堆渣场废水处理　废渣场废水，其 Cu^{2+} 含量较高，共两股，若铜试验厂能承接时可直接引入铜试验厂作生产用水，否则经合并收集沉淀后，通过铁屑置换槽进行置换海绵铜，置换余液 Cu^{2+} 降到 5mg/L 以内。此时废水中铁离子将大大超标。通过与

图 14-17　铜试验厂废水处理工艺流程

三车间炭浆尾矿浆合并，大部分铜离子及铁离子在合并输送过程及库区内与 OH^- 形成 $Cu(OH)_2$、$Fe(OH)_3$ 沉淀，少量形成 $Cu(CN)_2$，经尾矿库澄清后溢流到坝下回水池，一般情况下返回金矿作生产循环用水，外排时处理池加入 Na_2S、漂白粉处理，沉淀后达标排放。其工艺流程如图 14-17 所示。使剩余铜、铁及其他重金属形成氢氧化物沉淀，加入絮凝剂加强沉淀效果，澄清液外排，或用水泵将置换贫液送至尾矿库与炭浆尾矿混合，使各金属离子与碱性尾矿浆中和，以废治废。具体的污水处理工艺流程见图 14-17。

④ 运行效果　经过对各个污染点废水处理，均达到良好效果，基本达到循环回用或达标排放，保护该矿地区生态环境和周围水体水质。

14.4.3　南京栖霞山锌阳选矿废水处理回用应用实例

(1) 废水水量与水质

南京栖霞山锌阳矿业有限公司所属选矿厂处理硫化铅锌铁矿石 1300t/d，总用水量为 5900m³/d，3 种精矿产品及尾矿充填等带走水 500m³/d，最终产生 5400m³/d 的废水。选矿废水由铅精矿溢流水、锌精矿溢流水、硫精矿溢流水、锌尾浓缩水和尾矿水混合而成，其中锌尾浓缩水占 52.06%，尾矿水占 23.05%，铅精矿溢流水占 10.40%，锌精矿溢流水占 11.58%，硫精矿溢流水占 2.91%。该水水质见表 14-21[119]。

表14-21 选矿废水的水质测定结果 单位：mg/L，pH值除外

指标	pH值	COD_{Cr}	SS	浊度	总硬度	色	气味	起泡性
数值	11～11.8	400～650	380～410	210～230	1514	浑浊	有	强

指标	Pb	Zn	Cu	Fe	Cr	Cd	SO_4^{2-}	Cl
数值	60～80	2～8	0.12	1.5～3	<0.01	<0.01	900～1000	60～70

（2）废水回用方案确定与工程设计

回用目标的废水适度净化处理技术为混凝沉淀＋活性炭吸附，达标排放目标的废水处理技术为混凝沉淀＋加入硫酸调节pH值到3＋H_2O_2氧化＋加碱调节pH值到7[40,41]。研究中发现，如果将其处理到达标排放，一是处理难度较大，二是处理成本特别高，而选矿生产还需用新鲜水5900m³/d。因此，经过大量的处理试验和选矿对比试验研究，最终提出了废水优先直接回用，其余适度净化处理再回用，废水100%回用于选矿生产的方案。

根据试验研究结果，设计了废水净化处理与回用工程系统，2001年4月初完成了系统的施工和设备安装，开始进行现场调试，系统一直正常运行到现在，废水全部回用，实现了废水的"零"排放[119]。

（3）部分选矿废水优先直接回用

① 尾矿水直接回用于选硫作业 尾矿废水pH为中性，废水量650t/d，其本身为选矿作业出水，直接回用选硫作业是可行的。

通过对尾矿水路进行了改造和近2年的生产使用表明，尾矿水直接回用于选硫后，硫的作业回收率由91.7%提高到96.43%，尾矿硫品位由2.97%降低到2.23%，选硫捕收剂310复合黄药由370g/t降低到310g/t，见表14-22。全年节省选硫310复合黄药费用10万元，选硫作业回收率提高4.73%，每年多回收硫元素量2850t/a，多创收入57万元/年。

表14-22 尾矿水直接回用于选硫作业的工业生产指标对比

水源	硫作业回收率/%	尾矿硫品位/%	310复合黄药用量/(g/t)⁻¹
尾矿浓缩废水	96.43	2.23	310
新鲜水	91.70	2.97	370

② 部分锌尾矿水优先直接回用于选锌作业和精矿冲矿 锌尾矿废水量约2700t/d，废水pH＝12.40左右，其本身为选锌作业出水，直接回用选锌作业是可行的。另外，锌尾矿水直接用作硫精矿、锌精矿、铅精矿泡沫冲矿水，使精矿在碱性条件下用陶瓷过滤机过滤，这对改善脱水效果有好处。如果将锌尾矿水作为选锌作业补加水和各种精矿泡沫冲矿水，可以用掉1800t/d左右，还能大大减少选矿过程中石灰加入量。在完成了锌尾矿水直接回用于选锌和精矿冲矿作业的改造，回用后节约了选锌药剂成本和适当提高了锌选矿指标，见表14-23。

表14-23 锌尾矿水直接回用于选锌作业的工业生产指标对比

工业生产平均值	石灰/(kg/t)	选锌药剂用量/(g/t)			选锌补加水	名称	品位/%		回收率/%	
		捕收剂	硫酸铜	起泡剂			Pb	Zn	Pb	Zn
120d	9.5	351	387	49	混合废水	锌精矿	1.57	53.39	4.8	90.7
						原矿	4.47	7.99	100	100
150d	7.4	264	353	52	锌尾矿水	锌精矿	1.25	53.25	3.9	91.9
						原矿	4.47	8.00	100	100

从锌尾矿水直接回用于选锌作业的生产实践可以看出，锌尾矿水直接回用较混合废水回用更好。由于锌尾矿水中含有选锌的药剂，回用后选锌作业捕收剂用量由351g/t降低到264g/t，硫酸铜的用量从387g/t降低到353g/t，石灰总量由9.5kg/t降低到7.4kg/t，节约选锌药剂1.1元/吨，节约成本33万元/年；锌回收率从90.7%提高到91.9%，每吨原矿多收入3.84元，年增加锌销售收入133万元。

③ 选矿废水经过适度净化处理后再回用　铅精矿溢流废水、锌精矿溢流废水，根据其水质特点也可以返回到各自的作业，但由于铅、锌精矿的溢流水量较小，水量不够稳定，生产较难控制。对于硫精矿溢流水，由于呈碱性，对选硫不利。多余的锌尾矿浓缩溢流水为高碱性水，由于含有较多的选矿药剂，如铜离子等对选铅十分有害、高pH值环境对选硫极为不利等。因此这些水必须经过处理后再回用。

从用水点来看，选硫作业和破碎除尘作业可以用尾矿废水，选锌作业和各种精矿冲矿可以用锌尾矿浓缩废水，选铅快选和溶药必须用新鲜水，其余的3000t/d左右的废水如果回用，只有用于磨矿作业、选铅粗扫选、石灰乳化、脱水作业、充填作业、冲地等。

磨矿用水在所有用水点中属于用水量最多的地方（2250t/d），根据水量平衡，把不直接回用的多余的3000t/d左右的废水全部自流到废水处理站进行适度处理后再回用，能够全部解决选矿废水的出路问题，但是这部分废水必须处理到对选铅指标没有大的影响的程度，见表14-24。

表 14-24　适度净化处理后的选矿废水回用铜精矿指标影响的试验结果　　单位：%

磨矿和选铅作业用水	产率	品位				回收率			
		Pb	Zn	S	Ag/(g/t)	Pb	Zn	S	Ag
新鲜水	9.43	69.43	5.59	17.18	563	90.04	4.90	7.35	59.28
适度净化处理后的选矿废水	9.49	65.29	5.81	17.42	564	90.72	4.89	6.95	66.30
未经处理的选矿废水	13.02	50.20	10.76	22.39	398	92.61	10.54	11.78	61.06

由表14-24可知，这部分废水经过适度处理后再回用于磨矿和选铅是可行的，铅的品位虽然较低，主要是由于经过适度处理的废水中仍然含有一定量的选矿捕收剂，但可以通过降低选铅捕收剂用量的办法来解决这一问题，铅、银回收率较高。而未经处理的混合废水直接回用于选铅作业，对铅主品位影响很大，不可回用。

经过对3500t/d选矿废水处理站建设投产运行，废水净化与回用工程系统的设备运行正常，混凝沉淀效果很好，出水清澈，出水中重金属含量降低明显，粉末活性炭吸附对COD_{Cr}降低有较好效果，消泡剂对降低废水回用起泡性能效果显著，净化处理后出水的回用对浮选生产指标影响很小，基本达到了设计要求，见表14-25、表14-26[119]。

表 14-25　工业生产废水净化处理结果与药剂用量

废水水质指标/(mg/L)				净化后水质指标/(mg/L)				净化处理药剂用量/(g/m³)				
Pb	Zn	COD_{Cr}	pH值	Pb	pH值	Zn	COD_{Cr}	硫酸	硫酸铝	PAM	消泡剂	粉末活性炭
40~60	2~8	400~650	11~11.8	<1	11~11.2	<1	300~523	1000	135	0.2	11	50

表 14-26 净化出水回用对浮选生产指标的影响 单位：%

运行情况	精矿产品	精矿品位		精矿回收率	
		Pb	Zn	Pb	Zn
调试运行	铅精矿	65.60	5.64	89.67	4.17
	锌精矿	1.42	53.13	4.47	91.56
生产运行	铅精矿	66.02	5.37	91.25	3.92
	锌精矿	1.33	53.19	4.38	92.86

15 重有色金属冶炼废水处理与回用技术

重有色金属指的是铜、铅、锌、镍、钴、锡、锑、汞等有色金属。其冶炼方法，根据矿石的性质、伴生有价金属种类、建厂地区经济与特殊要求而异，一般分为火法与湿法两种冶炼方法。火法冶炼系利用高温，湿法冶炼系利用化学溶剂，使有色金属与脉石分离，但火法与湿法不是绝对分开的，许多生产工艺都是综合的。重有色金属冶炼废水主要来自炉套、设备冷却、水力冲渣、烟气洗涤净化以及湿法、制酸等车间排水。其水质则随金属品种、矿石成分、冶炼方法不同而异。

15.1 重有色金属冶炼废水来源与特征

15.1.1 铜冶炼废水来源与特征

① 各种酸性的冲洗液、冷凝液和吸收液　包括湿式除尘洗涤水；硫酸电除雾的冷凝液和冲洗液；铜电解的酸雾冷凝液、吸收液等；阳极泥湿法精炼的浸出液、分离液、还原液和吸收液等。例如，洗涤 SO_2 烟气或其他各种湿法收尘系统废水含有大量悬浮物。如某铜冶炼厂的烟气洗涤水经澄清后的成分为：pH1.8、砷 7mg/L、锌 12mg/L、铜 0.13mg/L 和铁 0.1mg/L。

② 冲渣水　这种废水不仅温度高，而且含重金属污染物和炉渣微粒，需处理后才能循环回用。如某厂冲渣水沉淀后的水质为：pH 7.0，悬浮物 30～115mg/L，铜 6.3mg/L，铅 0.7mg/L，锌 2.1mg/L，镉 0.06mg/L。

③ 烟气净化废水　洗涤二氧化硫烟气或其他各种湿法收尘系统的废水，含大量悬浮物和其他重金属污染物。如某铜冶炼厂的烟气洗涤塔废水澄清后的成分为：pH 1.8，砷 7mg/L，锌 12mg/L，铜 0.13mg/L，铁 0.1mg/L。

④ 车间清洗排水　电解车间清洗极板排水，跑、冒、滴、漏电解液及地面冲洗水，此类废水含重金属及酸。如某厂铜电解车间排放的废水成分为：铜 2500～3500mg/L，锌 25～30mg/L，铅 0.1～0.2mg/L，砷 5～10mg/L，镍 9～13mg/L。

15.1.2 铅冶炼废水来源与特征

① 冷却水　包括鼓风炉水套冷却水等生产设备和附属设备的冷却水，这类废水只受热污染。

② 冲渣水　在水淬炉渣时炉渣细粒和粉尘呈悬浮物带入水中，使其受到污染，这类废水除悬浮物外，还有其他污染物。如某厂水淬渣池溢流水流量 42m³/h，其中含锌 0.35mg/L，铅 0.25mg/L，镉 0.18mg/L，砷 0.11mg/L。

③ 烟气净化废水　铅烧结车间、鼓风炉车间等排放的废气。经过各种烟气净化设备净化除尘后排放。其中湿式收尘的烟气净化用水直接与烟尘接触，使其严重污染。此种废水含可溶性污染物与悬浮物。如某厂收尘废水，其流量为 5～7m³/h，澄清后水中含锌 1.78mg/L，镉 0.089mg/L，铅 0.35mg/L，砷 0.25mg/L。

15.1.3　锌冶炼废水来源与特征

锌矿石分为硫化矿和氧化矿两大类,目前锌冶炼工业所采用的原料绝大部分是硫化矿石。

① 火法炼锌废水来源与水质　烟气净化废水。锌精矿在焙烧过程中铁、铜、镉、砷、锑等硫化物被氧化成氧化铁、氧化铜、氧化镉、三氧化二砷、二氧化二锑等的微尘烟气。这些烟气经过收尘,再经水洗降温,用以制酸,洗涤制酸过程中产生大量的废水。如某炼锌厂洗涤制酸的废水中含:锌47mg/L,镉6~8mg/L,铅13~17mg/L,汞0.84mg/L,砷4~5mg/L,氟25~27mg/L。

② 湿法冶炼废水来源　锌精矿经焙烧后,在浸出、净化、电解过程中以及清洗压滤机滤布,冲洗操作现场均有含重金属的废水产生;特别是浸出液、净化液、废电解液等的跑、冒、滴、漏,形成含大量重金属离子的酸性废水。

其他镍、钴、汞、锡、锑等重有色金属的冶炼方法与铜、铅、锌的冶炼方法基本相似,废水来源及污染也相类似。

15.1.4　重有色金属冶炼用水及其水质水量

(1) 重有色金属冶炼工艺用水状况

通常,典型的重有色金属如 Cu、Pb、Zn 等的矿石均包括硫化矿和氧化矿两种,但一般是以硫化矿分布最广。铜矿石80%来自硫化矿,冶炼以火法生产为主,炉型有白银炉、反射炉、电炉或鼓风炉以及近年来发展的闪速炉。目前世界上生产的粗铅90%采用焙烧还原熔炼。基本工艺流程是铅精矿烧结焙烧,鼓风炉熔炼得粗铅,再经火法精炼和电解精炼得电铅。锌的冶炼方法有火法、湿法两种,湿法炼锌的产量约占总产量的75%~85%。表15-1列出了我国几种铜、铅、锌冶炼工艺用水量状况[13,14]。

表 15-1　重金属冶炼工艺用水量状况

行业	炉型	产量/(t/a)	用水量[①]/(m³/t)	行业	炉型	产量/(t/a)	用水量[①]/(m³/t)
铜冶炼	白银炉	34090	100.0	铅冶炼	烧结鼓风炉	73493	41.50
	鼓风炉	40050	221.0			55904	107.6
		10198	209.8		密闭鼓风炉	26102	20.14
	电炉	70301	13.98			10510	80.81
	反射炉	54003	123.69	锌冶炼	湿法炼锌	110098	41.50
	闪速炉	80090	611.0		竖罐炼锌	11372	128.0
					密闭鼓风炉	55005	20.14
						22493	80.81

① 铜冶炼以1t粗铜计,铅、锌冶炼以1t产品计。

(2) 重有色金属冶炼废水特征与废水水质

重有色金属冶金包括火法、湿法两种。火法冶金废水包括冷却水、冲渣水、烟气净化废水、车间清洗排水四种;湿法冶金废水包括烟气净化废水和湿法冶炼废水两种。

重有色金属冶炼企业的废水主要包括以下几种。

① 炉窑设备冷却水　它是冷却冶炼炉窑等设备而产生的,排放量大,约占总量的40%。

② 烟气净化废水　它是对冶炼、制酸等烟气进行洗涤所产生的,排放量大,含有酸、碱及大量重金属离子和非金属化合物。

③ 水淬渣水（冲渣水）　它是对火法冶炼中产生的熔融态炉渣进行水淬冷却时产生的，其中含有炉渣微粒及少量重金属离子等。

④ 冲洗废水　它是对设备、地板、滤料等进行冲洗所产生的废水，还包括湿法冶炼过程中因泄漏而产生的废液，此类废水含重金属和酸。

重有色金属冶炼废水中的污染物主要是各种重金属离子，其水质组成复杂、污染严重。据统计，其废水中需处理的废水量占总废水量的60%，治理达标废水占需处理水量的20%。表15-2列出了几种炉型重有色金属冶炼废水的水质状况。

表 15-2　几种炉型重有色金属冶炼废水的水质

冶金方法（炉型）	废水类别	废水主要成分/（mg/L）
反射炉（白银一冶，炼铜）	熔炼、精炼等废水	Cu 102.4、Pb 5.7、Zn 252.35、Cd 195.7、Hg 0.004、As 490.2、F 1400、Bi 640、Fe 2233、Na 2833、H_2SO_4 153.8
电炉（以某厂为例）	熔炼铜废水	Cu 41.03、Pb 13.6、Zn 78.7、Cd 6.56、As 76.86
鼓风炉（沈阳冶炼厂，铜、铅）	铜鼓风炉熔炼	Cu 2～3、As 0.6～0.7
	铅鼓风炉熔炼	Pb 20～130、Zn 110～120
闪速炉（贵溪冶炼厂，炼铜）	烟气制酸废水	H_2SO_4 150、Cu 0.9、As 8.4、Zn 0.6、Fe 1.9、F 1.5g/L
电解精炼（上海冶炼厂，生产电铜）	含铜酸性废水	Ph 2～5、Cu 30～300

重有色金属冶炼废水的特点如下。

1）大量的废水为冷却水，经冷却后可以循环使用，通常只外排少量冷却系统的排污水。

2）火法冶炼一般都有冲渣水，这部分水主要是悬浮物含量大，并含有少量重金属离子。冲渣用水对水质要求不高，经沉淀后即可循环使用。由于这部分水在使用过程中蒸发量很大，所以在循环使用过程中必须补充一定量的水，整个系统是密闭循环的。

3）有害废水主要为烟气洗涤、湿法收尘的废水，冲洗地面、洗布袋、洗设备等废水，以及湿法冶炼的跑、冒、滴、漏。水质多呈酸性，除含硫酸外，还含有多种重金属离子和砷、氟等有害元素。这部分废水如不处理直接外排，危害很大。如处理得当，不仅可以使废水达到排放标准，处理后的废水可以部分回用，还可以从废水中回收有价金属或进行综合利用。

4）由于有色金属矿物常伴生有砷、氟、镉等有害元素，烟气洗涤、湿法收尘的废水水质，常随原矿成分不同而不同。在重有色金属冶炼过程中砷污染往往是比较严重的。

15.2　重有色金属冶炼废水处理与回用技术

常用的处理方法有氢氧化物沉淀法、硫化物沉淀法、药剂氧化还原法、电解法、离子交换法和铁氧体法等。当单独存在并具有回收价值时，一般采用电解还原法或离子交换法单独处理，否则进行综合处理。各种处理方法可根据水量、水质单独或组合使用。其中以氢氧化物沉淀法使用最为普遍。

15.2.1　氢氧化物中和沉淀法处理与回用技术

这种方法是向重金属有色金属离子的废水中投加中和剂（石灰、石灰石、碳酸钠等），金属离子与氢氧根反应，生成难溶的金属氢氧化物沉淀，再加以分离除去。利用石灰或石灰石作为中和剂在实际应用中最为普遍。沉淀工艺有分步沉淀和一次沉淀两种方式。分步沉淀就是分段投加石灰乳，利用不同金属氢氧化物在不同 pH 值下沉淀析出的特性，依次沉淀回收各种金属氢氧化物。一次沉淀就是一次投加石灰乳，达到较高的 pH 值，使废水中的各种金属离子同时以氢氧化物沉淀析出。石灰中和法处理重有色金属废水具有去除污染物范围广（不仅可沉淀去除重有色金属，而且可沉淀去除砷、氟、磷等）、处理效果好、操作管理方便、处理费用低廉等优点。但是，此法的泥渣含水率高，量大，脱水困难。

由于酸洗流程产生高浓度的废酸，其中砷及重金属含量较高，考虑经济因素，多采用废酸与酸性污水一体化处理技术。采用的方法有中和沉淀法、硫化沉淀法和铁氧体法等。相应的工艺流程一般是采用石膏工艺降低废酸的浓度，并副产石膏，再用硫化工艺回收其中的金属，最后将处理后废液与全厂其他酸性废水混合，用石灰中和-铁盐氧化工艺进一步去除废水中的污染物；或者采用先硫化后石膏工艺，最后采用石灰中和-铁盐氧化工艺进行废水处理。对于砷含量高的污酸，也可采用中和-铁盐氧化工艺或硫化沉淀工艺进行处理。

氢氧化物沉淀法处理重金属废水是调整、控制 pH 值的方法。由于影响因素较多，理论计算得到的 pH 值只能作为参考。废水处理的最佳 pH 值及碱性沉淀剂投加量应根据试验确定。

沉淀工艺有分步沉淀和一次沉淀两种。分步沉淀为分段投加石灰乳，利用不同金属氢氧化物在不同 pH 值下沉淀析出的特性，依次沉淀回收各种金属氢氧化物。一次沉淀为一次投加石灰乳达高 pH 值，使废水中的各种金属离子同时以氢氧化物沉淀析出。

某矿山废水 pH 值为 2.37，含铜 83.4mg/L，总铁 1260mg/L，二价铁 10mg/L。采用两步沉淀，如图 15-1 所示，先除铁，后回收铜，出水可达排放标准。

但若一次投加石灰乳，使 pH =7.47，出水水质也完全符合排放标准。铜为 0.08mg/L，总铁为 2.5mg/L。但渣含铜品位太低，只有 0.81%。为回收铜，以采用分步沉淀为宜，如图 15-1 所示。

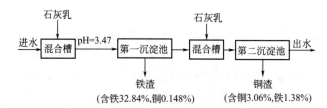

图 15-1　两步沉淀法处理流程

某厂含铅、锌、铜、镉等金属离子的废水，pH =7.14，采用一次沉淀法处理，流程如图 15-2 所示。处理效果见表 15-3。[15]

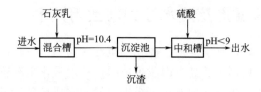

图 15-2　石灰法处理流程

表 15-3　一步沉淀法处理重金属废水的效果　　　　　　　　　　单位：mg/L，pH 值除外

项目	pH 值	Zn	Pb	Cu	Cd	As
废水	7.14	342	36.5	28	7.12	2.41
石灰处理后	10.4	1.61	0.6	0.05	0.06	0.024

　　氢氧化物沉淀法处理重金属废水具有流程简单，处理效果好，操作管理便利，处理成本低廉的特点；但采用石灰时，渣量大，含水率高，脱水困难。

15.2.2　硫化物沉淀法处理与回用技术

　　向废水中投加硫化钠或硫化氢等硫化剂，使金属离子与硫离子反应，生成难溶的金属硫化物沉淀，予以分离除去。几种金属硫化物的溶度积见表 15-4。

表 15-4　几种金属硫化物的溶度积

金属硫化物	K_s	pK_s	金属硫化物	K_s	pK_s
Ag_2S	6.3×10^{-50}	49.20	HgS	4.0×10^{-53}	52.40
CdS	7.9×10^{-27}	26.10	MnS	2.5×10^{-13}	12.60
CoS	4.0×10^{-21}	20.40	NiS	3.2×10^{-19}	18.50
CuS	6.3×10^{-36}	35.20	PbS	8×10^{-28}	27.90
FeS	3.2×10^{-18}	17.50	SnS	1×10^{-25}	25.00
Hg_2S	1.0×10^{-45}	45.00	ZnS	1.6×10^{-24}	23.80

　　根据金属硫化物溶度积的大小，其沉淀析出的次序为：$Hg^{2+} \rightarrow Ag^+ \rightarrow As^{3+} \rightarrow Bi^{3+} \rightarrow Cu^{2+} \rightarrow Pb^{2+} \rightarrow Cd^{2+} \rightarrow Sn^{2+} \rightarrow Zn^{2+} \rightarrow Co^{2+} \rightarrow Ni^{2+} \rightarrow Fe^{2+} \rightarrow Mn^{2+}$，位置越靠前的金属硫化物，其溶解度越小，处理也越容易。所以用石灰难以达到排放标准的含汞废水用硫化剂处理更为有利。

　　某矿山排水量为 $130m^3/d$，pH = 2.6，含铜 50mg/L、二价铁 340mg/L、三价铁 380mg/L。采用石灰石-硫化钠-石灰组合处理流程（如图 15-3 所示）以回收铜，去除其他金属离子。处理后的水质符合排放标准，尚可回收品位为 50% 的硫化铜。[15]

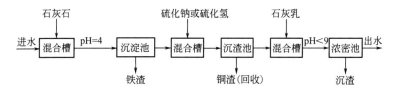

图 15-3　硫化物沉淀法处理流程

　　金属硫化物的溶度积比金属氢氧化物的小得多，故前者比后者更为有效。同石灰法比较，还具有渣量少、易脱水、沉渣金属品位高、有利于有价金属的回收利用等优点。但硫化钠价格高，处理过程中产生硫化氢气体易造成二次污染，处理后的水中硫离子含量超过排放标准，还需做进一步处理；同时生成的金属硫化物非常细小，难以沉降等，限制了硫化物沉淀法的应用，不如氢氧化物沉淀法使用得普遍广泛。

15.2.3　药剂还原法处理与回用技术

　　向废水中投加还原剂，使金属离子还原为金属或还原成价数较低的金属离子，再加石灰使其成为金属氢氧化物沉淀。还原法常用于含铬废水的处理，也可用于铜、汞等金属离子的回收。

　　含铬废水主要以六价铬的酸根离子形式存在，一般将其还原为微毒的三价铬后，投加石灰，生成氢氧化铬沉淀分离除去。

　　根据投加还原剂的不同，可分为硫酸亚铁法、亚硫酸氢钠法、二氧化硫法、铁粉或铁屑法等。

　　硫酸亚铁法的处理反应如下：
$$6FeSO_4 + H_2Cr_2O_7 + 6H_2SO_4 \longrightarrow 3Fe_2(SO_4)_3 + Cr_2(SO_4)_3 + 7H_2O$$

$$Cr_2(SO_4)_3 + 3Ca(OH)_2 \longrightarrow 2Cr(OH)_3 + 3CaSO_4$$

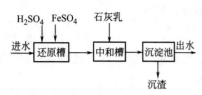

图 15-4 硫酸亚铁法处理流程

处理流程如图 15-4 所示。废水在还原槽中先用硫酸调 pH 值至 2~3，再投加硫酸亚铁溶液，使六价铬还原为三价铬；然后至中和槽投加石灰乳，调节 pH 值至 8.5~9.0，进入沉淀池沉淀分离，上清液达到排放标准后排放。

还原法处理含铬废水，不论废水量多少，含铬浓度高低，都能进行比较完全的处理，操作管理也较简单方便，应用较为广泛。但并未能彻底消除铬离子，生成的氢氧化铬沉渣，可能会引起二次污染，沉渣体积也较大，低浓度时投药量大。

15.2.4 电解法处理与回用技术

处理含铬废水时，采用铁板作电极，在直流电作用下，铁阳极溶解的亚铁离子使六价铬还原为三价铬，亚铁变为三价铁：

$$Fe - 2e \longrightarrow Fe^{2+}$$
$$Cr_2O_7^{2-} + 6Fe^{2+} + 14H^+ \longrightarrow 2Cr^{3+} + 6Fe^{3+} + 7H_2O$$
$$CrO_4^{2-} + 3Fe^{2+} + 8H^+ \longrightarrow Cr^{3+} + 3Fe^{3+} + 4H_2O$$

阴极主要为氢离子放电，析出氢气。由于阴极不断析出氢气，废水逐渐由酸性变为碱性。pH 值由大致为 4.0~6.5 提高至 7~8，生成三价铬及三价铁的氢氧化物沉淀。

向电解槽中投加一定量的食盐，可提高电导率，防止电极钝化，降低槽电压及电能消耗。通入压缩空气，可防止沉淀物在槽内沉淀，并能加速电解反应速率。有时，在进水中加酸，以提高电流效率，改善沉淀效果。但是否必要，应通过比较确定。电解法处理含铬废水的技术指标见表 15-5[15]。

表 15-5 电解法处理含铬废水的技术指标

废水中六价铬的质量浓度/(mg/L)	槽电压/V	电流浓度/(A/L)	电流密度/(A/dm²)	电解时间/min	食盐投加量/(g/L)	pH 值
25	5~6	0.4~0.6	0.2~0.3	20~10	0.5~1.0	6~5
50	5~6	0.4~0.6	0.2~0.3	25~15	0.5~1.0	6~5
75	5~6	0.4~0.6	0.2~0.3	30~25	0.5~1.0	6~5
100	5~6	0.4~0.6	0.2~0.3	35~30	0.5~1.0	6~5
125	6~8	0.6~0.8	0.3~0.4	35~30	1.0~1.5	5~4
150	6~8	0.6~0.8	0.3~0.4	40~35	1.0~1.5	5~4
175	6~8	0.6~0.8	0.3~0.4	45~40	1.0~1.5	5~4
200	6~8	0.6~0.8	0.3~0.4	50~35	1.0~1.5	5~4

电解法运行可靠，操作简单，劳动条件较好。但在一定的酸性介质中，氢氧化铬有被重新溶解、引起二次污染的可能。出水中氯离子含量高，对土壤和水体会造成一定程度的危害。此外，还需定期更换极板，消耗大量钢材。

对于其他金属离子（如 Ag^+、Cu^{2+}、Ni^{2+} 等）可在阴极放电沉积，予以回收；或用铝或铁作阳极，用电凝聚法形成浮渣，予以除去。

15.2.5 离子交换法处理与回用技术

电镀含铬废水采用离子交换法处理较普遍。废水先通过氢型阳离子交换柱，去除水中三价铬及其他金属离子。同时，氢离子浓度增高，pH 值下降。当 pH＝2.3~3 时，六价铬则以 $Cr_2O_7^{2-}$ 形态存在。从阳柱出来的酸性废水进入阴柱，吸附交换废水中的 CrO_4^{2-}。交换反应达到终点，阳柱用盐酸、阴柱用氢氧化钠溶液再生。用碱再生洗脱液中的六价铬转型为 Na_2CrO_4。

为回收铬酐，阴柱再生洗液需通过氢型阳离子交换柱处理：

$$4RH + 2Na_2CrO_4 \Longrightarrow 4RNa + H_2Cr_2O_7 + H_2O$$

氢型阳离子交换树脂失效后用盐酸再生：

$$RNa + HCl \Longrightarrow RH + NaCl$$

实际生产中较普遍使用的流程为双阴柱全饱和流程如图 15-5 所示。[15,39] 这种流程能使离子交换树脂保持较高的交换容量，大大减少氯和硫酸根离子，增大铬酐浓度。

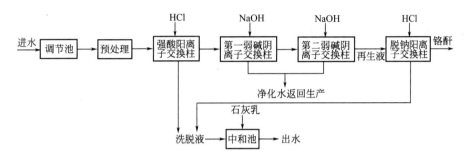

图 15-5 离子交换法处理流程

为防止废水中的悬浮物堵塞，污染离子交换树脂，废水应采用微孔过滤器、砂滤器或小白球（树脂母体）过滤器进行预处理。阳柱装 732 强酸型阳离子交换树脂。阴柱装 710 弱碱型阴离子交换树脂。当第一阴柱进出水的六价铬泄漏到 0.5mg/L 时，再串联到第二阴柱继续工作；直到第一阴柱进出水中的六价铬浓度相等，停止第一阴柱工作，进行再生。阴柱出水呈中性，可直接用于生产；后期出水呈酸性，可用作脱钠柱的冲洗水。阴离子交换柱再生液经阳离子交换柱脱钠后，回收铬酐。多数工厂直接作为镀槽的添加液。当铬酐消耗量少于回收量时，则采用薄膜蒸发器浓缩。阳离子交换柱洗脱液用石灰乳中和，生成氢氧化铬及其他金属氢氧化物沉淀。

当含铬废水六价铬含量为 100mg/L，采用 732 强酸性树脂和 710 大孔型弱碱性树脂，交换容量为 80g/L，再生周期 48h，铬酐回收率 90%，水回收率 70% 时，材料药剂大致消耗指标见表 15-6[39]。

表 15-6 离子交换法处理含铬废水材料药剂大致消耗

项目	1h 处理 1m³ 水量	1h 处理 5m³ 水量
732 强酸阳离子树脂/kg	240	1200
710 弱碱阴离子树脂/kg	126	630
工业碱耗量/kg	22.8	114.0
工业盐酸耗量/kg	121.4	606.9
电耗量/(kW·h)	72	96
蒸汽耗量/kg	395	1960
1m³ 废水回收铬酐量/kg	0.173	0.173
1m³ 废水回收水量/m³	0.7	0.7

离子交换法处理含铬废水能回收铬为铬酐，用于生产工艺；处理后的水质较好，可重复使用；生产运行连续性较强，不受处理水量的限制。但其基建投资较高，所需附属设备较多，操作管理要求比较严格。一般用于处理量小、毒性强的废水或回收其中的有用金属。

15.2.6 铁氧体法处理与回用技术

适用于含重金属离子废水的处理。对于含铬废水，由于要投加过量的硫酸亚铁溶液使六价铬还原，采用铁氧体法处理则更为有利。

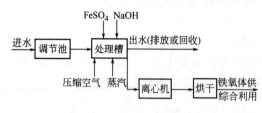

图 15-6 铁氧体法处理流程

处理流程如图 15-6 所示。根据废水量及含铬浓度，投加硫酸亚铁。然后投加氢氧化钠溶液，调整 pH 值至 8，溶液呈墨绿色。排放上清液，将剩余部分加热至 $60\sim70℃$，通压缩空气 20min。当沉淀物呈黑褐色时，停止鼓风，即得铁氧体结晶。

铁氧体法处理含铬废水消耗指标：当六价铬含量为 100mg/L 时，处理 $1m^3$ 废水耗量为硫酸亚铁 3.2kg；氢氧化钠 0.8kg；压缩空气 $6m^3$；蒸汽 50kg；电 1kW·h。

某厂电镀废水处理试验效果见表 15-7[15]。

表 15-7　某厂电镀废水处理试验效果

废水含 CrO_3 浓度/(mg/L)	投料比 铬酐∶硫酸亚铁	废水 pH 值	反应时 pH 值	反应温度/℃	上清液六价铬质量浓度/(mg/L)
102	1∶16.5	6	8~9	70	0
100	1∶16	4~5	8~9	70	0
0	1∶18	4	8~9	70	0
60	1∶20	4	8~9	70	0
50	1∶20	4	8~9	70	0
30	1∶20	6	8~9	64	0

铁氧体法处理重金属离子废水效果见表 15-8。

表 15-8　铁氧体法处理重金属离子废水效果

金属离子	处理前质量浓度/(mg/L)	处理后质量浓度/(mg/L)
铜	9500	<0.5
镍	20300	<0.5
锡	4000	<10
铅	6800	<0.1
铬（Ⅵ）	2000	<0.1
镉	1800	<0.1
汞	3000	<0.02

室温条件下沉渣的化学稳定性也较高，可以有效地减少二次污染，并节省处理时的热能消耗。

铁氧体法处理重金属废水的效果好，投资省，设备简单，沉渣量少，且化学性质比较稳定。在自然条件下，一般不易造成二次污染。但上清液中硫酸钠含量较高，如何处理回收，尚需进一步研究，沉渣需加温曝气，经营费较高。

15.2.7 含汞废水处理与回用技术

废水中的汞分为无机汞和有机汞两类。有机汞通常先氧化为无机汞，然后按无机汞的处理方法进行处理。

从废水中去除无机汞的方法有硫化物沉淀法、化学凝聚法、活性炭吸附法、金属还原法、离子交换法等。一般偏碱性的含汞废水用硫化物沉淀法或化学凝聚法处理。偏酸性的含汞废水用金属还原法处理。低浓度的含汞废水用活性炭吸附法或化学凝聚法处理[47]。

（1）硫化物沉淀法

向废水中投加石灰乳和过量的硫化钠，在 pH $=9\sim10$ 弱碱性条件下，硫化钠与废水中的汞离子反应，生成难溶的硫化汞沉淀。

$$Hg^{2+} + S^{2-} \rightleftharpoons HgS\downarrow$$

$$2Hg^{+} + S^{2-} \rightleftharpoons Hg_2S \rightleftharpoons HgS\downarrow + Hg\downarrow$$

硫化汞沉淀的粒度很细，大部分悬浮于废水中。为加速硫化汞沉降，同时清除存在于废水中过量的硫离子，再适当投加硫酸亚铁，生成硫化铁及氢氧化亚铁沉淀。

$$FeSO_4 + S^{2-} \longrightarrow FeS\downarrow + SO_4^{2-}$$

$$Fe^{2+} + 2OH^{-} \longrightarrow Fe(OH)_2\downarrow$$

硫化汞的溶度积为 4×10^{-53}，硫化铁为 3.2×10^{-18}。故生成的沉淀主要为硫化汞，它与氢氧化亚铁一起沉淀。

硫化物沉淀法的基本流程如图 15-7 所示。

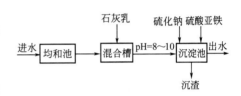

图 15-7 硫化物法处理流程

某厂废水含汞 $0.6\sim2mg/L$，用石灰乳调 pH 值至 9 后，投加 3%硫化钠溶液，搅拌 10min；投加 6%硫酸亚铁溶液，再搅拌 15min。静止沉淀 30min，上清液可达到排放标准。沉渣含汞 40%～50%，经离心干燥后，送入焙烧炉焙烧，回收金属汞。焙烧后的汞渣含汞可降至 0.01%。

某矿山废水含汞为 5mg/L，pH $=4.5\sim6.5$，并含有亚铁离子。投加石灰乳、硫化钠处理后，排水含汞量为 0.05mg/L。$1m^3$ 废水消耗石灰 0.5kg，工业硫化钠 0.05kg。

硫化物沉淀法处理效果较好，但操作麻烦，污泥量大，消耗劳动力多。

（2）化学凝聚法

向废水中投加石灰乳和凝聚剂，在 pH $=8\sim10$ 弱碱性条件下，汞和铁或铝的氢氧化物絮凝体共同沉淀析出。

一般铁盐除汞效果较铝盐为好。硫酸铝只适用于含汞浓度低及水质比较浑浊的废水，如废水水质清晰，含汞量较高时，处理效果明显降低。

采用石灰乳及三氯化铁处理，若进水汞含量为 2mg/L、5mg/L、10mg/L、15mg/L，出水汞含量依次为 0.02mg/L、小于 0.1mg/L、小于 0.3mg/L 及小于 0.5mg/L。

药剂消耗指标见表 15-9。

表 15-9 药剂消耗

废水含汞量/(mg/L)	FeCl₃/(mg/L)	CaO/(mg/L)
<1.0	4～10	20～30
10～20	10～15	30～100
>20	10～30	100～200

（3）金属还原法

利用铁、铜、锌等毒性小而电极电位又低的金属（屑或粉），从溶液中置换汞离子。以铁为例，反应如下：

$$Fe + Hg^{2+} \longrightarrow Fe^{2+} + Hg\downarrow$$

某厂废水含汞 $100\sim300mg/L$，pH $=1\sim4$。处理流程如图 15-8 所示。废水经澄清

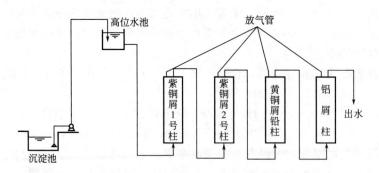

图 15-8　金属还原法处理流程

后，以 5～10m/h 的滤速依次通过两个紫铜屑过滤柱，一个黄铜屑铅过滤柱和一个铝屑过滤柱。出水含汞降至 0.05mg/L 左右，处理效果为 99%。当 pH ≥10 时，处理效果显著下降。

某厂废水含汞 0.6～2mg/L，pH =3～4。以 8m/h 左右的滤速通过 d ≥18 目球墨铸铁铁屑过滤柱，出水含汞 0.01～0.05mg/L，pH =4～5。铁汞渣用焙烧炉回收金属汞，每 200kg 可回收 1kg 金属汞，纯度 98%。

某厂含汞废水处理效果见表 15-10。

表 15-10　金属还原法处理含汞废水效果

废水含汞量/(mg/L)	pH 值	出水含汞量/(mg/L)	过滤介质
200		0.05	铜，铁屑
10～20	1.5～2.0	0.01	铁屑
6～8	<1	1	铜屑
1	3～4	0.05	铁粉

（4）硼氢化钠还原法

利用硼氢化钠作还原剂，使汞化合物还原为金属汞。

$$Hg^{2+} + NaBH_4 + 2OH^- \longrightarrow Hg + 3H_2\uparrow + NaBO_2$$

某厂废水含汞 0.5～1mg/L，pH =9～11。采用硼氢化钠处理，其流程如图 15-9 所示。

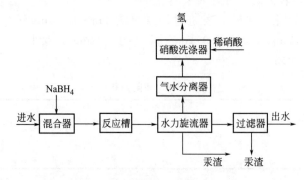

图 15-9　硼氢化钠还原法处理流程

废水与 $NaBH_4$ 溶液在混合器中混合后，在反应槽中搅拌 10min，经二级水力旋流器分离，出水含汞量降至 0.05mg/L 左右。硼氢化钠投加量为废水中汞含量的 0.5 倍左右。

硼氢化钠价格较贵，来源困难，在反应中产生大量氢气带走部分金属汞，需用稀硝酸洗涤净化，流程比较复杂，操作麻烦。

（5）活性炭吸附过滤法

利用粉状或粒状活性炭吸附水中的汞。其处理效果与废水中汞的含量和形态、活性炭种类和用量、接触时间等因素有关。在水中离解度越小、半径越大的汞化合物，如 HgI_2、$HgBr_2$ 等越易被吸附，处理效果越好。反之，如 $HgCl_2$，处理效果则差。此外，增加活性炭用量及接触时间，可以改进无机汞及有机汞的去除率。

某厂采用制药厂的废粉状活性炭处理含汞废水，流程如图 15-10 所示。

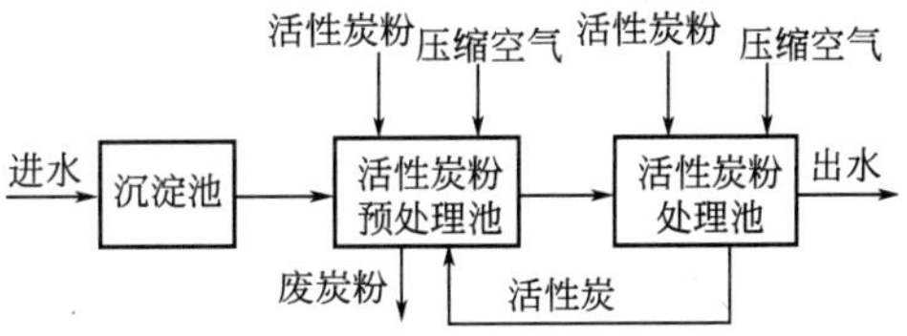

图 15-10　活性炭吸附处理流程

废水含汞 $1\sim3mg/L$，pH $=5\sim6$。向预处理池及处理池中各投加废水量 5% 的活性炭粉，用压缩空气搅拌 30min 后，静置沉淀 1h，出水含汞量可降至 0.05mg/L。

（6）离子交换法

含汞废水可用阳离子交换树脂处理。如氯离子含量较高，生成带负电的氯化汞络合物，则用阴离子交换树脂去除。

用大孔巯基离子交换树脂处理含汞废水，出水含汞可降至 $0.02\sim0.05mg/L$。饱和树脂用 30% 盐酸再生，再生效率为 80%。

15.3 重有色金属冶炼废水处理回用技术应用实例

15.3.1　贵溪冶炼厂废水处理回用应用实例

（1）工程简况与废水水质

贵溪冶炼厂是我国最大的铜冶炼基地，采用先进的富氧闪速熔炼技术，硫酸生产采用两转两吸、半封闭稀酸洗涤流程。近年来，由于不断地进行改扩建工程，产品产量大幅度提高。2002 年三期工程完成后，阴极铜生产能力达到 400kt/a（其中矿产铜 300kt/a，杂铜 100kt/a），硫酸生产能力已达到 1010kt/a。因此，废酸处理量由原来的 $180m^3/d$ 增加到 $668m^3/d$，废酸、废水处理设施由原来的一套增加到目前的 3 套。

贵溪冶炼厂生产的主要原料是铜精矿，铜精矿在闪速熔炼过程中产生的含二氧化硫烟气夹杂有烟尘和杂质，经电收尘器部分脱除后，送往制酸系统，再经净化、干燥、转化、吸收工序生产出硫酸。烟气中的 As、Cu、Pb、Cd、Fe、Bi、SO_3、Cl 等在净化工序的空塔、洗涤塔排烟冷却器、电除尘器中被除去，最后富集在空塔循环液中，由空塔抽出泵送往废酸处理工序进行处理。

全厂整个生产过程产生废酸废水和重金属酸性废水，废水水质见表 15-11[13]。

表 15-11　酸性废水水质

废水种类	废水成分含量/(g/L)							
	H_2SO_4	SS	Zn	Cu	Cd	As	F	SO_2
废酸水	65	0.7	0.7	1.86	0.131	4.49	0.91	0.8
重金属废水	3.92	—	0.6	0.62	—	0.44	—	—

（2）废水处理工艺

根据水质特点，废酸废水的处理分为三大工序：废酸硫化处理工序、废水石膏中和处理工序、废水中和-铁盐氧化工序。

① 废酸硫化处理工序 废酸硫化处理工序主要是处理烟气净化工序产生的含铜、砷、镉、铋、氟等杂质的废酸，以及三氧化二砷车间排出的含高铜、砷等杂质的废水。该工序通过添加硫化钠，使废酸中的铜、砷等杂质大部分以硫化物的形式沉淀下来，进入渣中。反应在一定的氧化还原电位下进行，以使残余砷含量控制在小于 100mg/L 标准范围内。反应如下。

$$2HAsO_2 + 3Na_2S + 2H_2O \rightleftharpoons 6NaOH + As_2S_3 \downarrow$$

$$H_2SO_4 + 2NaOH \rightleftharpoons Na_2SO_4 + 2H_2O$$

$$CuSO_4 + Na_2S \rightleftharpoons Na_2SO_4 + CuS \downarrow$$

反应的同时，废酸中的镉也有一部分以硫化物的形式沉淀下来。这些沉淀物经压滤机过滤分离，滤渣送往三氧化二砷车间生产三氧化二砷，滤液送往废水石膏中和工序进一步处理。

废酸硫化处理工序的工艺流程如图 15-11 所示[15]。

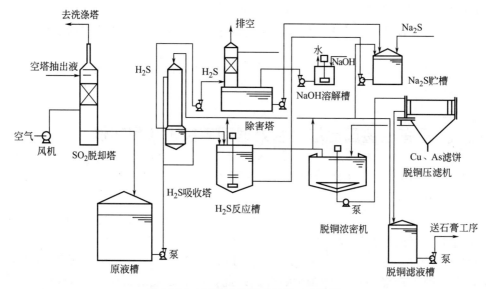

图 15-11 废酸硫化处理工序工艺流程

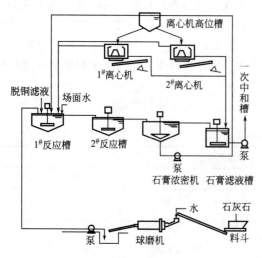

图 15-12 石膏中和工序工艺流程

② 废水石膏中和处理工序 来自废酸硫化处理工序的滤液，被送至石膏工序的反应槽，通过添加石灰乳溶液中和其中的 H_2SO_4、HF 反应，除去其中的硫酸和氟，生成石膏及氟化钙，反应如下：

$$H_2SO_4 + CaCO_3 + H_2O \rightleftharpoons$$
$$CaSO_4 \cdot 2H_2O \downarrow + CO_2 \uparrow$$
$$2HF + CaCO_3 \rightleftharpoons CaF_2 \downarrow + CO_2 \uparrow + H_2O$$

用离心分离机进行固液分离后，滤渣出售，滤液送往第三道工序进一步处理。石膏中和工序工艺流程如图 15-12 所示。

③ 废水中和-铁盐氧化工序 采用中和-铁盐氧化工序处理石膏滤液和工厂各处废水。根据这两部分废水中砷的含量，按 Fe/

As＝10 的标准加入砷的共沉剂 $FeSO_4$，经管道混合器充分混合后进入一次中和槽，在一次中和槽中添加氟的共沉剂 $Al_2(SO_4)_3$ 和调节溶液 pH 值的 $Ca(OH)_2$ 溶液，使废水溶液的 pH ＝7，然后导入氧化槽用空气曝气氧化，将废水中的 Fe^{2+} 转变为 Fe^{3+}、As^{3+} 转变为 As^{5+}，有利于铁和砷的共沉，氧化后导入二次中和槽，再添加 $Ca(OH)_2$ 溶液调整 pH＝9～10，使其中的杂质离子如 Cu^{2+}、Fe^{3+}、Al^{3+}、Zn^{2+}、Cd^{2+} 等成为氢氧化物的沉淀，砷和氟则以 $Ca_3(AsO_4)_2$、CaF_2 的形式沉淀下来，再导入凝聚槽添加凝聚剂，经圆筒真空过滤机过滤分离，滤液澄清后用 1% 的硫酸调节 pH ＝7 后排放。该工序的杂质脱除率与溶液的 pH 值及硫酸亚铁的添加量密切相关。当溶液中的 Fe^{2+} 浓度不足时，砷的脱除率将受到很大的影响，因此对铁/砷比有严格的要求。

废水中和-铁盐氧化工序工艺流程如图 15-13 所示[15]。

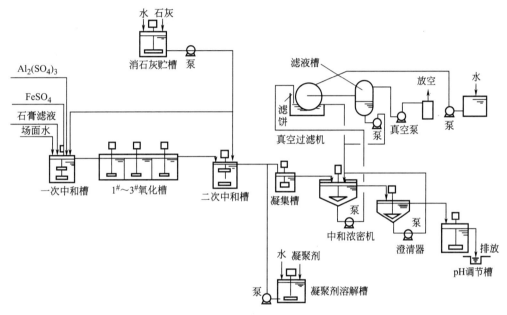

图 15-13　废水中和-铁盐氧化工序工艺流程

（3）工艺参数与主要设备及其运行效果

1）废酸硫化工序残余砷的含量控制在小于 100mg/L 的范围内。

2）废水石膏中和工序碳酸钙中和后控制 pH 值在 3.5 左右。

3）石灰乳一段中和 pH 值约为 7.0，硫酸亚铁的添加量以铁/砷值大于或等于 10 为宜。

4）氧化槽中空气氧化 Fe^{2+}、As^{3+} 为 Fe^{3+}、As^{5+}，形成沉淀除去。

5）石灰乳二段中和后控制 pH 值为 9～10，除去其中的锌、镉等金属离子。

6）主要设备，废酸和排水处理的主要设备见表 15-12。[15]

7）运行效果，贵冶废酸废水和重金属酸性废水处理工程自投产以来，设备运行稳定，处理后废水达标排放。该工程具有设备工艺先进，自动化程度高，设备防腐性能好等优点。

15.3.2　富春江冶炼厂废水处理回用应用实例

（1）废水水质与工程简况

杭州富春江冶炼厂制酸装置采用文丘里洗涤器-空塔-石墨间冷器-两级电除雾器净化、一转一吸工艺流程。原设计从文丘里洗涤器循环槽送往废酸处理系统的废酸量为 $30.5m^3/d$，As 为 1.48g/L。1997 年，铜冶炼系统扩产，粗铜产量达 7000t/a，硫酸产量为 30kt/a，废

表 15-12　废酸和排水的主要设备

设备名称	数量	型式	规格/mm	材质
SO₂ 脱吸塔	1	填料塔	$\phi750$,高 4500	聚氯乙烯加玻璃钢,填料为聚丙烯泰勒
H₂S 吸收塔	1	文丘里型空塔	$\phi530/840$,高 7000	聚氯乙烯加玻璃钢
除害塔	1	方形填料塔	方形 600,高 3000	本体为聚氯乙烯,循环槽为普通钢内衬聚氯乙烯
H₂S 反应槽	1	圆筒形	$\phi2800$,高 3550,叶轮 $\phi1600$,2 段	槽、叶轮为钢衬橡胶
脱铜浓密机	1	圆筒形	$\phi800$,高 4000	槽为钢衬橡胶,集泥机为钢衬橡胶
脱铜压滤机	2	全自动压榨式	99m²(方形 1250,44 室),压滤机压力 4kgf/cm²,即 392kPa,压滤机压力 7kgf/cm²,即 686kPa	滤板为聚丙烯,压榨板为聚丙烯加橡胶,接液都为不锈钢,滤饼溜槽为不锈钢,接液盘为不锈钢
脱铅压滤机	1	空气喷吹式	22.9m²(方形 750,28 室),压滤机压力 5kgf/cm²,即 490kPa	滤板为聚丙烯,接液部为不锈钢,接液盘为不锈钢,滤饼溜槽为不锈钢
排水处理的 1#、2# 反应槽	2	圆筒形	$\phi3800$,高 3800	槽、叶轮为钢衬橡胶
石膏浓密机	1	圆筒形	$\phi5500$,高 3500	钢衬橡胶
离心分离机	2	全自动底排式 55 型	$\phi1400$,高 550,金属网容量 430L,转速 425～850r/min	本体为钢衬橡胶,转鼓为不锈钢,托盘为不锈钢
中和槽	2	圆筒形	$\phi2800$,高 3050,搅拌机 $\phi1500$,2 段	钢衬橡胶
氧化槽	3	方形	方形 1700,高 1800	钢衬橡胶
沉淀物浓密机	1	圆筒形	$\phi5300$,高 3300	槽为钢涂环氧橡胶,集泥机为不锈钢
圆筒真空过滤机	1		$\phi3000$,长 3000(28m²),转速 0.15～0.6r/min;高压滤布洗涤泵 3m³/h,50kgf/cm²,即 4900kPa;滤液泵 400L/min,高 1.8m;真空泵 32m³/min,－500mmHg,即 －66.66kPa	原液槽为钢衬橡胶,搅拌机为钢衬橡胶,滚筒为不锈钢,滤板为聚丙烯,滤饼溜槽为碳钢,滤液泵为铸铁衬胶,真空泵为外壳铸铁
澄清器	1	圆筒形	$\phi9500$,高 4500	槽本体为钢涂环氧,集泥机为不锈钢

酸量也随之增加到 45m³/d 左右。同时，由于外购高砷块矿，废酸中砷含量增高，一般在 13～20g/L，最高达 23.5g/L，为原设计值的 16 倍以上。该厂废酸处理系统采用 Na₂S 法，由于在生产实践中采用了合理的操作控制方法，处理后废酸中砷含量一直保持在 50～150mg/L，取得了较好的环境和社会效益。

废酸废水的水质主要指标见表 15-13[15]。

表 15-13　废酸废水的水质主要指标　　　　　　　　单位：g/L

项目	As	Cu	Zn	Fe	F	H₂SO₄
浓度	1.48～20	0.24	1.25	0.10	0.57	30.55

（2）废酸废水处理工艺流程与主要设备

① 废酸废水处理工艺　根据废酸水质，采用 Na_2S 法进行处理。其废酸处理工艺流程如图 15-14 所示。

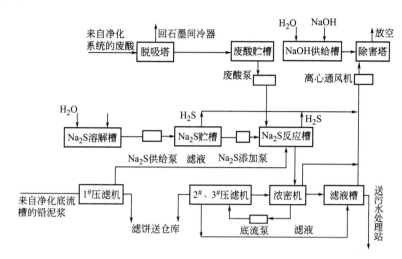

图 15-14　废酸处理系统工艺流程

来自净化工序的含砷废酸，经脱吸塔吹出溶于其中的 SO_2 气体（脱吸率约 90%）后，流入废酸贮槽，然后用泵送入 Na_2S 反应槽，在搅拌的条件下，与来自 Na_2S 贮槽的硫化剂（Na_2S 质量分数为 13.6%）进行充分的化学反应。主要反应式如下：

$$CuSO_4 + Na_2S \longrightarrow Na_2SO_4 + CuS \downarrow$$
$$2HAsO_2 + 3H_2SO_4 + 3Na_2S \longrightarrow As_2S_3 \downarrow + 3Na_2SO_4 + 4H_2O$$
$$H_2SO_4 + Na_2S \longrightarrow Na_2SO_4 + H_2S \uparrow$$

生成的 As_2S_3 和 CuS 悬浮于废酸中，由反应槽溢流口经溜槽流入浓密机。经浓密后，浓度为 50g/L 的底流由泵打入压滤机。压滤后，滤饼送往仓库堆存，滤液返回浓密机，与浓密机上清液一并由溜槽排至滤液槽，再送往废水处理站经中和-铁盐氧化工艺进一步中和处理。脱吸塔脱出的 SO_2 气体返回净化工序石墨间冷器入口。在废酸处理过程中，凡可能逸出 H_2S 的设备，如 Na_2S 贮槽、Na_2S 反应槽、浓密机和滤液槽等，均设置导气管，由引风机将气体导入清洗塔，用 10% 的 NaOH 碱液吸收后排入大气。

② 主要设备　废酸处理系统主要设备见表 15-14。

表 15-14　废酸处理系统主要设备

设备名称	型号规格及技术性能	数量	设备名称	型号规格及技术性能	数量
耐腐耐磨泵	32UHB-ZK-5-20-K	4	NaOH 供给槽	$\phi 1000mm \times 1000mm$	1
	65UHB-ZK-30-32-K	2	Na_2S 贮槽	$\phi 1800mm \times 1600mm$	1
离心通风机	Fs-40，$Q=13.7m^3/min$	1	Na_2S 溶解槽	$\phi 1800mm \times 1600mm$	1
	$p=3700Pa$		废酸贮槽	$\phi 5000mm \times 3000mm$	1
板框压滤机	XM20/800-UK	2	脱吸塔	$\phi 350mm \times 2000mm$	1
Na_2S 反应槽	$\phi 1800mm \times 1400mm$	2	衬胶离心泵	50FJ-40，$Q=15m^3/h$	1
浓密机	$\phi 3000mm \times 1850mm$	2		$H=500kPa$	
除害塔	$\phi 1000mm \times 1000mm$	1			
	$\phi 350mm \times 1300mm$				

（3）工艺要点与运行效果

① 工艺要点

1）温度控制。来自净化工序文丘里洗涤器循环槽的废酸原液温度一般为 55℃，Na_2S 溶解槽的温度也控制在 45～60℃，这样不仅可避免冬季硫化钠在管道内结晶，也可加快反应速度。

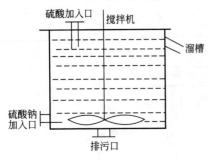

图 15-15 Na_2S 反应槽结构

2）废酸、Na_2S 加入口位置。废酸、Na_2S 进入 Na_2S 反应槽的入口部位设计上很有讲究，该厂的反应槽结构如图 15-15 所示。

废酸入口管从槽口垂直插入液面深约 5cm，Na_2S 入口位于槽底侧部，与搅拌机叶片平齐，这样可使反应在充分搅拌的情况下有足够的时间完成。该厂 1998 年曾因 Na_2S 加入口泄漏而改为从顶部加入 Na_2S，结果因反应不完全，废酸就从溜槽流出，造成处理后废酸含砷量超标，且 Na_2S 用量增加。

3）氧化还原电位。氧化还原电位（ORP）是硫化法处理废酸的重要控制参数之一。在生产过程中，通过测量处理后废酸的氧化还原电位来调节 Na_2S 溶液的加入量，以使 As、Cu 沉淀完全。

在生产过程中，ORP 控制在 50～70mV，每班用 1%～2% 的稀盐酸清洗一次 ORP 传感器。当熔炼使用铜矿粉及块状料含砷量变化幅度较大时，须重新校正曲线，确定合适的 ORP 值，自动调节硫化钠添加量，使含砷量控制在 100mg/L 以下。当 pH ＜13 时，同时补充 NaOH 溶液。

② 运行效果 通过合理调节 ORP 给定值，废酸处理效果良好，As、Cu 沉淀率平均在 99% 以上，即使废酸原液含砷量波动较大，反应槽出口处的砷含量能保持 50～150mg/L。废酸处理运行结果见表 15-15，砷滤饼成分见表 15-16，Na_2S 消耗数据见表 15-17[15]。

表 15-15 废酸处理数据 单位：g/L

组成	As	Cu	Zn	Fe	F	H_2SO_4
处理前	1.48～20	0.24	1.25	0.10	0.57	30.55
处理后	0.05～0.15	0.0044	1.03	0.097	0.522	25.57

表 15-16 砷滤饼成分 单位：%

As[①]	S[①]	Sb[①]	H_2O[②]
39.06	40.50	2.56	50

① 指干坯各组分百分含量。

② 指湿坯中水含量。

表 15-17 Na_2S 消耗数据

年 份	总耗/(t/a)	单耗/(kg/t 硫酸)
1997 年	91.85	3.5
1998 年	101.8	4.0
1999 年	85	3.0

15.3.3 韶关冶炼厂废水处理回用应用实例

韶关冶炼厂随着铅、锌冶炼能力大幅度提高，生产废水量与重金属酸性废水日渐增加，经不断提高废水处理技术与设备能力和扩建改造后，目前已大部分达到循环回用。

（1）韶关冶炼厂一期废水治理情况

① 废水水质与处理工艺 一期废水水质见表 15-18，处理工艺如图 15-16 所示。

表 15-18 酸性废水水质指标 单位：mg/L

项目	Zn	Pb	Cd	Hg	As
浓度	133~238	5.5~195	3.7~15.0	0.004~0.135	0.265~2.601

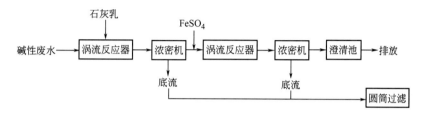

图 15-16 一期废水处理工艺流程

其废水处理工艺是根据废水水质，采用两段中和-絮凝沉降工艺流程处理，设计处理能力为 310m³/d。

② 工艺参数与处理效果

1）水处理量为 310m³/d。

2）一段中和 pH 值为 11.0 左右，沉淀锌、铜、镉、汞等，二段中和 pH 值约 10.5，沉淀铅、砷。

3）污泥经浓密机浓缩，采用圆筒真空过滤。

4）处理效果 污水经过两段中和-絮凝沉降工艺流程处理后，污水达标率达 85% 以上。

（2）韶关冶炼厂二期废水治理情况

① 废水处理工艺 韶冶二期废水处理工程包括湿法冶炼所排放的重金属污水处理系统和废酸废水处理系统。两个处理系统工艺流程基本相同，均采用中和-絮凝沉淀工艺流程，只是操作条件有所差异。韶冶二期重金属酸性废水处理工艺流程如图 15-17 所示。[15]

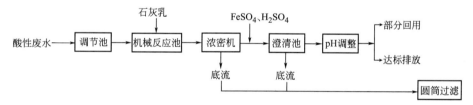

图 15-17 二期酸性废水处理工艺流程

② 工艺参数

1）重金属酸性废水处理量为 450m³/h，酸性废水量 8.5m³/h。

2）重金属酸性废水调节池停留时间 2.2h。

3）酸性废水中和 pH 值控制在 10.0~11.0，酸性废水为 11.5~12.0。

4）澄清池前加入硫酸亚铁和硫酸，控制 pH 值为 9.0~10.0，有效地除去废水中铅离子。

5）运行效果。通过两个系统对冶炼酸性废水和废酸废水处理后，废水达标排放和部分回用。该工艺流程简单易操作，运转稳定。

（3）韶关冶炼厂三期废水处理情况

近年来由于生产规模日益扩大，水资源日益紧张与水污染事件不断发生，迫使该厂

2006 年对废水资源利用进行新的研究与开发应用。

① 处理工艺流程与技术特征　新处理工艺流程为：生产废水及厂区初期雨水经两段化学沉淀工艺处理后进入组合工艺处理系统，处理后的水→水质调节池→冷却塔→机械过滤器→超滤膜系统→保安过滤器→纳滤系统→回用系统。

本技术针对铅锌冶炼废水温度高、成分复杂、含钙离子浓度高，还含有循环冷却水系统中需要严格控制的氯离子、氟离子、硫酸根离子等的特点，进行了合理的工艺的组合，使本技术与类似膜技术相比具有以下特点：a. 预处理采用冷却塔将中水由 52℃ 冷却至 35℃ 以下，确保系统有较高的除盐率，以满足回用水质要求；b. 机械过滤器前投加絮凝剂，可以极为有效地控制对纳滤系统非常敏感的胶体、悬浮物；c. 超滤系统具有独特的均匀布水方式。使过滤达到最大效果，能较长期满足纳滤膜对污染的耐受；带空气清洗的反洗装置，能力强、时间短、水耗低。

② 减污减排情况与效率分析　减污减排情况见表 15-19[15]。

表 15-19　减污减排与效益情况

序　号	项　　目	数　量		改造后增减量	
		现状	改造后		
1	工业废水排放总量/($10^4 m^3$/a)	1980	198	−1782	−90%
2	废水中铅排放量/(kg/a)	12760	869	−11891	−93.2%
3	废水中镉排放量/(kg/a)	853	50	−803	−94%
4	废水中砷排放量/(kg/a)	342	21	−321	−93.8%
5	废水中汞排放量/(kg/a)	84	6	78	−93%
6	总用水量/($10^4 m^3$/a)	21568	21367	−201	−0.9%
7	新水量/($10^4 m^3$/a)	2578	1386	−1192	−46.2%
8	重复用水量/($10^4 m^3$/a)	18989	19981	992	5.2%
9	水重复利用率/%	88	93.5	5.5	

该工程实施后年节省生产用水量 $1190 \times 10^4 m^3$，每年可节约取水费 274 万元。

该技术产水综合成本 1.22 元/t，与国内大部分地区企业生产用水价格比较，具有良好的技术优势。目前所有工艺收尘水、环保收尘水、冲渣水都已实现循环回用，取得良好的环境和社会效益。

15.3.4　株洲冶炼厂废水处理应用实例

株洲冶炼厂是我国目前最大的铅锌冶炼企业之一，主要生产锌、铅、铜、镉及锌合金、硫酸等产品。其锌冶炼系统采用传统的沸腾-焙烧-两段浸出-净液-电积工艺，因此生产过程产生大量含锌、铅、铜、镉、汞、砷等有毒重金属的酸性污水。随着新建 10×10^4 t/a 电锌系统的投产，排放废水量越来越大，各种酸性废水经明沟混合后一并进入污水处理车间。重金属酸性废水采用消化石灰乳中和（污泥回流）-沉降处理工艺，处理能力为 $800 \sim 1200 m^3$/h。处理后废水基本达标排放。1996 年完成锌系统扩建后，同时还上马了年产 18×10^4 t 硫酸的系统，与此相配套，新建了废水综合治理二期工程，包括污酸污水处理系统、废水处理后净化水回用等设施。

（1）株洲冶炼厂一期重金属废水处理实例

株冶一期重金属废水处理工程处理能力为 $800 m^3$/h，采用消化石灰中和和部分污泥回流处理工艺流程。

① 废水水质　废水水质指标见表 15-20[13]。

表 15-20　处理前酸性废水水质　　　　单位：mg/L，pH 值除外

项　目	pH 值	Zn	Pb	Cu	Cd	As
实际	2.0～5.4	80～150	2～8	0.5～3.0	1～3	0.5～3.0
标准	6～9	4	1	0.5	0.1	0.5

② 废水处理工艺　根据废水的水质，采用消石灰乳中和-部分污泥回流沉降工艺。其化学反应如下。

中和反应：

$$H_2SO_4 + Ca(OH)_2 \longrightarrow 2H_2O + CaSO_4 \downarrow$$

水解反应：

$$Zn^{2+} + 2OH^- \longrightarrow Zn(OH)_2 \downarrow \quad K_{sp} = 1 \times 10^{-17}$$

$$Pb^{2+} + 2OH^- \longrightarrow Pb(OH)_2 \downarrow \quad K_{sp} = 6.8 \times 10^{-13}$$

$$Cu^{2+} + 2OH^- \longrightarrow Cu(OH)_2 \downarrow \quad K_{sp} = 5.6 \times 10^{-20}$$

$$Cd^{2+} + 2OH^- \longrightarrow Cd(OH)_2 \downarrow \quad K_{sp} = 2.4 \times 10^{-13}$$

砷和石灰反应：

$$Ca^{2+} + 2AsO_2^- \longrightarrow Ca(AsO_2)_2 \downarrow$$

其废水处理工艺如图 15-18 所示。

③ 工艺参数与处理效果　a. 处理废水量 800m³/h；b. 废水沉砂池停留时间为 8min，均化池停留时间 6h，混合反应时间为 137min，污泥回流量为（4～7）∶1（干渣量）；c. 中和 pH 值控制在 8.5～10 范围内，中和渣含锌 25%～30%；d. 采用消化器制备石灰乳，去除生石灰中的石灰石；e. 运行效果，废水处理后其水质见表 15-21。

该废水处理工程工艺流程合理、设备简单、运行效果稳定。另外，可回收含锌 25%～30% 的中和渣，但对重金属环境污染未能根治。

（2）株洲冶炼厂二期废水处理实例

随着该厂生产能力扩大，1996 年建成了二期废水处理综合工程，包括原一期废水处理站扩建、硫酸生产的废酸废水处理、处理后废水回用，以及锌系统扩建场地废水清污分流等。全厂废水、废酸处理流程如图 15-19 所示[120]。

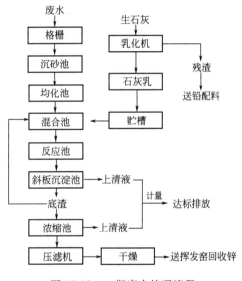

图 15-18　一期废水处理流程

表 15-21　处理后废水水质　　　　单位：mg/L，pH 值除外

项　目	pH 值	Zn	Pb	Cu	Cd	As
实际	8.5～10.0	0.95～3.1	0.39～0.73	0.15～0.28	0.003～0.065	0.026～0.15
标准	6～9	4	1	0.5	0.1	0.5

① 废酸处理　硫酸生产采用绝热蒸发稀酸洗涤双接触制酸工艺。

1）废酸、废水水质。废酸、废水水质见表 15-22。

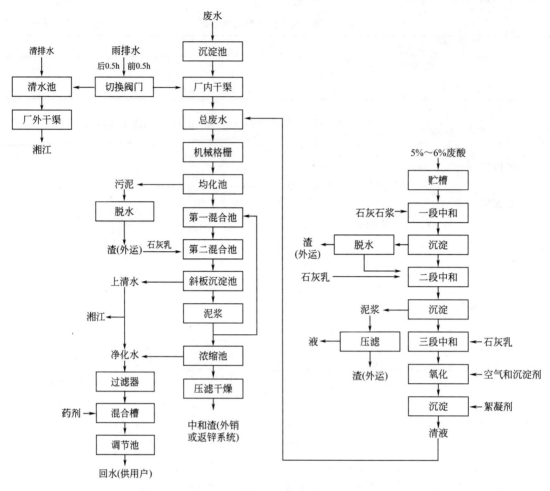

图 15-19　废水、废酸处理工艺流程

表 15-22　废酸、废水水质指标　　　　　　　　　单位：mg/L

项目	H₂SO₄	Cu	Pb	Zn	Cd	Hg	As	F
浓度	5%～6%	7.11	33.77	989.9	8.11	116.5	716	319.9

2）低酸废水处理。该废酸为含有大量重金属及 As、Cl、F 的酸性废水。对于重金属离子的去除仍采用石灰中和法，同时利用砷酸盐与亚砷酸盐能与铁、铝等金属形成稳定络合物，并与铁、铝等的氢氧化物吸附共沉淀的特性可从废水中去除砷。总之，废酸处理工艺采用石灰石中和—石灰乳中和—铁盐、铝盐除去残余砷、氟的三段处理工艺。

低酸废水处理工艺流程如图 15-20 所示。

一段中和加石灰浆，控制 pH≤2，经浓缩池沉淀后，上清液排入二段中和槽，底流用泵送至离心机脱水，经离心机排出的废水送入二段中和槽，石膏渣外销或堆存。二段中和采用石灰乳作中和剂，pH 值调整到 11 左右，以除去废水中大部分砷及重金属，上清液送至三段中和槽，底流送压滤机压滤。二段中和处理后的废水中仍残存少量砷及氟，满足不了排放要求而需进一步处理。第三段中和处理分三级进行，在一级槽内，投加铁盐、铝盐进行搅拌反应，pH 值控制在 8.0～8.5，为使反应充分，在二级槽内加空气进行氧化，然后在三级槽内加 3# 絮凝剂，絮凝反应后的废水进浓密机进行沉淀分离，底流与二段浓密后的底流一并送压滤机压滤，渣返回冶炼系统以回收有价金属。经处理后的上清液，pH 值为 6.5～9.5，砷的含量可控制在 10mg/L 以内，送至总废水处理站进行最后深度处理。

3）工艺参数：a. 处理水量为 20m³/h。b. 一段中和采用石灰石浆中和，pH 值为 2；二段中和用石灰乳中和，pH 值为 11 左右；三段中和加铁盐、铝盐、石灰乳，中和 pH 值至 8.0～8.5，目的是较彻底地去除污水中砷和氟。c. 三段中和后废水送到一期总废水均化池，再由处理站进行最后把关处理。

② 废水处理　由于冶炼厂规模扩大，原废水处理厂已不能适应生产废水处理量需求，故进行废水处理扩建。

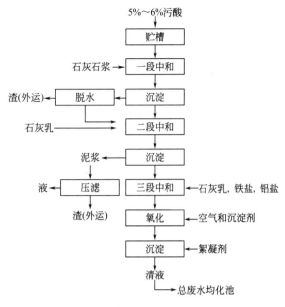

图 15-20　低酸废水处理工艺流程

1）废水水质。废水水质主要成分见表 15-23。

表 15-23　废水水质主要成分　　　单位：mg/L，pH 值除外

项目名称	SS	pH 值	Zn	Pb	Cu	Cd	As
含量	190～550	1～6	60～180	3～15	1～5	1～6	1～5

2）废水处理工艺。从废水水质看，与扩建前水质类同，仍采用石灰乳中和工艺。为了保证净化水质，采用两段石灰乳中和工艺。一段主要中和酸，二段调节水解沉淀终点 pH 值；一段可起 pH 值粗调作用，二段起细调作用，有利于处理成分波动大而频繁的污水。两段中和工艺的另一个特点是：可分流沉淀产物，控制一段中和沉淀物量而减小二段中和的沉淀物量。这有效地提高了该工艺处理高浓度废水能力及净化水质。具体的工艺流程如图 15-21 所示。经过改造，废水处理能力达到 1200m³/h，废水水质达到国家排放标准并回用。[120]

3）废水处理回用与雨水外排。经废水处理站处理后的废水，尽管已经达到国家排放标准，但并没有减少废水排放量，按达标浓度计算，每年随废水排放的金属锌仍将达到 42t，因此净水回用具有重要的经济效益与社会效益。由于废水处理采用石灰中和法，致使净化水中钙浓度增大，回用中存在着严重结垢问题。故必须进行阻垢处理，以达到各用水点的要求。首先将过滤后废水引入混合槽，在此投加水质稳定剂，然后进入调节池，再由泵送至各用水点使用。其用水点主要是杂用水和部分冷却水用户，约占新水用量的 60%，杂用水（地面冲洗水、冲渣用水、冲厕用水、除尘用水等）约占新水用量的 20%，工艺用水（主要指电解、浸出、软化水等）约占新水用量的 20%。故考虑杂用水和部分冷却水、净化水回用 50%，即 500m³/h。

由于厂区内排水粉尘含有可回收金属成分，因此清、废排水均设沉淀调节池，沉淀物人工清挖返回冶炼系统进行有价金属回收。又因前 0.5h 雨水不能直接外排，故在清水及废水

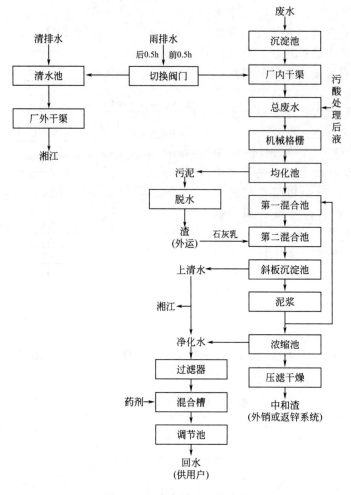

图 15-21 废水处理工艺流程

压力排水管道上设置切换阀门。清排水在池内设潜污泵两组，一组排除生产、生活污水，另一组排除雨水。该措施的实施可减少废水站的负荷。

4）运行效果。该工程投入运行后，基本达到了预期效果。改造前后的水质成分见表 15-24[120]。

表 15-24 改造前后的水质成分 单位：mg/L，pH 值除外

项 目	改造前平均浓度	改造后平均浓度	国家排放标准	项 目	改造前平均浓度	改造后平均浓度	国家排放标准
pH 值	<6	8.0	6～9	Zn	134	2.0	2.0
Cu	2.8	0.2	0.5	Cd	3.7	0.07	0.10
Pb	7.8	0.78	1.0	As	1.5	0.06	0.5

原来，不合格废水排入湘江，还要按规定收取排污费。株冶污水综合治理二期工程的建成投产，将废水处理达标率由 95％提高到 99％，废水处理率由 90％提高到 98％，从而有效地改善了湘江霞湾段水质，不仅在环境保护方面起到了积极作用，即社会效益显著，而且有利于企业的生存和发展，也有一定的经济效益。

15.3.5 水口山冶炼厂废水处理的工程实例

水口山矿务局第三冶炼厂为 80 多年的铅冶炼厂，在对废水水质调研的基础上，将水质

清浊分流，实行闭路循环回用，可供类似冶炼厂废水处理技术借鉴。

（1）鼓风炉、烟化炉冲渣水闭路循环

对鼓风炉、烟化炉冲渣水实行闭路循环，改变以往新水冲渣、冲渣水沉淀后外排的做法。其工艺流程如图15-22所示，具体措施为：建立集中水池，将冲渣水进行初步沉淀，冷却后溢流进入第二集水池进行沉淀。之后再进入循环冷却水池进行自然沉淀，冷却后再回用于冲渣。这一措施年节约新水135.42万吨，减少排污量135.42万吨。其水质水量见表15-25。

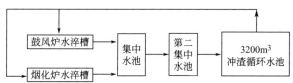

图15-22　冲渣水治理工艺流程

表15-25　第三冶炼厂水质水量调查

用水项目		用水量/(t/d)	水质特点	用水项目		用水量/(t/d)	水质特点
鼓风炉	冷却水	1728	温度从24℃升至29℃,pH 7.8	镉电解废水等		85.5	
	铸锭水	120		ZnSO₄车间用水		220.8	
	冲渣水	3181.6		铅电解废水等		120	
烟化炉	冷却水	3962	温度从24℃升至36.5℃,pH 7.6	锅炉		192	
	工艺用水	192		化验检修等		360	
	铸锭水	180		生活		2959	
	冲渣水	3080		统计	工业 冷却水	6434	
阳极板	冷却水	264			冲渣水	6261.6	
反射炉	冷却水	744	温度从24℃升至42℃,pH 7.7		工艺用水	1348.4	
					其他	417	
反射炉泡沫除尘水		31.2			生活	2959	

（2）冶炼炉冷却水闭路循环

该冶炼炉冷却水占工业用水量的44.5%。鼓风炉、烟化炉和反射炉等冶炼炉冷却水的水质在进入炉套前后变化很小，可保证循环水水质的稳定性（见表15-26），具体操作时是将三个炉子的冷却水混合，混合水水温比进水平均高约15℃，集中冷却后再进行分炉循环利用。冷却设施采用了玻璃钢逆流机械通风冷却塔。其处理工艺流程见图15-23。三个冶炼炉的冷却水年循环用量为 143.76×10^4 t，年节约新水 143.76×10^4 t，即年少排废水 143.76×10^4 t。

表15-26　废水综合治理水质　　　　单位：mg/L，pH值除外

废水名称	水质成分								
	SS	Pb	Zn	Cu	Cd	As	Hg	COD	F	pH值
废水站进水	182	16.48	16.64	0.221	1.83	0.375	0.029	3.513	1.368	7.5
废水站出水	17	0.164	0.181	0.028	0.087	0.013	0.0007	1.293	—	7.8
去除率/%	90.5	99	98.8	87.3	95.2	96.5	97.6	63.2	—	—

（3）湿式铅渣和镉电解水等废水闭路循环

湿法铅渣废水经沉淀后实现闭路循环，铅渣送铅冶炼系统回收铅，年获利 40 余万元。对镉电解水等也实现了闭路循环。

（4）混合废水的综合处理

通过上述闭路循环的实施，三厂的废水年复用率达 78.26%。对其余的废水进行收集并进行混合处理。处理工艺采用石灰中和法，其工艺流程如图 15-24 所示，处理水质见表 15-26。

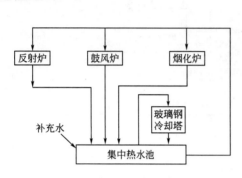

图 15-23　冷却水闭路循环示意

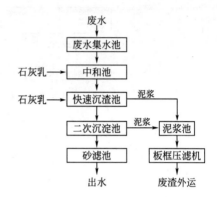

图 15-24　废水治理工艺流程

16 轻有色金属冶炼废水处理与回用技术

铝、镁是轻有色金属最常见的也是最有代表性的两种轻金属。钛也属轻有色金属之类。因此，轻有色金属废水处理是主要解决好铝、镁冶炼生产废水和钛生产氯化炉收尘冲渣废水和尾气淋洗水等。

16.1 轻有色金属冶炼废水来源与特征

16.1.1 铝金属冶炼废水来源与特征

（1）铝冶炼的废水来源与水质水量

① 铝冶炼废水来源与特征　铝冶炼生产过程中，废水产生于各类设备的冷却水，各类物料泵与轴承封润水，石灰炉排气的洗涤水，各类设备、贮槽及地坪的清冲水，生产过程跑、冒、滴、漏以及赤泥输送与浓缩池排水等。废水中主要含有碳酸钠、氢氧化钠、铝酸钠、氢氧化铝及含有氧化铝的粉尘、物料等。

氧化铝厂生产废水量大，含碱浓度高，对环境和水体危害较大。

② 铝冶炼废水的水质水量　氧化铝生产废水量见表 16-1，其水质情况见表 16-2[101]。

表 16-1　每吨氧化铝废水量

项目名称	联合法	烧结法	拜耳法
废水量/(m³/t)	24～40	20～24	12

表 16-2　氧化铝生产废水水质

序　号	项　　目	全厂总排出口废水			循　环　水			石灰炉 CO_2 洗涤排水
		烧结法	联合法	拜耳法①	烧结法	联合法	拜耳法①	
1	pH 值	7～8	9～10	9～10	7～9	7～11	＞10	6.2～8.0
2	悬浮物/(mg/L)	400～500	400～500	62	800	300		400
3	总固形物/(mg/L)	1000～1100	1100～1400	354	900～1300	4000		180～1100
4	灼烧残渣/(mg/L)	300～400	1200	230	—	—		—
5	总硬度/(mmol/L)	3.21～5.35	1.43～1.79	—	2.14～12.5	0.29	0.8	10～16.1
6	碱度/(mmol/L)	2～4	7.86～10	3	9.26	50	12.5	3.93～7.86
7	SO_4^{2-}/(mg/L)	500～300	50～80	54	170～600	180		500～900
8	Cl^-/(mg/L)	100～200	35～90	35	17～60	44		60
9	HCO_3^-/(mg/L)	183	122～732		336～488	0		506～610
10	CO_3^{2-}/(mg/L)	84	102～270		360	750	6.8	—
11	SiO_2/(mg/L)	13～15	1.5	2.2	7～12	10		8.0
12	Ca^{2+}/(mg/L)	150～240	14～23	3.4	16～180	0		160～300
13	Mg^{2+}/(mg/L)	40	13	11.5	12～42	0.3		36
14	Al^{3+}/(mg/L)	40～64	90	5.3	9～37	170	65	—
15	K^+/(mg/L)		25～45	—		140		—
16	Na^+/(mg/L)	170～190	180～270	—	60～190	460	276	38～160

续表

序　号	项　　目	全厂总排出口废水			循　环　水			石灰炉 CO₂ 洗涤排水
		烧结法	联合法	拜耳法①	烧结法	联合法	拜耳法①	
17	TFe/(mg/L)	0.02~0.1	0	0.07	—	微量		—
18	耗氧量/(mg/L)	8~16	21	5.6	—	—		—
19	酚/(mg/L)	—	—	—	—	—		3.1
20	游离 CO₂/(mg/L)	—	—		—	—		160

① 为俄罗斯某厂赤泥堆场回水水质。

　　氧化铝生产过程中产生的赤泥量较多，赤泥堆场回水量是随赤泥洗涤、输送等情况而异，其回水水质见表 16-3，回收水量见表 16-4[101]。

表 16-3　赤泥堆场回水水质

序号	项　　目	烧结法	联合法	拜耳法
1	pH 值	14	14	12
2	悬浮物/(mg/L)	50	38~140	177
3	总固形物/(mg/L)	2600~7600	12000	8065
4	灼烧残渣/(mg/L)	1800	—	6430
5	总硬度/(mmol/L)	0	0	—
6	碱度/(mmol/L)	110	120	129
7	SO_4^{2-}/(mg/L)	600	70	136
8	Cl^-/(mg/L)	20~260	18	55
9	HCO_3^-/(mg/L)	0	0	—
10	CO_3^{2-}/(mg/L)	1320	96	—
11	SiO_2/(mg/L)	17	30	4.5
12	Ca^{2+}/(mg/L)	0	0	3.6
13	Mg^{2+}/(mg/L)	0	0	0.9
14	Al^{3+}/(mg/L)	250~530	700	580
15	TFe/(mg/L)	0.6~2.0	微量	0.1
16	$K^+ + Na^+$/(mg/L)	1600	1740	—
17	Ga^{3+}/(mg/L)	0.18~0.67	—	—
18	耗氧量/(mg/L)	96	—	33

表 16-4　生产每吨氧化铝所产生的赤泥量及赤泥堆场回收水量

指标项目	拜耳法	烧结法	联合法
赤泥量/(t/t)	1.0~1.2	1.8	0.65~0.80
赤泥输送水/(m³/t)	4	7.2	2.6~3.2
赤泥堆场回收水/(m³/t)	2.4	4.3	1.6~1.9

（2）铝电解的废水来源与水质水量

　　电解法生产金属铝的主要原料是氧化铝，电解过程中产生大量的含有氟化氢和其他物料烟尘的烟气，而电解过程本身并不使用水也不产生废水。电解铝厂废水主要来源于硅整流所、铝锭铸造、阳极车间等工段的设备冷却水和产品冷却洗涤水；另外，湿法烟气净化废水中含有大量的氟化物。电解铝厂的废水主要是由电解槽烟气湿法净化产生的，其废水量、废水成分和湿法净化设备及流程有关，吨铝废水量一般在 1.5~15m³ 之间。废水中主要污染物为氟化物。如某铝厂有 22 台 40kA 电解槽，每槽排烟量 1000m³/h，相当于 300000m³/t（铝），烟气在洗涤塔内用清水喷淋洗涤，循环使用，洗涤液最终含氟 100～250mg/L，同时还含有沥青悬浮物等杂质成分。若采用干法净化含氟烟气，废水量将大大减少。

根据贵州铝厂引进电解铝工程以及相关铝厂的有关资料，生产每吨金属铝的废水量为 14～20m³/t。其水质在电解生产工序中的情况，见表 16-5、表 16-6。

表 16-5 电解铝厂铸造及阳极车间水质

车间名称	硫化物/(mg/L)	酚/(mg/L)	油/(mg/L)	悬浮物/(mg/L)	备注
铸造	—	无	2.65	—	拉丝铝锭排水
阳极	1.78	0～0.02	7.5	4～110	糊块冷却池排水

表 16-6 电解铝厂燃气湿法净化废水水质

序号	项目	电解铝厂焙烧炉烟气净化废水		电解铝厂电解车间烟气净化废水	
		处理前	处理后	处理前	处理后
1	废水量/(m³/h)	13.0	13.2	6.35	6.35
2	pH 值	7.8	7～8	6.5～7.0	7～8
3	F^-/(mg/L)	463	25	230	26
4	Na_2SO_4/(mg/L)	3058	—	7000	—
5	$NaHCO_3$/(mg/L)	—	—	310	—
6	Al^{3+}/(mg/L)	—	—	10	—
7	焦油/(mg/L)	340	13.4	—	—
8	粉尘/(mg/L)	783	15.4	—	—

（3）铝冶炼工业废水的特征

铝冶炼工业废水特征见表 16-7。

表 16-7 铝冶炼工业废水特征

生产方法	废水特点	废水状况
碱法生产氧化铝	废水中含有碳酸钠、NaOH、铝酸钠、氢氧化铝及含有氧化铝的粉尘、物料等,危害农业、渔业和环境	量大,碱度高
电解铝生产	包括含氟的烟气净化废水、设备冷却水和产品冷却洗涤水、阳极车间废水等	含氟的烟气净化废水、阳极车间废水需处理;冷却水可以做到循环利用

16.1.2 镁金属冶炼废水来源与特征

（1）镁金属冶炼生产概况与清洁生产技术

我国是世界上第一大金属镁生产国和出口国。2006 年金属镁产量为 52.56 万吨，比 2005 年增长 12.4%，约占全球总生产量的 75%，出口量 17.32 万吨，约占全球出口量的 60%。我国金属镁生产几乎完全采用皮江法工艺技术。但该工艺能耗很大，国家已明确不鼓励发展皮江法生产金属镁。

镁冶炼环境污染得到控制主要体现在 2 个方面。

1）采用清洁能源实现清洁生产。如采用焦炉煤气炼镁解决炉窑烟尘对环境污染。采用水煤浆代替煤在精炼炉、回转窑上应用，燃烧效果好，达到环境保护要求。

2）改进皮江法生产工艺，有效控制环境污染。如将配料、制球工序放在地下封闭，减少粉尘排放，将还原炉排出的高温烟气，直接利用发电，减少废水冷却量等。

根据中国有色金属工业协会镁分会的资料，2005 年我国皮江法炼镁经济技术指标与能耗状况见表 16-8、表 16-9[101]。

表 16-8 皮江法炼镁主要经济技术指标 单位：t/t（镁）

年份	指标 分类		白云石	硅铁	标煤	电/(kW·h)
2000 年	混烧竖窑	直接燃煤	16	1.23	9	<1500
	外燃式竖窑		13	1.21	11.5	<1500
	燃煤气回转窑		11.5	1.18	12.1	<1500
2005 年	直接燃煤		15	1.2	8.5	1000
	燃煤气		10.5	1.09	9.43	<1100
	燃煤气＋蓄热器		10.5	1.10	8.00	1100
	焦炉煤气(冶金焦)		10.0	1.08	5.43	1000

表 16-9 皮江法炼镁能耗情况

生产工艺分类	白云石/t	硅铁/t	标煤/t	电/kW·h	总能耗/t 标煤
直接燃煤	15	1.2	8.5	1000	13.23
燃煤气	10.5	1.09	9.43	<1100	13.55
燃煤气＋蓄热器	10.5	1.10	8.0	1100	12.48
焦炉煤气	10.0	1.08	5.43	1000	9.84

最近利用青海湖水氯镁石资源，制取镁电解原料，在脱水工艺和设备的关键技术上取得突破，形成了具有自主知识产权的利用水氯镁石脱水制取无水氯化镁的方法。

利用轻烧菱镁矿珠团氯化与卤水铵光卤石联合工艺，采用卤水铵光卤石的氯化镁电解工艺，形成镁钛联合新流程。

（2）镁冶炼废水来源与特征

镁生产以含有 $MgCl_2$ 或 $MgCO_3$ 的菱镁矿、白云石、光卤石、卤块或海水为主要原料。其生产方法有电解法和热法（还原法）等。我国目前采用氯化电解法生产镁，以菱镁矿为原料。

菱镁矿的主要成分是 $MgCO_3$。在菱镁矿经过破碎（制团）、氯化、电解、铸锭等工序制成成品镁的过程中，氯在氯化工序作为原料参与生成 $MgCl_2$ 的反应，而在 $MgCl_2$ 电解过程中从阳极析出，再被送往氯化工序参与氯化反应，这样氯被往复循环使用。因此，氯和氯化物是镁冶炼（电解法）废水的主要污染物。

镁厂的整流所、空压站及其他设备间接冷却排水未受污染，仅温度升高。氯化炉（竖式电炉）尾气洗涤废水，排气烟道和风机洗涤废水以及氯气导管冲洗废水均呈酸性（盐酸），其中还含有氯盐。电解阴极气体在清洗室用石灰乳喷淋洗涤，排出废水含有大量氯盐。镁锭酸洗镀膜虽废水量少，但含有重铬酸盐和氯化物等。

镁冶炼废水的特征见表 16-10。

表 16-10 镁冶炼废水特征

废水类别	来 源	废水特点
间接冷却水	镁厂的整流所、空压站及其他设备间接冷却水	未受污染,仅温度升高

续表

废水类别	来　源	废水特点
尾气洗涤水	氯化炉尾气	呈酸性(盐酸),含有氯盐
洗涤水	排气烟道和风机洗涤水	
氯气导管冲洗废水	氯气导管	
电解阴极气体洗涤水	电解阴极气体经石灰乳喷淋洗涤而得	排出的废水含有大量氯盐
镁锭酸洗镀膜废水	镁锭酸洗镀膜车间	量少,但含有重铬酸钾、硝酸、氯化铵等

（3）镁生产废水的水质水量

镁生产废水通常是含酸性较强和浓度较高的氯盐废水,其水质见表 16-11～表 16-13[101]。

表 16-11　竖式电炉（氯化炉）尾气洗涤废水水质

序号	项目	含量	序号	项目	含量
1	pH 值	0.5～2.0	13	TFe/(mg/L)	30～200
2	嗅味	刺激性氯臭	14	溶解性铁/(mg/L)	50
3	悬浮物/(mg/L)	150～500	15	铬/(mg/L)	0.03
4	总固形物/(mg/L)	—	16	锰/(mg/L)	2.2
5	总固形物灼烧减重/(mg/L)	350～810	17	砷/(mg/L)	0.4
6	总酸度/(mmol/L)	35～150	18	硫酸盐/(mg/L)	100～216
7	总硬度/(mmol/L)	6.43～7.86	19	氯化物/(mg/L)	1400～2500
8	K^+/(mg/L)	4.25	20	游离氯/(mg/L)	34
9	Na^+/(mg/L)	48.1	21	酚/(mg/L)	10～20
10	Ca^{2+}/(mg/L)	16～70.72	22	油/(mg/L)	70～80
11	Mg^{2+}/(mg/L)	16～99	23	BOD_5/(mg/L)	28
12	Al^{3+}/(mg/L)	6.0～45.0	24	吡啶/(mg/L)	13

表 16-12　氯气导管冲洗废水水质

项　目	HCl	Cl_2	Cl^-	$MgCl_2$	$CaCl_2$
含量/(mg/L)	1280	21	3890	5190	2780

表 16-13　净气室排出废水水质

项　目	有效氯	$MnCl_2$	$SiCl_4$	$FeCl_3$
含量/%	0.04	0.02	0.44	0.35
项　目	$CaCl_2$	$MgCl_2$	$K_2SO_4+Na_2SO_4$	
含量/%	29.4	0.45	0.085	

16.1.3　钛生产废水来源与特征

目前,我国主要用镁热还原法生产海绵钛。主要原料有砂状钛铁矿、石油焦、镁锭和液氯等。钛精矿首先在电炉中用石油焦作还原剂,分离出铁(副产品)和高钛渣,高钛渣(主要成分是 TiO_2)和氯气在氯化炉中反应生成 $TiCl_4$;TiO_2 精制后在还原器中用镁锭还原产出海绵钛并生成 $MgCl_2$。经蒸馏工序分离出的 $MgCl_2$,再用电解法得到金属镁和氯气,它们返回分别用于还原和氯化工序。

钛生产废水主要来自氯化炉收尘渣冲洗和尾气淋洗废水、粗四氯化钛浓密机沉泥冲洗、铜屑塔酸洗、还原器和蒸馏器酸洗等废水。废水中的主要污染物是盐酸和铀、钍等放射性元素。

由于钛铁矿中一般共生有铀和钍，在冶炼过程中，收尘渣、尾气、沉渣、设备等都要用水冲洗或淋洗，放射性物质被转移至废水中。

钛生产废水特征见表16-14。

表16-14 钛生产废水特征

序 号	废水来源	废水特征
1	氯化炉收尘渣冲洗废水	含盐酸及放射性物质
2	氯化炉尾气淋洗废水	用清水洗涤时含盐酸及固形物,用石灰乳洗涤时含大量 $CaCl_2$
3	浓密机沉淀渣冲洗废水	含 HCl、$TiCl_4$ 及放射性物质
4	铜屑塔中的铜屑,还原器及蒸馏器表面酸洗废水	含盐酸、氯化物等

注：钛冶炼厂一般都建有氯化镁电解车间生产镁锭和氯气，该车间废水的特点与镁冶炼厂有关工序相同。

16.1.4 氟化盐生产废水来源与特征

氟化盐是电解铝工艺过程中电解质的主要成分。氟化盐生产有酸法和碱法，我国一般采用酸法生产工艺。其简要流程是采用萤石（含 97%～98% 氟化钙）和浓度 90% 左右的浓硫酸在反应炉内加热生成含 HF 的烟气，烟气经除尘后至吸收塔被水吸收并经冷却制成浓度28% 的氢氟酸。为获得精制氢氟酸脱除粗液中的四氟化硅，需加入碳酸钠生成氟硅酸钠沉淀，清液即为精酸。精酸分别与碳酸钠、氢氧化铝、碳酸镁等溶液反应，再经过滤和干燥即得到冰晶石、氟化钠、氟化铝及氟化镁等氟化盐产品。在生产过程中产生大量的氟化盐母液。

为了消除废气和废渣的危害，氟化盐厂还需设置回收 SO_2、石膏和硫酸铝的生产系统。

氟化盐生产废水的特征见表16-15。

表16-15 氟化盐生产废水的特征

序 号	废水来源	废水特征
1	真空泵、氢氟酸槽、干燥窑冷却筒、反应炉头燃烧室夹套及排风机轴承冷却水	较清洁,水温升高 5～15℃
2	真空泵水冷器、化验室、设备清洗及地面冲洗废水	含氟浓度一般低于 15mg/L
3	石膏母液	含氟浓度一般低于 15mg/L,并含有硫酸盐
4	冰晶石、氟化铝、氟化钠及氟化镁母液	含氟浓度 0.36～25g/L,并含有硫酸盐和悬浮物
5	硫酸仓库废酸及地面冲洗废水	含硫酸

16.1.5 碳素制品生产废水来源与特征

炭块和糊类制品是电解铝工业的阳极（大量消耗）和阴极材料，石墨电极是各种电炉冶炼工业的电极材料。

碳素制品生产的原料主要有无烟煤、冶金焦、沥青焦、石油焦、煤沥青和蒽油等。无烟煤和焦炭先经煅烧，再经破碎、筛分和磨粉等工序制成不同粒径的粉料，根据不同产品采用不同比例进行配料，再加入黏结剂沥青和蒽油（生产不透石墨制品时，用酚醛树脂作为胶结剂）进行混捏成型即得到糊类产品。混捏工序之后，经过压型、焙烧和加工即成为炭块制品。焙烧工序之后，经过浸渍、石墨化和机械加工而成为石墨制品。

碳素制品生产废水主要是未受物料污染的设备间接冷却水，只有成型机和压型机喷水及冷却水槽排水、浸渍罐及浸渍真空泵排水、沥青熔化及混捏工段烟气湿法净化排水等。废水中含有少量沥青、酚、油类、硫化物和粉尘。生产高纯石墨制品的石墨化炉尾气洗涤水被氟化氢和氯化氢所污染。生产不透性石墨制品时，酚醛树脂工段排出的废水被酚和甲醛污染。

　　碳素制品生产中受污染的废水并不严重，但与之配套的煤气发生站煤气洗涤水其污染物为有毒有害，通常含有焦油、酚氰、硫化物等。碳素制品生产废水特征见表 16-16。

表 16-16　碳素制品生产废水的特征

序　号	废水来源	废水特征
1	球磨机轴承、油压泵、排烟机轴承回转窑冷却机、罐式煅烧炉、电煅烧炉、混捏工段染料筒、熔烧填充料冷却筒、石墨化炉头水套、变压器及硅整流所热交换器冷却排水	较清洁,水温升高 5～25℃
2	沥青熔化及混捏工段烟气洗涤废水,糊类成型机及水槽冷却废水,压型机及水槽冷却废水	含少量酚氰、沥青、油类及悬浮物,水温升高 5℃ 左右
3	高纯石墨化炉尾气洗涤废水	含 HF、HCl、Cl_2
4	煤气发生站煤气洗涤废水	含酚、硫化物、焦油、煤粉等

16.2　轻有色金属冶炼废水处理与回用技术

16.2.1　轻有色金属冶炼废水处理与回用技术

（1）铝冶炼废水处理与工艺选择

　　铝冶炼废水的治理途径有两条：一是从含氟废气的吸收液中回收冰晶石；二是对没有回收价值的浓度较低的含氟废水进行处理，除去其中的氟。

　　含氟废水处理方法有混凝沉淀法、吸附法、离子交换法、电渗析法及电凝聚法等，其中混凝沉淀法应用较为普遍。按使用药剂的不同，混凝沉淀法可分为石灰法、石灰-铝盐法、石灰-镁盐法等。吸附法一般用于深度处理，即先把含氟废水用混凝沉淀法处理，再用吸附法做进一步处理。

（2）镁冶炼烟气治理与废水处理和资源回收技术

　　工业炼镁方法有电解法和热法两种。电解法以菱镁矿（$MgCO_3$）为原料，石油焦作还原剂，在竖式氯化炉中氯化成无水氯化镁或用去除杂质和脱水的合成光卤石（含 $MgCl_2>$ 42.5%）作原料，加入电解槽，在 680～730℃ 下熔融电解，在阴极上生成金属镁，在阳极上析出氯气，这部分氯气经氯压机液化后回收利用。每炼 1t 精镁约耗氯气 1.5t，其中一部分消耗于原料中的杂质氯化，一部分转入废渣及被电解槽和氯化炉内衬吸收，大约有 1/2 氯随氯化炉烟气和电解槽阴极气体排出，较少部分泄漏到车间内，无组织散发到环境中。热法炼镁原料是白云石（MgO），煅烧后与硅铁、萤石粉配料制球，在还原罐 1150～1170℃ 下以镁蒸气状态分离出来。生产过程中产生的烟尘，采用一般除尘装置去除。

　　镁冶炼烟气中主要污染物是 Cl_2 和 HCl 气体，氯化炉以含 HCl 为主，镁电解槽阴极气体中主要是 Cl_2。一般治理方法是先用袋式除尘器或文丘里洗涤器去除氯化炉烟气中的烟尘和升华物，然后与电解阴极气体汇合，引入多级洗涤塔，用清水洗涤吸收 HCl，再用碱性溶液洗涤吸收 Cl_2。常用的吸收设备有喷淋塔、填料塔、湍球塔等，吸收效率可达 99% 以上。

　　进一步处理循环洗涤液，可以回收有用的副产品。一般循环水洗涤可获得 20% 以下的稀盐酸；加入 $MgCl_2$、$CaCl_2$ 等镁盐能获得高浓度 HCl 蒸气，再用稀盐酸吸收可制取 36% 浓盐酸；或用稀盐酸溶解铁屑制成 $FeCl_2$ 溶液，用于吸收烟气中的 Cl_2 生成 $FeCl_3$，经蒸发浓缩和低温凝固，制得固态 $FeCl_3$，作为防水剂、净水剂使用。用 NaOH、Na_2CO_3 吸收

Cl_2 可生成次氯酸钠，作为漂白液用于造纸等部门。如果这些综合利用产品不能实现，则应对洗涤液进行中和处理后排放。

还原法冶炼镁过程产生的各种排水基本不污染水环境，可以直接或经沉淀后外排。电解法冶炼镁过程产生气体净化废水和氯气导管及设备冲洗废水，含盐酸、硫酸盐、游离氯和大量氯化物，常用石灰乳或石灰石粒料作中和剂中和后排放。

（3）氟化盐生产废水处理技术

从萤石中制取的冰晶石（Na_3AlF_6）、氟化铝（AlF_3）和氟化镁（MgF_2）等氟化盐是冶炼镁和铝的重要熔剂和助剂。氟化盐生产过程产生的废水包括含低浓度氢氟酸、氟化物和悬浮物的真空泵水冷器排水，设备和地面冲洗水，石膏母液，含高浓度氢氟酸、氟化物、硫酸盐和悬浮物的各种氟化盐产品母液。含氟酸性废水一般用石灰乳进行中和反应生成氟化钙和硫酸钙等沉淀物，经沉淀后上清液外排或回用，沉渣经浓缩过滤后堆存或再经干燥成为石膏产品。在干旱地区，含氟酸性废水可送往石膏堆场，利用石膏中过剩的 $Ca(OH)_2$ 中和，废水在堆场内澄清后回用。

总之，轻有色金属冶炼废水中主要污染物为氟化物、次氯酸、氯盐、盐酸以及煤气发生站产生的含有悬浮物、硫化物、酚氰等物质。

16.2.2　含氟废水处理与回用技术

含氟废水处理方法一般分为混凝沉淀法及吸附法。其中混凝沉淀法使用最为普遍。根据所用药剂的不同，又可分为石灰法、石灰-铝盐法、石灰-镁盐法、石灰-过磷酸钙法等[47]。吸附法一般用于深度处理。混凝沉淀法，可使氟含量下降到 10～20mg/L 左右。

（1）石灰法

向废水中投加石灰乳，使钙离子与氟离子反应，生成氟化钙沉淀。

$$Ca^{2+} + 2F^- \longrightarrow CaF_2 \downarrow$$

18℃时，氟化钙在水中的溶解度为 16mg/L，按氟计则为 7.7mg/L，故石灰法除氟所能达到的理论极限值约为 8mg/L。一般经验，处理后水中氟含量为 10～30mg/L。石灰法处理含氟废水的效果见表 16-17。

表 16-17　石灰法处理含氟废水的效果　　　　　　　　　　　　　　　单位：mg/L

进水氟含量	1000～3000	1000～3000	500～1000	500
出水氟含量	20	7～8(沉淀 24h)	20～40	8

石灰法除氟国内应用较为普遍，具有操作管理简单的优点。但泥渣沉降缓慢，较难脱水。

用电石渣代替石灰乳除氟，效果与石灰法类似，但沉渣易于沉淀和脱水，处理成本较低。

为提高除氟效率，在石灰法处理的同时投加氯化钙，在 pH ＞8 时可取得较好的效果。

（2）石灰-铝盐法

向废水中投加石灰乳，调整 pH 值至 6～7.5。然后投加硫酸铝或聚合氯化铝，生成氢氧化铝絮凝体，吸附水中氟化钙结晶及 F^-，沉淀后除去。其除氟效果与投加铝盐量成正比。

某厂酸洗含氟废水含氟 63.5g/L，投加石灰 98～127.4g/L，搅拌 45min，搅拌速度150～170r/min，出水含氟量降至 17.4～10.4mg/L。

若在含氟 10.8mg/L 的出水中投加硫酸铝 0.6～2g/L，搅拌 3min，搅拌速度 120～

150r/min，出水含氟量可降至 4～2.2mg/L。

若兼投水玻璃，既可减少硫酸铝用量，又可提高除氟效果。某试验资料报道，原水含氟 4.8mg/L，投加硫酸铝 57.48mg/L，水玻璃 53.6mg/L，可使氟含量降至 1～0.65mg/L。

（3）石灰-镁盐法

向废水中投加石灰乳，调整 pH 值至 10～11。然后投加镁盐，生成氢氧化镁絮凝体，吸附水中氟化镁及氟化钙，沉淀除去。镁盐加入量一般为 F：Mg＝1：(12～18)。

镁盐可采用硫酸镁、氯化镁、灼烧白云石及白云石硫酸浸液。

某厂含氟废水采用投加石灰、白云石硫酸浸液处理试验，反应终点 pH 为 8.5，镁盐投加量按 F：Mg＝1：(12～18) 控制。当搅拌 5min，沉淀 1h 后，含氟量由处理前的 23.0mg/L 降至 3.0mg/L。每 1m³ 废水药剂耗量为白云石（含 MgO 20%）3.6kg、工业硫酸（相对密度 1.78）2.4kg、石灰（有效氧化钙大于 60%）1.5kg。

该法处理流程简单，操作便利，沉降速度较快。但出水硬度大，循环使用时，管道容易结垢；硫酸用量大，成本较高。

（4）石灰-磷酸盐法

向废水中投加磷酸盐，使之与氟生成难溶的氟磷灰石沉淀，予以除去。

$$3H_2PO_4^- + 5Ca^{2+} + 6OH^- + F^- \longrightarrow Ca_5F(PO_4)_3 \downarrow + 6H_2O$$

磷酸盐有磷酸二氢钠、六偏磷酸钠、化肥级过磷酸钙等。

某厂废水含氟 25.7mg/L，采用化肥级过磷酸钙作处理试验，当石灰和磷酸钙用量分别为理论量的 1.3 倍和 2～2.5 倍时，出水含氟量可降至 2mg/L 以下。试验用过磷酸钙由于本身含氟 0.5%，游离酸 4%，当投加量达理论量的 3 倍时出水呈弱酸性，氟的去除率反而降低。

药剂投加顺序对除氟也有较大的影响。先投加过磷酸钙，后投加石灰，出水含氟量较低。

（5）羟基磷酸盐吸附过滤法

利用羟基磷酸盐极难溶于水，但能与水中的氟离子进行交换反应的性质除氟。

$$Ca_5(OH)(PO_4)_3 + F^- \rightleftharpoons Ca_5F(PO_4)_3 + OH^-$$

上述反应为可逆反应。当水中 F⁻ 多而 OH⁻ 少时，F⁻ 即为羟基磷酸钙交换吸附，生成氟磷酸钙；反之，即再生为羟基磷酸钙。

某厂含氟废水用自制羟基磷酸盐小球处理。废水含氟 18mg/L，pH＝6～7。以 4～6m/h 的滤速通过粒度为 1.2～2.4mm、厚 540mm 的羟基磷酸盐滤池，出水含氟量可降至 5～6mg/L。当进水氟含量为 10mg/L，出水含氟量可降至 1.5mg/L。

羟基磷酸盐吸附过滤，进水含氟量以小于 20mg/L 为宜。pH＝6～7 时的效果最佳，pH 值越高，除氟容量越小。

羟基磷酸盐滤池出水含氟量上升至排放标准时，应停止运行，进行再生。先用 1% 氢氧化钠溶液再生；然后用 15% 硫酸铵溶液浸泡 3 次，前两次各 0.5h，最后 1 次 12h 以上；然后再用水洗，相当麻烦。

羟基磷酸盐吸附过滤法尚在试验阶段，存在问题较多。如羟基磷酸盐小球性质很不稳定，存放时间不能太长；3 个月后吸附容量即可由 1.28mg/L，下降至 0.61mg/L。再生、淋洗时间过长，约占整个运行时间的 2/3 等。

（6）其他方法

含氟废水还有许多处理方法，如活性氧化铝法、离子交换法、电渗析法、电凝聚法等。

当含氟废水中共存硫酸根、磷酸根等其他离子时，对用活性氧化铝法除氟有严重影响。而离子交换法由于离子交换树脂价格较贵，以及氟离子交换顺序比较靠后，因而树脂交换容量容易迅速消失，使用上也受到一定限制。

电渗析法可用于含氟废水的深度处理。某厂含氟废水经石灰-聚合氯化铝处理后，出水含氟 $10\sim24mg/L$，pH＝7。再用 $400mm\times1600mm$ 400 对膜两极两段电渗析器进行处理试验，处理量为 $30m^3/h$，总电压 $448\sim420V$，总电流 $40\sim43A$，出水含氟量小于 $1mg/L$。但膜表面易于结垢，尚待进一步研究。

电凝聚法用于含氟废水处理效果较好。某厂烟气除尘废水含氟 $20mg/L$，投加石灰乳调pH 值至 8.5，氟含量为 $15.5mg/L$，进入用铝板作电极的电解槽电凝聚处理，电流密度 $0.25A/dm^2$，出水含氟 $6.25\sim7.75mg/L$。

16.2.3　煤气发生站含酚氰废水处理

由于煤种、气化设备、生产工艺和操作条件等不同，煤气站排出的废水水质差别很大，其循环水系统和废水处理方法也因之而异。这里重点介绍烟煤煤气站含酚废水处理。

（1）废水水质

某厂烟煤气站循环水水质见表 16-18[47]。

表 16-18　竖管和洗涤塔废水水质　　单位：mg/L，pH 值除外

项　目	竖管废水	洗涤塔废水	项　目	竖管废水	洗涤塔废水
总固体	38268.0	28557.0	氨氮	2826.6	2712.3
悬浮固体	2218.0	2080.0	磷	21.0	14.0
溶解性固体	36050.0	26477.0	硫化物	51.0	83.4
挥发酚	2705.4	2408.9	Ca^{2+}	309.5	187.6
油	1170.0	964.0	SO_4^{2-}	17500.0	13750.0
可溴化物	8004.9	8449.6	Cl^-	542.4	852.0
COD	21754.5	22105.4	pH 值	7.5	7.5
CN^-	11.2	66.7			

（2）处理方法

由于水量大，水质复杂（含有大量酚、焦油、悬浮物、氨氮、氰化物等有害物质），因此这类废水应首先考虑循环使用，同时设置一定的废水处理系统，以处理排污水。

一般经验认为当 BOD_5 与 COD 比值大于 0.3 时，属于可生化的范围。根据某厂煤气发生站的试验资料：BOD_5 与 COD 比值竖管废水为 0.46，洗涤塔废水为 0.51。因此煤气站的含酚废水属于生化较好的范围，采用生化处理方法是比较适宜的。但在生化处理前，要进行预处理，除去悬浮物和焦油。当含酚浓度较高时，应用水稀释或采用回收利用方法除去大部分酚后才能进行生化处理。

当排放废水达不到要求时在生化处理后尚应进行深度处理。

（3）废水循环

① 水量平衡　是实现废水闭路循环的必要条件。影响循环系统水量盈亏的因素，主要有以下几个方面。

1）清浊分流。煤气站含酚废水（浊水）与其他排水（清水）的完全分流，是保证含酚废水能否闭路循环的首要条件。据实测资料，某站排出的清水量达 $247m^3/h$，为全年亏水较多的夏季日亏水量（约 $30m^3/d$）的 8 倍左右。可见如分流不好，管理不善，循环系统就有多水的可能。

2）雨水排除。循环水设施附近地面雨水径流必须单独排除，否则水量平衡就难以实现。

3）冷却构筑物的型式与工作状况。各种类型的冷却构筑物蒸发水量和其他损失水量是不同的，其工作状况对循环系统水量盈亏具有重要影响。

4）地方条件与季节条件。随风速、气温等因素的变化，冷却塔蒸发量、沉淀池表面蒸发损失、煤气输送管道中蒸汽冷凝水等数量亦随之变化。

5）气化燃料含水率。发生炉出口煤气带出水和煤气生产、净化及输送过程中的蒸汽冷凝水，是废水循环系统的主要收入水，而气化燃料的含水量就是这种水的主要来源。

6）焦油和沉渣的排除及其带水量。用抓斗清除沉淀池中焦油与沉渣时，带走部分水量。据某厂煤气站测定资料，每天随焦油与沉渣带走水量平均占废水循环系统总带走水量的 $1/17\sim1/12$。

一般在采取措施后，多数厂为亏水循环，即需要补充一部分新水，才达到平衡。据某厂煤气站水量测定资料（表 16-19）证实，无论是春、夏、秋、冬皆为亏水循环。

表 16-19 某厂煤气站水量测定资料 单位：m^3/d

季节		春	夏	秋	冬
煤气量		120×10^4	123×10^4	118.6×10^4	130×10^4
带入水量	煤气带入水	91.0	94.1	90.0	98.5
	蒸汽冷凝水与其他非含酚水	107.3	85.4	78.7	186.7
	带入水量之和	198.3	179.5	168.7	285.2
带出水量	冷却塔蒸发量及吹失量	418.0	424.0	373.0	354.0
	焦油带出水量	26.2	26.6	25.9	18.9
	焦油渣带出水量	12.0	12.3	11.8	13.0
	煤气带出水量	21.0	46.4	20.6	16.8
	带出水量之和	477.2	509.3	431.3	402.7
亏水量	一季内部分时间平均亏水量	278.9	329.8	262.6	117.5
	季平均亏水量	268.0	326.0	261.0	124.0

② 循环水水质及其对生产过程的影响 由于煤质、生产工艺、循环水系统和废水循环程度不同，各煤气站循环水水质相差较大。某钢厂煤气站设有三个循环水系统，各系统沉淀池皆采用自然沉淀。经 5 年多的闭路循环，其水质状况见表 16-20[47]。

表 16-20 某厂煤气站循环水水质 单位：mg/L，pH 值除外

项 目	竖管废水	洗涤塔废水	脱焦机废水
pH 值	$6.5\sim7.5$	$6.8\sim8.0$	$6.7\sim7.4$
焦油	$900\sim1200$	$550\sim1200$	$600\sim1500$
可溴化物	$5000\sim6300$	$3000\sim4500$	$4800\sim6000$
挥发酚	$1500\sim3200$	$1900\sim3000$	$1500\sim3500$
悬浮物	$550\sim1000$	$600\sim1360$	$350\sim800$
总固体	$11000\sim15000$	$2700\sim5000$	$10000\sim13300$
溶解性固体	$10500\sim13000$	$2500\sim4000$	$7500\sim10000$
耗氧量	$11000\sim18000$	$15000\sim20000$	$14000\sim20000$
氨氮	$1700\sim2500$	$500\sim1100$	$1700\sim2350$
总氮	$1500\sim2100$	$300\sim1000$	$1600\sim2300$
挥发性有机酸	$1000\sim1650$	$400\sim1000$	$1200\sim2300$
氰化物	$2\sim20$	$2\sim7$	$3\sim6$
总硫	$420\sim650$	$170\sim300$	$390\sim780$
吡啶碱	$200\sim570$	$300\sim410$	$100\sim370$

从表 16-20 中看出，水中酚类物质、焦油、悬浮物、总固体等皆处于较高的平衡浓度。水质恶化，对生产过程及周围环境造成不良影响。主要影响有：煤气站局部地点空气中有毒

物质含量超过环境标准；引起冷却塔和煤气洗涤塔填料堵塞，并在冷却塔底部池中产生大量泡沫。据测定，洗涤塔出口煤气中焦油含量通常达 0.2g/m^3 以上，煤气输送总管及用户煤气喷嘴堵塞严重。

③ 循环水系统 烟煤煤气站一般设置 2 个（竖管及洗涤塔）或 3 个（竖管、脱焦油机、洗涤塔）循环水系统，前一系统如图 16-1 所示。

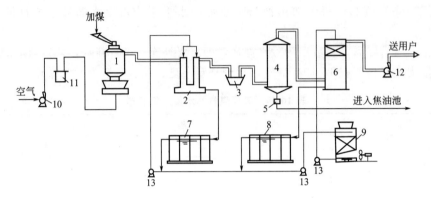

图 16-1 煤气站含酚废水循环系统

1—煤气发生炉；2—双筒竖管；3—水封；4—电捕焦油器；5—油封；6—洗涤塔；
7—竖管沉淀池；8—洗涤塔沉淀池；9—冷却塔；10—空气鼓风机；
11—逆止阀；12—煤气鼓风机；13—泵

为了确保循环水正常运行，一般应从循环水中抽出一部分水量进行处理，以改善循环水水质。处理规模可按循环水中主要污染物的控制浓度进行平衡计算，择其大者作为水处理规模。如何控制主要污染物浓度，以保持水质稳定，尚缺乏经验。某厂煤气站含酚废水，采用酸化混凝破乳净化，水处理规模为 1m^3 煤气处理 $0.85\sim0.90\text{L}$ 水，即可使循环水中悬浮物和焦油含量稳定。

（4）废水的预处理

竖管和洗涤塔排出的废水，经沉淀池除去重焦油和部分悬浮物后，仍含有不少的轻焦油、乳化油和悬浮物。在进一步生化处理前，必须先进行预处理，其主要方法如下。

① 酸化混凝破乳净化法 某厂煤气站采用酸洗钢材硫酸废液进行酸化混凝破乳，生成的絮凝体用焦油渣吸附下沉。此法除悬浮物效率约为 $84.8\%\sim96.4\%$，除油效率约 $26.6\%\sim27.4\%$。其处理流程如图16-2所示[47]。

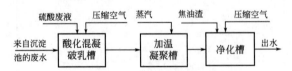

图 16-2 酸化混凝破乳净化法流程

酸化混凝破乳槽废水 pH 值为 $3.5\sim4.0$，加热凝聚槽水温 $55\sim70℃$，焦油渣与酚水混合质量比为 $25\%\sim30\%$，酸化混凝破乳时间 2min，加温凝聚时间 $5\sim10$min，净化搅拌时间 20min。每吨酚水耗硫酸 1kg，耗铁 0.06kg。净化后水流入竖管沉淀池，与循环水混合，使废水中 pH 值大于 7，以保证设备运行安全。

② 酸化混凝破乳气浮法 加硫酸酸洗废液进行酸化混凝破乳，pH 值控制在 $3.5\sim4.5$，再用压力溶气气浮法除去悬浮物和浮油。据某厂测定资料，此法的悬浮物去除率 $78.6\%\sim94.8\%$。

③ 盐析破乳混凝沉淀法 即在废水中加入钙盐破乳，同时加入硫酸铝和活化硅酸（水

玻璃）进行混凝沉淀。试验表明效果较好，见表 16-21。

表 16-21　盐析破乳混凝沉淀试验结果

废水种类	投药量/(g/L)			悬浮物/(mg/L)			油/(mg/L)		
	二价钙盐	硫酸铝	水玻璃	原水	处理水	去除率/%	原水	处理水	去除率/%
竖管废水	1.0	0.4	0.24	2088	189	91	1170	376	68
	4.5	1.8	1.08	2088	11	99	1170	218	81
	7.5	3.0	1.80	2088			1170	150	87
	10.0	4.0	2.40	2088	69	97	1170	175	85
洗涤塔废水	0.8	0.8	0.48	1532	404	74	964	180	81
	1.6	1.6	0.96	1532	54	96			
	3.2	3.2	1.92	1532	31	98			
	4.4	4.4	2.64	1532	104	93			

注：竖管废水使用的钙盐是氯化钙，洗涤塔废水为硫酸钙。

当循环洗涤水连续处理时，投药量可显著减少，一般为：氯化钙 $0.5kg/m^3$（硫酸钙 $0.2kg/m^3$），硫酸铝 $0.2kg/m^3$，水玻璃 $0.12kg/m^3$。

预处理可除去大部分悬浮物和油，但酚的去除率很低。一般将预处理后的水送回循环水系统，以改善其水质；或经稀释送生化装置做进一步处理。

（5）废水生化处理

煤气站含酚废水生化处理多采用活性污泥法、生物转盘和生物接触氧化法等，介绍如下。

① 活性污泥法　某厂采用活性污泥法处理煤气站含酚废水，挥发酚去除率为 81%～93%，COD 去除率为 48%～62%，BOD_5 去除率为 71%～90%。

② 生物转盘　某厂煤气站用生物转盘处理煤气站含酚废水，进行中间试验。试验装置设有单轴一级和单轴四级两组生物转盘，二次沉淀池（斜管沉淀池）1 个。单轴一级转盘直径为 2m，盘材为铝合金，盘片 75 片，总面积为 $471m^2$；单轴四级转盘直径为 2m，盘材为铝合金，盘片 71 片，总面积为 $446m^2$。试验结果见表 16-22[47]。

表 16-22　生物转盘试验结果（平均值）

试验编号	操作条件			酚去除率/%		COD 去除率/%		可溴化物去除率/%	
	含酚浓度/(mg/L)	流量/(m³/h)	转速/(r/min)	一级转盘	四级转盘	一级转盘	四级转盘	一级转盘	四级转盘
1	150	0.4	2.5	99.18	99.20	53.25	47.21	79.86	83.13
2	150	0.6	3.2	96.46	99.50	49.30	74.75	69.00	86.87
3	150	0.8	4.0	96.24	97.27	62.42	65.35	62.45	73.60
4	200	0.4	3.2	98.74	99.43	46.80	80.30	68.97	81.56
5	200	0.6	4.0	97.70	98.70	40.40	60.66	67.10	81.67
6	200	0.8	2.5	93.40	98.28	47.80	62.10	50.60	66.41
7	250	0.4	4.0	99.00	99.00	58.20	72.81	75.90	88.58
8	250	0.6	2.5	93.80	98.29	52.60	65.51	67.57	83.89
9	250	0.8	3.2	93.12	98.25	53.30	68.40	65.50	78.30

（6）废水的深度处理

煤气站含酚废水经生化处理后，仍具有一定的色度和残余的酚量，达不到排放标准。如必须外排时，则应进行深度处理。某厂进行过活性炭吸附深度处理试验。其工艺流程如图 16-3 所示。生化处理后的水投加聚合氯化铝，经混合反应槽和斜管沉淀池后，出水进入双层滤料滤池（上层滤料采用粒径 1~2mm 无烟煤，层厚 0.4m；下层滤料采用粒径 0.6~1.25mm 石英砂，层厚 0.5m），进一步除去悬浮物。出水再进入活性炭吸附装置（直径 70mm，活性炭滤层厚度 2.6m），使色度由 500 度降为 2 度，出水含酚为 0.02mg/L。

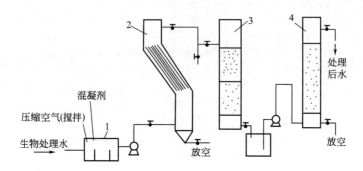

图 16-3　煤气站含酚废水深度处理工艺流程

1—混凝反应槽；2—斜管沉淀池；3—双层滤料滤池；4—活性炭吸附柱

16.2.4　盐酸、氯盐等酸性废水处理与资源化技术

对于镁冶炼产生氯酸、氯盐等废水可以通过投加其他盐类回收有用副产品。通常对氯酸、氯盐废水投加氯化钙，可制得或提高废水中 HCl 浓度，经蒸发浓缩、冷凝高浓度 HCl 气体可得到 36% 浓盐酸。此外加入铁屑可制作 $FeCl_2$ 净水剂，加入 Na_2CO_3、NaOH 可制作次氯酸钠漂白剂。

16.3　轻有色金属冶炼废水处理回用技术应用实例

16.3.1　抚顺铝厂废水处理回用技术应用实例

（1）废水来源与水质水量和处理工艺

竖式电炉尾气洗涤废水是镁生产酸性废水的主要来源，此外还有冲洗氯气导管、烟道和风机的废水也属酸性废水。

当时生产废水量和水质为：废水量为 4000~5000m³/d。废水 pH 1.40~2.10，含盐酸 0.92g/L 左右。

由氯化工段经耐酸排水管排出的含盐酸洗涤废水进入沉淀均化池。在除去废水中的悬浮物和浮渣（由石油焦中的焦油、挥发分及氯化镁等组成）后，再用玻璃钢离心泵把废水送入升流式变速膨胀滤池。废水中的 HCl 及 HOCl 与石灰石中的 $CaCO_3$ 进行中和反应，生成 $CaCl_2$ 和 $Ca(OCl)_2$ 随废水由滤池上部溢出，生成的碳酸部分随溢流水进入曝气塔（目前已不使用）或阶梯曝气装置，脱除 CO_2 以提高 pH 值。废水经脱气后再经沉淀池澄清，最后排入全厂排水管网。工艺流程如图 16-4 所示。

（2）主要处理构筑物与处理效果

酸性废水主要处理构筑物见表 16-23。[101]

该废水处理站其均化沉淀池及中和后沉淀池是将前苏联设计的改建的。升流式石灰滤料膨胀滤池是按 pH＝2~3，滤速 60~100m/h 设计的，其负荷为 50~80kg/(m² · h)。根据运行状况，出水 pH 值可达 6 以上。

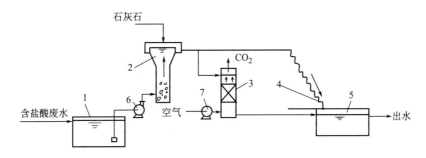

图 16-4　含盐酸废水治理工艺流程

1—均化沉淀池；2—升流式膨胀滤池；3—鼓风曝气塔；4—阶梯式曝气装置；

5—沉淀池；6—耐腐蚀泵；7—鼓风机

表 16-23　酸性废水主要处理构筑物和设备

名　称	数量	设 计 参 数	尺寸/m	结构形式
均和沉淀池	1 座	利用原中和池，分为 4 格，因各格连接不合理，调节容积仅 50m³	每格 6.5×5.2×4.5	钢筋混凝土
膨胀中和滤池	3 座	pH 2～3，底部滤速 60～100m/h，处理能力 4500m³/d，滤料层厚度约 1m	外径 ϕ1.20 扩散区 ϕ2.40	钢
鼓风曝气塔	1 座	Q＝125～150m³/h	2.1×2.1×6.0	钢筋混凝土
阶梯曝气装置	1 座	总高 4m，倾角 60°，宽度 3m，每层台阶高度 0.3m		钢结构、刷防腐漆
中和后沉淀池	1 座	利用原中和池改建分为 4 格	每格 6.5×5.2×4.5	钢筋混凝土
耐腐蚀泵	4 台	100FS-12-31 型，Q＝100.8m³/h，H＝36.5m		
鼓风机	2 台	Q＝4020～7420m³/h，H＝1314～2001Pa	$4^{\#}$ B4-72 型	
电动单轨葫芦	1 台			
电磁振动给料机	1 台	DZ3 型		

16.3.2　湘乡铝厂废水处理回用技术应用实例

湘乡铝厂是生产氟化盐产品为主，同时生产铝锭和其他产品的综合性企业。氟化盐生产原料为萤石（含 97%～98% 氟化钙）、硫酸、碳酸钠及氢氧化铝等。

（1）废水来源、水质水量与处理工艺

① 废水来源与水质　除未受生产物料污染的设备间接冷却水外，含硫酸废水来自硫酸仓库的废酸和冲洗地面废水，含氟废水主要来自合成冰晶石、氟化铝及氟化镁的母液，当停产检修时，设备清洗废水中也含有大量的氟化物和氢氟酸。

废水中除含有游离 HF 外，还有 Na_2SO_4、NaF、AlF_3、Na_2SiF_6 和 H_2SiF_6 等，其水质情况见表 16-24[101]。

表 16-24　湘乡铝厂含氟废水治理前水质　　　　　　　　　　单位：g/L

项目	总酸度(HF)	F^-	Al^{3+}	Na^+	SO_4^{2-}	SiO_2	Na_2SiF_6	SO_2	Cl^-
波动范围	0.05～2.20	0.76～6.05	0.02～2.25	1.88～7.66	5.36～10.49	0.15～3.10	0.16～4.88	0.1～0.83	0.28～0.80
平均	0.95	2.78	0.27	4.16	7.92	0.79	1.26	0.14	0.52

② 废水处理工艺

1）改造前处理流程。该厂氟化盐生产排出的含氟废水首先进入废水混合池，再依次流入三个中和反应槽，与从石灰乳贮槽投加的石灰乳发生下列反应：

$$2HF+Ca(OH)_2 \longrightarrow CaF_2 \downarrow +H_2O$$

$$2NaF+Ca(OH)_2 \longrightarrow CaF_2 \downarrow +2NaOH$$

$$2AlF_3 + 3Ca(OH)_2 \longrightarrow 3CaF_2 \downarrow + 2Al(OH)_3 \downarrow$$

$$MgF_2 + Ca(OH)_2 \longrightarrow CaF_2 \downarrow + Mg(OH)_2 \downarrow$$

$$H_2SO_4 + Ca(OH)_2 \longrightarrow CaSO_4 \downarrow + 2H_2O$$

$$H_2SiF_6 + Ca(OH)_2 \longrightarrow CaSiF_6 \downarrow + 2H_2O$$

$$Na_2SiF_6 + 3Ca(OH)_2 \longrightarrow 3CaF_2 \downarrow + SiO_2 \downarrow + 2NaOH + 2H_2O$$

中和反应后的废水进入废水池,再用泵送往露天沉淀池,沉淀后的清液排往工厂废水渠道,沉渣和废水均未被利用。

2)改造后工艺流程。改进后的废水治理工艺流程见图 16-5。其前半段沿用了处理站原有的构筑物和设备,仅用浓缩机替代了原自然沉淀池。浓缩机中的沉泥间断放入底流泥浆槽,经泵入缓冲槽再入过滤机,滤渣进入干燥炉干燥成石膏产品,滤液回流入废水池。浓缩机的澄清液流入清液池,用泵送至石灰消化工段作消化用水。

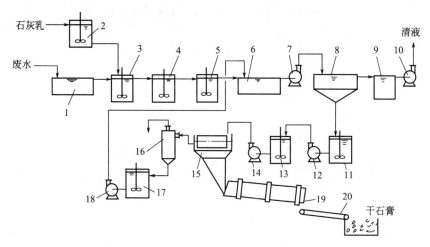

图 16-5 改进后的废水治理工艺流程

1—废水混合池;2—石灰乳贮槽;3~5—中和槽;6—废水池;7—砂泵;
8—浓缩机;9—清液池;10—清水泵;11—底流槽;12,14—泥浆泵;
13—泥浆缓冲槽;15—过滤机;16—气水分离器;17—滤液缓冲槽;
18—滤液泵;19—干燥炉;20—运输皮带

(2)主要处理构筑设施与处理效果

① 主要处理构筑设施 见表 16-25[101]。

② 处理效果 按照原废水治理工艺流程,废水在与石灰乳中和反应后用泵送至自然沉淀池进行液固分离。由于沉渣量大且清挖不便,池内泥渣不断增多,导致沉淀分离效果愈来愈差,厂总排放口废水中含氟浓度超过国家标准 1 倍左右。

通过技术改进工程的实施,用 $\phi 18m$ 浓缩机取代了自然沉淀池,使废水处理站及厂总排放口废水的含氟浓度大为降低,其对比数据列于表 16-26。

测定结果表明,经改造后的废水处理出水,不仅可达标排放,而且可回收沉渣和废水回用。处理后废水可代替新水作石灰消化用水和其他工业用水,仅以消化石灰用水为例,每小时可节水 $14m^3$,年节水费数十万元。

16.3.3 贵州铝厂废水处理回用应用实例

(1)"零"排放工程设计与技改要求

"零"排放技改方案设计思路为:a. 对重点污染源,如重点车间设备进行防跑碱改造,以降低废水含碱浓度;b. 对水质要求高的设备冷却水,采用自身循环,以减少废水排放量,

表 16-25 改进后治理工艺的主要构筑物和设备

名　　称	数量	规格或设计参数	尺寸/m	结构形式
废水混合池	1 座	有效容积 400m³	20×10×2	钢筋混凝土
石灰乳贮槽	2 个	容积 5m³,搅拌机功率 4.5kW	φ2.0×1.9	钢筋混凝土
中和槽	3 个	每个容积 18m³,搅拌机功率 7.5kW	φ2.8×3.0	钢
废水池	1 座	有效容积 158m³,搅拌机功率 7.5kW		钢筋混凝土
浓缩机	1 台		φ18	钢筋混凝土
清液池	1 座	有效容积 85m³		钢筋混凝土
底流槽	1 个	容积 19m³,搅拌机功率 7.5kW	φ3×2.8	钢
泥浆缓冲槽	1 个	容积 18m³,搅拌机功率 7.5kW	φ2.8×3.0	钢
过滤机	1 台	39m²		
气水分离罐	1 个		φ0.61×1.2	钢
滤液缓冲槽	1 个	容积 19m³,搅拌机功率 7.5kW	φ3×2.8	钢
干燥炉	1 台		φ2.1×25.0	钢
皮带输送机	1 台	B650mm,L10m		
泥浆泵	2 台	φ4″砂泵		
污水泵	3 台	φ4″砂泵		
清水泵	2 台	AP-60 水泵		

表 16-26 改进前后废水处理的水质对比

取样地点	改进前废水含氟浓度/(mg/L)					改进后废水含氟浓度/(mg/L)				
	No. 1	No. 2	No. 3	No. 4	No. 5	No. 1	No. 2	No. 3	No. 4	No. 5
处理站出口	625.78	138.98	651.64	452.60	790.00	12.97	20.44	27.13	19.64	18.66
厂总排放口	46.67	13.27	41.57	39.60	15.81	5.15	5.11	5.94	7.39	5.11

而对水质要求不高的设备冷却水、有条件的生产用水点等,全部使用再生水代替工业新水; c. 充分利用赤泥回水、蒸发坏水代替工业新水,并保证赤泥回水量不低于赤泥附液量; d. 根据生产实际情况以及《贵州铝厂工业用水标准》,采用经济实用的方法进行废水处理。

（2）用水系统改造降低废水排放的质与量

用水系统改造的要求如下。

① 抓源治本,降低废水含碱浓度　在氧化铝生产过程中,有高浓度的含碱废水进入排水系统,使废水含碱度升高,影响再生水回用。因此,加强和完善管理及设备维护,对重点车间进行防跑碱设施改造,是降低外排废水含碱浓度的关键。首先在工艺上采用新技术设备,如水泵采用先进的机械密封替代传统的填料密封,用密封性能较好的浆液阀、注塞阀替代传统的闸阀、截止阀等;其次对各生产车间大型槽罐(如沉降槽等)增设防跑碱设施,将泄漏的高浓度含碱废水引入收集槽后再返回工艺回用,有效地防止碱液外泄。

② 完善改造部分设备冷却水,减少废水排放量　对水质要求较高的回转窑托轮、排风机、煤磨、格子磨、管磨、溶出磨等设备冷却水,原设计均用工业新水冷却后直接排放(排水量 100～200m³/h)。为减少废水排放量,进行相应的改造如下。

1) 窑磨循环水系统的改造。针对烧成车间煤磨、排风机、烧成窑托轮以及熟料溶出磨、配料格子磨、管磨等设备相对集中的特点,将这些设备的冷却水集中回收循环使用,形成独立的窑磨循环水系统,有利于管道铺设和经济运行。

2) 焙烧窑托轮、风机冷却水改造。焙烧车间焙烧窑托轮、风机冷却水耗水量约 40～80m³/h,由于采用单一水源——工业新水供水,一旦发生停水事故,焙烧窑就停运。根据生产实际情况，充分利用现有空压循环水系统的富余能力供水，将焙烧窑托轮、风机冷却水纳入空压循环水系统，不增加水泵开启台数，而且改造时保留原有工业水供水流程，形成双水源供水，不仅减少了废水的排放量，而且提高了供水的可靠性，保证了焙烧窑可靠稳定地运行。

（3）废水处理系统完善改造

氧化铝废水"零"排放技术开发与研究中，废水的再生处理、循环利用，是实现废水"零"排放的基础。原废水处理系统将废水处理后作为全厂循环水和烧结循环的补水，沉淀池底流利用虹吸泥机吸出，但实际排放的废水量远远大于循环水的补水量，加之原设计中只有一个平流沉淀池，当吸泥机出现故障或清理沉淀池时，整个废水处理系统就停止工作，大量废水直接排入环境，其流程如图 16-6 所示[121]。因此，有针对性地对废水处理系统进行了完善改造[121]。

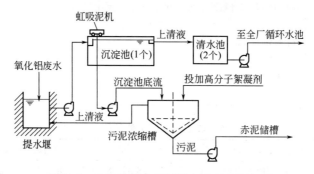

图 16-6　改造前氧化铝厂污水处理系统流程

① 废水处理系统沉淀池改造　据测定统计，现有的一个废水平流沉淀池的处理能力远不能满足生产需求，故应新建平流沉淀池 1 座。

新建平流沉淀池的底流污泥采用虹吸泥机连续排放，平均污泥流量 80m³/h 左右。改造后的两个平流沉淀池，随废水量的变化既可互为备用又可同时运行，其最大处理能力为 1000m³/h，确保污泥沉淀效果。

② 沉淀池污泥处理流程改造　在废水处理系统的改造中，沉淀池污泥的处置是系统能否正常稳定运行的关键。原设计对沉淀池污泥投加聚丙烯酸钠，在浓缩槽中经 2h 沉淀后，送至二赤泥储槽与赤泥一起送赤泥堆场。但实际运行时因赤泥外排储槽控制性较差和输送量不稳定等因素的影响，污泥浓缩系统的稳定性和可靠性得不到保证。另外，受污泥输送流程的影响，虹吸泥机时常间断运行，造成虹吸泥机堵塞，使废水处理系统不能正常工作。为此，对平流沉淀池污泥处置做了如下改造，如图 16-7 所示[121]。

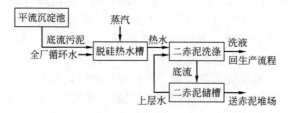

图 16-7　废水处理底流污泥处置流程

氧化铝生产过程中，排弃的赤泥，需用热水（300m³/h）洗涤，原利用全厂循环水在脱硅热水槽中加热后洗涤赤泥，由于该流程对水质的要求不高，故改用未浓缩的平流沉淀池底流送脱硅热水槽代替部分全厂循环水加热后用于赤泥洗涤。该技术实践表明,用平流沉淀池的底流代替部分循环水参与洗涤赤泥,并随赤泥一起沉降后送赤泥堆场,对赤泥的输送系统不产生任何波动,同时还解决了虹吸泥机因间断运行造成虹吸管易堵塞的难题。由于简化了流程,节省了对污泥浓缩、絮凝沉降、干化等一系列的设备投资、管理和运行维护费用,达到了污泥处置经济运行的目的,为废水处理系统稳定运行提供了保证。

③ 增设沉砂池及配套设施　氧化铝厂的排水系统为"合流制",废水中夹带大量砂石,易造成虹吸泥机堵塞或因砂石密度较大无法排出而在平流沉淀池内淤积。所以在平流沉淀池的前端增设了两个沉砂池。运行结果表明,这样安排既解决堵塞问题,沉淀池清池周期也明显延长。

④ 氧化铝废水的深度净化　要使氧化铝废水达到"零"排放,就意味着所有废水经处理后必须全部回用,而处理后再生水水质的好坏是循环使用的基本前提。根据铝厂工业用水标准,以及氧化铝厂各再生水用水点的实际情况,对再生水进行深度净化处理的目的是降低再生水的悬浮物浓度(≤20mg/L)。为此,结合该厂废水处理系统的特点,增加了4套高效纤维过滤器及配套设施,对再生水进行深度净化处理。扩建改造后的废水处理系统流程如图16-8所示[121]。

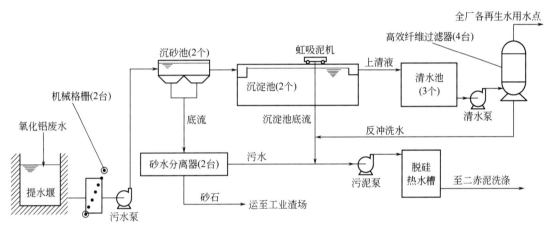

图 16-8　扩建改造后的废水处理系统流程

(4) 开发利用再生水,提高循环利用率

开发利用再生水的途径如下。

① 完善再生水输送管道　充分利用原有废弃的工艺物料输送管道,完善再生水输送管网改造,形成全厂范围内的再生水树状输水管网布局。

② 再生水代替工业新水补水　氧化铝生产过程中,需要大量的碱,用含碱的再生水代替工业新水,不但节约工业新水,还可减少碱的损失,逐步降低再生水的含碱浓度(至少可在一定浓度范围内形成平衡点)。再生水代替工业新水补水有5种途径:a. 用于全厂循环水池补水;b. 用于4号蒸发循环水补水;c. 各车间清洗槽、罐、刷车、冲洗滤布等均改用再生水;d. 用于石灰炉湿式电除尘清灰、石灰炉循环水池补水;e. 用于过滤真空泵循环水池补水以及多品种车间热水槽补水等。

③ 再生水用于洗涤氢氧化铝　由于洗涤氢氧化铝的热水,通常是用"新水+蒸汽"制作而成。经过试验改用蒸发坏水(因蒸发器串料等影响被污染而含碱的蒸汽冷凝水,水温约为70℃)和真空泵使用后的再生水(水温约为40℃)代替原来的新水,这不仅节约了工业新水,还充分利用了余热。

（5）充分利用赤泥回水，完全实现"零"排放

由于氧化铝生产过程中排出的赤泥带有一定数量的附着液，随赤泥排至赤泥堆场的水量约为 140m³/h，只有将赤泥的附着液全部回收利用才能达到真正意义的"零"排放。经过增设赤泥回水中间加压及大力开发赤泥回水利用等技术改造项目的实施，使赤泥回水用量逐年增加，现回用量已达 180～220m³/h，达到了完全回收赤泥附液的目的，不仅节约了大量新水，同时还可回收大量的碱和氧化铝。

（6）氧化铝废水"零"排放技术实施效益

"氧化铝废水'零'排放技术开发与研究"项目的实施，使氧化铝厂废水处理系统能稳定、连续、持久运行，经深度净化后，出水水质悬浮物含量不高于 20mg/L，达到铝厂工业用水标准；废水处理量及再生水回用量大幅增加，节水减排效果显著。年均减少用水264.47 万立方米；减少碱的流失，降低氧化铝生产成本，年实现经济效益 1500 万元以上，社会效益、环境效益显著。

17 稀有金属冶炼废水处理与回用技术

稀有金属，根据其物理、化学性质或矿物原料中共生状况分为：稀有轻金属，如锂、铷、铯、铍等；稀土金属，如钪、钇、镧及镧系列元素；稀有高熔点金属，如钛、锆、钒、铌、钽、钼、钨、铼等；稀有分散性金属，如镓、铟、铊、锗、铯、碲等；稀有放射性金属，如钍、铀及锕系列元素等。

17.1 稀有金属冶炼废水来源与特征

17.1.1 稀有金属冶炼废水来源

稀有金属由于种类多、原料复杂，金属及化合物性质各异，再加上现代工业技术对这些金属产品的要求各不相同，故其冶炼方法相应较多，废水来源的种类也较为复杂。

在天然状态下，稀土元素与钍结合紧密，如独居石中含有钍约 1.4%～3.0%；铌、钽、钒等矿石常与铀、钍伴生。故稀土金属冶炼排水，设备冲洗、尾气淋洗排水，均会含有放射性元素污泥。

有色金属冶炼消耗大量的水，随之也产生了大量的冶炼废水。有色金属种类繁多，冶炼过程中产生的废水也种类多样，由于有色金属矿石中有伴生元素存在，所以冶炼废水中一般含有汞、镉、砷、铅、铍、铜、锌等重金属离子和氟的化合物等。此外，在有色冶金过程中还产生相当量的含酸、碱废水。

在稀有金属的提取和分离提纯过程中，常使用各种化学药剂，这些药剂就有可能以"三废"形式污染环境。例如在钽、铌精矿的氢氟酸分解过程中加入氢氟酸、硫酸，排出水中也就会有过量的氢氟酸。稀土金属生产中用强碱或浓硫酸处理精矿，排放的酸或碱废液都将污染环境。某些有色金属矿中伴有放射性元素时，提取该金属所排放的废水中就会含有放射性物质。

稀有金属冶炼厂放射性废水一般属低水平放射性废水。

半导体材料生产废水中含砷、氟等有害元素，砷主要取决于原材料的成分，氟来自腐蚀工序洗涤排水。

铍主要来自铍冶炼工艺排水；钒来源于五氧化二钒车间，钒接触车间及化验室排出的废水；硒、铊、碲来源于高纯金属生产排出的废水。

17.1.2 稀有金属冶炼废水特征与水质状况

稀有金属冶炼废水的主要特点为：a. 稀有金属冶炼废水量较少，有害物质含量高；b. 由于有色金属矿石中有伴生元素存在，废水含有多种毒性元素，但致毒浓度限制至今未曾明确规定，还没有制订外排标准，有待进一步研究；c. 不同品种的稀有金属冶炼废水，均有其特殊特征，如放射性稀有金属、稀土金属冶炼废水均含有放射性，铍冶废水含铍，半导体材料冶炼废水含砷、氟，以及硒、铊、碲来源于高纯该金属生产排水等。

根据不完全统计，稀有金属冶炼废水水质，见表 17-1[101]。

表 17-1　稀有金属冶炼厂生产工艺废水中污染物含量　　　　　单位：mg/L

企业名称	项　目　名　称								
	镉	六价铬	砷	铅	石油类	COD	锌	氟	汞
有色金属冶炼厂	0.000	0.000	0.000	0.000	0.0	19.10	0.00	5.32	0.000
有色金属冶炼厂	0.010	0.005	0.116	0.048	5.8	0.00	0.27	4.54	0.001
单晶硅厂	0.000	0.017	0.000	0.000	0.0	54.89	0.00	0.00	0.000
硬质合金厂	0.018	0.103	0.140	0.079	32.5	224.10	0.32	30.70	0.017
半导体材料厂	0.000	0.000	0.000	0.005	0.0	0.00	0.00	0.82	0.000
有色冶炼厂	0.000	0.000	0.000	0.000	0.0	0.00	0.00	28.41	0.000
硬质合金厂	0.002	0.006	0.016	0.201	0.0	6.42	0.10	0.00	0.002
半导体材料厂	0.000	0.036	0.048	0.036	0.0	0.00	0.00	3.36	0.000
钛厂	0.000	0.050	0.000	0.000	0.0	0.00	0.00	0.00	0.000
半导体材料厂	0.000	0.006	0.000	0.000	0.0	0.00	0.00	0.72	0.000
稀土公司	0.000	0.000	0.000	0.000	69.9	392.30	0.00	6.90	0.000
有色金属冶炼厂	0.000	0.000	0.000	0.000	0.0	0.00	0.00	0.12	0.000

17.2　稀有金属冶炼废水处理与回用技术

17.2.1　稀有金属冶炼废水处理技术

（1）稀有金属冶炼废水处理的基本原则

稀有金属冶炼厂废水大都采用清污分流，对生产工艺有害物质含量高的母液，一般采用蒸发浓缩法，回收其中的有用物质，如从钨母液中回收氟化钙；钼母液中回收氯化铵；钽、铌母液中回收氟化铵、氟硅酸钠及硫酸钠等。或返回生产中使用，如硫酸萃取法制取氢氧化铍流程中，反萃后的含铍沉淀废液，返回使用。

必须外排的少量废水，一般采用化学法处理。根据废水水质不同，分别投加石灰、氢氧化钠、三氯化铁、硫酸亚铁、硫酸铝等化学药剂。

含铍废水用石灰中和处理，经沉淀、澄清后去除率可达 97.8%，过滤后可提高至 99.4%，水中铍余量可达 1μg/L 以下，处理效果较用三氯化铁、硫酸铝等为好。

含钒废水用三氯化铁处理，混凝、澄清后可除去 93%，过滤后可提高到 97%，处理效果较石灰、硫酸铝好。

中、低水平放射性废水用石灰、三氯化铁处理，可除去铌 97%～98%、锶 90%～97%，用硫酸铝可除去锶 56%、铯 20%。对去除铀冶炼废水中的镭等低水平放射性废水用锰矿过滤处理，去除率约为 64%～90%。

离子交换及活性炭吸附多用于最后处理。

生物处理一般用于含有大量有机物质、稀有金属浓度较低的废水。生物法用于铍的二级处理时，废水含铍浓度不能超过 0.01mg/L。用活性污泥处理含钒废水，活性污泥每克吸收钒达 6.8mg，未出现不利影响；超过此量，则开始影响生物群体。

根据稀有金属冶炼、提取和分离提纯过程中，常使用各种化学药剂，或用强碱、强酸处理和溶析精矿，因此，稀有金属冶炼废水特征具有：a. 较强的酸碱性；b. 放射性废水；c. 含氟废水；d. 含砷废水和钒、铍等有毒废水等。

（2）稀有金属冶炼废水处理

稀有金属种类很多，根据其物理和化学性质、赋存状态、生产工艺等，从技术上分为稀有轻金属（如锂、铍等）、稀有难熔金属（如钛、钨、钒等）、稀土金属（如钪、镧等）、稀有分散金属（如锗、硒等）、稀有贵金属（如铂、铱等）和稀有放射性金属（如镭、铀等）等六类。按照原料成分和生产工艺，稀有金属冶炼废水除含有金属离子外，还常含有砷和氟等污染物，废水多呈酸性。除稀有放射性金属生产废水处理（见放射性金属生产废水处理）具有特异性外，其他几类的废水处理有其相似性。

稀有金属冶炼厂废水大都采用清污分流的排水体制。对有害物质含量高的母液，一般采用蒸发浓缩法回收其中的有用物质。如从钨母液中回收氯化钙；钼母液中回收氯化铵；钽、铌母液中回收氟化铵、氟硅酸钠及硫酸钠等。也有的返回生产中使用，如硫酸-萃取法制取氢氧化铍流程中，反萃取后的含铍沉淀废液返回工艺使用。必须外排的少量废水，一般采用化学沉淀法处理。根据废水的水质不同，采用石灰、氢氧化钠、三氯化铁、硫酸亚铁、硫酸铝等作沉淀剂。含铍废水用石灰法处理，经沉淀后去除率可达 98% 左右，过滤后可提高到99% 以上，处理后水中铍含量可降至 $1\mu g/L$ 以下，处理效果较用三氯化铁、硫酸铝为好。含钒废水用三氯化铁处理，混凝澄清后去除率达 90% 以上，过滤后可提高到 95% 以上，处理效果一般比投加石灰或硫酸铝为好。

17.2.2　稀土含砷废水处理技术

砷是一种在性质上介于金属与非金属之间的物质，在考虑含砷废水处理技术时，还必须充分认识到砷的这种特征。

在废水中，砷多以三价、五价或砷化氢（AsH_3）的形态存在，而由 pH 值决定它们存在的形态。

通过理论分析和实验验证，在不同的酸、碱条件下，砷所处在的形态如下：在强酸条件下，砷多以 As^{3+}、As^{5+} 的形态存在；在弱酸条件下，砷存在的形态为 H_3AsO_3、H_3AsO_4 及 $H_2AsO_3^-$；在从弱酸到中性条件下，砷存在的主体形态为 AsO_3^{3-}、AsO_4^{3-}；在碱性条件下，砷仅以 AsO_3^{3-}、AsO_4^{3-} 的形态存在。

（1）化学沉淀处理法

对含砷及其化合物废水，现广泛应用的仍是化学沉淀处理法，就此，效果显著的是氢氧化铁共沉处理法和不溶性盐类共沉处理法，本节将就这两种处理技术加以阐述。

① 氢氧化铁共沉处理法　对含砷废水大量的处理实验和运行实践结果证实，氢氧化铁的效果最为显著，而其他金属氢氧化物的效果则较差。

含砷废水中所含有的砷多以砷酸或亚砷酸的形态存在，单纯使用中和处理不能取得良好的去除效果。氢氧化物具有良好的吸附性能，利用它的这一性质能够取得较高的共沉效果。而与其他类型金属相比较，氢氧化铁有更高的吸附性能，这也是多使用氢氧化铁处理含砷废水的主要原因之一。

铁盐的投加量，应根据原废水中砷含量而定。原水中砷的浓度与投加的铁盐浓度之比称为"砷铁比"（Fe/As）。处理水中砷的残留浓度与砷铁比值有关。氢氧化铁处理含砷废水过程最适宜的 pH 值介于较大的范围，当砷铁比值较小时，最适 pH 为弱酸性，而当砷铁比值较大时，则为碱性。

砷铁比与 pH 值是决定含砷废水处理效果的两大因素。图 17-1 及图 17-2 分别为 pH 值、砷铁比（Fe/As）与 As 残留量的关系。从图 17-1 可见，在 pH 值一定的条件下，在 pH 值为 11 时处理水中 As 的残留量最低。从图 17-2 可见，如欲使处理水中残留 As 量处于较低的程度，必须采用较高的砷铁比值。

根据上述可做出如下的结论：在考虑含砷废水中含有其他金属，存在着某些干扰因素的条件下，采用 5 以上的砷铁比，使 pH 值介于 6.9~9.5 之间，处理水中砷的残留量可满足

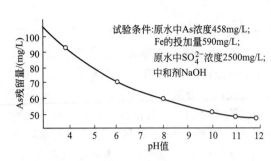

图 17-1 氢氧化铁处理含砷废水 As
残留量与 pH 值的关系

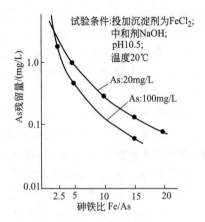

图 17-2 氢氧化铁处理含砷废水 As
残留量与砷铁比值的关系

排放标准 0.5mg/L 的要求。

如使用铁以外的氢氧化物，处理过程的边界条件应另行确定。

② 不溶性盐类共沉处理法 氢氧化铁共沉法处理含砷废水的效果较好，但也存在下列两个问题：一是金属盐的投加量过高，当原废水中砷含量高达 400mg/L 时，金属盐的投加量可能高达 4000mg/L，即砷含量的 10 倍以上，而且处理水中的砷含量还不能达到排放标准；二是是在处理过程中产生大量的含砷污泥，这种污泥难于处理与处置，而且易于形成二次污染，贻害环境。

针对氢氧化铁共沉处理法存在这两项弊端，人们应寻求予以解决的对策，就此，考虑下列两项因素：其一，砷能够与多数金属离子形成难溶化合物，除铁盐外，作为沉淀剂的还有钙盐、铝盐、镁盐以及硫化物等；其二，亚砷酸盐的溶解度一般都高于砷酸盐，因此，在进行化学沉淀处理前，应将溶解度高的亚砷酸盐氧化成为砷酸盐，并以此作为氢氧化铁共沉处理法的前处理。

就此，一些专家曾对含砷废水处理进行过多种工艺的试验研究，择其要者概述于后。

某含砷废水以砷（As）计砷酸含量为 400mg/L，投加 400mg/L 以铁计的氯化铁，经沉淀分离后处理水中尚残有浓度为 3mg/L 的砷，向澄清液再投加约 50 倍的铁盐，即 150mg/L，两者共用铁盐 550mg/L，处理水中砷含量可能降至 0.5mg/L，但是铁盐投加总量达 550mg/L，为原废水中砷含量的 1.375 倍，但是，所产生的污泥产量，只占氢氧化铁共沉法产泥量的 1/7，取得了缩减污泥产量的效果。

曾进行过使用两种沉淀剂接续处理的试验，如氢氧化钙-硫化钙、氢氧化钙-硫化钠、氢氧化钙-铝盐、氢氧化钙-氯化铁等，其中处理效果最好的是氢氧化钙-氯化铁处理方案，在 pH 值为 10～12 的条件下，氯化铁投加量介于 500～1000mg/L 之间，除砷效果可达 99%。

曾对含砷废水进行过使用单一沉淀剂（絮凝剂）硫酸铝的处理试验。试验是在将 pH 值调整为 7.0 和不调整 pH 值两种条件下进行的。图 17-3 所示即为试验结果。

由图 17-3 可见，当原废水中砷含量为 0.5mg/L 时，在将 pH 值调整为 7.0，硫酸铝的投加量为 50mg/L 的

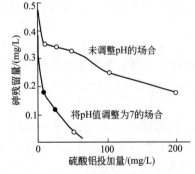

图 17-3 以硫酸铝为沉淀剂处理
含砷废水硫酸铝投加量与
水中砷残留量的关系

条件下，处理水中砷的残留量可降至 0.05mg/L 以下，砷的去除率达 90%；与此相对，在不调整 pH 值的场合，即使将硫酸铝的投加量增高到 200mg/L，处理水中砷的残留量仍高达 0.2mg/L，去除率仅为 60%。这一试验结果说明，含砷废水用化学沉淀法进行处理，调整 pH 值是必要的。

（2）石灰法

一般用于含砷量较高的酸性废水。投加石灰乳，使与亚砷酸根或砷酸根反应生成难溶的亚砷酸钙或砷酸钙沉淀。

$$3Ca^{2+} + 2AsO_3^{3-} \longrightarrow Ca_3(AsO_3)_2 \downarrow$$
$$3Ca^{2+} + 2AsO_4^{3-} \longrightarrow Ca_3(AsO_4)_2 \downarrow$$

某厂废水含砷 6315mg/L，处理流程如图 17-4 所示。

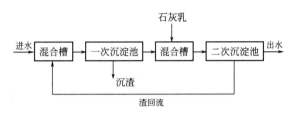

图 17-4　石灰法二级处理流程

废水先与回流沉渣混合，分离沉渣后上清液再投加石灰乳混合沉淀。当石灰投加量为 50g/L 时，出水可达排放标准。如先不与回流沉渣混合即用石灰法处理，出水含砷往往超过排放要求。

石灰法操作管理简单，成本低廉；但沉渣最大，对三价砷的处理效果差。由于砷酸钙和亚砷酸钙沉淀在水中溶解度较高，易造成二次污染。

（3）石灰-铁盐法

一般用于含砷量较低、接近中性或弱碱性的废水处理。砷含量可降至 0.01mg/L。

利用砷酸盐与亚砷酸盐能与铁、铝等金属形成稳定的络合物，并与铁、铝等金属的氢氧化物吸附共沉的特点除砷。

$$2FeCl_3 + 3Ca(OH)_2 \longrightarrow 2Fe(OH)_3 \downarrow + 3CaCl_2$$
$$AsO_4^{3-} + Fe(OH)_3 \Longleftrightarrow FeAsO_4 + 3OH^-$$
$$AsO_3^{3-} + Fe(OH)_3 \Longleftrightarrow FeAsO_3 + 3OH^-$$

当 pH >10 时，砷酸根及亚砷酸根离子与氢氧根置换，使一部分砷反溶于水中，故终点 pH 值最好控制在 10 以下。

由于氢氧化铁吸附五价砷的 pH 值范围要较三价砷大得多，所需的铁砷比也较小，故在凝聚处理前，将亚砷酸盐氧化成砷酸盐，可以改进除砷效果。铁、铝盐除砷效果见表 17-2[47]。

表 17-2　铁、铝盐使用条件及除砷效果

药　剂	最佳 pH 值	最佳铁砷、铝砷比	去除率/%
$FeSO_4 \cdot 7H_2O$	8	$Fe^{2+}/As = 1.5$	94
$FeCl_3 \cdot 7H_2O$	9	$Fe^{3+}/As = 4.0$	90
$Al_2(SO_4)_3 \cdot 18H_2O$	7~8	$Al^{3+}/As = 4.0$	90

某厂废水含砷量 400mg/L，pH ＝3~5，处理流程如图 17-5 所示。

向废水中投加石灰乳调整 pH 值至 14，经压缩空气搅拌 15~20min，用压滤机脱水，滤

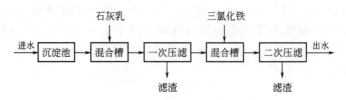

图 17-5 石灰-铁盐法处理流程

出液砷含量降至 7.6mg/L，砷除去率 98%。然后投加三氯化铁，压缩空气搅拌 15～20min，再用板框压滤机压滤，出水含砷 0.44mg/L。处理 1m³ 废水生石灰耗量为 3kg，三氯化铁耗量为 1.3kg。

石灰-铁（铝）盐法除砷效果好，工艺流程简单，设备少，操作方便。但砷渣过滤较困难。

（4）硫化法

在酸性条件下，砷以阳离子形式存在。当加入硫化剂时，生成难溶的 As_2S_3 沉淀。

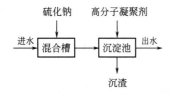

图 17-6 硫化法处理流程

某厂废水含砷 121mg/L，锑 5.93mg/L，硫酸 3.9g/L，处理流程如图 17-6 所示。

在混合槽中向废水投加硫化钠 1.05g/L，搅拌反应 10min，然后进入沉淀池投加高分子絮凝剂，以加速沉降分离。出水 pH＝1.4，砷含量 0.29mg/L，锑 0.04mg/L。在混合槽投加硫化钠时产生的硫化氢气体，需用氢氧化钠溶液吸收。处理 1m³ 废水药剂消耗：工业硫化钠为 0.75kg，高分子絮凝剂为 0.004kg。

硫化法净化效果较好，可使废水中砷含量降至 0.05mg/L；但硫化物沉淀需在酸性条件下进行，否则沉淀物难以过滤；上清液中存在过剩的硫离子，在排放前需进一步处理。

（5）软锰矿法

利用软锰矿（天然二氧化锰）使三价砷氧化成五价砷，然后投加石灰乳，生成砷酸锰沉淀。

$$H_2SO_4 + MnO_2 + H_3AsO_3 \longrightarrow H_3AsO_4 + MnSO_4 + H_2O$$
$$3H_2SO_4 + 3MnSO_4 + 6Ca(OH)_2 \longrightarrow 6CaSO_4 \downarrow + 3Mn(OH)_2 + 6H_2O$$
$$3Mn(OH)_2 + 2H_3AsO_4 \longrightarrow Mn_3(AsO_4)_2 \downarrow + 6H_2O$$

某厂废水含砷 4～10mg/L、硫酸 30～40g/L，处理流程如图 17-7 所示。

废水加温至 80℃，曝气 1h；然后按每克砷投加 4g 磨碎的软锰矿（MnO_2 含量为 78%～80%）粉，氧化 3h；最后投加 10% 石灰乳调整 pH 值至 8～9，沉淀 30～40min，出水含砷可降至 0.05mg/L。不同砷含量的处理效果见表 17-3。

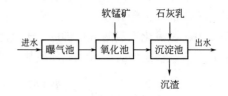

图 17-7 软锰矿法处理流程

（6）其他处理法

除化学沉淀处理法外，对含砷废水，在国外还曾进行过应用其他方法的处理，处理均属试验性的，所得结果也是初步的。

① 吸附处理法 吸附处理法能够用于含砷废水的处理，可作为含砷废水处理吸附剂的有活性炭、活性矾土、沸石、硅酸铝、白云石等。

对砷吸附效果较好的是活性炭和活性矾土，可达 90% 以上，其他各种吸附剂，吸附效果只在 50%～70% 左右。

表 17-3 不同砷含量的处理效果

废水成分质量浓度/(g/L)		氧化条件			出水砷质量浓度/(mg/L)
砷	硫酸	MnO$_2$ 耗量/(g/L)	温度/℃	时间/h	
12.37	42.9	4	80	3	0.05
8.5	80.0	4	70	2.5	0.06
4.4	49.1	4	80	2	0.035
3.55	23.1	4	70	3	0.05
2.74	31.4	4	80	3	0.02

活性炭、活性矾土作为吸附剂，用于含砷废水处理，在实际应用上还有一系列问题需要解决，吸附塔的形式、通水速度及吸附速度等设计数据还不够成熟，此外，吸附剂的再生方法，再生后如何重复应用等技术问题，也需要进一步通过实践进行探讨、确定。

吸附处理法主要适用于饮用水中含砷的去除。

② 离子交换处理法　以 AsO$_3^{3-}$ 形态存在的含砷水溶液可以考虑用离子交换树脂法进行处理。此外，砷具有易于与卤素化元素化合的性质，因此，可以考虑用强碱基性的阴离子交换树脂进行处理。

但是，用离子交换树脂法进行处理还有一系列问题需要解决，如树脂的选定、废水中混有的其他离子对、处理过程的影响、树脂的再生等，因此可以说距在生产中实施还有一段距离。

③ 生物处理法　生物处理法是最近几年开始的对含砷废水进行探索性的处理技术，并已取得了某些进展。使用的生物处理技术是活性污泥法。

试验结果说明，活性污泥处理技术对 As(Ⅴ) 具有去除效果，而对低浓度的去除效果高于较高浓度。

曾对 As(Ⅴ) 原始含量 20mg/L 及 100mg/L 的两种废水进行活性污泥法的处理试验。结果表明，在废水与活性污泥接触反应 0.5h 以后，对 As(Ⅴ) 的去除就产生了效果，低浓度废水的砷去除率达 50%，高浓度废水的去除率则为 40%。随着反应时间的延长，两种废水的砷去除率都有所提高，但比较缓慢，经 12h 后，低浓度废水的砷去除率达 55.8%，而高浓度废水的去除率仅 46.3%。

根据砷去除的这种工况，可以认定，活性污泥对砷的去除机制主要是吸附。

试验结果还表明，有机负荷量对 As(Ⅴ) 的去除效果也产生影响，负荷高者，去除效果也高。试验是在 COD 值为 517mg/L 及 1843mg/L 两种有机负荷条件下进行的，As(Ⅴ) 的含量均为 20mg/L。经 0.5h 的接触反应，前者对 As(Ⅴ) 的去除率为 44.7%，而后者为 47.5%，随反应时间的延长，两种废水砷的去除率都有所提高，经 12h 反应后，前者的 As(Ⅴ) 去除率为 48%，而后者的去除率为 57.2%。出现这种现象的主要原因，我们认为是系统中有机物浓度高，而且溶解氧含量非常充足（DO 为 8.79～10.12mg/L），在这种条件下，微生物以高速增殖，从而使活性污泥浓度大增，废水中的砷得到较大幅度的下降。

17.2.3　稀土放射性废水处理技术

（1）铀矿山废水处理基本方法

在矿山生产时期，矿坑水一般在井下被水仓收集后，由泵提升至地表集中处理后排放。矿坑水处理分为矿坑水流出前的处理和流出后的处理。流出前的处理包括淹井前井下采场的清洗、密闭、井下设备的拆除以及在淹井过程中往矿坑水中投加石灰等进行处理等；流出后的处理一般使用矿山原有的废水处理设施。

当废水处理的代价-效益比极不合理时，对于各种有害元素浓度较低的矿坑水或地表水体流量较大、有足够的稀释能力且人烟稀少的地区，经优化分析，可以将矿坑水直接排至地表水体。如新疆某铀矿的矿坑水就是采用直接排放、加强监测的办法解决的。对有些铀矿山，可以采用封堵墙加壁后注浆等堵水方法，封堵矿山的坑（井）口或钻孔，切断矿坑水的流出通道，如湖南某铀矿就采取了全部坑井口封堵的措施。

溶浸矿区地下水污染的净化方法主要有化学处理法、生物处理法、抽水净化法、自然净化法等。化学处理法是将化学试剂投入到含水层中，使之与污染物质发生还原、沉淀等作用，以达到净化目的；抽水净化法即不断抽出被污染的矿层水，未被污染的地下水从四周流入含矿含水层冲洗矿层，从而使含矿含水层的水质逐渐被净化；自然净化法是利用残留于地下水中的污染质在天然水动力作用下随着地下水流动被地下水稀释，并在运动过程中与岩石发生化学反应如离子交换、吸附及沉淀等自然净化作用使污染质浓度逐渐降低达到净化的效果，是一种最经济的地下水治理方法，但所需时间长。为了同时获得较好的净化效果和最大的经济效益，主要考虑采用注入碱性溶液清洗法来降低污染物的浓度。

① 溶解与沉淀　对于钙、铁、锰、铜、铀等污染物来说，其溶解过程即是地下水的污染过程。溶解作用使地下水中污染组分浓度增加，而沉淀作用可使这些污染离子从地下水中沉淀析出，是一种净化的过程。污染物的溶解度对其在水中的迁移和沉淀起着控制作用，其他影响因素还包括污染物浓度、水化学成分、水的 pH 值、E_h 值以及温度等因素。采用碱性法来降低这些污染物的浓度就是通过控制地下水体的 pH 值，使其中的部分金属离子生成氢氧化物沉淀、硫酸盐、碳酸盐沉淀，从地下水中析出而去除。

② 酸碱中和　地浸开采场地的注酸活动是造成当地地下水酸化的重要原因，天然水的 pH 值通常介于 4～9 之间，当地下水所含的酸性污染物超过其缓冲能力时，即被酸化。酸性矿山废水不仅造成矿山附近地下水酸化，而且可能污染流经矿区的河水，造成更大范围的酸污染。酸污染一般含酸 3%～4%，治理时首先应当考虑综合利用，对于低浓度的含酸废水，在没有经济有效的回收利用方法时，应考虑采用中和法进行治理。

③ 吸附作用及离子交换　含水岩石颗粒表面电荷分布不均而使其带负电荷或正电荷，从而具有吸附地下水中阳离子或阴离子的能力。吸附能力的大小主要取决于颗粒的比表面积，所以一些细颗粒岩石具有很大的吸附容量，能够阻止污染物的迁移，它主要对污染水中的铝、铜、锰等金属离子起作用。U、Ra 等易被黏土矿物和有机质吸附，所以吸附作用对于阻止放射性元素的迁移有着重要意义。污染组分被吸附强度取决于其浓度和水的 pH 值，一般随着组分浓度的增加，其吸附量增加，阴离子的吸附量随着 pH 值降低而增加，阳离子则随着 pH 值升高吸附量增加。

④ 氧化-还原作用　氧化-还原作用可以改变污染质的迁移能力，许多变价元素的迁移与沉淀都与氧化-还原作用密切相关，在氧化环境中，铀元素由难溶低价态 U^{4+} 氧化成易溶的高价态 U^{6+}，从而大大提高了铀的迁移能力。铜、铅、锌、钒、铬等重金属元素在强酸性氧化环境中也易于溶解迁移而造成污染。为降低污染质的迁移能力，还应适当控制碱性清洗液的电位值。

在回收铀矿山废水和铀矿石浸出液的铀工艺和设备中，穿流式筛板塔流化床逆流离子交换回收铀工艺和装置，因其适应性广、处理量大、结构简单、加工维修方便、操作性能稳定等优点，多年来它的研究与应用得到迅速发展，并在我国铀矿山获得成功应用。这是一种颇有发展前途的新型塔设备，有望在湿法冶金、生物分离工程、环境污染控制等方面得到应用。

（2）铀矿山废水中镭的去除

① 二氧化锰吸附法　二氧化锰吸附法除镭方法中应用最多的是软锰矿吸附法。软锰矿是一种天然材料，来源广，容易得到，适合处理碱性含镭废水。

天然软锰矿吸附废水中镭的过程属于金属氧化物的吸附过程，软锰矿中的二氧化锰与废水接触时，软锰矿表面水化，形成水合二氧化锰，它带有氢氧基，这些氢氧基在碱性条件下能离解，离解的氢离子成为可交换离子，对碱性水中镭表现出阳离子交换性能。

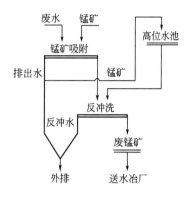

影响软锰矿除镭的因素包括粒度、接触时间、pH 值等，粒度、接触时间以及 pH 值的变化对废水中镭的去除均产生相应的影响。研究表明，在碱性条件下，pH 值对软锰矿去除镭的影响很大，当进水 pH 值为 8.8 时，穿透体积为 1500 床体积；当进水 pH 值为 9.25～9.90 时，穿透体积为 6000 床体积，后者比前者大 4 倍。

软锰矿除镭的工艺如图 17-8 所示。

图 17-8　软锰矿除镭工艺流程

② 石灰沉渣回流处理含镭废水　就低放射性废水而言，核素质量浓度常常是微量的，其氢氧化物、硫酸盐、碳酸盐、磷酸盐等化合物的浓度远小于其溶解度，因此它们不能单独地从废水中析出沉淀，而是通过与其常量的稳定同位素或化学性质近似的常量稳定元素的同类盐发生同晶或混晶共沉淀，或者通过凝聚体的物理或化学吸附而从废水中除去，这即为采用石灰沉渣处理微量含镭废水的理论基础。

长沙有色冶金设计院提出了图 17-9 的含镭废水处理工艺流程。矿井废水首先进入沉淀槽，加入氯化钡进行一级沉淀，二级沉淀采用石灰乳沉淀；在两级沉淀中间设一混合槽，将二级沉淀的石灰沉渣回流进入混合槽，在废水进行二级沉淀前与沉渣混合。

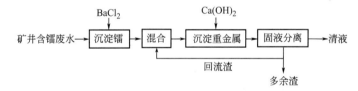

图 17-9　石灰沉渣回流处理含镭废水工艺流程

实际长期运行的结果表明，采用石灰沉渣回流处理铀矿山含镭废水是可行的，处理出水中的各种有害元素的含量均低于国家标准，见表 17-4[13,43]。

表 17-4　某实例石灰沉渣处理含镭废水长期运行结果

运行时间/h	出水中金属离子浓度/(mg/L)							浊度/NTU
	U	Ra/(Bq/L)	Pb	Zn	Cu	Cd	Mn	
0～24	0.005	1.49×10^{-1}	0.063	0.090	0.016	0.000	0.050	2.3
24～48	0.000	1.25×10^{-1}	0.063	0.150	0.026	0.003	0.000	0
48～72	0.001	1.49×10^{-1}	0.073	0.193	0.013	0.003	0.070	0.7
72～96	0.000	1.74×10^{-1}	0.090	0.200	0.000	0.000	0.170	5.5
96～120	0.000	1.67×10^{-1}	0.000	0.256	0.006	0.000	0.180	5.3
120～144	0.000	1.78×10^{-1}	0.050	0.310	0.010	0.000	0.013	5.8
144～168	0.000	1.7×10^{-1}	0.040	0.220	0.000	0.000	0.000	5.8

③ 其他技术　除软锰矿吸附除镭、石灰-钡盐法除镭以外，除镭的方法还有重晶石法等，这些方法的特点这里仅做一简单介绍。这些除镭方法各有利弊，具体应用时可根据所处

理的对象而加以选择。软锰矿来源广，适合处理碱性废水；硫酸钡-石灰沉淀法能有效地去除镭，适合处理铀矿山酸性废水；而重晶石法适合处理 SO_4^{2-} 含量高的碱性废水；相比之下，重晶石的价格稍微低于软锰矿；硫酸钡沉淀法的工艺操作过程要比吸附法复杂。

此外，沸石、树脂、其他天然吸附剂、乳蒙脱土、蛭石、泥煤或一些表面活性剂，都可从废水中吸附或从泡沫中分离镭。

（3）放射性金属生产废水处理技术

除去放射性金属生产过程中所产生废水中的放射性物质和其他有害物质，使之达到排放标准。这些废水来自湿法生产工艺及地面冲洗水，含铀、钍、镭等放射性元素。

含铀、钍等的废水可用石灰乳和活性炭进行处理。废水中投加石灰乳经沉淀后，上清液再经活性炭柱或锰矿柱吸附，可有效去除放射性金属。例如铀冶炼废水中的镭等低放射性废水经锰矿柱处理，去除率可达 90%。处理后废水和其他一般废水共同排入均化池，再投加氯化钡进行处理。均化池出水投加废磷碱液并用氢氧化钠调 pH 值至 8~9，澄清后上清液可达到水质排放标准；沉淀污泥经浓缩脱水，压滤渣送入放射性废渣库，滤液返回均化池。中、低水平放射性废水用石灰和铁盐处理，可除去铌 97%~98%、锶 90%~97%。用硫酸铝可去除锶 56%、铯 20% 左右。

17.2.4 稀土酸碱废水处理技术

稀土酸碱废水是稀有金属冶炼过程或稀有金属的提取过程经常发生的，对酸碱废水的处理应根据废水特性和浓度而定。

17.2.4.1 低浓度酸碱废水的处理

（1）低浓度酸性废水中和处理技术

对酸性废水的处理应根据其浓度、水质、水量和工艺要求而定。对高浓度含酸（一般在 10% 以上）废水，应优先考虑回用处理技术。对于低浓度含酸（含酸 4% 以下）废水，目前尚无有效的经济回收方法，为避免腐蚀和对水体与环境造成危害，应在排放前进行中和处理，首先应考虑以废治废，条件不具备时可采用中和剂处理。

酸性废水常用的中和方法有投药中和、过滤中和以及酸、碱废水相互中和等。

① 投药中和法 中和药剂有石灰、电石渣、石灰石等。投药中和可处理任何性质、任何浓度的酸性废水。石灰投加方法有干投与湿投两种，通常采用湿投。

当石灰用量在 0.5t/d 以内时，可用人工消化剂制成浓度为 40%~45% 的乳液；石灰用量超过 0.5t/d 时，应用机械方法消化，配成浓度 5%~10% 的石灰乳。中和反应时间一般采用 1~2min，沉淀时间一般采用 1~2h。

石灰中和处理流程有以下几种。

1）一次中和法。这种方法国内使用较多。其优点是设备较少，操作方便；但处理效果较差，药量难于控制。其工艺流程如图 17-10 所示。

2）二次中和法。这种方法一般适用于 pH 值很低、含二价铁盐较多的酸性废水。该方法的主要优点是：pH 值较易控制，一次中和槽控制 pH 值为 4~5，二次中和槽为 6.5~8.5；沉淀效果较好，出水水质较好。其工艺流程如图 17-11 所示。

3）三次中和法。这种方法一般适用于 pH 值较低、变化较大，含有多种金属离子的酸性废水。其优点基本上和二次中和法相同，但 pH 值控制应根据工艺要求而定。其工艺流程如图 17-12 所示。

② 过滤中和 中和滤料可用石灰石或白云石。石灰石滤料反应速度较白云石快。中和硫酸废水，采用白云石为宜，中和盐酸、硝酸废水，两者均可采用。

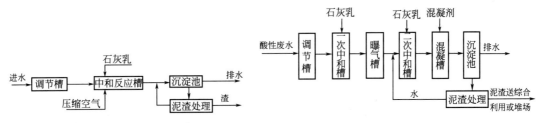

图 17-10　一次中和法工艺流程　　　　　图 17-11　二次中和法工艺流程

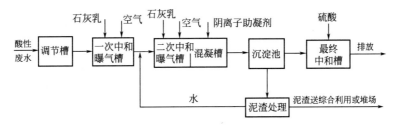

图 17-12　三次中和法工艺流程

过滤中和后的废水 pH 值约为 4～5，用曝气除去水中二氧化碳后，pH 值可提高至 5～6。一般情况下，需经稀释或补加中和剂处理后，方可排放。

过滤中和法适用于处理含酸较少（硫酸小于 2g/L，盐酸、硝酸小于 20g/L）的酸性废水。对含有大量悬浮物、油、重金属盐类和其他有毒有害物质的酸性废水，不宜采用。

常用的过滤中和装置有以下几种。

1）普通中和滤池。有升流式和降流式两种，通常采用升流式，如图 17-13（a）所示。滤速一般小于 5m/h，滤料直径为 3～8cm，滤层厚度为 1.0～1.5m。实践表明，这种滤池的中和效果较差。

2）等速升流膨胀中和滤池。该滤池的特点是采用石灰石滤料，粒径小（0.5～3mm），滤速高（50～70m/h），废水自下而上流动，滤料浮起，并使之膨胀和翻滚，互相碰撞和摩擦，表面不断更新，所以处理效果较好。运转初期滤层厚可采用 1m，滤料膨胀率采用50%，池上部保持 0.5m 的清水区，池底设 0.15～0.2m 的卵石承托层（粒径 20～40mm）。其装置构造如图 17-13（b）所示。

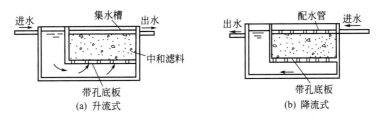

图 17-13　中和滤池

3）变速升流膨胀中和滤池。该滤池的特点是：滤池截面上大下小，滤速则上小下大，上部滤速约 40～60m/h，下部滤速约 130～150m/h。由于滤速上小下大，使滤料得到较均匀的膨胀，从而保证了大颗粒不结垢，小颗粒不流失，它比等速升流膨胀中和滤池处理效果好，出水 pH 值较稳定，对处理水量大小适应性较好，如图 17-14 所示。

③ 卧式滚筒过滤器　滚筒式过滤器对滤料要求不严（粒径一般不超过 150mm）。由于滚筒连续旋转，使废水与中和剂充分搅拌、接触，加上石灰石粒料在旋转中相互撞击、摩

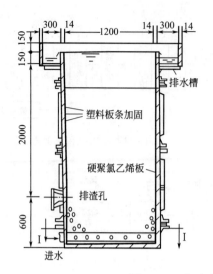
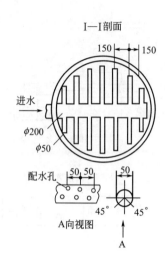

图 17-14 变速升流膨胀中和滤池

擦，不断产生"新鲜"的反应面与酸性废水发生中和反应，从而提高了中和剂的利用率，并避免在石灰石粒料表面产生硫酸钙结垢。当废水中含 Fe^{2+} 较多时，一般先经曝气，将其氧化为 Fe^{3+}，再经滚筒中和器，生成 $Fe(OH)_3$，在沉淀池除去。经中和处理后废水的 pH 值可达 6.5 以上。

④ 中和剂 酸性废水可用碱性中和剂进行中和，其中和剂类别见表 17-5。

表 17-5 碱性中和剂

类 别	中和剂及其化学成分
碱性矿物	石灰石($CaCO_3$)、大理石($CaCO_3$)、白云石($CaCO_3 \cdot MgCO_3$)、石灰(CaO)
碱性废渣	电石渣[含 $Ca(OH)_2$]、石灰软水站废渣(含 $CaCO_3$)、炉灰渣(含 CaO、MgO)、硼泥渣[含 $Ca(OH)_2$]、碱性耐火泥(含 MgO、SiO_2 等)
其他碱性剂	$NaOH$、Na_2CO_3、NH_4OH

常采用的中和剂为石灰、石灰石、白云石、氢氧化钠、碳酸钠等。碱性废渣或碱性废液（含 Na_2CO_3、$NaOH$ 等）价格低廉，以废治废，综合利用。在有条件时，应优先选用。工业用苏打（Na_2CO_3）和苛性钠（$NaOH$）组成均匀，易于贮存和投加，反应迅速，易溶于水，但价格较贵，通常很少采用。石灰来源广泛，价格便宜，使用较广。但具有以下缺点：劳动卫生条件差，装卸、搬运劳动量较大，泥渣量较多，不易脱水，石灰消化、配制溶液需要设备较多。石灰石、白云石除了卫生条件比石灰较好外，其他情况和石灰基本相同，通常在过滤中和处理中采用。

（2）低浓度碱性废水处理

碱性废水处理也常用中和法。中和剂有烟道气、压缩二氧化碳、硫酸和工业废酸水等。

① 二氧化碳气中和法。

1）在充分燃烧的烟道气中大约含有 14% 的 CO_2，将烟道气逼入碱性废水进行中和处理，是比较先进而经济的方法。利用烟道气中和的设备包括：设于烟道气中的鼓风机，输气管道，烟道气中的除硫和未燃炭的过滤器，向废水中布气的扩散器等。废水中有一定数量的硫时，通入烟道气会产生硫化氢，因而应将其烧掉、吸收或通过高烟囱排放掉。

2）压缩二氧化碳处理法作用原理同压缩空气作用于曝气池一样，将二氧化碳溶于水形成碳酸，碳酸进而与碱作用生成盐。该法操作简单，但处理的废水量较大时费用较高。

② 酸中和法　常用的酸中和剂为硫酸，用硫酸中和碱性废水的应用较广。但其缺点是：价格较贵，硫酸有腐蚀性，操作不便。硫酸中和碱性废水时，所用硫酸量可根据滴定曲线来求得，滴定曲线可用不同剂量硫酸中和碱性废水求出。在实际应用中，各工厂可通过实验求出本厂条件的滴定曲线，供日常工作使用。

此外，利用某些酸性废水，亦可中和碱性废水产生中性出水。用废酸水和废碱水混合，是一种以废制废、趋利避害的有效措施，其主要问题是要掌握酸与碱的种类、浓度，以便做到适量地中和达到处理目的。

17.2.4.2　高浓度酸碱废水处理与回收技术

对于高浓度酸碱性废水应采用回收方法，既可实现资源利用，又可减少对环境污染。通常可采用浓缩法、置换回收法、制备盐类法，但最为有效的是膜分离技术。

用阴离子交换膜渗析法处理各类酸碱性废水的新工艺于 20 世纪 80 年代就在工业中得到应用。在重氮化水解工艺工业生产间甲酚时，是用 $30\% \sim 50\%$ 的硫酸进行酸性水解的，因此排放的废水中含有 $250 \sim 350 g/L$ 的 H_2SO_4、$100 \sim 120 g/L$ 的 Na_2SO_4 和一些有机物质。通过 3362BW 阴离子交换膜进行的 DD 试验表明，常温下，膜中 H^+ 和 Na^+ 的平均扩散速度分别为 $7.8 \times 10^{-4} m/h$ 和 $6.6 \times 10^{-5} m/h$，废水中的 H_2SO_4 和 Na_2SO_4 被有效分离，H_2SO_4 回收率达 83%，扩散液中的 Na_2SO_4 含量小于 $6 g/L$，可满足重氮化水解工艺生产间甲酚的要求。

对含金属盐类酸性废水进行分离净化，回收的酸可循环使用，从除酸后的残液回收有用金属。因而可广泛地用于各种排放废酸的行业，如钢铁工业、铝箔浸渍作业、钛白粉工业、湿法炼铜工业、钛材加工业、电镀业、木材糖化业、稀土工业及其他有色金属冶炼业等，回收的酸的种类可包括硫酸、盐酸、氢氟酸、硝酸、乙酸等，涉及的金属离子主要包括过渡金属离子、稀土离子及钙、镁等。扩散渗析回收酸的一些实例见表 17-6。

表 17-6　扩散渗析回收酸的一些实例

酸的种类		H_2SO_4	HCl	HNO_3	HNO_3-HF
共存盐		$FeSO_4$	$FeCl_2$	$Al(NO_3)_3$	Fe
温度/℃		25	40	25	30
处理量/(L/h)	原液	0.6	1.0	1.0	0.9
	水	0.59	1.05	1.00	0.90
原液浓度/(g/L)	游离酸	192.0	162.0	92.0	HNO_3 150.0, HF 24.0
	金属离子	44.0	40.0	13.0	20
回收酸浓度/(g/L)	游离酸	166.0	143.4	87.2	HNO_3 131.0, HF 14.0
	金属离子	1.4	5.1	0.4	1.6
废酸浓度/(g/L)	游离酸	39.0	15.7	8.8	HNO_3 15.5, HF 9.9
	金属离子	41.6	33.7	12.0	19.0
酸回收率/%		82	90	90	HNO_3 90.0, HF 60
金属离子泄漏率/%		3	13	3	8

化纤厂酸性废水约含质量分数 10% 的 Na_2SO_4，7% 的 H_2SO_4，1% 的 COD。兰州化学工业公司化纤厂用膜法处理酸性废水的试验结果表明，酸回收率、盐截留率、回收酸与废酸浓度比均可达 $70\% \sim 80\%$，原废水处理能力为 $15 L/(m^2 \cdot d)$，1：3 浓缩的废水处理能力为

$7.5 \sim 11.3 L/(m^2 \cdot d)$。

在江西德兴铜矿投入运行的从电解液中回收游离硫酸的工程结果表明，DD 法对酸的回收率和铁的去除率分别稳定在 75% 和 90% 左右，从开始运行的 1.5 年内，已累计回收硫酸 340t。

17.2.5　稀土含铍废水处理技术与回用

（1）含铍废水特征与去除原理

铍的冶炼多用硫酸法，排出的废水为酸性（一般 pH＝3 左右），废水中含铍一般在 $30 \sim 60 mg/L$ 左右（以 BeO 计，下同）。铍在废水中绝大部分以硫酸铍（$BeSO_4$）形式存在。硫酸铍在水中溶解度很高，处于溶解状态。若使硫酸铍变为其他不溶解于水的化合物，则可用沉淀过滤等方法将铍从废水中除去。符合于这个要求的是把硫酸铍变为氢氧化铍 $[Be(OH)_2]$。硫酸铍与碱反应生成氢氧化铍沉淀：

$$BeSO_4 + 2NaOH \longrightarrow Be(OH)_2 + Na_2SO_4$$

铍是周期表第二族（碱土金属）第一个元素，具有明显的两性特征，氢氧化铍在水中按下式离解：

$$Be^{4+} + 2OH^- \Longleftrightarrow Be(OH)_2 \Longleftrightarrow H_2BeO_2 \Longleftrightarrow 2H^+ + BeO_2^{2-}$$

氢氧化铍在酸性溶液中形成铍盐，在中性溶液中为氢氧化铍，而在碱性溶液中变为铍酸盐溶于溶液中：

$$Be(OH)_2 + H_2SO_4 \longrightarrow BeSO_4 + 2H_2O$$
$$Be(OH)_2 + 2NaOH \longrightarrow Na_2BeO_2 + 2H_2O$$

因此欲从水中除去铍，必须使水的酸碱度合宜——不使铍生成铍盐或铍酸盐，而成为氢氧化铍，所以控制水的 pH 值，对铍的去除是极为重要的。

（2）含铍废水处理技术

① 中和处理试验　取含铍浓度为 11.83mg/L、54.63mg/L 和 110.45mg/L 的水各若干杯，用氨水调整 pH 值分别为 5、6、6.5、7、7.5、8、8.5、9、9.5、10、10.5、11，沉淀 2h，用滤纸过滤，测得一定 pH 值下的除铍效果，如图 17-15 所示。从中选取除铍效果最佳 pH 值，经多次试验证明，最佳 pH 值为 9.5。

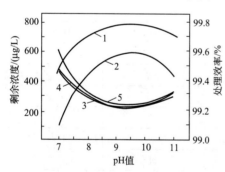

图 17-15　处理效率、剩余浓度同
pH 值的关系曲线

1,3—浓度为 110.45mg/L 的效率与 pH 值，剩余浓度与 pH 值关系曲线；2,4—浓度为 54.63mg/L 的效率与 pH 值，剩余浓度与 pH 值关系曲线；5—浓度为 11.83mg/L 的剩余浓度同 pH 值关系曲线

对图 17-15 中 3 种不同浓度的水，相应的去除效率分别为 98.99%、99.59% 和 99.7%。然而，pH 值在 7.5～11 之间，铍的去除效率都很高，均在 97% 以上。尽管原水中铍的浓度不同，但在同一 pH 值条件下，其剩余浓度是极接近的。当 pH 值为 9.5 时，3 种不同浓度水中的剩余铍量在 0.22～0.24mg/L 之间。从排水的角度出发，我们认为去除铍的 pH 值范围在 7.5～9.5 为宜。

为了调节废水的 pH 值需要投加碱剂，选取了氢氧化钠、氢氧化氨、氢氧化钙 3 种碱，分别对含铍 54.63mg/L 的水调节 pH 值到 9.5，经沉淀过滤剩余浓度各为 0.25mg/L、0.22mg/L、0.28mg/L。

氢氧化钠为强碱，若 pH 值控制不准，容易使氢氧化铍变为铍酸盐溶于水中，氢氧化氨是弱碱，而且氢氧化铍不溶于氨水中。这两种碱操作比较方便。尤其氨水的除铍效果好，但不经济。石灰的去除效果不如氨水好，但来源广而经济，且形成的沉淀物颗粒大，沉降速度快，应采用氢氧化钙作为中和剂。为了控制 pH 值在 7.5～9.5 之间，需要加一定量的石灰量。由于水的成分比较复杂，按化学反应计算很不准确，因此对生产废水的加药量应用试验的方法确定。

② 沉淀试验　冶铍废水加氢氧化钙溶液中和后，形成胶体沉淀物，其反应如下：

$$BeSO_4 + Ca(OH)_2 \longrightarrow Be(OH)_2 \downarrow + CaSO_4 \downarrow$$

氢氧化铍与氢氧化铝的性质极相似，是一种胶体物质。当 pH 值适当时产生凝聚作用，这与 Al_2SO_4 的水解是一样的。

由于氢氧化铍的凝聚作用，形成大块的沉淀物，故沉淀速度加快。为寻求沉淀速度与去除效率的关系，做了如下的试验。

试验是在数根直径为 58mm、长为 1.5m 的玻璃管中进行的。配水含铍浓度为 54.63mg/L，pH ＝2～3，用氢氧化钙溶液中和到 pH ＝9.5，搅拌 15min，注入管中沉淀，经不同时间在各管水面下预定深处取样。现将试验结果绘成图 17-16。

从图 17-16 可以看出，曲线 1 在 18min 以前的沉淀效率增加得很快，此后增加得很缓慢，24min 的效率为 92.94%，而 240min 仅为 97.89%，在 216min 内沉淀效率的增加不到 5%。可见大颗粒的沉淀物在 36min 内就完成了沉淀，而细小颗粒延长数小时也得不到净化。曲线 2 将时间与沉淀速度的关系改为沉淀速度与效率的关系（即颗粒最小沉降速度）曲线，设计沉淀池时可按此曲线选用沉淀速度。当沉淀速度为 0.2mm/s 时，可以得到 95% 以上的处理效率。根据要求不同的去除百分率，可以从图表上选用相应的沉淀速度。

③ 过滤试验　从中和沉淀试验看出，含铍废水经 2h 沉淀后，水中含铍量还在 1mg/L 以上，要想把废水中的铍降低到更低的浓度，单靠延长沉淀时间，不但是不经济的，而且也是达不到的（水中微小悬浮物的沉淀速度非常缓慢，甚至有的是不可能沉到池底的）。氢氧化铍沉淀物能否用普通砂滤池截留下来是本项试验的目的。

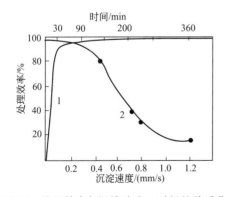

图 17-16　处理效率与沉淀速度、时间的关系曲线
1—效率与时间关系；2—效率与沉淀速度关系

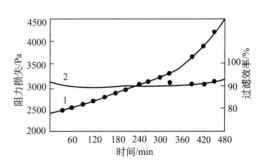

图 17-17　过滤效率、阻力损失和时间的关系曲线
1—阻力损失与过滤时间关系曲线；
2—过滤效率与过滤时间关系曲线

试验是在直径 58mm、长为 1.5m 的玻璃管中进行的。滤料是石英标准砂，粒径 0.5～1mm，砂层厚 600mm，垫层厚 350mm。取中和沉淀后的含铍废水进行过滤试验。滤前浓度为 1.18mg/L、滤速 5m/h，试验条件接近快滤池条件，过滤延续时间 8h，每 0.5h 取样分析，结果绘成图 17-17。

图 17-17 表明，采用快滤池进行处理，出水浓度都在 0.12mg/L 以下，大大降低了铍在水中的含量，并且效果是非常稳定的，都在 89.62%～91.52% 之间，其阻力损失很小。

17.3 稀有金属冶炼废水处理回用技术应用实例

17.3.1 中和沉淀吸附法处理含钇、稀土放射性废水应用实例

（1）废水来源与水质水量

广州某稀有金属冶炼厂是生产萤光级氧化钇及低钇稀土冶炼厂。其氧化钇生产工艺流程如图 17-18 所示[101]。

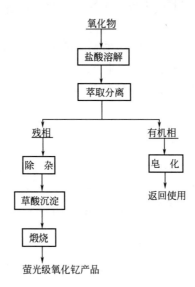

图 17-18　氧化钇生产工艺流程

生产废水主要来自生产车间及冲洗排水，废水量约 1500m³/d。其废水水质为 pH = 4.5，铀为 0.5mg/L，钍为 0.06mg/L，COD 为 640mg/L。

（2）处理工艺与处理效果

废水属低水平放射性废水，pH =4.5，排至中和池中投加石灰乳，中和至 pH =7，流至澄清池澄清，在澄清池中投加凝聚剂。上清液经机械过滤器、锰砂过滤器排至尾矿库后沉淀排放。沉渣用板框压滤机压滤，并密封贮存，处理工艺流程如图 17-19 所示。处理效果见表 17-7。

表 17-7　处理效果

项目	pH 值	铀/(mg/L)	钍/(mg/L)	COD/(mg/L)
处理前	4.5	0.50	0.06	638
处理后	7	0.03	0.01	143

17.3.2 氯化钡与废磷碱液处理稀土金属生产废水应用实例

（1）废水来源与水质水量

上海某化工厂以独居石精矿和离子型稀土矿为原料，生产放射性产品硝酸钍、重铀酸铵、稀土氧化物及各种稀土金属。废水来自湿法生产工艺及地面清洗排水。其水质水量见表 17-8。

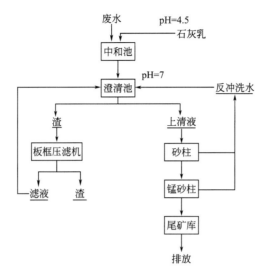

图 17-19　废水处理流程图

表 17-8　废水水质水量

废水名称	水量/(m³/d)	主　要　成　分
高浓度铀、钍废水	30～50	含铀 50～200mg/L 钍 250～600mg/L 镭 $3.7×10^2$～$3.7×10^3$Bq/L
低浓度铀、钍废水	400～600	含铀 10～120mg/L 钍 50～200mg/L 镭 $3.7×10^2$Bq/L
铀、钍工序地面水	100	含铀 2～10mg/L 钍 30～150mg/L 镭 $3.7×10^4$Bq/L
稀土工序地面水	200	含铀 0.05～1.0mg/L 钍 0.05～5mg/L 镭 $3.7×10$Bq/L
稀土生产废水	700～900	含铀 0.5～1.0mg/L 钍 0.5～5mg/L 镭 $3.7×10$Bq/L
合计	1450～1850	

（2）处理工艺流程与处理效果

① 高浓度铀、钍废水先单独预处理后，再与其他废水混合处理进入废水处理站。其处理工艺流程如图 17-20 所示。

高浓度铀、钍废水来自铀、钍萃取剂（TBP）的治理废水，硝酸钍结晶工序少量地面水及沉铀废液。预处理后，废水中放射性浓度接近排放标准，排入全厂废水处理站进行处理。

② 全厂各车间废水处理　各车间废水流入本车间集水池去除油类后，由泵送入废水缓冲池混合，定量加入氯化钡。废磷碱液用氢氧化钠调节 pH 值为 8～9，沉降 4h 后，占废水量 1/2～2/3 的上清液流入清水池排放。污泥由泵送入悬浮澄清器，投加絮凝剂，上清液在悬浮澄清器顶部流入清水池。污泥从悬浮澄清器底部送至板框压滤机压

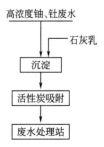

图 17-20　高浓度铀、
钍废水预处理
工艺流程

滤，滤液返回缓冲池，滤渣送入废渣库储存，按有毒有害废渣处理。其处理工艺流程如图
17-21 所示。

③ 处理效果　采用氯化钡除镭絮凝剂沉淀的处理工艺，处理后废水中铀、钍、镭浓度
与处理效果见表 17-9。

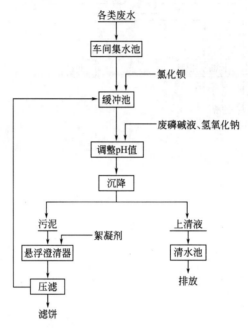

各类废水
车间集水池
氯化钡 →
缓冲池
废磷碱液、氢氧化钠 →
调整pH值
沉降
污泥　　　上清液
絮凝剂 →　　　　→ 清水池 → 排放
悬浮澄清器
压滤
滤饼

图 17-21　废水处理工艺流程

表 17-9　处理效果

名称	pH 值	悬浮物 /(mg/L)	铀 /(mg/L)	钍 /(mg/L)	Ra-224 /(Bq/L)	Ra-226 /(Bq/L)	COD /(mg/L)
处理前	2~4	500~2000	1.4~15.0	4~50	$7.4~18.5×10^2$	$7.4~18.5×10$	80~150
处理后	8~9	<5	~0.3	~0.3	7.4~18.5	$7.5~18.5×10^{-1}$	80~100

17.3.3　中和吸附法处理稀土金属冶炼废水应用实例

（1）废水来源与水质水量

江西某稀土金属冶炼厂系生产钽、铌和稀土金属。钽铌生产工艺为钽铌精矿经球磨、酸
分解、萃取、沉淀、结晶、还原。产品为金属钽和金属铌。稀土生产工艺为稀土精矿经酸
溶、萃取分离、沉淀、烘干、煅烧，产品为多种稀土氧化物。

废水主要来自钽铌湿法车间和稀土车间，其次是钽车间、铌车间和分析化验车间。废水
中的 pH 值、氟及天然放射性元素铀、钍等。废水排放量为 $600m^3/d$。废水水量及水质见
表 17-10。

（2）废水处理技术与处理效果

采用石灰中和两次沉淀除氟和软锰矿吸附放射性工艺。一次中和沉淀为间断工作，其他
为连续作业，其工艺流程见图 17-22。

当混合废水泵入中和沉淀池后，加入石灰乳，并用压缩空气搅拌，至 pH＝9~11 时，
停止加石灰乳，继续搅拌 15min，然后静置沉淀 6h 以上，将氟、铀、钍等化合物沉淀下来。
在沉淀过程中取上清液作中间控制分析，达到规定标准后，排上清液入二次沉淀池，继续沉

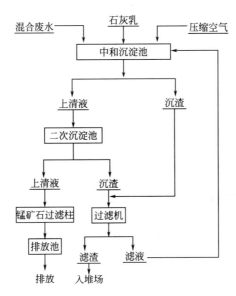

图 17-22 废水处理工艺流程

表 17-10 废水水量及水质

废 水 名 称	水量/(m³/d)	主 要 成 分
湿法车间		
萃取残渣	3	pH <1,含铀 2.85mg/L,钍 0.6mg/L
氢氧化铌沉淀母液	4	pH =8～9,氟 80g/L
氟钽酸钾结晶母液	4	pH <3,氟 15g/L
氢氧化钽沉淀母液	2	pH =7～8,氟 20g/L
氢氧化铌洗水	80	pH =8～9,氟 700mg/L
氢氧化钽洗水	20	pH =9～10,氟 700mg/L
分析废水	8	含酸、碱等
废气净化洗涤废水	5	含 NaOH、NaF
冲洗设备和地面废水	50	含少量酸、碱、氟等
合　　计	176	
稀土车间		
萃取残液	2	pH <1,含 HCl,微量铀、钍等
沉淀废水	5	pH ≈3,含草酸、NH₄⁺ 等
除钙、洗有机物废水	20	pH ≈3,含草酸、NH₄⁺ 等
冲洗设备、地面废水	50	微酸性
合　　计	77	
钽车间		
钽粉洗水	50	碱性,含 NaF、NaOH、氟 2g/L
冲洗设备	10	碱性,含 NaF、NaOH、NaCl、KF 等
合　　计	60	
铌车间		
钽铌材加工酸洗废水	10	pH ≈5,含 HF、H₂SO₄、HCl
分析车间		
化验分析废水	30	含酸、碱、有机物

淀 2～3h,上清液含氟达 10mg/L 以后,放入软锰矿石过滤柱,吸附放射性物质后,出水入排放池,与全厂其他废水混合,通过厂总排放口排入长江。如中间控制分析结果水质未达到规定标准,继续加石灰乳中和,再次沉淀取样分析,直到达到规定标准,才可排入二次沉淀池。

中和沉淀池、二次沉淀池内的沉渣送至板框压滤机脱水，滤渣 2～3t/d，用翻斗车运往专用堆场覆盖存放。

废水处理效果见表 17-11。

表 17-11 废水处理效果

名　称	pH 值	F/(mg/L)	U/(mg/L)	Th/(mg/L)
处理前废水	1～9	25～1600	约 0.4	约 0.1
处理后废水	6～9	1.5～11.75	约 0.05	约 0.01
长江下游饮水站	6.5～7	0.2～0.78	0.008～0.013	0～0.008

17.3.4 混凝沉淀法处理含氟与重金属废水应用实例

（1）废水来源与水质水量

峨嵋某半导体材料厂研制多晶硅、单晶硅、硅片、硅外延片、高纯金属半导体化合物等。

废水来自高纯金属和半导体化合物生产排放的含重金属酸性废水；多晶硅、单晶硅、硅外延片和硅片加工生产排放的含氟酸性废水，单晶硅检验、电镀生产的含铬废水；淋洗治理三氯氢硅、四氯化硅、氯化氢尾气和四氯化硅残液等。废水中含有重金属、砷、氟等离子及盐酸、氢氟酸等。

① 工艺废水水质　见表 17-12。

表 17-12 工艺废水水质　　　　　　单位：mg/L，pH 值除外

名　称	No. 1		No. 2		No. 3		No. 4	
	平均	最高	平均	最高	平均	最高	平均	最高
pH 值	3	2	3	2	3	2	2.8	2
镉	1.458	6.0	0.96	>2.0	0.5	0.8	0.006	0.013
镍	0.636	>1.6	1.52	>3.2	0.15	3.2		
铅	0.74	1.6	0.86	2.2	0.4	0.94	0.15	0.29
砷	>4.0	>8.0	10.98	50.0	3.0	>3.0	0.36	1.89
锑	>6.1	9.0	2.01	>5.0	1.1	3.0	0.50	1.90
硒	0.213	0.5	1.56	10.05	0.03	0.05		
碲	3.93	12.0	0.26	0.6	0.4	0.7		
铊	0.13	0.25	2.05	0.05	0.06	0.15		
铟	0.4	0.07	0.005	0.05	0.15	0.2		
铜	0.22	0.3	1.35	3.42	0.9	1.35		
氟	>68.5	>100	182.4	360	43	320	87.73	355
六价铬							6.08	19.9
总铬	1.15	1.6	>2.7	>3.2	4.3	>6.4	15.28	43.3

注：No.1～No.4 均为年平均值，下同。

② 淋洗水水质　见表 17-13。

表 17-13 淋洗水水质　　　　　　单位：mg/L，pH 值除外

名　称	No. 1		No. 2		No. 3	
	平均	最高	平均	最高	平均	最高
pH 值			4	3	4	2.7
镉	<0.05	<0.05	<0.01	<0.01	0.002	0.003
镍	<0.16	0.66	<0.1	<0.1		
铅	<0.05	<0.1	<0.1	<0.1	0.03	0.05

续表

名　称	No. 1		No. 2		No. 3	
	平均	最高	平均	最高	平均	最高
砷	<0.13	0.5	<0.05	0.05	0.01	0.03
锑	<0.13	0.5	<0.05	<0.05	<0.05	<0.05
硒	<0.05	<0.05	<0.01	<0.01		
碲	<0.16	0.4	<0.05	<0.05		
铊	<0.05	0.05	<0.05	<0.05		
铟	0.05	0.05	<0.1	<0.1		
铜	<0.05	0.1	<0.1	<0.64		
氟	4.5	11.3	1.0	1.5	3.0	11.5
六价铬					0.19	1.17
总铬	0.13	0.4	<0.1	<0.1	0.78	4.75

③ 废水水量与污染物　见表 17-14。

表 17-14　废水水量及主要污染物

废水名称	废水量/(m^3/d)	主要成分
工艺废水		
高纯金属,半导体化合物生产排放的含重金属酸性水	30	pH =1~2,含 NO_3^-、SO_4^{2-}、F^-、As、Cu、Pb、Se 等
硅腐蚀、抛光等工序排出的含氟酸性废水	20	含 F^-、NO_3^- 等
单晶硅检验,电镀等工序排出的含铬酸性废水	20	含 Cr^{6+}、Cr^{3+}、F^-、NO_3^- 等
淋洗水		
淋洗三氯氢硅,四氯化硅及氯化氢气体	3000	pH =3~5

（2）处理工艺流程与处理效果

废水处理工艺流程见图 17-23。

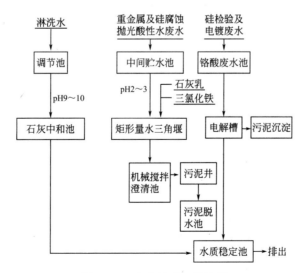

图 17-23　废水处理工艺流程

含重金属、砷、氟等酸性废水采用石灰乳、三氯化铁法处理。废水经由泵送至矩形量水三角堰,投加石灰乳及三氯化铁,经加速澄清池澄清后,上清液返回调节池,与淋洗水混合后排入水质稳定池。淋洗水经调节池调节后，一般 pH ＝3～5，经石灰中和后进入稳定池中。

单晶硅检验和电镀废水，经电解槽处理后六价铬可小于 0.01mg/L。

澄清池沉渣排至污泥脱水池，脱水后按一定比例与锅炉炉渣拌和，用以制砖。

① 工艺废水处理效果　见表 17-15。

表 17-15　工艺废水处理效果

名称	No. 1		No. 2		No. 3		No. 4	
	平均 /(mg/L)	去除率 /%	平均 /(mg/L)	去除率 /%	平均 /(mg/L)	去除率 /%	平均 /(mg/L)	去除率 /%
镉	0.06	95.9	＜0.05	＞95.0	＜0.01	＞98	0.004	33.3
镍	0.265	58.4	＜0.2	＞86.9	0.1	33.3		
铅	0.085	88.5	＜0.1	＞88.4	0.1	75	0.05	66.7
砷	0.15	96.3	＜0.05	＞99	0.05	98	0.02	94.4
锑	0.25	95.9	0.76	62.2	0.07	93	0.05	95
硒	0.05	76.6	＜0.057	＞96.3	0.01	66		
碲	0.9	77.2	＜0.12	＞54.0	0.1	75		
铊	0.087	33.0	＜0.05	＞97.5	0.05	—		
铟	0.02	95	＜0.05	—	＜0.1	—		
铜	0.055	74.8	＜0.08	＞94.1	0.4	88		
氟	17.41	74.6	22.7	87.5	20	53	23.77	72.9
六价铬							4.0	34.2
总铬	0.326	71.3	＞2.1	22.3	2	53	9.87	35.4

② 稳定池出口水质　见表 17-16。

表 17-16　稳定池出口水质分析　　　　　　　　　　　单位：mg/L

名称	No. 1		No. 2		No. 3		No. 4	
	平均	最高	平均	最高	平均	最高	平均	最高
镉	＜0.05	＜0.05	＜0.05	0.05	＜0.01	0.01	0.002	0.003
镍	＜0.05	＜0.05	＜0.09	＜0.1	＜0.1	＜0.1		
铅	0.077	0.077	＜0.08	＜0.1	＜0.1	0.1	0.02	0.03
砷	＜0.05	0.05	＜0.05	＜0.05	＜0.05	＜0.05	0.003	0.01
锑	＜0.085	0.1	＜0.05	＜0.05	＜0.05	0.05	＜0.05	0.05
硒	＜0.06	0.1	＜0.05	＜0.05	＜0.01	0.01		
碲	＜0.067	0.1	＜0.05	＜0.05	＜0.05	＜0.05		
铊	＜0.05	0.05	＜0.05	＜0.05	＜0.05	0.05		
铟	＜0.05	0.05	＜0.05	＜0.05	＜0.1	0.1		
铜	＜0.044	0.1	＜0.08	＜0.1	＜0.1	0.1		
氟	2.355	3.53			1.5	3.4	0.88	2.08
六价铬							0.02	0.11
总铬	0.044	0.05			＜0.1	0.1	0.07	0.22

③ 铬酸废水处理效果　见表 17-17。

表 17-17　铬酸废水处理效果　　　　　　单位：mg/L，pH 值除外

名　　称	处 理 前		处 理 后	
	平均	最高	平均	最高
六价铬	74.4	180.0	0.001	0.01
pH 值	2.72	2.37	4.79	3.73

工程实践表明，采用石灰乳、三氯化铁处理重金属的酸性废水是可行的、有效的，砷、铬去除率均达 95％以上，但对氟去除效率要差一些，主要原因是 pH 值控制问题。

18 黄金冶炼废水处理与回用技术

18.1 黄金浸出与冶炼废水来源与特征

18.1.1 黄金浸出废水来源与特征

用氰化物从矿石中浸出金银已有 100 多年历史，它的缺点是要使用有毒的氰化物，如处理不当会严重污染环境。虽然各国冶金专家长期以来，致力于研究新的金银溶剂（如硫脲、硫代硫酸铵、丙二腈等），但是，迄今还未能大规模地用于工业生产。目前，国内外都仍然广泛使用氰化物。可以预见，在今后的相当长时间内氰化物仍将是金的主要溶剂。另外，在近百年的黄金生产实践中也证明了氰化法比其他提金方法有着无可比拟的优越性。氰化法工艺简单，生产费用低，金回收率高，至今仍是湿法提金的主要方法。

近几十年来，人们在致力于用细菌浸出金矿提取金的研究，其原理是通过细菌将 $FeCl_2$ 氧化成 $FeCl_3$，而 $FeCl_3$ 能溶解金，且 Fe^{3+} 被还原成 Fe^{2+}，特殊的菌种能起到氧化 Fe^{2+} 成 Fe^{3+} 使浸出液再生的作用，但用细菌浸出单独处理金矿提金的工业生产尚未见报道。

鉴于氰化浸出液的成分随不同的矿石而各有特性，黄金生产中亦针对不同的氰化浸出液选用不同的回收金银的方法。如炭浆法通常适用于低品位的选金厂，如果矿石中存在有机碳，则该法最为适合。可是当矿石中存在有黏土，或精矿中存在有浮选药剂或焙砂中有赤铁矿细粒存在时，离子交换树脂可能比炭浆法效果更好。由于要从氰化浸出液中提高含金浓度，需采用锌粉置换法、炭浆法和离子交换法等，故产生如下各种废水。

（1）锌粉置换法产生的废水与特征

当锌与含金氰化溶液作用时，金被锌置换而沉淀，锌则溶解于碱性 NaCN 溶液中。

$$2[Au(CN)_2]^- + Zn \longrightarrow 2Au\downarrow + [Zn(CN)]^{2-}$$

$$4NaCN + Zn + 2H_2O \longrightarrow Na_2[Zn(CN)_4] + 2NaOH + H_2\uparrow$$

被置换的贫液中其主要成分为 NaCN、$[Zn(CN)_4]^{2-}$、$[Fe(CN)_6]^{4-}$、$[Cu(CN)_4]^{2-}$、$Cu_2(CN)_2$、NaCNS 及其他杂质，这种贫液由于水量比浸出氰化需用量大，所以生产中仅部分返回氰化循环使用，其余外排。即使循环使用的部分贫液，由于杂质及耗氰物质的积累，导致循环使用时大量地消耗氰化物和抑制浸出速度，生产中往往还要排放一部分，这些即形成了锌置换法生产黄金的含氰废水。

（2）炭浆法产生的废水与特征

炭浆法工艺是在常规的氰化浸出、锌粉置换法基础上改革后的回收金银的新工艺，主要由原料制备、搅拌浸出与逆流炭吸附、载金炭解吸、电积电解或脱氧锌粉置换、熔炼铸锭及活性炭的再生使用等主要作业组成。炭浆法与普通的氰化法相比，只是在用氰化钠溶解金以后的各阶段才有所不同。在氰化法中，含金氰化物母液与废弃脉石必须彻底进行固-液分离。而在炭浆法中则不必。氰化后将活性炭加入矿浆中（有时在氧化时加入），炭可以与离子交换过程相似的方式吸附金。含金炭粒要比处理的矿粒粗得多，可以简单地从矿粒中分离出来。通常采用筛分的办法就行了。吸附在炭上的金通常用解吸和电积的办法来回收。活性炭循环使用。

炭浆法流程省去了逆流洗涤和贵液净化作业，取消了多段浓密、过滤洗涤设备。同时由于载金炭与浸渣的分离能在简单的机械筛分设备上进行，既可冲洗也易于分离，并排除了泥质矿物的干扰，因而炭浆法工艺对各类矿石有更广泛的适应性。对含泥多的矿石、低品位矿石以及多金属矿副产金的回收，能较大幅度地提高金的回收率。

炭浆法生产黄金的这种优越性，虽然可以从杂质含量更高的溶液中回收金以及适用于处理其他方法不能处理的含砷等杂质的复杂矿石，但它却给环境带来了更大的污染威胁。因为加炭矿浆吸附金后，过滤剩下的尾矿浆除含氰化物外，还含大量尾砂和其他矿物杂质，一般不能返回用于浸出，不得不直接外排。另外，从吸附活性炭上解吸的含金溶液经过电沉积或锌置换后变成贫液，除一部分循环使用外，剩余的外排，而且循环使用的部分，随着耗氧杂质的富集，亦要随时部分外排。这样就造成了炭浆法黄金生产外排大量的含氰污水。

（3）离子交换法产生的废水与特征

金在氰化过程中呈金氰络阴离子 $[Au(CN)_2]^-$ 进入溶液中，通常用锌粉从含金溶液中置换沉淀金。但处理含泥金矿石或含金复杂矿石时，不仅氰化矿浆的浓缩和过滤有困难，而且锌粉置换沉淀金的效果也差，在这种情况下，离子交换法（又称树脂浆化法）从不用固液分离的氰化矿浆中吸附金就有很大的实际意义。这种情况亦可用炭浆法，但两者比较树脂浆化法具有如下优点：a. 树脂的解吸和再生要比活性炭简单，因而矿浆树脂法适于小型生产厂使用；b. 当矿浆中存在有机物（如浮选药剂、粉末炭等）时，矿浆树脂法仍然有效；c. 树脂不容易被可能存在于含金溶液中的钙和有机物中毒；d. 活性炭需要很高的解吸温度，还需要高温活化，而树脂却不需要活化；e. 有些树脂具有较高的吸附容量，能够保证有效地吸附贱金属氰化物，因此有利于控制污染，同时还能从废水中回收这些金属和氰化物。

在氰化矿浆中，由于大量其他的离子存在，用离子交换树脂从矿浆溶液中选择性吸附金和银的问题相当复杂。要知道，溶液中其他的离子含量比贵金属离子含量往往高出许多倍。吸附过程中要注意的是，其他的离子有类似于金和银阴离子的性质，也就是说，都是有色金属（Cu、Zn、Ni、Co 等）氰化络阴离子。

在吸附浸出过程中，贵金属和杂质离子都有可能按下面反应被阴离子交换树脂吸附：

$$ROH+[Au(CN)_2]^- \Longrightarrow RAu(CN)_2+OH^-$$
$$ROH+[Ag(CN)_2]^- \Longrightarrow RAg(CN)_2+OH^-$$
$$2ROH+[Zn(CN)_4]^{2-} \Longrightarrow R_2Zn(CN)_4+2OH^-$$
$$4ROH+[Fe(CN)_6]^{4-} \Longrightarrow R_4Fe(CN)_6+4OH^-$$

除了氰化络阴离子外，树脂还吸附简单的氰离子：

$$ROH+CN^- \Longrightarrow RCN+OH^-$$

由于副反应的进行，部分活性基团被杂质金属的阴离子所占据，降低了阴离子交换树脂吸附金的操作容量。在饱和树脂中所含的杂质量与矿石的化学成分及其氰化制度有关。当采用离子交换树脂时，从矿浆溶液中吸附到树脂上的杂质比金高几倍。

经树脂交换后的矿浆外排的含氰废水是离子交换法产生的废水的主要组成部分。

当离子交换树脂从吸附过程卸出时，它实际上不再起作用，因几乎所有的树脂活性基团都被矿浆溶液中吸附的离子所占据，此外还附着有泥状脉石。对饱和树脂的处理，先经清水洗泥，然后采用 4%～5%NaCN 溶液进行氰化处理，以解吸吸附在树脂上的 Cu、Fe 络合物。

$$R_2Cu(CN)_3+CN^- \Longrightarrow 2RCN+[Cu(CN)_2]^-$$

$$R_4Fe(CN)_6 + 2CN^- \rightleftharpoons 4RCN + [Fe(CN)_4]^{2-}$$

再用清水洗除树脂上的氰化物，接着下步用硫酸除去树脂中的锌氰络合物：

$$R_2Zn(CN)_2 + H_2SO_4 \rightleftharpoons R_2SO_4 + Zn(CN)_2$$

$$2RCN + H_2SO_4 \rightleftharpoons R_2SO_4 + 2HCN$$

最后才用硫脲解吸贵金属：

$$2RAu(CN)_2 + 2H_2SO_4 + 2CS(NH_2)_2 \rightleftharpoons R_2SO_4 + [AuCS(NH_2)_2]_2SO_4 + 4HCN$$

最终得到富集的含金溶液，以后即按常规方法电积或锌置换处理。对饱和树脂的一系列处理过程中，产生了洗泥废水、氰化除 Cu、Fe 和洗除树脂上的残留氰化物废水及硫酸除锌产生的氰废水，还有后处理中排放的部分贫液加上树脂交换后的矿浆等组成了离子交换法生产黄金的含氰废水。

18.1.2 黄金冶炼废水特征

冶炼是生产黄金的重要手段，我国黄金系统涉及冶炼的主要物料有重砂、海绵金、钢棉电积金和氰化金泥。重砂、海绵金、钢棉电积金其冶炼工艺简单，而氰化金泥冶炼工艺多样。

黄金冶炼的废水主要是含有氰和重金属离子，对于废水中的重金属离子，一般都是从除杂工序产生的，故含量不会太高，通常采用中和法处理。如有回收价值时，亦可采用中和沉淀法、硫化物沉淀法、氧化还原法等处理回收技术。对于废水中氰的去除，要根据废水中氰离子浓度进行相应的处理。含氰量高的废水，应首先考虑回收利用；氰含量低的废水才可处理排放。回收的方法有酸化曝气-碱吸收法回收氰化钠溶液，解吸后制取黄血盐等。处理方法有碱性氯化法、电解氧化法、生物化学法等。对于含金废水，由于金是贵金属，应首先提取和回收利用。

18.2 黄金冶炼废水处理与回用技术

18.2.1 含金废水处理与回用技术

金是一种众所周知的贵金属，从含金废液或金矿沙中回收和提取金，既做到了含金资源的充分利用，又可创造出极好的经济效益。常用的含金废水处理和利用方法有电沉积法、离子交换法、双氧水还原法以及其他技术[43]。

（1）电沉积法

电沉积法是利用电解的原理，利用直流电进行溶液氧化还原反应的过程，在阴极上还原反应析出贵金属，如金、银等。

采用电沉积法回收金的过程，是将含金废水引入电解槽，通过电解可在阴极沉积并回收金。阴极、阳极均采用不锈钢，阴极板需进行抛光处理；电压为 10V，电流密度为 $0.3\sim0.5A/dm^2$。电解槽可与回收槽兼用，阴极沿槽壁设置，电解槽控制废水含金浓度大于 0.5g/L，回收的黄金纯度达 99% 以上，电流效率为 30%~75%。为提高导电性，可向电解槽中加少量柠檬酸钾或氰化钾。采用电解法可以回收废水中金含量的 95% 以上。

上述电解法回收金是普遍应用的传统方法。利用旋转阴极电解法提出废水中的黄金，回收率可以达到 99.9% 以上，而且金的起始浓度可低至 50mg/L，远远低于传统法最低 500mg/L 的要求。该方法可在同一装置中实现同时破氰，根据氰的含量，向溶液中投加 NaCl 1%~3%，在电压 4~4.2V，电解 2~2.5h，总氰破除率大于 95%。进一步采用活性炭吸附的方式进行深度处理，出水能实现达标排放。

旋转阴极电解回收黄金的工艺流程如图 18-1 所示。

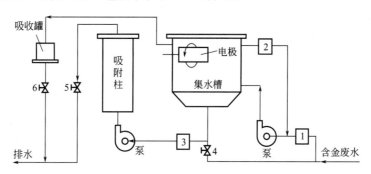

图 18-1　旋转阴极电解回收黄金工艺流程
1~3—计量槽；4~6—调节阀

（2）离子交换树脂法

离子交换树脂的具体应用可以归为五种类型：转换离子组成、分离提纯、浓缩、脱盐以及其他作用。采用离子交换树脂处理含金废水即是利用其转换离子组成的作用进行的。在氰化镀金废水中，金是以 $KAu(CN)_2$ 的络合阴离子形式存在的，可以采用阴离子交换树脂进行处理，工作原理如下：

$$RCl + KAu(CN)_2 \longrightarrow RAu(CN)_2 + KCl$$

交换后的树脂由于 $Au(CN)_2$ 络合离子的交换势较高，采用丙酮-盐酸水溶液再生可以获得满意的效果，洗脱率可达到 95% 以上，在洗脱过程中，$Au(CN)_2$ 络合离子被 HCl 破坏，变成 AuCl 和 HCN，HCN 被丙酮破坏，AuCl 溶于丙酮中，然后采用蒸馏法回收丙酮，而 AuCl 即沉淀析出，再经过灼烧过程便能回收黄金。

在实际应用过程中，多采用双阴离子交换树脂串联全饱和流程，处理后废水不进行回用，经过破氰处理后排放。常用的阴离子交换树脂为凝胶型强碱性阴离子交换树脂 717，其对金的饱和交换容量为 170~190g/L，交换流速为小于 20L/(L·h)。

（3）双氧水还原法

在无氰含金废水中，金有时以亚硫酸金络合阴离子形式存在。双氧水对金是还原剂，对亚硫酸根则是氧化剂。因此，在废水中加入双氧水时，亚硫酸络合离子被迅速破坏，同时使金得到还原。反应过程如下：

$$Na_2Au(SO_3)_2 + H_2O_2 \longrightarrow Au\downarrow + Na_2SO_4 + H_2SO_4$$

双氧水用量根据废水的含金量而定。一般投药比为 $Au : H_2O_2 = 1 : (0.2~0.5)$，加热 10~15min，使得过氧化氢反应完全析出金。

（4）其他处理和回收技术

含金废水的处理还可以采用萃取、还原、活性炭吸附的方法进行处理，广东某金矿采用萃取后，碱液体中和并采用特定还原剂（简称 B）回收废液中金，再采用活性炭吸附后外排，处理后的排放水中金含量小于 $0.1g/m^3$，pH 接近中性。

此外，采用硼氢化钠、氯化亚铁、新型活性炭纤维可以从含金废水中回收金。含金废水还可以采用生态的方法进行富集，早在 1900 年，Lungwitz 就提出利用指示植物可以寻找金矿。有报道表明，植物中富集的金含量可以达到土壤的 10~100 倍，苦艾树、蓝藻类均具有很强的富金能力。戴全裕等采用水芹菜进行废水中金富集的试验，结果表明，在废水停留时间 5 天的条件下，其净化效率达到 97% 以上，这为含金废水的绿色治理技术的发展和资源回收提供了有力的科学依据，有着广阔的市场应用前景和环境效益。

18.2.2 含氰废水处理与回用技术

(1) 酸化曝气-碱液吸收法

向含氰废水投加硫酸，生成氰化氢气体，再用氢氧化钠溶液吸收。

$$2NaCN + H_2SO_4 \rightleftharpoons 2HCN + Na_2SO_4$$

$$HCN + NaOH \longrightarrow NaCN + H_2O$$

处理流程如图 18-2 所示[47]。

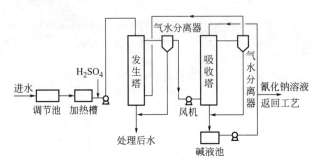

图 18-2 酸化曝气-碱液吸收处理流程

废水经调节、加热和酸化后，由发生塔顶部淋下；来自风机和吸收塔的空气自塔底鼓入，在填料层中与废水逆流接触。吹脱的氰化氢气体经气水分离器后，由风机鼓入吸收塔底部，与塔顶淋下的氢氧化钠溶液接触，生成氰化钠溶液，汇集至碱液池。碱液不断循环吸收，直至达到回用所需浓度为止。发生塔脱氰后的排水，首先排至浓密机沉铜（如含有金属铜离子时），然后用碱性氯化法处理废水中剩余的氰含量，达到排放标准后排放。

某厂废水 pH =12，含氰化钠 500～1500mg/L，铜 300～500 mg/L，锌 230m/L，平均流量 130m³/d。采用本法处理，氰化钠回收率 93%；铜回收率 80%。物耗：硫酸为 7kg/m³；工业烧碱为 1.5kg/m³；煤为 7kg/m³；电耗为 6kW·h/m³。

发生塔脱氰后的废水含氰 40～60mg/L，用碱性氯化法处理。回收费用大体与处理费用相当，略有盈余。

发生塔的效果与进水温度、水量、加酸量等因素有关。当废水氰化钠含量 900～1700mg/L、淋水量 2.5m³/(m²·h)、加酸量 4.5～5g/L（废水）、温度 16～18℃时，发生塔出口排水氰化物余量为 30～60mg/L。当加温到 35～40℃时，发生塔出口排水氰化物余量为 10～40mg/L。吸收塔的吸收效果一般不受条件影响，吸收率大于 98%。

(2) 解吸法

用蒸汽将废水中的氰化氢蒸出，使其与碳酸钠、铁屑接触，生成黄血盐。

$$4HCN + 2Na_2CO_3 \longrightarrow 4NaCN + 2CO_2 + 2H_2O$$

$$2HCN + Fe \longrightarrow Fe(CN)_2 + H_2$$

$$4NaCN + Fe(CN)_2 \longrightarrow Na_4Fe(CN)_6$$

处理流程如图 18-3 所示[47]。

废水经两次加热后，进入解吸塔顶部，与塔底通入的蒸汽逆流相遇，蒸出废水中的氰化氢气体。脱氰后的废水可回用于生产。解吸塔顶部出来的 101～103℃含氰蒸汽加热至 130～150℃后，从底部进入吸收塔。预热至 105～110℃的碳酸钠循环液从塔顶淋下，与塔内铁屑填料及含氰蒸汽接触，生成黄血盐钠。碱液不断循环吸收，直至黄血盐含量达 300～350g/L，抽出结晶，并向碱槽补充新碱液。

某厂废水含氰 150～300mg/L，脱氰后排水含氰 20～30mg/L，脱氰效率 80%～90%。

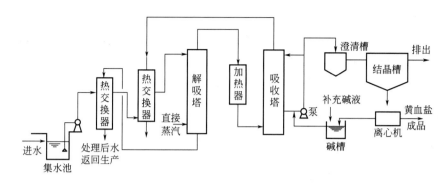

图 18-3 解吸法处理流程

（3）碱性氯化法

向含氰废水中投加氯系氧化剂，使氰化物第一步氧化为氰酸盐（称为不完全氧化），第二步氧化为二氧化碳和氮（称为完全氧化）。

$$CN^- + ClO^- + H_2O \longrightarrow CNCl + 2OH^-$$

$$CNCl + 2OH^- \longrightarrow CNO^- + Cl^- + H_2O$$

$$2CNO^- + 4OH^- + 3Cl_2 \longrightarrow 2CO_2 + N_2 + 6Cl^- + 2H_2O$$

pH 值对氧化反应的影响很大。当 pH >10 时，完成不完全氧化反应只需 5min；pH <8.5 时，则有剧毒催泪的氯化氰气体产生。而完全氧化则相反，低 pH 值的反应速度较快。pH =7.5～8.0 时，需时 10～15min；pH =9～9.5 时，需时 30min；pH =12 时，反应趋于停止。

在处理过程中，pH 值可分两个阶段调整：第一阶段加碱，在维持 pH >10 的条件下加氯氧化；第二阶段加酸，在 pH 值降至 7.5～8 时，继续加氯氧化。但也可一次调整 pH =8.5～9，加氯氧化 1h，使氰化物氧化为氮及二氧化碳。后一方法投氯量需增加 10%～30%，操作管理简单方便。

氧化剂投量与废水中氰含量有关，大致耗量见表 18-1。当废水中含有有机物及金属离子时，耗氯量还要增高。

表 18-1　氧化剂投加量　　　　　　　　　　单位：g/g 氰化物

氧化剂	不完全氧化	完全氧化
Cl_2	2.75	6.80
$CaOCl_2$	4.85	12.20
$NaClO$	2.85	7.15

处理流程按水量大小确定。有间歇处理和连续处理两种。间歇处理要设两个反应池，交替使用。连续处理流程如图 18-4 所示。

图 18-4 碱性氯化法处理流程

某厂废水含氰 200～500mg/L，pH =9，排入密闭反应池中投加石灰乳，调整 pH >11，通入氯气，用塑料泵使废水循环 20～30min，即可排放。反应池中的剩余氯气用石灰乳在吸收塔中吸收，石灰乳再用泵送至反应池作调 pH 值用。氯气投加量 CN^- : Cl_2 =1.4 : 8.5。

碱性氯化法是目前普遍使用的方法。适用于废水中氰含量较低的情况。

（4）电解氧化法

在以石墨为阳极，铁板为阴极的电解槽内，投加一定量的食盐，通直流电后，阳极产生氯，将废水中的简单氰化物和络合物氧化为氰酸盐、氮及二氧化碳（氧化反应同前）。

当废水氰含量小于 200mg/L 时，用电解氧化法处理后出水含氰量可小于 0.1mg/L。

对含氰量大于 500mg/L 的废水，可不投加食盐直接电解，CN^- 在阳极失去电子而被氧化：

$$2CN^- + 2e \longrightarrow (CN)_2$$

$$(CN)_2 + 4H_2O \longrightarrow (COO)_2^{2-} + 2NH_4^+$$

但一次处理后的出水，达不到排放标准。

电解氧化法除氰的有关工艺参数见表 18-2。

根据运行经验，处理氰含量 25～100mg/L 的废水，食盐投加量一般用 1～2g/L，电流密度用 0.4～0.7A/dm²，处理效果较好。但存在电流效率不稳定，产生有害气体以及处理费用较高的问题。

表 18-2　电解含氰废水工艺参数

废水中含氰质量浓度/(mg/L)	槽电压/V	电流密度/(A/dm²)	电解时间/min
50	6～8.5	0.25～0.30	25～20
100	6～8.5	0.25～0.40	45～30
150	6～8.5	0.30～0.45	50～35
200	6～8.5	0.40～0.50	60～45

据资料报道，含有硫酸盐的含氰废水，电解氧化法的处理效果不好。

（5）加压水解法

置含氰废水于密闭容器（水解器）中加碱、加温、加压，使氰化物水解，生成无毒的有机酸盐和氨。

$$NaCN + 2H_2O \longrightarrow HCOONa + NH_3$$

某厂废水含氰 229.8mg/L，加碱调整 pH 值至 9～9.5，加温至 173℃，压力为 0.8MPa，反应 45min，出水含氰降至 2.3mg/L。

某镀铜含氰废水含氰 20mg/L，加碱 2000mg/L，加铁使废水中的铁铜离子比为 2，加温至 179℃，压力为 0.9MPa，反应 60min，出水含氰量在排放标准以下。

加压水解法不仅可处理游离氰化物，还可处理氰的络合物，对废水含氰浓度的适应范围广，操作简单，运转稳定。缺点是工艺复杂，成本高。

（6）生物化学法

利用分解氰能力强的微生物分解无机氰和有机氰。常用设备有生物滤池、生物转盘和表面加速曝气池。

一些焦化厂利用塔式生物滤池处理含氰废水，氰去除率为 95%。某化纤厂用塔式生物滤池和生物转盘串联处理丙烯腈废水，丙烯腈去除率为 99%。用表面加速曝气池处理，曝气 9h，出水可符合排放标准。

（7）生物-铁法

用活性污泥法并投加铁盐处理含氰废水。用铁盐作为凝聚剂能提高活性污泥氧化能力，改善污泥絮凝沉降性能。在水质波动较大的条件下，能保持较好的处理效果，出水水质稳定。当含氰量为 40mg/L 左右时，仍有良好的处理效果。

某厂试验资料：废水含氰低于 20mg/L，用活性污泥法处理，出水含氰为 0.2～1.2mg/L；用生物-铁法处理，出水含氰则稳定在 0.1mg/L 左右。废水含氰大于 20mg/L，用活性污泥法处理，出水含氰量亦随之而增加，而用生物-铁法处理，出水含氰量则较稳定。

（8）因科 SO₂-空气法

用 SO₂-空气脱除氰化物的方法，是加拿大因科（InCQ）工艺研究所 G. J. Borely 等于 20 世纪 70 年代发明的，又名因科法，80 年代初在美国、加拿大的几个金银选冶厂已获得工业规模运转。该法采用 SO₂-空气混合物作氧化剂，用石灰来调节 pH 值并要求溶液中有 Cu^{2+} 作催化剂。废水中的游离氰被氧化成 CNO^-，CNO^- 再水解成 CO_2 和 NH_3；铁氰络合物 $[Fe(CN)_6]^{3-}$ 中的 Fe^{3+} 被还原为 Fe^{2+}，形成 $Me_2Fe(CN)_6 \cdot xH_2O$ 沉淀去除（Me＝Zn、Cu、Ni 等重金属离子）；Zn、Cu、Ni 等含氰络合物，先是解离出 CN^-，CN^- 继而被氧化成 CNO^-，而金属离子通过调整溶液 pH 值呈氢氧化物沉淀去除；As、Sb 等氰化络合物，同样能在有铁存在的情况下通过氧化沉淀去除。该法可处理含氰范围几十至几百毫克/升的废水。因科法不仅用来处理选冶厂排放的含氰废水，也适用于处理炼焦洗涤水、鼓风炉洗涤水等含氰废水。经过对 50 多种含氰废水的试验证明都获得了满意的效果。因科法对 SCN^- 氧化十分缓慢，通常只能除去 10%，但国外有的国家对 SCN^- 不做严格要求，认为是低毒的。

因科 SO₂-空气法工艺流程图如图 18-5 所示[122]。

废水经两台串联的反应器处理即可达到排放要求。如果废水中含有足够的作为催化剂的 Cu^{2+}，要求 $CN_总$：$Cu^{2+} \approx 40：1$（质量比）则直接进入反应器 I，如果不够，在进入反应器前，则补加硫酸铜溶液。SO₂ 由

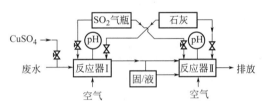

图 18-5 因科 SO₂-空气法示意

气瓶供给，并鼓入空气进行充分搅拌，在 SO₂ 与空气的混合气体中，SO₂ 的体积百分数可以控制在 1%～10% 范围，使 CN^- 被氧化成 CNO^-：

$$CN^- + SO_2 + O_2 + H_2O \xrightarrow{Cu^{2+}} CNO^- + H_2SO_4$$

由 pH 控制系统指令石灰水阀门向反应器投加石灰以中和生成的 H_2SO_4。保持系统反应 pH 值在 8～10，同时废水中的铁氰络合物形成 $Me_2Fe(CN)_6 \cdot xH_2O$ 沉淀，其他金属氰络合物也同时被分解处理。脱除各种氰化物的顺序为：游离 CN^-＞络合 CN^-＞SCN^-，脱除金属氰络合物的顺序为 Zn＞Fe＞Ni＞Cu。

经一段反应的废水往往不能达到处理要求，将反应器 I 出水经沉淀分离出沉淀物后进入反应器 II 进行二段处理，即可达到处理要求。根据废水水质情况亦可采用三段或更多段的处理。因科 SO₂-空气法除氰的药剂消耗量之比大致为：CN^-：SO_2：$CuSO_4 \cdot 5H_2O$：CaO＝1：（3～5）：0.1：8，SO_2 的供给，根据废水处理厂的地理位置、交通条件和处理方式加以选择。最为理想的是采用烟囱排出 SO_2 废气，以实现以废治废[122]。

因科 SO₂-空气法与碱性氯化法药剂费用比较见表 18-3[122,123]。

从表 18-3 可见，不论是低 SCN^- 还是高 SCN^- 的废水，因科法药剂费用都比碱性氯化法低，尤其高 SCN^- 的废水，因科法低得更多，约为碱氯法的 1/4，原因是它不能处理 SCN^- 而减少了试剂消耗。因科 SO₂-空气法处理含氰废水具有能处理多种含氰废水，处理效果好，药剂费用低，操作安全可靠，能脱除铁氰化物和其他重金属氰络合物等优点。但此法不能回收氰等有益成分，某些地方 SO_2 等药剂不易获得。

表 18-3　两种处理方法药剂费用比较

项　　目		低 SCN^-		高 SCN^-	
		碱氯法	SO_2-空气法	碱氯法	SO_2-空气法
废水	流量/(m³/h)	100	100	100	100
	$CN_{总}^-$/(mg/L)	100	100	100	100
	SCN^-/(mg/L)	50	50	200	200
	Cu/(mg/L)	50	50	50	50
	Fe/(mg/L)	4	4	4	4
费用 /(加元/时)	氯	45		105	
	石灰	8	10	20	10
	SO_2		9		9
	$CuSO_4$		8		8
	压缩空气		2		2
	药剂费用合计	53	29	125	29

（9）氰化物自然降解法

对某些含氰浓度较低的选矿废水可以送往尾矿池进行自然降解处理，可单独泵至接收池，也可作为固体浸渣的输送介质泵至尾矿池。有的用单独的储液池接收废液，但一般都是把这些废液排放到接收所有采选工艺废水用的污水池中集中处理。

如果废水在池中有足够的停留时间，又能进行循环的话，那么依靠自然环境力的作用就能使包括氰化物在内的很多污染物的浓度有所下降。这些自然环境力包括阳光引起的光分解，由空气中的 CO_2 产生的酸化作用、由空气中的氧引起的氧化作用、在固体介质上的吸附作用、生成不溶性物质的沉淀作用以及生物学作用等。太阳光能使亚铁氰络合离子中的一部分氰解离出来。这种解离出来的氰，从其他金属络合物中释放出来的氰以及游离的 CN^-，通过空气中 CO_2 的作用逐渐降低废水的 pH 值，能转化成挥发性的 HCN。如果对池中废水施以机械或热搅动，以及空气对流作用，又进一步加速了 HCN 的挥发。

随着过剩的氰离子浓度的降低，又会发生 ZnOH、$Cu(CN)_2$、$ZnFe(CN)_4$ 等沉淀反应。可见氰化物的降解是物理、化学和生物作用的综合结果。但废水在尾矿池中停留时间比较短，所以由空气中的氧产生的氧化作用和生物降解作用不可能成为很重要的因素。

自然降解受许多因素的影响，包括废水中氰化物的种类及其浓度、pH 值、温度、细菌存在、日光、曝气及水池条件（面积、深度、浊度、紊流、冰盖等），目前对此做定量研究的不多。

冬季由于气温降低或结冰，使自然降解效率大大降低，因为它们会阻碍上述大多数自然环境力的作用。这可以采用提高搅动程度和增加与空气接触等措施，就能使这些不利因素得到部分地克服。另外，可以把一个大型污水池分割成几个小池，利用含 CO_2 的废气在池内搅动，这可以进一步提高自然降解作用。如果有条件可以将含有有利于氰等成分发生化学反应物质的工业废水引入尾矿水池，冬季引入，一直保持到次年夏天，那时氰的浓度可由 100mg/L 降至 1mg/L 以下。自然降解法对轻度污染的废水除氰是可以达到处理目的，但对污染程度较重或成分比较复杂的废水来说，单独使用此法就很难达到处理目的，但它作为一种含氰废水的预处理方法是很有价值的。

18.3 黄金冶炼废水处理回用技术应用实例

18.3.1 辽宁黄金冶炼厂废水处理回用技术应用实例

辽宁省黄金冶炼厂位于辽宁朝阳市北郊 5km 处,始建于 1985 年。1997 年形成 100t/d 浮选金精矿和 50t/d 高品位金块矿的生产能力,2000 年又建设了规模为 100t/d 的焙烧-制酸-制铜的冶炼厂。

(1) 废水来源及水质

废水主要来源于氰化浸出和地面冲洗水,废水中主要污染物为氰化物和 Cu、Pb、Zn、Fe 等杂质离子。

(2) 废水处理工艺

根据废水水质,采取以下措施。用箱式压滤机对氰化尾矿浆进行压滤,压滤后的氰化尾渣采用干式堆存方式进行尾渣堆存管理,压滤后的含氰废水采用硫酸酸化处理-石灰中和沉淀净化方法循环使用。具体的工艺流程如图 18-6 所示[13]。

(3) 工艺原理

酸化反应及有效氰的回收

$$2CN^- + H_2SO_4 \longrightarrow 2HCN + SO_4^{2-}$$

$$HCN + NaOH \longrightarrow NaCN + H_2O$$

铜氰络合物的沉降反应(其他金属杂质也发生沉降反应)

$$2Cu(CN)_3^{2-} + 4H^+ \longrightarrow Cu_2(CN)_2 + 4HCN$$

$$Cu_2(CN)_2 + 2SCN^- \longrightarrow Cu_2(SCN)_2 + 2CN^-$$

酸性液的中和反应(CaO 过量)

$$CaO + H_2O \longrightarrow Ca(OH)_2$$

$$2H^+ + Ca(OH)_2 \longrightarrow Ca^{2+} + 2H_2O$$

(4) 运行效果

1998～2000 年先后四次对本处理工艺进行实测,实测结果见表 18-4。实际运行证明,通过酸化处理后,除铜效果明显,对铅、锌、铁等杂质也有一定的控制,完全实现了含氰废水综合后闭路循环使用,既可实现含氰废水的零排放,又确保贫液循环使用,不影响正常生产,表 18-5 是技术改造前后历年生产技术指标。为了保护环境对尾矿进行干式封存。

表 18-4 贫液综合治理前后杂质质量浓度的对比 单位:mg/L,pH 值除外

净化时间		总氰	游离氰根	铜	铅	锌	铁	pH 值
1998 年 3 月	净化前	2607.49	1813.47	1134.21	276.47	301.57	210.76	10
	净化后	1346.95	879.43	56.74	31.69	87.48	210.07	3
1999 年 4 月	净化前	1989.40	900.03	1201.64	300.66	276.81	243.60	10
	净化后	1034.75	450.27	48.24	56.08	87.15	34.77	3
1999 年 9 月	净化前	1635.54	809.96	1019.97	415.64	203.01	197.86	10
	净化后	1234.15	459.39	67.08	75.64	63.79	20.58	3
2000 年 3 月	净化前	1579.96	904.37	1356.09	279.43	246.72	121.43	10
	净化后	909.44	421.64	30.01	53.48	41.74	18.18	3

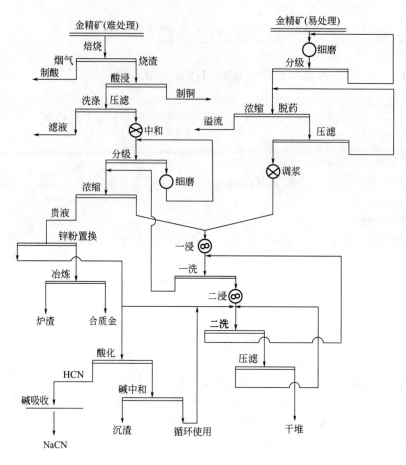

图 18-6 废水循环利用工艺流程

表 18-5 技术改造前后历年生产技术指标

项 目	年 份						
	1994	1995	1996	1997	1998	1999	2000
投入矿石量/t	34138	26249	4056	15671	6539	11377	9413
黄金产量/kg	601.81	329.07	24.35	242.05	177.3	247.59	198.32
石灰单耗/kg	18.5	21.5	18.2	14.6	14.0	8.9	8.0
氰化钠单耗/kg	5.86	5.82	4.50	3.02	2.51	2.20	2.00
氰化回收率/%	95.36	95.47	95.17	95.94	96.37	96.70	96.58
新水用量/(×10^4 m^3)	25.7	21.3	4.2	5.1	4.5	4.6	4.8

18.3.2 紫金山金矿冶炼厂废水处理回用技术应用实例

紫金山金矿黄金冶炼厂是为适应紫金山金矿生产而设立的专业黄金冶炼厂。该黄金冶炼厂以载金炭（吸附金后的活性炭）为原材料，加工生产金锭、酸洗再生活性炭、火法再生活性炭等产品。主要生产工序有：载金炭解吸-电积工序、粗金泥湿法-电解精炼工序、活性炭酸洗再生工序、活性炭火法再生工序、银渣金银分离及回收工序。冶炼厂生产工艺流程如图18-7 所示[13]。

（1）废水来源及水质

在紫金山金矿活性炭吸附 $Au(CN)_2^-$ 的同时，还吸附了其他对环境能够产生有害影响的

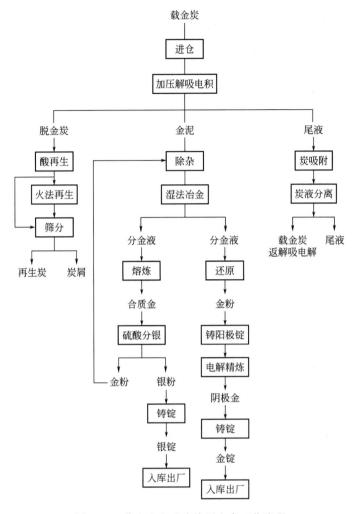

图 18-7 紫金山金矿冶炼厂生产工艺流程

物质，如铜、镉、砷、CN⁻等。冶炼厂生产中使用的会对环境造成有害影响的辅助材料有片碱、硝酸、盐酸、亚硫酸钠、硫酸。

生产废水中对环境造成影响的有害物质主要有废酸、废碱、固体悬浮物（SS）、铜、铅、锌、镉、砷、CN⁻。目前黄金冶炼厂存在四股废水。

a. 解吸-电积工段污水：废液呈碱性，含有 CN⁻ 及重金属污染物。

b. 湿法-电解精炼工段污水：废液呈酸性，含有重金属和悬浮物。

c. 酸洗再生工段：废液呈酸性，含有少量 CN⁻、悬浮物及重金属离子等污染物。

d. 银渣金银回收工段：废液呈酸性，含重金属离子等污染物。

各生产工段污染物浓度和产生量见表 18-6 和表 18-7。

表 18-6　废水中污染物浓度一览表　　　单位：mg/L，pH 值除外

名称	浓度							
	pH 值	SS	Cu	Pb	Zn	Cd	As	总氰
解吸-电积工序	13.72	195.9	2.447	0.681	0.158	0.025	3.082	2.583
湿法-电解精炼工序	1.21	113.7	38.15	0.747	2.066	0.025	0.020	0.014
酸洗再生工序	0.91	439.8	0.201	1.033	0.752	0.081	1.118	0.064

表 18-7　废水中污染物产生量一览表

名称	废水量 /(m³/d)	浓　度/(g/d)						
		SS	Cu	Pb	Zn	Cd	As	总氰
解吸-电积工序	6	1175.4	14.68	4.09	0.95	0.15	22.81	17.12
湿法-电解精炼工序	2.6	295.6	99.19	1.94	5.37	0.07	0.05	0.04
酸洗再生工序	117	51456.6	23.52	120.9	87.98	9.48	130.8	19.19
金银分离并回收工序	0.15	—	—	—	—	—	—	—
合计	125.75	52927.6	137.4	126.9	94.30	9.70	153.7	36.35

（2）废水处理工艺

根据冶炼厂废水特性，采用以废治废的综合处理方法，其工艺流程如图 18-8 所示。

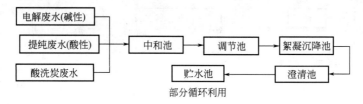

图 18-8　废水处理工艺流程

在此处理系统中处理池总容量为 585m³，其中贮水池容量为 340m³。处理工艺中采用中和-碱氯-混凝沉降法联合工艺。碱氯法中，使用的碱是价廉物美的石灰，使用漂白粉产生有效氯，以此来去除污水中残余的总 CN^-，其去除率达到 97.4%；混凝沉降法使用 3 种物质混凝的办法来共同处理重金属，其去除率达到 98% 以上，尤其对 Cu、Zn 离子去除率基本上可达到 100%；中和法中也是使用石灰作中和剂，用来中和污水的 pH 值，使其在 6～9 之间，实际生产中一般控制 pH 值在 7～8 之间，有利于去除金属离子。

（3）运行效果

按 2000 年 4～11 月份的监测情况来看，采用此处理系统及其工艺，冶炼厂排放的污水能达到 GB 8978—1996 中一级排放标准，外排至汀江河口，不会对河水水质产生不利影响。其具体监测结果详见表 18-8。环保局对冶炼厂处理后外排废水监测结果见表 18-9。

表 18-8　冶炼厂废水处理前后水质状况

月份	pH 值	Cu/(mg/L)	Cd/(mg/L)	Zn/(mg/L)	Pb/(mg/L)	TCN/(mg/L)
4	7.20	0.347	0.003	0.327	0.234	0.140
5	8.00	0.473	0.007	0.130	0.082	0.092
6	6.50	0.497	0.014	0.669	0.075	0.088
7	6.38	0.470	0.014	1.022	0.045	0.085
8	6.90	0.407	0.045	0.747	0.114	0.044
9	9.00	0.289	0.019	0.176	0.107	0.048
10	6.62	0.432	0.005	0.636	0.148	0.040
11	7.68	0.037	0.037	0.083	0.263	0.040
处理前污染物	1～3	38.15	1.033	2.066	0.281	2.853
GB 8978—1996 一级排放标准	6～9	≤0.5	最高允许 0.1	≤2.0	最高允许 1.0	最高允许 0.5

表 18-9 外排废水水质状况

表 18-9 外排废水水质状况

日期	Cu/(mg/L)	Cd/(mg/L)	Zn/(mg/L)	Pb/(mg/L)	总 CN/(mg/L)	备注
2000 年 7 月	0.125	0.025	0.231	0.250	0.134	达到 GB 8987—1996
2000 年 11 月	0.125	0.0197	0.197	0.250	0.140	中一级排放标准

　　另外，采用此废水处理工艺，能去除污水中悬浮物。例如，黄金冶炼厂存在 1% 左右的炭损失，形成粉末，悬浮在水中，若不做处理，看上去水是浓黑的，严重影响水的色度。经试验，利用此方法处理后，废水中悬浮物去除率达到 99% 以上，并且能有效地去除金属离子。

参 考 文 献

[1] 王绍文，钱雷等编著. 钢铁工业废水资源回用技术与应用 [M]. 北京：冶金工业出版社，2008.

[2] 联合国环境规划署工业与环境中心，国际钢铁协会编. 钢铁工业与环境技术与管理问题 [M]. 中国国家联络点译.
     北京：中国环境科学出版社，1998.

[3] 王绍文，邹元龙等编著. 冶金工业废水处理技术及工程实例 [M]. 北京：化学工业出版社，2009.

[4] 王绍文，王海东等编著. 冶金工业节水减排与废水回用技术指南 [M]. 北京：冶金工业出版社，2012.

[5] 王绍文等. 钢铁行业 COD、SO_2 和烟粉尘的减排目标与潜力分析 [R]. 钢铁行业污染防治减排目标课题组，2009.

[6] 冶金环境监测中心. 钢铁企业环境保护统计 [G]. 1996～2005.

[7] 中国钢铁年鉴编委会. 中国钢铁年鉴 [M]. 2008.

[8] 王绍文. 环境友好篇 [C]/中国金属学会编. 中国钢铁工业技术进步报告（2001～2005）. 北京：冶金工业出版社，
     2008：67-105.

[9] 王绍文等. 钢铁行业 COD 污染排放规划目标落实与潜力分析 [C]. 钢铁行业污染防治减排目标课题组，2009.

[10] 中国钢铁工业协会信息统计部. 中国钢铁工业环境保护统计 [G]. 2006～2010.

[11] 张宜莓，胡利光等. 宝钢降低新水消耗节约水资源之路 [R]. 中国钢铁工业协会科技环保部，2005.

[12] 北京水环境技术与设备研究中心主编. 三废处理工程技术手册（废水卷）[M]. 北京：化学工业出版社，2000.

[13] 张景来，王剑波等编著. 冶金工业污水处理技术及工程应用 [M]. 北京：化学工业出版社，2003.

[14] 张自杰主编. 环境工程手册——水污染防治卷 [M]. 北京：高等教育出版社，1996.

[15] 王绍文，杨景玲等编著. 冶金工业节能减排技术指南 [M]. 北京：化学工业出版社，2009.

[16] 中国钢铁工业协会. 中国钢铁工业可持续发展支撑技术（第一册）[C]. 中国钢铁协会，2004.

[17] 郑涛，刘坤. 利用循环经济理念实现中国钢铁工业节水措施的研究 [C]. 第三届全国冶金节水、污水处理技术研
     讨会论文集. 2007：34-37.

[18] 罗胜联. 有色金属废水处理与循环利用率研究（博士学位论文）[D]. 中南大学学报，2006.10.

[19] 赵武壮. 有色金属必须转变发展模式 [J]. 北京：世界有色金属，2007（2）.

[20] 王绍文，秦华. 钢铁工业水安全保障技术的重点研究与要求 [J]. 北京：冶金环境保护，2006（4）：1-4.

[21] 王绍文，钱雷等编著. 焦化废水无害化处理与回用技术 [M]. 北京：冶金工业出版社，2005.

[22] 王绍文. 焦化废水处理技术的应用与再思考 [J]. 北京：冶金环境保护. 2007（3）：28-29.

[23] "十五"国家重点攻关课题《钢铁企业用水处理与回用技术集成研究与工程示范》（BA610A-12）（R）. 中冶集团建
     筑研究总院，2005.

[24] 王绍文，杨景玲等. 循环经济与绿色钢铁工业 [J]. 北京：冶金环境保护，2006（4）：15-18.

[25] 王绍文，王海东. 发展循环经济开创生态化绿色钢铁企业 [C]. 北京大学人居环境中心、二十一世纪中国人居环
     境研究文集. 北京：中国科学文化出版社，2007，123-125.

[26] 王绍文. 钢铁工业节水途径与对策 [C]. 中冶集团建研总院环保研究院，2004.

[27] 王绍文. 钢铁工业减水减排途径与差距分析 [C]. 中冶集团建研总院环保研究院，2007.

[28] 中国金属学会，中国钢铁工业协会主编. 2006～2020 年中国钢铁工业科学与技术发展指南 [M]. 北京：冶金工业
     出版社，2006.

[29] "十一五"国家科技攻关课题《大型钢铁联合企业节水技术开发》（课题编号 2006BAB04B01），《钢铁企业综合污
     水回用水质指标体系与实施指南》[R]. 中冶集团建筑研究总院.

[30] 金亚飚. 城市生活污水作为钢铁工业水源的可行性探讨 [J]. 北京：冶金环境保护，2009（4）：24-26.

[31] 王绍文，秦华等编著. 城市污泥资源利用与污水土地处理技术 [M]. 北京：建筑工业出版社，2007.

[32] HJ-465—2009：钢铁工业发展循环经济环境保护导则 [S].

[33] GB 13456—2012：钢铁工业水污染排放标准 [S].

[34] 王海东. 钢铁企业节水与废水资源化趋势 [J]. 北京：冶金环境保护，2009（4）：1-6.

[35] 王绍文，钱雷. 综合废水处理对钢铁工业节水减排的作用与意义 [C]. 中冶集团建研总院，2007.

[36] 钱雷，王绍文. 大型钢铁企业节水减排新思考 [C]. 中国钢铁年会论文集. 北京：冶金工业出版社，2008，
     293-314.

[37] 孙安武，赵建琼. 工业废水"零排放"在攀钢公司的实践应用 [C]. 第三届全国冶金节水、污水处理技术研讨会

论文集. 2007, 42-43.

[38] 莱芜钢铁集团有限公司. 发展循环经济建设生态文明 [C]. 钢铁企业发展循环经济研究与实践. 北京：冶金工业出版社，2008，74-78.

[39] 王绍文，姜凤有编著. 重金属废水治理 [M]. 北京：冶金工业出版社，1993.

[40] 王筠曹主编. 钢铁工业给水排水设计手册 [M]. 北京：冶金工业出版社，2005.

[41] GB 50506—2009. 钢铁企业节水设计规范 [S].

[42] 韩剑宏主编. 钢铁工业环保技术手册 [M]. 北京：化学工业出版社，2006.

[43] 钱小青，葛丽英等主编. 冶金过程废水处理与利用 [M]. 北京：冶金工业出版社，2008.

[44] 宋国良，傅志华. 烧结环保现状分析与对策 [J]. 北京：冶金环境保护，2008 (3)：44-47.

[45] 吴万林. 水平带式真空过滤机在首钢烧结污水处理中应用 [J]. 北京：冶金环境保护，2001 (1)：59-61.

[46] 宝钢环保技术（续篇）编委会. 宝钢环保技术（续篇）第三分册. 烧结环保技术 [M]. 2006.

[47] 杨丽芬，李友琥主编. 环境工作者实用手册（第二版）[M]. 北京：冶金工业出版社，2001.

[48] 钱易，汤鸿霄等编著. 水体颗粒物和难降解有机物的特性与控制技术原理（难降解有机物卷）[M]. 北京：中国环境科学出版社，2000.

[49] 王绍文. 提高焦化废水处理效率的途径与对策 [C]. 中冶集团建研总院，2002.

[50] 张晓健，雷晓玲等. 焦化废水处理厌氧-缺氧-好氧工艺与常规活性污泥法去除效果比较 [J]. 北京：冶金环境保护，1999 (4)，6-10.

[51] 何苗等. 焦化废水中芳香族有机物及杂环化合物在活性污泥法处理中的去除特性 [J]. 北京：中国给水排水，1997 (13).

[52] 何苗等. 焦化废水中有机物在活性污泥法处理中的去除特性 [J]. 北京：给水排水，1997 (22).

[53] 何苗等. 厌氧-缺氧-好氧工艺与常规活性污泥法处理焦化废水的比较 [J]. 北京：给水排水，1997，33 (6).

[54] 邵林广等. A_1-A_2-O 与 A_2-O 处理焦化废水比较 [J]. 北京：中国给水排水，1995，11 (3).

[55] 邵林广等. A_1-A_2-O 与 A_2-O 系统处理焦化废水比较研究 [J]. 北京：给水排水，1995，21 (8).

[56] 高宇学，文一波. 缺氧-好氧-膜生物反应器处理高浓度氨氮废水 [J]. 北京：中国水世界，2008 (10)：20-24.

[57] 刘静文，顾平等. 膜生物反应器处理高氨废水 [J]. 天津：城市环境与城市生态，2003 (5)：19-21.

[58] 刘玉敏，许雷等. 焦化废水处理新工艺 [J]. 北京：环境工程，2009 (4)，43-46.

[59] 王玮. 焦化废水处理技术现状与进展 [J]. 北京：冶金环境保护，1999 (4).

[60] 沈耀良，王宝贞编著. 废水生物处理新技术理论与应用 [M]. 北京：中国环境科学出版社，2000.

[61] 王绍文，钱雷等. 焦化废水生物脱氮工艺技术与应用分析 [J]. 北京：冶金环境保护，2007 (3)：23-28.

[62] 杨天胜，吴洪英等. 应用 HSB 技术处理焦化废水中试研究 [C]. 2003 年中国钢铁年会论文集（第二卷）. 北京：冶金工业出版社，2003，873-878.

[63] 周祖鸿. HSB 菌在焦化废水中的应用 [J]. 上海化工，2000，25 (4)：26-28.

[64] 白向国. 生物酶技术在太钢焦化废水处理中的应用 [J]. 北京：冶金环境保护，2009 (1)：54-57.

[65] 殷光瑾，程志久等. 利用烟道气处理焦化剩余氨或全部焦化废水 [J]. 北京：冶金环境保护，1999 (4)：1-5.

[66] 沈晓林. 焦化废水处理全面达标的试验研究与探索 [J]. 北京：冶金环境保护，2002 (4)，4-7.

[67] 宝钢环保技术（续篇）编委会. 宝钢环保技术（续篇）第二分册. 焦化环保技术 [M]. 2000.

[68] 支月芳，于伏龙. 邯钢新区焦化厂酚氰污水处理新工艺 [J]. 北京：冶金环境保护，2009 (3)，37-40.

[69] 王绍文，梁富智等. 固体废物资源化技术与应用 [M]. 北京：冶金工业出版社，2003.

[70] 一种热态钢渣热焖处理设备 [P]. 中国. 发明专利. 20042007531.6.

[71] 一种热态钢渣热焖处理方法 [P]. 中国. 发明专利. 200410096981.0.

[72] 魏来生，陈常洲. 连铸机的联合循环水系统 [J]. 北京：冶金环境保护，2000 (2)，46-49.

[73] 王绍文，杨景玲. 环保设备材料手册 [M]. 北京：冶金工业出版社，2000.

[74] 冶金部宝钢环保技术编委会. 宝钢环保技术（第五分册）. 炼钢环保技术 [M]. 1989.

[75] 《中国钢铁工业环保工作指南》编委会. 中国钢铁工业环保工作指南 [M]. 北京：冶金工业出版社，2005.

[76] 肖丙雁. 连铸浊循环水处理系统设计流程分析与探讨 [J]. 北京：冶金环境保护，2002 (2)：32-35.

[77] 宝钢环保技术（续篇）编委会. 宝钢环保技术（续篇）. 第六分册. 轧钢环保技术 [M]. 2000.

[78] 倪明亮. 应用稀土磁盘净化轧钢废水新工艺进展 [J]. 北京：冶金环境保护，2001 (2)：11-13.

[79] 四川冶金环保工程公司. 稀土磁盘分离净化技术处理轧钢废水系统工程 [J]. 北京：冶金环境保护，2001 (5)：

5-6.

[80] 安彪. 稀土磁盘分离净化废水设备应用于不锈钢热轧浊循水处理可行性研究 [C]. 第三届全国冶金节水、污水处理技术研讨会论文集. 2007：292-295.

[81] 朱锡恩等. 轧钢含油废水处理方法探索 [C]. 2004 年全国供排水专业会议论文集，2004.

[82] 易宁，胡伟. 钢铁企业冷轧厂乳化液废水的几种处理方法 [J]. 冶金动力，2004 (5)：23-26.

[83] Krasnor B P. A treatment of oil-enulsion at the otsm plant by ultrafiltration [J]. Tsvetn. Met. 1992 (1)：50.

[84] Bodzek M. The use of ultrafiltration membranes made of various polymers in the treatment of oil-emulsion wastewater [J]. Waste Manage, 1992, 12 (1)：75-80.

[85] Lahiere R J, Goodboy K P. Ceramic membrane treatment of petrochemical wastewater [J]. Environmental Progress，1993，12 (2)：86-96.

[86] 李正要，宋存义，等. 冷轧乳化液废水处理方法的应用 [J]. 环境工程，2008 (3)：48-51.

[87] 魏克巍. 超滤技术在含油废和废乳化液处理中应用 [J]. 鞍钢技术，2001 (4)：51-53.

[88] 刘万，胡伟. 浅谈超滤法处理钢铁企业冷轧厂乳化液废水 [J]. 工业水处理，2006 (7)：24-28.

[89] 沈晓林，杨晶. 超滤技术处理轧钢含油废水 [J]. 冶金环境保护，2002 (2)：29-31.

[90] 董金冀，张华，等. 超滤技术在冶金废水处理中的应用 [C]. 第三届全国冶金节水、污水处理技术研讨会论文集，2007：298-300.

[91] 邵刚编著. 膜法水处理技术及工程实例 [M]. 北京：化学工业出版社，2002.

[92] 张国俊，刘忠洲. 膜过程中膜清洗技术研究 [J]. 水处理技术，2003 (8)：187-190.

[93] 董金冀，陈小青. 超滤膜化学清洗技术的探讨与改造 [C]. 第三届全国冶金节水、污水处理技术研讨会论文集，2007：316-318.

[94] 杜健敏. 冷轧乳化液废水处理方法比较的研究 [J]. 北京：冶金环境保护，2001 (2)：16-18.

[95] 唐凤君，张明智. 无机陶瓷膜处理冷轧乳化液废水 [J]. 冶金环境保护，2000 (4)：38-39.

[96] 张明智. 无机陶瓷超滤膜技术在攀钢冷轧废水处理中应用 [C]. 2004 年全国冶金供排水专业会议文集，2005：101-103.

[97] HYLS 钢铁乳化含油废水微生物处理技术 [R]. 中国发明专利，02113095.7，2007.

[98] 吕军，杨高峰. 钢铁企业生产废水处理与回用 [J]. 北京：冶金环境保护，2008 (4)：15-21.

[99] 林德玉，李连英等. 首钢水资源研究与实践 [C]. 第三届全国冶金节水、污水处理技术研讨会论文集，2007：13-18.

[100] 邹元龙，赵锐锐，等. 钢铁工业综合废水处理与回用技术的研究 [J]. 北京：冶金环境保护，2008 (6)：1-5.

[101] 国家环境保护局，有色金属工业废水治理 [M]. 北京：中国环境科学出版社，1991.

[102] 王绍文. 中和沉淀法处理重金属废水的实践与发展 [J]. 北京：环境工程，1993，11 (5)：13-18.

[103] 王绍文. 硫化物沉淀法处理重金属废水的实践与发展 [J]. 天津：城市环境与城市生态，1993 (3)：41-44.

[104] 王绍文. 铁氧体法处理重金属废水的实践与发展. 城市环境与城市生态，1992 (2).

[105] Wang Shaowen, Gao Jinsong. Practice and application of ferrite treatment to heavy metal lone wastewater. international symposium on global environment and iron and steel industry (ISES' 98) proceedings. China science and technology press. 1998.

[106] 王文越等. 铁氧体法处理含锌废水的研究. 环境工程，2003 (增刊).

[107] 解庆林等. 铁氧体法处理重金属废水工程实践 [J]. 北京：环境工程，2002 (增刊).

[108] 刘莱娥，蔡邦肖等. 膜技术在污水治理回用的应用 [M]. 北京：化学工业出版社，2005.

[109] 闵小波，于霞，等. 生物法处理重金属废水研究进展 [J]. 中南工业大学学报，2003，33 (2)：90-97.

[110] Ridyan S, Adil D, Yakup A M. Biosorption of cadmium, lead and copper with the filamentous fungus Phanerochaete Chrysosporium [J]. Bioresource Technology, 2001, 76：67-79.

[111] Patricia T A, Wendy S. Biosorption of cadmium and copper contaminated water by Scenedesmus abundans [J]. Chemosphere, 2002, 47：249-251.

[112] 王建龙，韩英健，钱易. 微生物吸附金属离子的研究进展 [J]. 微生物学通报，2000，27 (6)：449-455.

[113] Xie J Z, Chang Hsiaolung, Kilbane John J. Removal and recovery of metal ions from wastewater using biosorbents and chemically modified biosorbents [J]. Bioresource Technology, 1996, 57 (2)：127-136.

[114] Song Y Ch，Piak B Ch，Shin H S. Influence of electron donor and toxic materials on the activity of sulfate reducing bacteria for the treatment of electroplating wastewater [J]. Water Science and Technology，1998，38：187-194.

[115] 陈志强，温沁雪. 重金属废水生物处理技术 [J]. 给水排水，2004，30（7）：49-52.

[116] Lim P E，Tay M G，Mak K Y，et al. The effect of heavy mentals on nitrogen and oxygen demand removal in constructed vetlands [J]. The Science of the Total Environment，2003，301：13-21.

[117] 王绍文. 重金属废水离子交换法处理技术 [C]. 冶金部建筑研究总院，2001.

[118] 王绍文. 重金属废水的浮上法处理实践与评价. 冶金部建筑研究总院，2002.

[119] 孙水裕，缪建成. 选矿废水净化处理与回用的研究与生产实践 [J]. 北京：环境工程，2005（1）：7-9.

[120] 国家先进污染防治示范技术申请报告. 重金属废水处理技术 [R]. 株洲冶炼集团有限公司，2007.

[121] 李桂贤，郑邦庆等. 氧化铝厂废水"零排放"探讨 [C]. 中国环境科学学会环境工程分会，2002：36-43.

[122] 冶金工业部建筑研究总院. 含二氧化硫废烟气与含氰废水的综合治理方法 [P]. 中国专利. 101217.0，1990.

[123] 中冶集团建研总院. 烧结烟气与含氰废水综合治理工艺与技术 [P]. 中国. 发明专利. 87101217.0.